理論物理のための微分幾何学

可換幾何学から非可換幾何学へ

杉田勝実／岡本良夫／関根松夫［共著］

Differential Geometry for Theoretical Physics

From Commutative Geometry to Noncommutative Geometry

森北出版株式会社

Differential Geometry for Theoretical Physics
— From Commutative Geometry to Noncommutative Geometry —

Katsumi Sugita
Yoshiwo Okamoto
Matsuo Sekine

Morikita Shuppan Co., Ltd., 2006

本書を薦める

本書は理論物理への応用を念頭において，現代の微分幾何学の基礎と，非可換微分幾何学への流れを解説した労作である．微分幾何学の諸概念は，元来，物理学と深く関わっている．例えば，空間内の曲面における「直線」にあたる測地線は，加速度ベクトルが曲面に直交するような点の運動ととらえることができる．このときの速度ベクトルの動きは曲面上の「平行移動」である．現代の微分幾何学では，長さや角度を記述する「計量」という概念を出発点として，それに適合する接続，平行移動，曲率などを定義していく．このような，いわゆる内在的な微分幾何学は 19 世紀にガウスの曲面論などをへて，リーマンによって構想されたものであるが，その後，アインシュタインによる一般相対論の確立に大きな影響を与えたことはよく知られている．

内在的な微分幾何学の概念は，現在では非常に洗練された方法で定式化されている．これらは，諸概念の関係を透明にして理解させるものであるが，はじめて微分幾何学を学ぶ立場から見ると，このような定式化は抽象的に見えてしまい，背後にある直観を読み取ることが難しい．本書ではまず，空間内の曲面の場合に詳しく説明した上で，対応する概念を一般的な多様体上で展開する方法をとっている．これによって，読者は，なぜこのような定式化をするのかという必然性を理解することができるであろう．曲面を題材にした直観的理解と，現代数学による定式化の両方がギャップなく述べられているのが本書の特長である．数式の導出が非常に丁寧に書かれているので，読者は困難なく読み進めることができると思う．そして，何よりも，すぐに手を動かして計算を始められるように考慮されている．本書では，あえて多くの物理的なトピックスにはふれることなく，第 5 章までは重要な基礎概念にしぼった重点的な解説が行われている．これは，話題を散漫にすることなく，第 6 章以降の主題である非可換微分幾何学への方向性を鮮明にするための配慮であろう．微分形式，計量，接続，曲率などの微分幾何学の概念が非可換代数上で定義され，発展していく様相はダイナミックであり，読者は新しい概念を組み上げていく楽しさを味わうとともに，先端的な研究のスタイルを垣間見ることができる．

微分幾何学の物理への応用をめざす方のみならず，数学を専攻する学生にも手元において読んで欲しい書物である．

河野俊丈（東京大学大学院数理科学研究科）

まえがき

数学の分野で生み出されたファイバー束の理論が，物理の分野で発展してきたゲージ理論と実質的に等価であることが判明してから，この理論が急速に進展した．この概念は大変すっきりしていて，イメージが把握しやすいことから，将来新しい理論を構築する際にも大いに役に立つ．そして，その基礎となる微分幾何学は，殊更に重要なものとなっている．理工系の学生は，ぜひとも早い時期に一度学んでおく必要があると思われる．

ところが現在では，数学書と物理学書にわかれてそれぞれ出版されているのがほとんどなので，純粋数学としての微分幾何，ファイバー束を勉強してからそれを物理理論に応用しようと試みても，これがたやすくはない．物理の方面から微分幾何の数学書を見てみると，予想以上に敷居が高く，大変とっつきにくい．そこをなんとか努力して突破したとしても，今度は現実の物理理論との結びつきがよくわからず，実感がつかめない．実は，筆者らも純粋数学としての微分幾何学を勉強してみたが，すぐには体に (脳に) 染み込まず，苦労した．

また，物理への応用を目的とした既刊書は大変数が少ないうえに，それらはあまりにもさまざまな項目を網羅し過ぎているために，学部学生のような読者にはなかなか理解しにくいと思われる．その理由は，個々の項目のページ数が限定されてしまうために筋道がすっきりしない，数式の導出がきわめて不親切，といったことによる．広範な知識を与えることも大切ではあるが，理解できないのではまったく意味をなさない．

さらに，物理学において，重力理論の量子化が最重要課題となって久しい．しかし，これまでのさまざまな試みにもかかわらず，満足のいく量子重力理論はまだ構築できていない．この問題は一筋縄では解けなくて，現在，これまでの幾何学の範囲では攻略できないのではないかと考えられている．非可換微分幾何学の知識をどこかで必要とするに違いない．量子重力理論のひとつの候補として提案されている "超弦理論" においては，ある背景場が存在する場合に，非可換な時空が自然に現れてくることがわかっている．

また，物性物理においても，非可換トーラス上のファイバーを考えることにより，量子 Hall 効果の Hall 伝導率を説明することも可能であり，そこには Gauss-Bonnet の定理の代数的一般化が含まれていることがわかっている．

このような現状に鑑み，本書は企画・立案された．

まず前半部では，物理への応用を十分に配慮したうえで，“可換”微分幾何の理論を多様体を土台として順を追ってきちんと解説した．このときできるだけイメージが把握できるように，3 次元 Euclid 空間中の曲面のような理解しやすい事例からはじめて，後に一般化するというプロセスを踏んだ．このような構成にすることにより，微分幾何学が無理なく理解できるようになったのではないかと思われる．たとえば，曲面上の曲線に沿ったベクトル場の“平行移動”の概念などは，たやすくみえて意外にそうではないのである．読者の中には直感的理解に苦しんだ人もいるのではないだろうか．そこで本書では，まず第 1 章において，「ベクトル場の曲線に沿っての変化が法線方向に限られるとき，それは平行移動である」として説明し，直感的理解を得た後で，第 2 章以降において，それを一般の多様体に関する概念にまで拡張していくことにした．

また，初学者のつまずきやすい概念に，多様体 M 上の点 P における接ベクトル空間 $T_P(M)$ と方向微分からなる実ベクトル空間 $D_P^s(M)$ との具体的関係があるが，これについてもかなりの紙数を割いてわかりやすく説明した．じっくり読んで頂ければ，必ずや理解できると思われる．

現代的手法による微分幾何の概念は，数学科以外の理工系の学生にとっては敷居が高く感じられるものであるが，論理の飛躍を極力押さえることによってこれを取り払った．

そして，かなり理解が進んだと思われるところで，非可換微分幾何学を取り上げることにした．最初に，通常の微分形式を拡張した形で行列代数上の微分形式を導入したが，これはかなりわかりやすい非可換微分幾何の一例であるので，そこにおいて基本概念をしっかりと把握して欲しい．その後で，量子空間と量子群についての解説に入る．量子空間については，むやみに次元を上げて一般化するのではなくて，2 次元 (曲面) に限定して説明した．その方が“非可換”の本質が理解でき，物理学，とくに重力の量子論を構築する際に，応用しやすいと思われたからである．また，量子空間の物理学への応用のひとつとして，ゲージ理論の内部空間に量子空間を採用した場合に，“CP 不変性の破れ”が説明できることについても触れた．これは面白いトピックとして読んで頂きたい．そして，量子群については，量子包絡代数よりも量子変形群のほうに力点を置いて解説した．ゲージ理論に慣れた読者には，こちらのほうがその本質をつかみやすいと思われるからである．前半部同様，非可換微分幾何においても，論理の飛躍を極力押さえ，面倒な計算もできるだけ省略したりせず，プロセスを重んじ，丁寧に記述した．

全体を通して，応用するための題材を厳選し，数式の導出を極力省かず，そして式の物理的意味もイメージが湧くように解説を加えてある．したがって，学部学生でもじっくり読んでいけば必ず読破できるはずである．

読者は本書をただ読むだけではなく，必ず自らの手を動かして，式を追って頂きたい．“Practice makes perfect.” つまり，“習うより慣れろ” である．可換・非可換微分幾何学を物理に応用するためには，単なる概念把握ではなくて，実際に計算ができるということがきわめて大切となるからである．逆に計算ができるようになると，自ずと概念が掴めてくるものである．本書を読破した読者が，

1. 多様体の基礎を理解し，現代の微分幾何そのものがイメージできるようになること

2. 非可換微分幾何の意味を理解し，計算手法を身に付け，それを物理学に応用できるようになること

が，実は本書執筆の直接の動機であったことを付け加えておこう．

ここで学んだ内容や考え方が，多少なりとも皆さんの将来に役立つならば，著者らの望外の幸せである．

最後に，出版のお世話を頂いた石井智也氏を始めとする森北出版の方々に厚く御礼申し上げる．

2006 年 12 月

杉田勝実
岡本良夫
関根松夫

目　　次

第1章

3次元Euclid空間内の曲線と曲面

3次元 Euclid 空間中に置かれた曲線や曲面という，日常経験と直結した対象を使って微分幾何学に慣れ親しむことが本章の目的である．扱う対象は単純ではあるが，微分幾何学の基本的な概念はすべて登場する．なめらかな曲面は一般化されて可微分多様体となり，Euclid の幾何構造は拡張されて接続となるが，そうした抽象的な対象を扱う場合でも「空間内の曲面」はアナロジーとして大いに有用である．

1.1　空間内の曲線

1.1.1　曲線のパラメータ表示

3次元の Euclid 空間 $\boldsymbol{E}^3$ に適当な正規直交座標系を設定すれば空間内の点は3個の座標値の組と一対一に対応し，2点 P，P' に対応する座標値の組がそれぞれ (x,y,z)，(x',y',z') であれば，それら2点間の距離 $d(P,P')$ は

$$d(P,P') = \sqrt{(x-x')^2+(y-y')^2+(z-z')^2} \tag{1.1}$$

として与えられる．ここで座標値の組 (x,y,z) を3次元数ベクトル $\boldsymbol{p}=(x\ y\ z)^t \in \boldsymbol{R}^3$ と同一視すると記述が簡潔になって便利である[‡1]．たとえば，式 (1.1) は

$$d(P,P') = \|\boldsymbol{p}-\boldsymbol{p}'\| \tag{1.2}$$

と書ける．$\|\cdot\|$ が数ベクトルに対する Euclid ノルムを表すことはいうまでもない．また「ベクトル $\boldsymbol{p}$ に対応する $\boldsymbol{E}^3$ 中の点 P」と表現すべきところを，ベクトル $\boldsymbol{p}$ と $\boldsymbol{E}^3$ 中の点 P とを同一視して「$\boldsymbol{E}^3$ 中の点 $\boldsymbol{p}$」，あるいは単に「点 $\boldsymbol{p}$」などと略記することにする．

さて，3個の座標値 x,y,z のそれぞれがひとつの実変数 t の連続関数である場合，したがってベクトル $\boldsymbol{p}$ が t の連続関数である場合を考えよう．正確にいえば開区間 $I \subset \boldsymbol{R}$ から $\boldsymbol{R}^3$ への連続写像 φ があって

$$\varphi : I \to \boldsymbol{R}^3, \quad t \mapsto \varphi(t) = \boldsymbol{p}(t) = (x(t)\ \ y(t)\ \ z(t))^t \tag{1.3}$$

である．t が開区間 I 上を動けば，$\boldsymbol{E}^3$ 中の点 $\boldsymbol{p}(t)$ はある曲線 C に沿って移動する．つまり開区間 I と写像 φ の組 (I,φ) によって空間中に1本の曲線 C が指定されるため，この組 (I,φ) を曲線 C のパラメータ表示とよぶ．ただし，同一の曲線に対して無数のパラメータ表示が可能である．たとえば

$$((0,1),\ t \mapsto (\cos 2\pi t \quad \sin 2\pi t \quad 0)^t), \quad ((0,1),\ t \mapsto (\cos 2\pi t^2 \quad \sin 2\pi t^2 \quad 0)^t)$$

$$((0,2\pi),\ t \mapsto (\cos t \quad \sin t \quad 0)^t), \qquad ((1,\infty),\ t \mapsto (\cos 2\pi/t \quad -\sin 2\pi/t \quad 0)^t)$$

などはすべて原点を中心とする xy 平面上の単位円から1点 $(1\ \ 0\ \ 0)^t$ を除いた曲線を表す．いずれにせよ，微分幾何では写像 φ は単に連続というだけでなく，必要な回数だけ微分可能なものに制限するのが普通である．また，微分可能性を特定するたびごとに何回まで連続微分可能かを付記するのは非常に煩雑なので，とくに断らないかぎり，本書では「必要な回数だけ微分可能」であることを単に「微分可能」と表現することにする．

---

‡1 本書では数ベクトルは縦ベクトルとして扱うが，スペースを節約するため $(x\ \ y\ \ z)^t$ のように横ベクトルに転置記号 "t" を添えて表現することが多い．

式 (1.3) の写像 φ も (必要な回数だけ) 微分可能とし，実変数 t の関数 $\boldsymbol{p}, x, y, z$ の導関数をそれぞれ $\dot{\boldsymbol{p}}, \dot{x}, \dot{y}, \dot{z}$ などと略記する．つまり

$$\dot{\boldsymbol{p}}(t) \equiv \frac{d\boldsymbol{p}}{dt}(t) = (\dot{x}(t) \ \ \dot{y}(t) \ \ \dot{z}(t))^t \equiv \left(\frac{dx}{dt}(t) \quad \frac{dy}{dt}(t) \quad \frac{dz}{dt}(t)\right)^t \tag{1.4}$$

である．同様にして高次の導関数を $\ddot{\boldsymbol{p}}$, $\dddot{\boldsymbol{p}}$ などと記せば，$\boldsymbol{p}$ の Tailor 展開は

$$\boldsymbol{p}(t+h) = \boldsymbol{p}(t) + \dot{\boldsymbol{p}}(t)h + \frac{1}{2}\ddot{\boldsymbol{p}}(t)h^2 + \cdots \tag{1.5}$$

などと表現できる．ところで，上式の右辺を h に関する 1 次の項で打ち切れば

$$\overline{\boldsymbol{p}}(t+h) \equiv \boldsymbol{p}(t) + \dot{\boldsymbol{p}}(t)h \tag{1.6}$$

を得るが，$\dot{\boldsymbol{p}}(t) \neq \boldsymbol{0}$ ならば $(\boldsymbol{R},\ h \mapsto \overline{\boldsymbol{p}}(t+h))$ は点 $\boldsymbol{p}(t)$ における曲線 C の**接線** (tangent line) のパラメータ表示に他ならない．それゆえ，任意の $t \in I$ に対して $\dot{\boldsymbol{p}}(t) \neq \boldsymbol{0}$ ならば C 上のすべての点で接線が確定することになる．

パラメータ表示がこのような性質をもつとき，その表示は**正則** (regular) であるといい，正則なパラメータ表示をもつ曲線を**正則曲線** (regular curve) とよぶ．正則曲線に対する正則でないパラメータ表示も可能である点に注意しよう．たとえば，$((-1, 1),\ t \mapsto (t \ \ 0 \ \ 0)^t)$ は正則なパラメータ表示だから対応する曲線 (x 軸に平行な線分) は正則だが，$((-1, 1),\ t \mapsto (t^3 \ \ 0 \ \ 0)^t)$ は同じ曲線に対する正則でないパラメータ表示である．

ところで，正則曲線に対する上述の定義では，円などの曲線は除外されてしまう．円はどの点においても一意的な接線をもつが，式 (1.3) の形式でパラメータ表示すると，この表示は正則ではあり得ない‡2．そこで，円全体をカバーする表示は諦め，それぞれが円の一部をカバーする複数の表示を採用することにする．たとえば

$$\varphi_\pm : \boldsymbol{R} \to \boldsymbol{R}^3, \quad u \mapsto \boldsymbol{p}_\pm(u) \equiv \left(\frac{2u}{u^2+1} \quad \pm\frac{u^2-1}{u^2+1} \quad 0\right)^t$$

とすれば，$(\boldsymbol{R}, \varphi_+)$ は点 $(0 \ \ 1 \ \ 0)^t$ を除く xy 平面上の単位円に対する正則表示であり，$(\boldsymbol{R}, \varphi_-)$ は点 $(0 \ \ -1 \ \ 0)^t$ を除く xy 平面上の単位円に対する正則表示となっている．

一般に，対象とする曲線の一部をカバーする正則表示を，その曲線の**座標パッチ** (coordinate patch) とよぶ．たとえば $(\boldsymbol{R}, \varphi_+)$ と $(\boldsymbol{R}, \varphi_-)$ は単位円の座標パッチである．そして，複数の座標パッチで覆われる曲線もまた正則曲線とよぶことにし，とくに単一の座標パッチでカバーできる曲線を**単純曲線** (simple curve) とよぶことにする．この定義によれば，単位円は単純曲線ではないが正則曲線ではある．

---

‡2 円 C はその上の任意の 1 点を除いても連結しているが，開集合 I は 1 点を除けばたがいに連結しない二つの開集合に分離することから，I を C に写す微分可能な関数 φ が存在し得ないことは明らかだろう．

正則曲線 C が，式 (1.3) によって正則表示されているとしよう．開区間 I に属するたがいに異なる二つの実数 t_1，t_2 に空間内の同一の点 $\boldsymbol{p}_I$ が対応した場合，つまり $t_1 \neq t_2$ に対して $\boldsymbol{p}_I \equiv \boldsymbol{p}(t_1) = \boldsymbol{p}(t_2)$ が成立した場合，曲線 C は点 $\boldsymbol{p}_I$ を少なくとも 2 回は通過し，したがって点 $\boldsymbol{p}_I$ で交叉する[‡3]．このとき，$\boldsymbol{p}_I$ を曲線 C の**自己交叉点** (self intersection) とよび，曲線 C は自己交叉するという．たとえば

$$(I,\varphi) \equiv \left(\left(-\frac{\pi}{4},\ \frac{3\pi}{4}\right),\ t \mapsto \boldsymbol{p}(t) \equiv \begin{pmatrix}\sin 2t & \sin\left(3t + \dfrac{\pi}{4}\right) & 0\end{pmatrix}^t\right)$$

によって正則表示される曲線 C は $t_1 = -\pi/12$ と $t_2 = 7\pi/12$ において $\boldsymbol{p}_I = (-1/2\ \ 0\ \ 0)^t$ を通過するから自己交叉曲線である．そして，たとえば $I_1 = (-\pi/4,\ \pi/2)$，$I_2 = (0, 3\pi/4)$ として (I_1, φ)，(I_2, φ) で正則表示される二つの曲線 C_1，C_2 を考えれば，これらはともに曲線 C の一部であって自己交叉せず，$I = I_1 \cup I_2$ だから $C = C_1 \cup C_2$ が成立する．つまり，自己交叉する曲線 C を自己交叉しない二つの曲線 C_1，C_2 の合併として表したことになる．複数の自己交叉点をもつ曲線でも同様であり，その曲線を自己交叉しない複数の曲線の合併として表せることは容易に理解できるだろう．

ところで，写像 φ による開区間 I の像が曲線 C だから，$\varphi : I \to C$ は全射である．つまり，任意の $\boldsymbol{p} \in C$ に対して $\varphi(t) = \boldsymbol{p}$ を満足する $t \in I$ が存在する．一方，曲線 C が自己交叉しないならば $\varphi : I \to C$ は単射である．つまり $\varphi(t_1) = \varphi(t_2) \in C$ ならば $t_1 = t_2 \in I$ である．結局，自己交叉しない正則曲線の正則表示を (I, φ) とすれば，写像 $\varphi : I \to C$ は全単射であり，したがって φ は逆写像 $\varphi^{-1} : C \to I$ をもつことがわかった．

実はこれに留まらず，φ が**微分同相写像** (diffeomorphism) であること，つまり逆写像 φ^{-1} が φ と同じ回数だけ微分可能であることが以下のように示される．まず，逆関数定理[‡4]によれば $\dot{\boldsymbol{p}}(t) \neq \boldsymbol{0}$ を満足する t の近傍で φ は微分同相写像だが，(I, φ) は正則表示だからすべての $t \in I$ に対して $\dot{\boldsymbol{p}}(t) \neq \boldsymbol{0}$ であり，したがってすべての $t \in I$ の近傍で φ は微分同相写像である．各近傍で定義される逆写像はその近傍で全域的な逆写像 φ^{-1} に一致するが，各近傍の逆写像は φ と同じ回数だけ微分可能だから全域的な逆写像 φ^{-1} もまた φ と同じ回数だけ微分可能であり，したがって $\varphi : I \to C$ は微分同相写像である．以後，とくに断らないかぎり自己交叉しない正則曲線に対する正則なパラメータ表示を対象とするが，これによって φ の微分同相性が保証される．

さて，$(I,\ \varphi)$ と $(J,\ \psi)$ がともに曲線 C のパラメータ表示だったとしよう[‡5]．

---

‡3 曲線 C は点 $\boldsymbol{p}_I$ で接触する場合もあり，$\boldsymbol{p}_I$ の近傍で重なってしまう場合もあるが，それらの場合も含めて「交叉」と表現する．

‡4 たとえば松本幸夫著：多様体の基礎 (第 3 章)，東京大学出版会

‡5 これらが正則なパラメータ表現であり，C が自己交叉しない正則な曲線であることは暗黙の了解事項である．

$\varphi : I \to C$ と $\psi : J \to C$ はともに微分同相写像だから

$$\psi^{-1} \circ \varphi : I \to J, \quad t \mapsto \tau = \psi^{-1}(\varphi(t))$$

もまた微分同相写像であり，$d\tau/dt$ は開区間 I 上で零とはなり得ない．それゆえ $d\tau/dt$ は I 上でつねに同符号だが，$d\tau/dt > 0$ の場合は $(I,\ \varphi)$ から $(J,\ \psi)$ へのパラメータ表示の変更は**曲線の向きを保存する** (orientation preserving) といい，$d\tau/dt < 0$ の場合には**曲線の向きを入れ替える** (orientation reversing) と表現する．いうまでもないが，向きの保存と入れ替えは二つの表示に関して対称である．つまり，$(I,\ \varphi)$ から $(J,\ \psi)$ への変更が向きを保存すれば，$(J,\ \psi)$ から $(I,\ \varphi)$ への変更も向きを保存する．

1.1.2 弧長表示

曲線 C のパラメータ表示 $(I,\ \varphi : t \mapsto \boldsymbol{p}(t))$ ではパラメータ t を時間として解釈するとわかりやすい．時間の経過に連れて，$\boldsymbol{E}^3$ 中の点 $\boldsymbol{p}$ が動くと考えるのである．この解釈によれば $\dot{\boldsymbol{p}}(t)$ は時刻 t における点の移動速度を意味し，その大きさ $\|\dot{\boldsymbol{p}}(t)\|$ は速さを表す．速さを時間で積分すれば経路に沿っての移動距離になるから

$$L(t_1, t_2) \equiv \int_{t_1}^{t_2} dt \|\dot{\boldsymbol{p}}(t)\| \qquad (t_1, t_2 \in I) \tag{1.7}$$

は点 $\boldsymbol{p}(t_1)$ から点 $\boldsymbol{p}(t_2)$ までの曲線 C に沿っての符号付きの長さ，すなわち**弧長** (arc length) を意味する．このとき

$$L(t_1, t_2) = t_2 - t_1 \qquad (t_1, t_2 \in I) \tag{1.8}$$

が成立するようなパラメータ表示は，とくに弧長表示とよばれる．

$(I,\ \varphi : t \mapsto \boldsymbol{p}(t))$ が弧長表示だったとしよう．任意の $t_1 \in I$ を固定すれば $L(t_1, t) = t - t_1$ は I の上の関数であり，式 (1.7) によって

$$\frac{d}{dt} L(t_1, t) = \frac{d}{dt}(t - t_1) = 1 = \frac{d}{dt} \int_{t_1}^{t} d\tau \|\dot{\boldsymbol{p}}(\tau)\| = \|\dot{\boldsymbol{p}}(t)\|$$

すなわち

$$\|\dot{\boldsymbol{p}}(t)\| = 1 \qquad (t \in I) \tag{1.9}$$

が成立する．逆に式 (1.9) が成立するならば，これを式 (1.7) に代入すれば式 (1.8) を得るから $(I,\ \varphi)$ は弧長表示である．つまり，速度ベクトルが単位ベクトルであることを意味する式 (1.9) は，$(I,\ \varphi)$ が弧長表示であるための必要十分条件である．

曲線 C のパラメータ表示 $(I,\ \varphi : t \mapsto \boldsymbol{p}(t))$ が与えられた場合，C の弧長表示が以下のように構成できる．まず，任意の $t_1 \in I$ を固定して $s(t) \equiv L(t_1, t)$ とすれば，表示の正則性によって $\dot{s}(t) = \|\dot{\boldsymbol{p}}(t)\| > 0$ だから I 上で定義された関数 $s(t)$ は t に関して強単調増加であり，開区間 $(a, b) \equiv I$ を開区間 $I_L \equiv (s(a), s(b))$ に一対一に写す．それゆえ，t を s の関数として $t = f(s)$ と表現でき，$(I_L, \varphi \circ f : s \mapsto \boldsymbol{p}(f(s)))$ は曲線 C の

パラメータ表示である．そして，式 (1.7) により $ds(t)/dt = dL(t_1, t)/dt = \|\dot{\boldsymbol{p}}(t)\|$ だから，任意の $s \in I_L$ に対して

$$\left\|\frac{d\boldsymbol{p}(f(s))}{ds}\right\| = \left\|\dot{\boldsymbol{p}}(f(s))\frac{df(s)}{ds}\right\| = \left\|\frac{\dot{\boldsymbol{p}}(f(s))}{\left.\dfrac{ds}{dt}\right|_{f(s)}}\right\| = \left\|\frac{\dot{\boldsymbol{p}}(f(s))}{\|\dot{\boldsymbol{p}}(f(s))\|}\right\| = 1$$

が成立する．したがって $(I_L, \varphi \circ f : s \mapsto \boldsymbol{p}(f(s)))$ は弧長表示である．

弧長表示は式 (1.9) に代表される便利な性質をもつため次節以降でもさかんに利用されるが，前述のように原理的にはどのような曲線に対しても弧長表示が構成できるから，弧長表示を前提としても一般性を失わない．ところで，一般のパラメータ t に関する微分を $\dot{\boldsymbol{p}}, \ddot{\boldsymbol{p}}, \dddot{\boldsymbol{p}}, \cdots$ などと表現したが，弧長 s による微分は特別扱いして $\boldsymbol{p}', \boldsymbol{p}'', \boldsymbol{p}''', \cdots$ などと記すことにしよう．

$(I,\ \varphi : s \mapsto \boldsymbol{p}(s))$ と $(J,\ \psi : \sigma \mapsto \boldsymbol{q}(\sigma))$ がともに曲線 C の弧長表示だったとしよう．$s \in I$ を指定すれば $\sigma \equiv (\psi^{-1} \circ \varphi)(s) \in J$ が一意に決まるので，これを $\sigma = \sigma(s)$ と表現すれば開区間 I 上で $\boldsymbol{p}(s) = \boldsymbol{q}(\sigma(s))$ が成立する．一方，仮定によって $\boldsymbol{p}'$，$\boldsymbol{q}'$ は単位ベクトルだから

$$1 = \|\boldsymbol{p}'(s)\| = \left\|\frac{d\boldsymbol{q}(\sigma(s))}{ds}\right\| = \left\|\boldsymbol{q}'(\sigma(s))\frac{d\sigma(s)}{ds}\right\| = \left|\frac{d\sigma(s)}{ds}\right|$$

が成立するが，$d\sigma/ds$ は I 上で符号を変えないため定数だから，その値は ± 1 に限られる．それゆえ，$(I,\ \varphi)$ から $(J,\ \psi)$ への変更が向きを保存するか入れ替えるかに応じて

$$\sigma = \begin{cases} s + c & (\text{向きを保存する場合}) \\ -s + c & (\text{向きを入れ替える場合}) \end{cases}$$

が成立する．ここで，c は適当な定数である．このように，弧長表示は曲線の向きと定数の不確定性を別にすれば一意的に決まる．

1.1.3　Frenet-Serret の公式

$(I, \varphi : s \mapsto \boldsymbol{p}(s))$ を曲線 C の弧長表示とする．弧長表示では速度ベクトル

$$\boldsymbol{e}_1(s) \equiv \boldsymbol{p}'(s) \tag{1.10}$$

は単位ベクトルだから $\boldsymbol{e}_1 \cdot \boldsymbol{e}_1 = 1$ が成立し，これを s で微分すれば $2\boldsymbol{e}_1' \cdot \boldsymbol{e}_1 = 0$ を得るから加速度ベクトル $\boldsymbol{e}_1'(s)$ は速度ベクトル $\boldsymbol{e}_1(s)$ に直交する．この加速度ベクトルの大きさ

$$\kappa(s) \equiv \|\boldsymbol{e}_1'(s)\| \tag{1.11}$$

は曲線 C の点 $\boldsymbol{p}(s)$ における**曲率** (curvature) とよばれるが，その理由については次項で説明する．ところで，$\kappa(s) = 0$ となる点では加速度ベクトルの方向が一意的に定ま

らず，統一的な議論が面倒になるため，以後は曲線上のすべての点で $\kappa(s) > 0$ とする[‡6]．それゆえ，加速度ベクトル方向の単位ベクトル $\boldsymbol{e}_2(s)$ が

$$\boldsymbol{e}_2(s) \equiv \frac{\boldsymbol{e}_1'(s)}{\kappa(s)} \tag{1.12}$$

として定まる．さらに $\boldsymbol{e}_3(s)$ を

$$\boldsymbol{e}_3(s) \equiv \boldsymbol{e}_1(s) \times \boldsymbol{e}_2(s) \tag{1.13}$$

として定義すれば $\{\boldsymbol{e}_i(s)\}_{i=1,2,3}$ はこの順序で右手系の正規直交基底

$$\boldsymbol{e}_i(s) \cdot \boldsymbol{e}_j(s) = \delta_{ij} = \begin{cases} 1 & (i = j) \\ 0 & (i \neq j) \end{cases} \qquad (i, j = 1, 2, 3) \tag{1.14}$$

をなすが，これを **Frenet 標構** (Frenet frame) とよぶ．点 $\boldsymbol{p}(s)$ から $\boldsymbol{e}_1(s)$ 方向に伸ばした直線を接線とよぶのに対し，$\boldsymbol{e}_2(s)$ や $\boldsymbol{e}_3(s)$ 方向に伸ばした直線をそれぞれ**主法線** (principal normal)，**従法線** (binormal) とよぶ．

式 (1.14) によれば $\boldsymbol{e}_2 \cdot \boldsymbol{e}_2 = 1$ であり，$\boldsymbol{e}_2 \cdot \boldsymbol{e}_1 = 0$ であるが，これらを s で微分すれば

$$2\boldsymbol{e}_2' \cdot \boldsymbol{e}_2 = 0, \quad \boldsymbol{e}_2' \cdot \boldsymbol{e}_1 + \boldsymbol{e}_2 \cdot \boldsymbol{e}_1' = \boldsymbol{e}_2' \cdot \boldsymbol{e}_1 + \boldsymbol{e}_2 \cdot \kappa \boldsymbol{e}_2 = \boldsymbol{e}_2' \cdot \boldsymbol{e}_1 + \kappa = 0$$

を得る．それゆえベクトル $\boldsymbol{e}_2'$ を Frenet 標構で展開した場合には $\boldsymbol{e}_2$ 成分は零であり，$\boldsymbol{e}_1$ 成分は $-\kappa$ であって

$$\boldsymbol{e}_2'(s) = -\kappa(s)\boldsymbol{e}_1(s) + \tau(s)\boldsymbol{e}_3(s) \tag{1.15}$$

と展開できる．$\tau(s)$ は，これも次項で説明する理由によって曲線 C の点 $\boldsymbol{p}(s)$ における**捩率** (torsion) とよばれる．一方，式 (1.13) の両辺を s で微分すれば，式 (1.12), (1.15) を利用して

$$\boldsymbol{e}_3' = \boldsymbol{e}_1' \times \boldsymbol{e}_2 + \boldsymbol{e}_1 \times \boldsymbol{e}_2' = (\kappa \boldsymbol{e}_2) \times \boldsymbol{e}_2 + \boldsymbol{e}_1 \times (-\kappa \boldsymbol{e}_1 + \tau \boldsymbol{e}_3) = \tau \boldsymbol{e}_1 \times \boldsymbol{e}_3$$

すなわち

$$\boldsymbol{e}_3'(s) = -\tau(s)\boldsymbol{e}_2(s) \tag{1.16}$$

を得る．式 (1.12)，(1.15)，(1.16) はまとめて

$$\begin{cases} \boldsymbol{e}_1'(s) = & & \kappa(s)\boldsymbol{e}_2(s) & \\ \boldsymbol{e}_2'(s) = & -\kappa(s)\boldsymbol{e}_1(s) & & +\tau(s)\boldsymbol{e}_3(s) \\ \boldsymbol{e}_3'(s) = & & -\tau(s)\boldsymbol{e}_2(s) & \end{cases} \tag{1.17}$$

[‡6] この前提によって，たとえば「直線」という最も普通の曲線が除外されてしまうが，特に大きな問題にはならない．どんな曲線でも微小な変形によって非零の曲率をもつ曲線に変形できるからである．変形した曲線を元の曲線に連続的に戻す過程において，加速度ベクトル方向の単位ベクトルが収束する先を $\boldsymbol{e}_2(s)$ として定義すればよい．曲線の変形の仕方に応じて $\boldsymbol{e}_2(s)$ も変化するから一意性はないが，どれを採用しても同様に機能する．

と表現でき，空間曲線に関する **Frenet-Serret の公式**とよばれる．3個の3次元縦ベクトル $\boldsymbol{e}_1, \boldsymbol{e}_2, \boldsymbol{e}_3$ を横に並べて3次の正方行列 F_r を作れば，式 (1.17) は

$$\frac{d}{ds}F_r = F_r\Omega_c, \quad F_r \equiv (\boldsymbol{e}_1 \ \ \boldsymbol{e}_2 \ \ \boldsymbol{e}_3), \quad \Omega_c \equiv \begin{pmatrix} 0 & -\kappa & 0 \\ \kappa & 0 & -\tau \\ 0 & \tau & 0 \end{pmatrix} \tag{1.18}$$

としても表現できる．ここで，$\{\boldsymbol{e}_1, \boldsymbol{e}_2, \boldsymbol{e}_3\}$ は右手系の正規直交基底だから，F_r は行列式が1であるような直交行列であり，I_3 を3次の単位行列として次式が成立する．

$$\det(F_r) = 1, \quad F_r^t F_r = F_r F_r^t = I_3 \tag{1.19}$$

さて，与えられた曲線 C に対して曲率 $\kappa(s) > 0$ と捩率 $\tau(s)$ が定まることは上述の通りだが，ここでは逆に曲率と捩率とによって曲線の形が決まってしまうことを示そう．つまり，つぎの定理が証明される．

> **《曲線論の基本定理》**
> 開区間 (a, b) 上で定義された微分可能な実関数 $\kappa(s) > 0$ と $\tau(s)$ に対して，それらを曲率および捩率とする曲線が存在し，そのような曲線は向きを保つ合同変換[‡7]を除いてただひとつである．

$\kappa(s)$ と $\tau(s)$ が与えられれば，式 (1.18) は F_r に対する線形常微分方程式と見なせる．そして線形常微分方程式の基本定理によれば，任意の $s_0 \in (a, b)$ に対して $F_r(s_0) = I_3$ を初期条件とする (a, b) 上の解が一意に存在する．$\Omega_c^t = -\Omega_c$ だから，この解 F_r は

$$(F_r F_r^t)' = F_r' F_r^t + F_r F_r'^t = F_r \Omega_c F_r^t + F_r (F_r \Omega_c)^t = F_r (\Omega_c + \Omega_c^t) F_r^t = O_{33}$$

を満足し[‡8]，$F_r(s_0)F_r^t(s_0) = I_3$ だから $F_r(s)F_r^t(s)$ は (a, b) 上で単位行列である．したがって，F_r は直交行列であって $\det(F_r(s)) = \pm 1$ が成立する．ところが，$\det(F_r(s))$ は s の連続関数であって $\det(F_r(s_0)) = 1$ だから $\det(F_r(s)) = 1$ でなければならない．それゆえ，F_r を構成する3個の3次元縦ベクトル $\{\boldsymbol{e}_i(s)\}_{i=1,2,3}$ は，この順序で右手系の正規直交基底をなす．ここで

$$\left((a, b), \varphi : s \mapsto \boldsymbol{p}(s) \equiv \int_{s_0}^{s} d\sigma \boldsymbol{e}_1(\sigma)\right)$$

として弧長表示される曲線を C とすれば，F_r が式 (1.18) を満足することから C の曲率と捩率はそれぞれ $\kappa(s)$ と $\tau(s)$ である．

つぎに，$((a, b), \overline{\varphi} : s \mapsto \overline{\boldsymbol{p}}(s))$ によって弧長表示される曲線 $\overline{C}$ もまた $\kappa(s)$ と $\tau(s)$ を曲率および捩率とするならば，C と $\overline{C}$ は向きを保つ合同変換で一致することを示そ

[‡7] 向きを保つ合同変換とは回転と平行移動の合成である．鏡像変換は向きを変える．

[‡8] O_{33} はすべての要素が零であるような3次の正方行列を意味する．

う．そのために C と $\overline{C}$ の Frenet 標構をそれぞれ $\{\boldsymbol{e}_i(s)\}_{i=1,2,3}$ および $\{\overline{\boldsymbol{e}}_i(s)\}_{i=1,2,3}$ とし，それらを並べて作った行列を F_r および $\overline{F}_r$ と記す．また，$s_0 \in (a,b)$ をひとつ選び，

$$\overline{\boldsymbol{p}}(s_0) = \boldsymbol{p}(s_0), \quad \overline{F}_r(s_0) = F_r(s_0) \tag{1.20}$$

が成立するように $\overline{C}$ に適当な平行移動と回転を施してあるとする[‡9]．さて，仮定によって F_r と $\overline{F}_r$ はともに式 (1.18)，(1.19) を満足するから

$$(F_r\overline{F}_r^t)' = F_r'\overline{F}_r^t + F_r\overline{F}_r'^t = F_r\Omega_c\overline{F}_r^t + F_r(\overline{F}_r\Omega_c)^t = F_r(\Omega_c + \Omega_c^t)\overline{F}_r^t = O_{33}$$

であり，$s = s_0$ においては式 (1.20) によって

$$F_r(s_0)\overline{F}_r^t(s_0) = F_r(s_0)F_r^t(s_0) = I_3$$

だから，(a,b) 上で

$$F_r\overline{F}_r^t = F_r\overline{F}_r^{-1} = I_3 \quad \Leftrightarrow \quad F_r = \overline{F}_r \quad \Rightarrow \quad \boldsymbol{e}_1 = \overline{\boldsymbol{e}}_1$$

が成立する．それゆえ

$$\overline{\boldsymbol{p}}(s) = \int_{s_0}^{s} d\sigma \overline{\boldsymbol{e}}_1(\sigma) + \overline{\boldsymbol{p}}(s_0) = \int_{s_0}^{s} d\sigma \boldsymbol{e}_1(\sigma) + \boldsymbol{p}(s_0) = \boldsymbol{p}(s)$$

が成立し，C と $\overline{C}$ は完全に一致する．

1.1.4　曲率と捩率

Frenet-Serret の公式によれば

$$\boldsymbol{p}' = \boldsymbol{e}_1, \quad \boldsymbol{p}'' = \boldsymbol{e}_1' = \kappa\boldsymbol{e}_2, \quad \boldsymbol{p}''' = (\kappa\boldsymbol{e}_2)' = \kappa'\boldsymbol{e}_2 + \kappa\boldsymbol{e}_2' = -\kappa^2\boldsymbol{e}_1 + \kappa'\boldsymbol{e}_2 + \tau\kappa\boldsymbol{e}_3, \ \cdots$$

だから，$\boldsymbol{p}$ の Taylor 展開は

$$\begin{aligned}\boldsymbol{p}(s+h) &= \boldsymbol{p}(s) + \boldsymbol{e}_1(s)h + \frac{1}{2}\kappa(s)\boldsymbol{e}_2(s)h^2 \\ &\quad + \frac{1}{6}\left\{-\kappa(s)^2\boldsymbol{e}_1(s) + \kappa'(s)\boldsymbol{e}_2(s) + \tau(s)\kappa(s)\boldsymbol{e}_3(s)\right\}h^3 + \cdots\end{aligned} \tag{1.21}$$

と書ける．ここで，$\boldsymbol{p}(s)$ を含んで $\boldsymbol{e}_3(s)$ に直交する平面を Π_s と記せば，式 (1.21) 右辺の第 3 項までの和は任意の h に対して Π_s 上の点を表す．また $\kappa(s) \neq 0$ の場合，Π_s 上の点

$$\boldsymbol{r}_c(s) \equiv \boldsymbol{p}(s) + \rho(s)\boldsymbol{e}_2(s), \quad \rho(s) \equiv \frac{1}{\kappa(s)} \tag{1.22}$$

を中心として Π_s に含まれる半径 $\rho(s)$ の円を $\widehat{C}_s$ と記せば，この $\widehat{C}_s$ は

$$\begin{aligned}&\widehat{\varphi} : (s - \pi\rho(s),\ s + \pi\rho(s)) \to \boldsymbol{R}^3, \\ &\sigma \mapsto \widehat{\boldsymbol{p}}(\sigma) \equiv \boldsymbol{p}(s) + \rho(s)\sin\frac{\sigma - s}{\rho(s)}\boldsymbol{e}_1(s) + \rho(s)\left(1 - \cos\frac{\sigma - s}{\rho(s)}\right)\boldsymbol{e}_2(s)\end{aligned} \tag{1.23}$$

[‡9] $\{\overline{\boldsymbol{e}}_i(s_0)\}_{i=1,2,3}$ は $\{\boldsymbol{e}_i(s_0)\}_{i=1,2,3}$ と同じく右手系の正規直交基底だから，適当な回転によって前者を後者に一致させることが可能である．

として弧長表示される．そして，$\widehat{\boldsymbol{p}}(\sigma)$ を $\sigma = s$ のまわりで Taylor 展開すれば

$$\widehat{\boldsymbol{p}}(s+h) = \boldsymbol{p}(s) + \rho\left(\frac{h}{\rho} - \frac{1}{6}\frac{h^3}{\rho^3} + \cdots\right)\boldsymbol{e}_1(s) + \rho\left(\frac{1}{2}\frac{h^2}{\rho^2} - \frac{1}{24}\frac{h^4}{\rho^4} + \cdots\right)\boldsymbol{e}_2(s)$$
$$= \boldsymbol{p}(s) + \boldsymbol{e}_1(s)h + \frac{1}{2}\kappa(s)\boldsymbol{e}_2(s)h^2 - \frac{1}{6}\kappa(s)^2\boldsymbol{e}_1(s)h^3 + \cdots$$

を得るから，

$$\boldsymbol{p}(s+h) - \widehat{\boldsymbol{p}}(s+h) = \frac{1}{6}\{\kappa'(s)\boldsymbol{e}_2(s) + \tau(s)\kappa(s)\boldsymbol{e}_3(s)\}h^3 + \cdots \tag{1.24}$$

が成立し，h の関数として $\hat{\boldsymbol{p}}(s+h)$ は $\boldsymbol{p}(s+h)$ に対する 2 次近似である (両者の差は h に関して 3 次以上)．点 $\boldsymbol{p}(s)$ における曲線 C の接線とは $\boldsymbol{p}(s)$ 近傍で C の 1 次近似を与える直線を意味するが，これに対応して C の 2 次近似を与える円 $\widehat{C}_s$ を点 $\boldsymbol{p}(s)$ における曲線 C の**曲率円** (osculating circle) とよぶ[‡10]．また，曲率円 $\widehat{C}_s$ の中心 $\boldsymbol{r}_c(s)$ を**曲率中心** (center of curvature)，その半径 $\rho(s)$ を**曲率半径** (radius of curvature) とよぶ．$\kappa(s)$ は曲率半径 $\rho(s)$ の逆数だから，点 $\boldsymbol{p}(s)$ で曲線が強く曲がるほど大きくなる．$\kappa(s)$ が点 $\boldsymbol{p}(s)$ における曲線 C の曲率とよばれるのは，こうした理由によるのである．

さて，式 (1.21) によれば

$$\{\boldsymbol{p}(s+h) - \boldsymbol{p}(s)\}\cdot\boldsymbol{e}_3(s) = \frac{1}{6}\tau(s)\kappa(s)h^3 + \cdots$$

だから，$\boldsymbol{p}(s)$ を含んで $\boldsymbol{e}_3(s)$ に直交する平面 Π_s から $\boldsymbol{p}(s+h)$ までの距離は h に関して 3 次以上であり，$\tau(s) = 0$ ならば 4 次以上となる．さらに，開区間 I 上で $\tau(s) = 0$ であったとすれば，その開区間上で τ の導関数はすべて零となり，任意の $s \in I$ に対して式 (1.21) の右辺における $\boldsymbol{e}_3(s)$ の係数は h に関する高次の項を含めてすべて零となる．それゆえ $\boldsymbol{p}(s+h)$ は $\boldsymbol{p}(s)$ の近傍では平面 Π_s に留まることが結論される．

逆に曲線が開区間 I 上でひとつの平面 Π 内に留まり $\kappa(s) \neq 0$ ならば，I 上で $\tau(s) = 0$ となることが以下のようにして示される．任意の $s_0 \in I$ をひとつ選んで固定し，Π の単位法線ベクトルを $\boldsymbol{n}$ とすれば，仮定によって $\{\boldsymbol{p}(s) - \boldsymbol{p}(s_0)\}\cdot\boldsymbol{n} = 0$ が成立する．これを微分すると

$$\boldsymbol{p}'(s)\cdot\boldsymbol{n} = \boldsymbol{e}_1(s)\cdot\boldsymbol{n} = 0, \quad \boldsymbol{e}_1'(s)\cdot\boldsymbol{n} = \kappa(s)\boldsymbol{e}_2(s)\cdot\boldsymbol{n} = 0$$

を得るから $\kappa(s) \neq 0$ によって $\boldsymbol{e}_2(s)\cdot\boldsymbol{n} = 0$ であり，これを微分すれば

$$\boldsymbol{e}_2'(s)\cdot\boldsymbol{n} = \{-\kappa(s)\boldsymbol{e}_1(s) + \tau(s)\boldsymbol{e}_3(s)\}\cdot\boldsymbol{n} = \tau(s)\boldsymbol{e}_3(s)\cdot\boldsymbol{n} = 0$$

が導かれる．ところが $\boldsymbol{n}$ は $\boldsymbol{e}_1(s)$ と $\boldsymbol{e}_2(s)$ に直交するから $\boldsymbol{e}_3(s)$ には直交し得ず，したがって $\tau(s) = 0$ でなければならない．

[‡10] 点 $\boldsymbol{p}(s)$ で単に曲線に接している円，つまり $\boldsymbol{p}(s)$ 近傍で曲線の 1 次近似を与える円を「接円」とよんで区別する．無数に存在する接円の中で 2 次近似を与える唯一の円が曲率円なのである．

このように，$\tau(s)$ は曲率円を含む平面から曲線が離れていく度合を反映する．曲線が「捩れる」ことによって平面から離れて行くのだと解釈すれば，$\tau(s)$ を捩率とよぶ理由が理解できるだろう．

1.2　空間内の曲面

1.2.1　曲面のパラメータ表示

開区間 $I \subset \boldsymbol{R}$ から $\boldsymbol{R}^3$ への連続写像が空間内の曲線を表示したように，$\boldsymbol{R}^2$ 上の開領域 $D \subset \boldsymbol{R}^2$ から $\boldsymbol{R}^3$ への連続写像 φ

$$\varphi : D \to \boldsymbol{R}^3, \quad \boldsymbol{q} = (u \ \ v)^t \mapsto \varphi(\boldsymbol{q}) = \boldsymbol{p}(u,v) = (x(u,v) \quad y(u,v) \quad z(u,v))^t \tag{1.25}$$

は空間内の曲面 S を表す．このとき開領域 D と写像 φ の組 (D,φ) を曲面 S のパラメータ表示とよぶ．曲線の場合と同様に φ が微分可能であることを前提とし[‡11]，$\boldsymbol{p}$ の u，v に関する偏導関数を

$$\begin{aligned}&\boldsymbol{p}_u \equiv \partial_u \boldsymbol{p} = \frac{\partial \boldsymbol{p}}{\partial u}, \quad \boldsymbol{p}_v \equiv \partial_v \boldsymbol{p} = \frac{\partial \boldsymbol{p}}{\partial v}\\ &\boldsymbol{p}_{uu} \equiv \partial_u\partial_u \boldsymbol{p} = \frac{\partial^2 \boldsymbol{p}}{\partial u^2}, \quad \boldsymbol{p}_{uv} \equiv \partial_u\partial_v \boldsymbol{p} = \frac{\partial^2 \boldsymbol{p}}{\partial u \partial v}, \quad \boldsymbol{p}_{vv} \equiv \partial_v\partial_v \boldsymbol{p} = \frac{\partial^2 \boldsymbol{p}}{\partial v^2}, \quad \cdots\end{aligned} \tag{1.26}$$

などと記そう．すると，たとえば $(u \ \ v)^t \in D$ の近傍における $\boldsymbol{p}$ の Taylor 展開は

$$\boldsymbol{p}(u+\xi,\ v+\eta) = \boldsymbol{p} + \boldsymbol{p}_u\xi + \boldsymbol{p}_v\eta + \frac{1}{2}(\boldsymbol{p}_{uu}\xi^2 + 2\boldsymbol{p}_{uv}\xi\eta + \boldsymbol{p}_{vv}\eta^2) + \cdots \tag{1.27}$$

と表現できる．ただし，右辺における $\boldsymbol{p}, \boldsymbol{p}_u, \boldsymbol{p}_v, \boldsymbol{p}_{uu}, \cdots$ は $(u \ \ v)^t$ での値を意味する．ここで上式右辺を 1 次の項で打ち切れば

$$\overline{\boldsymbol{p}}(u+\xi,\ v+\eta) \equiv \boldsymbol{p}(u,v) + \boldsymbol{p}_u(u,v)\xi + \boldsymbol{p}_v(u,v)\eta \tag{1.28}$$

を得るが，$\boldsymbol{p}_u(u,v)$，$\boldsymbol{p}_v(u,v)$ が線形独立ならば，$(\boldsymbol{R}^2,\ (\xi \ \ \eta)^t \mapsto \overline{\boldsymbol{p}}(u+\xi,\ v+\eta))$ は点 $\boldsymbol{p}(u,v)$ における曲面 S の**接平面** (tangent plane) のパラメータ表示になっている．それゆえ任意の $(u \ \ v)^t \in D$ に対して $\boldsymbol{p}_u(u,v)$，$\boldsymbol{p}_v(u,v)$ が線形独立ならば，S 上のすべての点で接平面が確定する．パラメータ表示がこのような性質をもつとき，その表示は正則であるといい，正則なパラメータ表示をもつ曲面を**正則曲面** (regular surface) とよぶ．正則曲面に対する正則でないパラメータ表示も可能であることは，曲線の場合と同様である．たとえば

$$((-1,1)\times(-1,1),\ (u \ \ v)^t \mapsto (u \ \ v \ \ 0)^t), \quad ((-1,1)\times(-1,1),\ (u \ \ v)^t \mapsto (u^3 \ \ v^3 \ \ 0)^t)$$

は同一の曲面 (原点を中心とする xy 平面上の正方形) を表示するが，前者は正則表示であり，後者は正則表示ではない．

---

‡11 前節で述べたように，とくに断らない限り本書では「微分可能」とは「必要な回数だけ微分可能」を意味する．

ところで，正則曲面に対する上述の定義では球面などは除外されてしまう．球面はどの点においても一意的な接平面をもつが，式 (1.25) の形式でパラメータ表示すると，この表示は正則ではあり得ないことが示されるのである．そこで，球面全体をカバーする表示は諦め，それぞれが球面の一部をカバーする複数の表示を採用することにする．たとえば

$$\varphi_\pm : \boldsymbol{R}^2 \to \boldsymbol{R}^3,\ \ (u\ \ v)^t \mapsto \boldsymbol{p}_\pm(u,v) \equiv \left(\frac{2u}{u^2+v^2+1}\ \ \frac{2v}{u^2+v^2+1}\ \ \pm\frac{u^2+v^2-1}{u^2+v^2+1}\right)^t$$

とすれば，$(\boldsymbol{R}^2, \varphi_+)$ は北極を除く単位球面に対する正則表示であり，$(\boldsymbol{R}^2, \varphi_-)$ は南極を除く単位球面に対する正則表示となっている．一般に，対象とする曲面の一部をカバーする正則表示をその曲面の座標パッチとよぶ．たとえば，$(\boldsymbol{R}^2, \varphi_+)$ と $(\boldsymbol{R}^2, \varphi_-)$ は単位球面の座標パッチである．そして，複数の座標パッチで覆われる曲面もまた正則曲面とよぶことにし，とくに単一の座標パッチでカバーできる曲面を**単純曲面** (simple surface) とよぶことにする．この定義によれば，単位球面は単純曲面ではないが正則曲面ではある．

曲線の場合と同様に，曲面もまた自己交叉する場合がある．つまり，D に属するたがいに異なる二つの点 $\boldsymbol{q}_1, \boldsymbol{q}_2 \in D$，$\boldsymbol{q}_1 \neq \boldsymbol{q}_2$ に対して $\boldsymbol{p}(\boldsymbol{q}_1) = \boldsymbol{p}(\boldsymbol{q}_2)$ が成立する場合である．しかし，これも曲線の場合と同様に，必要に応じて座標パッチを細かく設定すれば，どの座標パッチも自己交叉しないようにできることは容易に理解できるだろう．

さて，$(D,\ \varphi : (u\ \ v)^t \mapsto \boldsymbol{p}(u,v))$ が自己交叉しない正則曲面 S の正則表示だとしよう．写像 φ による開領域 D の像が曲面 S だから，$\varphi : D \to S$ は全射である．一方，曲面 S は自己交叉しないから，$\varphi : D \to S$ は単射である．つまり写像 $\varphi : D \to S$ は全単射であり，したがって φ は逆写像 $\varphi^{-1} : S \to D$ をもつ．一方，逆関数定理によれば，$\boldsymbol{p}_u(u,v)$，$\boldsymbol{p}_v(u,v)$ が線形独立であるような $(u\ \ v)^t \in D$ の近傍で φ は微分同相写像だが，表示は正則だから任意の $(u\ \ v)^t \in D$ において $\boldsymbol{p}_u(u,v)$，$\boldsymbol{p}_v(u,v)$ は線形独立であり，したがってすべての $(u\ \ v)^t \in D$ の近傍で φ は微分同相写像である．各近傍で定義される逆写像はその近傍で全域的な逆写像 φ^{-1} に一致するが，各近傍の逆写像は φ と同じ回数だけ微分可能だから全域的な逆写像 φ^{-1} もまた φ と同じ回数だけ微分可能であり，したがって $\varphi : D \to S$ は微分同相写像である．以後，とくに断らないかぎり，自己交叉しない正則曲面に対する正則なパラメータ表示を対象とするが，これによって φ の微分同相性が保証される．

φ による $\boldsymbol{q} = (u\ \ v)^t \in D$ の像が $\varphi(\boldsymbol{q}) = \boldsymbol{p}(u,v)$ であるが，$\boldsymbol{q}$ の変化 $\Delta\boldsymbol{q} = (\Delta u\ \ \Delta v)^t$ に対する $\boldsymbol{p}$ の変化は式 (1.27) によって

$$\Delta\boldsymbol{p} = \boldsymbol{p}(u+\Delta u, v+\Delta v) - \boldsymbol{p}(u,v) = \boldsymbol{p}_u\Delta u + \boldsymbol{p}_v\Delta v + o^2(\Delta u, \Delta v) \tag{1.29}$$

と書け[‡12]，1次近似では

$$\Delta\boldsymbol{p} = \boldsymbol{p}_u\Delta u + \boldsymbol{p}_v\Delta v = B\Delta\boldsymbol{q}, \quad B \equiv (\boldsymbol{p}_u \quad \boldsymbol{p}_v) \tag{1.30}$$

と表現できる．(D, φ) は正則表示だから $\boldsymbol{p}_u$，$\boldsymbol{p}_v$ は線形独立であり，それらを横に並べて作った 3×2 行列 B の階数は 2 である．それゆえ，B の転置行列 B^t を B に乗じて得られる 2×2 行列 B^tB は可逆であり

$$\Delta\boldsymbol{q} = B^+\Delta\boldsymbol{p}, \quad B^+ \equiv (B^tB)^{-1}B^t \tag{1.31}$$

が成立する[‡13]．また，写像 $\varphi : D \to S$ は全単射だから $\Delta\boldsymbol{p} \fallingdotseq 0$ ならば $\Delta\boldsymbol{q} \fallingdotseq 0$ である．B^+ は 2×3 行列だから $B^+\boldsymbol{v} = \boldsymbol{0}$，$\boldsymbol{v} \fallingdotseq \boldsymbol{0}$ を満足する $\boldsymbol{v} \in \boldsymbol{R}^3$ が存在するが，曲面 S 上の 2 点間の差として定義される $\Delta\boldsymbol{p}$ に制限すれば「$\Delta\boldsymbol{p} \fallingdotseq 0$ ならば $\Delta\boldsymbol{q} \fallingdotseq 0$」がいえるのである．

1.2.2 曲面上の曲線

$(D,\ \varphi : (u \ \ v)^t \mapsto \boldsymbol{p}(u, v))$ によってパラメータ表示される曲面を S とし[‡14]，開区間 $I \subset \boldsymbol{R}$ から開領域 $D \subset \boldsymbol{R}^2$ への連続写像 ψ

$$\psi : I \to D, \quad t \mapsto \psi(t) = \boldsymbol{q}(t) = (u(t) \ \ v(t))^t \tag{1.32}$$

を考えよう．2 次元数ベクトル空間 $\boldsymbol{R}^2$ と 2 次元 Euclid 空間 $\boldsymbol{E}^2$ を同一視すれば，(I, ψ) を $\boldsymbol{E}^2$ 中の曲線に対するパラメータ表示と解釈でき，正則性，自己交叉性や ψ の微分同相性など $\boldsymbol{E}^3$ 内の曲線に関する前節の議論がほとんどそのまま適用できる．

さて，(I, ψ) によってパラメータ表示される曲線は D 内[‡15]に収まることから，この曲線を C_D と記そう．ψ と φ の合成写像 $\varphi \circ \psi$ は I から $\boldsymbol{R}^3$ への連続写像だから

$$\varphi \circ \psi : I \to \boldsymbol{R}^3, \quad t \mapsto \boldsymbol{p}(u(t), v(t)) = (x(u(t), v(t)) \ \ y(u(t), v(t)) \ \ z(u(t), v(t)))^t \tag{1.33}$$

は $\boldsymbol{E}^3$ 内のある曲線をパラメータ表示するが，この曲線 C は写像 φ による C_D の像に他ならず，$C = \varphi(C_D) \subset S$ と表現できる．つまり，C は曲面 S の上の曲線である．また，

$$\dot{\boldsymbol{p}}(u(t), v(t)) = \boldsymbol{p}_u(u(t), v(t))\dot{u}(t) + \boldsymbol{p}_v(u(t), v(t))\dot{v}(t) \tag{1.34}$$

であって，$\boldsymbol{p}_u$ と $\boldsymbol{p}_v$ は線形独立だから $\dot{\boldsymbol{q}}(t) \fallingdotseq \boldsymbol{0}$ ならば $\dot{\boldsymbol{p}}(u(t), v(t)) \fallingdotseq \boldsymbol{0}$ である．それゆえ，(I, ψ) が C_D の正則表示ならば，$(I, \varphi \circ \psi)$ は C の正則表示である．また，C_D

[‡12] $o^2(\Delta u, \Delta v)$ は Δu，Δv に関する 2 次以上の冪 (べき) からなる級数を意味する．

[‡13] B^+ は B の Moore-Penrose 一般逆行列である．たとえば，岡本良夫：逆問題とその解き方，第 3 章，オーム社，1992

[‡14] S が自己交叉しない正則な単純曲面であること，表示が正則であることは暗黙の了解事項である．

[‡15] より正確には「D に対応する $\boldsymbol{R}^2$ の領域の内部」と表現すべきであるが，表現が煩雑になるので以後もこのように簡略表現する．

が自己交叉しなければ C もまた自己交叉しない．煩雑さを避けるため，これ以降は C_D や C の非自己交叉性は暗黙の了解としておく．

さて，上の議論から写像 φ による D 内の正則曲線 C_D の像 $C=\varphi(C_D)$ は曲面 S 上の正則曲線であることがわかったが，実は曲面 S 上の任意の正則曲線 C に対して $C=\varphi(C_D)$ を満足する D 内の正則曲線 C_D が存在することが，以下のように示される．まず，曲面 S 上の正則曲線 C に対する正則表示が

$$\chi : I \to \boldsymbol{R}^3, \quad t \mapsto \chi(t) = \boldsymbol{p}(t) = (x(t) \ \ y(t) \ \ z(t))^t \tag{1.35}$$

として与えられているとする．(I,χ) が正則表示だから，χ は微分可能である．一方，写像 $\varphi : D \to S$ は微分同相写像だから，逆写像 $\varphi^{-1} : S \to D$ が存在して φ と同じ回数だけ微分可能である．それゆえ，χ と φ^{-1} の合成写像 $\varphi^{-1}\circ\chi$ は微分可能な写像であって

$$\varphi^{-1}\circ\chi : I \to D, \quad t \mapsto \boldsymbol{q}(t) = (u(t) \ \ v(t))^t \equiv \varphi^{-1}(\boldsymbol{p}(t)) \tag{1.36}$$

は D 内の曲線 C_D を表示し，φ による C_D の像は C である．後はこの表示が正則であることを示せばよい．ところで，任意の $t \in I$ と微小量 Δt に対して

$$\Delta\boldsymbol{q} = \boldsymbol{q}(t+\Delta t) - \boldsymbol{q}(t), \quad \Delta\boldsymbol{p} = \boldsymbol{p}(t+\Delta t) - \boldsymbol{p}(t)$$

は式 (1.31) の関係にあり，その両辺を Δt で除して $\Delta t \to 0$ とすれば $\dot{\boldsymbol{q}} = B^{+}\dot{\boldsymbol{p}}$ が導かれる．また「$\Delta\boldsymbol{p} \fallingdotseq 0$ ならば $\Delta\boldsymbol{q} \fallingdotseq 0$」からは「$\dot{\boldsymbol{p}} \fallingdotseq 0$ ならば $\dot{\boldsymbol{q}} \fallingdotseq 0$」がいえるが，$(D,\varphi)$ が正則表示だから実際に $\dot{\boldsymbol{p}} \fallingdotseq 0$ である．結局，任意の $t \in I$ に対して $\dot{\boldsymbol{q}} \fallingdotseq 0$ であり，したがって $(I, \varphi^{-1}\circ\chi)$ は曲線 C_D の正則な表示である．

1.2.3　接平面と接空間

曲面 S 上の点 $\boldsymbol{p}(u,v)$ における接平面を $\overline{T}_{\boldsymbol{p}(u,v)}$，あるいは単に $\overline{T}_{\boldsymbol{p}}$ と記そう．一方，たがいに線形独立な二つのベクトル $\boldsymbol{p}_u(u,v), \boldsymbol{p}_v(u,v) \in \boldsymbol{R}^3$ によって張られる $\boldsymbol{R}^3$ の2次元部分空間を曲面 S の点 $\boldsymbol{p}(u,v)$ における**接空間** (tangent space) とよび，$T_{\boldsymbol{p}(u,v)}$ あるいは単に $T_{\boldsymbol{p}}$ と記す[‡16]．また，接空間の元 $\boldsymbol{a} \in T_{\boldsymbol{p}}$ を，曲面 S の点 $\boldsymbol{p}$ における接ベクトルとよぶ．このとき，接平面 $\overline{T}_{\boldsymbol{p}}$ 内の任意の点 $\overline{\boldsymbol{p}}$ は接ベクトル $\boldsymbol{a} \in T_{\boldsymbol{p}}$ を使って一意的に $\overline{\boldsymbol{p}} = \boldsymbol{p}(u,v) + \boldsymbol{a}$ と表現でき，また $\overline{T}_{\boldsymbol{p}}$ 内の任意の2点 $\overline{\boldsymbol{p}}_1, \overline{\boldsymbol{p}}_2$ の差 $\overline{\boldsymbol{p}}_1 - \overline{\boldsymbol{p}}_2$ は $T_{\boldsymbol{p}}$ に属する接ベクトルである．

さて，曲面 S 上の点 $\boldsymbol{p}_0$ における接空間 $T_{\boldsymbol{p}_0}$ は，「S 上の曲線の $\boldsymbol{p}_0$ における速度ベクトルからなるベクトル空間」として解釈できる[‡17]．実際，以下に示すように，任意

---

‡16 3次元ベクトル $\boldsymbol{p}(u,v)$ に対応する3次元 Euclid 空間中の点を P とするとき，第3章以降で一般の多様体を扱う際の記法に従えば $T_{\boldsymbol{p}(u,v)}$ ではなく T_P を採用すべきである．とはいえ本章では P の代わりに $\boldsymbol{p}(u,v)$ を多用していることから $T_{\boldsymbol{p}(u,v)}$ と記しておく．

‡17 この性質は一般の多様体で接空間を構成する際のアナロジーとして重要である．

の接ベクトル $\boldsymbol{a} \in T_{\boldsymbol{p}_0}$ に対して点 $\boldsymbol{p}_0$ における速度ベクトルが $\boldsymbol{a}$ に一致する S 上の曲線が存在し，逆に点 $\boldsymbol{p}_0$ を通る S 上の曲線の点 $\boldsymbol{p}_0$ における速度ベクトルは $T_{\boldsymbol{p}_0}$ に属するからである．

まず，任意の接ベクトル $\boldsymbol{a} \in T_{\boldsymbol{p}_0}$ に対して，点 $\boldsymbol{p}_0$ における速度ベクトルが $\boldsymbol{a}$ に一致する S 上の曲線が存在することを示そう．便宜上，$\varphi^{-1}(\boldsymbol{p}_0) \in D$ を $(u_0 \;\; v_0)^t$ と記し，$\boldsymbol{p}_0$ における $\boldsymbol{p}_u$，$\boldsymbol{p}_v$ を $\boldsymbol{p}_{u0}$，$\boldsymbol{p}_{v0}$ と略記する．S の接空間 $T_{\boldsymbol{p}_0}$ は $\boldsymbol{p}_{u0}$，$\boldsymbol{p}_{v0}$ の張る $\boldsymbol{R}^3$ の部分空間として定義されたから，$T_{\boldsymbol{p}_0}$ に属する任意のベクトル $\boldsymbol{a} \in T_{\boldsymbol{p}_0}$ は，それらの線形結合として表現できる．すなわち，ξ，$\eta \in \boldsymbol{R}$ を用いて

$$\boldsymbol{a} = \xi \boldsymbol{p}_{u0} + \eta \boldsymbol{p}_{v0}$$

と書ける．そこで

$$\psi : I = (-\varepsilon, \varepsilon) \to D, \quad t \mapsto \boldsymbol{q}(t) = (u(t) \;\; v(t))^t \equiv (u_0 + \xi t \quad v_0 + \eta t)^t$$

でパラメータ表示される D 内の曲線を C_D とし[‡18]，$C \equiv \varphi(C_D)$ とすれば，これが所望の曲線である．実際，$(I, \varphi \circ \psi)$ は S 上の曲線 C のパラメータ表示であって，C は $t = 0$ で点 $\boldsymbol{p}_0$ を通過し，式 (1.34) によれば

$$\dot{\boldsymbol{p}}(u(0), v(0)) = \boldsymbol{p}_u(u(0), v(0))\dot{u}(0) + \boldsymbol{p}_v(u(0), v(0))\dot{v}(0) = \boldsymbol{p}_{u0}\xi + \boldsymbol{p}_{v0}\eta = \boldsymbol{a}$$

だから，点 $\boldsymbol{p}_0$ における C の速度ベクトルは確かに $\boldsymbol{a}$ である．

つぎに，点 $\boldsymbol{p}_0$ を通る S 上の曲線 C の点 $\boldsymbol{p}_0$ における速度ベクトルは $T_{\boldsymbol{p}_0}$ の元であることを示す．曲線 C のパラメータ表示を $(I, \chi : I \to \boldsymbol{R}^3)$ とするとき，$\psi \equiv \varphi^{-1} \circ \chi$ とすれば $\psi : I \to D$ であって，$\chi = \varphi \circ \psi$ である．ここで，$t_0 = \chi^{-1}(\boldsymbol{p}_0)$ とすれば曲線 C は $t = t_0$ で点 $\boldsymbol{p}_0$ を通過し，点 $\boldsymbol{p}_0$ における曲線 C の速度ベクトル $\dot{\boldsymbol{p}}_0$ は式 (1.34) によって

$$\dot{\boldsymbol{p}}_0 = \boldsymbol{p}_u(u(t_0), v(t_0))\dot{u}(t_0) + \boldsymbol{p}_v(u(t_0), v(t_0))\dot{v}(t_0) = \boldsymbol{p}_{u0}\dot{u}(t_0) + \boldsymbol{p}_{v0}\dot{v}(t_0)$$

と書けるが，これは $\boldsymbol{p}_{u0}$ と $\boldsymbol{p}_{v0}$ の線形結合だから $\dot{\boldsymbol{p}}_0$ は接空間 $T_{\boldsymbol{p}_0}$ の元である．

さて，曲面 S 上の関数，つまり曲面 S 上の各点に実数を対応させる写像 f を考え，S 内の曲線 C に沿う f の微分を計算しよう．上述のように，曲線 C は $(I, \varphi \circ \psi) = (I, \chi)$ をパラメータ表示とし，$t = t_0$ で点 $\boldsymbol{p}_0$ を通過する．また，簡単のため $\boldsymbol{p}(u(t), v(t))$ を単に $\boldsymbol{p}(t)$ と記す．t が区間 I 上を動けば $\boldsymbol{p}(t)$ は曲線 C に沿って動き，各点 $\boldsymbol{p}(t)$ で f の値 $f(\boldsymbol{p}(t))$ が決まる．つまり，C 上では f は t の関数 $f \circ \chi : t \mapsto f(\boldsymbol{p}(t))$ と解釈でき，f が点 $\boldsymbol{p}_0$ で微分可能ならば $f(\boldsymbol{p}(t))$ の $t = t_0$ での微係数 $\left.\dfrac{df(\boldsymbol{p}(t))}{dt}\right|_{t_0}$ が定まる．そこで，点 $\boldsymbol{p}_0$ で微分可能な S 上の関数の集合 $F_{\boldsymbol{p}_0}$ から $\boldsymbol{R}$ への写像を

[‡18] $\varepsilon > 0$ を十分に小さく設定すれば，ψ による開区間 I の像 $\psi(I)$ が開領域 D に完全に含まれるようにできる点に注意．

$$v_{C,\boldsymbol{p}_0} : F_{\boldsymbol{p}_0} \to \boldsymbol{R}, \quad f \mapsto v_{C,\boldsymbol{p}_0}(f) \equiv \left.\frac{df(\boldsymbol{p}(t))}{dt}\right|_{t_0} \tag{1.37}$$

として定義し，これを点 $\boldsymbol{p}_0$ における曲線 C に沿う**方向微分** (directional derivative) とよぶ．この方向微分と接ベクトルが一対一に対応することを示そう．

ところで，f は S 上の関数だから $f\circ\varphi$ は D 上の関数である．これを $f\circ\varphi : (u \;\; v)^t \mapsto f(u,v)$ と記そう．この記法によれば $f(\boldsymbol{p}(t)) = f(u(t), v(t))$ であり，

$$\left.\frac{df(\boldsymbol{p}(t))}{dt}\right|_{t_0} = f_u\dot{u} + f_v\dot{v}\Big|_{t_0} = f_u(u_0,v_0)\dot{u}_0 + f_v(u_0,v_0)\dot{v}_0 \tag{1.38}$$

が成立する．ただし，$u(t_0)$，$v(t_0)$ や $\dot{u}(t_0)$，$\dot{v}(t_0)$ をそれぞれ u_0，v_0，$\dot{u}_0$，$\dot{v}_0$ と略記している．

一方，点 $\boldsymbol{p}_0$ における曲線 C の接ベクトルは $\dot{\boldsymbol{p}}_0 = \boldsymbol{p}_{u0}\dot{u}_0 + \boldsymbol{p}_{v0}\dot{v}_0$ として与えられ，$\boldsymbol{p}_{u0}$ と $\boldsymbol{p}_{v0}$ は線形独立だから，$\boldsymbol{b}_{u0}, \boldsymbol{b}_{v0} \in T_{\boldsymbol{p}_0}$ を

$$\boldsymbol{b}_{u0} \equiv \frac{\|\boldsymbol{p}_{v0}\|^2\boldsymbol{p}_{u0} - (\boldsymbol{p}_{u0}\cdot\boldsymbol{p}_{v0})\boldsymbol{p}_{v0}}{\|\boldsymbol{p}_{u0}\|^2\|\boldsymbol{p}_{v0}\|^2 - (\boldsymbol{p}_{u0}\cdot\boldsymbol{p}_{v0})^2}, \quad \boldsymbol{b}_{v0} \equiv \frac{\|\boldsymbol{p}_{u0}\|^2\boldsymbol{p}_{v0} - (\boldsymbol{p}_{u0}\cdot\boldsymbol{p}_{v0})\boldsymbol{p}_{u0}}{\|\boldsymbol{p}_{u0}\|^2\|\boldsymbol{p}_{v0}\|^2 - (\boldsymbol{p}_{u0}\cdot\boldsymbol{p}_{v0})^2}$$

として定義すれば，容易に確認できるように $\boldsymbol{b}_{u0}\cdot\dot{\boldsymbol{p}}_0 = \dot{u}_0$，$\boldsymbol{b}_{v0}\cdot\dot{\boldsymbol{p}}_0 = \dot{v}_0$ であり [‡19]，これを式 (1.38) に代入すれば

$$\left.\frac{df(\boldsymbol{p}(t))}{dt}\right|_{t_0} = \dot{\boldsymbol{p}}_0\cdot\left(\nabla_S f\big|_{\boldsymbol{p}_0}\right), \quad \nabla_S f\big|_{\boldsymbol{p}_0} \equiv f_u(u_0,v_0)\boldsymbol{b}_{u0} + f_v(u_0,v_0)\boldsymbol{b}_{v0}$$

を得る．∇_S は曲面 S における勾配演算子である．ここで，$\nabla_S f\big|_{\boldsymbol{p}_0}$ は関数 f と点 $\boldsymbol{p}_0$ によって決まり，曲線 C とは無関係だから，方向微分 $v_{C,\boldsymbol{p}_0}$ は $\dot{\boldsymbol{p}}_0$ を介してのみ曲線 C に依存することになる．点 $\boldsymbol{p}_0$ を通り，$\boldsymbol{p}_0$ における速度ベクトルが $\boldsymbol{a} \equiv \dot{\boldsymbol{p}}_0 \in T_{\boldsymbol{p}_0}$ に一致する曲線は無数に存在するが，その中からどれを選んだとしても方向微分 $v_{C,\boldsymbol{p}_0}$ は同じである．そこで $v_{C,\boldsymbol{p}_0}$ を $v_{\boldsymbol{a},\boldsymbol{p}_0}$ と記し，これを点 $\boldsymbol{p}_0$ における接ベクトル $\boldsymbol{a}$ に沿う方向微分とよぶ．このとき，$v_{\boldsymbol{a},\boldsymbol{p}_0}(f) = \boldsymbol{a}\cdot(\nabla_S f|_{\boldsymbol{p}_0})$ が任意の $f \in F_{\boldsymbol{p}_0}$ に対して成立することから

$$v_{\boldsymbol{a},\boldsymbol{p}_0} = (\boldsymbol{a}\cdot\nabla_S)_{\boldsymbol{p}_0} \qquad (\boldsymbol{a} \in T_{\boldsymbol{p}_0})$$

が結論される．ただし，任意の $f \in F_{\boldsymbol{p}_0}$ に対して $(\boldsymbol{a}\cdot\nabla_S)_{\boldsymbol{p}_0} f \equiv \boldsymbol{a}\cdot\left(\nabla_S f\big|_{\boldsymbol{p}_0}\right)$ である．

さて，方向微分の集合 $V_{\boldsymbol{p}_0} \equiv \{v_{\boldsymbol{a},\boldsymbol{p}_0} | \boldsymbol{a} \in T_{\boldsymbol{p}_0}\}$ を考え，$V_{\boldsymbol{p}_0}$ の元に対する和と実数倍を

$$v_{\boldsymbol{a},\boldsymbol{p}_0} + v_{\boldsymbol{b},\boldsymbol{p}_0} \equiv v_{\boldsymbol{a}+\boldsymbol{b},\boldsymbol{p}_0}, \quad a v_{\boldsymbol{a},\boldsymbol{p}_0} \equiv v_{a\boldsymbol{a},\boldsymbol{p}_0} \qquad (a \in \boldsymbol{R})$$

として定義すれば，この和と実数倍に関して $V_{\boldsymbol{p}_0}$ はベクトル空間である．そして $T_{\boldsymbol{p}_0}$ から $V_{\boldsymbol{p}_0}$ への写像を $\phi : \boldsymbol{a} \mapsto v_{\boldsymbol{a},\boldsymbol{p}_0}$ として定義すれば，ϕ は線形な全単射写像，つまり同型写像である．証明は容易だが，参考までに ϕ が単射であること，つまり「$\phi(\boldsymbol{a}) = \phi(\boldsymbol{a}')$

---

‡19 ここで $\boldsymbol{p}_{u0}\cdot\boldsymbol{b}_{u0} = 1$，$\boldsymbol{p}_{u0}\cdot\boldsymbol{b}_{v0} = 0$，$\boldsymbol{p}_{v0}\cdot\boldsymbol{b}_{u0} = 0$，$\boldsymbol{p}_{v0}\cdot\boldsymbol{b}_{v0} = 1$ が成立する点に注意しよう．

ならば $\boldsymbol{a}=\boldsymbol{a}'$」を示しておこう．まず，任意の $\boldsymbol{c}\in\boldsymbol{R}^3$ に対して $f_{\boldsymbol{c}}(\boldsymbol{p})\equiv\boldsymbol{c}\cdot\boldsymbol{p}$ は $\boldsymbol{R}^3$ 上の関数であり，これを曲面 S に制限したものは $f_{\boldsymbol{c}}(u,v)\equiv\boldsymbol{c}\cdot\boldsymbol{p}(u,v)$ と書ける．したがって，

$$f_{\boldsymbol{c}u}(u_0,v_0)=(\partial_{\boldsymbol{u}}f_{\boldsymbol{c}})(u_0,v_0)=\boldsymbol{c}\cdot\boldsymbol{p}_{u0},\quad f_{\boldsymbol{c}v}(u_0,v_0)=\boldsymbol{c}\cdot\boldsymbol{p}_{v0}$$

であり，

$$\begin{aligned}v_{\boldsymbol{a},\boldsymbol{p}_0}(f_{\boldsymbol{c}})&=\boldsymbol{a}\cdot\nabla_S f_{\boldsymbol{c}}\big|_{\boldsymbol{p}_0}=\boldsymbol{a}\cdot\{f_{\boldsymbol{c}u}(u_0,v_0)\boldsymbol{b}_{u0}+f_{\boldsymbol{c}v}(u_0,v_0)\boldsymbol{b}_{v0}\}\\&=\boldsymbol{a}\cdot\{(\boldsymbol{c}\cdot\boldsymbol{p}_{u0})\boldsymbol{b}_{u0}+(\boldsymbol{c}\cdot\boldsymbol{p}_{v0})\boldsymbol{b}_{v0}\}=\boldsymbol{c}\cdot\{(\boldsymbol{a}\cdot\boldsymbol{b}_{u0})\boldsymbol{p}_{u0}+(\boldsymbol{a}\cdot\boldsymbol{b}_{v0})\boldsymbol{p}_{v0}\}\end{aligned}$$

が成立する．ここで，$\phi(\boldsymbol{a})=\phi(\boldsymbol{a}')$ ならば $v_{\boldsymbol{a},\boldsymbol{p}_0}(f_{\boldsymbol{c}})=v_{\boldsymbol{a}',\boldsymbol{p}_0}(f_{\boldsymbol{c}})$，すなわち

$$\boldsymbol{c}\cdot\{(\boldsymbol{a}\cdot\boldsymbol{b}_{u0})\boldsymbol{p}_{u0}+(\boldsymbol{a}\cdot\boldsymbol{b}_{v0})\boldsymbol{p}_{v0}\}=\boldsymbol{c}\cdot\{(\boldsymbol{a}'\cdot\boldsymbol{b}_{u0})\boldsymbol{p}_{u0}+(\boldsymbol{a}'\cdot\boldsymbol{b}_{v0})\boldsymbol{p}_{v0}\}$$

であり，これが任意の $\boldsymbol{c}\in\boldsymbol{R}^3$ に対して成立するから

$$(\boldsymbol{a}\cdot\boldsymbol{b}_{u0})\boldsymbol{p}_{u0}+(\boldsymbol{a}\cdot\boldsymbol{b}_{v0})\boldsymbol{p}_{v0}=(\boldsymbol{a}'\cdot\boldsymbol{b}_{u0})\boldsymbol{p}_{u0}+(\boldsymbol{a}'\cdot\boldsymbol{b}_{v0})\boldsymbol{p}_{v0}$$

であるが，$\boldsymbol{p}_{u0},\boldsymbol{p}_0,\boldsymbol{b}_{u0},\boldsymbol{b}_{v0}$ および $\boldsymbol{a}$，$\boldsymbol{a}'$ はすべて 2 次元のベクトル空間 $T_{\boldsymbol{p}_0}$ に属し，$\boldsymbol{p}_{u0}$ と $\boldsymbol{p}_{v0}$，そして $\boldsymbol{b}_{u0}$ と $\boldsymbol{b}_{v0}$ は線形独立だから，$\boldsymbol{a}=\boldsymbol{a}'$ が結論される．

このように二つの実ベクトル空間 $T_{\boldsymbol{p}_0}$ と $V_{\boldsymbol{p}_0}$ はたがいに同型であり，ベクトル空間としては区別されないから，$T_{\boldsymbol{p}_0}$ の代わりに $V_{\boldsymbol{p}_0}$ を接空間と考えてもよいことになる．3 次元空間中の曲面を扱うだけならば接空間 $T_{\boldsymbol{p}_0}$ が $\boldsymbol{R}^3$ の部分空間として自然に定義されるから，わざわざ $V_{\boldsymbol{p}_0}$ をもち出す必要はない．ところが，第 3 章で扱うような一般の曲面では接平面の存在すら前提とする訳には行かず，$T_{\boldsymbol{p}_0}$ を直接に定義することはできない．しかし，その場合でも曲面内の曲線に沿っての方向微分は定義でき，$V_{\boldsymbol{p}_0}$ に相当する実ベクトル空間を構成することは可能である[‡20]．それゆえ，一般の曲面においては $V_{\boldsymbol{p}_0}$ こそが接空間なのである．

1.3 基本形式

1.3.1 第一基本形式

$(D,\ \varphi:(u\ \ v)^t\mapsto\boldsymbol{p}(u,v))$ をパラメータ表示とする曲面 S を考える．D 内の点 $\boldsymbol{q}=(u\ \ v)^t$ が $d\boldsymbol{q}=(du\ \ dv)^t$ だけ変化した場合に，S 上の点 $\boldsymbol{p}$ は du，dv に関する 1 次近似で

$$d\boldsymbol{p}=\boldsymbol{p}_u du+\boldsymbol{p}_v dv=Bd\boldsymbol{q},\quad B\equiv(\boldsymbol{p}_u\ \ \boldsymbol{p}_v)\tag{1.39}$$

だけ変動する．これは本質的には式 (1.30) と同じだが，微小な変化量を表すのに $\Delta\boldsymbol{q}$，Δu，$\cdots$ ではなく $d\boldsymbol{q}$，du，$\cdots$ を使っている．第 5 章で詳述する微分形式の記法に合わせるためだが，当面は単なる微小量と解釈すればよい．

---

‡20 ただし，3.2 節で詳述するように，そのようなベクトル空間を構成する方法は本節のように単純ではない．

さて，$d\boldsymbol{p}$ は du，dv を係数とする $\boldsymbol{p}_u$，$\boldsymbol{p}_v$ の線形結合だから点 $\boldsymbol{p}$ における S の接空間 $T_{\boldsymbol{p}}$ に属するベクトルであり，

$$d\boldsymbol{p}\cdot d\boldsymbol{p} = (d\boldsymbol{p})^t d\boldsymbol{p} = (Bd\boldsymbol{q})^t Bd\boldsymbol{q} = (d\boldsymbol{q})^t B^t Bd\boldsymbol{q}$$
$$= (d\boldsymbol{q})^t \begin{pmatrix} \boldsymbol{p}_u^t \\ \boldsymbol{p}_v^t \end{pmatrix} (\boldsymbol{p}_u \quad \boldsymbol{p}_v) d\boldsymbol{q} = (du \ \ dv) \begin{pmatrix} \boldsymbol{p}_u\cdot\boldsymbol{p}_u & \boldsymbol{p}_u\cdot\boldsymbol{p}_v \\ \boldsymbol{p}_v\cdot\boldsymbol{p}_u & \boldsymbol{p}_v\cdot\boldsymbol{p}_v \end{pmatrix} \begin{pmatrix} du \\ dv \end{pmatrix}$$

だから，**第一基本量** (coefficients of the first fundamental form) を

$$E \equiv \boldsymbol{p}_u\cdot\boldsymbol{p}_u, \quad F \equiv \boldsymbol{p}_u\cdot\boldsymbol{p}_v, \quad G \equiv \boldsymbol{p}_v\cdot\boldsymbol{p}_v \tag{1.40}$$

として定義すれば，$d\boldsymbol{p}$ の長さの 2 乗は

$$I(du,dv) \equiv d\boldsymbol{p}\cdot d\boldsymbol{p} = Edudu + 2Fdudv + Gdvdv$$
$$= (du \ \ dv) S_I \begin{pmatrix} du \\ dv \end{pmatrix} = (d\boldsymbol{q})^t S_I d\boldsymbol{q}, \tag{1.41}$$
$$S_I \equiv B^t B = \begin{pmatrix} E & F \\ F & G \end{pmatrix}$$

と表現できるが，これを曲面 S の**第一基本形式** (first fundamental form) とよぶ．ここで $d\boldsymbol{q} \neq \boldsymbol{0}$ ならば $(d\boldsymbol{q})^t S_I d\boldsymbol{q} > 0$ だから対称行列 S_I は正値であり [‡21]，この正値対称行列 S_I を**第一基本行列** (first fundamental matrix) とよぶことにする．

たとえば，$\psi : I \to D$ を使って $(I, \varphi\circ\psi)$ としてパラメータ表示される S 上の曲線 C を考えると，t が dt だけ変化した場合の $\boldsymbol{p}$ の変化 $d\boldsymbol{p}$，およびその長さの 2 乗は

$$d\boldsymbol{p} = \boldsymbol{p}_u du + \boldsymbol{p}_v dv = (\boldsymbol{p}_u \dot{u} + \boldsymbol{p}_v \dot{v})dt, \quad I(du,dv) = I(\dot{u},\dot{v})(dt)^2$$

だから，$(\alpha,\beta) \subset I$ として $t=\alpha$ から $t=\beta$ までの曲線 C の長さは

$$L = \int_\alpha^\beta dt\sqrt{I(\dot{u},\dot{v})} = \int_\alpha^\beta dt\sqrt{E\dot{u}^2 + 2F\dot{u}\dot{v} + G\dot{v}^2} \tag{1.42}$$

として計算できる．また，外積の性質から

$$\|\boldsymbol{p}_u\times\boldsymbol{p}_v\|^2 = (\boldsymbol{p}_u\times\boldsymbol{p}_v)\cdot(\boldsymbol{p}_u\times\boldsymbol{p}_v) = \boldsymbol{p}_v\cdot\{(\boldsymbol{p}_u\times\boldsymbol{p}_v)\times\boldsymbol{p}_u\}$$
$$= \boldsymbol{p}_v\cdot\{-F\boldsymbol{p}_u + E\boldsymbol{p}_v\} = -F^2 + EG = \det(S_I) \tag{1.43}$$

が成立するため，点 $\boldsymbol{p}$ を挟んで $\boldsymbol{p}_u du$ と $\boldsymbol{p}_v dv$ を 2 辺とする微小な平行四辺形の面積は

$$ds = \|\boldsymbol{p}_u\times\boldsymbol{p}_v\|\,dudv = \sqrt{\det(S_I)}\,dudv \tag{1.44}$$

と表現できる．

---

‡21 一般に N 次の実対称行列 S は任意の N 次実ベクトル $\boldsymbol{v} \neq \boldsymbol{0}$ に対して，$\boldsymbol{v}^t S\boldsymbol{v} > 0$ ならば正値，$\boldsymbol{v}^t S\boldsymbol{v} < 0$ ならば負値とよばれ，これら二通りのいずれかであれば S は定値とよばれる．一方，$\boldsymbol{v}$ に応じて $\boldsymbol{v}^t S\boldsymbol{v}$ が正にも負にもなる場合には S は不定値とよばれる．

1.3.2　第二基本形式

$\boldsymbol{p}_u$，$\boldsymbol{p}_v$ は線形独立だから，その両方に直交する単位ベクトル，したがって点 $\boldsymbol{p}$ における接平面に直交する単位法ベクトル $\boldsymbol{n}$ が

$$\boldsymbol{n} = \frac{\boldsymbol{p}_u \times \boldsymbol{p}_v}{\|\boldsymbol{p}_u \times \boldsymbol{p}_v\|} \tag{1.45}$$

として定まる．3 個のベクトル $\{\boldsymbol{p}_u, \boldsymbol{p}_v, \boldsymbol{n}\}$ はこの順序で $\boldsymbol{R}^3$ に対する右手系の基底をなす．S が単純曲面ならば S は単一の座標パッチで覆われるから，式 (1.45) によって曲面全体に微分可能な単位法ベクトルの場が定まることになる．S が複数の座標パッチで覆われる場合には，個々のパッチで定まる法ベクトルを曲面全体で連続になるように繋ぎ合わせることが可能な場合もあり，不可能な場合もある．可能な場合には曲面 S は**向き付け可能** (orientable) といい，不可能な場合は**向き付け不能** (unorientable) と称するが，詳しい説明は第 3 章に譲り，本章では向き付け可能な場合にかぎって議論を進めよう．向き付け可能性は曲面全体を扱う大局的な議論の際には重要だが，特定の点の近傍のみを対象とする局所的な議論とは無関係だからである．

さて，$\boldsymbol{n}$ は S 上の関数だから $\boldsymbol{q} = (u \;\; v)^t$ に依存して決まる．この $\boldsymbol{q}$ が $d\boldsymbol{q}$ だけ変化した場合の $\boldsymbol{n}$ の変化は

$$d\boldsymbol{n} = \boldsymbol{n}_u du + \boldsymbol{n}_v dv = (\boldsymbol{n}_u \;\; \boldsymbol{n}_v) d\boldsymbol{q} \tag{1.46}$$

として 1 次近似される．$\boldsymbol{n}_u$，$\boldsymbol{n}_v$ がそれぞれ u，v に関する $\boldsymbol{n}$ の偏導関数であることはいうまでもない．また，定義によって $\boldsymbol{p}_u \cdot \boldsymbol{n} = \boldsymbol{p}_v \cdot \boldsymbol{n} = 0$ であり，これを u，v で偏微分すれば

$$\boldsymbol{p}_{uu} \cdot \boldsymbol{n} + \boldsymbol{p}_u \cdot \boldsymbol{n}_u = \boldsymbol{p}_{vu} \cdot \boldsymbol{n} + \boldsymbol{p}_v \cdot \boldsymbol{n}_u = 0, \quad \boldsymbol{p}_{uv} \cdot \boldsymbol{n} + \boldsymbol{p}_u \cdot \boldsymbol{n}_v = \boldsymbol{p}_{vv} \cdot \boldsymbol{n} + \boldsymbol{p}_v \cdot \boldsymbol{n}_v = 0$$

を得るから，**第二基本量** (coefficients of the second fundamental form) を

$$L \equiv \boldsymbol{p}_{uu} \cdot \boldsymbol{n}, \quad M \equiv \boldsymbol{p}_{vu} \cdot \boldsymbol{n} = \boldsymbol{p}_{uv} \cdot \boldsymbol{n}, \quad N \equiv \boldsymbol{p}_{vv} \cdot \boldsymbol{n} \tag{1.47}$$

として定義すれば

$$\boldsymbol{p}_u \cdot \boldsymbol{n}_u = -L, \quad \boldsymbol{p}_v \cdot \boldsymbol{n}_u = \boldsymbol{p}_u \cdot \boldsymbol{n}_v = -M, \quad \boldsymbol{p}_v \cdot \boldsymbol{n}_v = -N \tag{1.48}$$

が成立する．一方，$d\boldsymbol{p}$ と $d\boldsymbol{n}$ の内積は

$$\begin{aligned} d\boldsymbol{p} \cdot d\boldsymbol{n} &= (d\boldsymbol{p})^t d\boldsymbol{n} = (Bd\boldsymbol{q})^t (\boldsymbol{n}_u \;\; \boldsymbol{n}_v) d\boldsymbol{q} = (d\boldsymbol{q})^t B^t (\boldsymbol{n}_u \;\; \boldsymbol{n}_v) d\boldsymbol{q} \\ &= (d\boldsymbol{q})^t \begin{pmatrix} \boldsymbol{p}_u \cdot \boldsymbol{n}_u & \boldsymbol{p}_u \cdot \boldsymbol{n}_v \\ \boldsymbol{p}_v \cdot \boldsymbol{n}_u & \boldsymbol{p}_v \cdot \boldsymbol{n}_v \end{pmatrix} d\boldsymbol{q} = (du \;\; dv) \begin{pmatrix} -L & -M \\ -M & -N \end{pmatrix} \begin{pmatrix} du \\ dv \end{pmatrix} \end{aligned}$$

だから

$$II(du, dv) \equiv -d\boldsymbol{p} \cdot d\boldsymbol{n} = Ldudu + 2Mdudv + Ndvdv$$

$$= (du \ \ dv) S_{II} \begin{pmatrix} du \\ dv \end{pmatrix} = (d\boldsymbol{q})^t S_{II} d\boldsymbol{q}, \tag{1.49}$$

$$S_{II} \equiv -B^t (\boldsymbol{n}_u \ \ \boldsymbol{n}_v) = \begin{pmatrix} L & M \\ M & N \end{pmatrix}$$

が成立するが，これを曲面 S の**第二基本形式** (second fundamental form) とよぶ．また，行列 S_{II} を**第二基本行列** (second fundamental matrix) とよぶことにする．

曲面上の各点で $\{\boldsymbol{p}_u, \boldsymbol{p}_v, \boldsymbol{n}\}$ は $\boldsymbol{R}^3$ の基底をなすから，$\boldsymbol{R}^3$ の任意のベクトルはそれらの線形結合として表現できる．また，$\boldsymbol{n}$ は単位ベクトルであって $\boldsymbol{p}_u$，$\boldsymbol{p}_v$ の両方に直交するから，ベクトル $\boldsymbol{r} \in \boldsymbol{R}^3$ が $\boldsymbol{r} = \alpha\boldsymbol{p}_u + \beta\boldsymbol{p}_v + \gamma\boldsymbol{n}$ と展開されたとすれば $\gamma = \boldsymbol{r} \cdot \boldsymbol{n}$ である．この性質をベクトル $\boldsymbol{p}_{uu}, \boldsymbol{p}_{uv}, \boldsymbol{p}_{vu}, \boldsymbol{p}_{vv}$ に適用すれば $\boldsymbol{n}$ の係数は式 (1.47) によって決まり，

$$\begin{aligned} \boldsymbol{p}_{uu} &= \Gamma^u_{uu}\boldsymbol{p}_u + \Gamma^v_{uu}\boldsymbol{p}_v + L\boldsymbol{n}, \qquad & \boldsymbol{p}_{uv} &= \Gamma^u_{uv}\boldsymbol{p}_u + \Gamma^v_{uv}\boldsymbol{p}_v + M\boldsymbol{n} \\ \boldsymbol{p}_{vu} &= \Gamma^u_{vu}\boldsymbol{p}_u + \Gamma^v_{vu}\boldsymbol{p}_v + M\boldsymbol{n}, \qquad & \boldsymbol{p}_{vv} &= \Gamma^u_{vv}\boldsymbol{p}_u + \Gamma^v_{vv}\boldsymbol{p}_v + N\boldsymbol{n} \end{aligned} \tag{1.50}$$

と書ける．上式で定義される $\Gamma^u_{uu}, \Gamma^v_{uu}, \cdots, \Gamma^v_{vv}$ は **Christoffel 記号**とよばれ，式 (1.50) 自体は **Gauss の式**とよばれる．ここで，$\boldsymbol{p}_{uv} = \boldsymbol{p}_{vu}$ だから，Christoffel 記号は下付き添字の入れ替えに関して対称である点に注意しておく．つまり

$$\Gamma^u_{uv} = \Gamma^u_{vu}, \quad \Gamma^v_{uv} = \Gamma^v_{vu} \tag{1.51}$$

が成立する．ところで，第一基本行列の成分 E，F，G は式 (1.40) で定義されるが，たとえば E を u で微分して式 (1.50) を代入し，$\boldsymbol{n}$ が $\boldsymbol{p}_u$，$\boldsymbol{p}_v$ の両方に直交することを利用すれば

$$\begin{aligned} E_u &= 2\boldsymbol{p}_{uu} \cdot \boldsymbol{p}_u = 2(\Gamma^u_{uu}\boldsymbol{p}_u + \Gamma^v_{uu}\boldsymbol{p}_v + L\boldsymbol{n}) \cdot \boldsymbol{p}_u \\ &= 2\Gamma^u_{uu}\boldsymbol{p}_u \cdot \boldsymbol{p}_u + 2\Gamma^v_{uu}\boldsymbol{p}_v \cdot \boldsymbol{p}_u = 2(\Gamma^u_{uu}E + \Gamma^v_{uu}F) \end{aligned}$$

を得る．同様にして

$$\begin{aligned} &E_u = 2(E\Gamma^u_{uu} + F\Gamma^v_{uu}), \quad E_v = 2(E\Gamma^u_{uv} + F\Gamma^v_{uv}) = 2(E\Gamma^u_{vu} + F\Gamma^v_{vu}) \\ &G_v = 2(F\Gamma^u_{vv} + G\Gamma^v_{vv}), \quad G_u = 2(F\Gamma^u_{uv} + G\Gamma^v_{uv}) = 2(F\Gamma^u_{vu} + G\Gamma^v_{vu}) \\ &2F_u - E_v = 2(F\Gamma^u_{uu} + G\Gamma^v_{uu}), \quad 2F_v - G_u = 2(E\Gamma^u_{vv} + F\Gamma^v_{vv}) \end{aligned}$$

を得るが，これらは行列形式で

$$\frac{1}{2}\begin{pmatrix} E_u & E_v \\ 2F_u - E_v & G_u \end{pmatrix} = \begin{pmatrix} E\Gamma^u_{uu} + F\Gamma^v_{uu} & E\Gamma^u_{uv} + F\Gamma^v_{uv} \\ F\Gamma^u_{uu} + G\Gamma^v_{uu} & F\Gamma^u_{uv} + G\Gamma^v_{uv} \end{pmatrix} = \begin{pmatrix} E & F \\ F & G \end{pmatrix} \begin{pmatrix} \Gamma^u_{uu} & \Gamma^u_{uv} \\ \Gamma^v_{uu} & \Gamma^v_{uv} \end{pmatrix}$$

$$\frac{1}{2}\begin{pmatrix} E_v & 2F_v - G_u \\ G_u & G_v \end{pmatrix} = \begin{pmatrix} E\Gamma^u_{vu} + F\Gamma^v_{vu} & E\Gamma^u_{vv} + F\Gamma^v_{vv} \\ F\Gamma^u_{vu} + G\Gamma^v_{vu} & F\Gamma^u_{vv} + G\Gamma^v_{vv} \end{pmatrix} = \begin{pmatrix} E & F \\ F & G \end{pmatrix} \begin{pmatrix} \Gamma^u_{vu} & \Gamma^u_{vv} \\ \Gamma^v_{vu} & \Gamma^v_{vv} \end{pmatrix}$$

として表現でき，これから

$$
\begin{aligned}
\Gamma_u \equiv \begin{pmatrix} \Gamma^u_{uu} & \Gamma^u_{uv} \\ \Gamma^v_{uu} & \Gamma^v_{uv} \end{pmatrix} &= \frac{1}{2} S_I^{-1} \begin{pmatrix} E_u & E_v \\ 2F_u - E_v & G_u \end{pmatrix} \\
\Gamma_v \equiv \begin{pmatrix} \Gamma^u_{vu} & \Gamma^u_{vv} \\ \Gamma^v_{vu} & \Gamma^v_{vv} \end{pmatrix} &= \frac{1}{2} S_I^{-1} \begin{pmatrix} E_v & 2F_v - G_u \\ G_u & G_v \end{pmatrix}
\end{aligned}
\tag{1.52}
$$

が結論される．結局，Christoffel 記号は第一基本行列の成分 E，F，G とその微係数によって決まることになる．ここで，u と v を行列要素の行番号や列番号と解釈した場合，行列 Γ_u と Γ_v の m 行 n 列要素がそれぞれ Γ^m_{un}，Γ^m_{vn} となっている点に注意しよう．

一方，$\boldsymbol{n}\cdot\boldsymbol{n} = 1$ を u と v で微分すれば，それぞれ $\boldsymbol{n}\cdot\boldsymbol{n}_u = 0$，$\boldsymbol{n}\cdot\boldsymbol{n}_v = 0$ を得るから，$\boldsymbol{n}_u$ と $\boldsymbol{n}_v$ はともに接空間に属し，したがって $\{\boldsymbol{p}_u, \boldsymbol{p}_v\}$ で展開できる．つまり，2 次の行列 A が存在して

$$
(\boldsymbol{n}_u \ \ \boldsymbol{n}_v) = (\boldsymbol{p}_u \ \ \boldsymbol{p}_v)A = BA
$$

が成立する．上式の両辺左から B^t を作用させ，式 (1.41)，(1.49) を利用すれば，S_I が可逆であること (逆行列が存在すること) から

$$
B^t(\boldsymbol{n}_u \ \ \boldsymbol{n}_v) = B^tBA \quad \Leftrightarrow \quad -S_{II} = S_IA \quad \Leftrightarrow \quad A = -S_I^{-1}S_{II}
$$

を得る．したがって

$$
\begin{aligned}
(\boldsymbol{n}_u \ \ \boldsymbol{n}_v) &= -BS_I^{-1}S_{II} = -B\frac{1}{\det(S_I)} \begin{pmatrix} G & -F \\ -F & E \end{pmatrix} \begin{pmatrix} L & M \\ M & N \end{pmatrix} \\
&= (\boldsymbol{p}_u \ \ \boldsymbol{p}_v)\frac{1}{EG - F^2} \begin{pmatrix} FM - GL & FN - GM \\ FL - EM & FM - EN \end{pmatrix}
\end{aligned}
\tag{1.53}
$$

であるが，これを **Weingarten の式**とよぶ．

1.3.3 主方向と主曲率

第二基本形式の幾何学的な意味を明確にするため曲面上の一点 $\boldsymbol{p} \in S$ に注目し，その近傍での曲面の様子を調べてみよう．点 $\boldsymbol{p} = \boldsymbol{p}(u, v)$ の近傍では

$$
\boldsymbol{p}(u + \xi,\ v + \eta) = \boldsymbol{p} + \boldsymbol{p}_u\xi + \boldsymbol{p}_v\eta + \frac{1}{2}(\boldsymbol{p}_{uu}\xi^2 + 2\boldsymbol{p}_{uv}\xi\eta + \boldsymbol{p}_{vv}\eta^2) + o^3(\xi, \eta)
$$

と展開でき[‡22]，式 (1.50) を使えば

[‡22] $o^3(\xi, \eta)$ は ξ, η に関する 3 次以上の冪からなる級数を意味する．

$$\begin{aligned} \boldsymbol{p}(u+\xi,\ v+\eta) &= \boldsymbol{p} + a\boldsymbol{p}_u + b\boldsymbol{p}_v + c\boldsymbol{n} + o^3(\xi,\eta) \\ a &= \xi + \frac{1}{2}(\Gamma^u_{uu}\xi^2 + 2\Gamma^u_{uv}\xi\eta + \Gamma^u_{vv}\eta^2) \\ b &= \eta + \frac{1}{2}(\Gamma^v_{uu}\xi^2 + 2\Gamma^v_{uv}\xi\eta + \Gamma^v_{vv}\eta^2) \\ c &= \frac{1}{2}(L\xi^2 + 2M\xi\eta + N\eta^2) = \frac{1}{2}I\!I(\xi,\eta) \end{aligned} \tag{1.54}$$

と書ける．$\boldsymbol{n}$ が点 $\boldsymbol{p}$ における単位法ベクトルであることはいうまでもない．それゆえ，$\boldsymbol{p}$ を原点として $\{\boldsymbol{p}_u, \boldsymbol{p}_v, \boldsymbol{n}\}$ を座標軸方向とする斜交座標系 Σ を考えると，この座標系における点 $\boldsymbol{p}(u+\xi,\ v+\eta)$ の座標値がそれぞれ a，b，c となり，とくに c は接平面 $\overline{T}_{\boldsymbol{p}}$ から点 $\boldsymbol{p}(u+\xi,\ v+\eta)$ までの符号付きの距離を意味する．結局，第二基本形式 $I\!I(\xi,\eta)$ とは接平面 $\overline{T}_{\boldsymbol{p}}$ から点 $\boldsymbol{p}(u+\xi, v+\eta)$ までの 2 次近似における符号付き距離の 2 倍に他ならない．

ここで，係数 a，b，c を ξ，η に関する最低次の項で近似することにしよう．つまり，a，b は 1 次の項を含むので 2 次以上の項を無視し，c に関しては 2 次が最低なので 2 次近似を採用するのである．この近似では式 (1.54) は

$$\boldsymbol{p}(u+\xi, v+\eta) \simeq \boldsymbol{p} + \xi\boldsymbol{p}_u + \eta\boldsymbol{p}_v + \frac{1}{2}I\!I(\xi,\eta)\boldsymbol{n} \tag{1.55}$$

と書け，斜交座標系 Σ における点 $\boldsymbol{p}(u+\xi,\ v+\eta)$ の座標値は $(\xi, \eta, I\!I(\xi,\eta)/2)$ として与えられる．とはいえ，曲面の形状を調べるには正規直交座標系のほうが好都合である．しかも適切な正規直交座標系を選ぶと $I\!I(\xi,\eta)$ の関数形はきわめて単純になるのであるが，それを示すには多少の準備が必要である．

まず，第一基本行列 S_I は実対称行列だから S_I の固有ベクトルからなる $\boldsymbol{R}^2$ の正規直交基底 $\{\boldsymbol{\varepsilon}_1, \boldsymbol{\varepsilon}_2\}$ が存在する．また，正定値な行列 S_I の固有値は正だから，$\boldsymbol{\varepsilon}_1, \boldsymbol{\varepsilon}_2$ が属する固有値は正の実数 λ_1, λ_2 を用いてそれぞれ λ_1^2, λ_2^2 と表現できる．このとき 2 次元縦ベクトル $\boldsymbol{\varepsilon}_1, \boldsymbol{\varepsilon}_2$ を横に並べて 2 次の行列

$$T \equiv (\boldsymbol{\varepsilon}_1\ \ \boldsymbol{\varepsilon}_2) \tag{1.56}$$

を定義すれば，$\{\boldsymbol{\varepsilon}_1, \boldsymbol{\varepsilon}_2\}$ が正規直交だから

$$T^tT = \begin{pmatrix} \boldsymbol{\varepsilon}_1^t \\ \boldsymbol{\varepsilon}_2^t \end{pmatrix} (\boldsymbol{\varepsilon}_1\ \ \boldsymbol{\varepsilon}_2) = \begin{pmatrix} \boldsymbol{\varepsilon}_1\cdot\boldsymbol{\varepsilon}_1 & \boldsymbol{\varepsilon}_1\cdot\boldsymbol{\varepsilon}_2 \\ \boldsymbol{\varepsilon}_2\cdot\boldsymbol{\varepsilon}_1 & \boldsymbol{\varepsilon}_2\cdot\boldsymbol{\varepsilon}_2 \end{pmatrix} = \begin{pmatrix} 1 & 0 \\ 0 & 1 \end{pmatrix} = I_2 \tag{1.57}$$

が成立する．つまり，T は直交行列である．また，$\boldsymbol{\varepsilon}_1$，$\boldsymbol{\varepsilon}_2$ がそれぞれ固有値 λ_1^2，λ_2^2 に属する S_I の固有ベクトルであることから

$$\begin{aligned} T^tS_IT &= T^tS_I(\boldsymbol{\varepsilon}_1\ \ \boldsymbol{\varepsilon}_2) = T^t(S_I\boldsymbol{\varepsilon}_1\ \ S_I\boldsymbol{\varepsilon}_2) = T^t(\lambda_1^2\boldsymbol{\varepsilon}_1\ \ \lambda_2^2\boldsymbol{\varepsilon}_2) \\ &= \begin{pmatrix} \boldsymbol{\varepsilon}_1^t \\ \boldsymbol{\varepsilon}_2^t \end{pmatrix} (\lambda_1^2\boldsymbol{\varepsilon}_1\ \ \lambda_2^2\boldsymbol{\varepsilon}_2) = \begin{pmatrix} \lambda_1^2\boldsymbol{\varepsilon}_1\cdot\boldsymbol{\varepsilon}_1 & \lambda_2^2\boldsymbol{\varepsilon}_1\cdot\boldsymbol{\varepsilon}_2 \\ \lambda_1^2\boldsymbol{\varepsilon}_2\cdot\boldsymbol{\varepsilon}_1 & \lambda_2^2\boldsymbol{\varepsilon}_2\cdot\boldsymbol{\varepsilon}_2 \end{pmatrix} = \begin{pmatrix} \lambda_1^2 & 0 \\ 0 & \lambda_2^2 \end{pmatrix} \end{aligned}$$

すなわち

$$T^t S_I T = \begin{pmatrix} \lambda_1^2 & 0 \\ 0 & \lambda_2^2 \end{pmatrix} = \Lambda^2, \quad \Lambda \equiv \begin{pmatrix} \lambda_1 & 0 \\ 0 & \lambda_2 \end{pmatrix} \tag{1.58}$$

が成立する．また，上式両辺の左右から T と T^t を作用させれば，$T^t = T^{-1}$ だから

$$TT^t S_I TT^t = S_I = T\Lambda^2 T^t = T\Lambda\Lambda T^t = T\Lambda T^t T\Lambda T^t$$

すなわち

$$\begin{aligned} &S_I = S_I^{1/2} S_I^{1/2}, \quad S_I^{-1} = S_I^{-1/2} S_I^{-1/2}, \\ &S_I^{1/2} \equiv T\Lambda T^t, \quad S_I^{-1/2} \equiv (S_I^{1/2})^{-1} = T\Lambda^{-1} T^t \end{aligned} \tag{1.59}$$

を得る．ここで，$S_I^{1/2}$ と $S_I^{-1/2}$ はともに実対称行列である点に注意しよう．したがって

$$\overline{S} \equiv S_I^{-1/2} S_{II} S_I^{-1/2} \tag{1.60}$$

として定義される行列 $\overline{S}$ もまた実対称であり，$\overline{S}$ の固有ベクトルからなる $\boldsymbol{R}^2$ の正規直交基底 $\{\overline{\varepsilon}_1, \overline{\varepsilon}_2\}$ が存在する．そして，$\overline{\varepsilon}_1$，$\overline{\varepsilon}_2$ が属する $\overline{S}$ の固有値をそれぞれ κ_1，κ_2 とすれば，式 (1.58) と同様にして

$$\overline{T}^t \overline{S}\,\overline{T} = \overline{T}^t S_I^{-1/2} S_{II} S_I^{-1/2} \overline{T} = \begin{pmatrix} \kappa_1 & 0 \\ 0 & \kappa_2 \end{pmatrix}, \quad \overline{T} \equiv (\overline{\varepsilon}_1 \ \ \overline{\varepsilon}_2) \tag{1.61}$$

が結論される．ただし $\overline{S}$ は正定値とは限らないため，その固有値 κ_1，κ_2 は正とは限らない．ここで 2 次元ベクトル $\boldsymbol{\xi}_1, \boldsymbol{\xi}_2 \in \boldsymbol{R}^2$ と接空間内のベクトル $\boldsymbol{e}_1, \boldsymbol{e}_2 \in T_{\boldsymbol{p}}$ を

$$\boldsymbol{\xi}_i \equiv S_I^{-1/2} \overline{\varepsilon}_i \in \boldsymbol{R}^2, \quad \boldsymbol{e}_i \equiv B\boldsymbol{\xi}_i = (\boldsymbol{p}_u \ \ \boldsymbol{p}_v)\boldsymbol{\xi}_i \in T_{\boldsymbol{p}} \qquad (i = 1, 2) \tag{1.62}$$

として定義すると，

$$Q \equiv (\boldsymbol{e}_1 \ \ \boldsymbol{e}_2) = (B\boldsymbol{\xi}_1 \ \ B\boldsymbol{\xi}_2) = B(\boldsymbol{\xi}_1 \ \ \boldsymbol{\xi}_2) = BS_I^{-1/2}(\overline{\varepsilon}_1 \ \ \overline{\varepsilon}_2) = BS_I^{-1/2}\overline{T} \tag{1.63}$$

だから，$\overline{T}$ が直交行列であることと式 (1.59) から

$$\begin{aligned} Q^t Q &= (\boldsymbol{e}_1 \ \ \boldsymbol{e}_2)^t (\boldsymbol{e}_1 \ \ \boldsymbol{e}_2) = (BS_I^{-1/2}\overline{T})^t BS_I^{-1/2}\overline{T} = \overline{T}^t S_I^{-1/2} B^t B S_I^{-1/2} \overline{T} \\ &= \overline{T}^t S_I^{-1/2} S_I S_I^{-1/2} \overline{T} = \overline{T}^t I_2 \overline{T} = \overline{T}^t \overline{T} = I_2 \end{aligned}$$

を得る．したがって $\{\boldsymbol{e}_1, \boldsymbol{e}_2\}$ は接空間 $T_{\boldsymbol{p}}$ の正規直交基底である．

これで準備は整った．上述のように $\{\boldsymbol{e}_1, \boldsymbol{e}_2\}$ は $T_{\boldsymbol{p}}$ の正規直交基底だから，$\{\boldsymbol{e}_1, \boldsymbol{e}_2, \boldsymbol{n}\}$ は $\boldsymbol{R}^3$ の正規直交基底である．また，必要ならば $\boldsymbol{e}_2$ を $-\boldsymbol{e}_2$ で置き換えることにより $\{\boldsymbol{e}_1, \boldsymbol{e}_2, \boldsymbol{n}\}$ はこの順序で右手系をなしていると仮定しても一般性を失わない．そこで，点 $\boldsymbol{p}$ を原点として $\{\boldsymbol{e}_1, \boldsymbol{e}_2, \boldsymbol{n}\}$ を座標軸方向とする右手系の正規直交座標系 $\Sigma^\perp$ を考え，この座標系における点 $\boldsymbol{p}(u+\xi, v+\eta)$ の座標値を計算してみよう．まず，$\{\boldsymbol{p}_u, \boldsymbol{p}_v\}$ と $\{\boldsymbol{e}_1, \boldsymbol{e}_2\}$ はともに接空間 $T_{\boldsymbol{p}}$ の基底だから，任意の $\boldsymbol{\xi} \equiv (\xi \ \ \eta)^t \in \boldsymbol{R}^2$ に対して

$$B\boldsymbol{\xi} = (\boldsymbol{p}_u \ \ \boldsymbol{p}_v)\begin{pmatrix}\xi\\ \eta\end{pmatrix} = \xi\boldsymbol{p}_u + \eta\boldsymbol{p}_v = \alpha\boldsymbol{e}_1 + \beta\boldsymbol{e}_2 = (\boldsymbol{e}_1 \ \ \boldsymbol{e}_2)\begin{pmatrix}\alpha\\ \beta\end{pmatrix} = Q\boldsymbol{\alpha} \tag{1.64}$$

を満足する $\boldsymbol{\alpha} \equiv (\alpha \ \ \beta)^t \in \boldsymbol{R}^2$ が一意的に存在する点に注意する．式 (1.63) と (1.64) を利用すれば $\boldsymbol{\xi}$ は $\boldsymbol{\alpha}$ を使って

$$\boldsymbol{\xi} = (B^tB)^{-1}B^tQ\boldsymbol{\alpha} = S_I^{-1}B^tQ\boldsymbol{\alpha} = S_I^{-1}B^t(BS_I^{-1/2}\overline{T})\boldsymbol{\alpha} = S_I^{-1/2}\overline{T}\boldsymbol{\alpha} \tag{1.65}$$

と表せるから，第二基本形式 $I\!I(\xi, \eta)$ は

$$I\!I(\xi, \eta) = \boldsymbol{\xi}^t S_{I\!I}\boldsymbol{\xi} = (S_I^{-1/2}\overline{T}\boldsymbol{\alpha})^t S_{I\!I} S_I^{-1/2}\overline{T}\boldsymbol{\alpha} = \boldsymbol{\alpha}^t\overline{T}^t S_I^{-1/2} S_{I\!I} S_I^{-1/2}\overline{T}\boldsymbol{\alpha}$$

と書け，さらには式 (1.61) によって

$$I\!I(\xi, \eta) = \boldsymbol{\alpha}^t\begin{pmatrix}\kappa_1 & 0\\ 0 & \kappa_2\end{pmatrix}\boldsymbol{\alpha} = (\alpha \ \ \beta)\begin{pmatrix}\kappa_1 & 0\\ 0 & \kappa_2\end{pmatrix}\begin{pmatrix}\alpha\\ \beta\end{pmatrix} = \kappa_1\alpha^2 + \kappa_2\beta^2 \tag{1.66}$$

と表現できる．そして，式 (1.55)，(1.64)，(1.66) によって

$$\boldsymbol{p}(u+\xi, v+\eta) \simeq \boldsymbol{p} + \alpha\boldsymbol{e}_1 + \beta\boldsymbol{e}_2 + \frac{1}{2}(\kappa_1\alpha^2 + \kappa_2\beta^2)\boldsymbol{n} \tag{1.67}$$

が結論される．つまり，右手系の正規直交座標系 $\Sigma^\perp$ における点 $\boldsymbol{p}(u+\xi, v+\eta)$ の座標値は $(\alpha, \beta, (1/2)(\kappa_1\alpha^2 + \kappa_2\beta^2))$ であり，曲面 S を点 $\boldsymbol{p}$ の近傍で近似する 2 次曲面が

$$\left(D, \varphi_0 : (\alpha, \beta)^t \mapsto (\alpha, \ \beta, \ \frac{1}{2}(\kappa_1\alpha^2 + \kappa_2\beta^2))^t\right)$$

としてパラメータ表示されることになる．ここで，D は原点 $(0,0)^t$ を含んだ $\boldsymbol{R}^2$ の適当な開領域である．このように $\boldsymbol{e}_1$，$\boldsymbol{e}_2$ を座標軸方向に選ぶと点 $\boldsymbol{p}$ 近傍での曲面が非常に単純な関数で表現できることから，$\boldsymbol{e}_1$ と $\boldsymbol{e}_2$ の方向は点 $\boldsymbol{p}$ における曲面 S の**主方向** (principal directions) とよばれる．また，曲面の形状を決定する二つの実数 κ_1，κ_2 は点 $\boldsymbol{p}$ における**主曲率** (principal curvatures) とよばれるが，その理由については 1.4 節で説明する．

ここで，主曲率 κ_1，κ_2 が同符号ならば近似曲面は**楕円放物面** (elliptic paraboloid)，異符号ならば**双曲放物面** (hyperbolic paraboloid) である．また，κ_1，κ_2 の一方が零で他方が非零ならば**放物柱面** (parabolic cylinder)，両方が零なら平面 (接平面 $\overline{T}_{\boldsymbol{p}}$) に

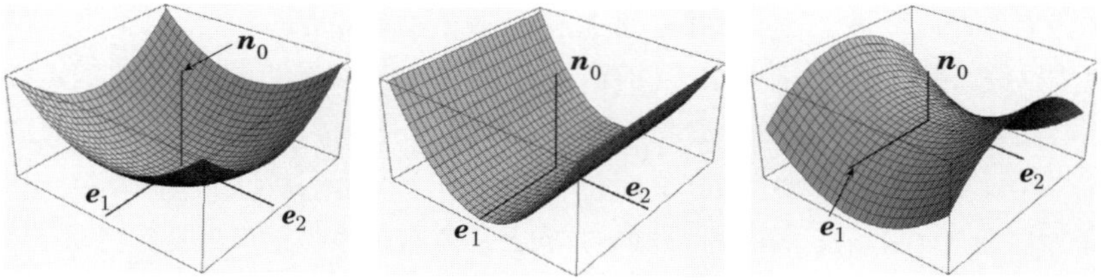

(a) 楕円放物面　　(b) 放物柱面　　(c) 双曲放物面

図 1.1

一致する[‡23]．たとえば $\kappa_2 > 0$ とすると，κ_1 が正，零，負の場合の近似曲面はそれぞれ図 1.1(a)，(b)，(c) のようになる．他の場合については読者自ら確認されたい．

さて，主曲率 κ_1，κ_2 は式 (1.60) で定義される対称行列 $\overline{S}$ の固有値として定義され，主方向 $\boldsymbol{e}_1$，$\boldsymbol{e}_2$ は $\overline{S}$ の固有ベクトル $\overline{\boldsymbol{\varepsilon}}_1$，$\overline{\boldsymbol{\varepsilon}}_2$ によって式 (1.62) で定義されたが，$\overline{S}$ を介さずに S_I と S_{II} から直接に決定することも可能である．まず，$\overline{\boldsymbol{\varepsilon}}_1$，$\overline{\boldsymbol{\varepsilon}}_2$ は固有値 κ_1，κ_2 に属する $\overline{S}$ の固有ベクトルだから

$$\overline{S}\overline{\boldsymbol{\varepsilon}}_i = \kappa_i\overline{\boldsymbol{\varepsilon}}_i \;\Leftrightarrow\; S_I^{-1/2}S_{II}S_I^{-1/2}\overline{\boldsymbol{\varepsilon}}_i = \kappa_i\overline{\boldsymbol{\varepsilon}}_i \;\Leftrightarrow\; S_I^{-1/2}S_I^{-1/2}S_{II}S_I^{-1/2}\overline{\boldsymbol{\varepsilon}}_i = \kappa_i S_I^{-1/2}\overline{\boldsymbol{\varepsilon}}_i$$
$$\Leftrightarrow\; S_I^{-1}S_{II}(S_I^{-1/2}\overline{\boldsymbol{\varepsilon}}_i) = \kappa_i(S_I^{-1/2}\overline{\boldsymbol{\varepsilon}}_i) \;\Leftrightarrow\; S_I^{-1}S_{II}\boldsymbol{\xi}_i = \kappa_i\boldsymbol{\xi}_i \qquad (i=1,2)$$

が成立する．つまり，$\boldsymbol{\xi}_1$，$\boldsymbol{\xi}_2$ は固有値 κ_1，κ_2 に属する $S_I^{-1}S_{II}$ の固有ベクトルである[‡24]．また，$\boldsymbol{e}_1$，$\boldsymbol{e}_2$ はともに単位ベクトルだから

$$1 = \boldsymbol{e}_i^t\boldsymbol{e}_i = \boldsymbol{\xi}_i^t B^t B\boldsymbol{\xi}_i = \boldsymbol{\xi}_i^t S_I\boldsymbol{\xi}_i \qquad (i=1,2)$$

が成立する．そして $\boldsymbol{\xi}_1$，$\boldsymbol{\xi}_2$ や κ_1，κ_2 を決めるにはこれらの条件で十分である．つまり

$$S_I^{-1}S_{II}\boldsymbol{\xi} = \kappa\boldsymbol{\xi} \tag{1.68}$$

および

$$\boldsymbol{\xi}^t S_I\boldsymbol{\xi} = 1 \tag{1.69}$$

という条件を満足するベクトルは $\pm\boldsymbol{\xi}_1$，$\pm\boldsymbol{\xi}_2$ に限られ，κ_1，κ_2 は式 (1.68) と同値な方程式

$$(S_{II} - \kappa S_I)\boldsymbol{\xi} = \boldsymbol{0} \tag{1.70}$$

が自明でない解 ($\boldsymbol{\xi} \neq \boldsymbol{0}$) をもつための条件

$$\begin{aligned} 0 = \det(S_{II} - \kappa S_I) &= \begin{vmatrix} L-\kappa E & M-\kappa F \\ M-\kappa F & N-\kappa G \end{vmatrix} \\ &= (EG-F^2)\kappa^2 - (EN+LG-2MF)\kappa + LN - M^2 \end{aligned} \tag{1.71}$$

によって確定する．

1.3.4 座標変換

これまでは曲面 S に対するひとつのパラメータ表示 (D, $\varphi : (u\ \ v)^t \mapsto \boldsymbol{p}(u,v)$) を使って議論してきたが，もちろん他のパラメータ表示 ($\tilde{D}$, $\tilde{\varphi} : (\tilde{u}\ \ \tilde{v})^t \mapsto \boldsymbol{p}(\tilde{u},\tilde{v})$) でもまったく同じ議論が可能である．$(u\ \ v)^t$ や $(\tilde{u}\ \ \tilde{v})^t$ は曲面上の点 $\boldsymbol{p}$ に対する座標であり，異なるパラメータ表示を用いることは異なる座標系を採用することに他ならない．そのため，パラメータ表示を変更する操作は**座標変換** (coordinate transformation) と

---

‡23 この場合には 2 次近似そのものが妥当ではなく，さらに高次の近似が必要である．

‡24 行列 $S_I^{-1}S_{II}$ はすでに Weingarten の式 (1.53) で登場している．

よばれる．ところで任意に $(u \ \ v)^t \in D$ を指定すれば $\varphi(u,v) = \boldsymbol{p}(u,v) \in S$ が決まり，$\tilde{\varphi}$ によって $\boldsymbol{p}(u,v)$ に写される $\tilde{D}$ 内の点が $(\tilde{u} \ \ \tilde{v})^t = \tilde{\varphi}^{-1}(\boldsymbol{p}(u,v)) = (\tilde{\varphi}^{-1} \circ \varphi)(u,v)$ として一意的に決まる．つまり，$\tilde{u}$ と $\tilde{v}$ は $\tilde{\varphi}^{-1} \circ \varphi$ を介して u，v の関数であり，$\tilde{\varphi}^{-1} \circ \varphi : D \to \tilde{D}$ が微分同相写像であることから必要な回数だけ微分可能である．それゆえ，パラメータ表示 $(D,\ \varphi)$ と $(\tilde{D},\ \tilde{\varphi})$ に応じて決まる接空間 $T_{\boldsymbol{p}}$ の基底 $\{\boldsymbol{p}_u, \boldsymbol{p}_v\}$ と $\{\boldsymbol{p}_{\tilde{u}}, \boldsymbol{p}_{\tilde{v}}\}$ は

$$\boldsymbol{p}_u = \frac{\partial \boldsymbol{p}}{\partial u} = \frac{\partial \boldsymbol{p}}{\partial \tilde{u}}\frac{\partial \tilde{u}}{\partial u} + \frac{\partial \boldsymbol{p}}{\partial \tilde{v}}\frac{\partial \tilde{v}}{\partial u} = \boldsymbol{p}_{\tilde{u}}\frac{\partial \tilde{u}}{\partial u} + \boldsymbol{p}_{\tilde{v}}\frac{\partial \tilde{v}}{\partial u}, \quad \boldsymbol{p}_v = \frac{\partial \boldsymbol{p}}{\partial v} = \boldsymbol{p}_{\tilde{u}}\frac{\partial \tilde{u}}{\partial v} + \boldsymbol{p}_{\tilde{v}}\frac{\partial \tilde{v}}{\partial v}$$

として関係付けられ，**Jacobi 行列** J を使えば

$$B = (\boldsymbol{p}_u \ \ \boldsymbol{p}_v) = (\boldsymbol{p}_{\tilde{u}} \ \ \boldsymbol{p}_{\tilde{v}})J = \tilde{B}J, \quad J \equiv \begin{pmatrix} \dfrac{\partial \tilde{u}}{\partial u} & \dfrac{\partial \tilde{u}}{\partial v} \\ \dfrac{\partial \tilde{v}}{\partial u} & \dfrac{\partial \tilde{v}}{\partial v} \end{pmatrix} \tag{1.72}$$

と表現できるから，式 (1.41) から

$$S_I = B^t B = J^t \tilde{B}^t \tilde{B} J = J^t \tilde{S}_I J \tag{1.73}$$

が結論される．ここで $\tilde{S}_I$ がパラメータ表示 $(\tilde{D},\ \tilde{\varphi})$ に対する第一基本行列であることはいうまでもない．一方，パラメータ表示 $(D,\ \varphi)$，$(\tilde{D},\ \tilde{\varphi})$ に応じて単位法ベクトルは

$$\boldsymbol{n} \equiv \frac{\boldsymbol{p}_u \times \boldsymbol{p}_v}{\|\boldsymbol{p}_u \times \boldsymbol{p}_v\|}, \quad \tilde{\boldsymbol{n}} \equiv \frac{\boldsymbol{p}_{\tilde{u}} \times \boldsymbol{p}_{\tilde{v}}}{\|\boldsymbol{p}_{\tilde{u}} \times \boldsymbol{p}_{\tilde{v}}\|} \tag{1.74}$$

として定義されるが

$$\boldsymbol{p}_u \times \boldsymbol{p}_v = \left(\boldsymbol{p}_{\tilde{u}}\frac{\partial \tilde{u}}{\partial u} + \boldsymbol{p}_{\tilde{v}}\frac{\partial \tilde{v}}{\partial u}\right) \times \left(\boldsymbol{p}_{\tilde{u}}\frac{\partial \tilde{u}}{\partial v} + \boldsymbol{p}_{\tilde{v}}\frac{\partial \tilde{v}}{\partial v}\right) = \det(J)\boldsymbol{p}_{\tilde{u}} \times \boldsymbol{p}_{\tilde{v}}$$

だから，これを式 (1.74) に代入すれば

$$\boldsymbol{n} = s_J \tilde{\boldsymbol{n}}, \quad s_J \equiv \mathrm{sgn}(\det(J)) = \begin{cases} +1 & \det(J) > 0 \\ -1 & \det(J) < 0 \end{cases} \tag{1.75}$$

を得る．つまり単位法ベクトルは符号を除けば一意的に決まり，符合は Jacobi 行列式 $\det(J)$ の符号 s_J に一致する．それゆえ式 (1.72) と同様にして

$$(\boldsymbol{n}_u \ \ \boldsymbol{n}_v) = (\boldsymbol{n}_{\tilde{u}} \ \ \boldsymbol{n}_{\tilde{v}})J = s_J(\tilde{\boldsymbol{n}}_{\tilde{u}} \ \ \tilde{\boldsymbol{n}}_{\tilde{v}})J \tag{1.76}$$

が導かれ，式 (1.49)，(1.72)，(1.76) から

$$S_{II} = -B^t(\boldsymbol{n}_u \ \ \boldsymbol{n}_v) = -s_J J^t \tilde{B}^t (\tilde{\boldsymbol{n}}_{\tilde{u}} \ \ \tilde{\boldsymbol{n}}_{\tilde{v}})J = s_J J^t \tilde{S}_{II} J \tag{1.77}$$

が結論される．$\tilde{S}_{II}$ はパラメータ表示 $(\tilde{D},\ \tilde{\varphi})$ に対する第二基本行列である．このように，基本行列はパラメータ表示に依存して変化するが，曲面 S を近似する 2 次曲面の向きや形を反映する主方向 $\boldsymbol{e}_1$，$\boldsymbol{e}_2$，そして主曲率 κ_1，κ_2 は曲面そのもので決まり，パラメータ表示の選び方によらないはずである．ただし κ_1，κ_2 は座標系 $\Sigma^{\perp}$ における曲面上の点 $\boldsymbol{p}$ の法線 $\boldsymbol{n}$ に沿う方向の座標値に関係して定義されるから，$\boldsymbol{n}$ の符号が

変われば κ_1, κ_2 の符号も変わるはずである．これを確かめよう．まず，式 (1.73) と (1.77) によれば

$$S_I^{-1}S_{II} = \{J^t\tilde{S}_I J\}^{-1}s_J J^t\tilde{S}_{II}J = s_J J^{-1}\tilde{S}_I^{-1}(J^t)^{-1}J^t\tilde{S}_{II}J = s_J J^{-1}\tilde{S}_I^{-1}\tilde{S}_{II}J$$

だから，これを式 (1.68) に代入した後に両辺左から $s_J J$ を作用させ，$s_J^2 = 1$ を使えば

$$\tilde{S}_I^{-1}\tilde{S}_{II}\tilde{\boldsymbol{\xi}} = \tilde{\kappa}\tilde{\boldsymbol{\xi}}, \quad \tilde{\boldsymbol{\xi}} \equiv J\boldsymbol{\xi}, \quad \tilde{\kappa} \equiv s_J\kappa \tag{1.78}$$

を得る．それゆえ $(\tilde{D}, \tilde{\varphi})$ に関する主曲率 $\tilde{\kappa}_1$, $\tilde{\kappa}_2$ は予想した通り (D, φ) に関する主曲率 κ_1, κ_2 に符号 s_J を乗じたものに一致する．また，

$$\tilde{\boldsymbol{\xi}}^t\tilde{S}_I\tilde{\boldsymbol{\xi}} = (J\boldsymbol{\xi})^t\tilde{S}_I J\boldsymbol{\xi} = \boldsymbol{\xi}^t J^t\tilde{S}_I J\boldsymbol{\xi} = \boldsymbol{\xi}^t S_I\boldsymbol{\xi}$$

が成立するから，固有値 κ_i $(i = 1, 2)$ に属する $S_I^{-1}S_{II}$ の固有ベクトルで式 (1.69) を満足するものを $\boldsymbol{\xi}_i$ とすれば，$\tilde{\boldsymbol{\xi}}_i \equiv J\boldsymbol{\xi}_i$ は固有値 $\tilde{\kappa}_i = s_J\kappa_i$ に属する $\tilde{S}_I^{-1}\tilde{S}_{II}$ の固有ベクトルであって $\tilde{\boldsymbol{\xi}}_i^t\tilde{S}_I\tilde{\boldsymbol{\xi}}_i = 1$ を満足する．それゆえ，式 (1.62) にもとづいてパラメータ表示 $(\tilde{D}, \tilde{\varphi})$ に関する主方向 $\tilde{\boldsymbol{e}}_1$, $\tilde{\boldsymbol{e}}_2$ を計算すれば

$$(\tilde{\boldsymbol{e}}_1 \ \ \tilde{\boldsymbol{e}}_2) = \tilde{B}(\tilde{\boldsymbol{\xi}}_1 \ \ \tilde{\boldsymbol{\xi}}_2) = \tilde{B}(J\boldsymbol{\xi}_1 \ \ J\boldsymbol{\xi}_2) = \tilde{B}J(\boldsymbol{\xi}_1 \ \ \boldsymbol{\xi}_2) = B(\boldsymbol{\xi}_1 \ \ \boldsymbol{\xi}_2) = (\boldsymbol{e}_1 \ \ \boldsymbol{e}_2)$$

となり，パラメータ表示 (D, φ) に関して計算される主方向 $\boldsymbol{e}_1$, $\boldsymbol{e}_2$ に一致する．これも予想した通りの結果である．

1.4 曲面の曲率

1.4.1 法曲率と測地曲率

$(D, \varphi : (u \ \ v)^t \mapsto \boldsymbol{p}(u, v))$ をパラメータ表示とする曲面 S を考え，S 上の点 $\boldsymbol{p}(u, v)$ における単位法線ベクトルを $\boldsymbol{n}(u, v)$ と記そう．また，曲面 S 上の曲線 C が $\psi : I \to D$ を使って $(I, \varphi \circ \psi)$ として弧長表示されているとし，$\boldsymbol{p}(u(s), v(s))$ や $\boldsymbol{n}(u(s), v(s))$ などを単に $\boldsymbol{p}(s)$, $\boldsymbol{n}(s)$ などと略記する．

1.1 節で述べたように弧長表示された曲線 C の速度ベクトル $\boldsymbol{e}_1(s) \equiv \boldsymbol{p}'(s)$ は単位ベクトルである．また，1.2 節で示したように曲面 S 上の曲線 C の速度ベクトル $\boldsymbol{e}_1(s)$ は点 $\boldsymbol{p}(s)$ における S の接空間 $T_{\boldsymbol{p}(s)}$ に含まれ，したがって $\boldsymbol{e}_1(s) \cdot \boldsymbol{n}(s) = 0$ である．それゆえ，

$$\boldsymbol{e}_g(s) \equiv \boldsymbol{n}(s) \times \boldsymbol{e}_1(s) \tag{1.79}$$

とすれば，$\{\boldsymbol{e}_1(s), \boldsymbol{e}_g(s), \boldsymbol{n}(s)\}$ はこの順序で右手系の正規直交基底をなす．そして，加速度ベクトル $\boldsymbol{p}''(s)$ は速度ベクトル $\boldsymbol{e}_1(s)$ に直交するから

$$\boldsymbol{p}''(s) = \kappa(s)\boldsymbol{e}_2(s) = \kappa_n(s)\boldsymbol{n}(s) + \kappa_g(s)\boldsymbol{e}_g(s) \tag{1.80}$$

と展開できる．$\boldsymbol{e}_2(s)$ は曲線 C の主法線ベクトルである．ここで，$\boldsymbol{p}''(s)$ の大きさである $\kappa(s)$ を曲率とよぶことに対応して，$\kappa_n(s)$ と $\kappa_g(s)$ をそれぞれ曲線 C の**法曲率**

(normal curvature)，**測地曲率** (geodesic curvature) とよぶ．曲率は $\boldsymbol{p}''(s)$ の大きさとして定義されるため非負 $\kappa(s) \geq 0$ であるが，法曲率や測地曲率は負にもなり得る点に注意しよう．

測地曲率がつねに零となる曲線を S の**測地線** (geodesic) とよぶ．つまり，測地線とは加速度ベクトルがつねに曲面に直交するような曲線である[‡25]．測地線では $\kappa_g(s) = 0$ だから $\boldsymbol{n}(s) = \boldsymbol{e}_2(s)$，あるいは $\boldsymbol{n}(s) = -\boldsymbol{e}_2(s)$ が成立し，Frenet 標構は $\{\boldsymbol{e}_1(s), \boldsymbol{n}(s), -\boldsymbol{e}_g(s)\}$，あるいは $\{\boldsymbol{e}_1(s), -\boldsymbol{n}(s), \boldsymbol{e}_g(s)\}$ に一致する．Frenet 標構では $\boldsymbol{e}_2(s)$ を2番目の座標軸とするのに対して，曲面を扱う際には $\boldsymbol{n}(s)$ を3番目の座標軸とする点に注意しよう．

さて，式 (1.80) の両辺と $\boldsymbol{n}(s)$ との内積をとれば，$\boldsymbol{e}_g(s)$ と $\boldsymbol{n}(s)$ が直交することから

$$\kappa_n(s) = \boldsymbol{n}(s) \cdot \boldsymbol{p}''(s) = (\boldsymbol{n}(s) \cdot \boldsymbol{p}'(s))' - \boldsymbol{n}'(s) \cdot \boldsymbol{p}'(s) = -\boldsymbol{n}'(s) \cdot \boldsymbol{p}'(s) \tag{1.81}$$

を得る．ここで，$\boldsymbol{p}'(s) = \boldsymbol{e}_1(s)$ が $\boldsymbol{n}(s)$ と直交することを利用した．ところが，$\boldsymbol{p}(s)$ と $\boldsymbol{n}(s)$ は $(u, v)^t \in D$ を介した s の関数だから，$\boldsymbol{n}'$ と $\boldsymbol{p}'$ は

$$\boldsymbol{n}' = \boldsymbol{n}_u u' + \boldsymbol{n}_v v' = (\boldsymbol{n}_u \ \ \boldsymbol{n}_v)\boldsymbol{\xi}', \quad \boldsymbol{p}' = \boldsymbol{p}_u u' + \boldsymbol{p}_v v' = B\boldsymbol{\xi}', \quad \boldsymbol{\xi}' \equiv (u' \ \ v')^t$$

と表現でき，式 (1.49) によれば

$$-\boldsymbol{n}' \cdot \boldsymbol{p}' = -\boldsymbol{p}' \cdot \boldsymbol{n}' = -\boldsymbol{\xi}'^t B^t (\boldsymbol{n}_u \ \ \boldsymbol{n}_v)\boldsymbol{\xi}' = \boldsymbol{\xi}'^t S_{II} \boldsymbol{\xi}'$$

だから，式 (1.81) は

$$\kappa_n(s) = \boldsymbol{\xi}'^t S_{II} \boldsymbol{\xi}' = II(u', v') \tag{1.82}$$

と表現できる．ここで $(I, \varphi \circ \psi)$ は弧長表示だから，$\boldsymbol{\xi}'$ は

$$1 = \|\boldsymbol{p}'(s)\|^2 = \boldsymbol{\xi}'^t B^t B \boldsymbol{\xi}' = \boldsymbol{\xi}'^t S_I \boldsymbol{\xi}'$$

すなわち

$$I\,(u', v') = \boldsymbol{\xi}'^t S_I \boldsymbol{\xi}' = 1 \tag{1.83}$$

を満足する．

法曲率 $\kappa_n(s)$ は加速度ベクトル $\boldsymbol{p}''(s)$ の $\boldsymbol{n}(s)$ 方向成分として定義されたにもかかわらず，式 (1.82) によれば速度ベクトル $\boldsymbol{p}'(s)$ で決まってしまう点に注意しよう．これに対し，測地曲率 $\kappa_g(s)$ は一般には $\boldsymbol{p}'(s)$ だけでは決まらない．式 (1.81) と同様に

$$\kappa_g(s) = \boldsymbol{e}_g(s) \cdot \boldsymbol{p}''(s) = (\boldsymbol{e}_g(s) \cdot \boldsymbol{p}'(s))' - \boldsymbol{e}_g'(s) \cdot \boldsymbol{p}'(s) = -\boldsymbol{e}_g'(s) \cdot \boldsymbol{p}'(s)$$

は成立するが，$\boldsymbol{e}_g(s)$ は $\boldsymbol{n}(s)$ とは違って (u, v) を介した s の関数ではないからである．実際，$\boldsymbol{p}'(s) = \boldsymbol{e}_1(s)$ と式 (1.79) とを使って計算を進めても循環するだけである．

$$\kappa_g = -\boldsymbol{e}_g' \cdot \boldsymbol{e}_1 = -(\boldsymbol{n}' \times \boldsymbol{e}_1 + \boldsymbol{n} \times \boldsymbol{e}_1') \cdot \boldsymbol{e}_1 = (\boldsymbol{e}_1' \times \boldsymbol{n}) \cdot \boldsymbol{e}_1 = (\boldsymbol{n} \times \boldsymbol{e}_1) \cdot \boldsymbol{e}_1' = \boldsymbol{e}_g \cdot \boldsymbol{p}''$$

‡25 それゆえ，曲面上に滑らかに束縛された自由粒子はその曲面の測地線に沿って運動する．

1.4.2 直 截 口

平面が曲面 S 上の点 $\boldsymbol{p}$ における S の法線を含む場合，その平面は点 $\boldsymbol{p}$ で S に直交するという．平面と曲面との交線は一般にはたがいに連結していない複数の成分をもち得るが，点 $\boldsymbol{p}$ の十分な近傍に限れば交線は $\boldsymbol{p}$ を通る 1 本の自己交叉しない曲線である．そこで，点 $\boldsymbol{p}$ で曲面 S に直交する平面と S との交線の一部であって，$\boldsymbol{p}$ を通る自己交叉しない曲線を点 $\boldsymbol{p}$ における曲面 S の**直截口** (normal section) とよぶ[‡26]．

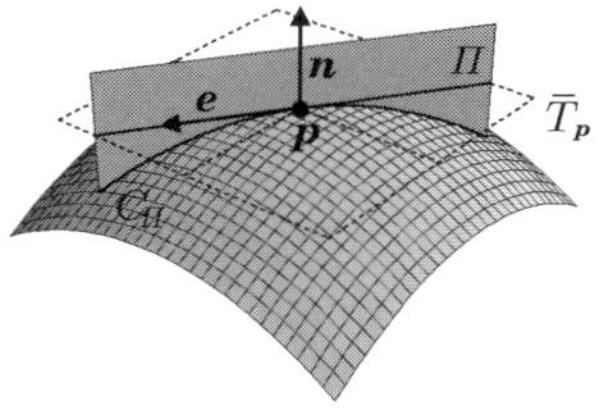

図 1.2 直截口

図 1.2 に示すように，点 $\boldsymbol{p}$ で曲面 S に直交する平面 Π をひとつ選ぶと Π による S の直截口 C_{Π} が決まり，弧長表示された C_{Π} の点 $\boldsymbol{p}$ における速度ベクトル $\boldsymbol{e} \equiv \boldsymbol{p}'$ もまた符号を除いて確定する．$\boldsymbol{e}$ は接空間 $T_{\boldsymbol{p}}$ のベクトルだから，$T_{\boldsymbol{p}}$ の基底 $\{\boldsymbol{p}_u, \boldsymbol{p}_v\}$ によって

$$\boldsymbol{e} = \xi \boldsymbol{p}_u + \eta \boldsymbol{p}_v = B\boldsymbol{\xi}, \quad \boldsymbol{\xi} \equiv \begin{pmatrix} \xi \\ \eta \end{pmatrix}, \quad B \equiv (\boldsymbol{p}_u \ \ \boldsymbol{p}_v) \tag{1.84}$$

と展開できる．$\boldsymbol{e}$ は単位ベクトルだから

$$\|\boldsymbol{e}\|^2 = \boldsymbol{\xi}^t B^t B \boldsymbol{\xi} = \boldsymbol{\xi}^t S_I \boldsymbol{\xi} = I(\xi, \eta) = 1 \tag{1.85}$$

が成立し，式 (1.82) によって点 $\boldsymbol{p}$ における C_{Π} の法曲率が

$$\kappa_n = \boldsymbol{\xi}^t S_{II} \boldsymbol{\xi} = II(\xi, \eta) \tag{1.86}$$

として与えられる．$\boldsymbol{e}$ の符号 (向き) は不確定だが，$\boldsymbol{e}$ の符号を変えても式 (1.85) は成立し，法曲率 κ_n は変化しない点に注意しておこう．

点 $\boldsymbol{p}$ で曲面 S に直交する平面 Π を指定すれば接空間 $T_{\boldsymbol{p}}$ の単位ベクトル $\boldsymbol{e}$ が決まることは上述の通りだが，逆に接空間 $T_{\boldsymbol{p}}$ の任意の単位ベクトル $\boldsymbol{e}$ を指定すれば，点 $\boldsymbol{p}$ で曲面 S に直交し，接平面 $\overline{T}_{\boldsymbol{p}}$ との交線の方向が $\boldsymbol{e}$ と一致する平面 Π が一意的に確定し，直截口 C_{Π} が決まるから点 $\boldsymbol{p}$ における法曲率 κ_n も確定する[‡27]．$\boldsymbol{n}$ を軸として

‡26 「直截口」は「直交する平面での截口 (切り口)」を意味し，「ちょくさいこう」と読む．

‡27 $\boldsymbol{e}$ によって直截口 C_{Π} そのものが決まってしまうので，速度ベクトルや加速度ベクトルはもちろんのこと，任意の高階導関数までが $\boldsymbol{e}$ によって確定する．法曲率は加速度ベクトルの法線方向成分として定義されているにもかかわらず，速度ベクトル $\boldsymbol{e}$ だけで決まってしまうのはこのためである．

$\boldsymbol{e}$ を回転させると直截口が変化し，それにつれて法曲率 κ_n も変化するが，$\boldsymbol{e}$ を逆向きにしても ($-\boldsymbol{e}$ で置き換えても) 対応する平面 Π は同じであり，したがって法曲率は変化しないから，$\boldsymbol{e}$ を半回転 (180°回転) させる間に κ_n はすべての可能な値をとることになる．では，κ_n が最大や最小になるのは値 $\boldsymbol{e}$ がどの方向にある場合だろうか.

点 $\boldsymbol{p}$ における直截口 C_Π の法曲率 κ_n は式 (1.86) で与えられるが，これは

$$\kappa_n = \frac{II(\xi,\eta)}{I(\xi,\eta)} = \frac{\boldsymbol{\xi}^t S_{II}\boldsymbol{\xi}}{\boldsymbol{\xi}^t S_I\boldsymbol{\xi}} = \frac{L\xi^2+2M\xi\eta+N\eta^2}{E\xi^2+2F\xi\eta+G\eta^2} \qquad (\boldsymbol{\xi} \neq \boldsymbol{0}) \tag{1.87}$$

としても表現できる点に注意しよう．この表現では拘束条件 (1.85) は不要である．ここで S_{II} が S_I の実数倍であって

$$S_{II} = \rho_u S_I \qquad (\rho_u \in R) \tag{1.88}$$

と書ける場合には法曲率 κ_n は $\boldsymbol{\xi}$ によらず，したがって $\boldsymbol{e}$ の向きによらない定数となる．このような場合，点 $\boldsymbol{p}$ は曲面 S の**臍点**（せいてん）(umbilic point) とよばれる．逆に点 $\boldsymbol{p}$ が臍点ならば κ_n は $\boldsymbol{\xi}$ によらない定数 ρ_u だから，任意の $\boldsymbol{\xi} \neq \boldsymbol{0}$ について

$$\frac{\boldsymbol{\xi}^t S_{II}\boldsymbol{\xi}}{\boldsymbol{\xi}^t S_I\boldsymbol{\xi}} = \rho_u \quad \Leftrightarrow \quad \boldsymbol{\xi}^t(S_{II}-\rho_u S_I)\boldsymbol{\xi} = 0$$

が成立するが，$S_{II}-\rho_u S_I$ は対称行列だから $S_{II}-\rho_u S_I = 0$ でなければならず，式 (1.88) が結論される．結局，式 (1.88) は点 $\boldsymbol{p}$ が臍点であるための必要十分条件である.

さて，$\boldsymbol{p}$ が臍点でない場合には $\boldsymbol{e}$ が $T_{\boldsymbol{p}}$ 中で回転すると法曲率 κ_n は変化するが，その最大値と最小値を求めよう．式 (1.87) に示すように κ_n を ξ，η の関数と考えれば

$$\frac{\partial\kappa_n}{\partial\xi} = 2\frac{(L\xi+M\eta)(\boldsymbol{\xi}^t S_I\boldsymbol{\xi})-(\boldsymbol{\xi}^t S_{II}\boldsymbol{\xi})(E\xi+F\eta)}{(\boldsymbol{\xi}^t S_I\boldsymbol{\xi})^2} = 2\frac{(L,M)\boldsymbol{\xi}-\kappa_n(E,F)\boldsymbol{\xi}}{\boldsymbol{\xi}^t S_I\boldsymbol{\xi}}$$

$$\frac{\partial\kappa_n}{\partial\eta} = 2\frac{(M\xi+N\eta)(\boldsymbol{\xi}^t S_I\boldsymbol{\xi})-(\boldsymbol{\xi}^t S_{II}\boldsymbol{\xi})(F\xi+G\eta)}{(\boldsymbol{\xi}^t S_I\boldsymbol{\xi})^2} = 2\frac{(M,N)\boldsymbol{\xi}-\kappa_n(F,G)\boldsymbol{\xi}}{\boldsymbol{\xi}^t S_I\boldsymbol{\xi}}$$

だから，停留条件 $\partial\kappa_n/\partial\xi = \partial\kappa_n/\partial\eta = 0$ は

$$\begin{cases} \{(L,M)-\kappa_n(E,F)\}\boldsymbol{\xi} = 0 \\ \{(M,N)-\kappa_n(F,G)\}\boldsymbol{\xi} = 0 \end{cases} \quad \Leftrightarrow \quad \left\{\begin{pmatrix} L & M \\ M & N \end{pmatrix} - \kappa_n \begin{pmatrix} E & F \\ F & G \end{pmatrix}\right\}\boldsymbol{\xi} = \boldsymbol{0}$$

すなわち

$$(S_{II}-\kappa_n S_I)\boldsymbol{\xi} = \boldsymbol{0} \tag{1.89}$$

と表現できるが，式 (1.89) と (1.85) はそれぞれ式 (1.70) と (1.69) に他ならず，それゆえ法曲率 κ_n の最大値と最小値は 2 次方程式 (1.71) の解 κ_1，κ_2 に一致する．κ_1，κ_2 を主曲率とよんだ理由はここにある．また，$\boldsymbol{e}$ が主方向 $\boldsymbol{e}_1, \boldsymbol{e}_2$ を向いた場合に κ_n がそれぞれ κ_1, κ_2 となることがわかる．ここで，2 次方程式 (1.71) の根と係数の関係から

$$K \equiv \kappa_1\kappa_2 = \frac{LN-M^2}{EG-F^2} = \frac{\det(S_{II})}{\det(S_I)}, \quad H \equiv \frac{1}{2}(\kappa_1+\kappa_2) = \frac{EN+LG-2MF}{2(EG-F^2)} \tag{1.90}$$

が成立するが，こうして定義される K と H はそれぞれ点 $\boldsymbol{p}$ における曲面 S の **Gauss 曲率** (Gaussian curvature)，**平均曲率** (mean curvature) とよばれる．

ところで，法線方向を保つ座標変換では主曲率は不変であり，法線方向を逆転する座標変換では主曲率は符号を変えることを 1.3.4 項で示したが，こうした性質は幾何学的に考えればほとんど自明である．主曲率とは注目する点における法曲率の最大値と最小値であり，法曲率は直截口の曲率 (正確には弧長表示における加速度ベクトルの法線方向成分) として定義されるが，直截口はパラメータ表示とは無関係に曲面の形状だけで決まるからである．そして法線方向が逆向きになれば加速度ベクトルの法線方向成分は符号を変えるから，法線方向を逆転する座標変換では主曲率は符号を変えるのである．いずれにせよ，Gauss 曲率 K は二つの主曲率の積として定義されるから，法線方向を逆転するか否かにかかわらず座標変換に対して不変である．

1.4.3 Gauss の球面表示

Euclid 空間 $\boldsymbol{E}^3$ に原点を設定し，この原点を中心とする単位球 (半径 1 の球) を S^2 と記そう．したがって，$\boldsymbol{R}^3$ の単位ベクトルは S^2 上の点に対応する．一方，S を向き付け可能な曲面とし，S 上の点 $\boldsymbol{p}$ における S の単位法ベクトルを $\boldsymbol{n_p}$ と記そう．$\boldsymbol{n_p}$ は $\boldsymbol{R}^3$ の単位ベクトルだから，上述のように $\boldsymbol{n_p} \in S^2$ である．このように $\boldsymbol{p} \in S$ を指定すると $\boldsymbol{n_p} \in S^2$ が定まることから写像 $\varphi_G : S \to S^2$, $\boldsymbol{p} \mapsto \boldsymbol{n_p}$ が定義されるが，この写像 φ_G は **Gauss 写像** (Gauss map) とよばれる．

さて，曲面 S のパラメータ表示をひとつ選んで $(D,\ \varphi : (u \quad v)^t \mapsto \boldsymbol{p}(u,v))$ とする (S が単純でない場合には注目する点を含む座標パッチをひとつ選べばよい)．du，dv を十分に小さく設定すれば，D 内の 4 点

$$\boldsymbol{q}_1 \equiv (u \quad v)^t,\ \boldsymbol{q}_2 \equiv (u+du \quad v)^t,\ \boldsymbol{q}_3 \equiv (u+du \quad v+dv)^t,\ \ \boldsymbol{q}_4 \equiv (u \quad v+dv)^t$$

を頂点とする微小な長方形は写像 $\varphi : D \to S$ によって曲面 S 上の 4 点 $\{\boldsymbol{p}_i \equiv \varphi(\boldsymbol{q}_i)\}_{i=1\sim4}$ を頂点とする微小な平行四辺形に写され，さらに Gauss 写像 $\varphi_G : S \to S^2$ によって S^2 上の 4 点 $\{\boldsymbol{n}_i \equiv \varphi_G(\boldsymbol{p}_i)\}_{i=1\sim4}$ を頂点とする微小な平行四辺形に写される．このとき S 上および S^2 上の平行四辺形の面積は，それぞれ $\boldsymbol{p}_u \times \boldsymbol{p}_v dudv$ および $\boldsymbol{n}_u \times \boldsymbol{n}_v dudv$ の長さに一致する．ところが Weingarten の式 (1.53) によれば

$$\boldsymbol{n}_u \times \boldsymbol{n}_v = \left(\frac{FM-GL}{EG-F^2}\boldsymbol{p}_u + \frac{FL-EM}{EG-F^2}\boldsymbol{p}_v\right) \times \left(\frac{FN-GM}{EG-F^2}\boldsymbol{p}_u + \frac{FM-EN}{EG-F^2}\boldsymbol{p}_v\right)$$

であり，これを展開して式 (1.90) を使えば

$$\boldsymbol{n}_u \times \boldsymbol{n}_v = \frac{LN-M^2}{EG-F^2}\boldsymbol{p}_u \times \boldsymbol{p}_v = K\boldsymbol{p}_u \times \boldsymbol{p}_v \tag{1.91}$$

を得るから，二つの平行四辺形の面積の比は

$$\frac{A(P_{S^2})}{A(P_S)} = \frac{\|\boldsymbol{n}_u \times \boldsymbol{n}_v dudv\|}{\|\boldsymbol{p}_u \times \boldsymbol{p}_v dudv\|} = \frac{\|\boldsymbol{n}_u \times \boldsymbol{n}_v\|}{\|\boldsymbol{p}_u \times \boldsymbol{p}_v\|} = \frac{\|K(\boldsymbol{p}_u \times \boldsymbol{p}_v)\|}{\|\boldsymbol{p}_u \times \boldsymbol{p}_v\|} = |K|$$

となる．K の符号を考慮するには符号付の面積を考えればよい．接空間内の二つのベクトル $\boldsymbol{a}, \boldsymbol{b} \in T_{\boldsymbol{p}}$ によって張られる平行四辺形の面積の符号を $\boldsymbol{n}\cdot(\boldsymbol{a}\times\boldsymbol{b})$ の符号，すなわち $\mathrm{sgn}(\boldsymbol{n}\cdot(\boldsymbol{a}\times\boldsymbol{b}))$ によって定義するのである．式 (1.45) によれば $\mathrm{sgn}(\boldsymbol{n}\cdot(\boldsymbol{p}_u \times \boldsymbol{p}_v)) = 1$ だから $\boldsymbol{p}_u du, \boldsymbol{p}_v dv \in T_{\boldsymbol{p}}$ によって張られる平行四辺形 P_S の符号付面積 $A_{\mathrm{sgn}}(P_S)$ はつねに正だが，

$$\mathrm{sgn}(\boldsymbol{n}\cdot(\boldsymbol{n}_u \times \boldsymbol{n}_v)) = \mathrm{sgn}(K\boldsymbol{n}\cdot(\boldsymbol{p}_u \times \boldsymbol{p}_v)) = \mathrm{sgn}(K)$$

だから，$\boldsymbol{n}_u du, \boldsymbol{n}_v dv \in T_{\varphi_G(\boldsymbol{p})}$ によって張られる平行四辺形 P_{S^2} の符号付面積 $A_{\mathrm{sgn}}(P_{S^2})$ の符号は Gauss 曲率 K の符号に一致し

$$K = \frac{A_{\mathrm{sgn}}(P_{S^2})}{A_{\mathrm{sgn}}(P_S)} \tag{1.92}$$

が成立する．結局，Gauss 曲率 K とは Gauss 写像 φ_G の符号付面積の拡大率として解釈できることになる．

1.4.4　Theorema egregium (驚異の定理)

1.3.3 項で詳述したように，3 次元空間中における曲面の曲がり具合は主方向と主曲率によって表現され，それらは第一基本形式と第二基本形式の両方に依存する．それにもかかわらず，二つの主曲率の積として定義される Gauss 曲率は第一基本形式のみによって確定することが示される．この事実は Gauss によって発見され，Theorema egregium (驚異の定理) と名付けられた．この定理を証明しておこう．

まず，行列 $B = (\boldsymbol{p}_u \ \ \boldsymbol{p}_v)$ を u で偏微分すれば，式 (1.50) から

$$\partial_u B = (\boldsymbol{p}_{uu} \ \ \boldsymbol{p}_{uv}) = (\boldsymbol{p}_u \ \ \boldsymbol{p}_v)\begin{pmatrix} \Gamma^u_{uu} & \Gamma^u_{uv} \\ \Gamma^v_{uu} & \Gamma^v_{uv} \end{pmatrix} + (L\boldsymbol{n} \ \ M\boldsymbol{n}) = B\Gamma_u + \boldsymbol{n}(L \ \ M)$$

を得る．B を v で偏微分した場合も同様であり，

$$\partial_u B = B\Gamma_u + \boldsymbol{n}(L \ \ M), \quad \partial_v B = B\Gamma_v + \boldsymbol{n}(M \ \ N) \tag{1.93}$$

が結論される．また $\boldsymbol{p}_u$，$\boldsymbol{p}_v$ はともに $\boldsymbol{n}$ に直交するから $B^t\boldsymbol{n} = (0 \ \ 0)^t$ であり，式 (1.93) から

$$B^t\partial_u B = B^t B\Gamma_u = S_I\Gamma_u, \quad B^t\partial_v B = B^t B\Gamma_v = S_I\Gamma_v \tag{1.94}$$

を得る．それゆえ，

$$\begin{aligned} \partial_u S_I &= \partial_u(B^t B) = (B^t\partial_u B)^t + B^t\partial_u B = (S_I\Gamma_u)^t + S_I\Gamma_u = \Gamma_u^t S_I + S_I\Gamma_u \\ \partial_v S_I &= (S_I\Gamma_v)^t + S_I\Gamma_v = \Gamma_v^t S_I + S_I\Gamma_v \end{aligned} \tag{1.95}$$

が成立する．さらには式 (1.93) から

$$(\partial_v B)^t \partial_u B = \{B\Gamma_v + \boldsymbol{n}(M \quad N)\}^t \{B\Gamma_u + \boldsymbol{n}(L \quad M)\}$$
$$= \Gamma_v^t B^t B \Gamma_u + \begin{pmatrix} M \\ N \end{pmatrix} \boldsymbol{n}^t \boldsymbol{n}(L \quad M) = \Gamma_v^t S_I \Gamma_u + \begin{pmatrix} ML & M^2 \\ NL & MN \end{pmatrix}$$

がいえ ($\boldsymbol{n}^t \boldsymbol{n} = 1$ を利用)，同様にして

$$\begin{aligned} (\partial_v B)^t \partial_u B &= \Gamma_v^t S_I \Gamma_u + \begin{pmatrix} ML & M^2 \\ NL & MN \end{pmatrix}, \\ (\partial_u B)^t \partial_v B &= \Gamma_u^t S_I \Gamma_v + \begin{pmatrix} ML & LN \\ M^2 & MN \end{pmatrix} \end{aligned} \tag{1.96}$$

を得る．ところで，$\partial_v \partial_u B = \partial_u \partial_v B$ だから

$$\partial_v (B^t \partial_u B) - \partial_u (B^t \partial_v B) = (\partial_v B)^t \partial_u B - (\partial_u B)^t \partial_v B \tag{1.97}$$

であり，式 (1.94)，(1.96) を代入すれば，

$$\partial_v (S_I \Gamma_u) - \partial_u (S_I \Gamma_v) = \Gamma_v^t S_I \Gamma_u - \Gamma_u^t S_I \Gamma_v - (NL - M^2) J_2, \quad J_2 \equiv \begin{pmatrix} 0 & 1 \\ -1 & 0 \end{pmatrix} \tag{1.98}$$

を得る．また，式 (1.90) によれば K を Gauss 曲率として

$$NL - M^2 = \det(S_{II}) = K \det(S_I)$$

が成立し，式 (1.95) によって

$$\partial_v (S_I \Gamma_u) - \partial_u (S_I \Gamma_v) = (\partial_v S_I) \Gamma_u + S_I \partial_v \Gamma_u - (\partial_u S_I) \Gamma_v - S_I \partial_u \Gamma_v$$
$$= (\Gamma_v^t S_I + S_I \Gamma_v) \Gamma_u + S_I \partial_v \Gamma_u - (\Gamma_u^t S_I + S_I \Gamma_u) \Gamma_v - S_I \partial_u \Gamma_v$$

だから，2 次の行列 R_{uv} を

$$R_{uv} \equiv \partial_u \Gamma_v - \partial_v \Gamma_u + \Gamma_u \Gamma_v - \Gamma_v \Gamma_u \tag{1.99}$$

として定義すれば[‡28] 式 (1.98) は

$$S_I R_{uv} = K \det(S_I) J_2 \tag{1.100}$$

と表現できる．ここで行列 A の m 行 n 列成分を $[A]_{mn}$ と記せば，式 (1.100) からは

$$K = \frac{[S_I R_{uv}]_{12}}{\det(S_I)} = -\frac{[S_I R_{uv}]_{21}}{\det(S_I)} \tag{1.101}$$

が結論される．ところで，式 (1.52) に示されるように Christoffel 記号は第一基本量 E，F，G とその微係数によって決まるから，式 (1.99) で定義される R_{uv}，したがって Gauss 曲率 K もまた第一基本量の高々 2 次の微係数によって決まることになる．これが証明すべきことであった．

---

‡28 R_{uv} は Riemann-Christoffel の曲率テンソルに対応する行列である．4.2.3 項を参照のこと．

第 2 章

曲面における接ベクトル場と微分形式

前章につづいて本章でも Euclid 空間中の曲面を対象とし，接ベクトル空間や接ベクトル場，共変微分や平行移動など，基本概念の幾何学的な意味について解説する．また，微分幾何学における強力な解析手法のひとつである微分形式を導入する．ここでは 2 変数の場合に限定し，しかも直感的で形式的な説明の域を出ないが，曲面の解析を通じて微分形式の有用性が実感できるであろう．

2.1 接ベクトル場

2.1.1 接ベクトル場とその微分

曲面 S 上の各点 $\boldsymbol{p}$ には接空間 $T_{\boldsymbol{p}}$ が定義されるが，各接空間から元をひとつ選び出したものを S 上の**接ベクトル場** (tangent vector field) とよぶ．いい換えれば「S 上の各点にひとつの接ベクトルを指定したもの」が接ベクトル場である．たとえば，曲面 S のパラメータ表示をひとつ選んで $(D,\ \varphi:(u\ \ v)^t \mapsto \boldsymbol{p}(u,v))$ とすれば[‡1]，$\boldsymbol{p}_u$ と $\boldsymbol{p}_v$ は S 上の接ベクトル場であり，これらを**標準接ベクトル場** (standard tangent vector field) とよぶ．

S 上の接ベクトル場の集合を $\mathcal{T}(S)$ と記そう．また，$\boldsymbol{X} \in \mathcal{T}(S)$ の点 $\boldsymbol{p} \in S$ における値を $\boldsymbol{X}(\boldsymbol{p})$ と記し，$\boldsymbol{X}(\boldsymbol{p}(u,v))$ を単に $\boldsymbol{X}(u,v)$ と略記する．ところで，$\boldsymbol{X}(\boldsymbol{p})$ は点 $\boldsymbol{p}$ における S の接ベクトル $\boldsymbol{X}(\boldsymbol{p}) \in T_{\boldsymbol{p}}$ であり，$\{\boldsymbol{p}_u(\boldsymbol{p}), \boldsymbol{p}_v(\boldsymbol{p})\}$ は $T_{\boldsymbol{p}}$ の基底をなすから，

$$\boldsymbol{X}(\boldsymbol{p}) = X^u \boldsymbol{p}_u(\boldsymbol{p}) + X^v \boldsymbol{p}_v(\boldsymbol{p}) \qquad (X^u, X^v \in \boldsymbol{R})$$

と展開できるが，展開係数は点 $\boldsymbol{p}$ に依存して決まるから X^u，X^v は曲面 S 上で定義された実関数である．つまり，曲面 S 上の実関数の集合を $\mathcal{F}(S)$ と記せば

$$\boldsymbol{X} = X^u \boldsymbol{p}_u + X^v \boldsymbol{p}_v \qquad (X^u, X^v \in \mathcal{F}(S)) \tag{2.1}$$

と書ける．このように，$\{\boldsymbol{p}_u, \boldsymbol{p}_v\}$ によって任意の接ベクトル場 $\boldsymbol{X} \in \mathcal{T}(S)$ が展開できることから，$\{\boldsymbol{p}_u, \boldsymbol{p}_v\}$ は $\mathcal{T}(S)$ の**基底場** (basis field) とよばれる[‡2]．

ところで，$\boldsymbol{X}$ は φ を介して $(u\ \ v)^t \in D$ の関数だから，式 (2.1) は

$$\boldsymbol{X}(u,v) = X^u(u,v)\boldsymbol{p}_u(u,v) + X^v(u,v)\boldsymbol{p}_v(u,v)$$

と書けるが，展開係数 $\{X^u(u,v), X^v(u,v)\}$ が D 上で必要な階数だけ微分可能である場合に，接ベクトル場 $\boldsymbol{X}$ は微分可能であるという．あるパラメータ表示に対して接ベクトル場 $\boldsymbol{X}$ が微分可能ならば，任意のパラメータ表示に対しても微分可能であることが示されるから[‡3]，微分可能性は表示法によらない接ベクトル場そのものの性質だといえる．

さて，式 (2.1) を

$$\boldsymbol{X} = X^u \boldsymbol{p}_u + X^v \boldsymbol{p}_v = B\overline{\boldsymbol{X}}, \quad B \equiv (\boldsymbol{p}_u\ \ \boldsymbol{p}_v), \quad \overline{\boldsymbol{X}} \equiv \begin{pmatrix} X^u \\ X^v \end{pmatrix} \tag{2.2}$$

---

‡1 S が単純でない場合には注目する点を含む座標パッチをひとつ選べばよい．

‡2 $\{\boldsymbol{p}_u(\boldsymbol{p}), \boldsymbol{p}_v(\boldsymbol{p})\}$ は特定の点 $\boldsymbol{p} \in S$ において $T_{\boldsymbol{p}}$ の「基底」であるのに対し，$\{\boldsymbol{p}_u, \boldsymbol{p}_v\}$ は S の全体で $\mathcal{T}(S)$ の「基底場」である．また，接ベクトル $\boldsymbol{X}(\boldsymbol{p}) \in T_{\boldsymbol{p}}$ を基底 $\{\boldsymbol{p}_u(\boldsymbol{p}), \boldsymbol{p}_v(\boldsymbol{p})\}$ で展開した場合の展開係数は実数だが，接ベクトル場 $\boldsymbol{X} \in \mathcal{T}(S)$ を基底場 $\{\boldsymbol{p}_u, \boldsymbol{p}_v\}$ で展開した場合の展開係数は S 上の実関数である．

‡3 詳しくは第3章で議論する．

として表現しておく．各変数の u，v 依存性は明記してはいないが，混乱の心配はないだろう．$\boldsymbol{X}$ が 3 次元ベクトルであるのに対し，$\boldsymbol{X}$ を基底 $\{\boldsymbol{p}_u, \boldsymbol{p}_v\}$ で展開した際の 2 個の展開係数を並べて作ったベクトル $\overline{\boldsymbol{X}}$ は 2 次元のベクトルである点に注意しよう．また，式 (2.2) の両辺に左から B^t を作用させ，$B^tB = S_I$ が可逆であることを利用すれば

$$\overline{\boldsymbol{X}} = S_I^{-1} B^t \boldsymbol{X} \tag{2.3}$$

を得る．いずれにせよ，$\boldsymbol{X}$ を u，v に関して偏微分すれば，式 (1.93) を使って

$$\begin{aligned} \partial_u \boldsymbol{X} &= B\partial_u \overline{\boldsymbol{X}} + (\partial_u B)\overline{\boldsymbol{X}} = B(\partial_u \overline{\boldsymbol{X}} + \Gamma_u \overline{\boldsymbol{X}}) + (LX^u + MX^v)\boldsymbol{n} \\ \partial_v \boldsymbol{X} &= B\partial_v \overline{\boldsymbol{X}} + (\partial_v B)\overline{\boldsymbol{X}} = B(\partial_v \overline{\boldsymbol{X}} + \Gamma_v \overline{\boldsymbol{X}}) + (MX^u + NX^v)\boldsymbol{n} \end{aligned} \tag{2.4}$$

を得る．右辺が法線方向成分を含むことからわかるように，接ベクトル場を微分して得られるベクトル場は接空間からはみだしてしまうが，はみだした成分を無視すれば当然ながら接ベクトル場となる．そこで

$$\begin{aligned} D_u \boldsymbol{X} &\equiv B(\partial_u \overline{\boldsymbol{X}} + \Gamma_u \overline{\boldsymbol{X}}) = B(I_2 \partial_u + \Gamma_u)\overline{\boldsymbol{X}} \\ &= (\partial_u X^u + X^u \Gamma^u_{uu} + X^v \Gamma^u_{vu})\boldsymbol{p}_u + (\partial_u X^v + X^u \Gamma^v_{uu} + X^v \Gamma^v_{vu})\boldsymbol{p}_v \\ D_v \boldsymbol{X} &\equiv B(\partial_v \overline{\boldsymbol{X}} + \Gamma_v \overline{\boldsymbol{X}}) = B(I_2 \partial_v + \Gamma_v)\overline{\boldsymbol{X}} \\ &= (\partial_v X^u + X^u \Gamma^u_{uv} + X^v \Gamma^u_{vv})\boldsymbol{p}_u + (\partial_v X^v + X^u \Gamma^v_{uv} + X^v \Gamma^v_{vv})\boldsymbol{p}_v \end{aligned} \tag{2.5}$$

を定義し[‡4]，これらを接ベクトル場の**共変微分** (covariant derivative) とよぶ．それゆえ，接ベクトル場の共変微分はふたたび接ベクトル場となる．

曲面 S 上に曲線 C があり，C 上の各点 $\boldsymbol{p}$ に接空間 $T_{\boldsymbol{p}}$ のベクトルがひとつ指定されている場合，これを曲線 C 上の接ベクトル場とよぶ[‡5]．曲線 C 上の接ベクトル場の集合を $\mathcal{T}(C)$ と記し，$\boldsymbol{X} \in \mathcal{T}(C)$ の点 $\boldsymbol{p} \in C$ における値を $\boldsymbol{X}(\boldsymbol{p})$ と記す．また，C のパラメータ表示を $(I, \chi : t \mapsto \boldsymbol{p}(t) = \boldsymbol{p}(u(t), v(t)))$ とするとき，$\boldsymbol{X}(\boldsymbol{p}(t))$ を $\boldsymbol{X}(u(t), v(t))$，あるいは単に $\boldsymbol{X}(t)$ と略記する．$\{\boldsymbol{p}_u(t), \boldsymbol{p}_v(t)\}$ は $T_{\boldsymbol{p}(t)}$ の基底をなすから $\boldsymbol{X}(t) \in T_{\boldsymbol{p}(t)}$ は

$$\boldsymbol{X}(t) = X^u(t)\boldsymbol{p}_u(t) + X^v(t)\boldsymbol{p}_v(t) = B(t)\overline{\boldsymbol{X}}(t) \tag{2.6}$$

と展開できるが，展開係数 $\{X^u(t), X^v(t)\}$ が I 上で必要な階数だけ微分可能である場合に接ベクトル場 $\boldsymbol{X} \in \mathcal{T}(C)$ は微分可能であるという．

曲線 C 上の接ベクトル場 $\boldsymbol{X}$ を t で微分すれば，B が u，v を介して t の関数であることから，式 (1.93) を使って

[‡4] I_2 は 2 次の単位行列である．

[‡5] 接ベクトルは曲線 C 上の点だけで指定されていればよく，それ以外の点で指定されている必要はない．もちろん指定されていてもよい．

$$\dot{\boldsymbol{X}} = B\dot{\overline{\boldsymbol{X}}} + \dot{B}\overline{\boldsymbol{X}} = B\dot{\overline{\boldsymbol{X}}} + (\dot{u}\partial_u B + \dot{v}\partial_v B)\overline{\boldsymbol{X}}$$
$$= B(\dot{\overline{\boldsymbol{X}}} + \dot{u}\Gamma_u\overline{\boldsymbol{X}} + \dot{v}\Gamma_v\overline{\boldsymbol{X}}) + \{(\dot{u}L + \dot{v}M)X^u + (\dot{u}M + \dot{v}N)X^v\}\boldsymbol{n} \tag{2.7}$$

を得る．ここでも接空間からはみだした成分を無視して曲線 C に沿う共変微分を

$$D_t\boldsymbol{X} \equiv \frac{D}{dt}\boldsymbol{X} \equiv B(\dot{\overline{\boldsymbol{X}}} + \dot{u}\Gamma_u\overline{\boldsymbol{X}} + \dot{v}\Gamma_v\overline{\boldsymbol{X}}) \tag{2.8}$$

として定義する．共変微分 D_u，D_v と同じ記号 D_t で略記するが，混乱の心配はないだろう．また，接空間からはみだした成分そのものを

$$D_{\perp t}\boldsymbol{X} \equiv \frac{D_\perp}{dt}\boldsymbol{X} \equiv \{(\dot{u}L + \dot{v}M)X^u + (\dot{u}M + \dot{v}N)X^v\}\boldsymbol{n} \tag{2.9}$$

と記すことにする．したがって

$$\frac{d}{dt} = D_t + D_{\perp t} = \frac{D}{dt} + \frac{D_\perp}{dt} \tag{2.10}$$

が成立する．

曲面 S のパラメータ表示 $(D,\ \varphi : (u\ \ v)^t \mapsto \boldsymbol{p}(u, v))$ において，v を固定したときの写像 $u \mapsto \boldsymbol{p}(u, v)$ によって決まる曲面 S 上の曲線を u 曲線 (u-curve)，u を固定したときの写像 $v \mapsto \boldsymbol{p}(u, v)$ によって決まる曲面 S 上の曲線を v 曲線 (v-curve) とよび，両者を**座標曲線** (coordinate curve) と総称する．たとえば，点 $\boldsymbol{p}_0 = \boldsymbol{p}(u_0, v_0) \in S$ を通る u 曲線は $t = 0$ を含む開区間 I を適当に選ぶことによって

$$(I, \chi : t \mapsto \boldsymbol{p}(u(t), v(t))), \quad u(t) = u_0 + t, \quad v(t) = v_0$$

とパラメータ表示されるが，この u 曲線上では $\dot{u} = 1$，$\dot{v} = 0$ であり，$\dot{\overline{\boldsymbol{X}}} = \partial_u\overline{\boldsymbol{X}}$ だから，u 曲線に沿う共変微分は式 (2.8) と (2.5) によって $D_t = D_u$ となる．同様に v 曲線に沿う共変微分は $D_t = D_v$ だから，結局，式 (2.5) で定義される共変微分とは座標曲線に沿う共変微分に他ならない．

さて，式 (2.8) は接ベクトル場 $\boldsymbol{X}$ が曲線 C 上のみで定義されている場合でも有効であるが，$\boldsymbol{X}$ が曲面 S 全体で (あるいは曲線 C を含む S の開領域で) 定義されている場合には，曲線 C 上の $\boldsymbol{X}$ は u，v を介した t の関数として表現されるから

$$\dot{\overline{\boldsymbol{X}}} = \dot{u}\partial_u\overline{\boldsymbol{X}} + \dot{v}\partial_v\overline{\boldsymbol{X}} = (\dot{u}I_2\partial_u + \dot{v}I_2\partial_v)\overline{\boldsymbol{X}}$$

が成立する．これを式 (2.8) に代入し，式 (2.5) を利用すれば

$$D_t\boldsymbol{X} = B\{\dot{u}(I_2\partial_u + \Gamma_u) + \dot{v}(I_2\partial_v + \Gamma_v)\}\overline{\boldsymbol{X}} = (\dot{u}D_u + \dot{v}D_v)\boldsymbol{X} \tag{2.11}$$

を得るが，これが任意の $\boldsymbol{X} \in \mathcal{T}(S)$ に対して成立することから

$$D_t = \dot{u}D_u + \dot{v}D_v \tag{2.12}$$

が結論される．

2.1.2 接ベクトルの平行移動

3 次元 Euclid 空間内の曲線と，その曲線に沿ったベクトルの**平行移動** (parallel displacement) について考えよう．曲線 C が 3 次元 Euclid 空間の 2 点 P，Q を結んでいるとし，ベクトル $\boldsymbol{a}$ を点 P から点 Q まで曲線 C に沿って 3 次元 Euclid 空間内のベクトルとして平行移動させれば C 上のすべての点に同じベクトル $\boldsymbol{a}$ が指定され，C 上にひとつのベクトル場 $\boldsymbol{A}$ が定義されることになる．このベクトル場は C に沿って変化しないから，C に沿って微分すれば $\dot{\boldsymbol{A}} = \boldsymbol{0}$ を得る．逆に C 上のベクトル場 $\boldsymbol{A}$ が $\dot{\boldsymbol{A}} = \boldsymbol{0}$ を満足すれば，このベクトル場は C に沿って変化しないから，点 P における $\boldsymbol{A}$ の値を $\boldsymbol{a}$ とすればベクトル場 $\boldsymbol{A}$ はベクトル $\boldsymbol{a}$ を曲線に沿って平行移動したものに一致する．このように 3 次元空間内では曲線 C 上のベクトル場 $\boldsymbol{A}$ が $\dot{\boldsymbol{A}} = \boldsymbol{0}$ を満足することは，$\boldsymbol{A}$ が特定のベクトルを C に沿って平行移動して得られるベクトル場であるための必要十分条件である．

では曲面 S 上の曲線と，その曲線に沿った接ベクトルの平行移動について考えよう．曲線 C 上の接ベクトル場 $\boldsymbol{X}$ を C に沿って微分すると接空間からはみだす成分，つまり法線方向の成分が生ずることは前述の通りである．曲面だけを考えて周囲の空間を無視する立場では接空間からはみだす成分は無意味であることから，法線方向成分を除去して曲線に沿う共変微分を定義したのであった．接ベクトルの平行移動に関しても同様であり，接ベクトル場 $\boldsymbol{X}$ の曲線 C に沿っての変化が法線方向に限られるならば，つまり C に沿う $\boldsymbol{X}$ の共変微分が零ならば，$\boldsymbol{X}$ はひとつの接ベクトルを平行移動して得られるベクトル場だと考えるのが自然である．こうした理由から，曲線 C 上の接ベクトル場 $\boldsymbol{X} \in \mathcal{T}(C)$ は

$$D_t \boldsymbol{X} = \boldsymbol{0} \tag{2.13}$$

を満足するならば曲線 C に沿って**平行** (parallel) であるといわれる．そして式 (2.3) で定義される $\overline{\boldsymbol{X}}$ を使えば，式 (2.8) によって式 (2.13) は

$$D_t \boldsymbol{X} = B(\dot{\overline{\boldsymbol{X}}} + \dot{u}\Gamma_u \overline{\boldsymbol{X}} + \dot{v}\Gamma_v \overline{\boldsymbol{X}}) = \boldsymbol{0} \quad \Leftrightarrow \quad \dot{\overline{\boldsymbol{X}}} + \dot{u}\Gamma_u \overline{\boldsymbol{X}} + \dot{v}\Gamma_v \overline{\boldsymbol{X}} = \boldsymbol{0}$$

すなわち

$$\dot{\overline{\boldsymbol{X}}} = -W\overline{\boldsymbol{X}}, \quad W(t) \equiv \dot{u}(t)\Gamma_u(u(t), v(t)) + \dot{v}(t)\Gamma_v(u(t), v(t)) \tag{2.14}$$

として表現できる．行列 Γ_u，Γ_v は u，v の関数として定義されるが，曲線 C のパラメータ表示 $(I, \chi : t \mapsto \boldsymbol{p}(t) = \boldsymbol{p}(u(t), v(t)))$ を指定すれば u，v は t の関数として既知となるから，$\dot{u}$，$\dot{v}$ と同様に行列 Γ_u，Γ_v，さらには W もまた t の関数として既知である点に注意しよう．それゆえ，式 (2.14) は $\overline{\boldsymbol{X}}$ に関する線形の常微分方程式である．

ここで t_b，$t_e \in I$ に対して $\boldsymbol{p}_b \equiv \boldsymbol{p}(t_b)$，$\boldsymbol{p}_e \equiv \boldsymbol{p}(t_e)$ としよう．また，$\boldsymbol{p}_b$，$\boldsymbol{p}_e$ における B や S_I を B_b, B_e, S_{Ib}, S_{Ie} などと記す．このとき点 $\boldsymbol{p}_b$ における接ベクトル

$\boldsymbol{X}_b \in T_{\boldsymbol{p}_b}$ を C に沿って平行移動した場合の点 $\boldsymbol{p}_e$ での接ベクトル $\boldsymbol{X}_e \in T_{\boldsymbol{p}_e}$ は，$\overline{\boldsymbol{X}}(t_b) = \overline{\boldsymbol{X}}_b \equiv S_{Ib}^{-1} B_b^t \boldsymbol{X}_b$ を初期条件とする微分方程式 (2.14) の解 $\overline{\boldsymbol{X}}(t)$ によって $\boldsymbol{X}_e = B_e \overline{\boldsymbol{X}}(t_e)$ として与えられる．始点 $\boldsymbol{p}_b$ と終点 $\boldsymbol{p}_e$ が同じでも両者を結ぶ曲線が違えば微分方程式 (2.14) の係数行列 W が異なるため平行移動の結果は一般には異なり，$\boldsymbol{X}_b$ と $\boldsymbol{X}_e$ が曲線 C に沿って平行だとしても他の曲線に沿って平行であるとは限らない．それゆえ，離れた2点におけるベクトルが平行であるか否かを問うことは，一般には無意味である．いずれにせよ，曲線 C を固定すれば任意の $\boldsymbol{X}_b \in T_{\boldsymbol{p}_b}$ に対して $\boldsymbol{X}_e \in T_{\boldsymbol{p}_e}$ が一意的に決まるから，平行移動によって $T_{\boldsymbol{p}_b}$ から $T_{\boldsymbol{p}_e}$ への写像 $\varPsi(t_e, t_b) : \boldsymbol{X}_b \mapsto \boldsymbol{X}_e$ が定義される．この写像を明示的に求めてみよう．

まず，線形常微分方程式の基本定理によれば，任意に指定された $t_0 \in I$ に対して

$$\dot{\varPhi}(t, t_0) = -W(t)\varPhi(t, t_0), \quad \varPhi(t_0, t_0) = I_2 \tag{2.15}$$

を満足する2次の行列 $\varPhi(t, t_0)$ が存在して一意的に決まる．このとき $\overline{\boldsymbol{X}}(t)$ を

$$\overline{\boldsymbol{X}}(t) \equiv \varPhi(t, t_b)\overline{\boldsymbol{X}}_b \tag{2.16}$$

として定義すれば式 (2.15) によって

$$\dot{\overline{\boldsymbol{X}}} = \dot{\varPhi}\overline{\boldsymbol{X}}_b = -W\varPhi\overline{\boldsymbol{X}}_b = -W\overline{\boldsymbol{X}}, \quad \overline{\boldsymbol{X}}(t_b) = \varPhi(t_b, t_b)\overline{\boldsymbol{X}}_b = I_2\overline{\boldsymbol{X}}_b = \overline{\boldsymbol{X}}_b$$

が成立するから $\overline{\boldsymbol{X}}(t)$ は初期条件 $\overline{\boldsymbol{X}}(t_b) = \overline{\boldsymbol{X}}_b$ を満足する式 (2.14) の解であり，したがって

$$\boldsymbol{X}_e = B_e\overline{\boldsymbol{X}}(t_e) = B_e\varPhi(t_e, t_b)\overline{\boldsymbol{X}}_b = B_e\varPhi(t_e, t_b)S_{Ib}^{-1}B_b^t\boldsymbol{X}_b \tag{2.17}$$

を得る．それゆえ，$\varPsi(t_e, t_b) : \boldsymbol{X}_b \mapsto \boldsymbol{X}_e$ は線形写像であって

$$\varPsi(t_e, t_b) = B_e\varPhi(t_e, t_b)S_{Ib}^{-1}B_b^t \tag{2.18}$$

が結論される．$\varPhi(t_e, t_b)$ は2次の行列であるのに対し，$\varPsi(t_e, t_b)$ は3次の行列である点に注意しておこう．

さて，3次元空間内での平行移動ではベクトルは向きも大きさも変化せず，二つのベクトルの内積もまた平行移動で変化しない．一方，曲面上で接ベクトルを平行移動させると接ベクトルは3次元空間内のベクトルとしては向きを変える．ところが，二つの接ベクトルを曲面上で移動させても，それらの内積は変化しない．実際，$\boldsymbol{X}$ と $\boldsymbol{Y}$ を曲線 C に沿って平行な二つの接ベクトル場とすれば $D_t\boldsymbol{X} = D_t\boldsymbol{Y} = \boldsymbol{0}$ であり，

$$\dot{\boldsymbol{X}} = D_t\boldsymbol{X} + D_{\perp t}\boldsymbol{X} = D_{\perp t}\boldsymbol{X}, \quad \dot{\boldsymbol{Y}} = D_t\boldsymbol{Y} + D_{\perp t}\boldsymbol{Y} = D_{\perp t}\boldsymbol{Y}$$

が成立するが，$\boldsymbol{X}$ と $\boldsymbol{Y}$ はともに法ベクトル $\boldsymbol{n}$ に直交するから

$$\frac{d}{dt}(\boldsymbol{X}\cdot\boldsymbol{Y}) = \dot{\boldsymbol{X}}\cdot\boldsymbol{Y} + \boldsymbol{X}\cdot\dot{\boldsymbol{Y}} = (D_{\perp t}\boldsymbol{X})\cdot\boldsymbol{Y} + \boldsymbol{X}\cdot(D_{\perp t}\boldsymbol{Y}) = 0$$

が結論される．つまり，$\boldsymbol{X}\cdot\boldsymbol{Y}$ は曲線 C 上で定数だから内積は平行移動に対して不変であり，ベクトルの長さ $(\boldsymbol{X}\cdot\boldsymbol{X})^{1/2}$ もまた平行移動によって変化しない．上述のよ

うに平行移動は線形写像 $\Psi(t_e,t_b): \boldsymbol{X}_b \mapsto \boldsymbol{X}_e$ を定義するが，平行移動で内積が保たれることから $\Psi(t_e,t_b)$ は内積を保つ線形写像，すなわちユニタリ写像である．

ところで，式 (2.16) の代わりに $\overline{\boldsymbol{X}}(t) \equiv \Phi(t,t_e)\overline{\boldsymbol{X}}_e$ とすれば，これもまた式 (2.14) の解であり，初期条件として $\overline{\boldsymbol{X}}(t_e) = \overline{\boldsymbol{X}}_e$ を満足する．それゆえ，

$$\Phi(t,t_b)\overline{\boldsymbol{X}}_b = \Phi(t,t_e)\overline{\boldsymbol{X}}_e = \Phi(t,t_e)\Phi(t_e,t_b)\overline{\boldsymbol{X}}_b$$

であり，これが任意の $\boldsymbol{X}_b \in T_{\boldsymbol{p}_b}$ に対して成立するから

$$\Phi(t,t_b) = \Phi(t,t_e)\Phi(t_e,t_b) \tag{2.19}$$

が結論される．とくに

$$\Phi(t_b,t_e)\Phi(t_e,t_b) = \Phi(t_b,t_b) = I_2$$

だから，$\Phi(t_e,t_b)$ はつねに可逆であって

$$\Phi^{-1}(t_e,t_b) \equiv (\Phi(t_e,t_b))^{-1} = \Phi(t_b,t_e) \tag{2.20}$$

が成立する．一方，式 (2.18) と (2.19) から

$$\begin{aligned}\Psi(t,t_e)\Psi(t_e,t_b) &= \{B\Phi(t,t_e)S_{Ie}^{-1}B_e^t\}\{B_e\Phi(t_e,t_b)S_{Ib}^{-1}B_b^t\} \\ &= B\Phi(t,t_e)S_{Ie}^{-1}S_{Ie}\Phi(t_e,t_b)S_{Ib}^{-1}B_b^t = B\Phi(t,t_e)\Phi(t_e,t_b)S_{Ib}^{-1}B_b^t \\ &= B\Phi(t,t_b)S_{Ib}^{-1}B_b^t = \Psi(t,t_b)\end{aligned}$$

を得る．すなわち式 (2.19) に対応して

$$\Psi(t,t_b) = \Psi(t,t_e)\Psi(t_e,t_b) \tag{2.21}$$

が成立する．ところで，任意の $\boldsymbol{X} \in T_{\boldsymbol{p}}$ は式 (2.2) のように展開できるから

$$BS_I^{-1}B^t\boldsymbol{X} = (BS_I^{-1}B^t)B\overline{\boldsymbol{X}} = BS_I^{-1}B^tB\overline{\boldsymbol{X}} = BS_I^{-1}S_I\overline{\boldsymbol{X}} = B\overline{\boldsymbol{X}} = \boldsymbol{X}$$

であり，$T_{\boldsymbol{p}}$ 上の恒等写像を $I_{\boldsymbol{p}}$ と記せば

$$BS_I^{-1}B^t = I_{\boldsymbol{p}} \tag{2.22}$$

と書ける．この性質を使えば，式 (2.19) に対応して

$$\begin{cases}\Psi(t_b,t_e)\Psi(t_e,t_b) = \Psi(t_b,t_b) = B_b\Phi(t_b,t_b)S_{Ib}^{-1}B_b^t = B_bS_{Ib}^{-1}B_b^t = I_{\boldsymbol{p}_b} \\ \Psi(t_e,t_b)\Psi(t_b,t_e) = \Psi(t_e,t_e) = B_e\Phi(t_e,t_e)S_{Ie}^{-1}B_e^t = B_eS_{Ie}^{-1}B_e^t = I_{\boldsymbol{p}_e}\end{cases} \tag{2.23}$$

が結論される[‡6]．ここで $I_{\boldsymbol{p}_b}$，$I_{\boldsymbol{p}_e}$ はそれぞれ $T_{\boldsymbol{p}_b}$，$T_{\boldsymbol{p}_e}$ 上の恒等写像である．

最後に自己交叉しない閉曲線に沿っての平行移動を考えよう．曲面 S は向き付け可能とし[‡7]，S 全体で法線方向を確定すれば，S 上の自己交叉しない閉曲線 L には法線方向にもとづいて向きが指定できる．つまり，その向きに右ネジを回した場合にネジ

[‡6] $\Psi(t_e,t_b)$ は 3 次行列として可逆ではないが，式 (2.23) が成立するのである．

[‡7] どのような曲面でも局所的には向き付け可能である．

の進む方向が S の法線方向に一致するように L の向きを定めるのである．L 上の任意の 2 点 $\boldsymbol{p}_b, \boldsymbol{p}_e$ に対して $\boldsymbol{p}_b$ から点 $\boldsymbol{p}_e$ に到る方法は 2 通りが存在する．L の向きに移動する方法と逆向きに移動する方法である．両者を区別するため，平行移動に付随する線形写像を $\Psi^{\pm}(t_e, t_b)$ などと記そう．上付き添え字の "+" が L の向き，"−" が逆向きを意味することはいうまでもない．このとき，式 (2.21) と同様にして

$$\begin{cases} \Psi^{-}(t_b, t_e)\Psi^{+}(t_e, t_b) = \Psi^{+}(t_b, t_e)\Psi^{-}(t_e, t_b) = I_{\boldsymbol{p}_b} \\ \Psi^{-}(t_e, t_b)\Psi^{+}(t_b, t_e) = \Psi^{+}(t_e, t_b)\Psi^{-}(t_b, t_e) = I_{\boldsymbol{p}_e} \end{cases} \tag{2.24}$$

が成立する．また，L が閉曲線であることから

$$\Psi^{+1}_{\boldsymbol{p}_b} \equiv \Psi^{+}(t_b, t_e)\Psi^{+}(t_e, t_b), \quad \Psi^{-1}_{\boldsymbol{p}_b} \equiv \Psi^{-}(t_b, t_e)\Psi^{-}(t_e, t_b) \tag{2.25}$$

などが定義できる．このとき，式 (2.24) によって

$$\begin{aligned} \Psi^{+1}_{\boldsymbol{p}_b}\Psi^{-1}_{\boldsymbol{p}_b} &= \Psi^{+}(t_b, t_e)\Psi^{+}(t_e, t_b)\Psi^{-}(t_b, t_e)\Psi^{-}(t_e, t_b) \\ &= \Psi^{+}(t_b, t_e)I_{\boldsymbol{p}_e}\Psi^{-}(t_e, t_b) = \Psi^{+}(t_b, t_e)\Psi^{-}(t_e, t_b) = I_{\boldsymbol{p}_b} \end{aligned}$$

であり，同様にして

$$\Psi^{+1}_{\boldsymbol{p}_b}\Psi^{-1}_{\boldsymbol{p}_b} = \Psi^{-1}_{\boldsymbol{p}_b}\Psi^{+1}_{\boldsymbol{p}_b} = I_{\boldsymbol{p}_b} \tag{2.26}$$

が示される．たとえば，$\Psi^{+1}_{\boldsymbol{p}_b}$ は点 $\boldsymbol{p}_b$ から出発して L の向きに 1 周する経路での平行移動に付随する線形写像であり，接空間 $T_{\boldsymbol{p}_b}$ の上の内積を保つ線形写像だから，$T_{\boldsymbol{p}_b}$ 内での回転を表す．ところが，$T_{\boldsymbol{p}_b}$ は点 $\boldsymbol{p}_b$ における法ベクトル $\boldsymbol{n}_b$ に直交する 2 次元のベクトル空間だから，$\Psi^{+1}_{\boldsymbol{p}_b}$ は $\boldsymbol{n}_b$ を軸とした回転角 θ_b によって一意的に指定される．同様に $\Psi^{+1}_{\boldsymbol{p}_e}$ は接空間 $T_{\boldsymbol{p}_e}$ 内での角度 θ_e だけの回転を表すが，このとき $\theta_e = \theta_b$ が成立する．実際，定義によって $\boldsymbol{X}_b \in T_{\boldsymbol{p}_b}$ と $\boldsymbol{X'}_b \equiv \Psi^{+1}_{\boldsymbol{p}_b}\boldsymbol{X}_b$ のなす角は θ_b であり，$T_{\boldsymbol{p}_e}$ の元である $\boldsymbol{X}_e \equiv \Psi^{+}(t_e, t_b)\boldsymbol{X}_b$ と $\boldsymbol{X'}_e \equiv \Psi^{+1}_{\boldsymbol{p}_e}\boldsymbol{X}_e$ のなす角は θ_e であるが

$$\begin{aligned} \boldsymbol{X'}_e \equiv \Psi^{+1}_{\boldsymbol{p}_e}\boldsymbol{X}_e &= \{\Psi^{+}(t_e, t_b)\Psi^{+}(t_b, t_e)\}\{\Psi^{+}(t_e, t_b)\boldsymbol{X}_b\} \\ &= \Psi^{+}(t_e, t_b)\{\Psi^{+}(t_b, t_e)\Psi^{+}(t_e, t_b)\}\boldsymbol{X}_b = \Psi^{+}(t_e, t_b)\Psi^{+1}_{\boldsymbol{p}_b}\boldsymbol{X}_b = \Psi^{+}(t_e, t_b)\boldsymbol{X'}_b \end{aligned}$$

だから，$\boldsymbol{X}_e$ と $\boldsymbol{X'}_e$ はそれぞれ $\Psi^{+}(t_e, t_b)$ による $\boldsymbol{X}_b$ と $\boldsymbol{X'}_b$ の像であり，$\Psi^{+}(t_e, t_b)$ は内積を保存する線形写像だから $\boldsymbol{X}_e$ と $\boldsymbol{X'}_e$ のなす角 θ_e は $\boldsymbol{X}_b$ と $\boldsymbol{X'}_b$ のなす角 θ_b に等しい．このように，閉曲線 L 上のどの点から出発しても 1 周分の平行移動の結果生ずる回転の角度は同じだから，θ_b や θ_e の代わりに以後は単に θ と記すことにする．

以上により，曲面 S 上の点 $\boldsymbol{p}$ における接ベクトル $\boldsymbol{X} \in T_{\boldsymbol{p}}$ を曲面上の閉曲線 L の方向に平行移動して点 $\boldsymbol{p}$ に戻ると，この点での法ベクトル $\boldsymbol{n}$ を軸として $\boldsymbol{X}$ を一定の角度 θ だけ回転した接ベクトル $\Psi^{+1}_{\boldsymbol{p}}\boldsymbol{X} \in T_{\boldsymbol{p}}$ を得ることがわかった．つまり

$$\Psi^{+1}_{\boldsymbol{p}}\boldsymbol{X} = \boldsymbol{X}\cos\theta + \boldsymbol{n} \times \boldsymbol{X}\,\sin\theta \tag{2.27}$$

である．実は，回転角 θ は Gauss 曲率 K を閉曲線 L によって囲まれる領域 Ω_L で積分したものに等しい．つまり

$$\theta = \int_{\Omega_L} dsK \tag{2.28}$$

が成立するのであるが，これを一般的に証明することは 2.4.4 項に譲り ‡8 ここでは閉曲線 L が囲む領域 Ω_L が微小な平行四辺形の場合について確認するに留めよう．

2.1.3 座標曲線に沿った平行移動

S 上の曲線 C のパラメータ表示 $(I,\ \chi : t \mapsto \boldsymbol{p}(t) = \boldsymbol{p}(u(t), v(t)))$ において

$$u(t) = t, \quad v(t) = v \quad \Rightarrow \quad \dot{u}(t) = 1, \quad \dot{v}(t) = 0 \tag{2.29}$$

ならば C は u 曲線であり，この u 曲線に対しては式 (2.14) は

$$\dot{\overline{\boldsymbol{X}}} = -\Gamma_u \overline{\boldsymbol{X}} \tag{2.30}$$

と簡単化される．同様に

$$u(t) = u, \quad v(t) = t \quad \Rightarrow \quad \dot{u}(t) = 0, \quad \dot{v}(t) = 1 \tag{2.31}$$

ならば C は v 曲線であり，この v 曲線に対しては次式を得る．

$$\dot{\overline{\boldsymbol{X}}} = -\Gamma_v \overline{\boldsymbol{X}} \tag{2.32}$$

ここで S 上の近接する 4 点

$$\boldsymbol{p}_1 \equiv \boldsymbol{p}(u, v), \quad \boldsymbol{p}_2 \equiv \boldsymbol{p}(u + du, v), \quad \boldsymbol{p}_3 \equiv \boldsymbol{p}(u + du, v + dv), \quad \boldsymbol{p}_4 \equiv \boldsymbol{p}(u, v + dv)$$

をこの順序に従って座標曲線で結んだ閉曲線 L を考える ‡9．点 $\boldsymbol{p}_1$ における接空間 $T_{\boldsymbol{p}_1}$ のベクトル $\boldsymbol{X}_1$ を閉曲線 L に沿って平行移動させ，ふたたび点 $\boldsymbol{p}_1$ に戻った場合の接ベクトル $\boldsymbol{X'}_1 = \Psi^{+1}_{\boldsymbol{p}_1} \boldsymbol{X}_1$ を du, dv に関する 2 次の項まで具体的に計算してみよう．そのために点 $\boldsymbol{p}_n$ $(n = 1 \sim 4)$ における行列 B と S_I をそれぞれ B_n，S_{In} と記し，$\boldsymbol{X}_1$ を $\boldsymbol{p}_n$ まで平行移動して得られるベクトルを $\boldsymbol{X}_n$ と記せば，$\overline{\boldsymbol{X}}$ が点 $\boldsymbol{p}_n$ でとる値 $\overline{\boldsymbol{X}}_n$ は式 (2.3) によって

$$\overline{\boldsymbol{X}}_n = S_{In}^{-1} B_n^t \boldsymbol{X}_n \quad (n = 1 \sim 4) \tag{2.33}$$

と書ける．u 曲線に沿った $\boldsymbol{p}_1$ から $\boldsymbol{p}_2$ までの平行移動では式 (2.29)，(2.30) によって

$$\ddot{\overline{\boldsymbol{X}}} = -\dot{\Gamma}_u \overline{\boldsymbol{X}} - \Gamma_u \dot{\overline{\boldsymbol{X}}} = -\Gamma_{u:u} \overline{\boldsymbol{X}} + \Gamma_u^2 \overline{\boldsymbol{X}} = (\Gamma_u^2 - \Gamma_{u:u}) \overline{\boldsymbol{X}}, \quad \Gamma_{u:u} \equiv \partial_u \Gamma_u$$

であり，これから

$$\overline{\boldsymbol{X}}_2 = \overline{\boldsymbol{X}}_1(u + du) \simeq \overline{\boldsymbol{X}}_1(u) + \dot{\overline{\boldsymbol{X}}}_1(u) du + \frac{1}{2} \ddot{\overline{\boldsymbol{X}}}_1(u) du du$$

‡8 2.4.4 項に示す Gauss-Bonnet の定理を参照のこと．

‡9 曲面の法線方向を $\boldsymbol{p}_u \times \boldsymbol{p}_v$ の方向として定義するため $\boldsymbol{p}_1 \to \boldsymbol{p}_2 \to \boldsymbol{p}_3 \to \boldsymbol{p}_4 \to \boldsymbol{p}_1$ が閉曲線 L の方向である．

$$= \left\{ I_2 - \Gamma_u du + \frac{1}{2}(\Gamma_u^2 - \Gamma_{u:u}) du du \right\} \overline{\boldsymbol{X}}_1$$

すなわち

$$\overline{\boldsymbol{X}}_2 = M_{21}\overline{\boldsymbol{X}}_1, \quad M_{21} \equiv I_2 - \Gamma_u du + \frac{1}{2}(\Gamma_u^2 - \Gamma_{u:u}) du du \tag{2.34}$$

を得る．ここで Γ_u と $\Gamma_{u:u}$ に関しては点 $\boldsymbol{p}_1$ で評価した値を意味する．また，v 曲線に沿った $\boldsymbol{p}_2$ から $\boldsymbol{p}_3$ までの平行移動では同様にして

$$\begin{aligned} \overline{\boldsymbol{X}}_3 &= \left\{ I_2 - \Gamma_v\big|_{\boldsymbol{p}_2} dv + \frac{1}{2}(\Gamma_v^2 - \Gamma_{v:v})\big|_{\boldsymbol{p}_2} dv dv \right\} \overline{\boldsymbol{X}}_2 = M_{32}\overline{\boldsymbol{X}}_2 \\ M_{32} &\equiv I_2 - (\Gamma_v + \Gamma_{v:u} du) dv + \frac{1}{2}(\Gamma_v^2 - \Gamma_{v:v}) dv dv, \quad \Gamma_{v:u} \equiv \partial_u \Gamma_v \end{aligned} \tag{2.35}$$

が結論される．ここで $\Gamma_v\big|_{\boldsymbol{p}_2}$ は点 $\boldsymbol{p}_2$ で評価した Γ_v の値を意味し，点 $\boldsymbol{p}_1$ での値を使って $\Gamma_v\big|_{\boldsymbol{p}_2} = \Gamma_v + \Gamma_{v:u} du$ と近似できることを利用している．du に関する2次以上の項は，$\Gamma_v\big|_{\boldsymbol{p}_2}$ に乗じられている dv によって，$\overline{\boldsymbol{X}}_3$ の表現としては3次以上となるため無視できる．u 曲線に沿った $\boldsymbol{p}_3$ から $\boldsymbol{p}_4$ までの平行移動，v 曲線に沿った $\boldsymbol{p}_4$ から $\boldsymbol{p}_1$ までの平行移動では

$$\overline{\boldsymbol{X}}_4 = \left\{ I_2 + \Gamma_u\big|_{\boldsymbol{p}_3} du + \frac{1}{2}(\Gamma_u^2 - \Gamma_{u:u})\big|_{\boldsymbol{p}_3} du du \right\} \overline{\boldsymbol{X}}_3 = M_{43}\overline{\boldsymbol{X}}_3$$

$$M_{43} \equiv I_2 + (\Gamma_u + \Gamma_{u:u} du + \Gamma_{u:v} dv) du + \frac{1}{2}(\Gamma_u^2 - \Gamma_{u:u}) du du$$

$$\overline{\boldsymbol{X}}'_1 = \left\{ I_2 + \Gamma_v\big|_{\boldsymbol{p}_4} dv + \frac{1}{2}(\Gamma_v^2 - \Gamma_{v:v})\big|_{\boldsymbol{p}_4} dv dv \right\} \overline{\boldsymbol{X}}_4 = M_{14}\overline{\boldsymbol{X}}_4$$

$$M_{14} \equiv I_2 + (\Gamma_v + \Gamma_{v:v} dv) dv + \frac{1}{2}(\Gamma_v^2 - \Gamma_{v:v}) dv dv$$

となる．このとき

$$\overline{\boldsymbol{X}}'_1 = M_{14}\overline{\boldsymbol{X}}_4 = M_{14}M_{43}\overline{\boldsymbol{X}}_3 = M_{14}M_{43}M_{32}\overline{\boldsymbol{X}}_2 = M_{14}M_{43}M_{32}M_{21}\overline{\boldsymbol{X}}_1$$

すなわち

$$\overline{\boldsymbol{X}}'_1 = M^1_{11}\overline{\boldsymbol{X}}_1, \quad M^1_{11} \equiv M_{14}M_{43}M_{32}M_{21} \tag{2.36}$$

であり，

$$\boldsymbol{X}'_1 = B_1\overline{\boldsymbol{X}}'_1 = B_1 M^1_{11}\overline{\boldsymbol{X}}_1 = B_1 M^1_{11} S^{-1}_{I1} B^t_1 \boldsymbol{X}_1 = \Psi^{+1}_{\boldsymbol{p}_1}\boldsymbol{X}_1$$

が任意の $\boldsymbol{X}_1 \in T_{\boldsymbol{p}_1}$ に対して成立するから

$$\Psi^{+1}_{\boldsymbol{p}_1} = B_1 M^1_{11} S^{-1}_{I1} B^t_1 \tag{2.37}$$

が結論される．また，du，dv に関する2次の項まで計算すれば

$$M^1_{11} = I_2 + (\Gamma_{u:v} - \Gamma_{v:u} + \Gamma_v\Gamma_u - \Gamma_u\Gamma_v) du dv = I_2 - R_{uv} du dv \tag{2.38}$$

を得る．ここで R_{uv} は式 (1.99) で定義される2次の行列を点 $\boldsymbol{p}_1$ で評価したものである．式 (2.38) を式 (2.37) に代入すれば

$$\Psi_{\boldsymbol{p}_1}^{+1} = B(I_2 - R_{uv}dudv)S_I^{-1}B^t = BS_I^{-1}B^t - BR_{uv}S_I^{-1}B^t dudv \tag{2.39}$$

を得る．ただし，右辺の量はすべて点 $\boldsymbol{p}_1$ で評価することを前提としている．

さて，点 $\boldsymbol{p}_1$ における曲面 S の Gauss 曲率 K と，微小な閉曲線 L が囲む曲面上の微小面積 ds との積を $d\theta$ と記せば，つまり

$$d\theta \equiv K ds, \quad ds = \sqrt{\det(S_I)}dudv = \|\boldsymbol{p}_u \times \boldsymbol{p}_v\| dudv \tag{2.40}$$

とすれば，任意の $\boldsymbol{X} \in T_{\boldsymbol{p}_1}$ に対して

$$\Psi_{\boldsymbol{p}_1}^{+1}\boldsymbol{X} = \boldsymbol{X} + d\theta\, \boldsymbol{n} \times \boldsymbol{X} \tag{2.41}$$

が成立することを示そう．ここで，$\boldsymbol{n}$ は点 $\boldsymbol{p}_1$ における曲面 S の単位法線ベクトルであり，式 (2.41) は $T_{\boldsymbol{p}_1}$ 上の線形写像 $\Psi_{\boldsymbol{p}_1}^{+1}$ が接ベクトル $\boldsymbol{X}$ を法線 $\boldsymbol{n}$ のまわりに微小角度 $d\theta$ だけ回転することを意味するから，閉曲線 L が囲む領域が微小な平行四辺形の場合については式 (2.28) が確認されたことになる．

まず，外積の性質と第一基本量の定義式 (1.40) から

$$\begin{aligned}(\boldsymbol{p}_u \times \boldsymbol{p}_v) \times \boldsymbol{p}_u &= -(\boldsymbol{p}_v \cdot \boldsymbol{p}_u)\boldsymbol{p}_u + (\boldsymbol{p}_u \cdot \boldsymbol{p}_u) \cdot \boldsymbol{p}_v = -F\boldsymbol{p}_u + E\boldsymbol{p}_v \\ (\boldsymbol{p}_u \times \boldsymbol{p}_v) \times \boldsymbol{p}_v &= -(\boldsymbol{p}_v \cdot \boldsymbol{p}_v)\boldsymbol{p}_u + (\boldsymbol{p}_u \cdot \boldsymbol{p}_v) \cdot \boldsymbol{p}_v = -G\boldsymbol{p}_u + F\boldsymbol{p}_v\end{aligned} \tag{2.42}$$

が成立し，単位法線ベクトルが式 (1.45) で定義され，任意の $\boldsymbol{X} \in T_{\boldsymbol{p}_1}$ は式 (2.2) のように展開できるから

$$\begin{aligned}\|\boldsymbol{p}_u \times \boldsymbol{p}_v\|\boldsymbol{n} \times \boldsymbol{X} &= (\boldsymbol{p}_u \times \boldsymbol{p}_v) \times (X^u\boldsymbol{p}_u + X^v\boldsymbol{p}_v) \\ &= -\boldsymbol{p}_u(X^uF + X^vG) + \boldsymbol{p}_v(X^uE + X^vF) = B\begin{pmatrix} -X^uF - X^vG \\ X^uE + X^vF \end{pmatrix}\end{aligned}$$

であるが，式 (1.98) で定義される J_2 を使えば

$$\begin{pmatrix} -X^uF - X^vG \\ X^uE + X^vF \end{pmatrix} = -\begin{pmatrix} G & -F \\ -F & E \end{pmatrix}\begin{pmatrix} 0 & 1 \\ -1 & 0 \end{pmatrix}\begin{pmatrix} X^u \\ X^v \end{pmatrix} = -\det(S_I)S_I^{-1}J_2\overline{\boldsymbol{X}}$$

と表現できるから，

$$\|\boldsymbol{p}_u \times \boldsymbol{p}_v\|\boldsymbol{n} \times \boldsymbol{X} = B\begin{pmatrix} -X^uF - X^vG \\ X^uE + X^vF \end{pmatrix} = -\det(S_I)BS_I^{-1}J_2\overline{\boldsymbol{X}}$$

であり，式 (1.43) と (2.3) を使えば

$$\boldsymbol{n} \times \boldsymbol{X} = -\sqrt{\det(S_I)}BS_I^{-1}J_2S_I^{-1}B^t\boldsymbol{X} \tag{2.43}$$

が結論される．一方，式 (1.100) によれば

$$BR_{uv}S_I^{-1}B^t = BS_I^{-1}S_IR_{uv}S_I^{-1}B^t = K\det(S_I)BS_I^{-1}J_2S_I^{-1}B^t$$

だから，式 (2.39) と (2.43) によれば任意の $\boldsymbol{X} \in T_{\boldsymbol{p}_1}$ に対して

$$\Psi_{\boldsymbol{p}_1}^{+1}\boldsymbol{X} = BS_I^{-1}B^t\boldsymbol{X} - BR_{uv}S_I^{-1}B^t dudv\boldsymbol{X}$$

$$= \boldsymbol{X} - K\det(S_I)dudvBS_I^{-1}J_2S_I^{-1}B^t\boldsymbol{X}$$

$$= \boldsymbol{X} + K\sqrt{\det(S_I)}dudv\,\boldsymbol{n}\times\boldsymbol{X} = \boldsymbol{X} + Kds\,\boldsymbol{n}\times\boldsymbol{X} = \boldsymbol{X} + d\theta\,\boldsymbol{n}\times\boldsymbol{X}$$

が成立するが，これは式 (2.41) に他ならない．

2.1.4　測地線

曲面 S 上の曲線 C のパラメータ表示を $(I,\ \chi : t \mapsto \boldsymbol{p}(t) = \boldsymbol{p}(u(t), v(t)))$ とするとき，C 上の各点 $\boldsymbol{p}(t)$ に速度ベクトル

$$\dot{\boldsymbol{p}}(t) = \dot{\boldsymbol{p}}(u(t), v(t)) = \dot{u}(t)\boldsymbol{p}_u(u(t), v(t)) + \dot{v}(t)\boldsymbol{p}_v(u(t), v(t)) \in T_{\boldsymbol{p}(t)} \tag{2.44}$$

を指定することによって，C 上の接ベクトル場が定義される．これを曲線 C の速度ベクトル場とよぶことにしよう．この速度ベクトル場の曲線 C に沿う微分は

$$\ddot{\boldsymbol{p}} = \frac{d}{dt}\dot{\boldsymbol{p}} = D_t\,\dot{\boldsymbol{p}} + D_{\perp t}\,\dot{\boldsymbol{p}} \tag{2.45}$$

と書けるが，接空間内のベクトル $\dot{\boldsymbol{p}}$ と法線方向のベクトル $D_{\perp t}\,\dot{\boldsymbol{p}}$ は直交するため，仮に

$$D_t\dot{\boldsymbol{p}} = \boldsymbol{0} \tag{2.46}$$

だとすれば

$$\frac{d}{dt}\|\dot{\boldsymbol{p}}\|^2 = \frac{d}{dt}(\dot{\boldsymbol{p}}\cdot\dot{\boldsymbol{p}}) = 2\ddot{\boldsymbol{p}}\cdot\dot{\boldsymbol{p}} = 2(D_{\perp t}\,\dot{\boldsymbol{p}})\cdot\dot{\boldsymbol{p}}(t) = 0$$

が成立する．つまり，速度ベクトル $\dot{\boldsymbol{p}}$ の長さは曲線上で一定であり，その長さ $\lambda \equiv \|\dot{\boldsymbol{p}}\|$ を使って $s = \lambda t$ を定義すれば

$$\left\|\frac{d\boldsymbol{p}}{ds}\right\| = \left\|\frac{d\boldsymbol{p}}{dt}\frac{dt}{ds}\right\| = \|\dot{\boldsymbol{p}}\|\frac{1}{\lambda} = 1$$

だから，1.1.2 項で示したように s は弧長パラメータである．また，

$$\boldsymbol{p}'' = \frac{d^2\boldsymbol{p}}{ds^2} = \frac{1}{\lambda^2}\frac{d^2\boldsymbol{p}}{dt^2} = \frac{1}{\lambda^2}\ddot{\boldsymbol{p}} = \frac{1}{\lambda^2}(D_t\dot{\boldsymbol{p}} + D_{\perp t}\,\dot{\boldsymbol{p}}) = \frac{1}{\lambda^2}D_{\perp t}\,\dot{\boldsymbol{p}}$$

が成立し，曲線 C の弧長表示における加速度ベクトル $\boldsymbol{p}''$ は曲面 S の法線方向にある．したがって，1.4.1 項の定義によって C は曲面 S の測地線である．つまり，式 (2.46) が成立するならば $(I, \chi : t \mapsto \boldsymbol{p}(t))$ としてパラメータ表示される S 上の曲線は S の測地線であることが示された．逆に曲線 C が $(I,\ \chi : s \mapsto \boldsymbol{p}(s))$ を弧長表示とする曲面 S の測地線ならば $\boldsymbol{p}''$ は曲面 S の法線方向になければならず，式 (2.45) によって $D_s\boldsymbol{p}' = \boldsymbol{0}$，すなわち式 (2.46) が成立する．結局，式 (2.46) は S 上の曲線 C が S の測地線であるための必要十分条件である．また，前項での定義によれば式 (2.46) は曲線 C 上の速度ベクトル場 $\dot{\boldsymbol{p}}(t)$ が C に沿って平行であることを意味する．それゆえ，曲面 S 上の曲線 C が S の測地線であるための必要十分条件は「C の速度ベクトル場が C に沿って平行であること」としても表現できる．

曲線 C の速度ベクトル場を $\boldsymbol{P}$ と記せば，式 (2.44) に示すように

$$\boldsymbol{P} \equiv \dot{\boldsymbol{p}} = B\overline{\boldsymbol{P}}, \quad B \equiv (\boldsymbol{p}_u \ \ \boldsymbol{p}_v), \quad \overline{\boldsymbol{P}} \equiv \begin{pmatrix} \dot{u} \\ \dot{v} \end{pmatrix} \tag{2.47}$$

と展開できる．それゆえ，式 (2.8) によって式 (2.46) は

$$D_t\boldsymbol{P} = B(\dot{\overline{\boldsymbol{P}}} + \dot{u}\Gamma_u\overline{\boldsymbol{P}} + \dot{v}\Gamma_v\overline{\boldsymbol{P}}) = \boldsymbol{0} \quad \Leftrightarrow \quad \dot{\overline{\boldsymbol{P}}} + \dot{u}\Gamma_u\overline{\boldsymbol{P}} + \dot{v}\Gamma_v\overline{\boldsymbol{P}} = \boldsymbol{0}$$

すなわち

$$\begin{pmatrix} \ddot{u} \\ \ddot{v} \end{pmatrix} + \dot{u}\begin{pmatrix} \Gamma^u_{uu} & \Gamma^u_{uv} \\ \Gamma^v_{uu} & \Gamma^v_{uv} \end{pmatrix}\begin{pmatrix} \dot{u} \\ \dot{v} \end{pmatrix} + \dot{v}\begin{pmatrix} \Gamma^u_{vu} & \Gamma^u_{vv} \\ \Gamma^v_{vu} & \Gamma^v_{vv} \end{pmatrix}\begin{pmatrix} \dot{u} \\ \dot{v} \end{pmatrix} = \boldsymbol{0} \tag{2.48}$$

あるいは

$$\begin{cases} \ddot{u} + \dot{u}^2\Gamma^u_{uu} + 2\dot{u}\dot{v}\Gamma^u_{uv} + \dot{v}^2\Gamma^u_{vv} = 0 \\ \ddot{v} + \dot{u}^2\Gamma^v_{uu} + 2\dot{u}\dot{v}\Gamma^v_{uv} + \dot{v}^2\Gamma^v_{vv} = 0 \end{cases} \tag{2.49}$$

と書ける．これが，測地線のパラメータ表示 $(I,\ \chi : t \mapsto \boldsymbol{p}(t) = \boldsymbol{p}(u(t), v(t)))$ を決定する微分方程式である．接ベクトルの平行移動を記述する微分方程式 (2.14) とは異なり，測地線を決定する式 (2.49) は非線形の微分方程式である．いずれにせよ，2 個の未知関数 u，v に関する 2 階の常微分方程式 (2.49) は 4 個の未知関数に関する 1 階の常微分方程式として表現できる．たとえば

$$\begin{cases} \dot{u} = x \\ \dot{v} = y \\ \dot{x} = -\Gamma^u_{uu}x^2 - 2\Gamma^u_{uv}xy - \Gamma^u_{vv}y^2 \\ \dot{y} = -\Gamma^v_{uu}x^2 - 2\Gamma^v_{uv}xy - \Gamma^v_{vv}y^2 \end{cases} \tag{2.50}$$

とすればよい．この微分方程式は任意の初期値 (u_0, v_0, x_0, y_0) に対して一意的な近傍解をもつから，曲面 S 上の任意の点 $\boldsymbol{p}_0 = \boldsymbol{p}(u_0, v_0)$ から任意の接ベクトル $\boldsymbol{P}_0 \in T_{\boldsymbol{p}_0}$ の方向に向かう測地線が一意的に存在することがわかる．

2.2 共変微分

2.2.1 接ベクトルに沿う共変微分

曲面 S 上の点 $\boldsymbol{p}_0$ と，$\boldsymbol{p}_0$ における接ベクトル $\boldsymbol{V}_0 \in T_{\boldsymbol{p}_0}$ が指定されたとしよう．1.2.3 項に示したように，点 $\boldsymbol{p}_0$ を通る S 上の曲線で，$\boldsymbol{p}_0$ における速度ベクトルが $\boldsymbol{V}_0$ に一致するものが必ず存在するから，そのひとつを選んで C とする．また，C のパラメータ表示を $(I,\ \chi : t \mapsto \boldsymbol{p}(t) = \boldsymbol{p}(u(t), v(t)))$ とし，この曲線は $t = t_0$ で $\boldsymbol{p}_0$ を通るものとする．さらに，$\boldsymbol{p}_0$ における標準接ベクトル場の値を $\{\boldsymbol{p}_{u0}, \boldsymbol{p}_{v0}\}$ と記し，$\boldsymbol{V}_0$ を $T_{\boldsymbol{p}_0}$ の基底 $\{\boldsymbol{p}_{u0}, \boldsymbol{p}_{v0}\}$ で展開した場合の展開係数を V_0^u，V_0^v とすれば，$\boldsymbol{p}_0 = \boldsymbol{p}(t_0)$ における速度ベクトル $\dot{\boldsymbol{p}}(t_0)$ が $\boldsymbol{V}_0$ に一致することから

$$\boldsymbol{V}_0 = V_0^u\boldsymbol{p}_{u0} + V_0^v\boldsymbol{p}_{v0} = \dot{\boldsymbol{p}}(t_0) = \partial_u\boldsymbol{p}\big|_{\boldsymbol{p}_0}\dot{u}(t_0) + \partial_v\boldsymbol{p}\big|_{\boldsymbol{p}_0}\dot{v}(t_0) = \dot{u}(t_0)\boldsymbol{p}_{u0} + \dot{v}(t_0)\boldsymbol{p}_{v0}$$

が成立し，$\{\boldsymbol{p}_{u0}, \boldsymbol{p}_{v0}\}$ の線形独立性から

$$\dot{u}(t_0) = V_0^u, \quad \dot{v}(t_0) = V_0^v \tag{2.51}$$

が結論される．ところで，S 上の接ベクトル場 $\boldsymbol{X} \in \mathcal{T}(S)$ の曲線 C に沿う共変微分 $D_t\boldsymbol{X}$ は式 (2.8) で与えられるが，これを $t = t_0$ で評価した後に式 (2.51) を代入すれば

$$D_t\boldsymbol{X}\big|_{t_0} = \left[B\{V_0^u(I_2\partial_u + \Gamma_u) + V_0^v(I_2\partial_v + \Gamma_v)\}\overline{\boldsymbol{X}}\,\right]\Big|_{t_0} \in T_{\boldsymbol{p}_0} \tag{2.52}$$

を得る．この結果は特定の曲線 C にもとづいて得られたものだが，上式右辺で曲線 C に関するものは点 $\boldsymbol{p}_0$ における速度ベクトル $\boldsymbol{V}_0$ だけであることからもわかるように，「点 $\boldsymbol{p}_0$ における速度ベクトルが $\boldsymbol{V}_0$ に一致する S 上の曲線」であればすべて同じ結果を与える．つまり，式 (2.52) の右辺は点 $\boldsymbol{p}_0$ における接ベクトル $\boldsymbol{V}_0 \in T_{\boldsymbol{p}_0}$ のみで確定し，$\boldsymbol{V}_0$ を速度ベクトルとする曲線の選び方によらない．そこで，

$$\nabla_{\boldsymbol{V}_0, \boldsymbol{p}_0}\boldsymbol{X} \equiv \left[B\{V_0^u(I_2\partial_u + \Gamma_u) + V_0^v(I_2\partial_v + \Gamma_v)\}\overline{\boldsymbol{X}}\,\right]\Big|_{\boldsymbol{p}_0} \tag{2.53}$$

と記し，この $\nabla_{\boldsymbol{V}_0, \boldsymbol{p}_0}\boldsymbol{X}$ を「接ベクトル場 $\boldsymbol{X}$ の点 $\boldsymbol{p}_0$ における $\boldsymbol{V}_0$ 方向の共変微分」とよぶ．式 (2.52) は $t = t_0$ で評価する形で表現してあるが，右辺は直接 t に依存する項を含まず，すべて u，v を介した t の関数だから，式 (2.53) 右辺のように点 $\boldsymbol{p}_0$ で評価する形式でも表現でき，この表現によって曲線 C の痕跡は完全に消える．

さて，S 上の接ベクトル場 $\boldsymbol{Y} \in \mathcal{T}(S)$ を指定すれば，S の各点 $\boldsymbol{p}$ に接ベクトル $\boldsymbol{Y}(\boldsymbol{p}) \in T_{\boldsymbol{p}}$ が定まる．それゆえ，S の各点 $\boldsymbol{p}$ に対して，接ベクトル場 $\boldsymbol{X}$ の点 $\boldsymbol{p}$ における $\boldsymbol{Y}(\boldsymbol{p})$ 方向の共変微分 $\nabla_{\boldsymbol{Y}(\boldsymbol{p}), \boldsymbol{p}}\boldsymbol{X} \in T_{\boldsymbol{p}}$ が決まるから，$\nabla_{\boldsymbol{Y}(\boldsymbol{p}), \boldsymbol{p}}\boldsymbol{X}$ は S 上の接ベクトル場である．これを接ベクトル場 $\boldsymbol{Y}$ に沿う接ベクトル場 $\boldsymbol{X}$ の共変微分とよび

$$\nabla_{\boldsymbol{Y}}\boldsymbol{X} \equiv \nabla_{\boldsymbol{Y}(\boldsymbol{p}), \boldsymbol{p}}\boldsymbol{X} = B\{Y^u(I_2\partial_u + \Gamma_u) + Y^v(I_2\partial_v + \Gamma_v)\}\overline{\boldsymbol{X}} \tag{2.54}$$

と記す．たとえば $\boldsymbol{Y} = \boldsymbol{p}_u$ の場合は $Y^u = 1$，$Y^v = 0$ であり，$\boldsymbol{Y} = \boldsymbol{p}_v$ ならば $Y^u = 0$，$Y^v = 1$ だから

$$\nabla_{\boldsymbol{p}_u}\boldsymbol{X} = B(I_2\partial_u + \Gamma_u)\overline{\boldsymbol{X}} = D_u\boldsymbol{X}, \quad \nabla_{\boldsymbol{p}_v}\boldsymbol{X} = B(I_2\partial_v + \Gamma_v)\overline{\boldsymbol{X}} = D_v\boldsymbol{X}$$

であり，これが任意の $\boldsymbol{X} \in \mathcal{T}(S)$ に対して成立するから

$$D_u = \nabla_{\boldsymbol{p}_u}, \quad D_v = \nabla_{\boldsymbol{p}_v} \tag{2.55}$$

が結論される．つまり，式 (2.5) で定義される共変微分とは標準接ベクトル場に沿う共変微分に他ならない．

式 (2.54) の定義は曲面 S に対する特定のパラメータ表示 $(D,\ \varphi : (u\ \ v)^t \mapsto \boldsymbol{p}(u, v))$ にもとづいているが，他のパラメータ表示 $(\tilde{D},\ \tilde{\varphi} : (\tilde{u}\ \ \tilde{v})^t \mapsto \boldsymbol{p}(\tilde{u}, \tilde{v}))$ を使っても上式右辺は変化しないことが 1.3.4 項と同様の方法で確認できる．つまり，式 (2.54) による共変微分の定義は曲面 S のパラメータ表示の選び方に依存しないのである．

ところで，$\nabla_{\boldsymbol{Y}(\boldsymbol{p}),\boldsymbol{p}}\boldsymbol{X}$ は点 $\boldsymbol{p}$ ごとに定まるから，ベクトル場 $\boldsymbol{Y}$ は S 上の全体で定義されている必要はない．$\boldsymbol{Y}$ が定義された点のおのおので $\nabla_{\boldsymbol{Y}(\boldsymbol{p}),\boldsymbol{p}}\boldsymbol{X}$ は定まり，接ベクトルを与えるのである．たとえば $\boldsymbol{Y}$ が S 上の曲線 C の上だけで定義されている場合，$\nabla_{\boldsymbol{Y}(\boldsymbol{p}),\boldsymbol{p}}\boldsymbol{X}$ は C 上の各点で定まり，C 上の接ベクトル場を与える．$\boldsymbol{Y}$ が一点 $\boldsymbol{p}_0$ でしか定義されない場合でも，$\nabla_{\boldsymbol{Y}(\boldsymbol{p}_0),\boldsymbol{p}_0}\boldsymbol{X}$ は定まって $T_{\boldsymbol{p}_0}$ のベクトルを与える点に注意しよう．

一方，$\boldsymbol{X}$ が一点 $\boldsymbol{p}_0$ でしか定義されない場合には，$\overline{\boldsymbol{X}}$ の導関数を含む式 (2.54) の右辺は意味をもたず，したがって $\nabla_{\boldsymbol{Y}(\boldsymbol{p}_0),\boldsymbol{p}_0}\boldsymbol{X}$ は定まらない．点 $\boldsymbol{p}_0$ における $\partial_u\overline{\boldsymbol{X}}$ と $\partial_v\overline{\boldsymbol{X}}$ の値がともに確定するためには，$\boldsymbol{X}$ が点 $\boldsymbol{p}_0$ を含む S の開領域で定義されていなければならないのである．それゆえ，$\boldsymbol{X}$ が点 $\boldsymbol{p}_0$ を通る曲線 C の上でのみ定義されている場合，$\boldsymbol{Y}(\boldsymbol{p}_0)$ に沿う $\boldsymbol{X}$ の共変微分は一般には定まらない．しかし，$\boldsymbol{Y}(\boldsymbol{p}_0)$ が点 $\boldsymbol{p}_0$ における C の速度ベクトル $\dot{\boldsymbol{p}}(t_0) = \boldsymbol{V}_0$ に一致する場合には式 (2.8) と (2.51) によって

$$D_t\boldsymbol{X}\big|_{t_0} = [B(\dot{\overline{\boldsymbol{X}}} + V_0^u\mathit{\Gamma}_u\overline{\boldsymbol{X}} + V_0^v\mathit{\Gamma}_v\overline{\boldsymbol{X}})]\big|_{t_0} \in T_{\boldsymbol{p}_0} \tag{2.56}$$

が成立するから，$\nabla_{\boldsymbol{Y}(\boldsymbol{p}_0),\boldsymbol{p}_0}\boldsymbol{X}$ は

$$\nabla_{\boldsymbol{Y}(\boldsymbol{p}_0),\boldsymbol{p}_0}\boldsymbol{X} = \nabla_{\boldsymbol{V}_0,\boldsymbol{p}_0}\boldsymbol{X} \equiv \big[B\big(\dot{\overline{\boldsymbol{X}}} + V_0^u\mathit{\Gamma}_u\overline{\boldsymbol{X}} + V_0^v\mathit{\Gamma}_v\overline{\boldsymbol{X}}\big)\big]\big|_{\boldsymbol{p}_0} \tag{2.57}$$

として定義される．こうして，曲線 C 上の接ベクトル場 $\boldsymbol{X} \in \mathcal{T}(C)$ に対して，C の速度ベクトルに沿う方向の共変微分はつねに定まることになる．

ところで，曲線 C 上の各点 $\boldsymbol{p}$ には C の速度ベクトルという接ベクトル $\boldsymbol{V}(\boldsymbol{p}) \in T_{\boldsymbol{p}}$ が定まるから C 上の接ベクトル場 $\boldsymbol{V} \in \mathcal{T}(C)$ が定義されるが，これを曲線 C の速度ベクトル場とよぶ．C の各点 $\boldsymbol{p}$ に対して $\boldsymbol{V}(\boldsymbol{p})$ は C の速度ベクトルだから，上述のように C 上の接ベクトル場 $\boldsymbol{X} \in \mathcal{T}(C)$ の点 $\boldsymbol{p}$ における $\boldsymbol{V}(\boldsymbol{p})$ 方向の共変微分 $\nabla_{\boldsymbol{V}(\boldsymbol{p}),\boldsymbol{p}}\boldsymbol{X} \in T_{\boldsymbol{p}}$ が決まる．したがって，$\nabla_{\boldsymbol{V}(\boldsymbol{p}),\boldsymbol{p}}\boldsymbol{X}$ は C 上の接ベクトル場である．これを曲線 C の速度ベクトル場 $\boldsymbol{V}$ に沿う接ベクトル場 $\boldsymbol{X}$ の共変微分とよび

$$\nabla_{\boldsymbol{V}}\boldsymbol{X} \equiv \nabla_{\boldsymbol{V}(\boldsymbol{p}),\boldsymbol{p}}\boldsymbol{X} = B(\dot{\overline{\boldsymbol{X}}} + V^u\mathit{\Gamma}_u\overline{\boldsymbol{X}} + V^v\mathit{\Gamma}_v\overline{\boldsymbol{X}}) \tag{2.58}$$

と記す．ここで $V^u = \dot{u}$，$V^v = \dot{v}$ だから，式 (2.8) により

$$\nabla_{\boldsymbol{V}}\boldsymbol{X} = B(\dot{\overline{\boldsymbol{X}}} + V^u\mathit{\Gamma}_u\overline{\boldsymbol{X}} + V^v\mathit{\Gamma}_v\overline{\boldsymbol{X}}) = B(\dot{\overline{\boldsymbol{X}}} + \dot{u}\mathit{\Gamma}_u\overline{\boldsymbol{X}} + \dot{v}\mathit{\Gamma}_v\overline{\boldsymbol{X}}) = D_t\boldsymbol{X}$$

であり，これが任意の $\boldsymbol{X} \in \mathcal{T}(C)$ に対して成立するから

$$D_t = \nabla_{\boldsymbol{V}} \tag{2.59}$$

が結論される．つまり，式 (2.8) で定義される「曲線 C に沿う共変微分」とは「曲線 C の速度ベクトル場に沿う共変微分」に他ならない．たとえば，標準接ベクトル場 $\boldsymbol{p}_u$，$\boldsymbol{p}_v$ を u 曲線や v 曲線の速度ベクトル場と考えれば，u 曲線や v 曲線に沿う共変微分 D_u，D_v はそれぞれ速度ベクトル場 $\boldsymbol{p}_u$，$\boldsymbol{p}_v$ に沿う共変微分 $\nabla_{\boldsymbol{p}_u}$，$\nabla_{\boldsymbol{p}_v}$ に一致するはずだが，それはすでに式 (2.55) に示した通りである．

2.2.2 スカラー場とその共変微分

S の各点にひとつの接ベクトルを指定したものを S 上の接ベクトル場とよぶのと同様に，S の各点にひとつのスカラー (実数) を指定したものを S 上の**スカラー場** (scalar field) とよぶ．S 上のスカラー場とは，S 上の実関数に他ならない．S 上のスカラー場 $f \in \mathcal{F}(S)$ は φ を介して $(u \ \ v)^t \in D$ の関数だから $f(u,v)$ と書けるが，この 2 変数実関数が D 上で必要な階数だけ微分可能である場合にスカラー場 f は微分可能であるという．ベクトル場の場合と同様に，あるパラメータ表示に対してスカラー場 f が微分可能ならば任意のパラメータ表示に対しても微分可能であることが示されるから，微分可能性は表示法によらないスカラー場 f そのものの性質である．

スカラー場 f を u, v に関して偏微分すればスカラー場 $\partial_u f, \partial_v f \in \mathcal{F}(S)$ を得るだけであり，$\mathcal{F}(S)$ から「はみでる」ということはない．そこで，$f \in \mathcal{F}(S)$ の共変微分を

$$D_u f \equiv \partial_u f, \quad D_v \equiv \partial_v f \tag{2.60}$$

として定義する．つまり，スカラー場の共変微分とは単なる偏微分のことである．

曲面 S 上に曲線 C が与えられており，C 上の各点 $\boldsymbol{p}$ に実数がひとつ指定されている場合，これを曲線 C 上のスカラー場とよぶ．曲線 C 上のスカラー場の集合を $\mathcal{F}(C)$ と記し，$f \in \mathcal{F}(C)$ の点 $\boldsymbol{p} \in C$ における値を $f(\boldsymbol{p})$ と記す．また，C のパラメータ表示を $(I, \chi : t \mapsto \boldsymbol{p}(t) = \boldsymbol{p}(u(t), v(t)))$ とするとき，$f(\boldsymbol{p}(t))$ を $f(u(t), v(t))$，あるいは単に $f(t)$ と略記する．この実関数 $f(t)$ が I 上で必要な階数だけ微分可能である場合に C 上のスカラー場 f は微分可能であるという．また，$f(t)$ の t に関する導関数 $\dot{f}(t)$ は C 上の各点 $\boldsymbol{p}$ に実数 $\dot{f}(\chi^{-1}(\boldsymbol{p}))$ を指定する C 上のスカラー場であり，この微分演算によって $\mathcal{F}(C)$ から「はみでる」ことはない．そこで，曲線 C に沿う f の共変微分を単なる微分

$$D_t f \equiv \frac{d}{dt} f(\boldsymbol{p}(t)) \tag{2.61}$$

として定義する．スカラー場 f が C 上に限らず S 全体で定義されているならば，f は u, v を介して t の関数だから

$$D_t f = \dot{f} = \dot{u}\partial_u f + \dot{v}\partial_v f = (\dot{u}\partial_u + \dot{v}\partial_v) f = (\dot{u}D_u + \dot{v}D_v) f \tag{2.62}$$

であり，これが任意の $f \in \mathcal{F}(S)$ に対して成立するから，スカラー場に対しても式 (2.12) が成立することになる．

つぎに，点 $\boldsymbol{p}_0 \in S$ における接ベクトル $\boldsymbol{V}_0 \in T_{\boldsymbol{p}_0}$ に沿うスカラー場 $f \in \mathcal{F}(S)$ の共変微分を定義しよう．前節と同様に，点 $\boldsymbol{p}_0$ を通る S 上の曲線で，$\boldsymbol{p}_0$ における速度ベクトルが $\boldsymbol{V}_0$ に一致するものをひとつ選んで C とし，そのパラメータ表示を $(I, \chi : t \mapsto \boldsymbol{p}(t) = \boldsymbol{p}(u(t), v(t)))$ とする．この曲線が $t = t_0 \in I$ で $\boldsymbol{p}_0$ を通るとすれば式 (2.51) が成立し，スカラー場 f の曲線 C に沿う共変微分は式 (2.62) で与えられる

から，これを点 $\boldsymbol{p}_0$ で評価すれば

$$D_t f\big|_{t_0} = (V_0^u \partial_u + V_0^v \partial_v) f\big|_{t_0} \tag{2.63}$$

を得る．この結果は特定の曲線 C にもとづいて得られたものだが，接ベクトル場の場合と同様に，「点 $\boldsymbol{p}_0$ を通り，$\boldsymbol{p}_0$ における接ベクトルが $\boldsymbol{V}_0$ に一致する S 上の曲線」であればすべて同じ結果を与える．そこで，

$$\nabla_{\boldsymbol{V}_0, \boldsymbol{p}_0} f \equiv [(V_0^u \partial_u + V_0^v \partial_v) f]\big|_{\boldsymbol{p}_0} \tag{2.64}$$

と記し，この $\nabla_{\boldsymbol{V}_0, \boldsymbol{p}_0} f$ を「スカラー場 f の点 $\boldsymbol{p}_0$ における $\boldsymbol{V}_0$ 方向の共変微分」とよぶ．

S 上の接ベクトル場 $\boldsymbol{Y} \in \mathcal{T}(S)$ を指定すれば，S の各点 $\boldsymbol{p}$ に接ベクトル $\boldsymbol{Y}(\boldsymbol{p}) \in T_{\boldsymbol{p}}$ が定まる．それゆえ，S の各点 $\boldsymbol{p}$ に対して，スカラー場 f の点 $\boldsymbol{p}$ における $\boldsymbol{Y}(\boldsymbol{p})$ 方向の共変微分 $\nabla_{\boldsymbol{Y}(\boldsymbol{p}), \boldsymbol{p}} f \in \boldsymbol{R}$ が決まるから，$\nabla_{\boldsymbol{Y}(\boldsymbol{p}), \boldsymbol{p}} f$ は S 上のスカラー場である．これを接ベクトル場 $\boldsymbol{Y}$ に沿うスカラー場 f の共変微分とよび

$$\nabla_{\boldsymbol{Y}} f \equiv \boldsymbol{Y} f \equiv (Y^u \partial_u + Y^v \partial_v) f \in \mathcal{F}(S) \qquad (f \in \mathcal{F}(S),\ \boldsymbol{Y} \in \mathcal{T}(S)) \tag{2.65}$$

と記す．ここで，S 上の関数 f の $\boldsymbol{Y}$ 方向への方向微分を $\boldsymbol{Y} f$ と記している．$\boldsymbol{Y} f$ は S 上の関数 $\boldsymbol{Y} f \in \mathcal{F}(S)$ であるのに対し，接ベクトル場 $\boldsymbol{Y}$ の関数倍である $f\boldsymbol{Y}$ は S 上の接ベクトル場 $f\boldsymbol{Y} \in \mathcal{T}(S)$ である点に注意しよう．いずれにせよ，式 (2.65) による定義が曲面 S のパラメータ表示の選び方に依存しないこともまた，接ベクトル場の場合と同様である．

ところで，式 (2.65) において $\boldsymbol{Y} = \boldsymbol{p}_u$ とすれば $\overline{\boldsymbol{Y}} = (Y^u \ \ Y^v)^t = (1 \ \ 0)^t$ であり，$\boldsymbol{Y} = \boldsymbol{p}_v$ とすれば $\overline{\boldsymbol{Y}} = (0 \ \ 1)^t$ だから

$$\nabla_{\boldsymbol{p}_u} f = \partial_u f, \quad \nabla_{\boldsymbol{p}_v} f = \partial_v f \tag{2.66}$$

であり，これが任意の $f \in \mathcal{F}(S)$ に対して成立することから，式 (2.55) がスカラー場に対しても成立することになる．つまり，式 (2.60) で定義される共変微分とは標準接ベクトル場に沿う共変微分に他ならない．

さて，スカラー場 f の点 $\boldsymbol{p}_0$ における接ベクトル $\boldsymbol{V}_0$ に沿う共変微分 $\nabla_{\boldsymbol{V}_0, \boldsymbol{p}_0} f$ は，曲線に沿う共変微分を介して定義されたのであった．つまり，点 $\boldsymbol{p}_0$ を通る S 上の曲線で，点 $\boldsymbol{p}_0$ における速度ベクトルが $\boldsymbol{V}_0$ に一致する曲線を C とするとき，曲線 C に沿うスカラー場 f の共変微分 $D_t f$ の点 $\boldsymbol{p}_0$ における値が $\nabla_{\boldsymbol{V}_0, \boldsymbol{p}_0} f$ であった．$\boldsymbol{p}_0 = \boldsymbol{p}(u_0, v_0)$ とするとき，そのような曲線として

$$\begin{aligned} &(I, \chi : t \mapsto \boldsymbol{p}(t) = \boldsymbol{p}(u(t), v(t))), \\ &u(t) = u_0 + V_0^u (t - t_0), \quad v(t) = v_0 + V_0^v (t - t_0) \end{aligned} \tag{2.67}$$

とパラメータ表示されるものを採用しよう．このとき，$\varepsilon \equiv t - t_0$ として

$$\nabla_{\boldsymbol{V}_0,\boldsymbol{p}_0} f = D_t f\big|_{t_0} = \lim_{\varepsilon\to 0}\frac{f(\boldsymbol{p}(t_0+\varepsilon)) - f(\boldsymbol{p}(t_0))}{\varepsilon}$$
$$= \lim_{\varepsilon\to 0}\frac{f(u_0+V_0^u\varepsilon, v_0+V_0^v\varepsilon) - f(u_0,v_0)}{\varepsilon} \tag{2.68}$$
$$= [(V_0^u\partial_u + V_0^v\partial_v)f]\big|_{\boldsymbol{p}_0}$$

となって確かに式 (2.64) を再現する．一方，

$$\boldsymbol{p}(t_0+\varepsilon) = \boldsymbol{p}(u_0+V_0^u\varepsilon, v_0+V_0^v\varepsilon) = \boldsymbol{p}(u_0,v_0) + (V_0^u\boldsymbol{p}_{u0} + V_0^v\boldsymbol{p}_{v0})\varepsilon + \boldsymbol{o}(\varepsilon)$$
$$= \boldsymbol{p}(t_0) + \varepsilon\boldsymbol{V}_0 + \boldsymbol{o}(\varepsilon), \qquad \lim_{\varepsilon\to 0}\frac{\boldsymbol{o}(\varepsilon)}{\varepsilon} = \boldsymbol{0} \tag{2.69}$$

と書けるから，点 $\boldsymbol{p}_0$ から接ベクトル $\boldsymbol{V}_0$ の方向に $\boldsymbol{V}_0\varepsilon$ だけ移動した点 $\boldsymbol{p}_0+\boldsymbol{V}_0\varepsilon$ は S 上の点 $\boldsymbol{p}(t_0+\varepsilon)$ に近接しており，ε が零に近付くにしたがって両者の距離 $\|\boldsymbol{o}(\varepsilon)\|$ は ε よりも速やかに 0 となる．それゆえ，式 (2.68) は

$$\nabla_{\boldsymbol{V}_0,\boldsymbol{p}_0} f = \lim_{\varepsilon\to 0}\frac{f(\boldsymbol{p}(t_0+\varepsilon)) - f(\boldsymbol{p}(t_0))}{\varepsilon} = \lim_{\varepsilon\to 0}\frac{f(\boldsymbol{p}_0+\boldsymbol{V}_0\varepsilon) - f(\boldsymbol{p}_0)}{\varepsilon} \tag{2.70}$$

と書ける．$\boldsymbol{p}_0+\boldsymbol{V}_0\varepsilon$ は厳密な意味では S 上の点ではないが，「$\boldsymbol{p}_0+\boldsymbol{V}_0\varepsilon$ に最も近い S 上の点における f の値を $f(\boldsymbol{p}_0+\boldsymbol{V}_0\varepsilon)$ と記す」と解釈すればよいだろう．式 (2.70) によれば，接ベクトル場 $\boldsymbol{V}_0$ に沿うスカラー場 f の共変微分とは $\boldsymbol{V}_0$ に沿う f の方向微分に他ならない．上式の右辺は S 上の関数 f と接ベクトル場 $\boldsymbol{V}_0$ だけで決まるから，この表式によれば共変微分 $\nabla_{\boldsymbol{V}_0,\boldsymbol{p}_0} f$ が曲線 C の選び方，あるいは曲面 S のパラメータ表示の選び方によらないことは一目瞭然である．

2.2.3　平行移動と共変微分

前節ではスカラー場の共変微分を定義し，それが接ベクトルに沿う方向微分に他ならないことを示した．一方，接ベクトル場の方向微分は一般には法線成分を含むのに対し，共変微分はつねに接ベクトルだから，接ベクトル場の方向微分はそのままでは共変微分には一致しない．では，方向微分に含まれる法線成分を除去すれば共変微分に一致するだろうか．この問に答えるため，

$$P_0 \equiv B_0 S_{I0}^{-1} B_0^t, \quad S_{I0} \equiv B_0^t B_0, \quad B_0 \equiv (\boldsymbol{p}_{u0}\ \ \boldsymbol{p}_{v0}) \tag{2.71}$$

として定義される 3 次行列 P_0 を利用する．この P_0 は $\boldsymbol{R}^3$ のベクトルに作用して接空間 $T_{\boldsymbol{p}_0}$ に射影する射影作用素 (射影行列) である．実際，点 $\boldsymbol{p}_0$ での法線ベクトルを $\boldsymbol{n}_0$ とすれば $\{\boldsymbol{p}_{u0}, \boldsymbol{p}_{v0}, \boldsymbol{n}_0\}$ は $\boldsymbol{R}^3$ の基底をなすから，任意のベクトル $\boldsymbol{A}\in\boldsymbol{R}^3$ は

$$\boldsymbol{A} = A^u\boldsymbol{p}_{u0} + A^v\boldsymbol{p}_{v0} + A^n\boldsymbol{n}_0 = (\boldsymbol{p}_{u0}\ \ \boldsymbol{p}_{v0})\begin{pmatrix} A^u \\ A^v \end{pmatrix} + A^n\boldsymbol{n}_0 = B_0\begin{pmatrix} A^u \\ A^v \end{pmatrix} + A^n\boldsymbol{n}_0$$

と展開できるが，式 (2.71) と $\boldsymbol{p}_{u0}^t\boldsymbol{n}_0 = \boldsymbol{p}_{v0}^t\boldsymbol{n}_0 = 0$ から

$$P_0\boldsymbol{A} = B_0 S_{I0}^{-1}\left\{B_0^t B_0 \begin{pmatrix} A^u \\ A^v \end{pmatrix} + A^n \begin{pmatrix} \boldsymbol{p}_{u0}^t \\ \boldsymbol{p}_{v0}^t \end{pmatrix} \boldsymbol{n}_0 \right\} = B_0 \begin{pmatrix} A^u \\ A^v \end{pmatrix} = A^u \boldsymbol{p}_{u0} + A^v \boldsymbol{p}_{v0}$$

が成立する．つまり，P_0 は法線成分 $A^n\boldsymbol{n}_0$ を除去し，接空間内の成分 $A^u\boldsymbol{p}_{u0} + A^v\boldsymbol{p}_{v0}$ は不変に保つのである．射影作用素 P_0 に対する表式 (2.71) は曲面 S の特定のパラメータ表示にもとづいているが，P_0 自体がパラメータ表示の選び方によらないことは容易に理解できるだろう．

さて，接ベクトル $\boldsymbol{V}_0 \in T_{\boldsymbol{p}_0}$ に沿う接ベクトル場 $\boldsymbol{X} \in \mathcal{T}(S)$ の共変微分 $\nabla_{\boldsymbol{V}_0,\boldsymbol{p}_0}\boldsymbol{X}$ は曲線に沿う共変微分を介して定義されたのであった．つまり，点 $\boldsymbol{p}_0$ における速度ベクトルが $\boldsymbol{V}_0$ に一致する S 上の曲線を C とするとき，接ベクトル場 $\boldsymbol{X}$ の曲線 C に沿う共変微分 $D_t\boldsymbol{X}$ の点 $\boldsymbol{p}_0$ における値が $\nabla_{\boldsymbol{V}_0,\boldsymbol{p}_0}\boldsymbol{X}$ である．前節と同様に，式 (2.67) をパラメータ表示とする曲線を採用すれば，式 (2.68) に対応して

$$\nabla_{\boldsymbol{V}_0,\boldsymbol{p}_0}\boldsymbol{X} \equiv D_t\boldsymbol{X}\big|_{t_0} = P_0 \frac{d\boldsymbol{X}}{dt}\bigg|_{t_0} = P_0 \lim_{\varepsilon\to 0} \frac{\boldsymbol{X}(\boldsymbol{p}(t_0+\varepsilon)) - \boldsymbol{X}(\boldsymbol{p}(t_0))}{\varepsilon} \tag{2.72}$$

を得る．ただし，P_0 が $T_{\boldsymbol{p}_0}$ への射影作用素であることと式 (2.9)，(2.10) によって

$$P_0 \frac{d\boldsymbol{X}}{dt}\bigg|_{t_0} = P_0 D_t\boldsymbol{X}\big|_{t_0} + P_0 D_{\perp t}\boldsymbol{X}\big|_{t_0} = D_t\boldsymbol{X}\big|_{t_0}$$

が成立することを利用している．すると，式 (2.68) から式 (2.70) を得たのと同様に，式 (2.72) からは

$$\nabla_{\boldsymbol{V}_0,\boldsymbol{p}_0}\boldsymbol{X} = P_0 \lim_{\varepsilon\to 0} \frac{\boldsymbol{X}(\boldsymbol{p}(t_0+\varepsilon)) - \boldsymbol{X}(\boldsymbol{p}(t_0))}{\varepsilon} = P_0 \lim_{\varepsilon\to 0} \frac{\boldsymbol{X}(\boldsymbol{p}_0 + \boldsymbol{V}_0\varepsilon) - \boldsymbol{X}(\boldsymbol{p}_0)}{\varepsilon} \tag{2.73}$$

が結論されるが，最右辺は $\boldsymbol{V}_0$ に沿う $\boldsymbol{X}$ の方向微分から法線成分を除去したものに他ならない．こうして，本節冒頭の問は肯定的に解決されたことになる．

さて，曲面 S は Euclid 空間 $\boldsymbol{E}^3$ の中に置かれているため，S 上の異なる 2 点における接ベクトル $\boldsymbol{X}(\boldsymbol{p}(t_0+\varepsilon)) \in T_{\boldsymbol{p}(t_0+\varepsilon)}$，$\boldsymbol{X}(\boldsymbol{p}_0) \in T_{\boldsymbol{p}_0}$ であっても $\boldsymbol{E}^3$ のベクトルとしては比較可能である．実際，$\boldsymbol{X}(\boldsymbol{p}(t_0+\varepsilon))$ を $\boldsymbol{E}^3$ 中で平行に点 $\boldsymbol{p}(t_0) = \boldsymbol{p}_0$ まで移動すれば，$\boldsymbol{X}(\boldsymbol{p}(t_0+\varepsilon))$ は $\boldsymbol{X}(\boldsymbol{p}_0)$ とともに $\boldsymbol{p}_0$ を始点とする $\boldsymbol{E}^3$ のベクトルとなるから，両者の差もまた $\boldsymbol{E}^3$ のベクトルである．しかし一般には $\boldsymbol{X}(\boldsymbol{p}(t_0+\varepsilon)) \notin T_{\boldsymbol{p}_0}$ だから，$\boldsymbol{X}(\boldsymbol{p}(t_0+\varepsilon)) - \boldsymbol{X}(\boldsymbol{p}_0)$ は $T_{\boldsymbol{p}_0}$ のベクトルとしては意味をもたない．意味をもたせるには式 (2.71) で定義される射影作用素 P_0 によって $\boldsymbol{X}(\boldsymbol{p}(t_0+\varepsilon))$ を $T_{\boldsymbol{p}_0}$ に射影すればよい．$P_0\boldsymbol{X}(\boldsymbol{p}(t_0+\varepsilon))$ と $\boldsymbol{X}(\boldsymbol{p}_0)$ とはともに $T_{\boldsymbol{p}_0}$ のベクトルだから，式 (2.73) に示すように両者の差[‡10] を ε で除した後に $\varepsilon \to 0$ として得られる共変微分 $\nabla_{\boldsymbol{V}_0,\boldsymbol{p}_0}\boldsymbol{X}$ もまた $T_{\boldsymbol{p}_0}$ のベクトルである．

[‡10] $\boldsymbol{X}(\boldsymbol{p}_0) \in T_{\boldsymbol{p}_0}$ だから $P_0\boldsymbol{X}(\boldsymbol{p}(t_0+\varepsilon)) - \boldsymbol{X}(\boldsymbol{p}_0) = P_0\{\boldsymbol{X}(\boldsymbol{p}(t_0+\varepsilon)) - \boldsymbol{X}(\boldsymbol{p}_0)\}$ が成立する点に注意．

$\boldsymbol{X}(\boldsymbol{p}(t_0+\varepsilon))$ を $\boldsymbol{E}^3$ 中で $\boldsymbol{p}_0$ まで平行移動する代わりに，曲線 C に沿って曲面 S 上で平行移動する方法もある．この方法ならば必ずしも $\boldsymbol{E}^3$ 中に置かれているとは限らない一般的な曲面に対しても適用可能であり[‡11]，しかも平行移動によって得られるのは自動的に $T_{\boldsymbol{p}_0}$ のベクトルだから，射影作用素は不要である．記法を簡単にするため，$\boldsymbol{p}(t_0)$ を $\boldsymbol{p}_0$ と記したように $\boldsymbol{p}(t_0+\varepsilon)$ を $\boldsymbol{p}_\varepsilon$ と略記し，点 $\boldsymbol{p}_\varepsilon$ における接ベクトル $\boldsymbol{X}(\boldsymbol{p}_\varepsilon)\in T_{\boldsymbol{p}_\varepsilon}$ を曲線 C に沿って点 $\boldsymbol{p}_0$ まで平行移動して得られる点 $\boldsymbol{p}_0$ での接ベクトルを $\boldsymbol{X}_{/\!/}(\boldsymbol{p}_\varepsilon\to\boldsymbol{p}_0)$ と記そう．このとき，式 (2.73) に対応して

$$\nabla_{\boldsymbol{V}_0,\boldsymbol{p}_0}\boldsymbol{X}=\lim_{\varepsilon\to 0}\frac{\boldsymbol{X}_{/\!/}(\boldsymbol{p}_\varepsilon\to\boldsymbol{p}_0)-\boldsymbol{X}(\boldsymbol{p}_0)}{\varepsilon} \tag{2.74}$$

が成立することを示そう．

まず，$T_{\boldsymbol{p}_0}$ の基底を一組選んで $\{\boldsymbol{e}_{1,0},\boldsymbol{e}_{2,0}\}$ とし，C 上の接ベクトル場 $\boldsymbol{e}_1,\boldsymbol{e}_2\in\mathcal{T}(C)$ を

$$\begin{cases} D_t\boldsymbol{e}_1(t)=\boldsymbol{0}, & \boldsymbol{e}_1(t_0)=\boldsymbol{e}_{1,0} \\ D_t\boldsymbol{e}_2(t)=\boldsymbol{0}, & \boldsymbol{e}_2(t_0)=\boldsymbol{e}_{2,0} \end{cases} \tag{2.75}$$

によって定義する．したがって，$\boldsymbol{e}_1$ と $\boldsymbol{e}_2$ はともに C に沿って平行な接ベクトル場である．ところで，2.1.2 項で示したように平行移動は内積を保存し，仮定によって $\{\boldsymbol{e}_{1,0},\boldsymbol{e}_{2,0}\}$ は $T_{\boldsymbol{p}_0}$ の基底だから，C 上の任意の点 $\boldsymbol{p}(t)$ で $\{\boldsymbol{e}_1(t),\boldsymbol{e}_2(t)\}$ は $T_{\boldsymbol{p}(t)}$ の基底をなす．それゆえ，点 $\boldsymbol{p}_\varepsilon$ における接ベクトル $\boldsymbol{X}(\boldsymbol{p}_\varepsilon)\in T_{\boldsymbol{p}_\varepsilon}$ は

$$\boldsymbol{X}(\boldsymbol{p}_\varepsilon)=\boldsymbol{X}(\boldsymbol{p}(t_0+\varepsilon))=X^1(\varepsilon)\boldsymbol{e}_1(t_0+\varepsilon)+X^2(\varepsilon)\boldsymbol{e}_2(t_0+\varepsilon)=X^\alpha(\varepsilon)\boldsymbol{e}_\alpha(t_0+\varepsilon) \tag{2.76}$$

と展開できる．展開係数は ε に依存して変化する点に注意しよう．また，記法の簡単化のため **Einstein 規約**[‡12] を利用し，ギリシャ文字の添え字の動く範囲は 1 から 2 までとしている．ここで，ε に依存して決まる C 上の接ベクトル場 $\boldsymbol{X}_\varepsilon\in\mathcal{T}(C)$ を

$$\boldsymbol{X}_\varepsilon(t)\equiv X^\alpha(\varepsilon)\boldsymbol{e}_\alpha(t) \tag{2.77}$$

として定義すれば，式 (2.75)，(2.76) によって

$$\begin{aligned} D_t\boldsymbol{X}_\varepsilon(t)&=D_tX^\alpha(\varepsilon)\boldsymbol{e}_\alpha(t)=X^\alpha(\varepsilon)D_t\boldsymbol{e}_\alpha(t)=\boldsymbol{0} \\ \boldsymbol{X}_\varepsilon(t_0+\varepsilon)&=X^\alpha(\varepsilon)\boldsymbol{e}_\alpha(t_0+\varepsilon)=\boldsymbol{X}(\boldsymbol{p}_\varepsilon) \end{aligned} \tag{2.78}$$

が成立する．つまり，$\boldsymbol{X}_\varepsilon$ は点 $\boldsymbol{p}_\varepsilon$ における接ベクトル $\boldsymbol{X}(\boldsymbol{p}_\varepsilon)\in T_{\boldsymbol{p}_\varepsilon}$ を曲線 C に沿って平行移動して得られる C 上の接ベクトル場であり，式 (2.74) に登場する $\boldsymbol{X}_{/\!/}(\boldsymbol{p}_\varepsilon\to\boldsymbol{p}_0)$ は

$$\boldsymbol{X}_{/\!/}(\boldsymbol{p}_\varepsilon\to\boldsymbol{p}_0)=\boldsymbol{X}_\varepsilon(t_0)=X^\alpha(\varepsilon)\boldsymbol{e}_\alpha(t_0)=X^\alpha(\varepsilon)\boldsymbol{e}_{\alpha,0} \tag{2.79}$$

---

‡11 そのような曲面に関しては第 4 章で議論する．

‡12 Einstein 規約とは，同じ上付き添え字と下付き添え字が対になっている場合，その添え字に関してあらかじめ定められた範囲で和をとるという約束である．また，この演算を「対象とする添え字に関する縮約 (contraction)」という．

として与えられることになる．一方，式 (2.76) で $\varepsilon = 0$ とすれば $\boldsymbol{X}(\boldsymbol{p}_0) = X^\alpha(0)\boldsymbol{e}_{\alpha,0}$ を得るから，式 (2.79) を (2.74) の右辺に代入すれば，

$$\lim_{\varepsilon\to 0}\frac{\boldsymbol{X}_{/\!/}(\boldsymbol{p}_\varepsilon \to \boldsymbol{p}_0) - \boldsymbol{X}(\boldsymbol{p}_0)}{\varepsilon} = \lim_{\varepsilon\to 0}\frac{\{X^\alpha(\varepsilon) - X^\alpha(0)\}}{\varepsilon}\boldsymbol{e}_{\alpha,0} = \left.\frac{dX^\alpha(\varepsilon)}{d\varepsilon}\right|_{\varepsilon=0}\boldsymbol{e}_{\alpha,0} \tag{2.80}$$

を得る．一方，式 (2.72) と (2.76) によれば

$$\begin{aligned}\nabla_{\boldsymbol{V}_0,\boldsymbol{p}_0}\boldsymbol{X} &= P_0\lim_{\varepsilon\to 0}\frac{\boldsymbol{X}(\boldsymbol{p}_\varepsilon) - \boldsymbol{X}(\boldsymbol{p}_0)}{\varepsilon} = P_0\left.\frac{d\boldsymbol{X}(\boldsymbol{p}_\varepsilon)}{d\varepsilon}\right|_{\varepsilon=0} = P_0\left.\frac{dX^\alpha(\varepsilon)\boldsymbol{e}_\alpha(t_0+\varepsilon)}{d\varepsilon}\right|_{\varepsilon=0}\\ &= \left.\frac{dX^\alpha(\varepsilon)}{d\varepsilon}\right|_{\varepsilon=0} P_0\boldsymbol{e}_\alpha(t_0) + X^\alpha(0)\, P_0\left.\frac{d\boldsymbol{e}_\alpha(t_0+\varepsilon)}{d\varepsilon}\right|_{\varepsilon=0}\end{aligned} \tag{2.81}$$

である．ここで，式 (2.10) と (2.75) から

$$P_0\left.\frac{d\boldsymbol{e}_\alpha(t_0+\varepsilon)}{d\varepsilon}\right|_{\varepsilon=0} = P_0\left.\frac{d\boldsymbol{e}_\alpha(t)}{dt}\right|_{t=t_0} = P_0(D_t\boldsymbol{e}_\alpha + D_{\perp t}\boldsymbol{e}_\alpha)\big|_{t=t_0} = P_0 D_{\perp t}\boldsymbol{e}_\alpha\big|_{t=t_0} = \boldsymbol{0}$$

であり（$D_{\perp t}\boldsymbol{e}_\alpha\big|_{t=t_0}$ は点 $\boldsymbol{p}_0$ における法線 $\boldsymbol{n}_0$ の方向を向く），また $T_{\boldsymbol{p}_0}$ のベクトル $\boldsymbol{e}_\alpha(t_0) = \boldsymbol{e}_{\alpha,0}$ は P_0 の作用で変化しないから，式 (2.81) は

$$\nabla_{\boldsymbol{V}_0,\boldsymbol{p}_0}\boldsymbol{X} = \left.\frac{dX^\alpha(\varepsilon)}{d\varepsilon}\right|_{\varepsilon=0}\boldsymbol{e}_{\alpha,0} \tag{2.82}$$

を意味する．そして，式 (2.80) と (2.82) から式 (2.74) が結論される．

2.2.4 共変微分の性質

曲面 S 上の接ベクトル場の共変微分を 2.1.1 項と 2.2.1 項で定義し，2.2.2 項では S 上のスカラー場の共変微分を定義した．いずれの場合も，まずは曲面 S のパラメータ表示に使われる変数 u，v に関する共変微分 D_u，D_v を定義し，次いで S 内の曲線 C に沿う共変微分 D_t を定義した後に，その結果を利用して S 上の接ベクトル場 $\boldsymbol{X} \in \mathcal{T}(S)$ に沿う共変微分 $\nabla_{\boldsymbol{X}}$ を

$$\begin{aligned}&\nabla_{\boldsymbol{X}} : \mathcal{F}(S) \to \mathcal{F}(S), \quad f \mapsto \nabla_{\boldsymbol{X}} f \equiv \boldsymbol{X} f \equiv X^\alpha\partial_\alpha f\\ &\nabla_{\boldsymbol{X}} : \mathcal{T}(S) \to \mathcal{T}(S), \quad \boldsymbol{Y} \mapsto \nabla_{\boldsymbol{X}}\boldsymbol{Y} \equiv BX^\alpha(I_2\partial_\alpha + \Gamma_\alpha)\overline{\boldsymbol{Y}}\end{aligned} \tag{2.83}$$

として定義したのであった．ただし，

$$(X^u \quad X^v)^t = \overline{\boldsymbol{X}} = S_I^{-1}B^t\boldsymbol{X}, \quad \overline{\boldsymbol{Y}} = S_I^{-1}B^t\boldsymbol{Y} \tag{2.84}$$

である．また，記法の簡単化のため，ギリシャ文字の添え字に関して Einstein 規約を適用し，縮約の際に添え字が動く範囲は u と v と約束する．式 (2.83) により，任意の $a, b \in \boldsymbol{R}$，$f, g \in \mathcal{F}(S)$ および $\boldsymbol{X}, \boldsymbol{Y}, \boldsymbol{Z} \in \mathcal{T}(S)$ に対して

$$\begin{aligned}&\nabla_{\boldsymbol{X}}(af + bg) = a\nabla_{\boldsymbol{X}} f + b\nabla_{\boldsymbol{X}} g, \quad \nabla_{\boldsymbol{X}}(a\boldsymbol{Y} + b\boldsymbol{Z}) = a\nabla_{\boldsymbol{X}}\boldsymbol{Y} + b\nabla_{\boldsymbol{X}}\boldsymbol{Z}\\ &\nabla_{\boldsymbol{X}}(fg) = (\nabla_{\boldsymbol{X}} f)g + f\nabla_{\boldsymbol{X}} g, \quad \nabla_{\boldsymbol{X}}(f\boldsymbol{Y}) = (\nabla_{\boldsymbol{X}} f)\boldsymbol{Y} + f\nabla_{\boldsymbol{X}}\boldsymbol{Y}\end{aligned} \tag{2.85}$$

が成立するから，共変微分は通常の微分のように線形であり，**Leibniz 則**[‡13] を満足することがわかる．証明は容易だが，参考までに最後の等式だけを示しておこう．実際，

$$(I_2\partial_\alpha + \varGamma_\alpha)f\overline{\boldsymbol{Y}} = (\partial_\alpha f)\overline{\boldsymbol{Y}} + f(I_2\partial_\alpha + \varGamma_\alpha)\overline{\boldsymbol{Y}}$$

だから

$$\begin{aligned}\nabla_{\boldsymbol{X}}(f\boldsymbol{Y}) &= BX^\alpha(I_2\partial_\alpha + \varGamma_\alpha)f\overline{\boldsymbol{Y}} = BX^\alpha(\partial_\alpha f)\overline{\boldsymbol{Y}} + BX^\alpha f(I_2\partial_\alpha + \varGamma_\alpha)\overline{\boldsymbol{Y}} \\ &= (X^\alpha\partial_\alpha f)B\overline{\boldsymbol{Y}} + fBX^\alpha(I_2\partial_\alpha + \varGamma_\alpha)\overline{\boldsymbol{Y}} = (\nabla_{\boldsymbol{X}} f)\boldsymbol{Y} + f\nabla_{\boldsymbol{X}}\boldsymbol{Y}\end{aligned}$$

が成立する．

このように，共変微分 $\nabla_{\boldsymbol{X}}$ は接ベクトル場 $\boldsymbol{X} \in \mathcal{T}(S)$ に依存する微分演算子であり，しかも $\boldsymbol{X}$ に関しては

$$\nabla_{\boldsymbol{X}+\boldsymbol{Y}} = \nabla_{\boldsymbol{X}} + \nabla_{\boldsymbol{Y}}, \quad \nabla_{f\boldsymbol{X}} = f\nabla_{\boldsymbol{X}} \tag{2.86}$$

が成立する．つまり，$\nabla_{\boldsymbol{X}}$ は $\boldsymbol{X}$ に関して各点ごとに線形である．これも証明は容易だが，参考までに第2式だけを示しておこう．実際，任意の $g \in \mathcal{F}(S)$ と $\boldsymbol{Z} \in \mathcal{T}(S)$ に対して

$$\begin{aligned}&\nabla_{f\boldsymbol{X}}g = (fX^\alpha\partial_\alpha)g = f(X^\alpha\partial_\alpha g) = f\nabla_{\boldsymbol{X}}g \\ &\nabla_{f\boldsymbol{X}}\boldsymbol{Z} = B(fX^\alpha)(I_2\partial_\alpha + \varGamma_\alpha)\overline{\boldsymbol{Z}} = f\{BX^\alpha(I_2\partial_\alpha + \varGamma_\alpha)\overline{\boldsymbol{Z}}\} = f\nabla_{\boldsymbol{X}}\boldsymbol{Z}\end{aligned}$$

が成立する．

さて，標準接ベクトル場の組 $\{\boldsymbol{p}_u, \boldsymbol{p}_v\}$ は $\mathcal{T}(S)$ の基底場をなし，任意の接ベクトル場 $\boldsymbol{X}, \boldsymbol{Y} \in \mathcal{T}(S)$ は $\boldsymbol{X} = X^\alpha\boldsymbol{p}_\alpha$，$\boldsymbol{Y} = Y^\alpha\boldsymbol{p}_\alpha$ と展開できるから，式 (2.85) と (2.86)，そして式 (2.66) によれば

$$\begin{aligned}\nabla_{\boldsymbol{X}}\boldsymbol{Y} &= \nabla_{X^\alpha\boldsymbol{p}_\alpha}Y^\beta\boldsymbol{p}_\beta = (X^\alpha\nabla_{\boldsymbol{p}_\alpha}Y^\beta)\boldsymbol{p}_\beta + Y^\beta(X^\alpha\nabla_{\boldsymbol{p}_\alpha}\boldsymbol{p}_\beta) \\ &= X^\alpha\{(\partial_\alpha Y^\beta)\boldsymbol{p}_\beta + Y^\beta\nabla_{\boldsymbol{p}_\alpha}\boldsymbol{p}_\beta\}\end{aligned} \tag{2.87}$$

を得る．したがって，基底場 $\{\boldsymbol{p}_u, \boldsymbol{p}_v\}$ に対する共変微分 $\nabla_{\boldsymbol{p}_\alpha}\boldsymbol{p}_\beta$ が決まれば，任意の接ベクトル場に対する共変微分 $\nabla_{\boldsymbol{X}}\boldsymbol{Y}$ が決まることになる．ところで，式 (2.87) において $\boldsymbol{X} = \boldsymbol{p}_u$，$\boldsymbol{Y} = \boldsymbol{p}_v$ とすれば

$$\overline{\boldsymbol{X}} = \begin{pmatrix} X^u \\ X^v \end{pmatrix} = \begin{pmatrix} 1 \\ 0 \end{pmatrix}, \quad \overline{\boldsymbol{Y}} = \begin{pmatrix} Y^u \\ Y^v \end{pmatrix} = \begin{pmatrix} 0 \\ 1 \end{pmatrix}, \quad \partial_u\overline{\boldsymbol{Y}} = \boldsymbol{0}$$

だから，

$$\nabla_{\boldsymbol{p}_u}\boldsymbol{p}_v = BX^u(I_2\partial_u + \varGamma_u)\overline{\boldsymbol{Y}} + BX^v(I_2\partial_v + \varGamma_v)\overline{\boldsymbol{Y}}$$

---

‡13 2要素間に和と積が定義された集合 S 上の作用素 D が，任意の f，$g \in S$ に対して $D(fg) = (Df)g + f(Dg)$ を満足する場合，D は Leibniz 則を満たすという．

$$= B\Gamma_u\overline{\boldsymbol{Y}} = (\boldsymbol{p}_u \ \ \boldsymbol{p}_v)\begin{pmatrix} \Gamma^u_{uu} & \Gamma^u_{uv} \\ \Gamma^v_{uu} & \Gamma^v_{uv} \end{pmatrix}\begin{pmatrix} 0 \\ 1 \end{pmatrix} = \Gamma^u_{uv}\boldsymbol{p}_u + \Gamma^v_{uv}\boldsymbol{p}_v$$

であり，同様にして

$$\nabla_{\boldsymbol{p}_\alpha}\boldsymbol{p}_\beta = \Gamma^\gamma_{\alpha\beta}\boldsymbol{p}_\gamma \qquad (\alpha, \beta = u, v) \tag{2.88}$$

が結論される．このように，Christoffel 記号 $\Gamma^\gamma_{\alpha\beta}$ とは「曲面 S のパラメータ表示で決まる基本接ベクトル場 $\boldsymbol{p}_\beta$ を基本接ベクトル場 $\boldsymbol{p}_\alpha$ に沿って共変微分して得られる接ベクトル場 $\nabla_{\boldsymbol{p}_\alpha}\boldsymbol{p}_\beta$ を $\{\boldsymbol{p}_u, \boldsymbol{p}_v\}$ で展開した場合の $\boldsymbol{p}_\gamma$ に関する展開係数」に他ならない．そして，式 (2.88) を式 (2.87) に代入すれば

$$\nabla_{\boldsymbol{X}}\boldsymbol{Y} = X^\alpha\{(\partial_\alpha Y^\beta)\boldsymbol{p}_\beta + Y^\beta\Gamma^\gamma_{\alpha\beta}\boldsymbol{p}_\gamma\} = X^\alpha(\partial_\alpha Y^\gamma + Y^\beta\Gamma^\gamma_{\alpha\beta})\boldsymbol{p}_\gamma \tag{2.89}$$

を得る．また，式 (1.51) に示す Christoffel 記号の対称性 $\Gamma^\gamma_{\alpha\beta} = \Gamma^\gamma_{\beta\alpha}$ により，

$$\nabla_{\boldsymbol{p}_\alpha}\boldsymbol{p}_\beta = \Gamma^\gamma_{\alpha\beta}\boldsymbol{p}_\gamma = \Gamma^\gamma_{\beta\alpha}\boldsymbol{p}_\gamma = \nabla_{\boldsymbol{p}_\beta}\boldsymbol{p}_\alpha \tag{2.90}$$

が結論される．

前節で示したように，共変微分とは基本的には方向微分のことである．接ベクトル場の方向微分は一般には法線成分を含むが，これを除去したものを共変微分と定義したのであった．この定義は 3 次元 Euclid 空間中の曲面を対象とする場合にはきわめて自然だが，3 次元空間中に置かれているとは限らない一般の曲面では，そもそも「法線」さえもが意味をもたない．では，このような場合に共変微分はどのように定義されるのだろうか．

まず，共変微分と称するからには通常の微分演算のように線形であり，Leibniz 則に従うこと，つまり式 (2.85) を満足する必要があるだろう．また，曲面上の関数に関しては，共変微分は単なる方向微分に一致すべきであり，3 次元 Euclid 空間中の曲面における共変微分と同様に式 (2.86) を満足すると考えるのが自然だろう．実はこれだけの条件を設定し，基底場 $\{\boldsymbol{p}_u, \boldsymbol{p}_v\}$ の共変微分 $\nabla_{\boldsymbol{p}_\alpha}\boldsymbol{p}_\beta$ を指定すれば，式 (2.87) に示されるように，任意の接ベクトル場の共変微分は確定する．ただし，一般には Christoffel 記号 $\Gamma^\gamma_{\alpha\beta}$ の対称性は保証されない．いずれにせよ，S 上の接ベクトル場 $\boldsymbol{X} \in \mathcal{T}(S)$ に依存して定まる微分作用素 (線形で Leibniz 則に従う作用素)$\nabla_{\boldsymbol{X}}$ が

$$\nabla_{\boldsymbol{X}} f \equiv \boldsymbol{X} f \quad (\forall f \in \mathcal{F}(S)) \tag{2.91}$$

$$\nabla_{\boldsymbol{X}+\boldsymbol{Y}} = \nabla_{\boldsymbol{X}} + \nabla_{\boldsymbol{Y}}, \quad \nabla_{f\boldsymbol{X}} = f\nabla_{\boldsymbol{X}} \quad (\forall \boldsymbol{X}, \boldsymbol{Y} \in \mathcal{T}(S),\ \forall f \in \mathcal{F}(S)) \tag{2.92}$$

を満足するならば，$\nabla_{\boldsymbol{X}}$ を接ベクトル場 $\boldsymbol{X}$ に沿う共変微分とよんでも不都合はないだろう．第 4 章ではこの考えにしたがって一般的な曲面における共変微分を定義する．ところで，基底場 $\{\boldsymbol{p}_u, \boldsymbol{p}_v\}$ を使って $X^\alpha\boldsymbol{p}_\alpha$ と展開すれば，式 (2.92) によって

$$\nabla_{\boldsymbol{X}} = \nabla_{X^\alpha\boldsymbol{p}_\alpha} = X^\alpha\nabla_{\boldsymbol{p}_\alpha}$$

が成立するから，点 $\boldsymbol{p}_0 \in S$ における $\nabla_{\boldsymbol{X}} f$ や $\nabla_{\boldsymbol{X}} \boldsymbol{Y}$ の値は，その点 $\boldsymbol{p}_0$ で $\boldsymbol{X}$ が指定されれば確定する点に注意しよう．式 (2.91) や (2.92) では $\boldsymbol{X} \in \mathcal{T}(S)$ に対する共変微分 $\nabla_{\boldsymbol{X}}$ が定義されるが，$\boldsymbol{X}$ が 1 点 $\boldsymbol{p}_0$ のみでしか定義されない場合でも $\nabla_{\boldsymbol{X}}$ は意味をもつのである．一方，$\nabla_{\boldsymbol{X}} f$ や $\nabla_{\boldsymbol{X}} \boldsymbol{Y}$ が点 $\boldsymbol{p}_0$ で確定するためには，f や $\boldsymbol{Y}$ は点 $\boldsymbol{p}_0$ の近傍で定義されている必要がある．ただし，曲線 C の速度ベクトル場 $\boldsymbol{V} \in \mathcal{T}(C)$ に沿う共変微分 $\nabla_{\boldsymbol{V}} f$ と $\nabla_{\boldsymbol{V}} \boldsymbol{Y}$ は f や $\boldsymbol{Y}$ が曲線 C 上で定義されていれば確定する．

2.3　2 変数の微分形式

2.3.1　微分記号

たとえば t を独立変数，x を従属変数とするとき，それらに微分記号 d を付した dt や dx は t や x の**微分** (differential) とよばれ，t や x の「微小な変化」を意味していた．独立変数の微分 dt と，それに起因する従属変数の微分 dx の比 dx/dt が微係数であり，異なる t に対する微係数を t の関数と考える場合には dx/dt を x の導関数とよび，導関数を得る操作を微分演算と称したのであった．「微小な変化」としての微分の解釈はきわめて有用であり，これまでにも繰り返し利用してきている．たとえば，1.3.1 項では式 (1.41) に示す第一基本形式から曲面上の曲線の長さを求めて式 (1.42) を得たが，そこでは曲面上の点の座標 u，v が単一の独立変数 t に依存し，t の微小変化 dt に起因する u，v の微小変化が du，dv であることから，

$$d\boldsymbol{p} = \boldsymbol{p}_u du + \boldsymbol{p}_v dv = \frac{\boldsymbol{p}_u du + \boldsymbol{p}_v dv}{dt} dt = \left(\boldsymbol{p}_u \frac{du}{dt} + \boldsymbol{p}_v \frac{dv}{dt} \right) dt \tag{2.93}$$

と変形できることを利用したのであった．これが形式的な導出法であることはいうまでもないが[‡14]，dt や du，dv を「微小な変化」と解釈して形式的に計算を進めれば正しい結果が得られる，というのは都合がよい．

微分記号は積分にも登場し，ここでも「微小な変化」としての解釈は有効である．たとえば，1 変数の定積分

$$\int_a^b dt x(t) = \int_\alpha^\beta d\tau \frac{dt}{d\tau} x(t(\tau)) \qquad (t(\alpha) = a,\ t(\beta) = b) \tag{2.94}$$

を考えよう．左辺は $a \le t \le b$ の範囲で t 軸と $(t, x(t))$ が描く曲線とに挟まれる領域の「面積」として解釈されるが，この記法によれば「微小区間 $(t, t+dt)$ の幅 dt と，その区間上での関数値 $x(t)$ を乗じて得られる細長い短冊状領域の微小面積を加え合わせたもの」であることが読み取れる．また，右辺は積分変数を t から τ に変更した場合の結果であるが，微分記号を「微小な変化」と解釈することで容易に理解できる．

2 変数の積分に関しては，たとえば

[‡14] $\boldsymbol{p}(u(t), v(t))$ を t の関数として微分するのが正式な導出法である．

$$\int_\Omega dxdyf(x,y) = \int_D dudv|\det(J)|f(x(u,v),y(u,v))$$
$$= \int_D dudv\left|\frac{\partial x}{\partial u}\frac{\partial y}{\partial v} - \frac{\partial x}{\partial v}\frac{\partial y}{\partial u}\right| f(x(u,v),y(u,v)), \quad J \equiv \frac{\partial(x,y)}{\partial(u,v)} \tag{2.95}$$

が成立する．x，y 方向の微小な変化である dx と dy を乗じて得られる面積素片 $dxdy$ と，その面積素片上での関数値 $f(x,y)$ を乗ずれば細長い角柱状領域の「微小体積」を得るが，これを加え合わせたものが式 (2.95) の左辺である．また，右辺は積分変数を x，y から u，v に変更した場合の結果であり，xy 平面内の領域 Ω が uv 平面内の領域 D に対応する．式 (2.94) を

$$\int_{I_t} dtx(t) = \int_{I_\tau} d\tau\left|\frac{dt}{d\tau}\right| x(t(\tau)), \quad I_t = \begin{cases}(a,b) & (a \le b)\\ (b,a) & (a > b)\end{cases}, \quad I_\tau = \begin{cases}(\alpha,\beta) & (\alpha \le \beta)\\ (\beta,\alpha) & (\alpha > \beta)\end{cases}$$

と表現すれば式 (2.95) との類似性がより明確になるが，1 変数積分における $dt/d\tau$ が 2 変数積分では Jacobian $\det(J)$ に置き換わる理由はそれほど明白ではない．u，v の微小変化 du，dv に起因する x，y の微小変化はそれぞれ

$$dx = \frac{\partial x}{\partial u}du + \frac{\partial x}{\partial v}dv, \quad dy = \frac{\partial y}{\partial u}du + \frac{\partial y}{\partial v}dv \tag{2.96}$$

であるが，単純に

$$dxdy \stackrel{?}{=} \left(\frac{\partial x}{\partial u}du + \frac{\partial x}{\partial v}dv\right)\left(\frac{\partial y}{\partial u}du + \frac{\partial y}{\partial v}dv\right) \tag{2.97}$$

としたのでは式 (2.95) は導けないのである．

式 (2.95) を得るには，たとえば次のようにすればよい．まず，写像 $\psi : \Omega \to \boldsymbol{R}^3$ を

$$\psi : \Omega \to \boldsymbol{R}^3, \quad (x \;\; y)^t \mapsto \boldsymbol{p}(x,y) = (x \;\; y \;\; 0)^t \in \boldsymbol{R}^3$$

として定義したとき，(Ω,ψ) によってパラメータ表示される曲面 (実は xy 平面の一部) を S と記そう．$\boldsymbol{R}^3$ の各軸方向の単位ベクトルを $\boldsymbol{e}_x$，$\boldsymbol{e}_y$，$\boldsymbol{e}_z$ とすれば $\boldsymbol{p}(x,y) = x\boldsymbol{e}_x + y\boldsymbol{e}_y$ だから，点 $\boldsymbol{p}$ における面積素片，すなわち点 $\boldsymbol{p}$ を挟んで $\boldsymbol{p}_x dx$ と $\boldsymbol{p}_y dy$ を 2 辺とする微小な平行四辺形の面積は

$$d\boldsymbol{s} = (\boldsymbol{p}_x dx) \times (\boldsymbol{p}_y dy) = (\boldsymbol{e}_x dx) \times (\boldsymbol{e}_y dy) = \boldsymbol{e}_x \times \boldsymbol{e}_y dxdy = \boldsymbol{e}_z dxdy$$

である．また，曲面 S の法線ベクトルを z 軸の正方向に定めれば，単位法線ベクトルは $\boldsymbol{n} = \boldsymbol{e}_z$ であり，曲面 S 上で定義された関数 $f_S(\boldsymbol{p}) \equiv f(x,y)$ の S 上での積分は

$$\int_S d\boldsymbol{s}\cdot\boldsymbol{n}f_S(\boldsymbol{p}) = \int_\Omega dxdy\boldsymbol{e}_z\cdot\boldsymbol{e}_z f(x,y) = \int_\Omega dxdyf(x,y) \tag{2.98}$$

として与えられる．一方，写像 $\chi : D \to \boldsymbol{R}^3$ を

$$\chi : D \to \boldsymbol{R}^3, \quad (u \;\; v)^t \mapsto \boldsymbol{p}(x(u,v),y(u,v)) = (x(u,v) \;\; y(u,v) \;\; 0)^t \in \boldsymbol{R}^3$$

として定義すれば，曲面 S は (D,χ) としてもパラメータ表示できる．この場合には u，v の微小変化 du，dv に起因する $\boldsymbol{p}$ の変化はそれぞれ

$$\boldsymbol{p}_u du = \frac{\partial \boldsymbol{p}}{\partial u}du = \left(\frac{\partial x}{\partial u}\boldsymbol{e}_x + \frac{\partial y}{\partial u}\boldsymbol{e}_y\right)du, \quad \boldsymbol{p}_v dv = \frac{\partial \boldsymbol{p}}{\partial v}dv = \left(\frac{\partial x}{\partial v}\boldsymbol{e}_x + \frac{\partial y}{\partial v}\boldsymbol{e}_y\right)dv$$

であり，点 $\boldsymbol{p}$ を挟んで $\boldsymbol{p}_u du$ と $\boldsymbol{p}_v dv$ を2辺とする面積素片は

$$d\boldsymbol{s} = \left(\frac{\partial x}{\partial u}\boldsymbol{e}_x + \frac{\partial y}{\partial u}\boldsymbol{e}_y\right)du \times \left(\frac{\partial x}{\partial v}\boldsymbol{e}_x + \frac{\partial y}{\partial v}\boldsymbol{e}_y\right)dv = \left(\frac{\partial x}{\partial u}\frac{\partial y}{\partial v} - \frac{\partial x}{\partial v}\frac{\partial y}{\partial u}\right)\boldsymbol{e}_z dudv$$

だから，曲面 S 上で定義された関数 $f_S(\boldsymbol{p}) = f(x(u,v),y(u,v))$ の S 上での積分は

$$\int_S d\boldsymbol{s}\cdot\boldsymbol{n}f_S(\boldsymbol{p}) = \int_D dudv\left(\frac{\partial x}{\partial u}\frac{\partial y}{\partial v} - \frac{\partial x}{\partial v}\frac{\partial y}{\partial u}\right)f(x(u,v),y(u,v)) \tag{2.99}$$

と書けるが，これは式 (2.98) と同じ積分を表すから

$$\int_\Omega dxdyf(x,y) = \int_D dudv\left(\frac{\partial x}{\partial u}\frac{\partial y}{\partial v} - \frac{\partial x}{\partial v}\frac{\partial y}{\partial u}\right)f(x(u,v),y(u,v)) \tag{2.100}$$

を得る．ところで，式 (2.95) では x と y，あるいは u と v を入れ替えても積分値は不変だが，式 (2.100) では積分変数の入れ替えによって積分は符号を変える．その理由は，面積素片 $d\boldsymbol{s}$ が $\boldsymbol{p}_x dx\times\boldsymbol{p}_y dy$ あるいは $\boldsymbol{p}_u du\times\boldsymbol{p}_v dv$ のように積分変数の微小変化に比例する二つの接ベクトルの外積として与えられ，外積は項の入れ替えで符号を変えるからである．曲面 S は xy 平面の一部だから向き付けが可能であり，$\boldsymbol{n}=\boldsymbol{e}_z$ を単位法線ベクトルとなるように S の向きを定めたが，このように向き付けられた曲面上での積分が式 (2.100) の両辺なのである．

2.3.2　微分形式

前節で示したように，多重積分では du，dv は単なる「微小な変化」ではなく，それらの積が順序の交換によって符号を変える性質，いわゆる反可換性をもった対象として扱うと便利である．du と dv が反可換ならば $dvdu=-dudv$ であり，$dudu=-dudu$ からは $dudu=0$ が結論され，同様に $dvdv=0$ である．それゆえ，たとえば式 (2.97) の右辺は

$$\begin{aligned} dxdy &= \left(\frac{\partial x}{\partial u}du + \frac{\partial x}{\partial v}dv\right)\left(\frac{\partial y}{\partial u}du + \frac{\partial y}{\partial v}dv\right) \\ &= \frac{\partial x}{\partial u}\frac{\partial y}{\partial v}dudv - \frac{\partial x}{\partial v}\frac{\partial y}{\partial u}dudv = \left(\frac{\partial x}{\partial u}\frac{\partial y}{\partial v} - \frac{\partial x}{\partial v}\frac{\partial y}{\partial u}\right)dudv \end{aligned}$$

となって，二重積分の変数変換に対する正しい結果を与える．こうした理由から，微分に反可換性を付加したものを**微分形式** (differential form) とよんで単なる微分と区別することにしよう[‡15]．また，微分形式 du と dv の積を単に $dudv$ と記したのでは

‡15 ここでの微分形式の議論は便宜的なものに過ぎず，微分に反可換性を付加すると有用な結果が簡単に導出できるという理由だけが根拠となっている．第5章では全く別の観点に立って微分形式を数学的に定式化する．

通常の微分の積と区別がつかないため，$du \wedge dv$ という表記法を採用し，これを du と dv の**外積** (exterior product) とよぶ．こうした約束の下に式 (2.97) は

$$dx \wedge dy = \left(\frac{\partial x}{\partial u}du + \frac{\partial x}{\partial v}dv\right) \wedge \left(\frac{\partial y}{\partial u}du + \frac{\partial y}{\partial v}dv\right) = \left(\frac{\partial x}{\partial u}\frac{\partial y}{\partial v} - \frac{\partial x}{\partial v}\frac{\partial y}{\partial u}\right) du \wedge dv \tag{2.101}$$

と書ける．ただし，従属変数 x，y の微分形式 dx，dy は通常の微分と同じく式 (2.96) で与えられるとし，微分形式は D 上の関数である $\partial x/\partial u$ や $\partial y/\partial v$ などとは交換するとしている点に注意しておこう．

さて，D 上の関数の集合を $\Lambda^0(D)$ と記し，$f, g \in \Lambda^0(D)$ を使って $fdu + gdv$ と表現されるものの集合を $\Lambda^1(D)$ と記そう．つまり

$$\Lambda^1(D) \equiv \{fdu + gdv | f, g \in \Lambda^0(D)\} \tag{2.102}$$

であり，dx や dy もまた $\Lambda^1(D)$ の元である．いずれにせよ，$\rho, \sigma \in \Lambda^1(D)$ とすれば

$$\rho = f_1 du + g_1 dv, \quad \sigma = f_2 du + g_2 dv \qquad (f_1, g_1, f_2, g_2 \in \Lambda^0(D)) \tag{2.103}$$

と書けるから

$$\rho \wedge \rho = (f_1 du + g_1 dv) \wedge (f_1 du + g_1 dv) = (f_1 g_1 - g_1 f_1) du \wedge dv = 0$$

$$\sigma \wedge \sigma = (f_2 du + g_2 dv) \wedge (f_2 du + g_2 dv) = (f_2 g_2 - g_2 f_2) du \wedge dv = 0$$

$$\begin{aligned}\rho \wedge \sigma &= (f_1 du + g_1 dv) \wedge (f_2 du + g_2 dv) = (f_1 g_2 - g_1 f_2) du \wedge dv \\ &= -(f_2 g_1 - g_2 f_1) du \wedge dv = -(f_2 du + g_2 dv) \wedge (f_1 du + g_1 dv) = -\sigma \wedge \rho\end{aligned}$$

が成立する．つまり $\Lambda^1(D)$ の任意の元は反可換だから，du や dv に限らず $\Lambda^1(D)$ の元はすべて D 上の **1 次微分形式** (first order differential form)，あるいは単に **1 形式** (1-form) とよばれる．「1 次」と形容するのは，それらが du と dv の 1 次結合で表現できるという意味である．

$\Lambda^1(D)$ の任意の元は du と dv の 1 次結合によって表現され，この意味で二つの 1 形式の組 $\{du, dv\}$ は $\Lambda^1(D)$ を生成する．とはいえ，$\Lambda^1(D)$ を生成するのは $\{du, dv\}$ だけではない．たとえば，$dp, dq \in \Lambda^1(D)$ が $f_{11}, f_{12}, f_{21}, f_{22} \in \Lambda^0(D)$ を使って

$$\begin{cases} dp = f_{11} du + f_{12} du \\ dq = f_{21} du + f_{22} du \end{cases} \Leftrightarrow \begin{pmatrix} dp \\ dq \end{pmatrix} = F \begin{pmatrix} du \\ dv \end{pmatrix}, \quad F \equiv \begin{pmatrix} f_{11} & f_{12} \\ f_{21} & f_{22} \end{pmatrix} \tag{2.104}$$

と表現されるとき，D 上で $\det(F) \neq 0$ ならば du，dv は dp と dq の 1 次結合によって表現できるから，$\Lambda^1(D)$ は $\{dp, dq\}$ によっても生成されることになる．

いずれにせよ，$\rho, \sigma \in \Lambda^1(D)$ は式 (2.103) のように表現されるから，両者の和は

$$\rho + \sigma = (f_1 du + g_1 dv) + (f_2 du + g_2 dv) = (f_1 + f_2) du + (g_1 + g_2) dv$$

であり，$f_1+f_2, g_1+g_2 \in \Lambda^0(D)$ だから $\rho+\sigma \in \Lambda^1(D)$ がいえる．また $h \in \Lambda^0(D)$ とすれば

$$h\rho = h(f_1du + g_1dv) = hf_1du + hg_1dv$$

であって $hf_1, hg_1 \in \Lambda^0(D)$ だから $h\rho \in \Lambda^1(D)$ である．このように $\Lambda^1(D)$ は和と関数倍という2種類の演算に関して閉じている[‡16]．

D 上の1形式の集合 $\Lambda^1(D)$ が定義できたので，これを使って

$$\Lambda^2(D) \equiv \{\rho\wedge\sigma | \rho, \sigma \in \Lambda^1(D)\} \tag{2.105}$$

を定義し，$\Lambda^2(D)$ の元を D 上の2次微分形式，あるいは単に2形式とよぶ．$\rho, \sigma \in \Lambda^1(D)$ は式 (2.103) のように表現されるから

$$\rho\wedge\sigma = (f_1du + g_1dv)\wedge(f_2du + g_2dv) = (f_1g_2 - g_1f_2)du\wedge dv$$

が成立し，したがって $du\wedge dv$ の関数倍として表現できる．つまり

$$\Lambda^2(D) = \{f\,du\wedge dv | f \in \Lambda^0(D)\} \tag{2.106}$$

が成立すること，いい換えれば $\Lambda^2(D)$ は単一の2形式 $du\wedge dv$ によって生成されることがわかる．

さらに，D 上の3形式 (3次微分形式) が

$$\Lambda^3(D) \equiv \{\rho\wedge\sigma\wedge\tau | \rho, \sigma, \tau \in \Lambda^1(D)\} \tag{2.107}$$

の元として定義できるが，$\rho, \sigma, \tau \in \Lambda^1(D)$ を du，dv の1次結合で表現して $\rho\wedge\sigma\wedge\tau$ を展開すると，すべての項が du どうし，あるいは dv どうしの外積を含むために $\rho\wedge\sigma\wedge\tau = 0$ となり，結局 $\Lambda^3(D) = \{0\}$ が結論される[‡17]．4次以上に関しても同様である．

これまで0次から2次までの微分形式を次数ごとに別個に扱ってきたが，D 上のすべての微分形式の和からなる集合 $\Lambda^*(D)$ が

$$\begin{aligned}\Lambda^*(D) &\equiv \{\omega_0 + \omega_1 + \omega_2 | \omega_0 \in \Lambda^0(D),\ \omega_1 \in \Lambda^1(D),\ \omega_2 \in \Lambda^2(D)\} \\ &= \{f_1 + f_2du + f_3dv + f_4du\wedge dv | f_1, f_2, f_3, f_4 \in \Lambda^0(D)\}\end{aligned} \tag{2.108}$$

として定義され，$\Lambda^*(D)$ の元は D 上の微分形式とよばれる．ここで

‡16 「和と関数倍」であって「和と実数倍」でない点に注意しよう．D 上の一点 $p \in D$ に着目し，1形式 $\omega \in \Lambda^1(D)$ の点 p における値だけからなる集合を $\Lambda^1(D)_p$ と記せば，「$\Lambda^1(D)$ に関する和と関数倍」によって「$\Lambda^1(D)_p$ における和と実数倍」が自然に定義され，容易に示されるように，この和と実数倍に関して $\Lambda^1(D)_p$ は実ベクトル空間である．3.4節では，まず点 $p \in D$ における接ベクトル空間 $T_p(D)$ の双対空間として $\Lambda^1(D)_p$ を定義し，D の各点 p に $\Lambda^1(D)_p$ の一つの元を指定したものとして1形式を定義する．

‡17 3変数以上の微分形式では3次の微分形式を考えても0とはならない．3.4節および第5章を参照のこと．

$$\begin{aligned}\omega &= f_1 + f_2du + f_3dv + f_4du\wedge dv \quad (f_1, f_2, f_3, f_4 \in \Lambda^0(D))\\ \nu &= g_1 + g_2du + g_3dv + g_4du\wedge dv \quad (g_1, g_2, g_3, g_4 \in \Lambda^0(D))\end{aligned} \tag{2.109}$$

と表現される二つの元 $\omega, \nu \in \Lambda^*(D)$ の和を

$$\omega + \nu \equiv (f_1+g_1) + (f_2+g_2)du + (f_3+g_3)dv + (f_4+g_4)du\wedge dv \in \Lambda^*(D) \tag{2.110}$$

として定義し，$\omega \in \Lambda^*(D)$ の $h \in \Lambda^0(D)$ 倍を

$$h\omega \equiv hf_1 + hf_2du + hf_3dv + hf_4du\wedge dv \in \Lambda^*(D) \tag{2.111}$$

と定義すれば，こうした和と関数倍に関して $\Lambda^*(D)$ は閉じている．また，du と dv から $du\wedge dv$ を得たのと同様に，式 (2.109) の $\omega, \nu \in \Lambda^*(D)$ に対して 2 項演算 $\omega\wedge\nu$ を

$$\begin{aligned}\omega\wedge\nu &= (f_1 + f_2du + f_3dv + f_4du\wedge dv)\wedge(g_1 + g_2du + g_3dv + g_4du\wedge dv)\\ &= f_1g_1 + (f_1g_2 + f_2g_1)du + (f_1g_3 + f_3g_1)dv \\ &\quad + (f_1g_4 + f_4g_1 + f_2g_3 - f_3g_2)du\wedge dv\end{aligned} \tag{2.112}$$

として定義し，これを ω と ν の外積とよぶ．一見すると複雑に思えるが，通常の積と外積の違いは du と dv が外積に関して反可換であるということだけである．また，$f \in \Lambda^0(D)$ と $\omega \in \Lambda^*(D)$ の外積は通常の積と同じであり，

$$f\wedge\omega = \omega\wedge f = f\omega \qquad (f \in \Lambda^0(D),\ \omega \in \Lambda^*(D)) \tag{2.113}$$

が成立する．いずれにせよ，$\Lambda^*(D)$ は外積に関しても閉じている．

2.3.3　外微分

前節で式 (2.101) を導く際に，D 上の関数である $x, y \in \Lambda^0(D)$ の微分形式 dx，dy が式 (2.96) によって与えられるとしたが，この関係は $\Lambda^0(D)$ に属するすべての関数に適用される．つまり任意の $f \in \Lambda^0(D)$ に対して微分形式 $df \in \Lambda^1(D)$ は

$$df = \frac{\partial f}{\partial u}du + \frac{\partial f}{\partial v}dv \tag{2.114}$$

として与えられるが，これは

$$d : \Lambda^0(D) \to \Lambda^1(D), \quad f \mapsto df \tag{2.115}$$

として解釈できる．つまり，$f \in \Lambda^0(D)$ に d を作用させれば $df \in \Lambda^1(D)$ を得る，と考えるのである．この d を**外微分作用素** (exterior differentiation operator) とよび，df を f の外微分という．容易に示されるように，d は $\Lambda^0(D)$ から $\Lambda^1(D)$ への線形写像である．

さて，任意の 1 形式 $\rho \in \Lambda^1(D)$ は $f, g \in \Lambda^0(D)$ を使って $\rho = f\,du + g\,dv$ と表現できる．そこで，ρ の外微分 $d\rho$ を

$$d\rho \equiv df\wedge du + dg\wedge dv \tag{2.116}$$

として定義すれば，式 (2.114) によって

$$d\rho = \left(\frac{\partial f}{\partial u}du + \frac{\partial f}{\partial v}dv\right)\wedge du + \left(\frac{\partial g}{\partial u}du + \frac{\partial g}{\partial v}dv\right)\wedge dv = \left(\frac{\partial g}{\partial u} - \frac{\partial f}{\partial v}\right)du \wedge dv \quad (2.117)$$

を得るから，$d\rho$ は 2 形式である．つまり，d は $\Lambda^1(D)$ から $\Lambda^2(D)$ への線形写像

$$d : \Lambda^1(D) \to \Lambda^2(D), \quad \rho \mapsto d\rho \quad (2.118)$$

でもある．同様に，任意の 2 形式 $\sigma \in \Lambda^2(D)$ は $f \in \Lambda^0(D)$ を使って $\sigma = f\,du \wedge dv$ と表現できるから，σ の外微分 $d\sigma$ を

$$d\sigma \equiv df \wedge du \wedge dv \quad (2.119)$$

として定義すれば，式 (2.114) によって

$$d\sigma \equiv df \wedge du \wedge dv = \left(\frac{\partial f}{\partial u}du + \frac{\partial f}{\partial v}dv\right)\wedge du \wedge dv = 0$$

を得る．d は $\Lambda^2(D)$ から $\Lambda^3(D)$ への線形写像

$$d : \Lambda^2(D) \to \Lambda^3(D) = \{0\}, \quad \sigma \mapsto d\sigma = 0$$

だが，$\Lambda^3(D) = \{0\}$ であるために $d\sigma = 0$ となる，と考えてもよい．このように，外微分作用素 d は任意次数の微分形式に作用してその次数を 1 だけ上昇させ，3 次以上の微分形式は 0 以外に存在しない．ここで，任意の微分形式 $\omega, \nu \in \Lambda^*(D)$ の和に対して

$$d(\omega + \nu) = d\omega + d\nu \quad (2.120)$$

が成立するものとすれば，D 上の任意の微分形式

$$g_1 + g_2 du + g_3 dv + g_4 du \wedge dv \qquad (g_1, g_2, g_3, g_4 \in \Lambda^0(D))$$

の外微分が式 (2.114)，(2.116)，(2.119)，および式 (2.120) によって

$$d(g_1 + g_2 du + g_3 dv + g_4 du \wedge dv) = \frac{\partial g_1}{\partial u}du + \frac{\partial g_1}{\partial v}dv + \left(\frac{\partial g_3}{\partial u} - \frac{\partial g_2}{\partial v}\right)du \wedge dv \quad (2.121)$$

として与えられる．

さて，ω が 1 次以上の微分形式ならば $d^2\omega \equiv d(d\omega)$ は 3 次以上の微分形式であり，したがって $d^2\omega = 0$ である．一方，ω が 0 形式，すなわち D 上の関数 $\omega \in \Lambda^0(D)$ ならば，式 (2.114) と (2.117) によって

$$d^2\omega = d(d\omega) = d\left(\frac{\partial \omega}{\partial u}du + \frac{\partial \omega}{\partial v}dv\right) = \left(\frac{\partial^2 \omega}{\partial u \partial v} - \frac{\partial^2 \omega}{\partial v \partial u}\right)du \wedge dv = 0$$

を得るから．結局，任意の微分形式に対して $d^2\omega = 0$ であり，したがって

$$d^2 = 0 \quad (2.122)$$

が結論される[‡18]．

つぎに，外積の外微分に対する公式

---

‡18 3 変数以上の微分形式では 0 でない 3 形式が存在するが，式 (2.122) はそのまま成立する．

$$d(\omega \wedge \eta) = d\omega \wedge \eta + (-1)^k \omega \wedge d\eta \qquad (\omega \in \Lambda^k(D),\ \eta \in \Lambda^l(D)) \tag{2.123}$$

を示そう．ただし，0 形式との外積は通常の積として定義される．たとえば，$k=0$ あるいは $l=0$ の場合，$\omega \wedge \eta$ は $\omega\eta$ と同じ意味である．では式 (2.123) を証明しよう．$k+l \geq 2$ ならば両辺ともに 3 次以上の微分形式であり，与式は成立するから，$k+l \leq 1$ の場合を確かめればよい．まず，$k=l=0$ の場合は式 (2.114) によって

$$\begin{aligned} d(\omega \wedge \eta) &= d(\omega\eta) = \frac{\partial(\omega\eta)}{\partial u}du + \frac{\partial(\omega\eta)}{\partial v}dv \\ &= \left(\frac{\partial\omega}{\partial u}du + \frac{\partial\omega}{\partial v}dv\right)\eta + \omega\left(\frac{\partial\eta}{\partial u}du + \frac{\partial\eta}{\partial v}dv\right) = d\omega \wedge \eta + (-1)^0 \omega \wedge d\eta \end{aligned}$$

を得る．$k=0$，$l=1$ の場合には $f, g \in \Lambda^0(D)$ を使って $\eta = f\,du + g\,dv$ と表現できるから，式 (2.117) によって

$$\begin{aligned} d(\omega \wedge \eta) &= d(\omega\eta) = d(\omega f) \wedge du + d(\omega g) \wedge dv = \left(\frac{\partial(\omega g)}{\partial u} - \frac{\partial(\omega f)}{\partial v}\right) du \wedge dv \\ &= \left(\frac{\partial\omega}{\partial u}g - \frac{\partial\omega}{\partial v}f\right) du \wedge dv + \omega\left(\frac{\partial g}{\partial u} - \frac{\partial f}{\partial v}\right) du \wedge dv = d\omega \wedge \eta + (-1)^0 \omega \wedge d\eta \end{aligned}$$

を得る．$k=1$，$l=0$ の場合には，$k=0$，$l=1$ の場合の結果を使って

$$d(\omega \wedge \eta) = d(\omega\eta) = d(\eta\omega) = d\eta \wedge \omega + (-1)^0 \eta \wedge d\omega = d\omega \wedge \eta + (-1)^1 \omega \wedge d\eta$$

を得る．最後の変形では $\omega, d\eta \in \Lambda^1(D)$ だから $d\eta \wedge \omega = -\omega \wedge d\eta$ となることを利用した．いずれにせよ，どの組み合わせに対しても式 (2.123) の成立が確認されたことになる．

2.3.4　引き戻し

2.3.1 項では 2 変数の積分を考え，領域 $D \subset \boldsymbol{R}^2$ から $\Omega \subset \boldsymbol{R}^2$ の上への可微分写像

$$\varphi : D \to \Omega = \varphi(D), \quad (u\ \ v)^t \mapsto (x(u,v)\ \ y(u,v))^t \tag{2.124}$$

による積分変数の変換公式 (2.100) を示した．そして 2.3.2 項では，この公式が微分形式に関する関係式 (2.101) としてきわめて簡単に導出できることを示したのであった．ところで，u と v が D 内の点の座標であるのと同様に x と y は Ω 内の点の座標であり，du と dv が D 上の 1 形式であるのと同じ意味で dx と dy は Ω 上の 1 形式だが，写像 φ によって $(x\ \ y)^t \in \Omega$ を $(u\ \ v)^t \in D$ の関数と考えた場合には，dx と dy は du と dv の 1 次結合

$$\begin{cases} dx = x_u du + x_v dv & \left(x_u \equiv \dfrac{\partial x}{\partial u},\ x_v \equiv \dfrac{\partial x}{\partial v}\right) \\ dy = y_u du + y_v dv & \left(y_u \equiv \dfrac{\partial y}{\partial u},\ y_v \equiv \dfrac{\partial y}{\partial v}\right) \end{cases} \tag{2.125}$$

で表現されることになり，D 上の 1 形式と見なされてしまう．本章での微分形式の扱いは多分に便宜的であり，微分に反可換性を付加したものとして微分形式を解釈する

かぎり，それが Ω 上で定義されるのか D 上で定義されるのかは恣意的な問題に思われるが，実は第5章で詳述するように両者は明確に区別する必要がある．このことは0形式を考えてみればわかりやすい．つまり，Ω 上の0形式 $f \in \Lambda^0(\Omega)$ とは Ω 上の関数

$$f : \Omega \to \boldsymbol{R}^1, \quad (x \;\; y)^t \to f(x, y)$$

を意味するが，これを D 上の0形式と見なしたものは

$$f \circ \varphi : D \to \boldsymbol{R}^1, \quad (u \;\; v)^t \to (f \circ \varphi)(u, v) = f(x(u, v), y(u, v))$$

すなわち φ と f の合成写像であって f とは明確に異なる．任意の $f \in \Lambda^0(\Omega)$ に対して $f \circ \varphi \in \Lambda^0(D)$ が一意的に定まることから写像

$$\varphi^* : \Lambda^0(\Omega) \to \Lambda^0(D), \quad f \mapsto \varphi^* f \equiv f \circ \varphi$$

が定義できるが，以下に示すように写像 φ^* の定義域を Ω 上の微分形式全体 $\Lambda^*(\Omega)$ に拡張することが可能であり，写像

$$\varphi^* : \Lambda^*(\Omega) \to \Lambda^*(D), \quad \omega \mapsto \varphi^* \omega \tag{2.126}$$

が定義される．φ^* による ω の像を $\varphi^*(\omega)$ ではなく単に $\varphi^*\omega$ と表記したのは，以下に示す定義から明らかなように φ^* が線形だからである．いずれにせよ，$\varphi^*\omega$ を φ による ω の**引き戻し** (pull-back) とよぶ[‡19]．では，Ω 上の任意の微分形式 $\omega \in \Lambda^*(\Omega)$ に対する φ^* の作用を定義しよう．まず，Ω 上の基本的な1形式 $dx, dy \in \Lambda^1(\Omega)$ に対する φ^* の作用を式 (2.125) にならって

$$\varphi^* dx \equiv x_u du + x_v dv, \quad \varphi^* dy \equiv y_u du + y_v dv \tag{2.127}$$

として定義する[‡20]．つぎに，Ω 上の任意の微分形式 $\omega \in \Lambda^*(\Omega)$ は

$$\omega = f_1 + f_2 dx + f_3 dy + f_4 dx \wedge dy \qquad (f_1, f_2, f_3, f_4 \in \Lambda^0(\Omega)) \tag{2.128}$$

として表現されるが，この ω に対する φ^* の作用を

$$\begin{aligned} \varphi^*\omega &= \varphi^*(f_1 + f_2 dx + f_3 dy + f_4 dx \wedge dy) \\ &= \varphi^* f_1 + (\varphi^* f_2)(\varphi^* dx) + (\varphi^* f_3)(\varphi^* dy) + (\varphi^* f_4)(\varphi^* dx) \wedge (\varphi^* dy) \\ &= f_1 \circ \varphi + (f_2 \circ \varphi)(\varphi^* dx) + (f_3 \circ \varphi)(\varphi^* dy) + (f_4 \circ \varphi)(\varphi^* dx) \wedge (\varphi^* dy) \end{aligned} \tag{2.129}$$

として定義する．$f_1 \circ \varphi \sim f_4 \circ \varphi$ は D 上の関数であり，式 (2.127) によって $\varphi^* dx$ と $\varphi^* dy$ は D 上の1形式だから，$\varphi^*\omega$ は確かに D 上の微分形式 $\varphi^*\omega \in \Lambda^*(D)$ である．また，φ^* の線形性も明らかだろう．式 (2.129) で，とくに $\omega = dx \wedge dy$ の場合には

---

‡19 何度も述べるように本章での微分形式の議論は便宜的なものに過ぎない．「引き戻し」に関しても同様であり，数学的な定式化については第5章で解説する．

‡20 式 (2.127) の左辺に登場する dx，dy は Ω 上の1形式であり，これに引き戻し φ^* が作用した $\varphi^* dx$ と $\varphi^* dy$ は式 (2.125) の左辺に登場する dx，dy と同じく du と dv の1次結合で表現された D 上の1形式である．

$$\begin{aligned}\varphi^*(dx \wedge dy) &= (\varphi^* dx) \wedge (\varphi^* dy) = (x_u du + x_v dv) \wedge (y_u du + y_v dv) \\ &= (x_u y_v - x_v y_u) du \wedge dv\end{aligned} \tag{2.130}$$

を得る．また，この結果と式 (2.127) を式 (2.129) に代入すれば次式を得る．

$$\begin{aligned}\varphi^*\omega &= f_1 \circ \varphi + \{(f_2 \circ \varphi)x_u + (f_3 \circ \varphi)y_u\}du \\ &\quad + \{(f_2 \circ \varphi)x_v + (f_3 \circ \varphi)y_v\}dv + (f_4 \circ \varphi)(x_u y_v - x_v y_u)du \wedge dv\end{aligned} \tag{2.131}$$

さて，Ω 上の任意の微分形式 $\omega \in \Lambda^*(\Omega)$ は式 (2.128) のように表現でき，その外微分は式 (2.121) と同様にして

$$d\omega = f_{1,x}dx + f_{1,y}dy + (f_{3,x} - f_{2,y})dx \wedge dy \qquad \left(f_{n,x} \equiv \frac{\partial f_n}{\partial x},\ f_{n,y} \equiv \frac{\partial f_n}{\partial y}\right)$$

である．そして $f_{n,x}, f_{n,y} \in \Lambda^0(\Omega)$ だから，$d\omega$ の引き戻しは式 (2.131) によって

$$\begin{aligned}\varphi^* d\omega &= \{(f_{1,x} \circ \varphi)x_u + (f_{1,y} \circ \varphi)y_u\}du + \{(f_{1,x} \circ \varphi)x_v + (f_{1,y} \circ \varphi)y_v\}dv \\ &\quad + (f_{3,x} \circ \varphi - f_{2,y} \circ \varphi)(x_u y_v - x_v y_u)du \wedge dv\end{aligned} \tag{2.132}$$

を得る．一方，D 上の微分形式 $\varphi^*\omega \in \Lambda^*(D)$ は

$$\varphi^*\omega = g_1 + g_2 du + g_3 dv + g_4 du \wedge dv$$

$$g_1 = f_1 \circ \varphi, \quad g_2 = (f_2 \circ \varphi)x_u + (f_3 \circ \varphi)y_u$$

$$g_3 = (f_2 \circ \varphi)x_v + (f_3 \circ \varphi)y_v, \quad g_4 = (f_4 \circ \varphi)(x_u y_v - x_v y_u)$$

と表現できるから，式 (2.121) によれば

$$d\varphi^*\omega = g_{1,u}du + g_{1,v}dv + (g_{3,u} - g_{2,v})du \wedge dv \qquad \left(g_{n,u} \equiv \frac{\partial g_n}{\partial u},\ g_{n,v} \equiv \frac{\partial g_n}{\partial v}\right) \tag{2.133}$$

が成立する．ところが，$\partial(f_n \circ \varphi)/\partial u$ や $\partial(f_n \circ \varphi)/\partial v$ を $(f_n \circ \varphi)_u$，$(f_n \circ \varphi)_v$ と略記するとき

$$\begin{aligned}g_{3,u} &= (f_2 \circ \varphi)_u x_v + (f_2 \circ \varphi)x_{vu} + (f_3 \circ \varphi)_u y_v + (f_3 \circ \varphi)y_{vu} \\ &= \{(f_{2,x} \circ \varphi)x_u + (f_{2,y} \circ \varphi)y_u\}x_v + (f_2 \circ \varphi)x_{vu} \\ &\quad + \{(f_{3,x} \circ \varphi)x_u + (f_{3,y} \circ \varphi)y_u\}y_v + (f_3 \circ \varphi)y_{vu} \\ g_{2,v} &= \{(f_{2,x} \circ \varphi)x_v + (f_{2,y} \circ \varphi)y_v\}x_u + (f_2 \circ \varphi)x_{vu} \\ &\quad + \{(f_{3,x} \circ \varphi)x_v + (f_{3,y} \circ \varphi)y_v\}y_u + (f_3 \circ \varphi)y_{uv}\end{aligned}$$

が成立するから

$$g_{3,u} - g_{2,v} = (f_{3,x} \circ \varphi - f_{2,y} \circ \varphi)(x_u y_v - x_v y_u)$$

であり，一方では

$$g_{1,u} = (f_1 \circ \varphi)_u = (f_{1,x} \circ \varphi)x_u + (f_{1,y} \circ \varphi)y_u, \quad g_{1,v} = (f_{1,x} \circ \varphi)x_v + (f_{1,y} \circ \varphi)y_v$$

だから，これらを式 (2.133) に代入すれば

$$d\varphi^*\omega = \{(f_{1,x}\circ\varphi)x_u + (f_{1,y}\circ\varphi)y_u\}du + \{(f_{1,x}\circ\varphi)x_v + (f_{1,y}\circ\varphi)y_v\}dv \\ + (f_{3,x}\circ\varphi - f_{2,y}\circ\varphi)(x_u y_v - x_v y_u)du\wedge dv \tag{2.134}$$

を得る．そして，式 (2.132) と (2.134) を比較することにより

$$\varphi^* d\omega = d\varphi^*\omega \qquad (\omega \in \Lambda^*(\Omega)) \tag{2.135}$$

が結論される．左辺の d が Ω 上での外微分を表すのに対し，右辺の d は D 上での外微分を意味している点に注意しよう．いずれにせよ，式 (2.135) が Ω 上での任意の微分形式 $\omega \in \Lambda^*(\Omega)$ に対して成立することから

$$\varphi^* d = d\varphi^* \tag{2.136}$$

と表現してもよい．すなわち，外微分と引き戻しは可換である．

2.3.5　微分形式の積分

前節で議論したように，$\boldsymbol{R}^2$ の領域 D の上の 1 形式 $\rho \in \Lambda^1(D)$ は

$$\rho = f\,du + g\,dv \qquad (f, g \in \Lambda^0(D))$$

と表現できるが，D 内の曲線 C が

$$(I = (a,b),\quad \gamma : I \to D,\quad t \mapsto \boldsymbol{q}(t) = (u(t)\ \ v(t))^t) \tag{2.137}$$

としてパラメータ表示されている場合，1 形式 ρ の C に沿う積分が

$$\int_C \rho = \int_C (f\,du + g\,dv) \equiv \int_a^b dt\left(f\frac{du}{dt} + g\frac{dv}{dt}\right) = \int_a^b dt\,(f\dot{u} + g\dot{v}) \tag{2.138}$$

として定義される．一方，D 上の 2 形式 $\sigma \in \Lambda^2(D)$ は

$$\sigma = g\,du\wedge dv \qquad (g \in \Lambda^0(D))$$

と表現できるが，D 上での 2 形式 σ の積分は

$$\int_D \sigma = \int_D g\,du\wedge dv \equiv \int_D dudvg \tag{2.139}$$

として定義される．1 形式の積の順序を入れ替えれば符号が反転し

$$\int_D g\,dv\wedge du = \int_D (-g\,du\wedge dv) = -\int_D dudvg$$

となることはいうまでもない．

さて，領域 $D \subset \boldsymbol{R}^2$ から領域 $\Omega \subset \boldsymbol{R}^2$ の上への微分同相写像

$$\varphi : D \to \Omega = \varphi(D),\quad (u\ \ v)^t \mapsto (x(u,v)\ \ y(u,v))^t \tag{2.140}$$

が与えられているとしよう．このとき，Ω 上の任意の 2 形式 $\omega \in \Lambda^2(\Omega)$ に対して

$$\int_\Omega \omega = \int_{\varphi(D)} \omega = \int_D \varphi^*\omega \tag{2.141}$$

が成立する．実際，$f \in \Lambda^0(\Omega)$ によって $\omega = f\,dx \wedge dy$ と表現でき，式 (2.131) によれば

$$\varphi^*\omega = \varphi^*(f\,dx \wedge dy) = (f \circ \varphi)(x_u y_v - x_v y_u)du \wedge dv$$

だから，2 形式の積分の定義式 (2.139) と積分変数の変換式 (2.100) によって

$$\begin{aligned}\int_\Omega \omega &= \int_\Omega f\,dx \wedge dy = \int_\Omega dxdyf = \int_D dudv(f \circ \varphi)(x_u y_v - x_v y_u) \\ &= \int_D (f \circ \varphi)(x_u y_v - x_v y_u)du \wedge dv = \int_D \varphi^*(f\,dx \wedge dy) = \int_D \varphi^*\omega\end{aligned}$$

である．つぎに，Ω 上の任意の 1 形式 $\omega \in \Lambda^1(\Omega)$ と D 内の任意の曲線 C に対して

$$\int_{\varphi(C)} \omega = \int_C \varphi^*\omega \tag{2.142}$$

が成立することを示そう．まず，D 内の曲線 C が式 (2.137) によってパラメータ表示されるとすれば，φ による C の像 $\varphi(C)$ は $(I,\ \varphi \circ \gamma : I \to \Omega)$ としてパラメータ表示される Ω 内の曲線である．それゆえ，曲線 $\varphi(C)$ 上の点 $(x\ \ y)^t$ は $(u\ \ v)^t \in D$ を介して t の関数

$$(x\ \ y)^t = (x(u(t), v(t))\ \ y(u(t), v(t)))^t = (\varphi \circ \gamma)(t)$$

であり，したがって

$$\dot{x} = x_u \dot{u} + x_v \dot{v}, \quad \dot{y} = y_u \dot{u} + y_v \dot{v}$$

が成立する．さて，$f, g \in \Lambda^0(\Omega)$ を用いて $\omega = f\,dx + gdy$ と表現すれば

$$\begin{aligned}\int_{\varphi(C)} \omega &= \int_a^b dt(f\dot{x} + g\dot{y}) = \int_a^b dt\{f(x_u \dot{u} + x_v \dot{v}) + g(y_u \dot{u} + y_v \dot{v})\} \\ &= \int_a^b dt\{(fx_u + gy_u)\dot{u} + (fx_v + gy_v)\dot{v}\}\end{aligned} \tag{2.143}$$

を得るが，右辺の被積分関数は t の関数であり，たとえば $\dot{u}$，x_u，f などは正確には

$$\begin{aligned}\dot{u} &\quad\to\quad \dot{u}(t) \\ x_u &\quad\to\quad x_u(u(t), v(t)) = (x_u \circ \gamma)(t) \\ f &\quad\to\quad f(x(u(t), v(t)), y(u(t), v(t))) = (f \circ \varphi \circ \gamma)(t)\end{aligned}$$

の意味である．一方，式 (2.131) によれば

$$\varphi^*\omega = \varphi^*(f\,dx + g\,dy) = \{(f \circ \varphi)x_u + (g \circ \varphi)y_u\}du + \{(f \circ \varphi)x_v + (g \circ \varphi)y_v\}dv$$

だから，これを曲線 C に沿って積分すれば式 (2.138) によって

$$\int_C \varphi^*\omega = \int_a^b dt[\{(f \circ \varphi)x_u + (g \circ \varphi)y_u\}\dot{u} + \{(f \circ \varphi)x_v + (g \circ \varphi)y_v\}\dot{v}] \tag{2.144}$$

であるが，たとえば右辺の $f \circ \varphi$ は

$$f \circ \varphi \quad\to\quad (f \circ \varphi)(u(t), v(t)) = (f \circ \varphi \circ \gamma)(t)$$

の意味であり，実は式 (2.143) の右辺における f と同じである．$g \circ \varphi$ に関しても同様であり，式 (2.143) と式 (2.144) の右辺が一致するため式 (2.142) が結論される．ここで，式 (2.141) と (2.142) がまったく同じ形式をしている点に注意しよう．前者は二重積分，後者は曲線に沿う積分に対する変数変換を記述するにもかかわらず，微分形式の積分として表現すればまったく同じ形式になるのである．

さて，1 形式 $\rho \in \Lambda^1(D)$ がとくに 0 形式 $f \in \Lambda^0(D)$ の外微分 $\rho = df$ として表現できる場合には，式 (2.138) は

$$\int_C df = \int_a^b dt \left(\frac{\partial f}{\partial u} \frac{du}{dt} + \frac{\partial f}{\partial v} \frac{dv}{dt} \right) = f(u(b), v(b)) - f(u(a), v(a)) \tag{2.145}$$

となる．つまり，1 形式 df の曲線に沿う積分は曲線の端点における f の値によって決まり，曲線上での f の値とは無関係である．1 形式 ω の外微分として表現される 2 形式 $d\omega$ に対しても同様であり，$\boldsymbol{R}^2$ 上の有界閉領域 D 上での $d\omega$ の積分は D の境界 ∂D における ω の値によって決まり，D 内での ω の値とは無関係である．実際，つぎの定理が成立する．ただし境界 ∂D は区分的になめらかとし，領域 D を左に見ながら進行する方向を正とする．図 2.1 の例では境界 ∂D は 3 個の閉曲線 C_1, C_2, C_3 から構成され，C_1 では反時計回り，C_2 と C_3 では時計回りが正の方向である．

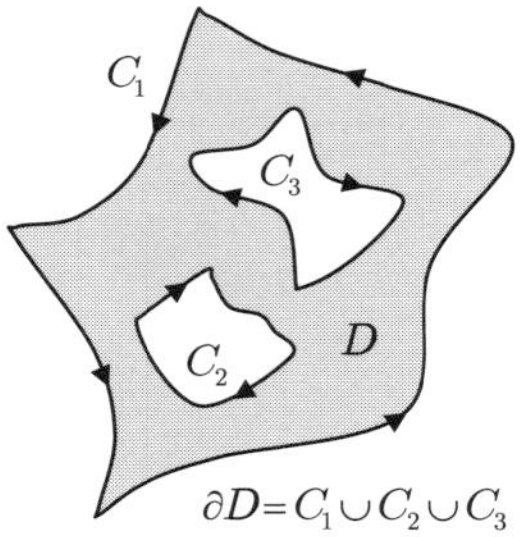

図 2.1　領域とその境界

《Stokes の定理》

有界閉領域 $D \subset \boldsymbol{R}^2$ で定義された 1 形式 ω に関して次式が成立する[‡21]．

$$\int_D d\omega = \int_{\partial D} \omega \tag{2.146}$$

‡21 Stokes の定理は $\boldsymbol{R}^2$ の有界閉領域で定義された 1 形式に関してだけでなく，より一般に，向き付けられた N 次元多様体の中の境界をもつ N 次元多様体で定義された $N-1$ 次の微分形式に関しても成立する．詳しくは 5.3.7 項を参考のこと．

任意の 1 形式 $\omega \in \Lambda^1(D)$ は $f, g \in \Lambda^0(D)$ を用いて $\omega = fdu + gdv$ と書けるから，式 (2.117) および式 (2.138)，(2.139) によれば式 (2.146) は

$$\int_D dudv \left(\frac{\partial g}{\partial u} - \frac{\partial f}{\partial v} \right) = \int_{\partial D} (fdu + gdv)$$

を意味するが，これはベクトル解析における Green の定理に他ならない．とはいえ，参考までに式 (2.146) の成立を証明しておこう．

まず，D が矩形領域 $D = [u_1, u_2] \times [v_1, v_2]$ の場合を考える．この場合は

$$\begin{aligned}
\int_D dudv \left(\frac{\partial g}{\partial u} - \frac{\partial f}{\partial v} \right) &= \int_{v_1}^{v_2} dv \int_{u_1}^{u_2} du \frac{\partial g}{\partial u} - \int_{u_1}^{u_2} du \int_{v_1}^{v_2} dv \frac{\partial f}{\partial v} \\
&= \int_{v_1}^{v_2} dv \{ g(u_2, v) - g(u_1, v) \} - \int_{u_1}^{u_2} du \{ f(u, v_2) - f(u, v_1) \} \\
&= \int_{u_1}^{u_2} du\, f(u, v_1) + \int_{u_2}^{u_1} du\, f(u, v_2) + \int_{v_1}^{v_2} dv\, g(u_2, v) + \int_{v_2}^{v_1} dv\, g(u_1, v) \\
&= \int_{\partial D} (fdu + gdv)
\end{aligned}$$

だから確かに式 (2.146) が成立する．ただし，境界 ∂D としては $(u_1 \;\; v_1)^t$ から出発して順次 $(u_2 \;\; v_1)^t$，$(u_2 \;\; v_2)^t$，$(u_1 \;\; v_2)^t$ を巡って $(u_1 \;\; v_1)^t$ に戻る反時計回りの経路としている．

次に，矩形領域 D が，式 (2.140) の写像 $\varphi : D \to \Omega$ によって領域 $\Omega \subset \boldsymbol{R}^2$ と微分可能な対応をしている場合を考える．Ω 上の任意の 1 形式 $\omega \in \Lambda^1(\Omega)$ は $p, q \in \Lambda^0(\Omega)$ を用いて $\omega = pdx + qdy$ と表現でき，これを φ で引き戻した $\varphi^*\omega$ は矩形領域 D 上の 1 形式 $\varphi^*\omega \in \Lambda^1(D)$ であり，矩形領域に関しては式 (2.146) が成立するから

$$\int_\Omega d\omega = \int_D \varphi^* d\omega = \int_D d\varphi^*\omega = \int_{\partial D} \varphi^*\omega = \int_{\partial\Omega} \omega$$

を得る．ただし，式 (2.141)，(2.142) および式 (2.136) を利用している．こうして，領域 Ω に関しても式 (2.146) の成立が確認できた．ところが，**Riemann の写像定理**[‡22] (Riemann's mapping theorem) によれば，Ω が単連結な領域[‡23]でありさえすれば矩形領域 D との間に可微分な写像が存在するから，任意の単連結領域に対して式 (2.146) が成立することになる．

ところで，図 2.1 に示す領域は「穴」が空いているために単連結ではないが，たとえば図 2.2 に示すように，穴のない領域に分割することは可能である．領域 D が M

‡22 たとえば，藤本坦孝著『複素解析』，岩波講座現代数学の基礎．

‡23 領域 Ω 内に任意に与えられた閉曲線を Ω 内で連続的に変形して一点に収縮させることができるとき，領域 Ω は単連結と形容される．たとえば「穴」をもつ領域では，穴を囲む領域内の閉曲線は領域内で連続的に変形して一点に収縮させられないので，その領域は単連結ではない．

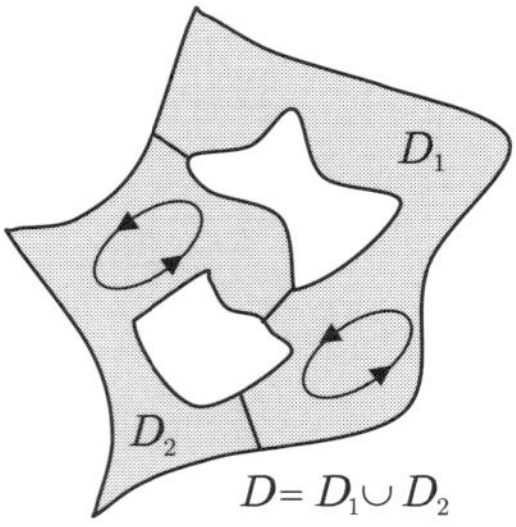

図 2.2　領域の分割

個の部分領域 D_1，D_2，$\cdots$，D_M に分割されていて，各部分領域 D_m は矩形領域と微分同相としよう．各部分領域 D_m に関しては式 (2.146) が成立し，隣接した部分領域の共通の境界に沿った ω の積分は向きが反対であるために相殺するから，残るのはもともとの D の境界での ω の積分のみであり，したがって

$$\int_D d\omega = \sum_{m=1}^{M} \int_{D_m} d\omega = \sum_{m=1}^{M} \int_{\partial D_m} \omega = \int_{\partial D} \omega$$

であり，領域 D に対して式 (2.146) が成立するのである．

2.4　微分形式を用いた曲面の解析

2.4.1　正規直交標構

空間中の曲線に対しては Frenet 標構という正規直交系が自然に決まり，この正規直交系を用いることによって曲線の特徴が Frenet-Serret の公式という単純な形式で表現された．一方，1.2 節から 2.1 節に至るまで，空間中の曲面を扱う際に採用したのは接ベクトル場 $\boldsymbol{p}_u, \boldsymbol{p}_v$ と単位法線ベクトル $\boldsymbol{n} = \boldsymbol{p}_u \times \boldsymbol{p}_v / \|\boldsymbol{p}_u \times \boldsymbol{p}_v\|$ を座標軸とする斜交座標系であった．この斜交座標系は曲面のパラメータ表示 $(D,\ \varphi : (u\ \ v)^t \mapsto \boldsymbol{p}(u,v))$ から容易に決定できるが，形式の単純さの観点からは難がある．正規直交系を採用すれば，2.1 節までに示した多くの結果がより単純な形式で表現されるはずである．

そこで，正規直交する S 上の接ベクトル場を 1 組選んで $\boldsymbol{e}_1, \boldsymbol{e}_2$ としよう．すると

$$\boldsymbol{e}_3 \equiv \boldsymbol{e}_1 \times \boldsymbol{e}_2 \tag{2.147}$$

は法線方向の単位ベクトルであり，$\{\boldsymbol{e}_1, \boldsymbol{e}_2, \boldsymbol{e}_3\}$ はこの順序で $\boldsymbol{R}^3$ における右手系の正規直交基底をなす．また，$\boldsymbol{e}_3 = \boldsymbol{n}$ か $\boldsymbol{e}_3 = -\boldsymbol{n}$ かのいずれかが成立するが，後者の場合でも $\boldsymbol{e}_1$ と $\boldsymbol{e}_2$ を入れ替えれば $\boldsymbol{e}_3 = \boldsymbol{n}$ となる．それゆえ，以後の議論では $\boldsymbol{e}_3 = \boldsymbol{n}$ とする．たとえば，$\boldsymbol{p}_u$，$\boldsymbol{p}_v$ によって

$$\boldsymbol{e}_1 \equiv \frac{\boldsymbol{p}_u}{\|\boldsymbol{p}_u\|}, \quad \boldsymbol{e}_2 \equiv \frac{\boldsymbol{p}_v - (\boldsymbol{p}_v \cdot \boldsymbol{e}_1)\boldsymbol{e}_1}{\|\boldsymbol{p}_v - (\boldsymbol{p}_v \cdot \boldsymbol{e}_1)\boldsymbol{e}_1\|} \tag{2.148}$$

として定義される $\boldsymbol{e}_1$，$\boldsymbol{e}_2$ は正規直交する S 上の接ベクトル場であり，$\boldsymbol{e}_3 = \boldsymbol{n}$ が成立する．いずれにせよ $\{\boldsymbol{e}_1, \boldsymbol{e}_2\}$ は曲面 S 上の各点で接空間の基底をなし，$\boldsymbol{p}_u$，$\boldsymbol{p}_v$ は接ベクトルだから，

$$\begin{cases} \boldsymbol{p}_u = a_1^1\boldsymbol{e}_1 + a_1^2\boldsymbol{e}_2 \\ \boldsymbol{p}_v = a_2^1\boldsymbol{e}_1 + a_2^2\boldsymbol{e}_2 \end{cases} \quad \Leftrightarrow \quad (\boldsymbol{p}_u \ \ \boldsymbol{p}_v) = (\boldsymbol{e}_1 \ \ \boldsymbol{e}_2)\,A, \quad A \equiv \begin{pmatrix} a_1^1 & a_2^1 \\ a_1^2 & a_2^2 \end{pmatrix} \tag{2.149}$$

と展開できる．ここで行列要素の行番号を上付き添え字，列番号を下付き添え字で表現したのはテンソル解析からの借用であり，積和演算の際に組み合わせるべき添え字を明確にすると同時に Einstein 規約によって記述を簡便にするためである．ところで，

$$\begin{aligned} \|\boldsymbol{p}_u \times \boldsymbol{p}_v\|\,\boldsymbol{n} = \boldsymbol{p}_u \times \boldsymbol{p}_v &= (a_1^1\boldsymbol{e}_1 + a_1^2\boldsymbol{e}_2) \times (a_2^1\boldsymbol{e}_1 + a_2^2\boldsymbol{e}_2) \\ &= (a_1^1a_2^2 - a_2^1a_1^2)\boldsymbol{e}_1 \times \boldsymbol{e}_2 = \det(A)\boldsymbol{e}_3 = \det(A)\boldsymbol{n} \end{aligned}$$

が成立することから

$$\det(A) = \|\boldsymbol{p}_u \times \boldsymbol{p}_v\| > 0 \tag{2.150}$$

であり，当然ながら行列 A は可逆である．

さて，曲面 S のパラメータ表示を $(D,\ \varphi : (u \ \ v)^t \mapsto \boldsymbol{p}(u,v))$ とするとき，$\boldsymbol{p} = (x \ \ y \ \ z)^t$ の成分 x，y，z はすべて u，v の関数，すなわち D 上の 0 形式 $x, y, z \in \Lambda^0(D)$ だから，$\boldsymbol{p}$ の外微分 $d\boldsymbol{p}$ は D 上の 1 形式 $dx, dy, dz \in \Lambda^1(D)$ を成分とするベクトルである．

$$d\boldsymbol{p} = (dx \ \ dy \ \ dz)^t = \boldsymbol{p}_u du + \boldsymbol{p}_v dv \tag{2.151}$$

そして，式 (2.149) によれば

$$d\boldsymbol{p} = \boldsymbol{p}_u du + \boldsymbol{p}_v dv = (a_1^1 du + a_2^1 dv)\boldsymbol{e}_1 + (a_1^2 du + a_2^2 dv)\boldsymbol{e}_2$$

だから，1 形式 $\theta^1, \theta^2 \in \Lambda^1(D)$ を

$$\begin{cases} \theta^1 \equiv a_1^1 du + a_2^1 dv \\ \theta^2 \equiv a_1^2 du + a_2^2 dv \end{cases} \quad \Leftrightarrow \quad \begin{pmatrix} \theta^1 \\ \theta^2 \end{pmatrix} \equiv A \begin{pmatrix} du \\ dv \end{pmatrix} \tag{2.152}$$

として定義すれば

$$d\boldsymbol{p} = \theta^1\boldsymbol{e}_1 + \theta^2\boldsymbol{e}_2 \tag{2.153}$$

と表現できる．

$\{\boldsymbol{e}_i\}_{i=1\sim3}$ もまた 0 形式を成分とするベクトルだから，外微分によって 1 形式を成分とするベクトル $\{d\boldsymbol{e}_i\}_{i=1\sim3}$ となり，$\boldsymbol{R}^3$ の基底 $\{\boldsymbol{e}_1, \boldsymbol{e}_2, \boldsymbol{e}_3\}$ によって展開すれば展開係数は 1 形式となる．すなわち Einstein 規約を使って表現すれば

$$d\boldsymbol{e}_i = \omega_i^j\boldsymbol{e}_j, \quad \omega_i^j \in \Lambda^1(D) \qquad (i, j = 1 \sim 3) \tag{2.154}$$

である[‡24]．$\boldsymbol{e}_i \cdot \boldsymbol{e}_j = \delta_{ij}$ は D 上の定数関数だから，その外微分は 1 形式として 0 であり，

---

‡24 Einstein 規約により $\omega_i^j\boldsymbol{e}_j$ が $\displaystyle\sum_{j=1}^{3}\omega_i^j\boldsymbol{e}_j$ を意味することはいうまでもない．

$$0 = d(\boldsymbol{e}_i \cdot \boldsymbol{e}_j) = (d\boldsymbol{e}_i) \cdot \boldsymbol{e}_j + \boldsymbol{e}_i \cdot d\boldsymbol{e}_j = \omega_i^k \boldsymbol{e}_k \cdot \boldsymbol{e}_j + \boldsymbol{e}_i \cdot \omega_j^k \boldsymbol{e}_k = \omega_i^k \delta_{kj} + \omega_j^k \delta_{ik} = \omega_i^j + \omega_j^i$$

を得る．それゆえ

$$\omega_i^j = -\omega_j^i \quad \Leftrightarrow \quad \omega \equiv \begin{pmatrix} \omega_1^1 & \omega_2^1 & \omega_3^1 \\ \omega_1^2 & \omega_2^2 & \omega_3^2 \\ \omega_1^3 & \omega_2^3 & \omega_3^3 \end{pmatrix} = \begin{pmatrix} 0 & -\omega_1^2 & -\omega_1^3 \\ \omega_1^2 & 0 & -\omega_2^3 \\ \omega_1^3 & \omega_2^3 & 0 \end{pmatrix} \tag{2.155}$$

であり，式 (2.154) は Frenet-Serret の公式 (1.18) に対応する形式で

$$(d\boldsymbol{e}_1 \ \ d\boldsymbol{e}_2 \ \ d\boldsymbol{e}_3) = (\boldsymbol{e}_1 \ \ \boldsymbol{e}_2 \ \ \boldsymbol{e}_3) \begin{pmatrix} 0 & -\omega_1^2 & -\omega_1^3 \\ \omega_1^2 & 0 & -\omega_2^3 \\ \omega_1^3 & \omega_2^3 & 0 \end{pmatrix} \tag{2.156}$$

と表現できる．ところで，$\boldsymbol{p}_u$，$\boldsymbol{p}_v$ の偏導関数を斜交座標系 $\{\boldsymbol{p}_u, \boldsymbol{p}_v, \boldsymbol{n}\}$ で展開した Gauss の式 (1.50) は，$\boldsymbol{p}_u$，$\boldsymbol{p}_v$ の外微分に関する表式として

$$\begin{aligned} d\boldsymbol{p}_u &= \boldsymbol{p}_{uu} du + \boldsymbol{p}_{uv} dv \\ &= (\Gamma_{uu}^u du + \Gamma_{uv}^u dv)\boldsymbol{p}_u + (\Gamma_{uu}^v du + \Gamma_{uv}^v dv)\boldsymbol{p}_v + (L du + M dv)\boldsymbol{n} \\ d\boldsymbol{p}_v &= \boldsymbol{p}_{vu} du + \boldsymbol{p}_{vv} dv \\ &= (\Gamma_{vu}^u du + \Gamma_{vv}^u dv)\boldsymbol{p}_u + (\Gamma_{vu}^v du + \Gamma_{vv}^v dv)\boldsymbol{p}_v + (M du + N dv)\boldsymbol{n} \end{aligned} \tag{2.157}$$

と表現でき，同様にして $\boldsymbol{n}$ の偏導関数に関する Weingarten の式 (1.53) は

$$\begin{aligned} d\boldsymbol{n} &= \boldsymbol{n}_u du + \boldsymbol{n}_v dv \\ &= \frac{(FM - GL)du + (FN - GM)dv}{EG - F^2}\boldsymbol{p}_u + \frac{(FL - EM)du + (FM - EN)dv}{EG - F^2}\boldsymbol{p}_v \end{aligned} \tag{2.158}$$

と表現できるが，正規直交標構 $\{\boldsymbol{e}_1, \boldsymbol{e}_2, \boldsymbol{e}_3\}$ で $\boldsymbol{p}_u$，$\boldsymbol{p}_v$，$\boldsymbol{n}$ に対応するのはそれぞれ $\boldsymbol{e}_1$，$\boldsymbol{e}_2$，$\boldsymbol{e}_3$ だから，式 (2.156) の $d\boldsymbol{e}_1$，$d\boldsymbol{e}_2$ に関する部分，すなわち

$$d\boldsymbol{e}_1 = \omega_1^2 \boldsymbol{e}_2 + \omega_1^3 \boldsymbol{e}_3, \quad d\boldsymbol{e}_2 = \omega_2^1 \boldsymbol{e}_1 + \omega_2^3 \boldsymbol{e}_3 = -\omega_1^2 \boldsymbol{e}_1 + \omega_2^3 \boldsymbol{e}_3 \tag{2.159}$$

が Gauss の式であり，同じく $d\boldsymbol{e}_3$ に関する部分

$$d\boldsymbol{e}_3 = \omega_3^1 \boldsymbol{e}_1 + \omega_3^2 \boldsymbol{e}_2 = -\omega_1^3 \boldsymbol{e}_1 - \omega_2^3 \boldsymbol{e}_2 \tag{2.160}$$

が Weingarten の式である．正規直交標構の採用により，Gauss の式や Weingarten の式が大幅に単純化されていることに注意して欲しい．

さて，式 (1.41) に示すように第一基本行列は $S_I \equiv B^t B$ として定義され，式 (1.39) にあるように $B \equiv (\boldsymbol{p}_u \ \ \boldsymbol{p}_v)$ だから，式 (2.149) によれば

$$S_I = (\boldsymbol{p}_u \ \ \boldsymbol{p}_v)^t (\boldsymbol{p}_u \ \ \boldsymbol{p}_v) = A^t (\boldsymbol{e}_1 \ \ \boldsymbol{e}_2)^t (\boldsymbol{e}_1 \ \ \boldsymbol{e}_2) A = A^t I_2 A = A^t A \tag{2.161}$$

を得る．I_2 が 2 次の単位行列であることはいうまでもない．また，A は可逆だから式 (2.152) を逆に解いて du，dv を θ^1，θ^2 の線形結合として表現でき，D 上の任意の 1 形式は θ^1，θ^2 の線形結合として表現できる．そこで D 上の 1 形式 $\omega_1^3, \omega_2^3 \in \Lambda^1(D)$ を

$$\begin{cases} \omega_1^3 = w_{11}\theta^1 + w_{12}\theta^2 \\ \omega_2^3 = w_{21}\theta^1 + w_{22}\theta^2 \end{cases} \quad \Leftrightarrow \quad \begin{pmatrix} \omega_1^3 \\ \omega_2^3 \end{pmatrix} = W \begin{pmatrix} \theta^1 \\ \theta^2 \end{pmatrix}, \quad W \equiv \begin{pmatrix} w_{11} & w_{12} \\ w_{21} & w_{22} \end{pmatrix} \tag{2.162}$$

と表現すれば，$\boldsymbol{n} = \boldsymbol{e}_3$ だから

$$\boldsymbol{dn} = \boldsymbol{n}_u du + \boldsymbol{n}_v dv = (\boldsymbol{n}_u \ \ \boldsymbol{n}_v) \begin{pmatrix} du \\ dv \end{pmatrix} = \boldsymbol{de}_3 = -\omega_1^3 \boldsymbol{e}_1 - \omega_2^3 \boldsymbol{e}_2$$

$$= -(\boldsymbol{e}_1 \ \ \boldsymbol{e}_2) \begin{pmatrix} \omega_1^3 \\ \omega_2^3 \end{pmatrix} = -(\boldsymbol{e}_1 \ \ \boldsymbol{e}_2) W \begin{pmatrix} \theta^1 \\ \theta^2 \end{pmatrix} = -(\boldsymbol{e}_1 \ \ \boldsymbol{e}_2) WA \begin{pmatrix} du \\ dv \end{pmatrix}$$

であり，これが任意の du，dv に対して成立するから

$$(\boldsymbol{n}_u \ \ \boldsymbol{n}_v) = -(\boldsymbol{e}_1 \ \ \boldsymbol{e}_2) WA \tag{2.163}$$

が結論される．ところで，第二基本行列 S_{II} は式 (1.49) で定義されるから

$$S_{II} = -B^t(\boldsymbol{n}_u \ \ \boldsymbol{n}_v) = B^t(\boldsymbol{e}_1 \ \ \boldsymbol{e}_2)WA = A^t(\boldsymbol{e}_1 \ \ \boldsymbol{e}_2)^t(\boldsymbol{e}_1 \ \ \boldsymbol{e}_2)WA = A^tWA \tag{2.164}$$

を得る．ここで，A が可逆だから上式両辺の左から $(A^{-1})^t$，右から A^{-1} を作用させれば

$$(A^{-1})^t S_{II} A^{-1} = (A^{-1})^t A^t WAA^{-1} = (AA^{-1})^t W = W \tag{2.165}$$

を得るが，S_{II} が対称行列だから W もまた対称行列であって

$$w_{21} = w_{12} \tag{2.166}$$

が結論される．また，Gauss 曲率 K は式 (1.90) に示すように基本行列の行列式の比として与えられるから，式 (2.161) と (2.164) によって

$$K = \frac{\det(S_{II})}{\det(S_I)} = \frac{\det(A^tWA)}{\det(A^tA)} = \frac{\det(A^t)\det(W)\det(A)}{\det(A^t)\det(A)} = \det(W) \tag{2.167}$$

と表現できる．

2.4.2 構造式

式 (2.122) に示すように $d^2 = 0$ だから，式 (2.153) の外微分をとれば，式 (2.123) と (2.154)，(2.155) によって

$$\boldsymbol{0} = dd\boldsymbol{p} = d(\theta^1 \boldsymbol{e}_1 + \theta^2 \boldsymbol{e}_2) = (d\theta^1)\boldsymbol{e}_1 - \theta^1 \wedge \boldsymbol{de}_1 + (d\theta^2)\boldsymbol{e}_2 - \theta^2 \wedge \boldsymbol{de}_2$$

$$= (d\theta^1)\boldsymbol{e}_1 - \theta^1 \wedge \omega_1^j \boldsymbol{e}_j + (d\theta^2)\boldsymbol{e}_2 - \theta^2 \wedge \omega_2^j \boldsymbol{e}_j$$

$$= (d\theta^1)\boldsymbol{e}_1 - \theta^1 \wedge (\omega_1^2 \boldsymbol{e}_2 + \omega_1^3 \boldsymbol{e}_3) + (d\theta^2)\boldsymbol{e}_2 - \theta^2 \wedge (\omega_2^1 \boldsymbol{e}_1 + \omega_2^3 \boldsymbol{e}_3)$$

$$= (d\theta^1 - \theta^2 \wedge \omega_2^1)\boldsymbol{e}_1 + (d\theta^2 - \theta^1 \wedge \omega_1^2)\boldsymbol{e}_2 - (\theta^1 \wedge \omega_1^3 + \theta^2 \wedge \omega_2^3)\boldsymbol{e}_3$$

を得るが，$\{\boldsymbol{e}_1, \boldsymbol{e}_2, \boldsymbol{e}_3\}$ は線形独立だから

$$\begin{cases} d\theta^1 = \theta^2 \wedge \omega_2^1 \\ d\theta^2 = \theta^1 \wedge \omega_1^2 \\ \quad 0 = \theta^1 \wedge \omega_1^3 + \theta^2 \wedge \omega_2^3 \end{cases} \tag{2.168}$$

が結論され，これを**第一構造式** (first structure equation) とよぶ．この3番目の等式に式 (2.162) を代入すれば

$$\begin{aligned} 0 &= \theta^1 \wedge \omega_1^3 + \theta^2 \wedge \omega_2^3 = \theta^1 \wedge (w_{11}\theta^1 + w_{12}\theta^2) + \theta^2 \wedge (w_{21}\theta^1 + w_{22}\theta^2) \\ &= w_{12}\theta^1 \wedge \theta^2 + w_{21}\theta^2 \wedge \theta^1 = (w_{12} - w_{21})\theta^1 \wedge \theta^2 \end{aligned}$$

であるが，$\theta^1 \wedge \theta^2 \neq 0$ だから $w_{12} - w_{21} = 0$，すなわち式 (2.166) の成立が再確認できる．

つぎに，式 (2.154) の外微分をとれば

$$\begin{aligned} \mathbf{0} = dd\boldsymbol{e}_i &= d(\omega_i^j \boldsymbol{e}_j) = (d\omega_i^j)\boldsymbol{e}_j - \omega_i^j \wedge d\boldsymbol{e}_j = (d\omega_i^j)\boldsymbol{e}_j - \omega_i^j \wedge \omega_j^k \boldsymbol{e}_k \\ &= (d\omega_i^j)\boldsymbol{e}_j - \omega_i^k \wedge \omega_k^j \boldsymbol{e}_j = (d\omega_i^j - \omega_i^k \wedge \omega_k^j)\boldsymbol{e}_j \end{aligned}$$

したがって

$$d\omega_i^j = \omega_i^k \wedge \omega_k^j \tag{2.169}$$

を得る．とくに，$d\omega_2^1$ に関しては式 (2.155) と (2.162)，および (2.167) によって

$$\begin{aligned} d\omega_2^1 &= \omega_2^k \wedge \omega_k^1 = \omega_2^3 \wedge \omega_3^1 = -\omega_2^3 \wedge \omega_1^3 = -(w_{21}\theta^1 + w_{22}\theta^2) \wedge (w_{11}\theta^1 + w_{12}\theta^2) \\ &= (w_{11}w_{22} - w_{12}w_{21})\theta^1 \wedge \theta^2 = \det(W)\theta^1 \wedge \theta^2 = K\theta^1 \wedge \theta^2 \end{aligned}$$

すなわち，

$$d\omega_2^1 = K\theta^1 \wedge \theta^2 \tag{2.170}$$

を得るが，これを**第二構造式** (second structure equation) とよぶ．

式 (2.169) で $j = 3$ の場合を考えると，$\omega_3^3 = 0$ だから

$$d\omega_\alpha^3 = \omega_\alpha^k \wedge \omega_k^3 = \omega_\alpha^1 \wedge \omega_1^3 + \omega_\alpha^2 \wedge \omega_2^3 = \omega_\alpha^\beta \wedge \omega_\beta^3 \tag{2.171}$$

と書ける．ただし，記述を簡便にするため「ギリシャ文字の添え字は1か2を意味し，Einstein 規約で縮約を行う際も添え字の動く範囲は1から2」と約束しておく．この約束に従えば，式 (2.162) は

$$\omega_\alpha^3 = w_{\alpha\beta}\theta^\beta \tag{2.172}$$

などと表現でき，式 (2.168) の最初の二つの式は

$$d\theta^\alpha = \theta^\beta \wedge \omega_\beta^\alpha \tag{2.173}$$

と書ける．式 (2.171) の左辺は式 (2.172)，(2.173) によって

$$d\omega_\alpha^3 = d(w_{\alpha\beta}\theta^\beta) = (dw_{\alpha\beta}) \wedge \theta^\beta + w_{\alpha\beta}d\theta^\beta = (dw_{\alpha\beta}) \wedge \theta^\beta + w_{\alpha\beta}\theta^\gamma \wedge \omega_\gamma^\beta$$

$$= (dw_{\alpha\beta}) \wedge \theta^\beta + w_{\alpha\gamma}\theta^\beta \wedge \omega_\beta^\gamma = (dw_{\alpha\beta}) \wedge \theta^\beta - w_{\alpha\gamma}\omega_\beta^\gamma \wedge \theta^\beta$$

であり，右辺は

$$\omega_\alpha^\gamma \wedge \omega_\gamma^3 = \omega_\alpha^\gamma \wedge w_{\gamma\beta}\theta^\beta = w_{\gamma\beta}\omega_\alpha^\gamma \wedge \theta^\beta$$

だから，

$$0 = d\omega_\alpha^3 - \omega_\alpha^\beta \wedge \omega_\beta^3 = (dw_{\alpha\beta} - w_{\alpha\gamma}\omega_\beta^\gamma - w_{\gamma\beta}\omega_\alpha^\gamma) \wedge \theta^\beta \tag{2.174}$$

を得る．ところが右辺の括弧内は 1 形式だから θ^1 と θ^2 の線形結合で表現でき，これを

$$dw_{\alpha\beta} - w_{\alpha\gamma}\omega_\beta^\gamma - w_{\gamma\beta}\omega_\alpha^\gamma \equiv w_{\alpha\beta,\delta}\theta^\delta \tag{2.175}$$

と表現すれば式 (2.174) は

$$w_{\alpha\beta,\delta}\theta^\delta \wedge \theta^\beta = 0 \tag{2.176}$$

となる．これは

$$w_{\alpha 1,1}\theta^1 \wedge \theta^1 + w_{\alpha 2,1}\theta^1 \wedge \theta^2 + w_{\alpha 1,2}\theta^2 \wedge \theta^1 + w_{\alpha 2,2}\theta^2 \wedge \theta^2 = (w_{\alpha 2,1} - w_{\alpha 1,2})\theta^1 \wedge \theta^2 = 0$$

を意味するから $w_{\alpha 2,1} = w_{\alpha 1,2}$ でなければならず，$\beta = \gamma$ なら $w_{\alpha\beta,\gamma} = w_{\alpha\gamma,\beta}$ は自明だから

$$w_{\alpha\beta,\gamma} = w_{\alpha\gamma,\beta} \tag{2.177}$$

が結論されるが，これを **Mainardi-Codazzi の式**とよぶ．式 (2.175) に示す定義から明らかなように $w_{\alpha\beta,\gamma}$ は α と β に関しても対称だから，$w_{\alpha\beta,\gamma}$ はすべての添え字 α，β，γ に関して対称である．第一および第二構造式と Mainardi-Codazzi の式を合わせて曲面論の基本式とよぶ．

2.4.3 基本形式

式 (1.41) に示すように，第一基本形式は $I \equiv d\boldsymbol{p}\cdot d\boldsymbol{p}$ として定義されたが，式 (2.153) によれば $\boldsymbol{e}_1$，$\boldsymbol{e}_2$ が正規直交だから

$$I \equiv d\boldsymbol{p} \cdot d\boldsymbol{p} = (\theta^1\boldsymbol{e}_1 + \theta^2\boldsymbol{e}_2) \cdot (\theta^1\boldsymbol{e}_1 + \theta^2\boldsymbol{e}_2)$$
$$= \theta^1\theta^1\boldsymbol{e}_1 \cdot \boldsymbol{e}_1 + \theta^1\theta^2\boldsymbol{e}_1 \cdot \boldsymbol{e}_2 + \theta^2\theta^1\boldsymbol{e}_2 \cdot \boldsymbol{e}_1 + \theta^2\theta^2\boldsymbol{e}_2 \cdot \boldsymbol{e}_2 = \theta^1\theta^1 + \theta^2\theta^2$$

すなわち

$$I = \theta^1\theta^1 + \theta^2\theta^2 \tag{2.178}$$

を得る．ここで，$\theta^1\theta^1$ や $\theta^2\theta^2$ は外積 $\theta^1 \wedge \theta^1$，$\theta^2 \wedge \theta^2$ とは異なる点に注意しよう．正確な意味は第 4 章で説明するが[‡25]，ここでは θ^1 や θ^2 を 2.3.1 項の意味での通常の微分と解釈しておこう．つまり，θ^1，θ^2 の定義式 (2.152) における du，dv を 1 形式ではなく，通常の微分と考えればよい．

[‡25] 4.3.1 項で説明するように $\theta^1\theta^1$ はテンソル積 $\theta^1 \otimes \theta^1$ を意味する．テンソル積を使えば，二つの 1 形式 θ^1，θ^2 の外積は $\theta^1 \wedge \theta^2 = \theta^1 \otimes \theta^2 - \theta^2 \otimes \theta^1$ として表現できる．

第二基本形式に関しても同様であり，式 (1.49) によって $I\!I \equiv -d\boldsymbol{p}\cdot d\boldsymbol{n}$ だが，$\boldsymbol{n} = \boldsymbol{e}_3$ だから，式 (2.160) と (2.172) によって

$$I\!I \equiv -d\boldsymbol{p}\cdot d\boldsymbol{n} = -d\boldsymbol{p}\cdot d\boldsymbol{e}_3 = -(\theta^1\boldsymbol{e}_1 + \theta^2\boldsymbol{e}_2)\cdot(-\omega_1^3\boldsymbol{e}_1 - \omega_2^3\boldsymbol{e}_2) = \theta^1\omega_1^3 + \theta^2\omega_2^3$$
$$= \theta^\alpha\omega_\alpha^3 = \theta^\alpha w_{\alpha\beta}\theta^\beta = w_{\alpha\beta}\theta^\alpha\theta^\beta$$

すなわち

$$I\!I = w_{\alpha\beta}\theta^\alpha\theta^\beta = w_{11}\theta^1\theta^1 + w_{12}\theta^1\theta^2 + w_{21}\theta^2\theta^1 + w_{22}\theta^2\theta^2 \tag{2.179}$$

を得る．

1.1.3 項に示した「曲線論の基本定理」が主張するように，開区間上で定義された微分可能な実関数 $\kappa(s) > 0$ と $\tau(s)$ に対して，それらを曲率および捩率とする曲線が存在し，そのような曲線は向きを保つ合同変換を除いてただひとつである．曲面の場合にも以下の定理が得られるが，証明は他書に譲る[‡26]．

《曲面論の基本定理》

領域 $D \subset \boldsymbol{R}^2$ 上で 1 次独立な二つの 1 形式 θ^1，θ^2 により定義される二つの形式

$$I = \theta^1\theta^1 + \theta^2\theta^2, \quad I\!I = w_{\alpha\beta}\theta^\alpha\theta^\beta \quad (w_{\alpha\beta} = w_{\beta\alpha})$$

が与えられたとき，

$$\omega_\alpha^\beta + \omega_\beta^\alpha = 0, \quad d\theta^\alpha = -\omega_\beta^\alpha \wedge \theta^\beta$$

を満足する D 上の 1 形式 $\{\omega_\alpha^\beta\}_{\alpha,\beta=1\sim 2}$ が存在して一意に決まる．この $\{\omega_\alpha^\beta\}_{\alpha,\beta=1\sim 2}$ に対して

$$d\omega_2^1 = \det(W)\theta^1 \wedge \theta^2$$

が成立し，また

$$dw_{\alpha\beta} - w_{\alpha\gamma}\omega_\beta^\gamma - w_{\gamma\beta}\omega_\alpha^\gamma \equiv w_{\alpha\beta,\delta}\theta^\delta$$

によって定義される $\{w_{\alpha\beta,\gamma}\}_{\alpha,\beta,\gamma=1\sim 2}$ が

$$w_{\alpha\beta,\gamma} = w_{\alpha\gamma,\beta}$$

を満足するならば，I と $I\!I$ をそれぞれ第一，第二基本形式とする曲面が空間内に存在し，しかも合同変換を除けば一意である．

■ 2.4.4　Gauss-Bonnet の定理

曲面 S のパラメータ表示を $(D,\ \varphi : (u\ \ v)^t \mapsto \boldsymbol{p}(u,v))$ とし，図 2.3 の左側に示すように領域 D に含まれる単連結な領域 A を考える．領域 A の境界 ∂A は N 個の微分可

‡26 たとえば，川崎徹郎：曲面と多様体 (第 2 章)，朝倉書店 (2001)

能な曲線 $\{\Gamma_n\}_{n=0\sim N-1}$ をこの順序で連結し，最後に Γ_{N-1} を Γ_0 に連結した閉曲線として表現できるとする．ここで

$$(n) \equiv n \bmod N$$

と表記すると便利である．たとえば，「Γ_n と $\Gamma_{(n+1)}$ が接続する点を $\boldsymbol{q}_{(n+1)}$ と記す」という表現は $n = 0 \sim N-1$ に対して有効であり，$n = N-1$ の場合を特別扱いしなくとも「Γ_{N-1} と Γ_0 が接続する点を $\boldsymbol{q}_0$ と記す」という望み通りの表現となる．また，φ による領域 A の像を $A_\varphi \equiv \varphi(A)$ と記し，φ による Γ_n，$\boldsymbol{q}_n$ の像をそれぞれ $C_n \equiv \varphi(\Gamma_n)$，$\boldsymbol{p}_n \equiv \varphi(\boldsymbol{q}_n)$ と記す．$\{C_n\}_{n=0\sim N-1}$ をこの順序に連結し，最後に C_{N-1} を C_0 に連結して得られる閉曲線は A_φ の境界 ∂A_φ に他ならず，φ による ∂A の像と一致する ($\partial A_\varphi = \varphi(\partial A)$)．説明の便のため，$\{\boldsymbol{p}_n\}_{n=0\sim N-1}$ を多辺形 A_φ の頂点とよぶことにする．

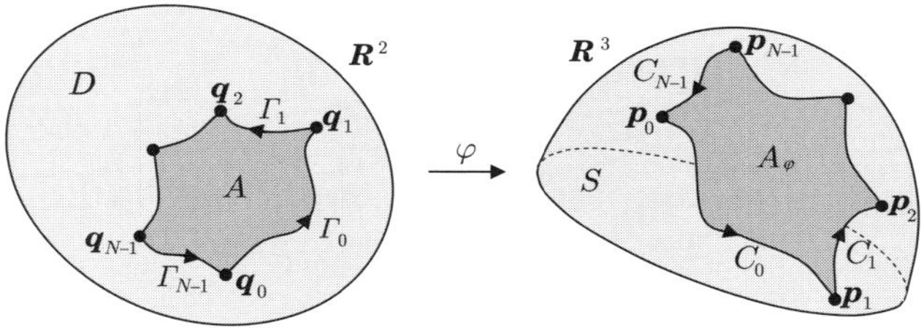

図 2.3 区分的に微分可能な境界をもつ単連結な領域

ここで S の曲線 C_n の長さを l_n と記し，

$$L_n \equiv \sum_{k=0}^{n-1} l_k \quad (n = 1 \sim N), \quad L_0 \equiv 0 \tag{2.180}$$

と定義する．L_N は境界 ∂A_φ の全長を意味し，∂A_φ の弧長表示を

$$(I \equiv [0, L_N),\ \ \chi : I \to S \subset \boldsymbol{R}^3,\ \ s \mapsto \boldsymbol{p}(s)) \tag{2.181}$$

とすれば，χ の定義域を $[L_n, L_{n+1})$ に制限することで曲線 C_n の弧長表示

$$(I_n \equiv [L_n,\ L_{n+1}),\ \ \chi : I_n \to S \subset \boldsymbol{R}^3,\ \ s \mapsto \boldsymbol{p}(s)) \tag{2.182}$$

を得る．また，∂A_φ が閉曲線であることから $\boldsymbol{p}(s)$ を周期 L_N の周期関数と解釈し，その定義域を拡張しておく．一方，$\varphi : D \to S$ は可逆だから $\gamma \equiv \varphi^{-1} \circ \chi : I \to D$ が定義でき，$(I,\ \gamma :\ s \mapsto \boldsymbol{q}(s))$ は境界 ∂A のパラメータ表示を与える[‡27]．また，γ の定義域を $[L_n, L_{n+1})$ に制限すれば Γ_n のパラメータ表示 $(I_n,\ \gamma :\ s \mapsto \boldsymbol{q}(s))$ を得る．

さて，第二構造式 (2.170) と Stokes の定理 (2.146) によれば

$$\int_A K\theta^1 \wedge \theta^2 = \int_A d\omega_2^1 = \int_{\partial A} \omega_2^1 \tag{2.183}$$

[‡27] もちろん弧長表示とは限らない．

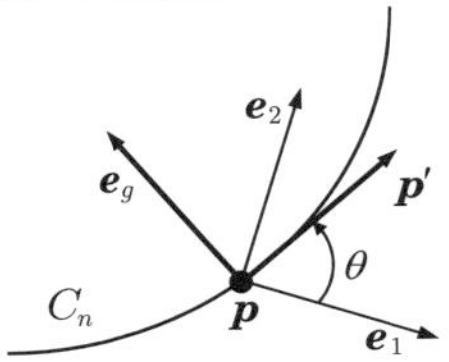

図 2.4　$\boldsymbol{e}_1$ と $\boldsymbol{p}'$ のなす角 θ

が成立する．C_n 上の点 $\boldsymbol{p}(s)$ における速度ベクトル $\boldsymbol{p}'(s)$ は点 $\boldsymbol{p}(s)$ における曲面 S の接ベクトルだから，正規直交標構 $\{\boldsymbol{e}_1, \boldsymbol{e}_2, \boldsymbol{e}_3\}$ を使って

$$\boldsymbol{p}'(s) = \xi^1 \boldsymbol{e}_1 + \xi^2 \boldsymbol{e}_2 = \xi^\alpha \boldsymbol{e}_\alpha \tag{2.184}$$

と書ける．ここで，$\boldsymbol{e}_\alpha$ は点 $\boldsymbol{p}(s)$ における標構を意味し，$\boldsymbol{e}_\alpha$ は $\boldsymbol{q} = (u \ \ v)^t$ の関数として定義しているから $\boldsymbol{e}_\alpha(\varphi^{-1}(\boldsymbol{p}(s)))$ と表記するのが正確であり，ξ^α も s に依存するから $\xi^\alpha(s)$ と記せば正確だが，s 依存性を明記しなくとも混乱は生じないだろう．C_n は弧長表示されているから $\boldsymbol{p}'(s)$ は単位ベクトルであり，$\boldsymbol{e}_1, \boldsymbol{e}_2$ は正規直交だから

$$1 = \boldsymbol{p}'(s) \cdot \boldsymbol{p}'(s) = (\xi^1)^2 + (\xi^2)^2 \tag{2.185}$$

が成立する．実際，図 2.4 に示すように $\boldsymbol{e}_1$ から $\boldsymbol{p}'(s)$ への角を θ とすれば

$$\xi^1 = \cos\theta, \quad \xi^2 = \sin\theta \tag{2.186}$$

と表現できる．一方，式 (1.80) に示されるように加速度ベクトル $\boldsymbol{p}''(s)$ は法線成分 $\kappa_n \boldsymbol{n} = \kappa_n \boldsymbol{e}_3$ と接ベクトル空間内の成分 $\kappa_g \boldsymbol{e}_g$ の和に分解され，κ_n と κ_g はそれぞれ法曲率，測地曲率とよばれた．式 (2.184) を s で微分し，式 (2.154) を使えば

$$\begin{aligned}\boldsymbol{p}''(s)ds &= (\kappa_g \boldsymbol{e}_g + \kappa_n \boldsymbol{e}_3)ds = d\xi^\alpha \boldsymbol{e}_\alpha + \xi^\alpha d\boldsymbol{e}_\alpha \\ &= d\xi^\alpha \boldsymbol{e}_\alpha + \xi^\alpha \omega_\alpha^j \boldsymbol{e}_j = \bigl(d\xi^\alpha + \xi^\beta \omega_\beta^\alpha\bigr)\boldsymbol{e}_\alpha + \xi^\beta \omega_\beta^3 \boldsymbol{e}_3\end{aligned}$$

であり，接ベクトル空間内の成分と法線成分を分離すれば

$$\kappa_g \boldsymbol{e}_g ds = (d\xi^\alpha + \xi^\beta \omega_\beta^\alpha)\boldsymbol{e}_\alpha, \quad \kappa_n ds = \xi^\beta \omega_\beta^3 \tag{2.187}$$

を得る．ところで，式 (1.79) に示されるように，$\boldsymbol{e}_g$ は単位法線ベクトル $\boldsymbol{n} = \boldsymbol{e}_3$ と速度ベクトル $\boldsymbol{p}'(s)$ との外積として定義されたから，式 (2.184) により

$$\boldsymbol{e}_g = \boldsymbol{n} \times \boldsymbol{p}'(s) = \boldsymbol{e}_3 \times (\xi^1 \boldsymbol{e}_1 + \xi^2 \boldsymbol{e}_2) = \xi^1 \boldsymbol{e}_2 + \xi^2(-\boldsymbol{e}_1) = -\xi^2 \boldsymbol{e}_1 + \xi^1 \boldsymbol{e}_2 \tag{2.188}$$

であり，式 (2.187) と ω_j^i の反対称性，そして式 (2.185) を使えば

$$\begin{aligned}\kappa_g ds &= \kappa_g \boldsymbol{e}_g ds \cdot \boldsymbol{e}_g = (d\xi^\alpha + \xi^\beta \omega_\beta^\alpha)\boldsymbol{e}_\alpha \cdot (-\xi^2 \boldsymbol{e}_1 + \xi^1 \boldsymbol{e}_2) \\ &= -(d\xi^1 + \xi^2 \omega_2^1)\xi^2 + (d\xi^2 + \xi^1 \omega_1^2)\xi^1 \\ &= -\xi^2 d\xi^1 + \xi^1 d\xi^2 - \{(\xi^1)^2 + (\xi^2)^2\}\omega_2^1 = -\xi^2 d\xi^1 + \xi^1 d\xi^2 - \omega_2^1\end{aligned} \tag{2.189}$$

を得る．ところが，式 (2.186) によって

$$-\xi^2 d\xi^1 + \xi^1 d\xi^2 = -\sin\theta(-\sin\theta d\theta) + \cos\theta(\cos\theta\, d\theta) = d\theta \tag{2.190}$$

であるから，式 (2.189) によれば

$$\omega_2^1 = d\theta - \kappa_g ds \tag{2.191}$$

が成立し，これを式 (2.183) に代入すれば

$$\int_A K\theta^1 \wedge \theta^2 + \int_{\partial A} \kappa_g ds = \int_{\partial A} d\theta = \sum_{n=0}^{N-1} \int_{\Gamma_n} d\theta = \sum_{n=0}^{N-1} \int_{C_n} d\theta \tag{2.192}$$

を得る．パラメータ s が L_n から L_{n+1} まで増加するに連れて D 内の点 $\boldsymbol{q}(s)$ は $\boldsymbol{q}_n$ から出発して ∂A 上を $\boldsymbol{q}_{(n+1)}$ にまで移動し，対応する S 上の点 $\boldsymbol{p}(s) = \varphi(\boldsymbol{q}(s))$ は $\boldsymbol{p}_n$ から出発して ∂A_φ 上を $\boldsymbol{p}_{(n+1)}$ まで進む．それゆえ，Γ_n に沿う $d\theta$ の積分とは s が L_n から L_{n+1} まで変化する間の θ の増分に他ならず，式 (2.192) の最後の等式が示すように C_n に沿う $d\theta$ の積分と同じである．同様に，∂A に沿う κ_g の積分は ∂A_φ に沿う κ_g の積分と同じである．

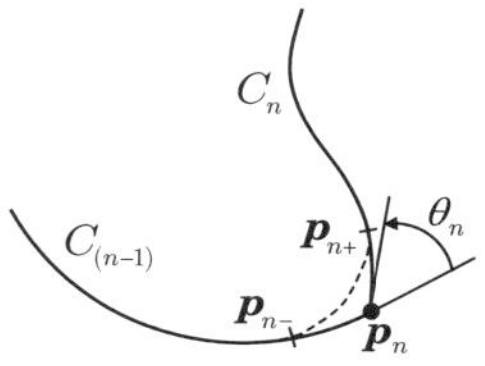

図 2.5 頂点での θ の変化

ところで，$\boldsymbol{p}(s)$ は $s = L_n$ において $C_{(n-1)}$ と C_n との接続点 $\boldsymbol{p}_n = \boldsymbol{p}(L_n)$ を通過するが，図 2.5 に示すように $\boldsymbol{p}_n$ における $C_{(n-1)}$ の接線と C_n の接線がなす角を θ_n とすれば $\theta(s)$ は $s = L_n$ で θ_n だけ飛躍する．こうした不連続性を処理するため，$n = 0 \sim N-1$ のすべてについて ∂A_φ の頂点 $\boldsymbol{p}_n$ の近傍を図 2.5 中の破線で示すように可微分な曲線で置き換える．つまり，$\varepsilon > 0$ を十分に小さく選べば $\boldsymbol{p}_{n-} \equiv \boldsymbol{p}(L_n - \varepsilon)$ は $C_{(n-1)}$ 上にあり，$\boldsymbol{p}_{n+} \equiv \boldsymbol{p}(L_n + \varepsilon)$ は C_n 上にあるが，$s \in (L_n - \varepsilon, L_n + \varepsilon)$ に対応する $\boldsymbol{p}_n$ の近傍を切り取った後に $\boldsymbol{p}_{n-}$ から $\boldsymbol{p}_{n+}$ までを可微分な曲線 $B_{n,\varepsilon}$ でなめらかに繋いで作った閉曲線を C_ε とするのである．当然ながら θ は曲線 $B_{n,\varepsilon}$ 上で急激に変化し

$$\lim_{\varepsilon\downarrow 0} \int_{B_{n,\varepsilon}} d\theta = \theta_n \tag{2.193}$$

が成立する．ただし「$\varepsilon \downarrow 0$」は「$\varepsilon > 0$ を満足させつつ $\varepsilon \to 0$ とすること」を意味する．また，∂A_φ と C_ε の共通部分を $\overline{C}_\varepsilon$，共通でない部分を $\hat{C}_\varepsilon$ と記せば

$$\overline{C}_\varepsilon \equiv C_\varepsilon \cap \partial A_\varphi, \quad \hat{C}_\varepsilon \equiv C_\varepsilon - \overline{C}_\varepsilon = \bigcup_{n=0}^{N-1} B_{n,\varepsilon}, \quad \int_{C_\varepsilon} d\theta = \int_{\overline{C}_\varepsilon} d\theta + \int_{\hat{C}_\varepsilon} d\theta$$

$$\int_{\partial A} d\theta = \sum_{n=0}^{N-1} \int_{C_n} d\theta = \lim_{\varepsilon\downarrow 0} \int_{\overline{C}_\varepsilon} d\theta, \quad \lim_{\varepsilon\downarrow 0} \int_{\hat{C}_\varepsilon} d\theta = \sum_{n=0}^{N-1} \lim_{\varepsilon\downarrow 0} \int_{B_{n,\varepsilon}} d\theta = \sum_{n=0}^{N-1} \theta_n$$

が成立し，したがって

$$\sum_{n=0}^{N-1}\int_{C_n} d\theta = \lim_{\varepsilon\downarrow 0}\left(\int_{C_\varepsilon} d\theta - \int_{\hat{C}_\varepsilon} d\theta\right) = \lim_{\varepsilon\downarrow 0}\Theta_\varepsilon - \sum_{n=0}^{N-1}\theta_n, \quad \Theta_\varepsilon \equiv \int_{C_\varepsilon} d\theta \tag{2.194}$$

が結論される．さて，図 2.4 の場合と同様に C_ε 上の点 $\boldsymbol{p}$ における C_ε の接線とその点での $\boldsymbol{e}_1$ との角度が θ であり，点 $\boldsymbol{p}$ が可微分な閉曲線 C_ε に沿って 1 周した場合の θ の増分が Θ_ε であるが，接線の方向は連続的に変化して 1 周後に元の方向に戻るから，m を適当な整数として $\Theta_\varepsilon = 2\pi m$ が成立する．ところが A_φ は単連結だから，C_ε を A_φ 内で連続的に変形して任意に小さな円に縮小させることが可能である．この変形の過程で Θ_ε の変化は連続的だが，Θ_ε は離散的な値しかとり得ないため，Θ_ε は $2\pi m$ のままである．一方，十分に小さな円周上では $\boldsymbol{e}_1$ の方向はほとんど一定であり，点 $\boldsymbol{p}$ が円周上を正方向に 1 周した場合に接線と $\boldsymbol{e}_1$ のなす角は 2π だけ増加するから $\Theta_\varepsilon = 2\pi$ であり，したがって $m = 1$ が結論される．結局，任意の $\varepsilon > 0$ に対して $\Theta_\varepsilon = 2\pi$ だから，式 (2.194) によって

$$\sum_{n=0}^{N-1}\int_{C_n} d\theta = 2\pi - \sum_{n=0}^{N-1}\theta_n \tag{2.195}$$

であり，これを式 (2.192) に代入すれば Gauss-Bonnet の定理

$$\int_A K\theta^1 \wedge \theta^2 + \int_{\partial A} \kappa_g ds = 2\pi - \sum_{n=0}^{N-1}\theta_n \tag{2.196}$$

を得る．ここでは微分形式の積分として表現されているが，上式を通常の積分の形に表現しておこう．まず，式 (2.196) の左辺第 2 項は，具体的には s の関数としての測地曲率 $\kappa_g(s)$ を $[0, L_N)$ で積分したものに他ならない．つまり

$$\int_{\partial A} \kappa_g ds = \int_0^{L_N} ds\, \kappa_g(s) \tag{2.197}$$

である．式 (2.196) の左辺第 1 項に関しては，式 (2.152) と (2.150) によれば

$$\begin{aligned}\theta^1 \wedge \theta^2 &= (a_1^1 du + a_2^1 dv) \wedge (a_1^2 du + a_2^2 dv) = (a_1^1 a_2^2 - a_2^1 a_1^2) du \wedge dv \\ &= \det(A) du \wedge dv = \|\boldsymbol{p}_u \times \boldsymbol{p}_v\|\, du \wedge dv\end{aligned} \tag{2.198}$$

だから，2 形式の積分の定義式 (2.139) によって

$$\int_A K\theta^1 \wedge \theta^2 = \int_A K\|\boldsymbol{p}_u \times \boldsymbol{p}_v\| du \wedge dv = \int_A dudv \|\boldsymbol{p}_u \times \boldsymbol{p}_v\| K$$

であり，式 (1.44) を使って A_φ の面積素片を $dS = \|\boldsymbol{p}_u \times \boldsymbol{p}_v\|\, dudv$ と記せば

$$\int_A K\theta^1 \wedge \theta^2 = \int_{A_\varphi} dS\, K \tag{2.199}$$

と書ける．結局，通常の積分を使えば Gauss-Bonnet の定理は

$$\int_{A_\varphi} dS\, K + \int_0^{L_N} ds\, \kappa_g(s) = 2\pi - \sum_{n=0}^{N-1}\theta_n \tag{2.200}$$

として表現されることになる.

ところで，図 2.5 からもわかるように，多辺形 A_φ の頂点 $\boldsymbol{p}_n$ における内角 (interior angle) は $\iota_n = \pi - \theta_n$ だから，式 (2.200) を使えば

$$\sum_{n=0}^{N-1} \iota_n = (N-2)\pi + \int_{A_\varphi} dS\,K + \int_0^{L_N} ds\,\kappa_g(s) \tag{2.201}$$

であり，とくに A_φ の各辺が測地線からなる場合には $\kappa_g(s) = 0$ だから

$$\sum_{n=0}^{N-1} \iota_n = (N-2)\pi + \int_{A_\varphi} dS\,K \qquad (\text{測地 } N \text{ 角形の場合}) \tag{2.202}$$

が成立する．S が平面の場合には $K = 0$ だから，N 角形の内角の和は周知のように $(N-2)\pi$ となる．また，S が半径 R の球面の場合には $K = R^{-2}$ だから

$$\theta_{A_\varphi} \equiv \int_{A_\varphi} dS\,K = R^{-2} \int_{A_\varphi} dS = \frac{|A_\varphi|}{R^2}$$

は球の中心まわりに A_φ が張る立体角であり ($|A_\varphi|$ は A_φ の面積)，測地 N 角形の内角の和は平面の場合よりも立体角 θ_{A_φ} の分だけ大きくなる.

今度は ∂A_φ 上の平行な接ベクトル場 $\boldsymbol{Y}(s)$ を考えよう．つまり，点 $\boldsymbol{p}_0$ に適当な接ベクトル $\boldsymbol{Y}(0)$ を置き，これを ∂A_φ 上で平行移動することによって得られる接ベクトル場が $\boldsymbol{Y}(s)$ である．C_n 上の点 $\boldsymbol{p}(s)$ における $\boldsymbol{Y}(s)$ を正規直交標構 $\{\boldsymbol{e}_1, \boldsymbol{e}_2, \boldsymbol{e}_3\}$ を使って

$$\boldsymbol{Y}(s) = \eta^1 \boldsymbol{e}_1 + \eta^2 \boldsymbol{e}_2 = \eta^\alpha \boldsymbol{e}_\alpha \tag{2.203}$$

と表現すれば，$\boldsymbol{Y}(s)$ の大きさ $\|\boldsymbol{Y}(s)\|$ は一定であって

$$\|\boldsymbol{Y}(s)\|^2 = \eta^1\eta^1 + \eta^2\eta^2 = Y_0^2, \quad Y_0 \equiv \|\boldsymbol{Y}(s)\| \tag{2.204}$$

が成立する．また，$\boldsymbol{Y}(s)$ を s で微分すれば

$$\boldsymbol{Y}'(s)ds = d\eta^\alpha \boldsymbol{e}_\alpha + \eta^\alpha d\boldsymbol{e}_\alpha = d\eta^\alpha \boldsymbol{e}_\alpha + \eta^\alpha \omega_\alpha^j \boldsymbol{e}_j = (d\eta^\alpha + \eta^\beta \omega_\beta^\alpha)\boldsymbol{e}_\alpha + \eta^\beta \omega_\beta^3 \boldsymbol{e}_3 \tag{2.205}$$

であるが，$\boldsymbol{Y}(s)$ が平行場だから 2.1.2 項で述べたように $\boldsymbol{Y}'(s)$ の接ベクトル空間に含まれる成分は零であり，したがって

$$d\eta^\alpha + \eta^\beta \omega_\beta^\alpha = 0 \quad \Leftrightarrow \quad d\eta^1 + \eta^2 \omega_2^1 = 0, \quad d\eta^2 + \eta^1 \omega_1^2 = d\eta^2 - \eta^1 \omega_2^1 = 0 \tag{2.206}$$

が成立する．一方，式 (2.187) と (2.188) から

$$\kappa_g ds(-\xi^2 \boldsymbol{e}_1 + \xi^1 \boldsymbol{e}_2) = (d\xi^\alpha + \xi^\beta \omega_\beta^\alpha)\boldsymbol{e}_\alpha = (d\xi^1 + \xi^2 \omega_2^1)\boldsymbol{e}_1 + (d\xi^2 - \xi^1 \omega_2^1)\boldsymbol{e}_2$$

であり，したがって

$$d\xi^1 = -(\kappa_g ds + \omega_2^1)\xi^2, \quad d\xi^2 = (\kappa_g ds + \omega_2^1)\xi^1 \tag{2.207}$$

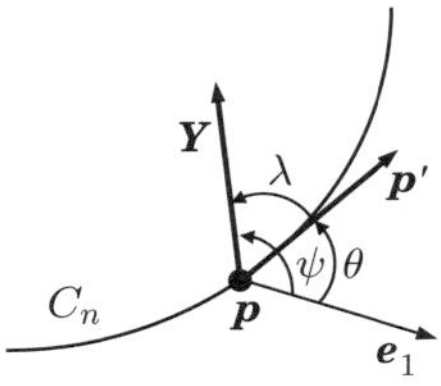

図 2.6　平行接ベクトル場

ここで，図 2.6 に示すように点 $\boldsymbol{p}(s)$ における C_n の接ベクトル $\boldsymbol{p}'(s)$ から $\boldsymbol{Y}(s)$ までの反時計回りの角度を $\lambda(s)$ と記す．$\boldsymbol{e}_1(\boldsymbol{p}(s))$ から $\boldsymbol{p}'(s)$ までの反時計回りの角度を $\theta(s)$ と定義したから，$\boldsymbol{e}_1(\boldsymbol{p}(s))$ から $\boldsymbol{Y}(s)$ までの反時計回りの角度 $\psi(s)$ は

$$\psi(s) = \theta(s) + \lambda(s) \tag{2.208}$$

である．さて，$\boldsymbol{p}'(s)$ が単位ベクトルだから $\boldsymbol{p}'(s)$ と $\boldsymbol{Y}(s)$ の内積と外積は

$$Y_0 \cos\lambda = \boldsymbol{p}'(s)\cdot\boldsymbol{Y}(s) = (\xi^1\boldsymbol{e}_1 + \xi^2\boldsymbol{e}_2)\cdot(\eta^1\boldsymbol{e}_1 + \eta^2\boldsymbol{e}_2) = \xi^1\eta^1 + \xi^2\eta^2 \tag{2.209}$$

$$Y_0 \sin\lambda\boldsymbol{e}_3 = \boldsymbol{p}'(s)\times\boldsymbol{Y}(s) = (\xi^1\boldsymbol{e}_1 + \xi^2\boldsymbol{e}_2)\times(\eta^1\boldsymbol{e}_1 + \eta^2\boldsymbol{e}_2) = (\xi^1\eta^2 - \xi^2\eta^1)\boldsymbol{e}_3 \tag{2.210}$$

として与えられる．式 (2.209) を微分すれば式 (2.206)，(2.207)，(2.210) により

$$\begin{aligned}-(Y_0\sin\lambda)d\lambda &= (d\xi^1)\eta^1 + \xi^1 d\eta^1 + (d\xi^2)\eta^2 + \xi^2 d\eta^2\\ &= -(\kappa_g ds + \omega_2^1)\xi^2\eta^1 + \xi^1(-\eta^2\omega_2^1) + (\kappa_g ds + \omega_2^1)\xi^1\eta^2 + \xi^2(\eta^1\omega_2^1)\\ &= (\xi^1\eta^2 - \xi^2\eta^1)\kappa_g ds = (Y_0\sin\lambda)\kappa_g ds\end{aligned}$$

したがって

$$d\lambda = -\kappa_g ds \tag{2.211}$$

が結論される．それゆえ，式 (2.208) の微分は式 (2.191) と (2.211) を使って

$$d\psi = d\theta + d\lambda = d\theta - \kappa_g ds = \omega_2^1 \tag{2.212}$$

と表現でき，これを式 (2.183) に代入し，2 形式の積分を通常の積分で表現すれば

$$\Delta\psi \equiv \int_{\partial A_\varphi} d\psi = \int_A K\theta^1\wedge\theta^2 = \int_{A_\varphi} dSK \tag{2.213}$$

を得る．すなわち，点 $\boldsymbol{p}_0$ に置いた接ベクトル $\boldsymbol{Y}(0)$ を平行移動させつつ ∂A_φ を 1 周して元の点 $\boldsymbol{p}_0$ に戻ると，接ベクトルは正の方向に $\Delta\psi$ だけ回転し，その回転角 $\Delta\psi$ は閉曲線 ∂A_φ が囲む領域 A_φ で Gauss 曲率 K を面積分したものに等しい．これは 2.1.2 項で示した式 (2.28) に他ならない．

第 3 章

多様体

第 1 章では，曲線や曲面を解析するためにパラメータ表示を利用した．パラメータ表示によれば曲線の座標パッチは開区間 ($\boldsymbol{R}$ の開集合) と同相写像で結ばれ，いくつかの座標パッチを張り合わせたものが曲線である．同様に，曲面の座標パッチは $\boldsymbol{R}^2$ の開集合と同相写像で対応し，何枚かの座標パッチを張り合わせたものが曲面である．とすれば，任意の正整数 N に対して $\boldsymbol{R}^N$ の開領域と同相な座標パッチを張り合わせたものに思い至るのは当然であり，これが N 次元の多様体である．とはいえ，$\boldsymbol{R}^N$ の開領域と単に同相なだけでは微分演算が定義できず，微分幾何の対象としては不十分である．$\boldsymbol{R}^N$ の開領域と微分同相ななめらかな座標パッチを用意し，それらをなめらかに張り合わせる必要がある．こうして作られるのが N 次元の可微分多様体である．

3.1　多様体の基礎概念

3.1.1　座標近傍と座標近傍系

位相空間 X の開集合 U から $\boldsymbol{R}^N$ の開集合 U' への同相写像 $\varphi: U \to U'$ があるとき[‡1]，U と φ の対 (U, φ) を N 次元**座標近傍** (coordinate neighborhood) とよび，写像 φ を U 上の**局所座標系** (local coordinate system) とよぶ．$N = 2$ の場合を図 3.1 に示す．ここで，写像 φ が位相空間 X から $\boldsymbol{R}^2$ への向きで定義されている点に注意しよう．第1章で多用した曲面のパラメータ表示では写像 φ は逆向き，つまり $\boldsymbol{R}^2$ から曲面 S への向きであった．第1章では最初に写像 $\varphi: D \to \boldsymbol{R}^3$ が与えられ，φ による D の像 $\varphi(D)$ として曲面 S が指定されたため，写像の向きとしては $\boldsymbol{R}^2 \to S$ が自然だったのである．一方，本章では最初に位相空間 X が与えられ，その開集合 U の各点 p に座標 $\varphi(p)$ を付与する目的で写像 φ を導入することから，写像の向きとしては X から $\boldsymbol{R}^2$ が自然なのである．また，第1章では座標として u，v などを用いていたが，本章以後では $x^1, x^2, \cdots, x^N$ などの添え字付き記号を多用する[‡2]．なぜなら，この記法は多次元の系や座標変換を扱う際に便利であり，上付き記号と下付き記号のバランスで簡潔に表現できるような関係式が多いからである．

さて，位相空間 X に N 次元座標近傍 (U, φ) と M 次元座標近傍 (V, ψ) があり，両者が交わっているとしよう．つまり，$U \cap V \neq \emptyset$ である．φ は同相写像だから，φ の定義域を $U \cap V$ に制限した写像 $\varphi: U \cap V \to \varphi(U \cap V) \subset \boldsymbol{R}^N$ と，その逆写像 $\varphi^{-1}: \varphi(U \cap V) \to U \cap V$ はともに同相写像である[‡3]．同様に ψ の定義域を $U \cap V$ に制限した写像 $\psi: U \cap V \to \psi(U \cap V) \subset \boldsymbol{R}^M$ は同相写像であり，同相写像の合成は同相写像だから

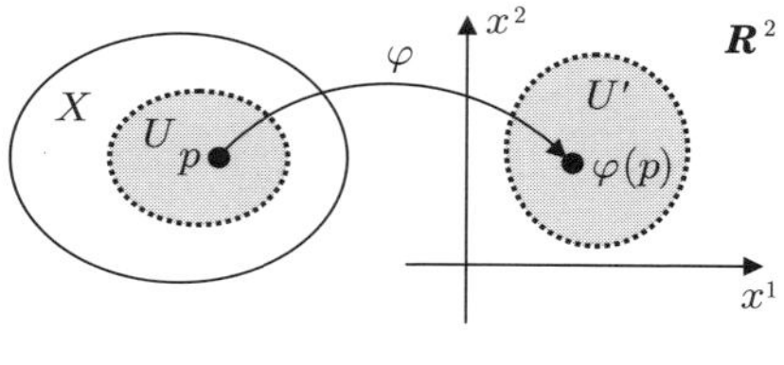

図 3.1　2次元座標近傍

[‡1] 同相写像とは双方向に連続な全単射，つまり連続な上への一対一対応であって，その逆写像もまた連続であるような写像のことである．

[‡2] $x^1, x^2, \cdots, x^N$ は単なる添え字付きの記号であって，x の冪を意味するのではない．

[‡3] φ の定義域を $U \cap V$ に制限した写像を φ と同じ記号で表現したが，混乱の心配はないだろう．両者を区別して表現する場合には，後者を $\varphi|U \cap V$ などと記せばよい．

$$\psi \circ \varphi^{-1} : \varphi(U \cap V) \to \psi(U \cap V) \tag{3.1}$$

もまた同相写像である．これは，$\varphi(U \cap V) \subset \boldsymbol{R}^N$ と $\psi(U \cap V) \subset \boldsymbol{R}^M$ とが同相であることを意味するから，$N = M$ でなければならない．つまり，たがいに交わる座標近傍は同じ次元をもつ．そして，$\boldsymbol{R}^N$ の二つの開集合 $\varphi(U \cap V)$，$\psi(U \cap V)$ を対応付ける同相写像 $\psi \circ \varphi^{-1}$ は (U, φ) から (V, ψ) への**座標変換** (coordinate transformation) とよばれる．たとえば $N = 2$ の場合，座標変換 $\psi \circ \varphi^{-1}$ は $\boldsymbol{R}^2$ の開集合 $\varphi(U \cap V)$ の元 $\boldsymbol{x} = (x^1 \ \ x^2)^t$ を同じく $\boldsymbol{R}^2$ の開集合 $\psi(U \cap V)$ の元 $\boldsymbol{y} = (y^1 \ \ y^2)^t = (\psi \circ \varphi^{-1})(\boldsymbol{x})$ に写すから，2 個の 2 変数実関数の組

$$\boldsymbol{y} = \boldsymbol{y}(\boldsymbol{x}) \quad \Leftrightarrow \quad \begin{cases} y^1 = y^1(x^1, x^2) \\ y^2 = y^2(x^1, x^2) \end{cases} \tag{3.2}$$

として表現されることになる．

位相空間 X の全体を覆うには一般には複数の座標近傍が必要である．そこで，座標近傍の集合 $\{(U_\alpha, \varphi_\alpha)\}_{\alpha \in A}$ が X の全体を覆う場合，すなわち

$$X = \bigcup_{\alpha \in A} U_\alpha \tag{3.3}$$

が成立する場合，$\big\{(U_\alpha, \varphi_\alpha)\big\}_{\alpha \in A}$ を X の**座標近傍系** (system of coordinate neighborhood)，あるいは**アトラス** (atlas) とよぶ．座標近傍系が有限個あるいは加算無限個の座標近傍からなる場合には $\big\{(U_n, \varphi_n)\big\}_{n=1\sim N}$ や $\big\{(U_n, \varphi_n)\big\}_{n=1}^{\infty}$ などと表記できるが，非加算無限個の場合も含めて一般的に表記するには添え字の集合を A として $\big\{(U_\alpha, \varphi_\alpha)\big\}_{\alpha \in A}$ とするのが便利である．

いずれにせよ，アトラスを構成する各座標近傍系 $(U_\alpha, \varphi_\alpha)$ は第 1 章でいえば座標パッチに相当し，それらを張り合わせたものが曲線や曲面に対応するはずだから，アトラスをもつ位相空間を多様体として定義すればよいように思われる．しかし，位相空間は非常に緩やかな概念であって，常識的な「空間」の概念からはるかに逸脱した対象までが含まれる．実際，曲線や曲面，そして任意次元の Euclid 空間はすべて**Hausdorff 空間**であり，任意の 2 点 $p \neq q$ に対して p の近傍 U_p と q の近傍 U_q を十分に小さく設定すれば $U_p \cap U_q = \emptyset$ とできるが，この性質をもたない位相空間が存在するのである[‡4]．位相空間は座標近傍系の存在によって局所的に Euclid 空間の開集合と「同相」だが，各点の近傍が分離しない場合には「同じ位相的性質をもつ」とはいえない．幾何学の対象としては局所的に Euclid 空間の開集合と同じ位相的性質をもつものこそが相応しいことから，アトラスをもつ Hausdorff 空間を**位相多様体** (topological manifold)，あるいは単に多様体とよぶ．

‡4 たとえば，竹之内脩：トポロジー (第 6 章)，廣川書店

上に示したように，たがいに交わる座標近傍は同じ次元をもつから，連結な多様体のアトラスを構成する座標近傍はすべて同じ次元をもつ．そこで，この次元を多様体の次元として定義する．つまり，N 次元多様体とは N 次元の座標近傍からなるアトラスをもつ Hausdorff 空間のことである．多様体がいくつかの連結成分からなる場合には連結成分ごとに次元が異なる可能性があるが，その場合には各連結成分を別々に扱うことにしよう．この約束によれば，多様体の次元はつねに確定することになる．

■ 3.1.2　微分構造と可微分多様体

$\mathcal{A} = \{(U_\alpha, \varphi_\alpha)\}_{\alpha\in A}$ が多様体 M のアトラスだったとしよう．$\mathcal{A}$ を構成する座標近傍の中でたがいに交わっているものに関しては，式 (3.1) に示すような座標変換が可能である．つまり，$U_\alpha \cap U_\beta \neq \emptyset$ であるような $\alpha, \beta \in A$ に対しては座標変換

$$\varphi_\beta \circ \varphi_\alpha^{-1} : \varphi_\alpha(U_\alpha \cap U_\beta) \to \varphi_\beta(U_\alpha \cap U_\beta) \tag{3.4}$$

が定義されるが，これらはすべて実関数 (N 個の N 変数実関数の組) だから微分可能性が評価できる．そこで，$U_\alpha \cap U_\beta \neq \emptyset$ であるような任意の $\alpha, \beta \in A$ について座標変換 $\varphi_\beta \circ \varphi_\alpha^{-1}$ が微分可能である場合，$\mathcal{A}$ を可微分座標近傍系，あるいは可微分アトラスとよぶ．$\varphi_\beta \circ \varphi_\alpha^{-1}$ と $\varphi_\alpha \circ \varphi_\beta^{-1}$ はたがいに他の逆関数であり，$\mathcal{A}$ が可微分ならば両者ともに微分可能だから，両者ともに微分同相写像である点に注意しよう．

ところで，第1章では「微分可能」とは「必要な回数だけ微分可能」を意味し，それで不都合が生ずることはなかった．しかし，本章以降では時として「何回まで微分可能か」を明示する必要が生ずる．そこで N 変数の実関数，つまり $\boldsymbol{R}^N$ の開集合 U の上で定義された N 変数の実関数 $f : U \to \boldsymbol{R}$ を微分可能な回数に応じてつぎのように分類する．つまり，f が1階から r 階までのすべての偏導関数をもち，f 自身も含めてそれらがすべて U 上で連続である場合，f は U 上で $\boldsymbol{C^r}$ **級** (class C^r) という．また，任意の自然数 r に対して f が U 上で C^r 級ならば f は U 上で C^∞ 級という．なお，連続関数を C^0 級と形容する場合もあるが，C^r 級と表現すればとくに指定しないかぎり $1 \leq r \leq \infty$ を意味する．いずれにせよ，N 変数実関数の分類にもとづいて U 上の実ベクトル値関数

$$\rho : U \to \boldsymbol{R}^M, \quad \boldsymbol{x} \mapsto \boldsymbol{y} = \rho(\boldsymbol{x}) = (y^1(\boldsymbol{x}) \;\; y^2(\boldsymbol{x}) \;\; \cdots \;\; y^M(\boldsymbol{x}))^t$$

の分類が可能となる．つまり，ρ の各成分 $y^m : U \to \boldsymbol{R}$ $(m = 1 \sim M)$ がすべて C^r 級の場合，その場合にかぎって $\rho : U \to \boldsymbol{R}^M$ は C^r 級という．アトラス $\mathcal{A} = \{(U_\alpha, \varphi_\alpha)\}_{\alpha\in A}$ に関しては，$U_\alpha \cap U_\beta \neq \emptyset$ を満足する任意の $\alpha, \beta \in A$ に対して $\varphi_\beta \circ \varphi_\alpha^{-1}$ が C^r 級の場合，その場合にかぎってアトラス $\mathcal{A}$ は C^r 級というのである．

多様体 M がもつ無数のアトラスの中から任意に二つを選んで，$\mathcal{A} = \{(U_\alpha, \varphi_\alpha)\}_{\alpha\in A}$，$\mathcal{B} = \{(V_\beta, \psi_\beta)\}_{\beta\in B}$ としよう．このとき，両者の合併

$$\mathcal{A}\cup\mathcal{B}=\{(U_\alpha,\varphi_\alpha)\}_{\alpha\in A}\cup\{(V_\beta,\psi_\beta)\}_{\beta\in B} \tag{3.5}$$

もまた M 全体を覆う座標近傍の集合であり，したがって $\mathcal{A}\cup\mathcal{B}$ もまた M のアトラスである．この「アトラスの合併はアトラス」という性質はきわめて重要であり，多様体上の関数の連続性や多様体から多様体への写像の連続性がアトラスの選び方に依存しない形で定義できることの根拠になっている．

一方，「C^r 級アトラスの合併は C^r 級アトラス」とは限らない．$\mathcal{A}$ と $\mathcal{B}$ が C^r 級ならば両者のそれぞれに関する座標変換 $\varphi_\nu\circ\varphi_\mu^{-1}$ $(\mu,\nu\in A)$，$\psi_\lambda\circ\psi_\kappa^{-1}$ $(\kappa,\lambda\in B)$ はすべて C^r 級だが，両者にまたがる座標変換，つまり $\varphi_\mu\circ\psi_\kappa^{-1}$ $(\mu\in A,\kappa\in B)$ などの可微分性については何もいえないからである．それゆえ，多様体上の関数や多様体間の写像の可微分性を可微分アトラスの選び方に依存しない形で議論するには，「可微分多様体とは可微分アトラスをもつ位相空間である」とした上述の定義を修正する必要がある．

さて，C^r 級アトラスの合併は C^r 級とは限らないが，C^r 級となる場合もある．そこで，二つの C^r 級アトラス $\mathcal{A},\mathcal{B}$ の合併 $\mathcal{A}\cup\mathcal{B}$ が C^r 級となる場合，$\mathcal{A}$ と $\mathcal{B}$ は同値 (equivalent) であるといい，$\mathcal{A}\approx\mathcal{B}$ と記す．この 2 項関係は実際に同値関係である．つまり，$\mathcal{A},\mathcal{B},\mathcal{C}$ を C^r 級アトラスとするとき，反射律 $(\mathcal{A}\approx\mathcal{A})$，対称律 ($\mathcal{A}\approx\mathcal{B}$ なら $\mathcal{B}\approx\mathcal{A}$) および推移律 ($\mathcal{A}\approx\mathcal{B}$ かつ $\mathcal{B}\approx\mathcal{C}$ なら $\mathcal{A}\approx\mathcal{C}$) が成立する．反射律と対称律の成立はほとんど自明だから，ここでは推移律が成立すること，つまり $\mathcal{A}\cup\mathcal{B}$ と $\mathcal{B}\cup\mathcal{C}$ が C^r 級ならば $\mathcal{A}\cup\mathcal{C}$ もまた C^r 級であることを示そう．証明に際して $\mathcal{A}=\{(U_\alpha,\varphi_\alpha)\}_{\alpha\in A}$，$\mathcal{B}=\{(V_\beta,\psi_\beta)\}_{\beta\in B}$，$\mathcal{C}=\{(W_\gamma,\chi_\gamma)\}_{\gamma\in C}$ とする．

まず，仮定によって $\mathcal{A}$ と $\mathcal{C}$ は C^r 級だから

$$\varphi_\alpha\circ\varphi_{\alpha'}^{-1}:\varphi_{\alpha'}(U_\alpha\cap U_{\alpha'})\to\varphi_\alpha(U_\alpha\cap U_{\alpha'})\quad(\alpha,\alpha'\in A,\ U_\alpha\cap U_{\alpha'}\neq\emptyset)$$

$$\chi_\gamma\circ\chi_{\gamma'}^{-1}:\chi_{\gamma'}(W_\gamma\cap W_{\gamma'})\to\chi_\gamma(W_\gamma\cap W_{\gamma'})\quad(\gamma,\gamma'\in C,\ W_\gamma\cap W_{\gamma'}\neq\emptyset)$$

は C^r 級同相写像である．それゆえ，$\mathcal{A}\cup\mathcal{C}$ が C^r 級であることを主張するには

$$\varphi_\alpha\circ\chi_\gamma^{-1}:\chi_\gamma(U_\alpha\cap W_\gamma)\to\varphi_\alpha(U_\alpha\cap W_\gamma)\quad(\alpha\in A,\ \gamma\in C,\ U_\alpha\cap W_\gamma\neq\emptyset)$$

が C^r 級同相写像であることを示せばよい．さて，$\mathcal{B}$ は M のアトラスだから $X=\bigcup_{\beta\in B}V_\beta$ であり，これを利用すれば $U_\alpha\cap W_\gamma$ は

$$U_\alpha\cap W_\gamma=(U_\alpha\cap W_\gamma)\cap X=(U_\alpha\cap W_\gamma)\cap\bigcup_{\beta\in B}V_\beta=\bigcup_{\beta\in B}(U_\alpha\cap V_\beta\cap W_\gamma)$$

と表現できる．ここで $U_\alpha\cap V_\beta\cap W_\gamma=\emptyset$ となるような $\beta\in B$ は $U_\alpha\cap W_\gamma$ に寄与しないから，B の部分集合 $B_{\alpha,\gamma}$ を

$$B_{\alpha,\gamma}\equiv\{\beta|\beta\in B,\ U_\alpha\cap V_\beta\cap W_\gamma\neq\emptyset\}$$

によって定義すれば

$$U_\alpha \cap W_\gamma = \bigcup_{\beta \in B} (U_\alpha \cap V_\beta \cap W_\gamma) = \bigcup_{\beta \in B_{\alpha,\gamma}} (U_\alpha \cap V_\beta \cap W_\gamma)$$

であり，したがって

$$\chi_\gamma(U_\alpha \cap W_\gamma) = \chi_\gamma\Big(\bigcup_{\beta \in B_{\alpha,\gamma}} (U_\alpha \cap V_\beta \cap W_\gamma)\Big) = \bigcup_{\beta \in B_{\alpha,\gamma}} \chi_\gamma(U_\alpha \cap V_\beta \cap W_\gamma) \tag{3.6}$$

が成立する．一方，$U_\alpha \cap W_\gamma \neq \emptyset$ ならば $\chi_\gamma(U_\alpha \cap W_\gamma)$ 上で座標変換 $\varphi_\alpha \circ \chi_\gamma^{-1}$ が定義されるが，定義域を制限して

$$\varphi_\alpha \circ \chi_\gamma^{-1} : \chi_\gamma(U_\alpha \cap V_\beta \cap W_\gamma) \to \varphi_\alpha(U_\alpha \cap V_\beta \cap W_\gamma) \qquad (\beta \in B_{\alpha,\gamma})$$

と考えた場合には

$$\varphi_\alpha \circ \chi_\gamma^{-1} = \varphi_\alpha \circ (\psi_\beta^{-1} \circ \psi_\beta) \circ \chi_\gamma^{-1} = (\varphi_\alpha \circ \psi_\beta^{-1}) \circ (\psi_\beta \circ \chi_\gamma^{-1}) \tag{3.7}$$

が成立する．実際，χ_γ^{-1} による $\chi_\gamma(U_\alpha \cap V_\beta \cap W_\gamma)$ の像 $U_\alpha \cap V_\beta \cap W_\gamma$ は ψ_β の定義域 V_β に含まれるから χ_γ^{-1} と $\psi_\beta^{-1} \circ \psi_\beta$ は合成可能であり，その結果は $(\psi_\beta^{-1} \circ \psi_\beta) \circ \chi_\gamma^{-1} = \chi_\gamma^{-1}$ である．そして，$\mathcal{B} \cup \mathcal{C}$ と $\mathcal{A} \cup \mathcal{B}$ は C^r 級という前提によって $\psi_\beta \circ \chi_\gamma^{-1}$ と $\varphi_\alpha \circ \psi_\beta^{-1}$ はともに C^r 級同相写像だから，式 (3.7) によって $\varphi_\alpha \circ \chi_\gamma^{-1}$ もまた C^r 級同相写像である．結局，任意の $\beta \in B_{\alpha,\gamma}$ に対して $\varphi_\alpha \circ \chi_\gamma^{-1}$ は $\chi_\gamma(U_\alpha \cap V_\beta \cap W_\gamma)$ 上で C^r 級同相写像だから，式 (3.6) によれば $\varphi_\alpha \circ \chi_\gamma^{-1}$ は $\chi_\gamma(U_\alpha \cap W_\gamma)$ 上で C^r 級同相写像である．これが証明すべきことであった．

さて，二つのアトラス $\mathcal{S}$ と $\mathcal{T}$ が $\mathcal{S} \subset \mathcal{T}$ を満足する場合[‡5]，つまり $\mathcal{S}$ の座標近傍がすべて $\mathcal{T}$ に含まれる場合，$\mathcal{S}$ は $\mathcal{T}$ に従属するという．アトラス $\mathcal{S}$ が C^r 級アトラス $\mathcal{T}$ に従属するならば，$\mathcal{S}$ に関する座標変換はすべて $\mathcal{T}$ に関する座標変換でもあるから $\mathcal{S}$ 自身も C^r 級である．また，この場合には $\mathcal{S} \cup \mathcal{T} = \mathcal{T}$ だから $\mathcal{S} \cup \mathcal{T}$ は C^r 級アトラスであり，定義によって $\mathcal{S}$ と $\mathcal{T}$ は同値である．

さて，$\mathcal{A}$ を C^r 級アトラスとし，$\mathcal{A}$ と同値な任意の C^r 級アトラスを $\mathcal{B}$ とする．$\mathcal{A}$ と $\mathcal{B}$ が同値だから定義によって $\mathcal{A} \cup \mathcal{B}$ は C^r 級であり，$\mathcal{A}$ は $\mathcal{A} \cup \mathcal{B}$ に従属するから，上述のように $\mathcal{A}$ と $\mathcal{A} \cup \mathcal{B}$ は同値である．とはいえ，$\mathcal{A} \supset \mathcal{B}$ の場合を別にすれば $\mathcal{A} \cup \mathcal{B}$ は $\mathcal{A}$ よりも多くの座標近傍を含むから，その分だけ座標近傍の選択の自由が大きい．$\mathcal{B}$ だけに限らず，合併する C^r 級アトラスの数を増やせば選択の自由度も増加するはずである．そこで，$\mathcal{A}$ と同値なすべての C^r 級アトラスの合併を $\mathcal{A}$ から決まる C^r 級極大座標近傍系，あるいは **C^r 級極大アトラス** (maximal atlas of class C^r) とよんで $\mathcal{U}(\mathcal{A})$ と記す．$\mathcal{U}(\mathcal{A})$ が実際に C^r 級アトラスであることは以下のように証明される．

---

‡5 包含関係の記号 $\mathcal{S} \subset \mathcal{T}$ は $\mathcal{S} = \mathcal{T}$ の場合も許すことにする．

まず，座標近傍の集合$\mathcal{U}(\mathcal{A})$は少なくともアトラス$\mathcal{A}$を含むからアトラスである．それゆえ，$\mathcal{U}(\mathcal{A})$がC^r級アトラスであることを主張するには，たがいに交わる$\mathcal{U}(\mathcal{A})$の任意の座標近傍

$$(V_\beta, \psi_\beta), (W_\gamma, \chi_\gamma) \in \mathcal{U}(\mathcal{A}), \quad V_\beta \cap W_\gamma \neq \emptyset \tag{3.8}$$

に対して

$$\psi_\beta \circ \chi_\gamma^{-1} : \chi_\gamma(V_\beta \cap W_\gamma) \to \psi_\beta(V_\beta \cap W_\gamma) \tag{3.9}$$

がC^r級同相写像であることを示せばよい．ところが$\mathcal{U}(\mathcal{A})$は$\mathcal{A}$と同値なC^r級アトラスの合併だから，式(3.8)によれば$\mathcal{A}$と同値なC^r級アトラス$\mathcal{B}$,$\mathcal{C}$が存在して$(V_\beta, \psi_\beta) \in \mathcal{B}$，$(W_\gamma, \chi_\gamma) \in \mathcal{C}$である．このとき$\mathcal{A} \approx \mathcal{B}$かつ$\mathcal{A} \approx \mathcal{C}$だから$\mathcal{B} \approx \mathcal{C}$であり，$\mathcal{B} \cup \mathcal{C}$は$C^r$級だから，式(3.9)に示される$\psi_\beta \circ \chi_\gamma^{-1}$は$C^r$級同相写像である．

このように$\mathcal{U}(\mathcal{A})$はC^r級アトラスであり，$\mathcal{A} \subset \mathcal{U}(\mathcal{A})$だから$\mathcal{A} \approx \mathcal{U}(\mathcal{A})$である．そのため$C^r$級アトラス$\mathcal{B}$が$\mathcal{U}(\mathcal{A})$と同値ならば$\mathcal{B}$は$\mathcal{A}$とも同値であり‡6，したがって$\mathcal{B}$は$\mathcal{U}(\mathcal{A})$に従属する．ところで，$\mathcal{U}(\mathcal{A})$は$C^r$級アトラスだから$\mathcal{U}(\mathcal{A})$から決まる$C^r$級極大アトラス$\mathcal{U}(\mathcal{U}(\mathcal{A}))$を構成できるが，$\mathcal{U}(\mathcal{A})$と同値な$C^r$級アトラスはすべて$\mathcal{A}$とも同値だから$\mathcal{U}(\mathcal{U}(\mathcal{A})) = \mathcal{U}(\mathcal{A})$が成立する．逆に$C^r$級アトラス$\mathcal{M}$が

$$\mathcal{U}(\mathcal{M}) = \mathcal{M} \tag{3.10}$$

を満足するならば，C^r級アトラス$\mathcal{A}$が存在して$\mathcal{M} = \mathcal{U}(\mathcal{A})$が成立する‡7．結局，$C^r$級極大アトラスとは式(3.10)を満足する$C^r$級アトラスに他ならない．

準備のための議論が続いたが，ここまで来れば**C^r級多様体** (manifold of classC^r) を正式に定義することが可能である．すなわち，位相空間MにC^r級極大アトラス$\mathcal{M}$が定義されるとき，Mと$\mathcal{M}$との組$(M, \mathcal{M})$をC^r級多様体とよぶのである．このC^r級多様体ではC^r級アトラスとしては$\mathcal{M}$に従属するものだけが許され，この制限の下では「C^r級アトラスの合併はC^r級アトラス」という所望の性質が実現することになる．

位相空間MがC^r級アトラス$\mathcal{A}$をもつ場合，C^r級多様体$(M, \mathcal{U}(\mathcal{A}))$が構成できるが，これを$\mathcal{A}$から決まる$C^r$級多様体とよぶ．$M$が$\mathcal{U}(\mathcal{A})$に従属しない$C^r$級アトラス$\mathcal{A}'$をもつ場合には$(M, \mathcal{U}(\mathcal{A}'))$もまた$C^r$級多様体だが，これは$(M, \mathcal{U}(\mathcal{A}))$とは異なる$C^r$級多様体である．土台となる位相空間は同じでも$\mathcal{U}(\mathcal{A})$と$\mathcal{U}(\mathcal{A}')$とでは可微分性が異なる(整合しない)からである．こうした理由から，C^r級極大アトラス$\mathcal{U}(\mathcal{A})$を$\mathcal{A}$から決まる**C^r級微分構造** (differential structure of class C^r) とよぶこともある．この表現を使えば，$\mathcal{U}(\mathcal{A})$と$\mathcal{U}(\mathcal{A}')$とが位相空間$M$に異なる微分構造を

‡6 実際$\mathcal{A} \approx \mathcal{U}(\mathcal{A})$だから，$\mathcal{B} \approx \mathcal{U}(\mathcal{A})$ならば$\mathcal{A} \approx \mathcal{B}$である．

‡7 実際，少なくとも$\mathcal{A} = \mathcal{M}$の場合には$\mathcal{M} = \mathcal{U}(\mathcal{A})$が成立する．

規定するがゆえに $(M,\mathcal{U}(\mathcal{A}))$ と $(M,\mathcal{U}(\mathcal{A}'))$ とは異なる C^r 級多様体なのである．さらに，$\mathcal{U}(\mathcal{A})$ と $\mathcal{U}(\mathcal{A}')$ のどちらにも従属しない C^r 級アトラス $\mathcal{A}''$ が存在するならば $(M,\mathcal{U}(\mathcal{A}''))$ もまた微分構造を異にする C^r 級多様体であり，同様にして C^r 級多様体の列が構成される[‡8]．

このように，ひとつの位相空間に対して無数の C^r 級多様体が存在し得るが，実際にはひとつの微分構造 $\mathcal{M}$ だけに注目するのが普通であり，その場合には $(M,\mathcal{M})$ を単に M と表記しても混乱は生じない．そこで，「C^r 級アトラス $\mathcal{A}$ をもつ位相空間 M に $\mathcal{A}$ から決まる微分構造 $\mathcal{U}(\mathcal{A})$ を導入した C^r 級多様体 $(M,\mathcal{U}(\mathcal{A}))$」という，正確ではあるが長々しい記述を短縮して「$C^r$ 級アトラス $\mathcal{A}$ をもつ C^r 級多様体 M」と表現することにする．また，「C^r 級多様体 M のアトラス $\mathcal{A}$」と表現する場合も多いが，この場合には適当な C^r 微分構造 $\mathcal{M}$ が仮定されており，$\mathcal{A}$ は $\mathcal{M}$ に従属する C^r 級アトラスであることを暗黙の了解事項としている．さらに，C^1 級多様体を**可微分多様体** (differentiable manifold) という．当然ながら任意の $1 \leq r$ に対して C^r 級多様体は可微分多様体である．

ところで，C^0 級多様体 (可微分とは限らない多様体) M では微分構造は定義されないが，M のすべてのアトラスの合併を $\mathcal{M}$ と記し，その多様体を形式的に $(M,\mathcal{M})$ と表記すれば $\mathcal{M}$ に従属するアトラスは当然ながら M のアトラスだから，$1 \leq r \leq \infty$ に対する C^r 級多様体 (可微分多様体) を含めた議論の際に便利である．以下，この約束に従うことにする．

では，N 次元 C^r 級多様体 M の任意の開集合 W もまた N 次元 C^r 級多様体であることを示して本節を終えよう．まず，Hausdorff 空間 M からの相対位相によって W は Hausdorff 空間である．そして，M の任意の座標近傍 (U,φ) に対して $(W\cap U,\varphi|W\cap U)$ は W の座標近傍である．実際，U と W が M の開集合だから両者の合併 $U\cap M$ もまた M の開集合であり，$\varphi : U \to \varphi(U)$ が同相写像であることから $\varphi(W\cap U)$ は $\boldsymbol{R}^N$ の開集合である．また，M からの相対位相に関して $W\cap U$ は W の開集合だから，写像 φ は W の開集合 $W\cap U$ を $\boldsymbol{R}^N$ の開集合 $\varphi(W\cap U)$ に写す同相写像に他ならず，$(W\cap U,\varphi|W\cap U)$ は確かに W の座標近傍である．そして，$\mathcal{A}=\{(U_\alpha,\varphi_\alpha)\}_{\alpha\in A}$ が M の C^r 級アトラスならば $\mathcal{A}_W \equiv \{(W\cap U_\alpha,\varphi_\alpha|W\cap U)\}_{\alpha\in A}$ は W の C^r 級アトラスであること，つまり

$$(W\cap U_\alpha)\cap(W\cap U_{\alpha'}) = W\cap U_\alpha\cap U_{\alpha'} \neq \emptyset$$

を満足する任意の $\alpha,\alpha' \in A$ に対して $\varphi_\alpha\circ\varphi_{\alpha'}^{-1}$ は $\varphi_{\alpha'}(W\cap U_\alpha\cap U_{\alpha'})$ 上で C^r 級であることが示される．実際，$W\cap U_\alpha\cap U_{\alpha'}\neq\emptyset$ ならば $U_\alpha\cap U_{\alpha'}\neq\emptyset$ であり，$\mathcal{A}$ は C^r 級

---

‡8 とはいえ，こうして構成される C^r 級多様体のほとんどはたがいに微分同相であり，本質的には「同じもの」である．たとえば志賀浩二著：多様体論 I，岩波講座基礎数学，岩波書店

アトラスだから，$\varphi_\alpha \circ \varphi_{\alpha'}^{-1}$ は確かに $\varphi_{\alpha'}(W \cap U_\alpha \cap U_{\alpha'}) \subset \varphi_{\alpha'}(U_\alpha \cap U_{\alpha'})$ 上で C^r 級である．このように，W は N 次元座標近傍を構成要素とする C^r 級アトラス $\mathcal{A}_W$ をもつことから N 次元の C^r 級多様体である[‡9]．

3.1.3 多様体上の関数

多様体 M の各点 p にひとつの実数 $\rho \in \boldsymbol{R}$ を対応させる写像

$$f : M \to \boldsymbol{R}, \quad p \mapsto \rho = f(p)$$

は多様体 M 上の関数とよばれる．C^r 級 $(0 \leq r \leq \infty)$ 多様体 M のアトラスを任意にひとつ選んで $\mathcal{A} = \{(U_\alpha, \varphi_\alpha)\}_{\alpha \in A}$ としよう[‡10]．座標近傍 $(U_\alpha, \varphi_\alpha)$ に含まれる点 $p \in U_\alpha$ に対しては局所座標系 φ_α によって座標 $\boldsymbol{x} = \varphi_\alpha(p)$ が決まり，p はこの座標を使って $p = \varphi_\alpha^{-1}(\boldsymbol{x})$ と表現されるから，U_α 上での p の関数 $f(p)$ は $U'_\alpha \equiv \varphi_\alpha(U_\alpha)$ 上での座標 $\boldsymbol{x}$ の関数として

$$\rho = f(p) = f(\varphi_\alpha^{-1}(\boldsymbol{x})) = (f \circ \varphi_\alpha^{-1})(\boldsymbol{x})$$

と表現できるが，これは N 個の実数の組 $\boldsymbol{x}$ をひとつの実数 ρ に対応させる N 変数の実関数に他ならない．それゆえ，座標近傍ごとに定義される実関数 $f \circ \varphi_\alpha^{-1}$ の連続性や可微分性を通して，多様体上の関数 f の連続性や可微分性が評価できることになる．つまり，C^r 級多様体 M 上の関数 f が C^s 級であるとは，アトラス $\mathcal{A}$ を構成するすべての座標近傍に対して N 変数実関数

$$f \circ \varphi_\alpha^{-1} : U'_\alpha \to \boldsymbol{R} \tag{3.11}$$

が C^s 級であること，として定義される．$0 \leq s \leq r$ であれば，この定義はアトラスの選び方に依存しない．なぜなら，関数 f が任意のひとつのアトラス $\mathcal{A}$ に関して C^s 級ならば，他の任意のアトラス $\mathcal{B} = \{(V_\beta, \psi_\beta)\}_{\beta \in B}$ に関しても C^s 級だからである．これを示そう．

まず，$\mathcal{A}$ は M のアトラスだから $M = \bigcup_{\alpha \in A} U_\alpha$ であり，これから

$$\begin{aligned} V_\beta = V_\beta \cap M = V_\beta \cap \bigcup_{\alpha \in A} U_\alpha = \bigcup_{\alpha \in A} (V_\beta \cap U_\alpha) = \bigcup_{\alpha \in A_\beta} (V_\beta \cap U_\alpha) \\ A_\beta \equiv \{\alpha | \alpha \in A,\ V_\beta \cap U_\alpha \neq \emptyset\} \end{aligned} \tag{3.12}$$

したがって

$$V'_\beta \equiv \psi(V_\beta) = \psi\Bigl(\bigcup_{\alpha \in A_\beta} (V_\beta \cap U_\alpha) \Bigr) = \bigcup_{\alpha \in A_\beta} \psi(V_\beta \cap U_\alpha) \tag{3.13}$$

---

‡9 より正確には，$\mathcal{A}_W$ から構築される C^r 級極大座標近傍系 $\mathcal{U}(\mathcal{A}_W)$ と W の組 $(W, \mathcal{U}(\mathcal{A}_W))$ が N 次元の C^r 級多様体である．

‡10 前節の末尾に述べたように「C^r 級多様体 M のアトラス $\mathcal{A}$」と表現した場合には適当な C^r 微分構造 $\mathcal{M}$ が仮定されており，$\mathcal{A}$ は $\mathcal{M}$ に従属する C^r 級アトラスであること意味している．

が成立する．一方，$V_\beta \cap U_\alpha \neq \emptyset$ ならば $\psi_\beta(V_\beta \cap U_\alpha)$ 上の関数としての $f \circ \psi_\beta^{-1}$ は

$$f \circ \psi_\beta^{-1} = f \circ (\varphi_\alpha^{-1} \circ \varphi_\alpha) \circ \psi_\beta^{-1} = (f \circ \varphi_\alpha^{-1}) \circ (\varphi_\alpha \circ \psi_\beta^{-1})$$

と表現できるが，前節で示したように $\mathcal{A}$ と $\mathcal{B}$ が C^r 級アトラスならば $\mathcal{A} \cup \mathcal{B}$ もまた C^r 級アトラスだから[‡11] $\psi_\beta(V_\beta \cap U_\alpha)$ の上で定義される関数 $\varphi_\alpha \circ \psi_\beta^{-1}$ は C^r 級であり，仮定によって $f \circ \varphi_\alpha^{-1}$ は $\varphi_\alpha(V_\beta \cap U_\alpha) \subset U'_\alpha$ で C^s 級だから，両者の合成である $f \circ \psi_\beta^{-1}$ は $\psi_\beta(V_\beta \cap U_\alpha)$ で $C^{\min(r,s)}$ 級である．これが $V_\beta \cap U_\alpha \neq \emptyset$ であるようなすべての $\alpha \in A$ に対していえるから，式 (3.13) によって $f \circ \psi_\beta^{-1}$ は V'_β 上で $C^{\min(r,s)}$ 級である．それゆえ，$0 \leq s \leq r$ ならば $f \circ \psi_\beta^{-1}$ は V'_β 上で C^s 級であり，これが証明すべきことであった．$r < s$ の場合には，多様体上の関数の可微分性が，判定に利用するアトラスに依存して変化する可能性があることに注意しておこう．

多様体 M の開集合を $U \subset M$ とするとき，U の各点 p に対してひとつの実数 $\rho \in \boldsymbol{R}$ を対応させる写像 $f : U \to \boldsymbol{R}$ は U 上の関数とよばれるが，こうした関数の連続性や可微分性も上と同様に定義できる．つまり，C^r 級多様体 M のアトラスを任意にひとつ選んで $\mathcal{A} = \{(U_\alpha, \varphi_\alpha)\}_{\alpha \in A}$ とするとき，U と交わる $\mathcal{A}$ の座標近傍，つまり $U \cap U_\alpha \neq \emptyset$ を満足する座標近傍 $(U_\alpha, \varphi_\alpha)$ のすべてに対して $f \circ \varphi_\alpha^{-1} : \varphi_\alpha(U_\alpha) \to \boldsymbol{R}$ が C^s 級ならば，U 上の関数 f は C^s 級であるというのである．$0 \leq s \leq r$ の場合には，この定義がアトラスの選び方に依存しないことは多様体上の関数の場合と同様に示される．

3.1.4　多様体内の曲線

前項では C^r 級多様体 M の上の関数 $f : M \to \boldsymbol{R}$ を考えたが，本項では逆に開区間 $I \subset \boldsymbol{R}$ から C^r 級多様体 M への写像 $\gamma : I \to M$ を対象とする．写像 γ が連続だとすれば，$t \in I$ が連続的に動くに連れて $\gamma(t) \in M$ は多様体内を連続的に動くから，多様体内に 1 本の連続な曲線 C が決まるはずである．また，γ が可微分ならば曲線 C には「接ベクトル」が決まるだろう．とはいえ，ここで扱っている多様体 M は可微分多様体という抽象的な存在であり，γ の連続性や可微分性，曲線 C の接ベクトルが何を意味するのかを明確にしておく必要がある[‡12]．

ところで，開区間 $I \subset \boldsymbol{R}$ は通常の位相に関して位相空間であり，多様体 M も位相空間だから，$\gamma : I \to M$ の連続性は通常の定義にしたがって判定できる．以後，γ は連続だとしよう．そして，C^r 級 $(0 \leq r \leq \infty)$ 多様体 M のアトラスをひとつ選んで $\mathcal{A} = \{(U_\alpha, \varphi_\alpha)\}_{\alpha \in A}$ とする[‡13]．$\mathcal{A}$ はアトラスだから，任意の $t_0 \in I$ に対して $\gamma(t_0) \in U_\alpha$ を満足する $\alpha \in A$ が存在する．γ は連続だから t_0 を含む開区間 $N_0 \subset I$ を

---

‡11 もちろん，これら二つのアトラスが同一の C^r 級微分構造に従属すること前提としている．

‡12 曲線 C の接ベクトルが何を意味するのかに関しては 3.3.1 項で議論する．

‡13 繰り返しになるが，前節の末尾に述べたように「C^r 級多様体 M のアトラス $\mathcal{A}$」と表現した場合には適当な C^r 微分構造 $\mathcal{M}$ が仮定されており，$\mathcal{A}$ は $\mathcal{M}$ に従属する C^r 級アトラスであること意味している．

十分小さく設定すれば $\gamma(N_0) \subset U_\alpha$ とできる．この開区間 N_0 上では γ と φ_α の合成写像

$$\varphi_\alpha \circ \gamma : N_0 \to \boldsymbol{R}^N \quad (N_0 \subset I \subset \boldsymbol{R}) \tag{3.14}$$

が定義できるが，この写像は実数 $t \in N_0$ を $\boldsymbol{R}^N$ の元に写すから，N 個の実関数の組

$$\varphi_\alpha \circ \gamma : t \mapsto \boldsymbol{x}_\gamma(t), \quad \boldsymbol{x}_\gamma(t) = \begin{pmatrix} x_\gamma^1(t) \\ x_\gamma^2(t) \\ \vdots \\ x_\gamma^N(t) \end{pmatrix} \equiv \boldsymbol{x}(\gamma(t)) = \begin{pmatrix} x^1(\gamma(t)) \\ x^2(\gamma(t)) \\ \vdots \\ x^N(\gamma(t)) \end{pmatrix} \tag{3.15}$$

として表現でき，その可微分性が議論できる．そこで，$\varphi_\alpha \circ \gamma$ が t_0 で C^s 級の場合に γ は t_0 で C^s 級であると定義する．$0 \leq s \leq r$ ならば，この定義は $\gamma(t_0)$ を含む $\mathcal{A}$ の座標近傍の選び方によらない．なぜなら，$\gamma(t_0)$ を含む任意の座標近傍 $(U_\alpha, \varphi_\alpha)$ に対して $\varphi_\alpha \circ \gamma$ が t_0 で C^s 級ならば，$\gamma(t_0)$ を含む他の任意の座標近傍 (U_β, φ_β) に対して $\varphi_\beta \circ \gamma$ は t_0 で C^s 級だからである．これを示そう．まず，$\gamma(t_0) \in U_\alpha \cap U_\beta$ だから $U_\alpha \cap U_\beta \neq \emptyset$ であり，$\mathcal{A}$ が C^r 級だから $\varphi_\beta \circ \varphi_\alpha^{-1}$ と $\varphi_\alpha \circ \varphi_\beta^{-1}$ は $U_\alpha \cap U_\beta$ で C^r 級である．また，$\gamma(N_0) \subset U_\alpha \cap U_\beta$ が成立するように t_0 を含む開区間 $N_0 \subset I$ を十分に小さく選ぶことが可能であり，その場合には $\varphi_\beta \circ \gamma : N_0 \to \boldsymbol{R}^N$ と $\varphi_\alpha \circ \gamma : N_0 \to \boldsymbol{R}^N$ は

$$\varphi_\beta \circ \gamma = (\varphi_\beta \circ \varphi_\alpha^{-1}) \circ (\varphi_\alpha \circ \gamma), \quad \varphi_\alpha \circ \gamma = (\varphi_\alpha \circ \varphi_\beta^{-1}) \circ (\varphi_\beta \circ \gamma) \tag{3.16}$$

と表現できるから，$\varphi_\alpha \circ \gamma$ が t_0 で C^s 級ならば $\varphi_\beta \circ \gamma$ も t_0 で C^s 級である．

ところで C^r 級多様体 M の C^r 級微分構造を $\mathcal{M}$ とすれば，$\mathcal{M}$ 自身もまた $\mathcal{M}$ に従属するアトラスだから，上と同様の議論を繰り返せば $t_0 \in I$ における γ の可微分性の定義が $\gamma(t_0) \in M$ を含む $\mathcal{M}$ の座標近傍の選び方によらないことが示される．それゆえ，$\mathcal{M}$ に従属するアトラスだけを対象とするかぎり，γ に関する可微分性の定義はアトラスの選び方に依存しない．なぜなら，$\mathcal{A}$ と $\mathcal{B}$ が $\mathcal{M}$ に従属するアトラスならば，$\mathcal{A}$ と $\mathcal{B}$ を構成する座標近傍はすべて $\mathcal{M}$ を構成する座標近傍だからである．

結局，$0 \leq s \leq r$ が満足されている場合には，$\gamma : I \to M$ の $t_0 \in I$ における可微分性を評価するには，$\mathcal{M}$ に従属するアトラスを任意にひとつ選び，そのアトラスを構成する座標近傍の中で $\gamma(t_0)$ を含むものを任意にひとつ選んで，式 (3.15) に示されるような実関数の可微分性を調べればよい．その結果は $t_0 \in I$ の近傍における $\gamma(t)$ の M 内での振る舞いだけで決まり，アトラスや座標近傍の選び方にはよらないのである．

このようにして一点 $t_0 \in I$ における可微分性が定義できれば，これを基にして I 全体での可微分性が定義できる．つまり，写像 $\gamma : I \to M$ が I 内のすべての点で C^s 級の場合，γ は I 上で C^s 級というのである．

3.1.5　多様体間の写像

$\boldsymbol{R}$ は 1 次元の多様体である．実際，$\boldsymbol{R}$ 上の恒等写像を $\varphi_I : \boldsymbol{R} \to \boldsymbol{R}$ とすれば，$\boldsymbol{R}$ は単一の座標近傍 $(\boldsymbol{R}, \varphi_I)$ をアトラスとする C^∞ 級の可微分多様体である．それゆえ，多様体 M の上の関数 $f : M \to \boldsymbol{R}$ は多様体 M から多様体 $\boldsymbol{R}$ への写像と解釈できる．一方，開区間 $I \subset \boldsymbol{R}$ もまた多様体だから，多様体 M 内の曲線を定める写像 $\gamma : I \to M$ を多様体 I から多様体 M への写像と見なすことも可能である．では，より一般に任意の多様体から任意の多様体への写像を考え，その微分可能性を議論しよう．

M を N 次元の C^r 級多様体，M' を N' 次元の $C^{r'}$ 級多様体とし，$f : M \to M'$ を M から M' への連続写像とする．M と M' はともに位相空間だから f の連続性は通常の定義にしたがって判定できる．M と M' のアトラスをひとつずつ選んで $\mathcal{A} = \{(U_\alpha, \varphi_\alpha)\}_{\alpha \in A}$，$\mathcal{B} = \{(V_\beta, \psi_\beta)\}_{\beta \in B}$ とすれば，任意の $p \in M$ に対して $p \in U_\alpha$ を満足する $\alpha \in A$，および $f(p) \in V_\beta$ を満足する $\beta \in B$ が存在する．さらに，f は連続だから p の近傍 (p を含む M の開集合) U を十分に小さく設定すれば $U \subset U_\alpha$ および $f(U) \subset V_\beta$ が成立する．このとき，$\tilde{f} \equiv \psi_\beta \circ f \circ \varphi_\alpha^{-1}$ は $\varphi_\alpha(U) \subset \boldsymbol{R}^N$ から $\psi_\beta(f(U)) \subset \boldsymbol{R}^{N'}$ への写像であり，N 次元の数ベクトル $\boldsymbol{x} \in \boldsymbol{R}^N$ を N' 次元の数ベクトル $\boldsymbol{y} \in \boldsymbol{R}^{N'}$ に写す．すなわち

$$\tilde{f} \equiv \psi_\beta \circ f \circ \varphi_\alpha^{-1} : \varphi_\alpha(U) \to \psi_\beta(f(U)), \quad \boldsymbol{R}^N \ni \boldsymbol{x} \mapsto \boldsymbol{y} \in \boldsymbol{R}^{N'} \tag{3.17}$$

だから $\tilde{f}$ の微分可能性が議論できる．そこで，$\tilde{f}$ が点 $\varphi_\alpha(p) \in \boldsymbol{R}^N$ で C^s 級である場合に写像 f は点 $p \in M$ で C^s 級と定義する．$s \leq \min(r, r')$ であれば，この定義がアトラス $\mathcal{A}$，$\mathcal{B}$ の選び方や点 $p \in M$ を含む座標近傍 $(U_\alpha, \varphi_\alpha)$，$f(p) \in M'$ を含む座標近傍 (V_β, ψ_β) の選び方に依存しないことは前節と同様にして証明できる．こうして一点 $p \in M$ における可微分性が定義できれば，これを基にして M 全体での可微分性が定義できる．つまり，写像 $f : M \to M'$ が M 上のすべての点で C^s 級の場合，f は M 上で C^s 級というのである．

今度は 3 種の多様体 M，M'，M'' を考え，次元と級をそれぞれ N，N'，N'' および C^r，$C^{r'}$，$C^{r''}$ とする．M から M' への連続写像 $f : M \to M'$ と，M' から M'' への連続写像 $g : M' \to M''$ を合成すれば M から M'' への連続写像 $g \circ f : M \to M''$ を得るが，f が C^{s_f} 級で g が C^{s_g} 級とすれば合成写像 $g \circ f$ は何級だろうか．f と g の級が定義されていることから

$$s_f \leq \min(r, r'), \quad s_g \leq \min(r', r'')$$

であり，したがって

$$\min(s_f, s_g) \leq \min(\min(r, r'), \min(r', r'')) = \min(r, r', r'') \leq \min(r, r'') \tag{3.18}$$

が成立する点に注意する．M，M'，M'' のアトラスをひとつずつ選んで $\mathcal{A} = \{(U_\alpha, \varphi_\alpha)\}_{\alpha\in A}$，$\mathcal{B} = \{(V_\beta, \psi_\beta)\}_{\beta\in B}$，$\mathcal{C} = \{(W_\gamma, \chi_\gamma)\}_{\gamma\in C}$ とすれば，任意の $p \in M$ に対して $p \in U_\alpha$ を満足する $\alpha \in A$，$f(p) \in V_\beta$ を満足する $\beta \in B$，および $(g\circ f)(p) \in W_\gamma$ を満足する $\gamma \in C$ が存在する．そして，f と $g \circ f$ は連続だから p の近傍 U を十分に小さく設定すれば $U \subset U_\alpha$，$f(U) \subset V_\beta$，および $(g \circ f)(U) \subset W_\gamma$ が成立する．ところで，仮定によれば

$$\tilde{f} \equiv \psi_\beta \circ f \circ \varphi_\alpha^{-1} : \varphi_\alpha(U) \to \psi_\beta(f(U)), \quad \boldsymbol{R}^N \ni \boldsymbol{x} \mapsto \boldsymbol{y} \in \boldsymbol{R}^{N'}$$

$$\tilde{g} \equiv \chi_\gamma \circ g \circ \psi_\beta^{-1} : \psi_\beta(f(U)) \to \chi_\gamma((g\circ f)(U)), \quad \boldsymbol{R}^{N'} \ni \boldsymbol{y} \mapsto \boldsymbol{z} \in \boldsymbol{R}^{N''}$$

として定義される写像 $\tilde{f}$ と $\tilde{g}$ はそれぞれ C^{s_f} 級と C^{s_g} 級だから，両者の合成

$$\tilde{g} \circ \tilde{f} = (\chi_\gamma \circ g \circ \psi_\beta^{-1}) \circ (\psi_\beta \circ f \circ \varphi_\alpha^{-1}) = \chi_\gamma \circ (g \circ f) \circ \varphi_\alpha^{-1}$$

すなわち

$$\widetilde{g \circ f} \equiv \chi_\gamma \circ (g \circ f) \circ \varphi_\alpha^{-1} : \varphi_\alpha(U) \to \chi_\gamma((g\circ f)(U)), \quad \boldsymbol{R}^N \ni \boldsymbol{x} \mapsto \boldsymbol{z} \in \boldsymbol{R}^{N''}$$

は点 $\varphi_\alpha(p) \in \boldsymbol{R}^N$ で $C^{\min(s_f, s_g)}$ 級であり，この結果がアトラスや座標近傍の選び方に依存しないことは式 (3.18) が保証している．結局，$g \circ f$ は点 p で $C^{\min(s_f, s_g)}$ 級であり，$p \in M$ は任意だから $g \circ f$ は M 上で $C^{\min(s_f, s_g)}$ 級である．

3.2 接ベクトル

3.2.1 方向微分

3.1.4 項に引き続き開区間 $I \subset \boldsymbol{R}$ から多様体 M への連続写像 $\gamma : I \to M$ を考えよう．この写像 γ によって多様体内に 1 本の曲線 $C \equiv \gamma(I)$ が定まるが，γ が $t = t_0 \in I$ で可微分ならば C 上の点 $\gamma(t_0)$ で「接ベクトル」が確定するはずである．では，多様体の接ベクトルとは何であろうか．

M を N 次元の C^r 級多様体とする．M のアトラスをひとつ選んで $\mathcal{A} = \{(U_\alpha, \varphi_\alpha)\}_{\alpha\in A}$ とし，点 $P \equiv \gamma(t_0)$ を含む座標近傍をひとつ選んで $(U_\alpha, \varphi_\alpha)$ とする[‡14]．t_0 を含む開区間 $I_{t_0} \subset I$ を十分小さく設定して $\gamma(I_{t_0}) \subset U_\alpha$ とすれば I_{t_0} 上で写像 $\varphi_\alpha \circ \gamma$ が定義され，式 (3.15) に示すように N 個の実関数の組，すなわちベクトル値の実関数

$$\varphi_\alpha \circ \gamma : I_{t_0} \to \boldsymbol{R}^N, \quad t \mapsto \boldsymbol{x}_\gamma(t) \tag{3.19}$$

として表現できる．このとき $(I_{t_0}, \varphi_\alpha \circ \gamma : t \mapsto \boldsymbol{x}_\gamma(t))$ によってパラメータ表示される $\boldsymbol{R}^N$ 内の曲線 $\overline{C}$ を考えれば，点 $\boldsymbol{x}(t_0) \in \overline{C}$ における曲線 $\overline{C}$ の速度ベクトルは $\dot{\boldsymbol{x}}_\gamma(t_0)$ である．それゆえ，点 P における曲線 C の速度ベクトルを $\dot{\boldsymbol{x}}_\gamma(t_0)$ として定義すればよ

‡14 特に断らない限り，大文字の P は M の特定の固定された「定点」を表し，小文字の p は M 上を動く「変動点」を表す．

いように思われるが，この定義では座標近傍の選び方によって速度ベクトルが異なることになり，好ましくない．実際，P が座標近傍 (U_β, φ_β) にも含まれる場合，つまり $P \in U_\alpha \cap U_\beta$ の場合には，開区間 $I_{t_0} \subset I$ を $\gamma(I_{t_0}) \subset U_\alpha \cap U_\beta$ となるように設定でき，写像 $\varphi_\beta \circ \gamma : I_{t_0} \to \boldsymbol{R}^N$ は式 (3.19) と同様にベクトル値の実関数 $\varphi_\beta \circ \gamma : t \mapsto \boldsymbol{y}_\gamma(t)$ として表現できるが，一般には $\dot{\boldsymbol{x}}_\gamma(t_0) \neq \dot{\boldsymbol{y}}_\gamma(t_0)$ である．

ところで，1.2.3 項では，3 次元空間内の曲面という素朴な対象に関してではあるが「曲線に沿う方向微分」を定義し，これが接ベクトルとして解釈できることを示した．その際に多様体上の可微分関数を利用したが，3.1.3 項で示したように多様体上の可微分関数は抽象的な多様体に対しても定義できるから，同じ手法で接ベクトルが定義できるはずである．これを確かめてみよう．

まず，多様体上の C^s 級 $(0 \leq s \leq r)$ 関数をひとつ選んで f とし，γ は $t = t_0$ で C^q 級 $(0 \leq q \leq r)$ とする．γ と f との合成写像

$$f_\gamma \equiv f \circ \gamma : I \to \boldsymbol{R} \tag{3.20}$$

は開区間 I の上の実関数であり，座標近傍とは無関係に定義されるが，γ と f の可微分性は座標近傍を介して定義されるため，f_γ の可微分性を調べるには座標近傍を使わざるを得ない．そこで，$P \equiv \gamma(t_0)$ を含む座標近傍をひとつ選んで $(U_\alpha, \varphi_\alpha)$ とし，t_0 を含む開区間 $I_{t_0} \subset I$ を十分小さく選んで $\gamma(I_{t_0}) \subset U_\alpha$ とすれば，この開区間 I_{t_0} 上では

$$f_\gamma \equiv f \circ \gamma = f \circ (\varphi_\alpha^{-1} \circ \varphi_\alpha) \circ \gamma = (f \circ \varphi_\alpha^{-1}) \circ (\varphi_\alpha \circ \gamma) \tag{3.21}$$

と表現できる．このとき，f が C^s 級関数であるという仮定から $f \circ \varphi_\alpha^{-1}$ は $U'_\alpha = \varphi_\alpha(U_\alpha)$ の上で C^s 級の N 変数実関数であり，γ が t_0 で C^q 級という仮定から $\varphi_\alpha \circ \gamma : N_0 \to \boldsymbol{R}^N$ は t_0 で C^q 級の実関数の組だから，両者の合成である f_γ は t_0 で $C^{\min(s,q)}$ 級の実関数である．それゆえ，$1 \leq \min(s,q)$ ならば f_γ は t_0 で微分可能であり，その微係数は

$$\dot{f}_\gamma(t_0) = \left.\frac{d}{dt} f_\gamma(t)\right|_{t=t_0} = \left.\frac{d}{dt}(f \circ \gamma)(t)\right|_{t=t_0} = \left.\frac{d}{dt} f(\gamma(t))\right|_{t=t_0} \tag{3.22}$$

として計算される．f_γ が座標近傍と無関係なことから $\dot{f}_\gamma(t_0)$ もまた座標近傍と無関係に決まることはいうまでもない．これ以後，多様体上の関数 f と多様体内の曲線を定める写像 γ は少なくとも C^1 級としよう．したがって，$1 \leq \min(s,q)$ が成立する．

ところで，開区間 I_{t_0} は t_0 を含むかぎり任意に小さく選べるから，$\dot{f}_\gamma(t_0)$ を決めるには関数 f は M 全体で定義されている必要はなく，点 $P = \gamma(t_0)$ を含む M の開集合，つまり点 P の開近傍で定義されていれば十分である[‡15]．そこで，C^r 級多様体の点 P の開近傍で定義された C^s 級 $(1 \leq s \leq r)$ 関数の集合を F_P^s と記そう．

さて，曲線 C を定める写像 $\gamma : I \to M$ と点 P を固定して考えると，任意の $f \in F_P^s$ に対して $\dot{f}_\gamma(t_0)$ が決まる．そこで，F_P^s から $\boldsymbol{R}$ への写像 $v_{C,P}$ を

[‡15] その開近傍は点 P を含みさえすればよく，どれほど小さなものでもかまわない．

$$v_{C,P} : F_P^s \to \boldsymbol{R}, \quad f \mapsto v_{C,P}(f) \equiv \dot{f}_\gamma(t_0) \tag{3.23}$$

として定義し，これを点 P における曲線 C に沿う方向微分とよぶ．ここまでは 1.2.3 項の議論と平行しており，式 (3.23) は式 (1.37) に対応しているが，まったく同じという訳ではない．曲線に沿う方向微分は注目する点の近傍での曲線の振舞い，すなわち曲線の局所的な振舞いだけで決まるから同じ方向微分を与える曲線は無数に存在するが，1.2.3 項の例では，それら無数の曲線の局所的な振舞いはひとつの接ベクトル $\boldsymbol{a} \in T_{\boldsymbol{p}_0}$ によって完全に表現された．つまり，二つの曲線が同じ接ベクトルをもてばそれらの曲線に対する方向微分は同じであり，その逆も成立した．だからこそ，$v_{C,\boldsymbol{p}_0}$ を $v_{\boldsymbol{a},\boldsymbol{p}_0}$ と表現したのである．しかし，この表現はここでは使えない．現段階では接ベクトルそのものが定義されていないからである．そのため，曲線に沿う点 P での方向微分の集合 V_P を定義しても，V_P の元を一意的に指定することすら繁雑であり‡16，これに和と実数倍を導入してベクトル空間を構成することは容易ではない．そこでつぎのような方法を採用する．

まず，式 (3.23) で定義される $v_{C,P}$ がつぎの性質をもつことに注目する．

(a) $f, g \in F_P^s$ であり，点 P の開近傍で $f = g$ ならば $v_{C,P}(f) = v_{C,P}(g)$

(b) $f, g \in F_P^s$ であり，$a, b \in \boldsymbol{R}$ ならば $v_{C,P}(af + bg) = av_{C,P}(f) + bv_{C,P}(g)$

(c) $f, g \in F_P^s$ ならば $v_{C,P}(fg) = v_{C,P}(f)g(P) + f(P)v_{C,P}(g)$

まず，点 P の開近傍 U で $f = g$ ならば t_0 を含む開区間 $I_{t_0} \subset I$ を十分小さく選んで $\gamma(I_{t_0}) \subset U$ とでき，I_{t_0} 上で $f \circ \gamma = g \circ \gamma$ が成立するから (a) がいえる．また，f と g の定義域がそれぞれ U と V ならば，$af + bg$ と fg は点 P の開近傍 $U \cap V$ で定義され，

$$((af + bg) \circ \gamma)(t) = af(\gamma(t)) + bg(\gamma(t)), \quad ((fg) \circ \gamma)(t) = f(\gamma(t))g(\gamma(t))$$

だから，実関数に関する微分演算の線形性によって (b) がいえ，Leipnitz 則 (積の微分に関する法則) によって (c) がいえる．

そこで，曲線に沿う方向微分とは限らず，F_P^s から $\boldsymbol{R}$ への写像 $v_P : F_P^s \to \boldsymbol{R}$ が

【C^s 級 $(1 \leq s \leq r)$ 方向微分の条件】

(1) $f, g \in F_P^s$ であり，点 P の開近傍で $f = g$ ならば $v_P(f) = v_P(g)$

(2) $f, g \in F_P^s$ であり，$a, b \in \boldsymbol{R}$ ならば $v_P(af + bg) = av_P(f) + bv_P(g)$

(3) $f, g \in F_P^s$ ならば $v_P(fg) = v_P(f)g(P) + f(P)v_P(g)$

を満足するならば v_P を点 P における方向微分とよび，こうした方向微分の集合を $D_P^s(M)$ と記すことにする．曲線 C に沿う方向微分 $v_{C,P}$ は当然ながら (1)，(2)，

‡16 たとえば，点 P を通り P で可微分な曲線の集合を Γ_P とし，「同一の方向微分を与える」という同値関係で Γ_P を同値類に分類した上で曲線 $C \in \Gamma_P$ が属する同値類を $[C]$ と表現するとき，V_P の元は $v_{[C],P}$ によって一意的に指定できる．

(3) を満足し，したがって $v_{C,P} \in D_P^s(M)$ であるが，どのような曲線 C に対しても $v_{C,P} \neq v_P$ であるような方向微分 v_P が存在する可能性もある．ところで，二つの自然数が $s_1 < s_2$ の関係にあるとき，C^{s_2} 級関数は C^{s_1} 級関数でもあるから $F_P^{s_1} \supset F_P^{s_2}$ である．そのため v_P が C^{s_1} 級方向微分の条件を満足すれば C^{s_2} 級方向微分の条件も自動的に満足するから $D_P^{s_1}(M) \subset D_P^{s_2}(M)$ である点に注意しよう．いずれにせよ，$D_P^s(M)$ における和と実数倍をつぎのように定義する．まず，$u_P, v_P \in D_P^s(M)$ とすると，任意の $f \in F_P^s$ に対して $u_P(f) + v_P(f) \in \boldsymbol{R}$ だから写像

$$w_P : F_P^s \to \boldsymbol{R}, \quad f \mapsto u_P(f) + v_P(f)$$

が定義できるが，この写像は (1)，(2)，(3) を満足する．実際，u_P と v_P が (1) を満足することから，点 P の開近傍で $f = g$ ならば

$$w_P(f) = u_P(f) + v_P(f) = u_P(g) + v_P(g) = w_P(g)$$

であり，u_P と v_P が (2)，(3) を満足することから

$$\begin{aligned} w_P(af + bg) &= u_P(af + bg) + v_P(af + bg) \\ &= au_P(f) + bu_P(g) + av_P(f) + bv_P(g) \\ &= a\{u_P(f) + v_P(f)\} + b\{u_P(g) + v_P(g)\} = aw_P(f) + bw_P(g) \\ w_P(fg) &= u_P(fg) + v_P(fg) \\ &= u_P(f)g(P) + f(P)u_P(g) + v_P(f)g(P) + f(P)v_P(g) \\ &= \{u_P(f) + v_P(f)\}g(P) + f(P)\{u_P(g) + v_P(g)\} \\ &= w_P(f)g(P) + f(P)w_P(g) \end{aligned}$$

である．そこで w_P を u_P と v_P の和とよび，$u_P + v_P$ と記す．つぎに $v_P \in D_P^s(M)$，$a \in \boldsymbol{R}$ とすると，任意の $f \in F_P$ に対して $av_P(f) \in \boldsymbol{R}$ だから写像

$$s_P : F_P \to \boldsymbol{R}, \quad f \mapsto av_P(f)$$

が定義できるが，この写像が (1)，(2)，(3) を満足することも上と同様にして証明される．そこで s_P を v_P の a 倍とよび，av_P と記す．結局，任意の $f \in F_P^s$ に対して

$$(u_P + v_P)(f) = u_P(f) + v_P(f), \quad (av_P)(f) = av_P(f) \tag{3.24}$$

が成立するように和と実数倍を定義したことになる．そして，たとえば $v_P \in D_P^s(M)$，$a, b \in \boldsymbol{R}$ とすると，任意の $f \in F_P^s$ に対して

$$\begin{aligned} (av_P + bv_P)(f) &= (av_P)(f) + (bv_P)(f) = av_P(f) + bv_P(f) \\ &= (a + b)v_P(f) = ((a + b)v_P)(f) \end{aligned}$$

が成立するから

$$av_P + bv_P = (a+b)v_P$$

がいえる．まったく同様にして，$D_P^s(M)$ に定義された和と実数倍がベクトル空間の公理のすべてを満足することが証明されるから，$D_P^s(M)$ は実ベクトル空間である．ちなみに，$D_P^s(M)$ の零元 0_P は任意の $f \in F_P^s$ に $0 \in \boldsymbol{R}$ を対応させる写像

$$0_P : F_P^s \to \boldsymbol{R}, \quad f \mapsto 0 \tag{3.25}$$

である．

こうして念願の実ベクトル空間が得られたので，この $D_P^s(M)$ を点 P における接空間と解釈すればよいように思われるが，実はそれほど単純ではない．1.2.3 項では曲線に沿う方向微分の集合 $V_{\boldsymbol{p}_0}$ が接空間 $T_{\boldsymbol{p}_0}$ と同型な実ベクトル空間であること，したがって「接ベクトルとは曲線に沿う方向微分である」と解釈できることを示したが，$D_P^s(M)$ は曲線に沿う方向微分ではない方向微分を含む可能性があるからである．

ところで，C^r 級多様体の点 P の開近傍で定義される C^s 級関数の集合 F_P^s には，つぎのように自然な形式で和と実数倍が定義できる．まず，$f, g \in F_P^s$ がそれぞれ点 P を含む開集合 U_f，U_g 上の C^s 級関数とすれば，f と g はともに開集合 $U_f \cap U_g$ 上の C^s 級関数だから，この $U_f \cap U_g$ で両者の和 $f+g$ を

$$(f+g)(p) \equiv f(p) + g(p) \qquad (p \in U_f \cap U_g)$$

として定義すれば，$f+g$ は点 P を含む開集合 $U_f \cap U_g$ で C^s 級だから $f+g \in F_P^s$ である．また，$a \in \boldsymbol{R}$ ならば f の a 倍を

$$(af)(p) \equiv af(p) \qquad (p \in U_f)$$

として定義すれば，af は点 P を含む開集合 U_f で C^s 級だから $af \in F_P$ である．こうして定義された和と実数倍に関して F_P^s がベクトル空間をなすことは証明するまでもないだろう．このように F_P^s は実ベクトル空間だから，方向微分がもつべき上述の性質 (2) は方向微分 $v_P : F_P^s \to \boldsymbol{R}$ が線形写像であることを意味している．そこで，線形写像の標準的な表記法に従い，$v_P(f)$ を必要に応じて $v_P f$ と記す．

3.2.2 局所座標系での方向微分

前節では多様体内の曲線 C に沿う点 $P \in C$ での方向微分 $v_{C,P}$ を定義した後，これを一般化して曲線を介さない形で方向微分 v_P を定義した．その際，特別なアトラスや座標近傍は利用していないことからわかるように，方向微分はアトラスや座標近傍の選び方に依存しない，多様体そのものの特性である．しかしながら，具体的な解析を進めるには特定のアトラスを選択し，適当な座標近傍を使ったほうが便利である．抽象的な多様体を相手にするよりも，$\boldsymbol{R}^N$ の開集合を扱う方が具体的で馴染みやすいからである．幸いなことに，多様体内の曲線に沿う方向微分は，その曲線を局所座標

系によって $\boldsymbol{R}^N$ に投射して得られる曲線に沿う方向微分と一対一に対応し，多様体上の関数に対する方向微分の作用が $\boldsymbol{R}^N$ 上の関数，つまり N 変数実関数に対する方向微分として計算できる．この事実を示すことが本節の目的である．

さて，C^r 級多様体 M のアトラスをひとつ選んで $\mathcal{A}=\{(U_\alpha,\varphi_\alpha)\}_{\alpha\in A}$ とする．また，M の点 P を含む座標近傍をひとつ選んで $(U_\alpha,\varphi_\alpha)$ とし，点 P の座標を $\boldsymbol{x}_0\equiv\varphi_\alpha(P)$ と記そう．これから暫くは $\boldsymbol{R}^N$ の開集合 $U'_\alpha\equiv\varphi_\alpha(U_\alpha)$ を対象として議論を進めるが，まず指摘すべきは U'_α が C^∞ 級の多様体であるという事実である．実際，U'_α 上の恒等写像を i_d とすると (U'_α,i_d) は単独で U'_α を覆う N 次元の座標近傍だから $\mathcal{R}\equiv\{(U'_\alpha,i_d)\}$ は U'_α の C^∞ 級アトラスであり，これから N 次元の C^∞ 級多様体，すなわち C^∞ 級多様体 $(U'_\alpha,\mathcal{U}(\mathcal{R}))$ が構成される．C^∞ 級多様体 U'_α の上では任意の自然数 k に対して C^k 級関数が定義されるから，点 $\boldsymbol{x}_0$ の開近傍で定義された C^k 級関数の集合 $F^k_{\boldsymbol{x}_0}$ が意味をもつ．そこで，C^r 級多様体 M に対して $D^s_P(M)$ を構成したように，C^∞ 級多様体 U'_α に対しては点 $\boldsymbol{x}_0\in U'_\alpha$ での方向微分からなる実ベクトル空間 $D^k_{\boldsymbol{x}_0}(U'_\alpha)$ を以下のように構成してみよう．つまり $D^k_{\boldsymbol{x}_0}(U'_\alpha)$ とは

【U'_α における C^k 級 $(1\le k\le\infty)$ 方向微分の条件】

(1) $f,g\in F^k_{\boldsymbol{x}_0}$ であり，点 $\boldsymbol{x}_0$ の開近傍で $f=g$ ならば $v^\alpha_{\boldsymbol{x}_0}(f)=v^\alpha_{\boldsymbol{x}_0}(g)$

(2) $f,g\in F^k_{\boldsymbol{x}_0}$ であり，$a,b\in\boldsymbol{R}$ ならば $v^\alpha_{\boldsymbol{x}_0}(af+bg)=av^\alpha_{\boldsymbol{x}_0}(f)+bv^\alpha_{\boldsymbol{x}_0}(g)$

(3) $f,g\in F^k_{\boldsymbol{x}_0}$ ならば $v^\alpha_{\boldsymbol{x}_0}(fg)=v^\alpha_{\boldsymbol{x}_0}(f)g(\boldsymbol{x}_0)+f(\boldsymbol{x}_0)v^\alpha_{\boldsymbol{x}_0}(g)$

を満足する $F^k_{\boldsymbol{x}_0}$ から $\boldsymbol{R}$ への写像 $v^\alpha_{\boldsymbol{x}_0}:F^k_{\boldsymbol{x}_0}\to\boldsymbol{R}$ からなる実ベクトル空間である．C^r 級多様体 M における方向微分の場合と同様に，二つの自然数が $k_1<k_2$ の関係にあれば $F^{k_1}_{\boldsymbol{x}_0}\supset F^{k_2}_{\boldsymbol{x}_0}$ であり，したがって $D^{k_1}_{\boldsymbol{x}_0}(U'_\alpha)\subset D^{k_2}_{\boldsymbol{x}_0}(U'_\alpha)$ であるが，実は

$$D^1_{\boldsymbol{x}_0}(U'_\alpha)=D^2_{\boldsymbol{x}_0}(U'_\alpha)=\cdots=D^\infty_{\boldsymbol{x}_0}(U'_\alpha) \tag{3.26}$$

が成立する．つまり，写像 $v^\alpha_{\boldsymbol{x}_0}:F^1_{\boldsymbol{x}_0}\to\boldsymbol{R}$ が C^∞ 級関数に関して条件 (1)，(2)，(3) を満足すれば，実は C^1 級関数に関しても条件 (1)，(2)，(3) を満足するのである．これを示そう．

$U'_\alpha\subset\boldsymbol{R}^N$ には正規直交座標系が設定されている．そこで点 $\boldsymbol{x}_0$ を通り x^1 軸に平行な U'_α 内の線分を $\overline{C}_1$ とするとき，0 を含む開区間 $I_0\subset\boldsymbol{R}$ を適当に選ぶことにより，$\overline{C}_1$ は

$$\gamma:I_0\to U'_\alpha,\quad t\mapsto\gamma(t)=\boldsymbol{x}_0+(t\ \ 0\ \ \cdots\ \ 0)^t=(x^1_0+t\ \ x^2_0\ \ \cdots\ \ x^N_0)^t \tag{3.27}$$

として表現される．$g\in F^1_{\boldsymbol{x}_0}$ とすると，$g_\gamma(t)=(g\circ\gamma)(t)$ の $t=0$ での微係数は

$$\dot{g}_\gamma(0)=\left.\frac{d}{dt}g(\gamma(t))\right|_{t=0}=\left.\frac{d}{dt}g(\boldsymbol{x}_0+(t\ \ 0\ \ \cdots\ \ 0)^t)\right|_{t=0}=\frac{\partial g}{\partial x^1}(\boldsymbol{x}_0)$$

だから，式 (3.22) と (3.23) によれば直線 $\overline{C}_1$ に沿う点 $\boldsymbol{x}_0$ での方向微分 $v^{\alpha}_{C_1,\boldsymbol{x}_0}$ は $g \in F^1_{\boldsymbol{x}_0}$ を

$$v^{\alpha}_{C_1,\boldsymbol{x}_0} g = \left.\frac{\partial}{\partial x^1} g\right|_{\boldsymbol{x}_0} \in \boldsymbol{R} \tag{3.28}$$

に写すことがわかる．前節末で述べた理由によって，ここでは $v^{\alpha}_{C_1,\boldsymbol{x}_0}(g)$ を $v^{\alpha}_{C_1,\boldsymbol{x}_0} g$ と記している．式 (3.28) から明らかなように，x^1 軸に平行な直線 $\overline{C}_1$ に沿う点 $\boldsymbol{x}_0$ での方向微分 $v^{\alpha}_{C_1,\boldsymbol{x}_0}$ とは「$g \in F^1_{\boldsymbol{x}_0}$ に作用して点 $\boldsymbol{x}_0$ での x^1 に関する偏微分係数を与える作用素」に他ならない．それゆえ，$v^{\alpha}_{C_1,\boldsymbol{x}_0}$ の代わりに

$$\left(\frac{\partial}{\partial x^1}\right)^{\alpha}_{\boldsymbol{x}_0} \equiv v^{\alpha}_{C_1,\boldsymbol{x}_0} \tag{3.29}$$

と記した方が自然だろう．単に $(\partial/\partial x^1)^{\alpha}_{\boldsymbol{x}_0}$ と記すだけで「点 $\boldsymbol{x}_0$ での x^1 に関する偏微分係数」であることが一目瞭然であり，上付き添え字 α によって座標近傍 $(U_\alpha, \varphi_\alpha)$ に関係することが読み取れるからである．この記法によれば式 (3.28) は

$$\left(\frac{\partial}{\partial x^1}\right)^{\alpha}_{\boldsymbol{x}_0} g = \left.\frac{\partial}{\partial x^1} g\right|_{\boldsymbol{x}_0} \tag{3.30}$$

と書けるが，偏微分演算子 $(\partial/\partial x^1)$ は実関数 g に作用して実関数を与えるのに対して，$(\partial/\partial x^1)^{\alpha}_{\boldsymbol{x}_0}$ が g に作用して得られるものは単なる実数である点に注意しよう．$(\partial/\partial x^1)^{\alpha}_{\boldsymbol{x}_0}$ は便利な記号だが記号 ∂ が 2 個含まれて冗長なので，スペース節約のため

$$(\partial_{x^1})^{\alpha}_{\boldsymbol{x}_0} \equiv \left(\frac{\partial}{\partial x^1}\right)^{\alpha}_{\boldsymbol{x}_0} \tag{3.31}$$

と略記することにしよう．

さて，曲線に沿う方向微分はすべて方向微分だから，x^1 軸に平行な直線に沿う方向微分 $(\partial_{x^1})^{\alpha}_{\boldsymbol{x}_0}$ もまた方向微分であり，したがって $(\partial_{x^1})^{\alpha}_{\boldsymbol{x}_0} \in D^1_{\boldsymbol{x}_0}(U'_\alpha)$ である．同様に，点 $\boldsymbol{x}_0$ を通り x^n 軸 $(n = 2 \sim N)$ に平行な U'_α 内の線分に沿う点 $\boldsymbol{x}_0$ での方向微分 $(\partial_{x^n})^{\alpha}_{\boldsymbol{x}_0} \equiv (\partial/\partial x^n)^{\alpha}_{\boldsymbol{x}_0}$ もまた $D^1_{\boldsymbol{x}_0}(U'_\alpha)$ に属するベクトルである．しかも，$\{(\partial_{x^n})^{\alpha}_{\boldsymbol{x}_0}\}_{n=1\sim N}$ は $D^1_{\boldsymbol{x}_0}(U'_\alpha)$ のベクトルとして線形独立である．これを示すため，ベクトル空間 $D^1_{\boldsymbol{x}_0}(U'_\alpha)$ の零元を $0_{\boldsymbol{x}_0}$ として

$$\sum_{n=1}^{N} a_n (\partial_{x^n})^{\alpha}_{\boldsymbol{x}_0} = 0_{\boldsymbol{x}_0} \qquad (a_1, a_2, \cdots, a_N \in \boldsymbol{R})$$

ならば，つまり任意の $g \in F^k_{\boldsymbol{x}_0}$ に対して

$$\left\{\sum_{n=1}^{N} a_n (\partial_{x^n})^{\alpha}_{\boldsymbol{x}_0}\right\} g = \sum_{n=1}^{N} a_n (\partial_{x^n})^{\alpha}_{\boldsymbol{x}_0} g = 0_{\boldsymbol{x}_0} g = 0 \in \boldsymbol{R}$$

が成立すれば，$a_n = 0\ (n = 1 \sim N)$ であることを確認しよう．実際，$g_n(\boldsymbol{x}) = x^n$ とすれば $g_1, g_2, \cdots, g_N \in F^1_{\boldsymbol{x}_0}$ であり，

$$\left(\frac{\partial}{\partial x^m}\right)^{\alpha}_{\boldsymbol{x}_0} g_n = \left.\frac{\partial}{\partial x^m} x^n\right|_{\boldsymbol{x}_0} = \delta^m_n$$

だから $a_n = 0$ $(n = 1 \sim N)$ がいえる.

前述のように $D^1_{\boldsymbol{x}_0}(U'_\alpha)$ は $D^\infty_{\boldsymbol{x}_0}(U'_\alpha)$ の部分空間だから $(\partial_{x^n})^\alpha_{\boldsymbol{x}_0}$ $(n = 1 \sim N)$ は $D^\infty_{\boldsymbol{x}_0}(U'_\alpha)$ のベクトルであり，$D^\infty_{\boldsymbol{x}_0}(U'_\alpha)$ においても線形独立であるが，実はそれらの組 $\{(\partial_{x^n})^\alpha_{\boldsymbol{x}_0}\}_{n=1\sim N}$ が $D^\infty_{\boldsymbol{x}_0}(U'_\alpha)$ の基底をなすことを示そう．そのためには，任意の $v^\alpha_{\boldsymbol{x}_0} \in D^\infty_{\boldsymbol{x}_0}(U'_\alpha)$ が $\{(\partial_{x^n})^\alpha_{\boldsymbol{x}_0}\}_{n=1\sim N}$ の線形結合で表現できることを証明すればよい．まず，任意の $f \in F^\infty_{\boldsymbol{x}_0}$ は点 $\boldsymbol{x}_0$ の適当な開近傍 W で

$$f(\boldsymbol{x}) = f|_{\boldsymbol{x}_0} + \sum_{n=1}^{N} \left.\frac{\partial f}{\partial x^n}\right|_{\boldsymbol{x}_0} (x^n - x^n_0) + \sum_{m,n=1}^{N} g_{mn}(\boldsymbol{x})(x^m - x^m_0)(x^n - x^n_0)$$

と表現できる点に注目する．ただし g_{mn} は W 上の C^∞ 級関数であり，したがって $g_{mn} \in F^\infty_{\boldsymbol{x}_0}$ である．$U \equiv W \cap U'_\alpha$ とし，U 上で定数 $1 \in \boldsymbol{R}$ を与える U 上の関数を 1_U と記せば $1_U \in F^\infty_{\boldsymbol{x}_0}$ だから,「U'_α における C^∞ 級方向微分の条件」の (3) における f, g として 1_U を採用すれば

$$v^\alpha_{\boldsymbol{x}_0}(1_U) = v^\alpha_{\boldsymbol{x}_0}(1_U 1_U) = v^\alpha_{\boldsymbol{x}_0}(1_U)1_U(\boldsymbol{x}_0) + 1_U(\boldsymbol{x}_0)v^\alpha_{\boldsymbol{x}_0}(1_U) = 2v^\alpha_{\boldsymbol{x}_0}(1_U)$$

を得る ($1_U 1_U = 1_U$ を利用)．したがって $v^\alpha_{\boldsymbol{x}_0}(1_U) = 0$ である．また，$x^n - x^n_0 \in F^\infty_{\boldsymbol{x}_0}$ だから $v^\alpha_{\boldsymbol{x}_0}$ を作用させれば実数 $a_n \equiv v^\alpha_{\boldsymbol{x}_0}(x^n - x^n_0) \in \boldsymbol{R}$ を得る．そして，条件 (3) によれば

$$v^\alpha_{\boldsymbol{x}_0}((x^m - x^m_0)(x^n - x^n_0)) = a_m(x^n - x^n_0)\big|_{\boldsymbol{x}_0} + (x^m - x^m_0)\big|_{\boldsymbol{x}_0} a_n = 0$$

$$\begin{aligned} &v^\alpha_{\boldsymbol{x}_0}(g_{mn}(\boldsymbol{x})(x^m - x^m_0)(x^n - x^n_0)) \\ &\quad = v^\alpha_{\boldsymbol{x}_0}(g_{mn}(\boldsymbol{x}))\{(x^m - x^m_0)(x^n - x^n_0)\}\big|_{\boldsymbol{x}_0} + g_{mn}(\boldsymbol{x}_0)v^\alpha_{\boldsymbol{x}_0}((x^m - x^m_0)(x^n - x^n_0)) = 0 \end{aligned}$$

であり，条件 (2) によれば

$$\begin{aligned} v^\alpha_{\boldsymbol{x}_0}(f) &= f\Big|_{\boldsymbol{x}_0} v^\alpha_{\boldsymbol{x}_0}(1_U) + \sum_{n=1}^{N} \left.\frac{\partial f}{\partial x^n}\right|_{\boldsymbol{x}_0} v^\alpha_{\boldsymbol{x}_0}(x^n - x^n_0) \\ &\qquad + \sum_{m,n=1}^{N} v^\alpha_{\boldsymbol{x}_0}(g_{mn}(\boldsymbol{x})(x^m - x^m_0)(x^n - x^n_0)) \\ &= \sum_{n=1}^{N} \left.\frac{\partial f}{\partial x^n}\right|_{\boldsymbol{x}_0} a_n = \sum_{n=1}^{N} a_n (\partial_{x^n})^\alpha_{\boldsymbol{x}_0} f = \left\{\sum_{n=1}^{N} a_n (\partial_{x^n})^\alpha_{\boldsymbol{x}_0}\right\} f \end{aligned}$$

を得る．これが任意の $f \in F^\infty_{\boldsymbol{x}_0}$ に対して成立するから

$$v^\alpha_{\boldsymbol{x}_0} = \sum_{n=1}^{N} a_n (\partial_{x^n})^\alpha_{\boldsymbol{x}_0} \qquad (a_1, a_2, \cdots, a_N \in \boldsymbol{R}) \tag{3.32}$$

が結論される．これが証明すべきことであった.

結局，$D^{\infty}_{\boldsymbol{x}_0}(U'_\alpha)$ は $\{(\partial_{x^n})^\alpha_{\boldsymbol{x}_0}\}_{n=1\sim N}$ を基底とする N 次元の実ベクトル空間であり，その部分空間である $D^k_{\boldsymbol{x}_0}(U'_\alpha)$ $(k=1,2,\cdots)$ はすべて $\{(\partial_{x^n})^\alpha_{\boldsymbol{x}_0}\}_{n=1\sim N}$ を含むから，これらのベクトル空間はすべて $D^{\infty}_{\boldsymbol{x}_0}(U'_\alpha)$ に一致し，式 (3.26) が確認されたことになる．同じ実ベクトル空間を異なる記号で表現する必要はないので，それらを統一して $D_{\boldsymbol{x}_0}(U'_\alpha)$ と記すことにしよう．つまり

$$D_{\boldsymbol{x}_0}(U'_\alpha) \equiv D^{\infty}_{\boldsymbol{x}_0}(U'_\alpha) = \mathfrak{L}((\partial_{x^1})^\alpha_{\boldsymbol{x}_0}, (\partial_{x^2})^\alpha_{\boldsymbol{x}_0}, \cdots, (\partial_{x^N})^\alpha_{\boldsymbol{x}_0}) \tag{3.33}$$

である．ここで，$\mathfrak{L}((\partial_{x^1})^\alpha_{\boldsymbol{x}_0}, \cdots, (\partial_{x^N})^\alpha_{\boldsymbol{x}_0})$ が $\{(\partial_{x^n})^\alpha_{\boldsymbol{x}_0}\}_{n=1\sim N}$ によって張られる実ベクトル空間を意味することはいうまでもない．

さて，3.2.1 項では C^r 級多様体 M 上の点 P における C^s 級方向微分からなる実ベクトル空間 $D^s_P(M)$ を構成した．曲線に沿う方向微分は方向微分の一種であり，したがって $D^s_P(M)$ に含まれるが，曲線に沿う方向微分ではない方向微分が存在する可能性も残っている．しかし C^∞ 級の多様体である U'_α に関しては式 (3.32) が成立するから，曲線に沿う方向微分以外の方向微分は存在し得ない．実際，任意の $v^\alpha_{\boldsymbol{x}_0} \in D_{\boldsymbol{x}_0}(U'_\alpha)$ は式 (3.32) のように展開できるから，たとえば 0 を含む適当な開区間 $I_0 \subset \boldsymbol{R}$ で定義された写像

$$\begin{aligned}\gamma : I_0 \to U'_\alpha, \quad t \mapsto \gamma(t) &= \boldsymbol{x}_0 + t(a_1 \ \ a_2 \ \ \cdots \ \ a_N)^t \\ &= (x^1_0 + a_1 t \ \ x^2_0 + a_2 t \ \ \cdots \ \ x^N_0 + a_N t)^t\end{aligned}$$

が表現する U'_α 内の曲線 (直線) を $\overline{C}$ とすれば，この曲線に沿う点 $\boldsymbol{x}_0$ での方向微分 $v^\alpha_{\overline{C},\boldsymbol{x}_0}$ は $v^\alpha_{\boldsymbol{x}_0}$ に一致する．とはいえ，C^r 級 $(r \neq \infty)$ 多様体 M では曲線に沿う方向微分以外の方向微分の存在は否定できない点に注意しておこう．

以上の準備の下，U'_α 上での方向微分からなるベクトル空間 $D_{\boldsymbol{x}_0}(U'_\alpha)$ と，C^r 級多様体 M 上での C^s 級方向微分からなるベクトル空間 $D^s_P(M)$ との関係を調べる．そのために，

$$f \in F^s_P \quad ならば \quad f \circ \varphi^{-1}_\alpha \in F^s_{\boldsymbol{x}_0}, \qquad g \in F^s_{\boldsymbol{x}_0} \quad ならば \quad g \circ \varphi_\alpha \in F^s_P \tag{3.34}$$

を示しておこう．まず，$f \in F^s_P$ とすれば点 P を含む開集合 U が存在して f は U 上で C^s 級だが，$P \in U_\alpha$ によって $U \cap U_\alpha \neq \emptyset$ だから，U 上の C^s 級関数の定義から $f \circ \varphi^{-1}_\alpha$ は $\varphi_\alpha(U \cap U_\alpha)$ 上で C^s 級であり，$\varphi_\alpha(U \cap U_\alpha)$ は $\boldsymbol{x}_0$ を含む開集合だから $f \circ \varphi^{-1}_\alpha \in F^s_{\boldsymbol{x}_0}$ が結論される．つぎに，$g \in F^s_{\boldsymbol{x}_0}$ とすれば点 $\boldsymbol{x}_0$ を含む開集合 $U_R \subset U'_\alpha$ が存在して g は U_R 上で C^s 級であり，$g \circ \varphi_\alpha$ は M の開集合 $U \equiv \varphi^{-1}_\alpha(U_R)$ 上の関数である．一方，アトラス $\mathcal{A}$ は C^r 級であって $U \subset U_\alpha$ だから，$U \cap U_\beta \neq \emptyset$ を満足する任意の座標近傍 (U_β, φ_β) に関して $\varphi_\alpha \circ \varphi^{-1}_\beta$ は $\varphi_\beta(U \cap U_\beta)$ 上で C^r 級である．そして $s \leq r$ だから，C^r 級関数 $\varphi_\alpha \circ \varphi^{-1}_\beta$ と C^s 級関数 g の合成関数 $g \circ (\varphi_\alpha \circ \varphi^{-1}_\beta) = (g \circ \varphi_\alpha) \circ \varphi^{-1}_\beta$ は $\varphi_\beta(U \cap U_\beta)$ の上で C^s 級である．結局，$U \cap U_\beta \neq \emptyset$ を満足する任意の座標近傍

(U_β, φ_β) に関して $(g\circ\varphi_\alpha)\circ\varphi_\beta^{-1}$ が C^s 級だから U 上の関数 $g\circ\varphi_\alpha$ は C^s 級であり[‡17]，$g\circ\varphi_\alpha \in F_P^s$ が結論される．

さて，実ベクトル空間 $D_{\boldsymbol{x}_0}(U'_\alpha)$ の元 $v_{\boldsymbol{x}_0}^\alpha$ を使って F_P^1 から $\boldsymbol{R}$ への写像

$$v_P : F_P^1 \to \boldsymbol{R}, \quad f \mapsto v_P(f) = v_{\boldsymbol{x}_0}^\alpha(f\circ\varphi_\alpha^{-1}) \tag{3.35}$$

を定義すれば，この写像 v_P は前節で示した「C^1 級方向微分の条件」をすべて満足し，したがって点 P における方向微分 $v_P \in D_P^1(M)$ であることが示される．証明は容易だが，念のため条件 (3) が満足されることを示しておこう．実際，$f, g \in F_P^1$ ならば式 (3.34) によって $f\circ\varphi_\alpha^{-1}, g\circ\varphi_\alpha^{-1} \in F_{\boldsymbol{x}_0}^1$ であり，また $(f\,g)\circ\varphi_\alpha^{-1} = (f\circ\varphi_\alpha^{-1})(g\circ\varphi_\alpha^{-1})$ が成立するから

$$\begin{aligned}
v_P(fg) &= v_{\boldsymbol{x}_0}^\alpha((fg)\circ\varphi_\alpha^{-1}) = v_{\boldsymbol{x}_0}^\alpha((f\circ\varphi_\alpha^{-1})(g\circ\varphi_\alpha^{-1}))\\
&= v_{\boldsymbol{x}_0}^\alpha(f\circ\varphi_\alpha^{-1})\{(g\circ\varphi_\alpha^{-1})(\boldsymbol{x}_0)\} + \{(f\circ\varphi_\alpha^{-1})(\boldsymbol{x}_0)\}v_{\boldsymbol{x}_0}^\alpha(g\circ\varphi_\alpha^{-1})\\
&= v_P(f)g(\varphi_\alpha^{-1}(\boldsymbol{x}_0)) + f(\varphi_\alpha^{-1}(\boldsymbol{x}_0))v_P(g) = v_P(f)g(P) + f(P)v_P(g)
\end{aligned}$$

であるが，これは条件 (3) に他ならない．ところで，

$$F_P^1 \supset F_P^2 \supset \cdots \supset F_P^r, \quad D_P^1(M) \subset D_P^2(M) \subset \cdots \subset D_P^r(M)$$

だから，式 (3.35) で定義される $v_P \in D_P^1(M)$ は $1 \le s \le r$ の範囲にあるすべての自然数 s に対して F_P^s の上で定義されており，また $D_P^s(M)$ の元である点に注意しておこう．

いずれにせよ，任意の $v_{\boldsymbol{x}_0}^\alpha \in D_{\boldsymbol{x}_0}(U'_\alpha)$ に対して $v_P \in D_P^1(M)$ が決まるため，写像

$$\varPhi_P^\alpha : D_{\boldsymbol{x}_0}(U'_\alpha) \to D_P^1(M), \quad v_{\boldsymbol{x}_0}^\alpha \mapsto v_P \tag{3.36}$$

が定義できるが，この写像は線形かつ単射である．実際，$v_{\boldsymbol{x}_0}^\alpha$，$v'^\alpha_{\boldsymbol{x}_0} \in D_{\boldsymbol{x}_0}(U'_\alpha)$，$a \in \boldsymbol{R}$ とすれば，任意の $f \in F_P^1$ に対して

$$\begin{aligned}
\varPhi_P^\alpha((v_{\boldsymbol{x}_0}^\alpha + v'^\alpha_{\boldsymbol{x}_0}))(f) &= (v_{\boldsymbol{x}_0}^\alpha + v'^\alpha_{\boldsymbol{x}_0})(f\circ\varphi_\alpha^{-1}) = v_{\boldsymbol{x}_0}^\alpha(f\circ\varphi_\alpha^{-1}) + v'^\alpha_{\boldsymbol{x}_0}(f\circ\varphi_\alpha^{-1})\\
&= \varPhi_P^\alpha(v_{\boldsymbol{x}_0}^\alpha)(f) + \varPhi_P^\alpha(v'^\alpha_{\boldsymbol{x}_0})(f)
\end{aligned}$$

$$\varPhi_P^\alpha(av_{\boldsymbol{x}_0}^\alpha)(f) = (av_{\boldsymbol{x}_0}^\alpha)(f\circ\varphi_\alpha^{-1}) = av_{\boldsymbol{x}_0}^\alpha(f\circ\varphi_\alpha^{-1}) = a\varPhi_P^\alpha(v_{\boldsymbol{x}_0}^\alpha)(f)$$

が成立するから

$$\varPhi_P^\alpha((v_{\boldsymbol{x}_0}^\alpha + v'^\alpha_{\boldsymbol{x}_0})) = \varPhi_P^\alpha(v_{\boldsymbol{x}_0}^\alpha) + \varPhi_P^\alpha(v'^\alpha_{\boldsymbol{x}_0}), \quad \varPhi_P^\alpha(av_{\boldsymbol{x}_0}^\alpha) = a\varPhi_P^\alpha(v_{\boldsymbol{x}_0}^\alpha)$$

であり，したがって $\varPhi_P^\alpha$ は線形である．また，$\varPhi_P^\alpha$ が単射であることを示すため，$D_{\boldsymbol{x}_0}(U'_\alpha)$ の二つの元 $v_{\boldsymbol{x}_0}^\alpha$，$v'^\alpha_{\boldsymbol{x}_0}$ が $\varPhi_P^\alpha(v_{\boldsymbol{x}_0}^\alpha) = \varPhi_P^\alpha(v'^\alpha_{\boldsymbol{x}_0})$ を満足するとしよう．この仮定から $v_{\boldsymbol{x}_0}^\alpha = v'^\alpha_{\boldsymbol{x}_0}$ が導けるならば，つまり任意の $g \in F_{\boldsymbol{x}_0}^1$ に対して $v_{\boldsymbol{x}_0}^\alpha(g) = v'^\alpha_{\boldsymbol{x}_0}(g)$

---

‡17 可微分多様体の開集合上で定義された関数の可微分性は 3.1.3 項の末尾で定義している．

であることを確認すれば，Φ_P^α は単射であると結論できる．さて，$g \in F_{\boldsymbol{x}_0}^1$ とすれば式 (3.34) によって $g \circ \varphi_\alpha \in F_P^1$ だから，$\Phi_P^\alpha(v_{\boldsymbol{x}_0}^\alpha)(g \circ \varphi_\alpha)$ と $\Phi_P^\alpha(v'^\alpha_{\boldsymbol{x}_0})(g \circ \varphi_\alpha)$ はともに意味をもち，仮定によって両者は一致するから

$$\begin{aligned}\Phi_P^\alpha(v_{\boldsymbol{x}_0}^\alpha)(g \circ \varphi_\alpha) &= v_{\boldsymbol{x}_0}^\alpha(g \circ \varphi_\alpha \circ \varphi_\alpha^{-1}) = v_{\boldsymbol{x}_0}^\alpha(g) \\ &= \Phi_P^\alpha(v'^\alpha_{\boldsymbol{x}_0})(g \circ \varphi_\alpha) = v'^\alpha_{\boldsymbol{x}_0}(g \circ \varphi_\alpha \circ \varphi_\alpha^{-1}) = v'^\alpha_{\boldsymbol{x}_0}(g)\end{aligned}$$

である．これが示すべきことであった．

3.2.3 接ベクトル空間

3.2.1 項では C^r 級多様体 M における方向微分という概念を導入し，点 P における C^s 級方向微分からなる実ベクトル空間 $D_P^s(M)$ を構成した．次いで前節では点 P を含む座標近傍をひとつ選んで $(U_\alpha, \varphi_\alpha)$ とし，$\boldsymbol{R}^N$ の開集合 $U'_\alpha \equiv \varphi_\alpha(U_\alpha)$ が C^∞ 級多様体であることを利用して $\boldsymbol{x}_0 \equiv \varphi_\alpha(P)$ における方向微分からなる実ベクトル空間 $D_{\boldsymbol{x}_0}(U'_\alpha)$ を構成した後，$D_{\boldsymbol{x}_0}(U'_\alpha)$ が $\{(\partial_{x^n})_{\boldsymbol{x}_0}^\alpha\}_{n=1\sim N}$ を基底とする N 次元のベクトル空間であること，さらには式 (3.34) に示す関係によって $v_{\boldsymbol{x}_0}^\alpha \in D_{\boldsymbol{x}_0}(U'_\alpha)$ を $v_P \in D_P^1(M)$ に対応させる式 (3.36) の写像 Φ_P^α が線形かつ単射であることなどを示したのであった．

さて，線形写像 Φ_P^α によるベクトル空間 $D_{\boldsymbol{x}_0}(U'_\alpha)$ の像は $D_P^1(M)$ の部分空間だが，この部分空間を多様体 M の点 P における**接ベクトル空間** (tangent vector space)，あるいは単に**接空間** (tangent space) とよび，$T_P(M)$ と記す．すなわち

$$T_P(M) \equiv \Phi_P^\alpha(D_{\boldsymbol{x}_0}(U'_\alpha)) \tag{3.37}$$

である．また，接ベクトル空間の元を**接ベクトル** (tangent vector) とよぶ．接ベクトル $v \in T_P(M)$ は $D_P^1(M)$ の元でもあり，したがって点 P における C^1 級方向微分だから，点 P の開近傍で定義された C^1 級関数 $f \in F_P^1$ に作用して実数 $vf \in \boldsymbol{R}$ を与える．以後，繁雑さを避けるため F_P^1 や $F_{\boldsymbol{x}_0}^1$ をそれぞれ F_P，$F_{\boldsymbol{x}_0}$ と略記することにしよう．つまり，何級であるかを問わず，点 P の開近傍で定義された可微分関数の集合を F_P と記すのであり，$F_{\boldsymbol{x}_0}$ に関しても同様である．

ところで，Φ_P^α は線形かつ単射であったが，その値域を $T_P(M)$ に制限して

$$\Phi_P^\alpha : D_{\boldsymbol{x}_0}(U'_\alpha) \to T_P(M) \tag{3.38}$$

と解釈すれば全射でもあり，したがって Φ_P^α は $D_{\boldsymbol{x}_0}(U'_\alpha)$ から $T_P(M)$ への同相写像である．以後，とくに断らない場合は Φ_P^α を式 (3.38) の意味で解釈することにしよう．したがって Φ_P^α は可逆であり，その逆写像 $(\Phi_P^\alpha)^{-1}$ が定義できる点を注意しておく．

つぎに，局所座標系によって相互に対応する多様体 M 内の曲線と $\boldsymbol{R}^N$ 内の曲線との関係，とくにそれらの曲線に沿う方向微分の関係を調べてみよう．そのため，多様体

M 内の曲線 C が写像 $\gamma: I \to M$ によって指定され，$\gamma(t)$ は $t = t_0 \in I$ で点 P を通り，その点で C^1 級とする．t_0 を含む開区間 $I_{t_0} \subset I$ を十分に小さく選べば $\gamma(I_{t_0}) \subset U_\alpha$ とでき，このとき写像

$$\gamma_\alpha \equiv \varphi_\alpha \circ \gamma : I_{t_0} \to U'_\alpha, \quad t \mapsto \boldsymbol{x}_\gamma(t) = (x^1_\gamma(t) \;\; x^2_\gamma(t) \;\; \cdots \;\; x^N_\gamma(t))^t \equiv (\varphi_\alpha \circ \gamma)(t) \tag{3.39}$$

は $t = t_0$ で $\boldsymbol{x}_0 \equiv \varphi_\alpha(P)$ を通る $U'_\alpha \equiv \varphi_\alpha(U_\alpha)$ 内の曲線を表すが，この曲線 $\overline{C}$ を局所座標系 φ_α による曲線 $C \subset M$ の投影とよび $\overline{C} = \varphi_\alpha(C \cap U_\alpha)$ と記す．逆に，$\boldsymbol{x}_0$ を通る U'_α 内の曲線 $\overline{C}$ が先に与えられたとすれば，$\overline{C}$ を表現する写像 $\gamma_\alpha : I_{t_0} \to U'_\alpha$ を使って

$$\gamma \equiv \varphi_\alpha^{-1} \circ \gamma_\alpha : I_{t_0} \to M \tag{3.40}$$

として定義される写像は $t = t_0$ で点 $P \equiv \varphi_\alpha^{-1}(\boldsymbol{x}_0)$ を通る M 内の曲線を表すが，この曲線 C を局所座標系 φ_α による曲線 $\overline{C} \subset U'_\alpha$ の逆投影とよび $C = \varphi_\alpha^{-1}(\overline{C})$ と記す．いずれの場合でも，曲線 C に沿う点 P での方向微分 $v_{C,P}$ と，曲線 $\overline{C}$ に沿う $\boldsymbol{x}_0$ での方向微分 $v_{\overline{C},\boldsymbol{x}_0}$ が写像 $\varPhi^\alpha_P$ を介して一対一に対応すること，すなわち

$$v_{C,P} = \varPhi^\alpha_P(v_{\overline{C},\boldsymbol{x}_0}), \quad v_{\overline{C},\boldsymbol{x}_0} = (\varPhi^\alpha_P)^{-1}(v_{C,P}) \tag{3.41}$$

が成立することを示そう．まず，$f \in F_P$ とすれば，式 (3.22)，(3.23) によって

$$v_{C,P} f = \left.\frac{d}{dt} f(\gamma(t))\right|_{t_0} = \left.\frac{d}{dt}(f \circ \gamma)(t)\right|_{t_0}$$

である．また，$f \in F_P$ だから式 (3.34) によって $f_\alpha \equiv f \circ \varphi_\alpha^{-1} \in F_{\boldsymbol{x}_0}$ であり，

$$f_\alpha \circ \gamma_\alpha = (f \circ \varphi_\alpha^{-1}) \circ (\varphi_\alpha \circ \gamma) = f \circ (\varphi_\alpha^{-1} \circ \varphi_\alpha) \circ \gamma = f \circ \gamma \tag{3.42}$$

が成立することから，式 (3.35)，(3.36) および式 (3.22)，(3.23) によって

$$\begin{aligned} \varPhi^\alpha_P(v_{\overline{C},\boldsymbol{x}_0}) f &= v_{\overline{C},\boldsymbol{x}_0}(f \circ \varphi_\alpha^{-1}) = v_{\overline{C},\boldsymbol{x}_0}(f_\alpha) \\ &= \left.\frac{d}{dt}(f_\alpha \circ \gamma_\alpha)(t)\right|_{t_0} = \left.\frac{d}{dt}(f \circ \gamma)(t)\right|_{t_0} = v_{C,P} f \end{aligned}$$

を得る．これが任意の $f \in F_P$ に対して成立するから式 (3.41) が結論される‡18．

さて，前節の後半で示したように C^∞ 級多様体 U'_α では曲線に沿う方向微分以外の方向微分は存在しない．つまり，任意の $v^\alpha_{\boldsymbol{x}_0} \in D_{\boldsymbol{x}_0}(U'_\alpha)$ に対して点 $\boldsymbol{x}_0$ を通る U'_α 内の曲線 $\overline{C}$ が存在して $v^\alpha_{\boldsymbol{x}_0} = v_{\overline{C},\boldsymbol{x}_0}$ である．ところで，式 (3.38) によれば任意の接ベクトル $v_P \in T_P(M)$ に対して $(\varPhi^\alpha_P)^{-1}(v_P)$ は $D_{\boldsymbol{x}_0}(U'_\alpha)$ の元だから，U'_α 内の曲線 $\overline{C}$ が存在して $(\varPhi^\alpha_P)^{-1}(v_P) = v_{\overline{C},\boldsymbol{x}_0}$ である．このとき，局所座標系 φ_α による曲線 $\overline{C}$ の逆投影を C とすれば，式 (3.41) によって

$$v_{C,P} = \varPhi^\alpha_P(v_{\overline{C},\boldsymbol{x}_0}) = \varPhi^\alpha_P((\varPhi^\alpha_P)^{-1}(v_P)) = v_P$$

‡18 $\varPhi^\alpha_P$ は可逆だから，式 (3.41) の一方が成立すれば他方は自動的に成立する．

である．つまり，接ベクトルはすべて曲線に沿う方向微分である．逆に，曲線に沿う方向微分はすべて接ベクトルである．実際，点 P を通る M 内の任意の曲線を C とするとき，φ_α による C の投影を $\overline{C}$ とすれば，C に沿う方向微分 $v_{C,P}$ は $\boldsymbol{\Phi}_P^\alpha$ による $v_{\overline{C},\boldsymbol{x}_0} \in D_{\boldsymbol{x}_0}(U'_\alpha)$ の像に等しく，したがって接ベクトル $v_{C,P} \in T_P(M)$ である．結局，以下の結論を得る．

> **《多様体内の曲線に沿う方向微分の集合としての接ベクトル空間》**
> 多様体 M の点 P における接ベクトル空間 $T_P(M)$ とは，点 P を通る M 内の曲線に沿う点 P での方向微分からなる実ベクトル空間である．

無数に存在する多様体 M のアトラスの中から特定のひとつを選んで

$$\mathcal{A} = \{(U_\alpha, \varphi_\alpha)\}_{\alpha \in A}$$

とし，点 P を含む複数の座標近傍の中から選んだ特定の座標近傍 $(U_\alpha, \varphi_\alpha) \in \mathcal{A}$ を使って議論を進めてきたが，「点 P を通る M 内の曲線に沿う点 P での方向微分」はアトラスや座標近傍の選び方とは無関係に定義されるから，曲線に沿う方向微分の集合である接ベクトル空間 $T_P(M)$ もまたアトラスや座標近傍の選び方に依存しない．

第 1 章では 3 次元空間中に置かれた曲面を対象とし，1.2.3 項では $\boldsymbol{p}_0$ における方向微分からなるベクトル空間 $V_{\boldsymbol{p}_0}$ を考え，曲面 S 上の点 $\boldsymbol{p}_0$ における素朴な意味での接ベクトル空間 $T_{\boldsymbol{p}_0}$ と $V_{\boldsymbol{p}_0}$ とが同型写像 $\phi : \boldsymbol{a} \mapsto v_{\boldsymbol{a},\boldsymbol{p}_0}$ を介して対応していることを示した．可微分多様体 M の接ベクトル空間 $T_P(M)$ に直接に対応するのは当然ながら $V_{\boldsymbol{p}_0}$ であって，素朴な意味での接ベクトル空間 $T_{\boldsymbol{p}_0}$ ではない点に注意しよう．一般論との整合性を重要視するのであれば，第 1 章でも方向微分からなるベクトル空間を $T_{\boldsymbol{p}_0}$ と記し，素朴な接ベクトル空間は別の記号 (たとえば $V_{\boldsymbol{p}_0}$) で表すべきであったが，第 1 章の段階ではそのような表記法は不自然に感じたであろう．

ここで，$D_{\boldsymbol{x}_0}(U'_\alpha)$ の基底 $\{(\partial_{x^n})^\alpha_{\boldsymbol{x}_0}\}_{n=1\sim N}$ に対応する $T_P(M)$ の基底について考えよう．$\boldsymbol{\Phi}_P^\alpha$ による $(\partial_{x^n})^\alpha_{\boldsymbol{x}_0} \in D_{\boldsymbol{x}_0}(U'_\alpha)$ の像 $\boldsymbol{\Phi}_P^\alpha((\partial_{x^n})^\alpha_{\boldsymbol{x}_0})$ は接ベクトルだが，これを

$$(\partial_{x^n})_P \equiv \boldsymbol{\Phi}_P^\alpha((\partial_{x^n})^\alpha_{\boldsymbol{x}_0}) \qquad (n = 1 \sim N) \tag{3.43}$$

と記せば，$\boldsymbol{\Phi}_P^\alpha$ が同相写像だから $\{(\partial_{x^n})_P\}_{n=1\sim N}$ は $T_P(M)$ の基底である．ところで，$(\partial_{x^n})_P$ が $f \in F_P$ に作用して得られる実数 $(\partial_{x^n})_P f \in \boldsymbol{R}$ は，写像 $\boldsymbol{\Phi}_P^\alpha$ が式 (3.35) と (3.36) によって定義されるから，式 (3.30) と (3.31) を使って

$$(\partial_{x^n})_P f = (\partial_{x^n})^\alpha_{\boldsymbol{x}_0}(f \circ \varphi_\alpha^{-1}) = \left.\frac{\partial}{\partial x^n} f_\alpha\right|_{\boldsymbol{x}_0} = \left.\frac{\partial}{\partial x^n} f_\alpha\right|_{\varphi_\alpha(P)} \tag{3.44}$$

と書ける．つまり，$f \in F_P$ を局所座標系 φ_α によって $U'_\alpha \subset \boldsymbol{R}^N$ 上の関数 $f_\alpha \equiv f \circ \varphi_\alpha^{-1} \in F_{\boldsymbol{x}_0}$ として表現し，その関数に $(\partial_{x^n})^\alpha_{\boldsymbol{x}_0}$ を作用させれば，つまり点 $\boldsymbol{x}_0 \equiv \varphi_\alpha(P)$ において x^n に関する f_α の偏微分係数を計算すれば，それが $(\partial_{x^n})_P f$ なのである．

さて，前節では点 $\boldsymbol{x}_0$ を通って x^1 軸に平行な U'_α 内の曲線 (線分)$\overline{C}_1$ を式 (3.27) で表現し，点 $\boldsymbol{x}_0$ での $\overline{C}_1$ に沿う方向微分 $v^\alpha_{\overline{C}_1,\boldsymbol{x}_0}$ を $(\partial_{x^1})^\alpha_{\boldsymbol{x}_0}$ という記号で表記することの利便性を示したのであった．ところで，$\overline{C}_1$ 上では座標 $\boldsymbol{x}$ の第 2 ～ N 成分が $x_0^2, \cdots, x_0^N$ に固定され，第 1 成分 x^1 だけが変化するから，$\boldsymbol{x}$ が $\overline{C}_1$ 上を動くときに点 $\varphi_\alpha^{-1}(\boldsymbol{x}) \in U_\alpha$ が多様体内に描く曲線 C_1 とは x^1 曲線のことである‡19．したがって，

$$(\partial_{x^1})_P \equiv \Phi^\alpha_P((\partial_{x^1})^\alpha_{\boldsymbol{x}_0}) = \Phi^\alpha_P(v^\alpha_{\overline{C}_1,\boldsymbol{x}_0}) = v_{C_1,P}$$

とは点 P を通る x^1 曲線に沿った点 P での方向微分を意味する．同様に，$(\partial_{x^n})_P$ が x^n 曲線に沿った点 P での方向微分を意味することはいうまでもない．

ここで，式 (3.39) と (3.40) によって対応付けられる $\boldsymbol{R}^N$ 内の曲線 $\overline{C}$ と多様体 M 内の曲線 C に議論を戻そう．$\boldsymbol{R}^N$ 内の曲線 $\overline{C}$ に対しては速度ベクトルと方向微分の両方が定義され，両者は勾配演算子を介して一対一に対応する．つまり，$\overline{C}$ 上の点 $\boldsymbol{x}_0 = \gamma_\alpha(t_0)$ における速度ベクトル $\boldsymbol{v}_0$ は

$$\boldsymbol{v}_0 \equiv \left.\frac{d\gamma_\alpha(t)}{dt}\right|_{t_0} = \left.\frac{d}{dt}\begin{pmatrix} x^1_\gamma(t) \\ x^2_\gamma(t) \\ \vdots \\ x^N_\gamma(t) \end{pmatrix}\right|_{t_0} = \begin{pmatrix} \dot{x}^1_\gamma(t_0) \\ \dot{x}^2_\gamma(t_0) \\ \vdots \\ \dot{x}^N_\gamma(t_0) \end{pmatrix}$$

であり，曲線 $\overline{C}$ に沿う点 $\boldsymbol{x}_0$ での方向微分 $v_{\overline{C},\boldsymbol{x}_0}$ は

$$v_{\overline{C},\boldsymbol{x}_0} : F_{\boldsymbol{x}_0} \to \boldsymbol{R}, \quad f_\alpha \mapsto \left.\frac{df_\alpha(\gamma_\alpha(t))}{dt}\right|_{t_0}$$

として定義されるが，任意の $f_\alpha \in F_{\boldsymbol{x}_0}$ に対して

$$v_{\overline{C},\boldsymbol{x}_0} f_\alpha = \left.\frac{df_\alpha(\gamma_\alpha(t))}{dt}\right|_{t_0} = (\boldsymbol{v}_0^t \cdot \nabla) f_\alpha\big|_{t_0}, \quad \boldsymbol{v}_0^t \cdot \nabla = \sum_{n=1}^N \dot{x}^n_\gamma(t_0)\frac{\partial}{\partial x^n}$$

が成立するから

$$v_{\overline{C},\boldsymbol{x}_0} = (\boldsymbol{v}_0^t \cdot \nabla)_{\boldsymbol{x}_0} \tag{3.45}$$

が結論され，この関係を介して速度ベクトルと方向微分は同一視できる．

一方，M 内の曲線 C は $(I_{t_0}, \gamma : I_{t_0} \to M)$ としてパラメータ表示され，形式的には $\boldsymbol{R}^N$ 内の曲線 $\overline{C}$ に対するパラメータ表示 $(I_{t_0}, \gamma_\alpha : I_{t_0} \to \boldsymbol{R}^N)$ と同じだが，$\gamma(t)$ が抽象的な多様体 M の点であるために微係数 $d\gamma(t)/dt|_{t_0}$ は通常の解釈では意味をもたない．そこでつぎのように解釈する．$d\gamma(t)/dt|_{t_0}$ は曲線 C の点 $P = \gamma(t_0)$ における速度ベクトルを意味するはずであり，速度ベクトルと方向微分とは同一視できるはずだから，$d\gamma(t)/dt\big|_{t_0}$ を点 $P = \gamma(t_0)$ における方向微分 $v_{C,P}$ そのものとして定義するのが自然だろう．つまり

‡19 2.1.1 項では座標を $(u \ \ v)^t$ と記したため，u 曲線や v 曲線という表現を用いた．

$$\left.\frac{d\gamma(t)}{dt}\right|_{t_0} : F_P \to \boldsymbol{R}, \quad f \mapsto \left.\frac{df(\gamma(t))}{dt}\right|_{t_0} \tag{3.46}$$

であり，これを曲線 C の点 $P = \gamma(t_0)$ における速度ベクトルとよぶ．当然ながら速度ベクトル $d\gamma(t)/dt\big|_{t_0}$ は M 内の曲線 C に沿う点 P での方向微分だから点 P における M の接ベクトル $d\gamma(t)/dt\big|_{t_0} \in T_P(M)$ であり，$T_P(M)$ の基底 $\{(\partial_{x^n})_P\}_{n=1\sim N}$ で展開できる．実際，式 (3.42) と (3.44) によれば，任意の $f \in F_P$ に対して

$$\left.\frac{d\gamma(t)}{dt}\right|_{t_0} f = \left.\frac{df(\gamma(t))}{dt}\right|_{t_0} = \left.\frac{df_\alpha(\gamma_\alpha(t))}{dt}\right|_{t_0} = \left.\frac{df_\alpha((x_\gamma^1(t) \ \cdots \ x_\gamma^N(t))^t)}{dt}\right|_{t_0}$$

$$= \sum_{n=1}^{N} \dot{x}_\gamma^n(t_0) \left.\frac{\partial f_\alpha}{\partial x^n}\right|_{\boldsymbol{x}_0} = \left\{\sum_{n=1}^{N} \dot{x}_\gamma^n(t_0)(\partial_{x^n})_P\right\} f$$

が成立するから

$$\left.\frac{d\gamma(t)}{dt}\right|_{t_0} = \sum_{n=1}^{N} \dot{x}_\gamma^n(t_0)(\partial_{x^n})_P \tag{3.47}$$

を得る．たとえば点 P を通る x^1 曲線を C としよう．$\boldsymbol{x}_0 = (x_0^1 \ \cdots \ x_0^N)^t = \varphi_\alpha(P)$ とすれば C は

$$(I = (-\varepsilon, \varepsilon),\ \gamma : I \to M,\ t \mapsto \gamma(t) = \varphi_\alpha^{-1}((t + x_0^1 \ \ x_0^2 \ \ \cdots \ \ x_0^N)^t))$$

としてパラメータ表示され，$\gamma(t)$ は $t = t_0 \equiv 0$ で点 P を通る．また，

$$(x_\gamma^1(t) \ \ x_\gamma^2(t) \ \ \cdots \ \ x_\gamma^N(t))^t = \gamma_\alpha(t) = (\varphi_\alpha \circ \gamma)(t) = (t + x_0^1 \ \ x_0^2 \ \ \cdots \ \ x_0^N)^t$$

だから $\dot{x}_\gamma^1(0) = 1$，$\dot{x}_\gamma^n(0) = 0$ $(n = 2 \sim N)$ であり，式 (3.47) によって $d\gamma(t)/dt\big|_{t_0} = (\partial_{x^1})_P$ を得る．つまり，$(\partial_{x^1})_P$ は x^1 曲線に対する速度ベクトルである．一般に $(\partial_{x^n})_P$ が x^n 曲線に対する速度ベクトルであることはいうまでもない．

今度は，M 内の点 $P \in M$ と，P における接ベクトル $V \in T_P(M)$ が指定されたとしよう．V を $T_P(M)$ の基底 $\{(\partial_{x^n})_P\}_{n=1\sim N}$ で展開した場合の展開係数を $\{V^n\}_{n=1\sim N}$ としたとき，

$$(I = (-\varepsilon, \varepsilon),\ \gamma : I \to M,\ t \mapsto \gamma(t) = \varphi_\alpha^{-1}((V^1 t + x_0^1 \ \ V^2 t + x_0^2 \ \ \cdots \ \ V^N t + x_0^N)^t))$$

としてパラメータ表示される曲線を C とする．$\gamma(t)$ は $t = t_0 \equiv 0$ で点 P を通り，

$$x_\gamma^n(t) = V^n t + x_0^n \quad \Rightarrow \quad \dot{x}_\gamma^n(0) = V^n \qquad (n = 1 \sim N)$$

だから，点 P における曲線 C の速度ベクトルは

$$\left.\frac{d\gamma(t)}{dt}\right|_{t_0} = \sum_{n=1}^{N} V^n (\partial_{x^n})_P = V$$

となり，点 P で指定された接ベクトルに一致する．このように，指定された点 $P \in M$ を通り，その点における速度ベクトルが任意に指定された接ベクトル $V \in T_P(M)$ に一致する M 内の曲線は必ず存在する．

3.3　接ベクトル場

3.3.1　接ベクトル場

前節までは多様体 M の特定の一点 P に着目し，その点における接ベクトル空間 $T_P(M)$ について議論してきたが，ここでは M の各点に接ベクトル空間が設定されている状況を想定する．そして，M の各点 p に対して p における接ベクトル $X_p \in T_p(M)$ がひとつずつ定められているとき[‡20]，その対応 $X = \{X_p\}_{p\in M}$ を M 上の**接ベクトル場** (tangent vector field) という．以後，M 上の接ベクトル場の集合を $\mathcal{T}_0^1(M)$ と記す[‡21]．また，2.3 節にならって M 上の関数の集合を $\Lambda^0(M)$ と記そう．

さて，$X, Y \in \mathcal{T}_0^1(M)$ とするとき，M の点 p に接ベクトル $X_p + Y_p \in T_p(M)$ を指定する対応 $\{X_p + Y_p\}_{p\in M}$ は定義によって接ベクトル場だが，これを X と Y の和と称して

$$X + Y = \{X_p + Y_p\}_{p\in M} \tag{3.48}$$

と記す．また，$f \in \Lambda^0(M)$ とするとき，M の点 p に接ベクトル $f(p)X_p \in T_p(M)$ を指定する対応 $\{f(p)X_p\}_{p\in M}$ は接ベクトル場であるが，これを X の f 倍と称して

$$fX = \{f(p)X_p\}_{p\in M} \tag{3.49}$$

と記す．すると，$T_p(M)$ がベクトル空間であることから，接ベクトル場の和と関数倍に関して

$$\begin{aligned} &X + Y = Y + X, \quad (X + Y) + Z = X + (Y + Z) \\ &f(X + Y) = fX + fY, \quad (f + g)X = fX + gX, \quad (fg)X = f(gX) \end{aligned} \tag{3.50}$$

が成立する．ただし，$X, Y, Z \in \mathcal{T}_0^1(M)$ であり，また，$f, g \in \Lambda^0(M)$ である．

以上は多様体 M の全体で定義された接ベクトル場に関する議論であるが，M の任意の開集合 U における接ベクトル場も同様に議論できる．つまり，U 上の接ベクトル場とは U の各点 p に接ベクトル $X_p \in T_p(M)$ を指定する対応 $X_U = \{X_p\}_{p\in U}$ のことである．U 上の接ベクトル場の集合 $\mathcal{T}_0^1(U)$ に対しても和と関数倍が定義され，それが式 (3.50) を満足することもまったく同様である．また，M 上のベクトル場 $X \in \mathcal{T}_0^1(M)$ を U 上にかぎって考えたものをベクトル場 X の U への制限と称し，$X|U$ と記す．

さて，3.1.1 項で定義したように，多様体 M の座標近傍とは M の開集合 U と，写像 $\varphi: U \to \boldsymbol{R}^N$ の対であり，前節までは (U, φ) と記していた．そして，点 $p \in U$ の座標は文字記号 x を使って $\boldsymbol{x} = (x^1 \ \cdots \ x^N)^t = \varphi(p) \in \boldsymbol{R}^N$ と表現していた．しかし，複数

[‡20] 大文字の P は M 上に固定された定点を表し，小文字の p は M 上を動く変動点を表す約束であった．

[‡21] この記法の有用性は 3.4 節でテンソル場を扱う際に明らかとなる．

の座標近傍を同時に扱う場合など，座標を表す記号を明記したほうが便利である．その場合には座標近傍を $(U, \varphi : x)$ などと記すことにしよう．これを $(U, \varphi : z)$ と表記しても座標近傍としてはまったく同じだが，点 $p \in U$ の座標を $\boldsymbol{z} = (z^1 \ \cdots \ z^N)^t = \varphi(p)$ と表現することを意味する．

では，$(U, \varphi : x)$ を C^r 級多様体 M の座標近傍としよう．前節に示したように点 $p \in U$ における接ベクトル空間 $T_p(M)$ は $\{(\partial_{x^n})_p\}_{n=1\sim N}$ を基底とし，したがって $(\partial_{x^n})_p \in T_p(M)$ である．それゆえ U の各点 p に接ベクトル $(\partial_{x^n})_p \in T_p(M)$ を指定する U 上のベクトル場が定義されるが，これを座標近傍 $(U, \varphi : x)$ の標準的な接ベクトル場とよび，

$$\partial_{x^n} = \{(\partial_{x^n})_p\}_{p \in U} \qquad (n = 1 \sim N) \tag{3.51}$$

と記す．ところで，任意の接ベクトル場 $X \in \mathcal{T}_0^1(M)$ に対して $X_p \in T_p(M)$ だから，$p \in U$ ならば X_p は $T_p(M)$ の基底 $\{(\partial_{x^n})_p\}_{n=1\sim N}$ によって

$$X_p = \xi^n (\partial_{x^n})_p = \xi^1 (\partial_{x^1})_p + \xi^2 (\partial_{x^2})_p + \cdots + \xi^N (\partial_{x^N})_p \tag{3.52}$$

と一意的に展開できる[‡22]．点 p が U 内を動けば展開係数 ξ^n もまた変化するから，ξ^n は U 上の関数 $\xi^n \in \Lambda^0(U)$ である．そして，式 (3.52) が U 上のすべての点で成立するから，接ベクトル場の和と関数倍の定義により

$$X|U = \xi^n \partial_{x^n} \tag{3.53}$$

が結論される．これを接ベクトル場 X の $(U, \varphi : x)$ 上での局所座標表示とよび，ξ^n を ∂_{x^n} に関する X の成分という．

つぎに，座標近傍 $(U, \varphi : x)$ と交叉する他の座標近傍 $(V, \psi : y)$ があったとしよう．この場合，M の開集合 $U \cap V \neq \emptyset$ では $(V, \psi : y)$ の標準的接ベクトル場 $\{\partial_{y^n}\}_{n=1\sim N}$ が定義されるが，これを使って $U \cap V$ 上のベクトル場 ∂_{x^n} を展開してみよう．まず，二つの局所座標系 φ と ψ に関する点 $p \in U \cap V$ の座標である $\boldsymbol{x} = \varphi(p)$ と $\boldsymbol{y} = \psi(p)$ は $\boldsymbol{x} = (\varphi \circ \psi^{-1})(\boldsymbol{y})$ として関係付けられる点に注意しよう．それゆえ，合成関数の微分に関する連鎖率 (chain rule) と式 (3.44) により，任意の $f \in F_p$ に対して

$$\begin{aligned}(\partial_{x^n})_p f &= \frac{\partial}{\partial x^n}(f \circ \varphi^{-1})(\boldsymbol{x})\bigg|_{\varphi(p)} = \frac{\partial y^m}{\partial x^n}\bigg|_{\varphi(p)} \frac{\partial}{\partial y^m}(f \circ \varphi^{-1})((\varphi \circ \psi^{-1})(\boldsymbol{y}))\bigg|_{\psi(p)} \\ &= \frac{\partial y^m}{\partial x^n}\bigg|_{\varphi(p)} \frac{\partial}{\partial y^m}(f \circ \psi^{-1})(\boldsymbol{y})\bigg|_{\psi(p)} = \frac{\partial y^m}{\partial x^n}\bigg|_{\varphi(p)} (\partial_{y^m})_p f\end{aligned}$$

が成立するから

$$(\partial_{x^n})_p = \frac{\partial y^m}{\partial x^n}\bigg|_{\varphi(p)} (\partial_{y^m})_p = \frac{\partial y^m}{\partial x^n}(\varphi(p))\,(\partial_{y^m})_p \tag{3.54}$$

---

‡22 これ以後，Einstein 規約を積極的に利用する．

がいえる．$\partial y^m/\partial x^n$ は本来は $\varphi(U\cap V)$ 上で定義された $\boldsymbol{x}$ の関数だが，$\boldsymbol{x}=\varphi(p)$ の関係によって $U\cap V$ 上の関数として解釈できる．そして式 (3.54) がすべての $p\in U\cap V$ に対して成立することから，接ベクトル場の和と関数倍の定義により

$$\partial_{x^n}|U\cap V=\frac{\partial y^m}{\partial x^n}\,\partial_{y^m}|U\cap V,\qquad \frac{\partial y^m}{\partial x^n}\in\Lambda^0(U\cap V) \tag{3.55}$$

が結論される．∂_{x^n} と ∂_{y^m} はそれぞれ U 上および V 上の接ベクトル場であり，これらを $U\cap V$ に制限した場合にかぎって式 (3.55) が意味をもつのであるが，混乱の心配がない場合には上式を単に

$$\partial_{x^n}=\frac{\partial y^m}{\partial x^n}\,\partial_{y^m} \tag{3.56}$$

と記すことが多い．これを式 (3.53) に代入すれば

$$X=\xi^n\partial_{x^n}=\xi^n\frac{\partial y^m}{\partial x^n}\,\partial_{y^m}$$

を得るから，接ベクトル場 X の $(V,\psi:y)$ 上での局所座標表示は

$$X=\eta^m\partial_{y^m},\quad \eta^m=\xi^n\frac{\partial y^m}{\partial x^n} \tag{3.57}$$

として与えられる．より正確には $X|U\cap V$ や $\partial_{y^m}|U\cap V$ などと記す必要があるが，こうした簡略表現でも誤解の心配はないだろう．

　さて，C^r 級多様体 M の上の C^k 級接ベクトル場を定義し，$0\leq k\leq r-1$ の場合にはこの定義がアトラスの選び方によらないことを示そう[‡23]．まず，M 上の接ベクトル場 X が C^k 級であるとは，M のアトラスをひとつ選んで $\mathcal{A}=\{(U_\alpha,\varphi_\alpha)\}_{\alpha\in A}$ とするとき，すべての $\alpha\in A$ に対して，$(U_\alpha,\varphi_\alpha:x)$ の上[‡24]での X の局所座標表示 $X|U_\alpha=\xi^n\partial_{x^n}$ における ∂_{x^n} の成分 ξ^n が U_α 上の C^k 級関数になることである．この定義は特定のアトラス $\mathcal{A}$ にもとづいているが，$0\leq k\leq r-1$ の場合にはアトラスの選び方によらない．なぜなら，接ベクトル場 X が $\mathcal{A}$ に関して C^k 級ならば他の任意のアトラス $\mathcal{B}=\{(V_\beta,\psi_\beta)\}_{\beta\in B}$ に関しても C^k 級だからである．これを示すには，$\mathcal{B}$ に属する任意の座標近傍 $(V_\beta,\psi_\beta:y)$ の上での X の局所座標表示 $X|V_\beta=\eta^m\partial_{y^m}$ における ∂_{y^m} 成分 η^m が V_β 上の C^k 級関数になることを確かめればよい．ここで V_β は式 (3.12) のように表現できるから，すべての $\alpha\in A_\beta$($V_\beta\cap U_\alpha\neq\emptyset$ であるような $\alpha\in A$) に対して η^m が $V_\beta\cap U_\alpha$ 上の C^k 級関数ならば η^m は V_β 上の C^k 級関数である．ところで，式 (3.57) の導出と同様にして $(U_\alpha,\varphi_\alpha:x)$ と $(V_\beta,\psi_\beta:y)$ に関する局所座標表示の成分間の関係式

$$\eta^m=\xi^n\frac{\partial y^m}{\partial x^n}\qquad (V_\beta\cap U_\alpha \text{ 上で})$$

‡23 C^s 級関数の場合には $0\leq s\leq r$ ならばアトラスの選び方によらない定義が可能であった (3.1.3 項).

‡24 前述のように $(U_\alpha,\varphi_\alpha:x)$ は $(U_\alpha,\varphi_\alpha)$ と同じ座標近傍であり，単に座標を表す記号を明記したに過ぎない.

が導かれるが，$\mathcal{A}$ と $\mathcal{B}$ が C^r 級多様体 M の微分構造に従属するアトラスであることから座標変換 $\boldsymbol{y} = (\psi_\beta \circ \varphi_\alpha^{-1})(\boldsymbol{x})$ は C^r 級であり，したがって $\partial y^m / \partial x^n$ は C^{r-1} 級である．一方，接ベクトル場 X は $\mathcal{A}$ に関して C^k だから ξ^n は C^k 級である．それゆえ η^m は $C^{\min(r-1,k)}$ 級であり，$0 \leq k \leq r-1$ ならば η^m は C^k 級である．これが証明すべきことであった．

この証明からわかるように，C^r 級多様体上では接ベクトル場の微分可能性は C^{r-1} 級までしか定義できず，C^r 級以上の微分可能性には意味がない．多様体上の関数や多様体内の曲線に関する議論では C^r 級の枠内で議論が可能だが，接ベクトル場の話になると C^r 級の枠からはみ出してしまうのである．そのため，接ベクトル場を含んだ計算を進める際には関数やベクトル場がどの程度に高い微分可能性をもっているのかをつねに意識しておく必要があり，なかなかに面倒である．こうした面倒を避けるひとつの方法は議論を C^∞ 級の多様体に限ることである．C^∞ 級の多様体では C^∞ 級の接ベクトル場が意味をもち，すべてが C^∞ 級の枠内に収まるからである．そして，議論を C^∞ 級に制限しても実用上はそれほど大きな損失はない．応用上で重要なほとんどすべての多様体は C^∞ 級であり，また「任意の σ コンパクトな C^r 級 $(1 \leq r \leq \infty)$ 多様体 M に対して，M と C^r 級微分同相であるような C^∞ 級多様体が存在する」という定理が知られているからである[‡25]．

とはいえ，ベクトル場や多様体上の関数の微分可能性 (級) を明示的に議論すべき場合もある．そうした場合には，M 上の C^k 級ベクトル場の集合を $\mathcal{T}_0^1(M)_k$，M 上の C^s 級関数の集合を $\Lambda^0(M)_s$ と記すことにしよう[‡26]．

3.3.2 微分作用素としての接ベクトル場

点 $p \in M$ における接ベクトル $X_p \in T_p(M)$ は方向微分として定義され，点 p の近傍で定義された可微分関数 $f \in F_p$ に作用して実数 $X_p f \in \boldsymbol{R}$ を与える写像 $X_p : F_p \to \boldsymbol{R}$ であった．それゆえ，M 上の C^k 級接ベクトル場 $X \in \mathcal{T}_0^1(M)_k$ と M 上の C^s 級関数 $f \in \Lambda^0(M)_s$ から M 上の関数

$$Xf : M \to \boldsymbol{R}; \quad p \mapsto X_p f \tag{3.58}$$

が定義できる．この Xf は，「関数 f に接ベクトル場 X を作用させて得られる関数」とよばれる．Xf が M 上の関数なのに対して，fX は M 上の接ベクトル場である．

M のアトラスをひとつ選んで $\mathcal{A} = \{(U_\alpha, \varphi_\alpha)\}_{\alpha \in A}$ としよう．$\mathcal{A}$ の座標近傍 $(U_\alpha, \varphi_\alpha : x)$ においては，接ベクトル場 X は標準的な接ベクトル場 $\{\partial_{x^n}\}_{n=1 \sim N}$ を使って

---

‡25 たとえば，志賀浩二：多様体論 I (第 1 章)，岩波講座基礎数学 18，岩波書店，1982

‡26 ここで M 上の C^k 級ベクトル場の集合を $\mathcal{T}_0^1(M)^k$ ではなく $\mathcal{T}_0^1(M)_k$ と記すのは，記号 $\mathcal{T}_0^1(M)^k$ を「k 個の $\mathcal{T}_0^1(M)$ の直積集合 $\underbrace{\mathcal{T}_0^1(M) \times \cdots \times \mathcal{T}_0^1(M)}_{k\text{ 個}}$」の意味で使うからである．

$$X = \xi^n \partial_{x^n} \quad (\xi^1, \xi^2, \cdots, \xi^N \in \Lambda^0(U_\alpha)_k) \tag{3.59}$$

として表現できるから，式 (3.44) を使えば

$$(Xf)(p) = \xi^n (\partial_{x^n} f)(p) = \xi^n(p) \left. \frac{\partial (f \circ \varphi_\alpha^{-1})}{\partial x^n} \right|_{\varphi_\alpha(p)} \tag{3.60}$$

を得る．ここで，$f \in \Lambda^0(M)_s$ だから $f \circ \varphi_\alpha^{-1}$ は $\varphi_\alpha(U_\alpha)$ 上の C^s 級関数であり，その微分は $\varphi_\alpha(U_\alpha)$ 上の C^{s-1} 級関数，したがって $\partial_{x^n} f$ は U_α 上の C^{s-1} 級関数である．一方，ξ^n は U_α 上の C^k 級関数だから，両者の積 $\xi^n(\partial_{x^n} f)$ は U_α 上の $C^{\min(k,s-1)}$ 級関数である．この関係は任意の座標近傍に関して成立するから

$$X \in \mathcal{T}_0^1(M)_k, \quad f \in \Lambda^0(M)_s \quad \Rightarrow \quad Xf \in C_M^{\min(k,s-1)}$$

が結論される．Xf は座標近傍とは無関係に定まるが，具体的な値を計算するためには式 (3.60) に示すように特定の局所座標系 φ_α に頼らざるを得ない．とはいえ，頻繁に局所座標系 φ_α が登場するのは煩わしいので

$$(\partial_{x^n} f)(p) \equiv \left. \frac{\partial (f \circ \varphi_\alpha^{-1})}{\partial x^n} \right|_{\varphi_\alpha(p)} = \left. \frac{\partial f_\alpha}{\partial x^n}(\boldsymbol{x}) \right|_{\boldsymbol{x}=\varphi_\alpha(p)} = \frac{\partial f_\alpha}{\partial x^n}(\varphi_\alpha(p)) \tag{3.61}$$

と定義しておこう．つまり，$\boldsymbol{x} \in \boldsymbol{R}^N$ の関数 $f_\alpha \equiv f \circ \varphi_\alpha^{-1}$ を x^n で偏微分して得られる関数の $\boldsymbol{x} = \varphi_\alpha(p)$ における値が $(\partial_{x^n} f)(p)$ である．ところで，任意の $p \in U_\alpha$ に対して

$$(\partial_{x^n} f)(p) = \frac{\partial f_\alpha}{\partial x^n}(\varphi_\alpha(p)) = \frac{\partial (f \circ \varphi_\alpha^{-1})}{\partial x^n}(\varphi_\alpha(p)) = \left(\frac{\partial (f \circ \varphi_\alpha^{-1})}{\partial x^n} \circ \varphi_\alpha \right)(p)$$

だから，式 (3.61) は

$$\partial_{x^n} f \equiv \frac{\partial (f \circ \varphi_\alpha^{-1})}{\partial x^n} \circ \varphi_\alpha \tag{3.62}$$

と表現できる．この定義によれば式 (3.60) は

$$(Xf)(p) = \xi^n(p)(\partial_{x^n} f)(p) \quad \Leftrightarrow \quad Xf = \xi^n \partial_{x^n} f \tag{3.63}$$

と表現でき，式 (3.59) との整合性もよい．

式 (3.62) や (3.63) から明らかなように，接ベクトル場は 1 階の微分演算子として M 上の関数に作用するから，たとえば $f, g \in \Lambda^0(M)_s$ に対して

$$X(fg) = (Xf)g + f(Xg) \tag{3.64}$$

が成立する．実際，式 (3.62) によって

$$\begin{aligned}
\partial_{x^n}(fg) &= \frac{\partial ((fg) \circ \varphi_\alpha^{-1})}{\partial x^n} \circ \varphi_\alpha = \frac{\partial (f \circ \varphi_\alpha^{-1})(g \circ \varphi_\alpha^{-1})}{\partial x^n} \circ \varphi_\alpha \\
&= \left(\frac{\partial (f \circ \varphi_\alpha^{-1})}{\partial x^n} (g \circ \varphi_\alpha^{-1}) + (f \circ \varphi_\alpha^{-1}) \frac{\partial (g \circ \varphi_\alpha^{-1})}{\partial x^n} \right) \circ \varphi_\alpha \\
&= \left(\frac{\partial (f \circ \varphi_\alpha^{-1})}{\partial x^n} \circ \varphi_\alpha \right) g + f \left(\frac{\partial (g \circ \varphi_\alpha^{-1})}{\partial x^n} \circ \varphi_\alpha \right) = (\partial_{x^n} f)g + f(\partial_{x^n} g)
\end{aligned}$$

だから，式 (3.63) によれば

$$X(fg) = \xi^n \partial_{x^n}(fg) = \xi^n\{(\partial_{x^n} f)g + f(\partial_{x^n} g)\}$$
$$= (\xi^n \partial_{x^n} f)g + f(\xi^n \partial_{x^n} g) = (Xf)g + f(Xg)$$

が結論される．これは式 (3.64) に他ならない．また，式 (3.62) によって

$$(\partial_{x^n} f) \circ \varphi_\alpha^{-1} = \left(\frac{\partial(f \circ \varphi_\alpha^{-1})}{\partial x^n} \circ \varphi_\alpha\right) \circ \varphi_\alpha^{-1} = \frac{\partial(f \circ \varphi_\alpha^{-1})}{\partial x^n} \tag{3.65}$$

だから，$\partial_{x^n} f$ が可微分ならばふたたび式 (3.62) によって

$$\partial_{x^m}(\partial_{x^n} f) = \frac{\partial((\partial_{x^n} f) \circ \varphi_\alpha^{-1})}{\partial x^m} \circ \varphi_\alpha = \left(\frac{\partial}{\partial x^m} \frac{\partial(f \circ \varphi_\alpha^{-1})}{\partial x^n}\right) \circ \varphi_\alpha$$

すなわち

$$\partial_{x^m} \partial_{x^n} f \equiv \partial_{x^m}(\partial_{x^n} f) = \frac{\partial^2(f \circ \varphi_\alpha^{-1})}{\partial x^m \partial x^n} \circ \varphi_\alpha \tag{3.66}$$

が成立する．一般に，標準的な接ベクトル場を N 回作用させた場合に

$$\partial_{x^k} \partial_{x^l} \cdots \partial_{x^m} \partial_{x^n} f = \frac{\partial^N(f \circ \varphi_\alpha^{-1})}{\partial x^k \partial x^l \cdots \partial x^m \partial x^n} \circ \varphi_\alpha \tag{3.67}$$

が成立することもまた容易に示される．式 (3.64) や (3.66) を導出する過程からもわかるように，M 上の関数を φ_α^{-1} と合成することによって $\varphi_\alpha(U_\alpha) \subset \boldsymbol{R}^N$ 上の関数と考えるならば，∂_{x^n} を通常の偏微分演算子と見なしてよいのである．

さて，Xf は M 上の $C_M^{\min(k,s-1)}$ 級関数だから $1 \leq k$，$2 \leq s$ ならば可微分であり，もうひとつの接ベクトル場 $Y \in \mathcal{T}_0^1(M)_k$ を作用させることが可能である．Y を座標近傍 $(U_\alpha, \varphi_\alpha : x)$ の標準的接ベクトル場 $\{\partial_{x^n}\}_{n=1,N}$ で展開して

$$Y = \eta^n \partial_{x^n} \quad (\eta^1, \eta^2 \in \Lambda^0(U_\alpha)_k) \tag{3.68}$$

と表現すれば，式 (3.63) によって

$$Y(Xf) = \eta^m \partial_{x^m}(\xi^n \partial_{x^n} f) \tag{3.69}$$

である．上述のように ∂_{x^n} を通常の偏微分演算子と見なしてよく，したがって

$$\partial_{x^m}(\xi^n \partial_{x^n} f) = (\partial_{x^m} \xi^n)(\partial_{x^n} f) + \xi^n(\partial_{x^m} \partial_{x^n} f) \tag{3.70}$$

が成立するから[‡27]，これを式 (3.69) に代入すれば

$$Y(Xf) = \eta^m(\partial_{x^m} \xi^n)(\partial_{x^n} f) + \eta^m \xi^n(\partial_{x^m} \partial_{x^n} f)$$

を得る．同様にして

$$X(Yf) = \xi^n(\partial_{x^n} \eta^m)(\partial_{x^m} f) + \xi^n \eta^m(\partial_{x^n} \partial_{x^m} f)$$

を得るが，式 (3.66) から明らかなように $\partial_{x^m} \partial_{x^n} f = \partial_{x^n} \partial_{x^m} f$ だから

$$(XY - YX)f \equiv X(Yf) - Y(Xf) = \{\xi^m(\partial_{x^m} \eta^n) - \eta^m(\partial_{x^m} \xi^n)\}\partial_{x^n} f \tag{3.71}$$

---

‡27 正式には式 (3.64) や (3.66) を導出したのと同様にして式 (3.70) を導出すればよい．

が成立する．これが任意の $f \in \Lambda^0(M)_2$ に対して成立するから

$$[X,Y] \equiv XY - YX = \{\xi^m(\partial_{x^m}\eta^n) - \eta^m(\partial_{x^m}\xi^n)\}\partial_{x^n} \tag{3.72}$$

であり，したがって $[X,Y]$ は M 上の接ベクトル場である．これを二つのベクトル場 X，Y の**括弧積** (bracket) とよぶ．$X, Y \in \mathcal{T}_0^1(M)_k$ だから ξ^n，η^n は M 上の C^k 級の関数であり，したがって式 (3.72) 右辺にある ∂_{x^n} の係数は M 上の C^{k-1} 級関数だから，$[X,Y]$ は C^{k-1} 級の接ベクトル場である．前節でも述べたように，接ベクトル場を含んだ計算を進める際には関数やベクトル場がどの程度に高い微分可能性をもっているのかをつねに意識しておく必要がある．こうした面倒を避けるには対象を C^∞ 級の多様体にかぎってもよく，あるいは「必要に応じて十分に級が高い」という解釈をしてもよい．以後，とくに断らないかぎりはこの方策に従い，級を明示せずに単に $\mathcal{T}_0^1(M)$ と表記することにする．$\Lambda^0(M)$ に関しても同様である．では，括弧積の有用な性質を示して本節を終えよう．

《括弧積の性質》

$X, Y, Z \in \mathcal{T}_0^1(M)$，$f, g \in \Lambda^0(M)$ とすれば

(1) $[X, Y+Z] = [X,Y] + [X,Z]$,　$[X+Y, Z] = [X,Z] + [Y,Z]$

(2) $[X,Y] = -[Y,X]$

(3) $[[X,Y],Z] + [[Y,Z],X] + [[Z,X],Y] = 0$

(4) $[fX, gY] = fg[X,Y] + f(Xg)Y - g(Yf)X$

とくに (3) は **Jacobi の恒等式** (Jacobi's identity) とよばれる．いずれの等式も証明は容易だが，参考までに (4) を示しておこう．式 (3.64) によれば，任意の $h \in \Lambda^0(M)$ に対して

$$\begin{aligned}(fX)(gY)h &= f\{X(g(Yh))\} = f\{(Xg)(Yh) + g(X(Yh))\} \\ &= f(Xg)(Yh) + fgXYh \\ (gY)(fX)h &= g\{Y(f(Xh))\} = g\{(Yf)(Xh) + f(Y(Xh))\} \\ &= g(Yf)(Xh) + fgYXh\end{aligned}$$

だから

$$\begin{aligned}[fX, gY]h &= (fX)(gY)h - (gY)(fX)h \\ &= fg(XY - YX)h + f(Xg)(Yh) - g(Yf)(Xh) \\ &= \{fg[X,Y] + f(Xg)Y - g(Yf)X\}h\end{aligned}$$

が成立する．

3.3.3 接ベクトル場の積分曲線

多様体 M 上の曲線 C のパラメータ表示を $(I, \gamma : I \to M)$ とするとき，C 上の点 $\gamma(t)$ における速度ベクトル

$$V(\gamma(t)) \equiv \frac{d\gamma(t)}{dt} \tag{3.73}$$

は点 $\gamma(t)$ における M の接ベクトルである．C の各点 $\gamma(t) \in C$ に対して $\gamma(t)$ における接ベクトル $V(\gamma(t)) \in T_{\gamma(t)}(M)$ をひとつずつ定める対応は C 上の接ベクトル場に他ならず，これを曲線 C の**速度ベクトル場** (velocity vector field) とよんで

$$V \equiv \{V(p)\}_p \qquad (p = \gamma(t), t \in I) \tag{3.74}$$

と記す．このように，M 上の任意の曲線 C に対して速度ベクトル場と称する C 上の接ベクトル場 $V \in \mathcal{T}_0^1(C)$ が決まる．では，M 上の接ベクトル場 $X \in \mathcal{T}_0^1(M)$ が任意に指定された場合に，M 上の曲線 C を適当に選んで，C の速度ベクトル場が C 上で X に一致するようにできるだろうか．つまり，任意に指定された $X \in \mathcal{T}_0^1(M)$ に対して

$$\frac{d\gamma(t)}{dt} = X(\gamma(t)) \qquad (\forall t \in I) \tag{3.75}$$

を満足する区間 $I \in \boldsymbol{R}$ と写像 $\gamma : I \to M$ は存在するだろうか．以下に示すように，そのような曲線は少なくとも局所的にはつねに存在し，接ベクトル場 X の**積分曲線** (integral curve) とよばれる．

任意の点 $p \in M$ に対して，この点を通る $X \in \mathcal{T}_0^1(M)$ の積分曲線が存在することを示すため，点 p を含む M の座標近傍をひとつ選んで $(U, \varphi : x)$ とする．U 内の曲線 C のパラメータ表示を $(I, \gamma : I \to U)$ とすれば，曲線 C が $t = 0$ で点 p を通過するという条件は

$$\gamma(0) = p \tag{3.76}$$

と表現できる．また，

$$(x_\gamma^1(t) \ \ \cdots \ \ x_\gamma^N(t))^t \equiv (x^1(\gamma(t)) \ \ \cdots \ \ x^N(\gamma(t)))^t = \varphi(\gamma(t))$$

と表記すれば，曲線 C の速度ベクトル場は式 (3.47) によって $d\gamma/dt = \dot{x}_\gamma^n \partial_{x^n}$ と表現され，U 上の接ベクトル場 $X \in \mathcal{T}_0^1(U)$ は基本接ベクトル場の組 $\{\partial_{x^n}\}_{n=1,N}$ によって $X = \xi^n \partial_{x^n}$ と展開できるから，式 (3.75) は

$$\frac{d\gamma(t)}{dt} = \dot{x}_\gamma^n \partial_{x^n} = X(\gamma(t)) = \xi^n(\gamma(t))\partial_{x^n} \tag{3.77}$$

と書ける．ここで $\{\partial_{x^n}\}$ は各点ごとに線形独立であり，$\gamma(t) = \varphi^{-1}((x_\gamma^1(t) \ \ \cdots \ \ x_\gamma^N(t))^t)$ だから，式 (3.77) は

$$\dot{x}_\gamma^n(t) = \xi^n(\varphi^{-1}((x_\gamma^1(t) \ \ x_\gamma^2(t) \ \ \cdots \ \ x_\gamma^N(t))^t)) \qquad (n = 1 \sim N) \tag{3.78}$$

と等価である．これは実関数 $\{x_\gamma^n(t)\}_{n=1\sim N}$ に関する連立常微分方程式だから，式 (3.76) に対応する初期条件

$$\varphi(\gamma(0)) = (x_\gamma^1(0)\ \ x_\gamma^2(0)\ \ \cdots\ \ x_\gamma^N(0))^t = \varphi(p) \tag{3.79}$$

の下に，$t=0$ を含む適当な開区間 I において一意的な解をもつ．こうして定まる一意解 $\{x_\gamma^n(t)\}$ を使って

$$\gamma(t) = \varphi^{-1}((x_\gamma^1(t)\ \ x_\gamma^2(t)\ \ \cdots\ \ x_\gamma^N(t))^t) \tag{3.80}$$

とすれば，γ は初期条件 (3.76) と積分曲線の条件式 (3.75) を満足する唯一の写像 $\gamma : I \to M$ である．このように，任意に指定された点 p を通る X の積分曲線は局所的にはつねに存在して一意的である．以後，初期条件 (3.76) を満足する式 (3.75) の解を $\gamma_{X,p}$ と記し，$(I, \gamma_{X,p} : I \to M)$ をパラメータ表示とする X の積分曲線を $C_{X,p}$ と記す．また，点 p を特定しない場合には $\gamma_{X,p}$，$C_{X,p}$ をそれぞれ γ_X，C_X と略記する．

たとえば，$X = \partial_{x^1}$ の場合には $\xi^n = \delta_1^n$ だから式 (3.78) は $\dot{x}_\gamma^n(t) = \delta_1^n$ となり，初期条件である式 (3.79) を満足する解が一意的に

$$x_\gamma^n(t) = x^n(\gamma(t)) = \delta_1^n t + x_\gamma^n(0)$$

と定まる．それゆえ

$$\gamma_{\partial_{x^1},p}(t) = \varphi^{-1}((t + x_\gamma^1(0)\ \ x_\gamma^2(0)\ \ \cdots\ \ x_\gamma^N(0))^t)$$

を得るが，3.2.3 項の末尾で示したように $(I, \gamma_{\partial_{x^1},p} : I \to M)$ をパラメータ表示とする曲線 $C_{\partial_{x^1},p}$ は $t=0$ で点 $\gamma_{\partial_{x^1},p}(0) = p$ を通る x^1 曲線である．つまり，∂_{x^1} の積分曲線とは x^1 曲線に他ならない‡28．一般に，∂_{x^n} の積分曲線は x^n 曲線である．

ところで，積分曲線を具体的に求めるために座標近傍 $(U, \varphi : x)$ を利用したが，積分曲線を規定する式 (3.75)，(3.76) はいずれも座標近傍とは無関係だから，$\gamma_{X,p}$ は座標近傍の選び方とは無関係に定まる点に注意しておこう．実際，他の座標近傍 $(V, \psi : y)$ を採用した場合には式 (3.78) や (3.79) の代わりに

$$\dot{y}_\gamma^n(t) = \xi^n(\psi^{-1}((y_\gamma^1(t)\ \ y_\gamma^2(t)\ \ \cdots\ \ y_\gamma^N(t))^t))$$

$$(y_\gamma^1(0)\ \ y_\gamma^2(0)\ \ \cdots\ \ y_\gamma^N(0))^t = \psi(p)$$

を得るが，これらの条件で定まる $\{y_\gamma^n(t)\}_{n=1\sim N}$ は

$$\gamma_{X,p}(t) = \varphi^{-1}((x_\gamma^1(t)\ \ x_\gamma^2(t)\ \ \cdots\ \ x_\gamma^N(t))^t) = \psi^{-1}((y_\gamma^1(t)\ \ y_\gamma^2(t)\ \ \cdots\ \ y_\gamma^N(t))^t)$$

を満足するから，$\gamma_{X,p}$ は座標近傍の選び方に依存しない‡29．

---

‡28 x^1 曲線の速度ベクトルは ∂_{x^1} だから，x^1 曲線は確かに ∂_{x^1} の積分曲線である．

‡29 ただし，$\gamma_{X,p}$ の定義域は座標近傍の選び方に依存する．実際，座標近傍として (U, φ) を採用した場合には $\gamma_{X,p}$ の定義域 I は $\gamma_{X,p}(I) \subset U$ を満足する必要がある．

つぎに，接ベクトル場 $X \in \mathcal{T}_0^1(M)$ の積分曲線 C_X に沿った M 上の関数 $f \in \Lambda^0(M)$ の変化について考えてみよう．積分曲線の定義によって γ_X は式 (3.75) を満足するから，式 (3.46) によって

$$\frac{d(f \circ \gamma_X)(t)}{dt} = \frac{df(\gamma_X(t))}{dt} = \frac{d\gamma_X(t)}{dt} f = (Xf)(\gamma_X(t)) = \{(Xf) \circ \gamma_X\}(t)$$

が成立する．ところが，Xf もまた M 上の関数だから

$$\frac{d^2(f \circ \gamma_X)(t)}{dt^2} = \frac{d\{(Xf) \circ \gamma_X\}(t)}{dt} = \{(X(Xf)) \circ \gamma_X\}(t) = \{(X^2 f) \circ \gamma_X\}(t)$$

であり，より一般に

$$\frac{d^k(f \circ \gamma_X)(t)}{dt^k} = \{(X^k f) \circ \gamma_X\}(t) \tag{3.81}$$

が成立する．それゆえ，

$$f(\gamma_X(t+\varepsilon)) = \sum_{k=0}^{\infty} \frac{\varepsilon^k}{k!} \frac{d^k(f \circ \gamma_X)(t)}{dt^k} = \left\{ \sum_{k=0}^{\infty} \frac{\varepsilon^k}{k!} (X^k f) \circ \gamma_X \right\}(t)$$

すなわち

$$f(\gamma_X(t+\varepsilon)) = (e^{\varepsilon X} f)(\gamma_X(t)) \tag{3.82}$$

が結論される．ところで，積分曲線 C_X に沿って点 $\gamma_X(t_1)$ から点 $\gamma_X(t_2)$ に到るまでに曲線のパラメータ t が $t_2 - t_1$ だけ増加することから，この $t_2 - t_1$ を接ベクトル場 X に沿った $\gamma_X(t_1)$ から $\gamma_X(t_2)$ までの**パラメータ差** (parameter difference) とよぶことにしよう．前述のように，局所的には任意に指定された点 $p \in M$ を通る X の積分曲線 $C_{X,p}$ が一意に存在するから，ε の絶対値を十分に小さく設定すれば X に沿って点 p とのパラメータ差が ε であるような点 q が一意に定まる．そして，式 (3.82) によれば任意の $f \in \Lambda^0(M)$ に対して，$e^{\varepsilon X} f$ の点 p における値 $(e^{\varepsilon X} f)(p)$ は，点 q における f の値 $f(q)$ に等しい．つまり，接ベクトル場 X の指数関数 $e^{\varepsilon X}$ は M 上の関数 f に対しては X の積分曲線に沿ったパラメータ値 ε だけの並進演算子なのである．

ところで，座標近傍 $(U, \varphi : x)$ においては，点 $p \in U$ の座標 $\varphi(p) \in \boldsymbol{R}^N$ の第 n 成分

$$x^n(p) \equiv [\varphi(p)]^n \qquad (n = 1 \sim N) \tag{3.83}$$

は U 上の関数だから，式 (3.82) によって

$$x^n_{\gamma_X}(t) = x^n(\gamma_X(t)) = (e^{tX} x^n)(\gamma_X(0)) \tag{3.84}$$

が成立する．上式によって $t = 0$ を含む適当な開区間 I で $\{x^n_{\gamma_X}\}_{n=1\sim N}$ が決まり，積分曲線 C_X をパラメータ表示する写像 $\gamma_X : I \to U$ が

$$\gamma_X(t) = \varphi^{-1}((x^1_{\gamma_X}(t) \;\; x^2_{\gamma_X}(t) \;\; \cdots \;\; x^N_{\gamma_X}(t))^t) \tag{3.85}$$

として決まる．式 (3.84) で決まる $\{x^n_{\gamma_X}\}_{n=1\sim N}$ が積分曲線の条件式 (3.78) を満足することは以下のように確認できる．実際，

$$Xx^n = (\xi^k \partial_{x^k}) x^n = \xi^k \delta^n_k = \xi^n$$

だから，U 上の関数 ξ^n に対して式 (3.82) を適用すれば

$$\begin{aligned}\dot{x}^n_{\gamma_X}(t) &= \frac{d}{dt}(e^{tX}x^n)(\gamma_X(0)) = (e^{tX}Xx^n)(\gamma_X(0)) = (e^{tX}\xi^n)(\gamma_X(0)) \\ &= \xi^n(\gamma_X(t)) = \xi^n(\varphi^{-1}((x^1_{\gamma_X}(t)\ \ x^2_{\gamma_X}(t)\ \ \cdots\ \ x^N_{\gamma_X}(t))^t))\end{aligned}$$

を得るが，これは式 (3.78) に他ならない．

さて，局所座標系 φ は U 上の関数 $\{x^n\}_{n=1\sim N}$ を成分とする U 上のベクトル値関数

$$\begin{aligned}&\varphi = (x^1\ \ x^2\ \ \cdots\ \ x^N)^t : U \to \boldsymbol{R}^N, \\ &p \mapsto \varphi(p) = (x^1\ \ x^2\ \ \cdots\ \ x^N)^t(p) = (x^1(p)\ \ x^2(p)\ \ \cdots\ \ x^N(p))^t\end{aligned} \tag{3.86}$$

であるが，この φ に対する e^{tX} の作用を

$$e^{tX}\varphi = e^{tX}(x^1\ \ x^2\ \ \cdots\ \ x^N)^t \equiv (e^{tX}x^1\ \ e^{tX}x^2\ \ \cdots\ \ e^{tX}x^N)^t \tag{3.87}$$

として定義すれば，式 (3.84) によって

$$\begin{aligned}\varphi(\gamma_X(t)) &= (x^1\ \ \cdots\ \ x^N)^t(\gamma_X(t)) = (x^1_{\gamma_X}\ \ \cdots\ \ x^N_{\gamma_X})^t(t) \\ &= (e^{tX}x^1\ \ \cdots\ \ e^{tX}x^N)^t(\gamma_X(0)) = \{e^{tX}(x^1\ \ \cdots\ \ x^N)^t\}(\gamma_X(0)) \\ &= (e^{tX}\varphi)(\gamma_X(0))\end{aligned}$$

すなわち

$$\varphi(\gamma_X(t)) = (e^{tX}\varphi)(\gamma_X(0)) \tag{3.88}$$

であり，両辺に φ^{-1} を作用させれば

$$\gamma_X(t) = (\varphi^{-1} \circ e^{tX}\varphi)(\gamma_X(0)) \tag{3.89}$$

を得る．つまり，点 $\gamma_X(0)$ から出発して積分曲線に沿ってパラメータ差が t となるまで進んだ点 $\gamma_X(t)$ は写像 $\varphi^{-1} \circ e^{tX}\varphi$ による $\gamma_X(0)$ の像として与えられるのである．前述のように γ_X は座標近傍 (U,φ) の選び方には依存しないから，(U,φ) と交わる任意の座標近傍 (V,ψ) に対し，両辺が同時に意味をもつ範囲内で

$$(\varphi^{-1} \circ e^{tX}\varphi)(\gamma_X(0)) = (\psi^{-1} \circ e^{tX}\psi)(\gamma_X(0)) \tag{3.90}$$

が成立する点を注意しておこう．

最後に，2 種類の接ベクトル場 $Y, Z \in \mathcal{T}^1_0(M)$ の積分曲線を繋ぎ合わせて構成されるつぎのような経路を考えよう．つまり，点 $p_1 \in M$ から出発して Y の積分曲線に沿ってパラメータ差 ε だけ進んだ点を p_2 とし，p_2 から Z の積分曲線に沿って δ だけ進んだ点を p_3，p_3 から Y の積分曲線に沿って $-\varepsilon$ だけ進んだ (ε だけ遡った) 点を p_4，p_4 から Z の積分曲線に沿って $-\delta$ だけ進んだ点を p_5 とする．ただしこれらの 5 点 $p_1 \sim p_5$ がひとつの座標近傍 $(U,\varphi : x)$ に含まれるように ε と δ の絶対値は十分に小さく設定してあるとする．このような経路は多様体の曲率を議論する際に必要となる．いずれにせよ，$p_1 \sim p_5$ の定義と式 (3.89) によれば

$$
\begin{aligned}
&p_2 = (\varphi^{-1} \circ e^{\varepsilon Y}\varphi)(p_1), \quad p_3 = (\varphi^{-1} \circ e^{\delta Z}\varphi)(p_2) \\
&p_4 = (\varphi^{-1} \circ e^{-\varepsilon Y}\varphi)(p_3), \quad p_5 = (\varphi^{-1} \circ e^{-\delta Z}\varphi)(p_4)
\end{aligned} \tag{3.91}
$$

が成立する．これから，たとえば

$$
p_3 = (\varphi^{-1} \circ e^{\delta Z}\varphi)(p_2) = ((\varphi^{-1} \circ e^{\delta Z}\varphi) \circ (\varphi^{-1} \circ e^{\varepsilon Y}\varphi))(p_1) \tag{3.92}
$$

を得るが，この p_3 が

$$
p_3 = (\varphi^{-1} \circ e^{\varepsilon Y} e^{\delta Z}\varphi)(p_1) \tag{3.93}
$$

としても表現できることを示そう．まず，$\psi \equiv e^{\delta Z}\varphi$ とすれば ψ は φ と同じく U 上で定義され，(U, ψ) は M の座標近傍だから，式 (3.90) によって

$$
p_2 = (\varphi^{-1} \circ e^{\varepsilon Y}\varphi)(p_1) = (\psi^{-1} \circ e^{\varepsilon Y}\psi)(p_1)
$$

であり，

$$
\varphi(p_2) = \varphi((\varphi^{-1} \circ e^{\varepsilon Y}\varphi)(p_1)) = (e^{\varepsilon Y}\varphi)(p_1), \quad \psi(p_2) = (e^{\varepsilon Y}\psi)(p_1)
$$

が成立する．一方，式 (3.91) の第 2 式によれば $\varphi(p_3) = (e^{\delta Z}\varphi)(p_2)$ だから

$$
\varphi(p_3) = (e^{\delta Z}\varphi)(p_2) = \psi(p_2) = (e^{\varepsilon Y}\psi)(p_1) = (e^{\varepsilon Y}(e^{\delta Z}\varphi))(p_1)
$$

であり，両辺に φ^{-1} を作用させれば式 (3.93) を得る．このように，任意の p_1 に対して

$$
p_3 = ((\varphi^{-1} \circ e^{\delta Z}\varphi) \circ (\varphi^{-1} \circ e^{\varepsilon Y}\varphi))(p_1) = (\varphi^{-1} \circ e^{\varepsilon Y} e^{\delta Z}\varphi)(p_1)
$$

が成立することから

$$
(\varphi^{-1} \circ e^{\delta Z}\varphi) \circ (\varphi^{-1} \circ e^{\varepsilon Y}\varphi) = \varphi^{-1} \circ e^{\varepsilon Y} e^{\delta Z}\varphi \tag{3.94}
$$

が結論される‡30．したがって，式 (3.91) から

$$
\begin{aligned}
p_5 &= (\varphi^{-1} \circ e^{-\delta Z}\varphi)(p_4) = ((\varphi^{-1} \circ e^{-\delta Z}\varphi) \circ (\varphi^{-1} \circ e^{-\varepsilon Y}\varphi))(p_3) \\
&= ((\varphi^{-1} \circ e^{-\varepsilon Y} e^{-\delta Z}\varphi) \circ (\varphi^{-1} \circ e^{\delta Z}\varphi))(p_2) \\
&= ((\varphi^{-1} \circ e^{\delta Z} e^{-\varepsilon Y} e^{-\delta Z}\varphi) \circ (\varphi^{-1} \circ e^{\varepsilon Y}\varphi))(p_1) \\
&= (\varphi^{-1} \circ e^{\varepsilon Y} e^{\delta Z} e^{-\varepsilon Y} e^{-\delta Z}\varphi)(p_1)
\end{aligned} \tag{3.95}
$$

を得る．ここで，ε と δ に関して 3 次以上の項を O^3 と記せば

$$
\begin{aligned}
e^{\varepsilon Y} e^{\delta Z} e^{-\varepsilon Y} e^{-\delta Z} &= \left(1 + \varepsilon Y + \frac{\varepsilon^2}{2} Y^2 + O^3\right)\left(1 + \delta Z + \frac{\delta^2}{2} Z^2 + O^3\right) \\
&\quad \times \left(1 - \varepsilon Y + \frac{\varepsilon^2}{2} Y^2 + O^3\right)\left(1 - \delta Z + \frac{\delta^2}{2} Z^2 + O^3\right) \\
&= 1 + \varepsilon\delta(YZ - ZY) + O^3
\end{aligned}
$$

すなわち

‡30 式 (3.94) の左辺と右辺で $e^{\varepsilon Y}$ と $e^{\delta Z}$ の順序が入れ替わっている点に注意しよう．

$$e^{\varepsilon Y}e^{\delta Z}e^{-\varepsilon Y}e^{-\delta Z}=1+\varepsilon\delta(YZ-ZY)+O^3=e^{\varepsilon\delta[Y,Z]}+O^3 \tag{3.96}$$

が結論される．したがって，O^3 を無視する近似では式 (3.95) は

$$p_5=(\varphi^{-1}\circ e^{\varepsilon\delta[Y,Z]}\varphi)(p_1) \tag{3.97}$$

と表現できるが，これは点 p_1 から出発して接ベクトル場 $[Y,Z]$ の積分曲線に沿ってパラメータ差 $\varepsilon\delta$ だけ進んだ点が p_5 であることを意味している．それゆえ $[Y,Z]\neq 0$ ならば，つまり Y と Z が非可換ならば p_5 は p_1 とは一致しない．一方，Y と Z が可換ならば

$$e^{\varepsilon Y}e^{\delta Z}e^{-\varepsilon Y}e^{-\delta Z}=e^{\varepsilon Y+\delta Z-\varepsilon Y-\delta Z}=e^0=1 \tag{3.98}$$

だから，O^3 を無視する近似ではなく，厳密な意味で p_5 は p_1 に一致する．たとえば，基本接ベクトル場は可換 $[\partial_{x^m},\partial_{x^n}]=0$ だから，$Y=\partial_{x^m}$，$Z=\partial_{x^n}$ の場合には $p_5=p_1$ である．前述のように ∂_{x^m}，∂_{x^n} の積分曲線はそれぞれ x^m 曲線と x^n 曲線だから $p_5=p_1$ となるのは当然といえよう．点 p_1 から出発して x^m 曲線に沿って ε だけ進めば座標値 x^m が ε だけ増加し，次いで x^n 曲線に沿って δ だけ進めば座標値 x^n が δ だけ増加するが，x^m 曲線を ε だけ遡ることで座標値 x^m が ε だけ減少し，さらに x^n 曲線を δ だけ遡れば座標値 x^n が δ だけ減少するため，点 p_5 の座標値は点 p_1 の座標値に一致するのである．

3.4 テンソル場とその表現

3.4.1 テンソル場

付録 B や付録 C に示すように，実ベクトル空間 V がひとつ与えられると，この V から出発してさまざまなベクトル空間が構成できる．まず V の双対空間 V^* が作られ[‡31]，任意の非負整数 L，K に対して直積空間 $(V^*)^L\times V^K$ が定義され，$(V^*)^L\times V^K$ 上の多重線形形式からなるベクトル空間 $M((V^*)^L\times V^K,\boldsymbol{R})$ が構築される．また，L 個の V と K 個の V^* のテンソル積 $T^L_K(V)$ が式 (B.1) によって定義され，$T^L_K(V)$ の元は V 上の (L,K) 型テンソルとよばれるのであった．実は $T^L_K(V)=M((V^*)^L\times V^K,\boldsymbol{R})$ であり，したがって (L,K) 型テンソルとは $(V^*)^L\times V^K$ 上の多重線形形式に他ならない．$(0,K)$ 型のテンソル，すなわち V^K 上の多重線形形式では引数の入れ替えに関する対称性が議論できることから，対称 K 次形式のなすベクトル空間 $\varSigma^K(V^*)$ と交代 K 次形式のなすベクトル空間 $\varLambda^K(V^*)$ が定義され，両者はともに $T^0_K(V)$ の部分空間である．とくに $K=1$ の場合には式 (C.8) に示すように $V^*=T^0_1(V)=\varSigma^1(V^*)=\varLambda^1(V^*)$ だから，双対空間 V^* のベクトルは $(0,1)$ 型のテンソルでもあり，対称 1 次形式でもあり，そして交代 1 次形式でもある．

[‡31] 双対空間に関しては付録 A の A.2 節参照のこと．

ところで，可微分多様体 M の各点 p には接ベクトル空間 $T_p(M)$ が定義されるから，この $T_p(M)$ を上述の実ベクトル空間 V として採用すれば，M の各点 p に種々のベクトル空間，すなわち双対空間 $T_p^*(M)$，(L,K) 型テンソルのなすベクトル空間 $T_K^L(T_p(M))$，対称 K 次形式のなすベクトル空間 $\Sigma^K(T_p^*(M))$，交代 K 次形式のなすベクトル空間 $\Lambda^K(T_p^*(M))$，等々が定義されることになる．とくに，双対空間 $T_p^*(M)$ は点 p における M の**余接ベクトル空間** (cotangent vector space) とよばれ，$T_p^*(M)$ の元は点 p における余接ベクトルとよばれる．

さて，M の各点 p に対して p における接ベクトル $X_p \in T_p(M)$ がひとつずつ定められているとき，その対応 $X = \{X_p\}_{p\in M}$ を M 上の接ベクトル場とよんだ．まったく同様に，M の各点 p に対して p における (L,K) 型テンソル $\phi_p \in T_K^L(T_p(M))$ がひとつずつ定められているとき，その対応 $\phi = \{\phi_p\}_{p\in M}$ を M 上の (L,K) 型テンソル場とよぶ．そして，とくに $(0,K)$ 型の交代対称なテンソル場を K 次微分形式，あるいは単に K 形式とよぶ．つまり，M の各点 p に対して p における交代 K 次形式 $\omega_p \in \Lambda^K(T_p^*(M))$ がひとつずつ定められているとき，この対応 $\omega = \{\omega_p\}_{p\in M}$ を K 形式とよぶ．たとえば，付録の式 (C.8) に示すように $T_p^*(M) = \Lambda^1(T_p^*(M))$ だから，M の各点 p に対して p における余接ベクトル $\omega_p \in T_p^*(M)$ をひとつずつ定める対応 $\omega = \{\omega_p\}_{p\in M}$ は M 上の 1 形式である．K 形式に関するこの定義は 2.3 節で与えた定義とはまったく異なるように思われるが，議論を進めるに連れて両者間のギャップは解消するはずである．

M 上の (L,K) 型テンソル場の集合を $\mathcal{T}_K^L(M)$ と記す[‡32]．また，M 上の $(0,K)$ 型交代対称テンソル場の集合，すなわち K 形式の集合を $\Lambda^K(M)$ と記し[‡33]，$(0,K)$ 型の対称テンソル場の集合を $\Sigma^K(M)$ と表記する．とくに $(0,1)$ 型テンソルは交代対称であり，また対称でもあるから $\Lambda^1(M) = \Sigma^1(M) = \mathcal{T}_1^0(M)$ である．微分可能性 (級) を明示的に議論する必要がある場合には右下に「級」を付して $\mathcal{T}_K^L(M)_r$，$\Lambda^K(M)_s$ などと表現する．たとえば C^s 級関数の集合は $\Lambda^0(M)_s$ であり，C^k 級 1 形式の集合は $\Lambda^1(M)_k$ である[‡34]．

さて, ξ と η を M 上の (L,K) 型テンソル場 $\xi,\eta \in \mathcal{T}_K^L(M)$ とするとき, M の点 p における ξ,η の値 ξ_p, η_p は定義によって $T_p(M)$ 上の (L,K) 型テンソル $\xi_p,\eta_p \in T_K^L(T_p(M))$ である．$T_K^L(T_p(M))$ は実ベクトル空間だから，和 $\xi_p + \eta_p \in T_K^L(T_p(M))$ が定義されて

‡32 3.3.1 項以降，M 上の接ベクトル場の集合を $\mathcal{T}_0^1(M)$ と記していたのは接ベクトル場が $(1,0)$ 型のテンソル場だからである．

‡33 M 上のスカラー場は M 上の 0 形式と解釈できる点に注意しよう．M 上のスカラー場の集合を $\Lambda^0(M)$ と記してきた理由はここにある．

‡34 1 形式も含めた一般のテンソル場の「級」は 3.4.4 項で定義される．

いる．そして，M の各点 p に対して p における (L,K) 型テンソル $\xi_p+\eta_p \in T_K^L(T_p(M))$ を指定する対応 $\{\xi_p+\eta_p\}_{p\in M}$ は M 上の (L,K) 型テンソル場である．これを二つの (L,K) 型テンソル場 ξ,η の和と称して

$$\xi+\eta=\{\xi_p+\eta_p\}_{p\in M} \tag{3.99}$$

と記す．また，$f\in\Lambda^0(M)$ とするとき，$\xi_p\in T_K^L(T_p(M))$ の実数倍 $f(p)\xi_p$ は $T_K^L(T_p(M))$ の元であり，M の各点 p に対して p における (L,K) 型テンソル $f(p)\xi_p\in T_K^L(T_p(M))$ を指定する対応 $\{f(p)\xi_p\}_{p\in M}$ は M 上の (L,K) 型テンソル場である．これを $\xi\in\mathcal{T}_K^L(M)$ の f 倍と称して

$$f\xi=\{f(p)\xi_p\}_{p\in M} \tag{3.100}$$

と記す．このとき，$T_K^L(T_p(M))$ がベクトル空間であることから容易に示されるように，任意の $\xi,\eta,\zeta\in\mathcal{T}_K^L(M)$，および $f,g\in\Lambda^0(M)$ に対して

$$\begin{aligned}&\xi+\eta=\eta+\xi,\quad (\xi+\eta)+\zeta=\xi+(\eta+\zeta)\\ &f(\xi+\eta)=f\xi+f\eta,\quad (f+g)\xi=f\xi+g\xi,\quad (fg)\xi=f(g\xi)\end{aligned} \tag{3.101}$$

が成立する[‡35]．K 形式は $(0,K)$ 型のテンソル場だから，式 (3.101) は ξ，η，ζ が K 形式の場合でも成立する点に注意しておこう．

ベクトル空間 $T_K^L(T_p(M))$ の零元を 0_p と記すとき，各点 $p\in M$ に対して p における (L,K) 型テンソル $0_p\in T_K^L(T_p(M))$ を指定する対応 $\{0_p\}_{p\in M}$ は M 上の (L,K) 型テンソル場であり，これを $0\equiv\{0_p\}_{p\in M}\in\mathcal{T}_K^L(M)$ と記す．$(L,K)\neq(L',K')$ ならば $\mathcal{T}_K^L(M)$ と $\mathcal{T}_{K'}^{L'}(M)$ とは異なる集合だから，本来ならば $0\in\mathcal{T}_K^L(M)$ と $0\in\mathcal{T}_{K'}^{L'}(M)$ とは異なる記号で表記すべきだが[‡36]，こうした略記法でも混乱の恐れはないだろう．同様に，ベクトル空間 $\Lambda^K(T_p^*(M))$ の零元もまた 0_p と表記し，各点 $p\in M$ に交代 K 次形式 $0_p\in\Lambda^K(T_p^*(M))$ を指定する K 形式を $0\in\Lambda^K(M)$ と記す．

■ 3.4.2　$\Lambda^0(M)$ に関する多重線形写像

前節で述べたように，点 $p\in M$ における余接ベクトル空間 $T_p^*(M)$ とは接ベクトル空間 $T_p(M)$ の双対空間のことである．したがって，任意の余接ベクトル $\phi\in T_p^*(M)$ は線形写像 $\phi:T_p(M)\to\boldsymbol{R}$ である．また，A.2 節に示すように $T_p^*(M)$ の双対空間は $T_p(M)$ であり，任意の接ベクトル $v\in T_p(M)$ は線形写像 $v:T_p^*(M)\to\boldsymbol{R}$ であって

$$v(\phi)\doteq\phi(v)\in\boldsymbol{R}\qquad(\forall v\in T_p(M),\forall\phi\in T_p^*(M)) \tag{3.102}$$

が成立する．

[‡35] 式 (3.101) は接ベクトル場に関する式 (3.50) に対応する．

[‡36] $T_K^L(T_p(M))$ と $T_K^{L'}(T_p(M))$ に関しても同様であり，両者はたがいに異なるベクトル空間だから煩雑さを厭わなければ両者の零元は異なる記号で表記すべきである．

M 上の接ベクトル場 $X \in \mathcal{T}_0^1(M)$ の点 p における値 X_p は点 p における接ベクトル $X_p \in T_p(M)$ であり，M 上の 1 形式 $\omega \in \Lambda^1(M) = \mathcal{T}_1^0(M)$ の点 $p \in M$ における値 ω_p は点 p における余接ベクトル $\omega_p \in \Lambda^1(T_p^*(M)) = T_p^*(M)$ である．それゆえ X_p は ω_p に作用して実数 $X_p(\omega_p)$ を与え，ω_p は X_p に作用して実数 $\omega_p(X_p)$ を与える．そして，M の各点 p に対して実数 $X_p(\omega_p)$，$\omega_p(X_p)$ を指定する対応 $\{X_p(\omega_p)\}_{p\in M}$，$\{\omega_p(X_p)\}_{p\in M}$ はそれぞれ M 上の実関数であり，それらを

$$X(\omega) \equiv \{X_p(\omega_p)\}_{p\in M}, \quad \omega(X) \equiv \{\omega_p(X_p)\}_{p\in M} \tag{3.103}$$

と記せば，式 (3.102) によって

$$X(\omega) = \omega(X) \in \Lambda^0(M) \qquad (\forall X \in \mathcal{T}_0^1(M), \forall\omega \in \Lambda^1(M) = \mathcal{T}_1^0(M)) \tag{3.104}$$

が成立する．いずれにせよ，接ベクトル場 $X \in \mathcal{T}_0^1(M)$ は任意の 1 形式 $\omega \in \Lambda^1(M)$ を M 上の関数 $X(\omega)$ に写す写像

$$X : \Lambda^1(M) \to \Lambda^0(M), \quad \omega \mapsto X(\omega) \tag{3.105}$$

であり，1 形式 ω は任意の接ベクトル場 X を M 上の関数 $\omega(X)$ に写す写像

$$\omega : \mathcal{T}_0^1(M) \to \Lambda^0(M), \quad X \mapsto \omega(X) \tag{3.106}$$

である．写像 $X : \Lambda^1(M) \to \Lambda^0(M)$ は任意の $\xi, \chi \in \Lambda^1(M)$ と任意の $f \in \Lambda^0(M)$ に対して

$$X(f\omega) = fX(\omega), \quad X(\omega + \chi) = X(\omega) + X(\chi) \tag{3.107}$$

を満足する．実際，X_p の線形性によって

$$X(f\omega) = \{X_p(f(p)\omega_p)\}_{p\in M} = \{f(p)X_p(\omega_p)\}_{p\in M} = fX(\omega)$$

$$X(\omega + \chi) = \{X_p(\omega_p + \chi_p)\}_{p\in M} = \{X_p(\omega_p) + X_p(\chi_p)\}_{p\in M} = X(\omega) + X(\chi)$$

である．式 (3.107) が成立するという性質を「写像 X は $\Lambda^0(M)$ に関して線形である」と表現することにしよう[‡37]．同様にして，写像 $\omega : \mathcal{T}_0^1(M) \to \Lambda^0(M)$ は任意の $X, Y \in \mathcal{T}_0^1(M)$ と任意の $f \in \Lambda^0(M)$ に対して

$$\omega(fX) = f\omega(X), \quad \omega(X + Y) = \omega(X) + \omega(Y) \tag{3.108}$$

を満足するから，ω もまた $\Lambda^0(M)$ に関して線形である．

たとえば，(1,2) 型のテンソル場 $\phi \in \mathcal{T}_2^1(M)$ を考えよう．点 $p \in M$ における ϕ の値 ϕ_p は $T_p(M)$ 上の (1,2) 型テンソルであり，したがって ϕ_p は $T_p^*(M) \times T_p(M)^2$ から $\boldsymbol{R}$ への多重線形写像である．ところで，任意の $(\omega, X, Y) \in \Lambda^1(M) \times \mathcal{T}_0^1(M)^2$ に対して $(\omega_p, X_p, Y_p) \in T_p^*(M) \times T_p(M)^2$ であり，$\phi_p(\omega_p, X_p, Y_p) \in \boldsymbol{R}$ だから，M 上の関数 $\{\phi_p(\omega_p, X_p, Y_p)\}_{p\in M} \in \Lambda^0(M)$ が構成できる．そのため，ϕ は写像

[‡37] 写像 X が単に線形であるためには，f が M 上の定数値関数である場合に限って式 (3.107) が成立すればよい．

$$\phi : \Lambda^1(M) \times \mathcal{T}_0^1(M)^2 \to \Lambda^0(M), \quad (\omega, X, Y) \mapsto \{\phi_p(\omega_p, X_p, Y_p)\}_{p \in M} \tag{3.109}$$

として解釈できる．また，各点 p において ϕ_p が線形であることから容易に示されるように，任意の $\omega, \chi \in \Lambda^1(M)$，$X, Y, Z \in \mathcal{T}_0^1(M)$，$f \in \Lambda^0(M)$ に対して

$$\phi(f\omega, X, Y) = \phi(\omega, fX, Y) = \phi(\omega, X, fY) = f\phi(\omega, X, Y)$$

$$\begin{aligned} \phi(\omega + \chi, X, Y) &= \phi(\omega, X, Y) + \phi(\chi, X, Y) \\ \phi(\omega, X + Z, Y) &= \phi(\omega, X, Y) + \phi(\omega, Z, Y) \\ \phi(\omega, X, Y + Z) &= \phi(\omega, X, Y) + \phi(\omega, X, Z) \end{aligned} \tag{3.110}$$

が成立するが，この性質を「ϕ は $\Lambda^0(M)$ に関して多重線形である」と表現する．

B.7 節に示すように，$(1, 2)$ 型テンソル $\phi_p \in T_2^1(T_p(M))$ は，$T_p^*(M) \times T_p(M)$ から $T_1^0(T_p(M))$ への多重線形写像

$$\phi_p : T_p^*(M) \times T_p(M) \to T_1^0(T_p(M)), \qquad (\omega_p, X_p) \mapsto (\phi_{\omega,X})_p$$

としても解釈できる．ここで $(0, 1)$ 型テンソル $(\phi_{\omega,X})_p \in T_1^0(T_p(M))$ を

$$(\phi_{\omega,X})_p : T_p(M) \to \boldsymbol{R}, \quad Y_p \mapsto (\phi_{\omega,X})_p(Y_p) \equiv \phi_p(\omega_p, X_p, Y_p)$$

として定義している[‡38]．M の各点 p に対して p における $(0, 1)$ 型テンソル $(\phi_{\omega,X})_p$ を指定する対応 $\phi_{\omega,X} \equiv \{(\phi_{\omega,X})_p\}_{p \in M}$ は M 上の $(0, 1)$ 型テンソル場 $\phi_{\omega,X} \in \mathcal{T}_1^0(M)$ だから，$(1, 2)$ 型のテンソル場 $\phi \in \mathcal{T}_2^1(M)$ は写像

$$\phi : \Lambda^1(M) \times \mathcal{T}_0^1(M) \to \mathcal{T}_1^0(M), \quad (\omega, X) \mapsto \phi_{\omega,X}$$

として解釈できることになる．この写像が $\Lambda^0(M)$ に関して多重線形であること，つまり，任意の $\omega, \chi \in \Lambda^1(M)$，$X, Y \in \mathcal{T}_0^1(M)$，$f \in \Lambda^0(M)$ に対して

$$\phi_{f\omega,X} = \phi_{\omega,fX} = f\phi_{\omega,X}, \quad \phi_{\omega+\chi,X} = \phi_{\omega,X} + \phi_{\chi,X}, \quad \phi_{\omega,X+Y} = \phi_{\omega,X} + \phi_{\omega,Y}$$

が成立することはいうまでもない．

同様にして，点 p における $(0, 2)$ 型，$(1, 1)$ 型，および $(1, 0)$ 型のテンソル $(\phi_\omega)_p$，$(\phi_X)_p$，$(\phi_{X,Y})_p$ をそれぞれ

$$\begin{aligned} &(\phi_\omega)_p : T_p(M)^2 \to \boldsymbol{R}, \quad (X_p, Y_p) \mapsto (\phi_\omega)_p(X_p, Y_p) \equiv \phi(\omega_p, X_p, Y_p) \\ &(\phi_X)_p : T_p^*(M) \times T_p(M) \to \boldsymbol{R}, \quad (\omega_p, Y_p) \mapsto (\phi_X)_p(\omega_p, Y_p) \equiv \phi(\omega_p, X_p, Y_p) \\ &(\phi_{X,Y})_p : T_p^*(M) \to \boldsymbol{R}, \quad \omega_p \mapsto (\phi_{X,Y})_p(\omega_p) \equiv \phi(\omega_p, X_p, Y_p) \end{aligned}$$

として定義すれば，$\phi_\omega \equiv \{(\phi_\omega)_p\}_{p \in M}$，$\phi_X \equiv \{(\phi_X)_p\}_{p \in M}$，$\phi_{X,Y} \equiv \{(\phi_{X,Y})_p\}_{p \in M}$ はそれぞれ $(0, 2)$ 型，$(1, 1)$ 型，および $(1, 0)$ 型のテンソル場だから，テンソル場 $\phi \in \mathcal{T}_2^1(M)$ は写像

---

‡38 接ベクトル X_p，Y_p の順番を入れ替えて，$(\phi_{\omega,X})_p$ を $(\phi_{\omega,X})_p(Y_p) \equiv \phi_p(\omega_p, Y_p, X_p)$ と定義することも可能である．本節末尾の一般論を参照のこと．

$$\phi : \Lambda^1(M) \to \mathcal{T}_2^0(M), \quad \omega \mapsto \phi_\omega$$

$$\phi : \mathcal{T}_0^1(M) \to \mathcal{T}_1^1(M), \quad X \mapsto \phi_X$$

$$\phi : \mathcal{T}_0^1(M)^2 \to \mathcal{T}_0^1(M), \quad (X, Y) \mapsto \phi_{X,Y}$$

としても解釈でき，これらはすべて $\Lambda^0(M)$ に関して多重線形である．

こうした議論を一般化するのは容易であり，任意の (L, K) 型テンソル場 $\phi \in \mathcal{T}_K^L(M)$ は $\Lambda^0(M)$ に関する多重線形写像

$$\begin{aligned} &\phi : \Lambda^1(M)^J \times \mathcal{T}_0^1(M)^I \to \mathcal{T}_{K-I}^{L-J}(M), \\ &(\omega_{l_1}, \cdots, \omega_{l_J}, X_{k_1}, \cdots, X_{k_I}) \mapsto \{(\phi_{\omega_{l_1},\cdots,\omega_{l_J},X_{k_1},\cdots,X_{k_I}})_p\}_{p\in M} \end{aligned} \tag{3.111}$$

として解釈できる[‡39]．ただし $(\phi_{\omega_{l_1},\cdots,\omega_{l_J},X_{k_1},\cdots,X_{k_I}})_p$ は点 $p \in M$ における $(L-J, K-I)$ 型テンソルであって，

$$\begin{aligned} &(\phi_{\omega_{l_1},\cdots,\omega_{l_J},X_{k_1},\cdots,X_{k_I}})_p : T_p^*(M)^{L-J} \times T_p(M)^{K-I} \to \boldsymbol{R}, \\ &((\omega_{\bar{l}_1})_p, \cdots, (\omega_{\bar{l}_{L-J}})_p, (X_{\bar{k}_1})_p, \cdots, (X_{\bar{k}_{K-I}})_p) \\ &\quad \mapsto \phi((\omega_1)_p, \cdots, (\omega_L)_p, (X_1)_p, \cdots, (X_K)_p) \end{aligned} \tag{3.112}$$

として定義される．ここで J，I は $0 \leq J \leq L$，$0 \leq I \leq K$ の範囲にある整数であり，B.7 節と同様に，L 個の整数の並び $(1, \cdots, L)$ から任意に J 個を選んで大きさの順に並べたものを $(l_1, \cdots, l_J)$，それ以外の $L-J$ 個を大きさの順に並べたものを $(\bar{l}_1, \cdots, \bar{l}_{L-J})$ と記す．同様に K 個の整数の並び $(1, \cdots, K)$ から任意に I 個を選んで大きさの順に並べたものを $(k_1, \cdots, k_I)$，それ以外の $K-I$ 個を大きさの順に並べたものを $(\bar{k}_1, \cdots, \bar{k}_{K-I})$ としている．また，$\omega_1, \cdots, \omega_L \in \Lambda^1(M)$，$X_1, \cdots, X_K \in \mathcal{T}_0^1(M)$ であることはいうまでもない．J, I が同じであっても $(l_1, \cdots, l_J)$ や $(k_1, \cdots, k_I)$ の選び方が異なれば，式 (3.111) で定義される写像 $\phi : \Lambda^1(M)^J \times \mathcal{T}_0^1(M)^I \to \mathcal{T}_{K-I}^{L-J}(M)$ もまた異なる点に注意しておこう．

さて，上述のように (L, K) 型テンソル場は $\Lambda^1(M)^J \times \mathcal{T}_0^1(M)^I$ から $\mathcal{T}_{K-I}^{L-J}(M)$ への $\Lambda^0(M)$ に関する多重線形写像であるが，逆に $\Lambda^1(M)^J \times \mathcal{T}_0^1(M)^I$ から $\mathcal{T}_{K-I}^{L-J}(M)$ への $\Lambda^0(M)$ に関する多重線形写像は (L, K) 型テンソル場である．これを示そう．

まず，ϕ が $\Lambda^1(M)^J \times \mathcal{T}_0^1(M)^I$ から $\mathcal{T}_{K-I}^{L-J}(M)$ への $\Lambda^0(M)$ に関する多重線形写像ならば，ϕ は $\Lambda^1(M)^L \times \mathcal{T}_0^1(M)^K$ から $\Lambda^0(M)$ への $\Lambda^0(M)$ に関する多重線形写像でもある点に注意しよう．実際，ϕ による $(\omega_1, \cdots, \omega_J, X_1, \cdots, X_I) \in \Lambda^1(M)^J \times \mathcal{T}_0^1(M)^I$ の像を $\phi_{\omega_1,\cdots,\omega_J,X_1,\cdots,X_I}$ と記せば，この $\phi_{\omega_1,\cdots,\omega_J,X_1,\cdots,X_I} \in \mathcal{T}_{K-I}^{L-J}(M)$ は

‡39 これは付録 B の式 (B.76) に対応する．

$\Lambda^1(M)^{L-J} \times \mathcal{T}_0^1(M)^{K-I}$ の元 $(\omega_{J+1}, \cdots, \omega_L, X_{I+1}, \cdots, X_K)$ に作用して M 上の関数 $\phi_{\omega_1,\cdots,\omega_J,X_1,\cdots,X_I}(\omega_{J+1}, \cdots, \omega_L, X_{I+1}, \cdots, X_K) \in \Lambda^0(M)$ を与えるから，ϕ は写像

$$\phi : \Lambda^1(M)^L \times \mathcal{T}_0^1(M)^K \to \Lambda^0(M),$$
$$(\omega_1, \cdots, \omega_L, X_1, \cdots, X_K) \mapsto \phi_{\omega_1,\cdots,\omega_J,X_1,\cdots,X_I}(\omega_{J+1}, \cdots, \omega_L, X_{I+1}, \cdots, X_K)$$

として解釈でき，容易に示されるように，この写像は $\Lambda^0(M)$ に関して多重線形である．それゆえ，「$\Lambda^1(M)^J \times \mathcal{T}_0^1(M)^I$ から $\mathcal{T}_{K-I}^{L-J}(M)$ への $\Lambda^0(M)$ に関する多重線形写像は (L, K) 型テンソル場である」と主張するには「$\Lambda^1(M)^L \times \mathcal{T}_0^1(M)^K$ から $\Lambda^0(M)$ への $\Lambda^0(M)$ に関する多重線形写像は (L, K) 型テンソル場である」ことを示せばよい．

そこで，改めて ϕ を $\Lambda^1(M)^L \times \mathcal{T}_0^1(M)^K$ から $\Lambda^0(M)$ への $\Lambda^0(M)$ に関する多重線形写像とし，$\Lambda^1(M)^L \times \mathcal{T}_0^1(M)^K$ の元を

$$S \equiv (\omega_1, \cdots, \omega_L, X_1, \cdots, X_K) \in \Lambda^1(M)^L \times \mathcal{T}_0^1(M)^K$$

などと記そう．ϕ による S の像 $\phi(S)$ は定義によって M 上の関数 $\phi(S) \in \Lambda^0(M)$ である．ここで，M の任意の開集合を W とするとき，W 内における $\phi(S)$ の値は W 内における S の値のみに依存すること，すなわち S と S' が W 上で一致すれば $\phi(S)$ と $\phi(S')$ は W 上で一致することを示そう．まず，

$$S' \equiv (\omega_1 + \delta_1, \cdots, \omega_L + \delta_L, X_1 + D_1, \cdots, X_K + D_K) \in \Lambda^1(M)^L \times \mathcal{T}_0^1(M)^K$$

とすれば，S と S' が W 上で一致することから $\delta_1, \cdots, \delta_L \in \Lambda^1(M)$ や $D_1, \cdots, D_K \in \mathcal{T}_0^1(M)$ は W 上で零である．また，ϕ の多重線形性により

$$\begin{aligned}
&\phi(S') - \phi(S) = \sum_{l=1}^{L} P_l + \sum_{k=1}^{K} Q_k \\
&P_l \equiv \phi(\omega_1, \cdots, \omega_{l-1}, \delta_l, \omega_{l+1} + \delta_{l+1}, \cdots, \omega_L + \delta_L, X_1 + D_1, \cdots, X_K + D_K) \\
&Q_k \equiv \phi(\omega_1, \cdots, \omega_L, X_1, \cdots, X_{k-1}, D_k, X_{k+1} + D_{k+1}, \cdots, X_K + D_K)
\end{aligned} \tag{3.113}$$

が成立する．さて，W 内の任意の点 $p_0 \in W$ に対して，この点 $p = p_0$ では 1 であり，W に属さない点 $p \in M - W$ に対しては 0 となるような M 上の関数を $f_{p_0} \in \Lambda^0(M)$ と記そう[‡40]．f_{p_0} は $M - W$ 上で零であり，$\delta_l \in \Lambda^1(M)$ は W 上で零だから，両者の積 $f_{p_0}\delta_l \in \Lambda^1(M)$ は M 全体で零となる．同様に $f_{p_0}D_k \in \mathcal{T}_0^1(M)$ もまた M 全体で零だから，M 全体で零となる関数を $0_M \in \Lambda^0(M)$ と記せば

$$f_{p_0}\delta_l = 0_M f_{p_0}\delta_l \in \Lambda^1(M), \quad f_{p_0}D_k = 0_M f_{p_0}D_k \in \mathcal{T}_0^1(M)$$

‡40 そのような関数 f_{p_0} は必ず存在し，M を C^r 級多様体とすれば f_{p_0} も C^r 級のものが選べる．たとえば，松本幸夫著：多様体の基礎 (第 4 章)，東京大学出版会

が成立する．ところが，ϕ は $\Lambda^0(M)$ に関して多重線形だから

$$f_{p_0}P_l = f_{p_0}\phi(\cdots, \delta_l, \cdots) = \phi(\cdots, f_{p_0}\delta_l, \cdots)$$
$$= \phi(\cdots, 0_M f_{p_0}\delta_l, \cdots) = 0_M\phi(\cdots, f_{p_0}\delta_l, \cdots) = 0_M \quad (l = 1 \sim L)$$
$$f_{p_0}Q_k = 0_M \quad (k = 1 \sim K)$$

が成立し，式 (3.113) を使えば

$$f_{p_0}(\phi(S') - \phi(S)) = \sum_{l=1}^{L} f_{p_0}P_l + \sum_{k=1}^{K} f_{p_0}Q_k = 0_M$$

を得る．これを点 $p = p_0$ で評価すれば，定義によって $f_{p_0}(p_0) = 1$ だから

$$f_{p_0}(p_0)\{(\phi(S'))(p_0) - (\phi(S))(p_0)\} = (\phi(S'))(p_0) - (\phi(S))(p_0) = 0$$

であり，M 上の関数である $\phi(S')$ と $\phi(S)$ は点 $p = p_0$ で一致する．ところが p_0 は W 内の任意の点だから，$\phi(S')$ と $\phi(S)$ は W 上で一致する．

このように，任意の開集合 $W \subset M$ に対して W 内における $\phi(S)$ の値は W 内における S の値のみに依存することから，ϕ が局所的であること，すなわち点 $p \in M$ における $\phi(S)$ の値 $(\phi(S))(p)$ は p における S の値 S_p だけで決まることが示される．実際，M は Hausdorff 空間だから，p と異なる点を $q \neq p$ とすれば，p を含んで q を含まない開集合 W が存在するが，$(\phi(S))(p)$ は W 内における S の値のみに依存するため，q における S の値 S_q には依存し得ない．そのため，

$$S_p = ((\omega_1)_p, \cdots, (\omega_L)_p, (X_1)_p, \cdots, (X_K)_p) \in T_p^*(M)^L \times T_p(M)^K$$

を $(\phi(S))(p) \in \boldsymbol{R}$ に写す写像

$$\phi_p : T_p^*(M)^L \times T_p(M)^K \to \boldsymbol{R}, \quad S_p \mapsto (\phi(S))(p)$$

が定義できる．ϕ の多重線形性によって ϕ_p は多重線形だから，ϕ_p は p における (L, K) 型テンソルである．そして，M の各点 p に対して p における (L, K) 型テンソル ϕ_p を指定する対応 $\tilde{\phi} \equiv \{\phi_p\}_{p \in M}$ は M 上の (L, K) 型テンソル場 $\tilde{\phi} \in \mathcal{T}_K^L(M)$ である．したがって，ϕ と同様に $\tilde{\phi}$ もまた $\Lambda^1(M)^L \times \mathcal{T}_0^1(M)^K$ から $\Lambda^0(M)$ への $\Lambda^0(M)$ に関する多重線形写像であるが，$\tilde{\phi}$ の構成法から明らかなように，任意の $S \in \Lambda^1(M)^L \times \mathcal{T}_0^1(M)^K$ に対して $\tilde{\phi}(S) = \phi(S)$ だから，実は $\Lambda^1(M)^L \times \mathcal{T}_0^1(M)^K$ から $\Lambda^0(M)$ への写像として $\tilde{\phi} = \phi$ であり，したがって ϕ は M 上の (L, K) 型テンソル場 $\phi \in \mathcal{T}_K^L(M)$ である．

3.4.3 基底場

M の開集合 W で定義された N 個の接ベクトル場 $\{e_n\}_{n=1\sim N}$ があり，任意の点 $p \in W$ に対して $\{(e_n)_p\}_{n=1\sim N}$ が $T_p(M)$ の基底をなすとしよう[‡41]．このとき，

‡41 次節で示すように，M の任意の座標近傍を (U, φ) とするとき，U 上ではこのような接ベクトル場の組 $\{e_n\}_{n=1\sim N}$ は必ず存在する．ただし，一般には W を M 全体に広げることはできない．つまり，M

$\{(e_n)_p\}_{n=1\sim N}$ の双対基底を $\{(\theta^n)_p\}_{n=1\sim N}$ とすれば，W の各点 p に対して p における余接ベクトル $(\theta^n)_p$ をひとつずつ定める対応 $\theta^n \equiv \{(\theta^n)_p\}_{p\in W}$ は W 上の 1 形式 $\theta^n \in \Lambda^1(W)$ である．

さて，$X \in \mathcal{T}_0^1(W)$ を W 上の任意の接ベクトル場とすると，任意の点 $p \in W$ に対して $X_p \in T_p(M)$ だから，この X_p は付録 B の式 (B.7)，(B.9) によって

$$X_p = X_p((\theta^n)_p)(e_n)_p \qquad (X_p((\theta^n)_p) \in \boldsymbol{R})$$

と展開でき，テンソル場の和と関数倍の定義によって

$$X = \{X_p\}_{p\in W} = \{X_p((\theta^n)_p)(e_n)_p\}_{p\in W} = X(\theta^n)e_n \qquad (X(\theta^n) \in \Lambda^0(W)) \quad (3.114)$$

を得る．つまり，任意の接ベクトル場 $X \in \mathcal{T}_0^1(W)$ は $\{e_n\}_{n=1\sim N}$ の関数倍の和として一意的に展開できるが，この事実を「$\{e_n\}_{n=1\sim N}$ は $\mathcal{T}_0^1(W)$ の**基底場** (basis field) をなす」と表現する．同様の意味で 1 形式の組 $\{\theta^n\}_{n=1\sim N}$ は $\Lambda^1(W)$ の基底場をなす．実際，$\omega \in \Lambda^1(W)$ を W 上の任意の 1 形式とすれば $\omega_p \in T_p^*(M)$ であり，$T_p^*(M)$ の基底 $\{(\theta^n)_p\}$ によって

$$\omega_p = \omega_p((e_n)_p)(\theta^n)_p \qquad (\omega_p((e_n)_p) \in \boldsymbol{R})$$

と展開できるから，1 形式 ω は $\{\theta^n\}_{n=1\sim N}$ の関数倍の和

$$\omega = \{\omega_p\}_{p\in W} = \{\omega_p((e_n)_p)(\theta^n)_p\}_{p\in W} = \omega(e_n)\theta^n \qquad (\omega(e_n) \in \Lambda^0(W)) \quad (3.115)$$

として表現できる．このように，$\{e_n\}_{n=1\sim N}$ が $\mathcal{T}_0^1(W)$ の基底をなす一方で $\{\theta^n\}_{n=1\sim N}$ は $\Lambda^1(W)$ の基底をなし，W のすべての点 p で $\{(e_n)_p\}_{n=1\sim N}$ と $\{(\theta^n)_p\}_{n=1\sim N}$ はたがいに他の双対基底になっている．このような場合，$\mathcal{T}_0^1(W)$ の基底場 $\{e_n\}_{n=1\sim N}$ と $\Lambda^1(W)$ の基底場 $\{\theta^n\}_{n=1\sim N}$ は W 上でたがいに他の**双対基底場** (dual basis field) をなす，と表現する．

一般の (L,K) 型テンソル場 $\phi \in \mathcal{T}_K^L(M)$ の W 上への制限 $\phi|W$ を考えよう．これは当然ながら W 上のテンソル場 $\phi|W \in \mathcal{T}_K^L(W)$ である．$p \in W$ における ϕ の値は (L,K) 型テンソル $\phi_p \in T_K^L(T_p(M))$ であり，式 (B.7)，(B.9) によって，

$$\phi_p = (\phi_p)^{n_1n_2\cdots n_L}_{m_1m_2\cdots m_K}(e_{n_1})_p \otimes \cdots \otimes (e_{n_L})_p \otimes (\theta^{m_1})_p \otimes \cdots \otimes (\theta^{m_K})_p$$

$$(\phi_p)^{n_1n_2\cdots n_L}_{m_1m_2\cdots m_K} = \phi_p((\theta^{n_1})_p, \cdots, (\theta^{n_L})_p, (e_{m_1})_p, \cdots, (e_{m_K})_p)$$

と展開できる．ここで，W の各点 p に対して p における (L,K) 型テンソル

$$(e_{n_1})_p \otimes \cdots \otimes (e_{n_L})_p \otimes (\theta^{m_1})_p \otimes \cdots \otimes (\theta^{m_K})_p \in T_K^L(T_p(M))$$

をひとつずつ定める対応は W 上の (L,K) 型テンソル場であり，これを L 個の接ベクトル場 e_{n_1}，$\cdots$，e_{n_L} と K 個の 1 形式 θ^{m_1}，$\cdots$，θ^{m_K} のテンソル積とよんで

の各点 $p \in M$ で $T_p(M)$ の基底をなすような，M 全体で定義された接ベクトル場の組は一般には存在しない．

$$
\begin{aligned}
&e_{n_1} \otimes \cdots \otimes e_{n_L} \otimes \theta^{m_1} \otimes \cdots \otimes \theta^{m_K} \\
&\qquad \equiv \{(e_{n_1})_p \otimes \cdots \otimes (e_{n_L})_p \otimes (\theta^{m_1})_p \otimes \cdots \otimes (\theta^{m_K})_p\}_{p \in W} \in \mathcal{T}_K^L(W)
\end{aligned} \tag{3.116}
$$

と記す．この記法，およびテンソル場の和や関数倍の定義から

$$
\phi|W = \{\phi_p\}_{p \in W} = \phi^{n_1 n_2 \cdots n_L}_{m_1 m_2 \cdots m_K} \beta^{m_1 m_2 \cdots m_K}_{n_1 n_2 \cdots n_L} \tag{3.117}
$$

を得る．ただし，

$$
\begin{aligned}
\phi^{n_1 n_2 \cdots n_L}_{m_1 m_2 \cdots m_K} &\equiv \phi(\theta^{n_1}, \theta^{n_2}, \cdots, \theta^{n_L}, e_{m_1}, e_{m_2}, \cdots, e_{m_K}) \in \Lambda^0(W) \\
\beta^{m_1 m_2 \cdots m_K}_{n_1 n_2 \cdots n_L} &\equiv e_{n_1} \otimes e_{n_2} \otimes \cdots \otimes e_{n_L} \otimes \theta^{m_1} \otimes \theta^{m_2} \otimes \cdots \otimes \theta^{m_K} \in \mathcal{T}_K^L(W)
\end{aligned} \tag{3.118}
$$

である．それゆえ，N^{K+L} 個の (L, K) 型テンソル場の組 $\{\beta^{m_1 m_2 \cdots m_K}_{n_1 n_2 \cdots n_L}\}$ は $\mathcal{T}_K^L(W)$ の基底場をなす．また，$\{\phi^{n_1 n_2 \cdots n_L}_{m_1 m_2 \cdots m_K}\}$ は基底場 $\{\beta^{m_1 m_2 \cdots m_K}_{n_1 n_2 \cdots n_L}\}$ に関するテンソル場 ϕ の成分とよばれる．

$(0, K)$ 型の交代対称テンソル場 (K 形式) や対称テンソル場に関しても同様の議論が可能である．まず，W の各点 p に対して p における交代 K 形式

$$
(\theta^{n_1})_p \wedge (\theta^{n_2})_p \wedge \cdots \wedge (\theta^{n_K})_p \in \Lambda^K(T_p^*(M))
$$

をひとつずつ定める対応は W 上の K 形式であり，これを $\theta^{n_1}, \cdots, \theta^{n_K}$ の外積とよんで

$$
\theta^{n_1} \wedge \theta^{n_2} \wedge \cdots \wedge \theta^{n_K} \equiv \{(\theta^{n_1})_p \wedge (\theta^{n_2})_p \wedge \cdots \wedge (\theta^{n_K})_p\}_{p \in W} \in \Lambda^K(W) \tag{3.119}
$$

と記す．同様に，W の各点 p に対して p における対称 K 形式

$$
(\theta^{n_1})_p \vee (\theta^{n_2})_p \vee \cdots \vee (\theta^{n_K})_p \in \Sigma^K(T_p^*(M))
$$

をひとつずつ定める対応は W 上の $(0, K)$ 型対称テンソル場であり，これを

$$
\theta^{n_1} \vee \theta^{n_2} \vee \cdots \vee \theta^{n_K} \equiv \{(\theta^{n_1})_p \vee (\theta^{n_2})_p \vee \cdots \vee (\theta^{n_K})_p\}_{p \in W} \in \Sigma^K(W) \tag{3.120}
$$

と記す．さて，$\phi \in \Lambda^K(M)$ を任意の K 形式とすれば $\phi_p \in \Lambda^K(T_p^*(M))$ であり，付録 C の定理 C–3 により W では

$$
\phi_p = \sum_{1 \le n_1 < \cdots < n_K \le N} (\phi_p)((e_{n_1})_p, \cdots, (e_{n_1})_p)(\theta^{n_1})_p \wedge \cdots \wedge (\theta^{n_K})_p
$$

と展開できるから，テンソル場の和と関数倍の定義，そして式 (3.119) から

$$
\phi|W = \{\phi_p\}_{p \in W} = \sum_{1 \le n_1 < \cdots < n_K \le N} \phi(e_{n_1}, \cdots, e_{n_1}) \theta^{n_1} \wedge \cdots \wedge \theta^{n_K} \tag{3.121}
$$

を得る．したがって，${}_N C_K$ 個の K 形式の組 $\{\theta^{n_1} \wedge \cdots \wedge \theta^{n_K}\}_{1 \le n_1 < \cdots < n_K \le N}$ は $\Lambda^K(W)$ の基底場をなす．同様に，$\phi \in \Sigma^K(M)$ を $(0, K)$ 型対称テンソル場とすれば，付録 C の定理 C–6 から

$$\phi|W = \{\phi_p\}_{p\in W} = \sum_{1\le n_1\le\cdots\le n_K\le N} \frac{1}{\prod_{p=1}^{N} N_p(n_1,\cdots,n_K)!}\phi(e_{n_1},\cdots,e_{n_1})\theta^{n_1}\vee\cdots\vee\theta^{n_K} \tag{3.122}$$

が結論され，$\{\theta^{n_1}\vee\cdots\vee\theta^{n_K}\}_{1\le n_1\le\cdots\le n_K\le N}$ という $(N+K-1)!/\{(N-1)!K!\}$ 個の $(0,K)$ 型対称テンソル場の組が $\Sigma^K(W)$ の基底場をなすことがわかる．

3.4.4　局所座標表現

3.3.2 項で示したように M 上の C^k 級接ベクトル場 $X\in\mathcal{T}_0^1(M)_k$ を M 上の C^s 級関数 $f\in\Lambda^0(M)_s$ に作用させれば，M 上の $C^{\min(k,s-1)}$ 級関数 Xf を得る．そこで，式 (3.58) で定義される Xf を使って写像 $(df)_p$ を

$$(df)_p : T_p(M)\to\boldsymbol{R},\quad X_p\to X_pf \tag{3.123}$$

として定義すれば，この写像が線形であることは容易に示される．接ベクトル空間 $T_p(M)$ から実数のなすベクトル空間 $\boldsymbol{R}$ への線形写像は双対空間 $T_p^*(M)$ の元であり，したがって $(df)_p$ は余接ベクトルである．M の各点 p に対して p における余接ベクトル $(df)_p\in T_p^*(M)$ をひとつずつ定める対応 $df=\{(df)_p\}_{p\in M}$ は 1 形式であり，この 1 形式 df を関数 f の微分とよぶ．$(df)(X)$ と Xf はともに M 上の関数であり，定義によって

$$(df)(X) = Xf \qquad (X\in\mathcal{T}_0^1(M)_k,\ f\in\Lambda^0(M)_s,\ 0\le\min(k,s-1)) \tag{3.124}$$

が成立する点に注意しておこう．

$(U,\varphi:x)$ を多様体 M の座標近傍としよう．点 $p\in U$ の座標は $(x^1\ \cdots\ x^N)^t=\varphi(p)$ として与えられ，この関係によって $x^1,\cdots,x^N$ は $U\subset M$ 上の関数だから，式 (3.123) によって点 p における余接ベクトル $(dx^1)_p,\cdots,(dx^N)_p\in T_p^*(M)$ が定義される．それゆえ，U の各点 p に余接ベクトル $(dx^n)_p\in T_p^*(M)$ を指定する U 上の 1 形式が定義されるが，これを座標近傍 $(U,\varphi:x)$ の**標準 1 形式** (standard 1-form) とよび

$$dx^n = \{(dx^n)_p\}_{p\in U} \qquad (n=1\sim N) \tag{3.125}$$

と記す．定義式 (3.123) と式 (3.44) によれば，$T_p(M)$ の基底 $\{(\partial_{x^n})_p\}$ に対して

$$(dx^m)_p((\partial_{x^n})_p) = (\partial_{x^n})_p x^m = \partial_{x^n}x^m\big|_{\varphi(p)} = \delta_n^m\big|_{\varphi(p)} = \delta_n^m \qquad (m,n=1\sim N) \tag{3.126}$$

が成立するから $\{(dx^n)_p\}$ は $\{(\partial_{x^n})_p\}$ の双対基底であり，したがって余接ベクトル空間 $T_p^*(M)$ の基底をなす．また，式 (3.126) がすべて $p\in U$ で成立するから，U 上の全体で

$$dx^m(\partial_{x^n}) = \delta_n^m \qquad (m,n=1\sim N) \tag{3.127}$$

である．つまり，**標準接ベクトル場** (standard tangent vector field) の組 $\{\partial_{x^n}\}$ と標準 1 形式の組 $\{dx^n\}$ は U 上でたがいに他の双対基底場をなす．

このように，$\{\partial_{x^n}\}$ は $\mathcal{T}_0^1(U)$ の基底場であり，$\{dx^n\}$ はその双対基底場であって $\Lambda^1(U)$ の基底場をなすから，前節で示したように，任意の (L,K) 型テンソル場 $\phi \in \mathcal{T}_K^L(M)$ の U 上への制限 $\phi|U \in \mathcal{T}_K^L(U)$ は

$$\begin{aligned} \phi^{n_1\cdots n_L}_{m_1\cdots m_K} &\equiv \phi(dx^{n_1},\cdots,dx^{n_L},\partial_{x^{m_1}},\cdots,\partial_{x^{m_K}}) \in \Lambda^0(U) \\ \beta^{m_1\cdots m_K}_{n_1\cdots n_L} &\equiv \partial_{x^{n_1}}\otimes\cdots\otimes\partial_{x^{n_L}}\otimes dx^{m_1}\otimes\cdots\otimes dx^{m_K} \in \mathcal{T}_K^L(U) \end{aligned} \tag{3.128}$$

を使って

$$\phi|U = \phi^{n_1n_2\cdots n_L}_{m_1m_2\cdots m_K}\beta^{m_1m_2\cdots m_K}_{n_1n_2\cdots n_L} \tag{3.129}$$

と展開できる．これを (L,K) 型テンソル場 $\phi \in \mathcal{T}_K^L(M)$ の $(U,\varphi:x)$ 上での局所座標表示といい，$\{\phi^{n_1n_2\cdots n_L}_{m_1m_2\cdots m_K}\}$ を局所座標表示における ϕ の成分とよぶ．なお，混乱の恐れがない場合には接ベクトル場の場合と同様に $\phi|U$ を単に ϕ と表記するのが普通である．たとえば，$f \in \Lambda^0(M)$ を使って $\phi = df$ と表現される 1 形式 $\phi \in \Lambda^1(M)$ を考えよう．式 (3.124) によって $df(\partial_{x^n}) = \partial_{x^n} f$ だから

$$df = \phi = \phi(\partial_{x^n})dx^n = df(\partial_{x^n})dx^n = (\partial_{x^n} f)dx^n$$

すなわち

$$df = (\partial_{x^n} f)dx^n \tag{3.130}$$

が結論される[‡42]．ここで，$\partial_{x^n} f$ は式 (3.62) によって定義される M 上の関数である．

つぎに，座標近傍 $(U,\varphi:x)$ と交叉する他の座標近傍を $(V,\psi:y)$ とすれば，M の開集合 $U\cap V \neq \emptyset$ では $(V,\psi:y)$ の標準 1 形式 $\{dy^n\}$ が定義される．これを $U\cap V$ 上の 1 形式 $\{dx^n\}$ で展開してみよう．点 $p \in U\cap V$ の座標 $\boldsymbol{y} = \psi(p)$ の第 m 成分 y^m は p の関数であるが，$p = \varphi^{-1}(\boldsymbol{x})$ を介して $\boldsymbol{x}$ の関数でもある．説明のため $\boldsymbol{x}$ の関数としての y^m を $\overline{y}^m$ と記そう．すなわち $\overline{y}^m = y^m \circ \varphi^{-1}$ である．すると，式 (3.62) によって

$$\partial_{x^n} y^m = \frac{\partial(y^m\circ\varphi^{-1})}{\partial x^n}\circ\varphi = \frac{\partial\overline{y}^m}{\partial x^n}\circ\varphi = \frac{\partial y^m}{\partial x^n} \tag{3.131}$$

が成立する．ここで，$\partial\overline{y}^m/\partial x^n$ は $\varphi(U\cap V)$ 上の実関数 $\overline{y}^m(\boldsymbol{x})$ を x^n で偏微分して得られる $\varphi(U\cap V)$ 上の実関数であり，この実関数 $\partial\overline{y}^m/\partial x^n$ と φ とを合成して得られる $U\cap V$ 上の関数が $\partial y^m/\partial x^n$ であって，式 (3.55) における $\partial y^m/\partial x^n$ と同じ意味をもつ．いずれにせよ，式 (3.130) と (3.131) により

$$dy^m = (\partial_{x^n} y^m)dx^n = \frac{\partial y^m}{\partial x^n}dx^n \tag{3.132}$$

が結論される．同様にして

$$dx^n = \frac{\partial x^n}{\partial y^m}dy^m \tag{3.133}$$

---

‡42 これは 2.3.3 項の式 (2.114) の一般化である．

であり，式 (3.56) と (3.108)，(3.127)，(3.133) からは微積分で周知の等式

$$\delta^m_n = dx^m(\partial_{x^n}) = \frac{\partial x^m}{\partial y^p} dy^p \left(\frac{\partial y^q}{\partial x^n}\partial_{y^q}\right)$$
$$= \frac{\partial x^m}{\partial y^p}\frac{\partial y^q}{\partial x^n} dy^p(\partial_{y^q}) = \frac{\partial x^m}{\partial y^p}\frac{\partial y^q}{\partial x^n}\delta^p_q = \frac{\partial x^m}{\partial y^p}\frac{\partial y^p}{\partial x^n} = \frac{\partial x^m}{\partial x^n}$$

を得る[‡43]．また, M 上の 1 形式 ω が $(U, \varphi : x)$ の標準 1 形式 $\{dx^n\}$ によって $\omega = \alpha_n dx^n$ として展開されるとき，$(V, \psi : y)$ の標準 1 形式 $\{dy^n\}$ では

$$\omega = \alpha_n dx^n = \alpha_n \frac{\partial x^n}{\partial y^m} dy^m = \beta_m dy^m, \quad \beta_m \equiv \alpha_n \frac{\partial x^n}{\partial y^m} \tag{3.134}$$

として展開されることになる．

付録の B.1 節ではテンソルの変換性を議論するが，下付き添え字をもつ共変量と上付き添え字をもつ反変量の変換性を確認しておこう．まず，点 $p \in U \cap V$ における接ベクトル空間 $T_p(M)$ の二つの基底 $\{(\partial_{x^n})_p\}$，$\{(\partial_{y^n})_p\}$ 間の変換は式 (3.54) で与えられ，これを式 (B.5) と比較すればわかるように，点 p における変換係数 $(\Lambda^m_n)_p$ は

$$(\partial_{x^n})_p = (\partial_{y^m})_p \left.\frac{\partial y^m}{\partial x^n}\right|_p = (\partial_{y^m})_p (\Lambda^m_n)_p \quad \Rightarrow \quad (\Lambda^m_n)_p = \left.\frac{\partial y^m}{\partial x^n}\right|_p$$

として与えられる．ここで $p \in U \cap V$ は任意だから $\Lambda^m_n = \partial y^m/\partial x^n$ であり，$\partial y^m/\partial x^n$ を (m, n) 要素とする行列 Λ の逆行列 Λ^{-1} は $\partial x^m/\partial y^n$ を (m, n) 要素とする行列だから，結局

$$\Lambda^m_n = \frac{\partial y^m}{\partial x^n}, \quad (\Lambda^{-1})^m_n = \frac{\partial x^m}{\partial y^n} \tag{3.135}$$

が結論される．それゆえ，基底 $\{\partial_{x^n}\}$ を代表とする任意の共変量 $\{c_n\}$ は

$$c^x_n = c^y_m \Lambda^m_n = c^y_m \frac{\partial y^m}{\partial x^n}, \quad c^y_n = c^x_m (\Lambda^{-1})^m_n = c^x_m \frac{\partial x^m}{\partial y^n} \tag{3.136}$$

と変換し，双対基底 $\{dx^n\}$ を代表とする任意の反変量 $\{\gamma^n\}$ は

$$\gamma^n_x = (\Lambda^{-1})^n_m \gamma^m_y = \frac{\partial x^n}{\partial y^m}\gamma^m_y, \quad \gamma^n_y = \Lambda^n_m \gamma^m_x = \frac{\partial y^n}{\partial x^m}\gamma^m_x \tag{3.137}$$

と変換する．ただし，c^x_n や γ^n_x は基底 $\{\partial_{x^n}\}$ に関する量であり，c^y_n や γ^n_y は基底 $\{\partial_{y^n}\}$ に関する量である．たとえば，式 (3.56) における接ベクトル $\{\partial_{x^n}\}$ と式 (3.134) における 1 形式の成分 $\{\alpha_n\}$ は式 (3.136) に従う共変量であり，式 (3.133) における余接ベクトル $\{dx^n\}$ と式 (3.57) における接ベクトル場の成分 $\{\xi^n\}$ は式 (3.137) にしたがう反変量である．

本項を終える前に，テンソル場の微分可能性を示す「級」を定義しておこう．一般に C^r 級多様体 M 上のテンソル場 $\phi \in \mathcal{T}^L_K(M)$ が C^k 級であるとは，M のアトラスをひとつ選んで $\mathcal{A} = \{(U_\alpha, \varphi_\alpha)\}_{\alpha \in A}$ とするとき，すべての $\alpha \in A$ に対して，$(U_\alpha, \varphi_\alpha)$ での局

---

‡43 $\partial x^m/\partial y^p$ や $\partial y^q/\partial x^n$ は $U \cap V \subset M$ 上の関数として定義されているため，「微積分で周知」の議論をするには φ や ψ を使って $U \cap V$ の関数を $\boldsymbol{R}^N$ 上の関数に変換する必要がある．

所座標表示における ϕ の成分 $\{\phi^{n_1 n_2 \cdots n_L}_{m_1 m_2 \cdots m_K}\}$ がすべて U_α 上の C^k 級関数であること，として定義される．この定義は特定のアトラス $\mathcal{A}$ にもとづいているが，$0 \leq k \leq r-1$ の場合にはアトラスの選び方によらないことが接ベクトル場の場合とまったく同様に示される．C^r 級多様体上ではテンソル場の微分可能性は C^{r-1} 級までしか定義できず，C^r 級以上の微分可能性には意味がないことも接ベクトル場の場合と同様である．M 上の K 形式は M 上のテンソル場の一種だから，テンソル場の級に関する定義は K 形式にも適用できるが，式 (3.121) に示すように任意の K 形式 $\phi \in \Lambda^K(M)$ は U_α 上では

$$\phi|U_\alpha = \sum_{1 \leq n_1 < \cdots < n_K \leq N} \phi_{n_1 \cdots n_L} dx^{n_1} \wedge \cdots \wedge dx^{n_K}, \quad \phi_{n_1 \cdots n_L} \equiv \phi(\partial_{x^{n_1}}, \cdots, \partial_{x^{n_K}}) \tag{3.138}$$

と展開できるから，${}_N C_K$ 個の成分 $\{\phi_{n_1 \cdots n_L}\}_{1 \leq n_1 < \cdots < n_K \leq N}$ の微分可能性によって $\phi \in \Lambda^K(M)$ の級が決まることになる．以後，とくに断らないかぎり C^∞ 級多様体上の C^∞ 級テンソル場 (あるいは必要に応じて十分に級が高い多様体上の十分に級が高いテンソル場) を前提とすることにしよう．

3.4.5 標構場と向き付け

ベクトル空間の基底は，その構成要素の並び順に関係なく同一の基底である．これに対し，構成要素の並び順まで考慮した基底を**標構** (frame) とよんで区別する．たとえば V を N 次元のベクトル空間とし，$\{v_n\}_{n=1 \sim N}$ をその基底とするとき，任意の置換 $\sigma \in S_N$ に対して $\{v_{\sigma(n)}\}_{n=1 \sim N}$ は $\{v_n\}_{n=1 \sim N}$ と同一の基底だが，σ が恒等置換でないかぎり両者は異なる標構である．順序付けられた N 個のベクトルの組である V の標構は直積空間 V^N の元であり，そのため $\{v_n\}_{n=1 \sim N}$ の代わりに $(v_1, \cdots, v_N) \in V^N$ と表記するのが普通である．

さて，N 次元実ベクトル空間 V の標構の集合を $F(V) \subset V^N$ と記そう．$\xi = (u_1, \cdots, u_N)$ と $\eta = (v_1, \cdots, v_N)$ を V の標構とすれば $\{u_n\}_{n=1 \sim N}$ と $\{v_n\}_{n=1 \sim N}$ はともに V の基底だから，$\xi = \eta A$，すなわち

$$u_n = \sum_{m=1}^{N} v_m [A]_{mn} \quad (n = 1 \sim N) \tag{3.139}$$

を満足する可逆な N 次正方行列 A が一意的に存在する．ただし $[A]_{mn}$ は行列 A の m 行 n 列成分を表す．このとき，$\det(A) > 0$ の場合には二つの標構 $\xi, \eta \in F(V)$ は「V に同じ**向き** (orientation) を定める」といい，$\xi \sim \eta$ と記す．2 項関係 $\sim$ は同値関係であり，この同値関係によって $F(V)$ は二つに類別されるが，そのいずれかを選択することを「V に向きを与える」と表現する．また，向きが与えられたベクトル空間 V において，その向きを指定する同値類に属する標構は「正の向き」と形容される．

N 次元の可微分多様体 M に話を戻し，$(U, \varphi : x)$ を M の座標近傍としよう．前節に示したように $\{\partial_{x^n}\}_{n=1\sim N}$ は $\mathcal{T}_0^1(U)$ の基底場をなすから，それらの順序付けられた組

$$\xi \equiv (\partial_{x^1}, \partial_{x^2}, \cdots, \partial_{x^N}) \in \mathcal{T}_0^1(U)^N \tag{3.140}$$

は任意の点 $p \in U$ で $T_p(M)$ の標構

$$\xi_p = ((\partial_{x^1})_p, (\partial_{x^2})_p, \cdots, (\partial_{x^N})_p) \in F(T_p(M)) \subset T_p(M)^N \tag{3.141}$$

を定める．一般に，U の各点 p に対して p における標構をひとつずつ定める対応を U 上の**標構場** (frame field) とよぶが，式 (3.140) で定義される ξ はその代表例である．いずれにせよ，標構場 ξ によって各点 $p \in U$ で標構 ξ_p が定まり，この標構 ξ_p によって $T_p(M)$ の向きが決まるから，結局は U 全体で向きが決まることになる．U 上の標構場の集合を $\mathcal{F}(U)$ と記すことにしよう．

M のアトラスをひとつ選んで $\mathcal{A} = \{(U_\alpha, \varphi_\alpha)\}_{\alpha \in A}$ とするとき，上述の方法によって $\mathcal{A}$ を構成するすべての座標近傍に標構場が構成され，座標近傍ごとに向きが定まる．では，多様体 M 全体で向きは定まるだろうか．これに答えるため，たがいに交わる二つの座標近傍 $(U_\alpha, \varphi_\alpha : x)$ と $(U_\beta, \varphi_\beta : y)$ を考えよう．$U_\alpha \cap U_\beta$ 上では二つの標構場 $\xi = (\partial_{x^1}, \cdots, \partial_{x^N})$ と $\eta = (\partial_{y^1}, \cdots, \partial_{y^N})$ が構成され，各点 $p \in U_\alpha \cap U_\beta$ で 2 種類の標構 $\xi_p, \eta_p \in F(T_p(M))$ が与えられる．ξ_p と η_p が同じ向きを定めるか否かを判定するには，$\xi_p = \eta_p A_p$，すなわち

$$(\partial_{x^n})_p = \sum_{m=1}^{N} (\partial_{y^m})_p [A_p]_{mn} \qquad (n = 1 \sim N) \tag{3.142}$$

によって一意に定まる可逆行列 A_p の行列式の符号を調べればよい．ところが，基底 $\{\partial_{x^n}\}$ は共変量だから，式 (3.136) によれば

$$(\partial_{x^n})_p = (\partial_{y^m})_p \left.\frac{\partial y^m}{\partial x^n}\right|_p = \sum_{m=1}^{N} (\partial_{y^m})_p \left.\frac{\partial y^m}{\partial x^n}\right|_p \quad (n = 1 \sim N)$$

が成立し，これを式 (3.142) と比較すれば

$$[A_p]_{mn} = \left.\frac{\partial y^m}{\partial x^n}\right|_p \quad (m, n = 1 \sim N,\ \ p \in U_\alpha \cap U_\beta) \tag{3.143}$$

を得る．ところが，$\partial y^m / \partial x^n$ を m 行 n 列成分とする N 次正方行列の行列式は座標変換の Jacobian に他ならず，

$$\det(A_p) = \left.\frac{\partial(y^1, y^2, \cdots, y^N)}{\partial(x^1, x^2, \cdots, x^N)}\right|_p \quad (p \in U_\alpha \cap U_\beta) \tag{3.144}$$

が結論される．任意の $p \in U_\alpha \cap U_\beta$ に対して A_p は可逆だから $\det(A_p)$ は $U_\alpha \cap U_\beta$ 上で 0 になり得ず，また座標変換の Jacobian は $U_\alpha \cap U_\beta$ 上で連続だから，$\det(A_p)$ は

$U_\alpha \cap U_\beta$ 上で同符号である．つまり，$\det(A_p)$ が 1 点 $p \in U_\alpha \cap U_\beta$ で正ならば $U_\alpha \cap U_\beta$ 全体で正であり，p で負ならば $U_\alpha \cap U_\beta$ 全体で負である．

さて，$U_\alpha \cap U_\beta$ 全体で $\det(A_p) > 0$ だったとすれば，任意の点 $p \in U_\alpha \cap U_\beta$ で二つの標構 $\xi_p, \eta_p \in F(T_p(M))$ は $T_p(M)$ に同じ向きを定める．これを「二つの標構場 $\xi \in \mathcal{F}(U_\alpha)$ と $\eta \in \mathcal{F}(U_\beta)$ は $U_\alpha \cap U_\beta$ 上で同じ向きを定める」と表現する．いずれにせよ，このような場合には二つの座標近傍 $(U_\alpha, \varphi_\alpha : x)$ と $(U_\beta, \varphi_\beta : y)$ は同じ向きにあるという．

一方，$U_\alpha \cap U_\beta$ 全体で $\det(A_p) < 0$ となる場合には，座標近傍 $(U_\beta, \varphi_\beta : y)$ の局所座標系 φ_β を変更することによって，$(U_\alpha, \varphi_\alpha : x)$ と同じ向きにある新たな座標近傍 $(U_\beta, \tilde{\varphi}_\beta : \tilde{y})$ を構成することが可能である．たとえば，$\boldsymbol{R}^N$ から $\boldsymbol{R}^N$ への微分同相写像

$$\gamma : \boldsymbol{R}^N \to \boldsymbol{R}^N, \quad (y^1, y^2, \cdots, y^N) \mapsto (\tilde{y}^1, \tilde{y}^2, \tilde{y}^3, \cdots, \tilde{y}^N) = (y^2, y^1, y^3, \cdots, y^N)$$

を使って $\tilde{\varphi}_\beta \equiv \gamma \circ \varphi_\beta$ を定義し，座標近傍 $(U_\beta, \tilde{\varphi}_\beta : \tilde{y})$ を構成すればよい．実際，γ による変数の入れ替えによって Jacobi 行列の行が入れ替わり，行列式の符号が反転する．このように $(U_\beta, \tilde{\varphi}_\beta : \tilde{y})$ と $(U_\beta, \varphi_\beta : y)$ はたがいに逆向きではあるが，両者は同一の開集合 U_β に対して定義されており，$\varphi_\beta(U_\beta)$ と $\tilde{\varphi}_\beta(U_\beta)$ は微分同相写像 γ で結ばれるから，両者は実質的に同一の座標近傍である．$(U_\beta, \tilde{\varphi}_\beta : \tilde{y})$ とは単に $(U_\beta, \varphi_\beta : y)$ の向きを反転させたものに過ぎない．実際，アトラス $\mathcal{A} = \{(U_\alpha, \varphi_\alpha)\}_{\alpha \in A}$ の座標近傍 $(U_\beta, \varphi_\beta : y)$ を $(U_\beta, \tilde{\varphi}_\beta : \tilde{y})$ で置き換えたとしても，得られる座標近傍系の集合は $\mathcal{A}$ と同値なアトラスであり，$\mathcal{A}$ と同一の可微分多様体 M を与える．

このように，必要に応じて向きを反転させれば，たがいに交わる二つの座標近傍は必ず同じ向きに設定できる．とはいえ，3 個以上の座標近傍が関係する場合にはすべての座標近傍の向きをそろえることは可能とは限らない．たとえば，たがいに交わる 3 個の座標近傍 $(U_\alpha, \varphi_\alpha)$，$(U_\beta, \varphi_\beta)$，$(U_\gamma, \varphi_\gamma)$ があり，$(U_\alpha, \varphi_\alpha)$ と (U_β, φ_β) は同じ向き，(U_β, φ_β) と $(U_\gamma, \varphi_\gamma)$ も同じ向きにあるが，$(U_\gamma, \varphi_\gamma)$ と $(U_\alpha, \varphi_\alpha)$ が逆向きだとしよう．この場合，どの座標近傍の向きを反転させても必ず逆向きの組を含む．そこで，多様体 M のアトラス $\mathcal{A} = \{(U_\alpha, \varphi_\alpha)\}_{\alpha \in A}$ が与えられたとき，必要に応じていくつかの座標近傍の向きを反転させることによってアトラスを構成するすべての座標近傍の向きを同じにできる場合，つまり，たがいに交わるどの二つの座標近傍も同じ向きにあるようにできる場合，多様体 M は**向き付け可能** (orientable) であるといい，それができない場合には M は**向き付け不能** (unorientable) であるという．

3.4.6 可微分多様体上の微分形式

煩雑さを避けるため，そして 2 変数の微分形式を論じた 2.3 節との対応を図るため，まずは M を 2 次元の可微分多様体としておこう．そして M 上の二つの 1 形式

$\{\theta^n\}_{n=1,2}$ が $\Lambda^1(M)$ の基底場をなす，つまり任意の点 $p \in M$ において $\{(\theta^n)_p\}_{n=1,2}$ が $T^*_p(M) = \Lambda^1(T^*_p(M))$ の基底をなすとする．付録の C.6 節に示したように，$\{(\theta^n)_p\}_{n=1,2}$ は外積代数 $\Lambda^*(T^*_p(M))$ を生成し，$N = \dim(T^*_p(M)) = 2$ だから，$T_p(M)$ 上の任意の交代形式は $2^N = 4$ 個の交代形式

$$\{1, (\theta^1)_p, (\theta^2)_p, (\theta^1)_p \wedge (\theta^2)_p\}$$

の線形結合で表現できる．M の各点 p に対して p における交代形式 $\omega_p \in \Lambda^*(T^*_p(M))$ をひとつずつ定める対応を M 上の微分形式とよび，$\omega \equiv \{\omega_p\}_{p \in M}$ と記す．そして，M 上の微分形式の集合を $\Lambda^*(M)$ と記せば，$\Lambda^*(M)$ は二つの 1 形式 $\{\theta^n\}_{n=1,2}$ によって生成される．つまり，曲面 M 上の任意の微分形式 $\phi \in \Lambda^*(M)$ は

$$\phi = \phi_0 + \phi_1\theta^1 + \phi_2\theta^2 + \phi_{1,2}\theta^1 \wedge \theta^2 \qquad (\phi_0, \phi_1, \phi_2, \phi_{1,2} \in \Lambda^0(M)) \tag{3.145}$$

として表現されることになる．

ところで，$(U, \varphi : x)$ を曲面 M の座標近傍とすれば標準 1 形式 $\{dx^n\}_{n=1,2}$ が定義され $\{(dx^n)_p\}$ は $T^*_p(M)$ の基底をなす．それゆえ，$\{dx^n\}$ は U 上の微分形式の集合 $\Lambda^*(U)$ を生成し，M 上の任意の微分形式 $\phi \in \Lambda^*(M)$ は，U 上では

$$\phi = f_0 + f_1dx^1 + f_2dx^2 + f_{1,2}dx^1 \wedge dx^2 \qquad (f_0, f_1, f_2, f_{1,2} \in \Lambda^0(U)) \tag{3.146}$$

と展開できる．ここまで来れば，2.3 節で形式的に定義した「微分形式」との関係は明らかだろう．たとえば，式 (3.146) は式 (2.128) に対応する．形式上は 2.3 節と変わりはないが，いまや微分形式は数学的にしっかりした基盤の上に構築されており，その意味も明確である．また，2.3 節では $\boldsymbol{R}^2$ の領域上に限定して微分形式を議論したが，いまや任意の曲面 (2 次元可微分多様体) M の上での微分形式が扱えるようになっているのである．

さて，M 上の関数 $f \in \Lambda^0(M)$ が与えられれば式 (3.124) によって f の微分とよばれる M 上の 1 形式 df が定義されるが，これは

$$d : \Lambda^0(M) \to \Lambda^1(M), \quad f \mapsto df \in \Lambda^1(M) \tag{3.147}$$

と解釈できる．つまり，関数 f に外微分作用素 d を作用させて 1 形式 df を得る，と考えるのである．このように考えた場合には df を f の外微分とよぶ．d が線形写像であることはいうまでもない．座標近傍 $(U, \varphi : x)$ の標準接ベクトル場 $\{\partial_{x^n}\}$ を使えば，df は式 (3.130) のように展開され，

$$df = (\partial_{x^n} f)dx^n = \frac{\partial f}{\partial x^n}dx^n, \qquad \frac{\partial f}{\partial x^n} \equiv \frac{\partial(f \circ \varphi^{-1})}{\partial x^n} \circ \varphi \tag{3.148}$$

であるが，これは 2.3 節の式 (2.114) に対応する．座標近傍 $(U, \varphi : x)$ と交叉する他の座標近傍を $(V, \psi : y)$ とするとき，$U \cap V$ 上で

$$\frac{\partial f}{\partial x^n}dx^n = \frac{\partial f}{\partial y^p}\frac{\partial y^p}{\partial x^n}\frac{\partial x^n}{\partial y^q}dy^q = \frac{\partial f}{\partial y^p}\delta^p_q dy^q = \frac{\partial f}{\partial y^p}dy^p$$

が成立するから，式 (3.148) 右辺は座標近傍の選び方によらない．$\{\partial f/\partial x^n\}$ が共変量で $\{dx^n\}$ が反変量だから，両者の縮約によって得られる df は不変量なのである．

今度は M 上の 1 形式 $\phi \in \Lambda^1(M)$ を考えよう．座標近傍 $(U, \varphi : x)$ では ϕ は

$$\phi = f_n dx^n \quad (f_n \in \Lambda^0(U)) \tag{3.149}$$

と展開できるから，f_n の外微分 df_n を介して ϕ の外微分が

$$d\phi \equiv df_n \wedge dx^n \tag{3.150}$$

として定義され[‡44]，式 (2.116) から (2.117) を得たように，式 (3.150) から

$$d\phi = \left(\frac{\partial f_2}{\partial x^1} - \frac{\partial f_1}{\partial x^2}\right) dx^1 \wedge dx^2 \in \Lambda^2(U) \tag{3.151}$$

を得る．さらに，2.3 節と同様にして外微分作用素 d の定義域は M 上の微分形式の集合 $\Lambda^*(M)$ にまで拡張される．また，d が $\Lambda^K(M)$ から $\Lambda^{K+1}(M)$ への線形写像であって

$$d^2 = 0 \tag{3.152}$$

を満足すること，

$$d(\omega \wedge \eta) = (d\omega) \wedge \eta + (-1)^K \omega \wedge d\eta \quad (\forall \omega \in \Lambda^K(M), \eta \in \Lambda^L(M)) \tag{3.153}$$

が成立することなども 2.3 節と同様にして証明される．

ここでは 2 次元の可微分多様体を対象としたが，第 5 章で詳しく論ずるように一般の N 次元可微分多様体に対しても 1 形式 $\phi = f_n dx^n$ の外微分は式 (3.150) で定義され，式 (3.152) や (3.153) もそのまま成立する．また，2.3 節では領域 $D \subset \boldsymbol{R}^2$ から領域 $\Omega \subset \boldsymbol{R}^2$ への可微分写像 $\varphi : D \to \Omega$ に関する微分形式の引き戻し $\varphi^* : \Lambda^*(\Omega) \to \Lambda^*(D)$ を導入し，微分形式の積分と引き戻し演算の関係を示した上で Stokes の定理を紹介した．そこで得られた結果を一般の可微分多様体に拡張し，数学的にしっかりした基盤の上で議論することは第 5 章の課題である．

最後に，次章で必要となる等式，つまり任意の $\omega \in \Lambda^1(M)$ と $X, Y \in \mathcal{T}_0^1(M)$ に対して

$$(d\omega)(X, Y) = X(\omega(Y)) - Y(\omega(X)) - \omega([X, Y]) \tag{3.154}$$

が成立することを示しておこう[‡45]．この等式は一般の N 次元可微分多様体 M に対して成立する．まず，座標近傍 $(U, \varphi : x)$ において，標準接ベクトル場 $\{\partial_{x^n}\}_{n=1\sim N}$ とその双対基底場 $\{dx^n\}_{n=1\sim N}$ を用いて

[‡44] この定義は特定の座標近傍に基づいているが，第 5 章で証明するように得られる結果は座標近傍の選び方によらない．

[‡45] 第 5 章では微分形式の一般論を議論するが，たとえば 5.1.3 項では式 (3.154) は 1 形式に対する外微分の定義そのものとして扱われる．

$$\omega = \omega_n dx^n, \quad X = X^n \partial_{x^n}, \quad Y = Y^n \partial_{x^n}$$

と表現する．このとき

$$\omega(Y) = \omega_n dx^n(Y^q \partial_{x^q}) = \omega_n Y^q dx^n(\partial_{x^q}) = \omega_n Y^q \delta^n_q = \omega_n Y^n$$

$$X(\omega(Y)) = X^p \partial_{x^p}(\omega_n Y^n) = X^p\{(\partial_{x^p}\omega_n)Y^n + \omega_n \partial_{x^p} Y^n\}$$

$$Y(\omega(X)) = Y^p \partial_{x^p}(\omega_n X^n) = Y^p\{(\partial_{x^p}\omega_n)X^n + \omega_n \partial_{x^p} X^n\}$$

$$[X, Y] = [X^p \partial_{x^p}, Y^q \partial_{x^q}] = X^p(\partial_{x^p} Y^q)\partial_{x^q} - Y^q(\partial_{x^q} X^p)\partial_{x^p}$$

$$\omega([X, Y]) = \omega_n\{X^p(\partial_{x^p} Y^q)\delta^n_q - Y^q(\partial_{x^q} X^p)\delta^n_p\} = \omega_n(X^p \partial_{x^p} Y^n - Y^q \partial_{x^q} X^n)$$

だから

$$X(\omega(Y)) - Y(\omega(X)) - \omega([X, Y]) = (\partial_{x^p}\omega_n)(X^p Y^n - Y^p X^n)$$

が成立する．また，式 (3.150) と付録 C の式 (C.11) によって

$$d\omega = \frac{\partial \omega_n}{\partial x^m} dx^m \wedge dx^n = (\partial_{x^m}\omega_n) dx^m \wedge dx^n = (\partial_{x^m}\omega_n)(dx^m \otimes dx^n - dx^n \otimes dx^m)$$

だから

$$\begin{aligned}
(d\omega)(X, Y) &= (\partial_{x^m}\omega_n)\{dx^m \otimes dx^n - dx^n \otimes dx^m\}(X^p \partial_{x^p}, Y^q \partial_{x^q}) \\
&= (\partial_{x^m}\omega_n)\{dx^m(X^p \partial_{x^p}) dx^n(Y^q \partial_{x^q}) - dx^n(X^p \partial_{x^p}) dx^m(Y^q \partial_{x^q})\} \\
&= (\partial_{x^m}\omega_n)\{X^p \delta^m_p Y^q \delta^n_q - X^p \delta^n_p Y^q \delta^m_q\} = (\partial_{x^m}\omega_n)(X^m Y^n - X^n Y^m)
\end{aligned}$$

であり，したがって式 (3.154) が結論される．

第4章

可微分多様体上の幾何

曲面論の基本定理が主張するように，3次元 Euclid 空間内で曲面がどのような形態にあるのかを余す所なく議論するには，第一基本形式と第二基本形式の両方が必要である．しかし，第一基本形式だけで議論できる問題も少なくはない．平行移動や測地線，曲率などは共変微分を使って定義されるが，この共変微分は Christoffel 記号を指定すれば，したがって第一基本形式を指定すれば確定するからである．第一基本形式は接ベクトル間の内積によって決まるから，曲面が埋め込まれている3次元空間とは無関係に，曲面の中だけで評価できる．この意味で，第一基本形式だけにもとづく幾何学は内在的な幾何学といえよう．そして，一般的な可微分多様体における内在的な幾何学を議論することが本章の目的である．第一基本形式は計量として一般化されるが，可微分多様体における基本的な幾何構造は計量ではなく共変微分である．実際，計量が定義されていない場合でも共変微分は定義され，平行移動や曲率が議論できる．とはいえ，計量が与えられれば適当な条件の下に共変微分が確定し，3次元 Euclid 空間内の曲面の場合を再現する．

4.1　共変微分

4.1.1　線形接続と共変微分

2.2.4 項と同様に，接ベクトル場 $X \in \mathcal{T}_0^1(M)$ に依存して定まる，$\Lambda^0(M)$ および $\mathcal{T}_0^1(M)$ 上の微分作用素 (線形で Leibniz 則に従う作用素)∇_X が

$$\nabla_X f = Xf \qquad (\forall f \in \Lambda^0(M)) \tag{4.1}$$

$$\nabla_{X+Y} = \nabla_X + \nabla_Y, \quad \nabla_{fX} = f\nabla_X \qquad (\forall X, Y \in \mathcal{T}_0^1(M), \forall f \in \Lambda^0(M)) \tag{4.2}$$

を満足するならば，∇_X は接ベクトル場 X に沿う共変微分とよばれる[‡1]．ちなみに，

$$\begin{aligned} \nabla : \mathcal{T}_0^1(M) \times \Lambda^0(M) \to \Lambda^0(M), \quad (X, f) \mapsto \nabla_X f \\ \nabla : \mathcal{T}_0^1(M) \times \mathcal{T}_0^1(M) \to \mathcal{T}_0^1(M), \quad (X, Y) \mapsto \nabla_X Y \end{aligned} \tag{4.3}$$

と解釈する場合には ∇ は M の**線形接続** (linear connection) とよばれる．

さて，(U, φ) を M の座標近傍とすれば $\mathcal{T}_0^1(U)$ の基底場 $\{e_n\}_{n=1\sim N}$ が存在する[‡2]．そして，e_m に沿う e_n の共変微分 $\nabla_{e_m} e_n$ は U 上の接ベクトル場だから，基底場 $\{e_n\}$ を使って一意に

$$\nabla_{e_m} e_n = \Gamma_{mn}^k e_k \qquad (\Gamma_{mn}^k \in \Lambda^0(U)) \tag{4.4}$$

と展開できるが，この展開係数 $\{\Gamma_{mn}^k\}$ を基底場 $\{e_n\}$ に関する線形接続 ∇ の Christoffel 記号とよぶ．ここで，座標近傍 (U, φ) における線形接続 ∇ の作用は Christoffel 記号によって確定する点に注意しよう．実際，任意の接ベクトル場 $X, Y \in \mathcal{T}_0^1(M)$ は U 上で $X|U = X^m e_m$，$Y|U = Y^n e_n$ と展開できるから，X に沿う Y の共変微分 $\nabla_X Y$ は U 上では

$$\begin{aligned} (\nabla_X Y)|U &= \nabla_{X|U}(Y|U) = \nabla_{X^m e_m} Y^n e_n = X^m\{(\nabla_{e_m} Y^n)e_n + Y^n \nabla_{e_m} e_n\} \\ &= X^m\{(e_m Y^k)e_k + Y^n \Gamma_{mn}^k e_k\} = (X^m e_m Y^k + X^m \Gamma_{mn}^k Y^n)e_k \end{aligned}$$

すなわち

$$(\nabla_X Y)|U = (XY^k + X^m \Gamma_{mn}^k Y^n)e_k \tag{4.5}$$

として与えられる．このように，M のアトラス $\mathcal{A} = \{(U_\alpha, \varphi_\alpha)\}_{\alpha \in A}$ を構成する個々の座標近傍で基底場を指定すれば，その基底場に関する Christoffel 記号が定まり，これら座標近傍ごとの Christoffel 記号によって M 全体における線形接続 ∇ が記述され

[‡1] 2.2 節では曲面を S で表し，接ベクトル場は太字の大文字 $\boldsymbol{X}, \boldsymbol{Y}$ で表記した．また，S 上の接ベクトル場の集合を $\mathcal{T}(S)$，スカラー場 (実関数) の集合を $\mathcal{F}(S)$ と記していた．式 (4.1) と (4.2) はそれぞれ式 (2.91) と (2.92) に対応する．

[‡2] 3.4.4 項に示したように，たとえば座標近傍 $(U, \varphi : x)$ における標準接ベクトル場の組 $\{\partial_{x^n}\}_{n=1\sim N}$ は $\mathcal{T}_0^1(U)$ の基底場をなす．

ることになる．以後，主として単一の座標近傍 (U,φ) を対象とし，煩雑さを避けるため $X|U$ などを単に X と記すことにしよう．

ところで，$\nabla_X = X^m \nabla_{e_m}$ だから，点 $p_0 \in U$ で X が指定されれば p_0 における微分演算子としての作用は確定する[‡3]．そこで，一点 p_0 で指定された接ベクトル $V_0 \in T_{p_0}(M)$ に沿う共変微分を 2.2 節にならって ∇_{V_0,p_0} と記すことにしよう．一方，$\nabla_X f$ や $\nabla_X Y$ が点 p_0 で確定するためには，微分演算を施される側の f や Y は点 p_0 の近傍で定義されている必要がある．とはいえ，曲線 C の速度ベクトル場 $V \in \mathcal{T}_0^1(C)$ に沿う共変微分 $\nabla_V f$ と $\nabla_V Y$ は f や Y が曲線 C 上で定義されていれば確定する．なぜなら，曲線 C のパラメータ表示を $(I, \gamma : I \to U)$ とするとき，曲線上のスカラー場 $f \in \Lambda^0(C)$ の速度ベクトル場 $V \equiv d\gamma/dt$ に沿う共変微分は

$$\nabla_V f = Vf = D_t f \equiv \dot{f} = \frac{d}{dt} f(\gamma(t)) \tag{4.6}$$

として定まり，曲線上の接ベクトル場 $Y \in \mathcal{T}_0^1(C)$ の V に沿う共変微分は

$$\nabla_V Y = D_t Y \equiv (VY^k + V^m \Gamma^k_{mn} Y^n) e_k = (\dot{Y}^k + V^m \Gamma^k_{mn} Y^n) e_k \tag{4.7}$$

として決まるからである[‡4]．とくに $t = t_0$ の場合には式 (4.6) と式 (4.7) は点 $p_0 \equiv \gamma(t_0)$ における接ベクトル $V_0 \equiv \dot{\gamma}(t_0)$ に沿う f や Y の共変微分を与えるから

$$\nabla_{V_0,p_0} f = \nabla_V f\big|_{t_0} = \dot{f}(\gamma(t_0)) = \dot{f}(p_0) \tag{4.8}$$

$$\nabla_{V_0,p_0} Y = \nabla_V Y\big|_{t_0} = \{\dot{Y}^k(p_0) + V_0^m \Gamma^k_{mn}(p_0) Y^n(p_0)\} e_k(p_0) \tag{4.9}$$

と書ける．ただし，$\{V_0^m\}$ は点 p_0 における接ベクトル V_0 を $T_{p_0}(M)$ の基底 $\{e_n(p_0)\}$ で展開した場合の展開係数である．

当然ではあるが，M が 3 次元 Euclid 空間中の曲面 S の場合には式 (4.6)，(4.7) はそれぞれ式 (2.61)，(2.8) に一致する．参考までに式 (4.7) が式 (2.8) に一致することを示しておこう．S のパラメータ表示をひとつ選んで $(D,\ \varphi : (u\ \ v)^t \mapsto \boldsymbol{p}(u,v))$ とし，$\mathcal{T}_0^1(S)$ の基底場 $\{e_n\}$ として標準接ベクトル場 $\{\boldsymbol{p}_u, \boldsymbol{p}_v\}$ を選べば，

$$V^u = \dot{u}, \quad V^v = \dot{v}, \quad Y = Y^u \boldsymbol{p}_u + Y^v \boldsymbol{p}_v = B\overline{Y}, \quad B \equiv (\boldsymbol{p}_u\ \ \boldsymbol{p}_v), \quad \overline{Y} \equiv \begin{pmatrix} Y^u \\ Y^v \end{pmatrix}$$

だから

‡3 3.4.2 項の後半では $\Lambda^0(M)$ に関して多重線形な写像が局所的であることを示したが，それと同様にして式 (4.2) の性質から ∇_X の局所性が示される．

‡4 ここで $\dot{f}$ は $df(\gamma(t))/dt$ を γ を介して t の関数と解釈したもの，つまり $\dot{f}(\gamma(t)) = df(\gamma(t))/dt$ が成立するように定義された関数である点に注意しよう．この定義により $\dot{f}$ もまた f と同様に曲線 C 上の関数となる．$\dot{Y}^k$ に関しても同様であり，以後，曲線上の関数に関してはつねにこの定義に従うことにする．

$$
\begin{aligned}
V^m \Gamma^k_{mn} Y^n e_k &= \{\dot{u}(\Gamma^u_{uu} Y^u + \Gamma^u_{uv} Y^v) + \dot{v}(\Gamma^u_{vu} Y^u + \Gamma^u_{vv} Y^v)\}\boldsymbol{p}_u \\
&\quad + \{\dot{u}(\Gamma^v_{uu} Y^u + \Gamma^v_{uv} Y^v) + \dot{v}(\Gamma^v_{vu} Y^u + \Gamma^v_{vv} Y^v)\}\boldsymbol{p}_v \\
&= (\boldsymbol{p}_u \ \ \boldsymbol{p}_v)\left\{\dot{u}\begin{pmatrix} \Gamma^u_{uu} & \Gamma^u_{uv} \\ \Gamma^v_{uu} & \Gamma^v_{uv} \end{pmatrix}\begin{pmatrix} Y^u \\ Y^v \end{pmatrix} + \dot{v}\begin{pmatrix} \Gamma^u_{vu} & \Gamma^u_{vv} \\ \Gamma^v_{vu} & \Gamma^v_{vv} \end{pmatrix}\begin{pmatrix} Y^u \\ Y^v \end{pmatrix}\right\} \\
&= B(\dot{u}\Gamma_u + \dot{v}\Gamma_v)\overline{Y}
\end{aligned}
$$

$$
(VY^k)e_k = \dot{Y}^k e_k = \dot{Y}^u \boldsymbol{p}_u + \dot{Y}^v \boldsymbol{p}_v = B\dot{\overline{Y}}
$$

であり，したがって

$$
(VY^k + V^m \Gamma^k_{mn} Y^n)e_k = B\dot{\overline{Y}} + B(\dot{u}\Gamma_u + \dot{v}\Gamma_v)\overline{Y} = B(\dot{\overline{Y}} + \dot{u}\Gamma_u \overline{Y} + \dot{v}\Gamma_v \overline{Y})
$$

が成立する．

さて，Euclid 空間中の曲面の場合と同様に

$$
\nabla_V Y = 0 \tag{4.10}
$$

を満足する接ベクトル場 $Y \in \mathcal{T}^1_0(C)$ は曲線 C に沿って平行であるといわれる．ここで

$$
V(\gamma(t)) = V^m(\gamma(t))e_m(\gamma(t)), \quad Y(\gamma(t)) = Y^n(\gamma(t))e_n(\gamma(t)) \tag{4.11}
$$

と表現すれば，式 (4.7) によって式 (4.10) は

$$
\nabla_V Y = \{\dot{Y}^k(\gamma(t)) + V^m(\gamma(t))\Gamma^k_{mn}(\gamma(t))Y^n(\gamma(t))\}e_k(\gamma(t)) = 0
$$

と書けるが，$\{e_k(\gamma(t))\}$ は接ベクトル空間 $T_{\gamma(t)}(M)$ の基底をなすから

$$
\dot{Y}^k(\gamma(t)) + V^m(\gamma(t))\Gamma^k_{mn}(\gamma(t))Y^n(\gamma(t)) = 0 \quad (k = 1 \sim N) \tag{4.12}
$$

でなければならない．曲線 C が指定されれば $V^m(\gamma(t))$ や $\Gamma^k_{mn}(\gamma(t))$ は t の関数として既知だから，式 (4.12) は $\{Y^k\}_{k=1\sim N}$ に関する連立の線形常微分方程式である[‡5]．したがって，任意の点 $p_0 \in C$ における値 $Y(p_0)$ を初期条件として指定すれば $Y \in \mathcal{T}^1_0(C)$ は一意に決まる．とくに $Y(p_0) = 0 \in T_{p_0}$ ならば $n = 1 \sim N$ のすべてに対して $Y^n(p_0) = Y^n(\gamma(t_0)) = 0$ であり，これを初期条件とする式 (4.12) の解は $Y^n(\gamma(t)) = 0 \ \ (n = 1 \sim N)$ に限られる．つまり，零ベクトルを C 上で平行移動して得られる接ベクトル場は C 全体で零ベクトルである．

今度は曲線 C 上の点 $p_0 = \gamma(t_0)$ に着目し，p_0 における接ベクトル空間 $T_{p_0}(M)$ の基底を1組選んで $\{b_{n,0}\}_{n=1\sim N}$ とする．点 p_0 における接ベクトル $b_{n,0}$ を C 上で平行移動して得られる接ベクトル場を $b_n \in \mathcal{T}^1_0(C)$ とすれば，b_n は

[‡5] C 上の関数 Y^n を使って表現しているのでわかりにくいが，Y^n の代わりに I 上の関数 $y^n(t) \equiv Y^n(\gamma(t))$ を使えば式 (4.12) は $\dot{y}^k(t) + V^m(\gamma(t))\Gamma^k_{mn}(\gamma(t))y^n(t) = 0 \quad (k = 1 \sim N)$ と表現でき，これは確かに I 上の関数 $\{y^n\}$ に関する線形連立常微分方程式である．

$$\nabla_V b_n = 0, \quad b_n(\gamma(t_0)) = b_{n,0} \tag{4.13}$$

を満足し[‡6]，この条件によって一意に決まる．そして，これらの接ベクトル場 $\{b_n\}_{n=1\sim N}$ を使えば，p_0 における接ベクトル $A_0 \in T_{p_0}(M)$ を C 上で平行移動して得られる接ベクトル場 $A \in \mathcal{T}_0^1(C)$ は，A_0 を $\{b_{n,0}\}$ で展開した場合の展開係数 $\{A_0^n\}$ を使って $A = A_0^n b_n$ と表現できる．実際，

$$\nabla_V A = \nabla_V(A_0^n b_n) = A_0^n \nabla_V b_n = 0, \quad A(\gamma(t_0)) = A_0^n b_n(\gamma(t_0)) = A_0^n b_{n,0} = A_0$$

が成立する．この事実から $\{b_n\}$ が C 上の接ベクトル場 $\mathcal{T}_0^1(C)$ の基底場をなすこと，つまり任意の $t \in I$ に対して $\{b_n(\gamma(t))\}$ が $T_{\gamma(t)}(M)$ の基底をなすことを示そう．仮に $t = \tau \in I$ において $\{b_n(\gamma(\tau))\}$ が $T_{\gamma(\tau)}(M)$ の基底をなさないとすれば，すべてが零ではない実数の組 $\{C^n\}$ が存在して $C^n b_n(\gamma(\tau)) = 0$ である．このとき，$C^n b_n \in \mathcal{T}_0^1(C)$ は点 $\gamma(\tau)$ における零ベクトル $0 \in T_{\gamma(\tau)}(M)$ を C 上で平行移動して得られる接ベクトル場だから C 全体で零ベクトルであり，とくに点 $\gamma(t_0) = p_0$ においても $C^n b_n(\gamma(t_0)) = C^n b_{n,0} = 0$ だが，$\{b_{n,0}\}$ は $T_{p_0}(M)$ の基底をなすから $C^n b_{n,0} = 0$ ならば $\{C^n\}$ はすべて零でなければならず，これは $\{C^n\}$ の選び方に矛盾する．

さて，$\{b_n\}$ は $\mathcal{T}_0^1(C)$ の基底場だから，C 上の任意の接ベクトル場 $Y \in \mathcal{T}_0^1(C)$ は

$$Y(\gamma(t)) = \underline{Y}^n(\gamma(t)) b_n(\gamma(t)) \tag{4.14}$$

と展開でき[‡7]，V に沿った (C に沿った) 共変微分は Leibniz 則と式 (4.13) によって

$$\nabla_V Y = \nabla_V(\underline{Y}^n b_n) = (\nabla_V \underline{Y}^n) b_n + \underline{Y}^n \nabla_V b_n = \dot{\underline{Y}}^n b_n \tag{4.15}$$

と表現できる．つまり，曲線 C に沿って平行な接ベクトル場からなる基底場 $\{b_n\}$ で接ベクトル場 Y を展開した場合，展開係数を微分するだけで C に沿った Y の共変微分が得られるのである．曲線 C に沿って平行な接ベクトル場 b_n は $\nabla_V b_n = 0$ を満足し，いわば「共変微分 ∇_V に関して定ベクトル」だから，接ベクトル場 $Y = \underline{Y}^n b_n$ の C に沿う変化はすべて展開係数 $\{\underline{Y}^n\}$ の変化に起因する，と解釈すればよいだろう．

U 上の点 p_0 と，p_0 における接ベクトル $V_0 \in T_{p_0}(M)$ が指定されたとしよう．3.2.3 項の末尾に示したように，p_0 における速度ベクトルが V_0 に一致する U 内の曲線が必ず存在するから，そのひとつを選んで C とする．C のパラメータ表示を $(I, \gamma : I \to U)$ とし，この曲線は $t = t_0$ で p_0 を通るものとする．また，上述のように $T_{p_0}(M)$ の基底を 1 組選んで $\{b_{n,0}\}_{n=1\sim N}$ とし，式 (4.13) によって定まる $\mathcal{T}_0^1(C)$ の基底場を $\{b_n\}_{n=1\sim N}$ と記す．このとき，C 上の任意の接ベクトル場 $Y \in \mathcal{T}_0^1(C)$ の C に沿った共変微分は式 (4.15) で与えられ，とくに $t = t_0$ では

‡6 式 (4.13) は 2.2.3 項の式 (2.75) の一般化である．

‡7 曲線に沿って平行な接ベクトル場からなる基底場 $\{b_n\}$ で展開した場合の展開係数には $\underline{Y}^n$ のように下線を付し，一般の (曲線に沿って平行とは限らない) 基底場 $\{e_n\}$ に関する展開係数 Y^n と区別する．

$$\nabla_{V_0,p_0}Y = \nabla_V Y\big|_{t_0} = \dot{\underline{Y}}^n b_n\big|_{t_0} = \dot{\underline{Y}}^n(\gamma(t_0))b_n(\gamma(t_0)) = \left.\frac{d\underline{Y}^n(\gamma(t_0+\varepsilon))}{d\varepsilon}\right|_{\varepsilon=0} b_{n,0} \tag{4.16}$$

を得るが，これは式 (2.82) の一般化となっている．さらに，式 (2.74) に対応して

$$\nabla_{V_0,p_0}Y = \lim_{\varepsilon\to 0}\frac{Y_{//}(\gamma(t_0+\varepsilon)\to\gamma(t_0)) - Y(\gamma(t_0))}{\varepsilon} \tag{4.17}$$

が成立することを示そう．ここで，$Y_{//}(\gamma(t_0+\varepsilon)\to\gamma(t_0))$ は，点 $\gamma(t_0+\varepsilon)$ における接ベクトル $Y(\gamma(t_0+\varepsilon))\in T_{\gamma(t_0+\varepsilon)}(M)$ を曲線 C に沿って点 $p_0=\gamma(t_0)$ まで平行移動して得られる $T_{p_0}(M)$ のベクトルである．実際，$Y(\gamma(t_0+\varepsilon))$ を $T_{\gamma(t_0+\varepsilon)}(M)$ の基底 $\{b_n(\gamma(t_0+\varepsilon))\}_{n=1\sim N}$ で展開した場合の展開係数を $\{\underline{Y}^n(\gamma(t_0+\varepsilon))\}_{n=1\sim N}$ とすれば，$Y(\gamma(t_0+\varepsilon))$ を C に沿って平行移動することによって得られる接ベクトル場は $\underline{Y}^n(\gamma(t_0+\varepsilon))b_n\in\mathcal{T}_0^1(C)$ と表現できるから

$$Y_{//}(\gamma(t_0+\varepsilon)\to\gamma(t_0)) = \underline{Y}^n(\gamma(t_0+\varepsilon))b_n(\gamma(t_0)) = \underline{Y}^n(\gamma(t_0+\varepsilon))b_{n,0} \tag{4.18}$$

であり，$\varepsilon=0$ の場合を考えれば $Y(\gamma(t_0)) = Y_{//}(\gamma(t_0)\to\gamma(t_0)) = \underline{Y}^n(\gamma(t_0))b_{n,0}$ だから

$$\begin{aligned}
&\lim_{\varepsilon\to 0}\frac{Y_{//}(\gamma(t_0+\varepsilon)\to\gamma(t_0)) - Y(\gamma(t_0))}{\varepsilon}\\
&\quad=\lim_{\varepsilon\to 0}\frac{\underline{Y}^n(\gamma(t_0+\varepsilon))b_{n,0} - \underline{Y}^n(\gamma(t_0))b_{n,0}}{\varepsilon}\\
&\quad=\lim_{\varepsilon\to 0}\frac{\underline{Y}^n(\gamma(t_0+\varepsilon)) - \underline{Y}^n(\gamma(t_0))}{\varepsilon}b_{n,0} = \left.\frac{d\underline{Y}^n(\gamma(t_0+\varepsilon))}{d\varepsilon}\right|_{\varepsilon=0} b_{n,0}
\end{aligned}$$

を得るが，この結果と式 (4.16) から式 (4.17) が結論される．

4.1.2　1形式の共変微分

前項では曲線 C に沿って平行な接ベクトル場からなる $\mathcal{T}_0^1(C)$ の基底場 $\{b_n\}_{n=1\sim N}$ を導入したが，その双対基底場を $\{\rho^n\}_{n=1\sim N}$ としよう．このとき，基底場 $\{b_n\}$ を構成する各接ベクトル場が C に沿って平行であることから，双対基底場 $\{\rho^n\}$ を構成する各1形式もまた C に沿って平行だと考えるのは自然だろう．この考えにもとづいて1形式の共変微分が定義できる．

まず，曲線 C のパラメータ表示を $(I,\gamma:I\to U)$ とし，C 上の1形式 $\eta\in\Lambda^1(C)$ を

$$\eta(\gamma(t)) = \underline{\eta}_n(\gamma(t))\rho^n(\gamma(t)) \tag{4.19}$$

と展開したとき，式 (4.15) にならって $\nabla_V\eta$ を

$$\nabla_V\eta \equiv \dot{\underline{\eta}}_n\rho^n \tag{4.20}$$

として定義する．とくに $\rho^n = \delta^n_m\rho^m$ であり，δ^n_m は定数だから

$$\nabla_V\rho^n = \dot{\delta}^n_m\rho^m = 0 \tag{4.21}$$

が成立し，これは曲線 C に沿って平行な 1 形式 ρ^n がいわば共変微分 ∇_V に関して一定であることを意味する．逆に，1 形式 $\eta \in \Lambda^1(C)$ が ∇_V に関して一定であれば，つまり

$$\nabla_V \eta = 0 \tag{4.22}$$

が成立するならば，1 形式 η は曲線 C に沿って平行であるということにする．

ここで，$\{b_n\}$ の代わりに曲線 C に沿って平行な接ベクトル場からなる他の任意の基底場 $\{b'_n\}$ を採用しても式 (4.20) の右辺は変化しないことを示そう．まず，基底場 $\{b_n\}$ と $\{b'_n\}$ の双対基底場をそれぞれ $\{\rho^n\}$，$\{\rho'^n\}$ とする．A.3 節や B.1 節で議論するように基底は共変量であり，双対基底は反変量だから，$\{b'_n\}$ から $\{b_n\}$ への変換係数を $\{\underline{\Lambda}^m_n\}$ と記せば式 (B.5) に対応して

$$\begin{cases} b_n = b'_m \underline{\Lambda}^m_n \\ \rho^n = (\underline{\Lambda}^{-1})^n_m \rho'^m \end{cases}, \quad \begin{cases} b'_n = b_m (\underline{\Lambda}^{-1})^m_n \\ \rho'^n = \underline{\Lambda}^n_m \rho^m \end{cases} \tag{4.23}$$

が成立する[‡8]．ところで，$\{b_n\}$ と $\{b'_n\}$ はともに C に沿って平行であり，$\{b'_n\}$ は C の各点で線形独立だから

$$0 = \nabla_V b_n = \nabla_V (b'_m \underline{\Lambda}^m_n) = (\nabla_V b'_m) \underline{\Lambda}^m_n + b'_m \dot{\underline{\Lambda}}^m_n = b'_m \dot{\underline{\Lambda}}^m_n = 0 \quad \Leftrightarrow \quad \dot{\underline{\Lambda}}^m_n = 0$$

がいえる．つまり，$\underline{\Lambda}^m_n$ は C 上で定数である．また，η を双対基底場で展開した場合の展開係数は共変量だから，$\{\rho'^n\}$ で展開した場合の展開係数を $\{\underline{\eta}'_n\}$ とすれば $\underline{\eta}'_n = \underline{\eta}_m (\underline{\Lambda}^{-1})^m_n$ であり，$(\underline{\Lambda}^{-1})^m_n$ は定数だから $\dot{\underline{\eta}}'_n = \dot{\underline{\eta}}_m (\underline{\Lambda}^{-1})^m_n$，したがって

$$\dot{\underline{\eta}}'_n \rho'^n = \dot{\underline{\eta}}_m (\underline{\Lambda}^{-1})^m_n \rho'^n = \dot{\underline{\eta}}_m \rho^m = \nabla_V \eta$$

が結論される．

今度は，曲線 C に沿って平行とは限らない接ベクトル場からなる $\mathcal{T}^1_0(C)$ の基底場 $\{e_n\}$ を使って $\nabla_V \eta$ を表現してみよう．$\{e_n\}$ の双対基底場を $\{\theta^n\}$ とし，$\{e_n\}$ から $\{b_n\}$ への変換係数を $\{\Lambda^m_n\}$ と記せば，式 (4.23) に対応して

$$\begin{cases} b_n = e_m \Lambda^m_n \\ \rho^n = (\Lambda^{-1})^n_m \theta^m \end{cases}, \quad \begin{cases} e_n = b_m (\Lambda^{-1})^m_n \\ \theta^n = \Lambda^n_m \rho^m \end{cases} \tag{4.24}$$

が成立する．曲線 C の速度ベクトル場を $V = V^n e_n$ と展開すれば

$$\nabla_V e_m = \nabla_{V^n e_n} e_m = V^n \nabla_{e_n} e_m = V^n \Gamma^k_{nm} e_k \tag{4.25}$$

だから，

$$0 = \nabla_V b_n = \nabla_V (e_m \Lambda^m_n) = (\nabla_V e_m) \Lambda^m_n + e_m \dot{\Lambda}^m_n = V^l \Gamma^k_{lm} e_k \Lambda^m_n + e_m \dot{\Lambda}^m_n$$

が成立し，各辺に θ^j を作用させれば

---

‡8 基底場や双対基底場は一点に注目して考えれば基底と双対基底に過ぎない点に注意しよう．変換係数 Λ^m_n が点ごとに変わり得ることを除けば，A.3 節や B.1 節の議論はそのまま通用する．

$$0 = \theta^j(V^l \Gamma^k_{lm} e_k \Lambda^m_n + e_m \dot{\Lambda}^m_n) = V^l \Gamma^k_{lm} \theta^j(e_k) \Lambda^m_n + \theta^j(e_m) \dot{\Lambda}^m_n$$
$$= V^l \Gamma^k_{lm} \delta^j_k \Lambda^m_n + \delta^j_m \dot{\Lambda}^m_n = V^l \Gamma^j_{lm} \Lambda^m_n + \dot{\Lambda}^j_n$$

すなわち

$$\dot{\Lambda}^j_n = -V^l \Gamma^j_{lm} \Lambda^m_n \tag{4.26}$$

を得る．C 上の 1 形式 $\eta \in \Lambda^1(C)$ を双対基底場で展開した場合の展開係数は共変量だから $\eta = \eta_n \theta^n$ と表現すれば $\underline{\eta}_m = \eta_n \Lambda^n_m$ が成立し，式 (4.26) を使えば

$$\dot{\underline{\eta}}_m = \frac{d(\eta_n \Lambda^n_m)}{dt} = \dot{\eta}_n \Lambda^n_m + \eta_n \dot{\Lambda}^n_m = \dot{\eta}_n \Lambda^n_m + \eta_n(-V^l \Gamma^n_{lk} \Lambda^k_m)$$
$$= \dot{\eta}_k \Lambda^k_m - \eta_n V^l \Gamma^n_{lk} \Lambda^k_m = (\dot{\eta}_k - \eta_n V^l \Gamma^n_{lk}) \Lambda^k_m$$

である．それゆえ，式 (4.20) によって

$$\nabla_V \eta = \dot{\underline{\eta}}_m \rho^m = \{(\dot{\eta}_k - \eta_n V^l \Gamma^n_{lk}) \Lambda^k_m\}\{(\Lambda^{-1})^m_j \theta^j\}$$
$$= (\dot{\eta}_k - \eta_n V^l \Gamma^n_{lk}) \delta^k_j \theta^j = (\dot{\eta}_k - \eta_n V^l \Gamma^n_{lk}) \theta^k$$

すなわち

$$\nabla_V \eta = (\dot{\eta}_k - V^m \Gamma^n_{mk} \eta_n) \theta^k = (V \eta_k - V^m \Gamma^n_{mk} \eta_n) \theta^k \tag{4.27}$$

が結論される．とくに $\theta^n = \delta^n_m \theta^m$ であり，δ^n_m は定数だから，式 (4.25) に対応して

$$\nabla_V \theta^n = (\dot{\delta}^n_k - V^m \Gamma^l_{mk} \delta^n_l) \theta^k = -V^m \Gamma^n_{mk} \theta^k \tag{4.28}$$

が成立する．

最後に，M 上の接ベクトル場 $X \in \mathcal{T}^1_0(M)$ と M 上の 1 形式 $\eta \in \Lambda^1(M)$ に対して，X に沿う η の共変微分 $\nabla_X \eta$ を定義しよう．M の点 $p_0 \in M$ が任意に指定されたとき，p_0 を含む M の座標近傍をひとつ選んで (U, φ) とし，$\mathcal{T}^1_0(U)$ の基底場 $\{e_n\}$ とその双対基底場 $\{\theta^n\}$ を用意する．そして，一点 $p_0 \in U$ で指定された接ベクトル $V_0 \in T_{p_0}(M)$ に沿う共変微分 $\nabla_{V_0, p_0} \eta$ を定義する．いつものように p_0 における速度ベクトルが V_0 に一致する U 内の曲線をひとつ選んで C とし，そのパラメータ表示を $(I, \gamma : I \to U)$ とする．また，この曲線は $t = t_0$ で p_0 を通るものとする．したがって，C の速度ベクトル場 $V \in \mathcal{T}^1_0(C)$ の点 p_0 における値は $V(p_0) = V(\gamma(t_0)) = V_0$ である．速度ベクトル場 V に沿う C 上の 1 形式 $\eta \in \Lambda^1(C)$ の共変微分は式 (4.27) によって与えられるが，とくに $t = t_0$ では

$$\nabla_{V_0, p_0} \eta \equiv \nabla_V \eta\big|_{t_0} = (V_0 \eta_k - V^m_0 \Gamma^n_{mk} \eta_n) \theta^k\big|_{p_0} \tag{4.29}$$

を得る．ここで，$\{V^n_0\}$ は $T_{p_0}(M)$ の基底 $\{e_n(p_0)\}$ を使って接ベクトル $V_0 \in T_{p_0}(M)$ を展開した場合の展開係数である．式 (4.29) の右辺で曲線 C に関係するのは点 p_0 における速度ベクトル V_0 だけだから，p_0 における速度ベクトルが V_0 に一致する M 内の曲線であれば式 (4.29) による定義は曲線の選び方によらない点に注意しよう．こ

のように M 上の接ベクトル場 $X \in \mathcal{T}_0^1(M)$ が与えられれば，M の各点 p_0 において $X(p_0) \in T_{p_0}(M)$ に沿う共変微分 $\nabla_{X(p_0),p_0}\eta \in T^*_{p_0}(M)$ が定義されるが，M の各点 p_0 に対して p_0 における余接ベクトル $\nabla_{X(p_0),p_0}\eta$ をひとつずつ定める対応は M 上の 1 形式であり，これを X に沿う η の共変微分とよんで $\nabla_X\eta$ と記す．この共変微分は座標近傍 (U,φ) では式 (4.29) によって

$$\nabla_X\eta \equiv \{\nabla_{V_0,p_0}\eta\}_{p_0\in M} = (X\eta_k - X^m \Gamma^n_{mk}\eta_n)\theta^k \tag{4.30}$$

と表現できる．$\{e_n\}$ の代わりに他の任意の基底場 $\{e'_n\}$ を使った場合でも式 (4.30) の右辺が変化しないことを確認するのは，よい演習問題であろう．

4.1.3 テンソル場の共変微分

前項では 1 形式の共変微分について議論したが，その出発点は曲線 C に沿って平行な 1 形式からなる $\Lambda^1(C)$ の基底場 $\{\rho^n\}_{n=1\sim N}$ であった．C に沿って平行な 1 形式は C の速度ベクトル場 V に沿う共変微分 ∇_V に関して一定であることから，式 (4.19) のように展開される C 上の 1 形式の共変微分を式 (4.20) によって定義し，これを使って M 上の接ベクトル場 $X \in \mathcal{T}_0^1(M)$ に沿った M 上の 1 形式 $\eta \in \Lambda^1(M)$ の共変微分 $\nabla_X\eta$ を定義したのであった．同様にして一般のテンソル場の共変微分を定義すること，それが本節の目的である．

ここでも曲線 C に沿って平行な接ベクトル場からなる $\mathcal{T}_0^1(C)$ の基底場を $\{b_n\}_{n=1\sim N}$ とし，その双対基底場を $\{\rho^n\}_{n=1\sim N}$ としよう．このとき，3.4.3 項に示したように

$$\sigma^{m_1m_2\cdots m_K}_{n_1n_2\cdots n_L} \equiv b_{n_1}\otimes b_{n_2}\otimes\cdots\otimes b_{n_L}\otimes\rho^{m_1}\otimes\rho^{m_2}\otimes\cdots\otimes\rho^{m_K} \tag{4.31}$$

として定義される N^{K+L} 個のテンソル場の組 $\{\sigma^{m_1m_2\cdots m_K}_{n_1n_2\cdots n_L}\}$ は $\mathcal{T}^L_K(C)$ の基底場をなす．そして，曲線 C に沿って平行な接ベクトル場 b_n や 1 形式 ρ^n のテンソル積 $\sigma^{m_1m_2\cdots m_K}_{n_1n_2\cdots n_L}$ は C に沿って平行だと考えるのは自然である．そこで，曲線 C のパラメータ表示を $(I,\gamma: I\to U)$ とし，C 上の (L,K) 型テンソル場 $\phi \in \mathcal{T}^L_K(C)$ を

$$\phi(\gamma(t)) = \underline{\phi}^{n_1n_2\cdots n_L}_{m_1m_2\cdots m_K}(\gamma(t))\sigma^{m_1m_2\cdots m_K}_{n_1n_2\cdots n_L}(\gamma(t)) \tag{4.32}$$

と展開した場合，C の速度ベクトル場 V に沿う ϕ の共変微分を

$$\nabla_V\phi \equiv \dot{\underline{\phi}}^{n_1n_2\cdots n_L}_{m_1m_2\cdots m_K}\sigma^{m_1m_2\cdots m_K}_{n_1n_2\cdots n_L} \tag{4.33}$$

として定義する．とくに $\sigma^{m_1m_2\cdots m_K}_{n_1n_2\cdots n_L} = \delta^{m_1m_2\cdots m_K l_1l_2\cdots l_L}_{k_1k_2\cdots k_K n_1n_2\cdots n_L}\sigma^{k_1k_2\cdots k_K}_{l_1l_2\cdots l_L}$ であり [‡9]，$\delta^{m_1m_2\cdots m_K l_1l_2\cdots l_L}_{k_1k_2\cdots k_K n_1n_2\cdots n_L}$ は定数だから

$$\nabla_V\sigma^{m_1m_2\cdots m_K}_{n_1n_2\cdots n_L} = \dot{\delta}^{m_1m_2\cdots m_K l_1l_2\cdots l_L}_{k_1k_2\cdots k_K n_1n_2\cdots n_L}\sigma^{k_1k_2\cdots k_K}_{l_1l_2\cdots l_L} = 0 \tag{4.34}$$

---

‡9 ここで，$\delta^{m_1m_2\cdots m_K l_1l_2\cdots l_L}_{k_1k_2\cdots k_K n_1n_2\cdots n_L} \equiv \delta^{m_1}_{k_1}\delta^{m_2}_{k_2}\cdots\delta^{m_K}_{k_K}\delta^{l_1}_{n_1}\delta^{l_2}_{n_2}\cdots\delta^{l_L}_{n_L}$ である．

が成立し，これは C に沿って平行なテンソル場 $\sigma^{m_1m_2\cdots m_K}_{n_1n_2\cdots n_L}$ が共変微分 ∇_V に関して一定であることを意味する．逆に，テンソル場 $\phi\in\mathcal{T}^L_K(C)$ が ∇_V に関して一定ならば，つまり

$$\nabla_V\phi=0 \tag{4.35}$$

が成立するならば，テンソル場 ϕ は曲線 C に沿って平行であるという．式 (4.33) による定義が $\mathcal{T}^1_0(C)$ の基底場の選び方によらないこと，つまり $\{b_n\}$ の代わりに曲線 C に沿って平行な接ベクトル場からなる他の任意の基底場 $\{b'_n\}$ を採用しても式 (4.33) の右辺が変化しないことは前節と同様に示される．

今度は曲線 C に沿って平行とは限らない接ベクトル場からなる $\mathcal{T}^1_0(C)$ の基底場 $\{e_n\}$ を使って $\nabla_V\phi$ を表現してみよう．前節と同様に $\{e_n\}$ の双対基底場を $\{\theta^n\}$ とし，$\{e_n\}$ から $\{b_n\}$ への変換係数を $\{\Lambda^m_n\}$ とすれば式 (4.24) が成立する．また，(L,K) 型テンソル場 $\phi\in\mathcal{T}^L_K(C)$ やそれを基底場で展開した場合の展開係数の変換は式 (B.10), (B.11) によって与えられる．つまり，$\{\sigma^{m_1m_2\cdots m_K}_{n_1n_2\cdots n_L}\}$ と同様に

$$\beta^{m_1m_2\cdots m_K}_{n_1n_2\cdots n_L}\equiv e_{n_1}\otimes e_{n_2}\otimes\cdots\otimes e_{n_L}\otimes\theta^{m_1}\otimes\theta^{m_2}\otimes\cdots\otimes\theta^{m_K} \tag{4.36}$$

として定義される N^{K+L} 個のテンソル場の組 $\{\beta^{m_1m_2\cdots m_K}_{n_1n_2\cdots n_L}\}$ もまた $\mathcal{T}^L_K(C)$ の基底場をなし，

$$\begin{aligned}\sigma^{m_1m_2\cdots m_K}_{n_1n_2\cdots n_L}&=A^{m_1m_2\cdots m_K}_{p_1p_2\cdots p_K}B^{q_1q_2\cdots q_L}_{n_1n_2\cdots n_L}\beta^{p_1p_2\cdots p_K}_{q_1q_2\cdots q_L}\\ A^{m_1m_2\cdots m_K}_{p_1p_2\cdots p_K}&\equiv\prod_{k=1}^K(\Lambda^{-1})^{m_k}_{p_k},\quad B^{q_1q_2\cdots q_L}_{n_1n_2\cdots n_L}\equiv\prod_{l=1}^L\Lambda^{q_l}_{n_l}\end{aligned} \tag{4.37}$$

が成立する．また，$\phi\in\mathcal{T}^L_K(C)$ を $\{\sigma^{m_1m_2\cdots m_K}_{n_1n_2\cdots n_L}\}$ によって展開した場合の展開係数 $\{\underline{\phi}^{n_1n_2\cdots n_L}_{m_1m_2\cdots m_K}\}$ は $\{\beta^{m_1m_2\cdots m_K}_{n_1n_2\cdots n_L}\}$ によって展開した場合の展開係数 $\{\phi^{n_1n_2\cdots n_L}_{m_1m_2\cdots m_K}\}$ によって

$$\begin{aligned}\underline{\phi}^{n_1n_2\cdots n_L}_{m_1m_2\cdots m_K}&=C^{n_1n_2\cdots n_L}_{q_1q_2\cdots q_L}D^{p_1p_2\cdots p_K}_{m_1m_2\cdots m_K}\phi^{q_1q_2\cdots q_L}_{p_1p_2\cdots p_K}\\ C^{n_1n_2\cdots n_L}_{q_1q_2\cdots q_L}&\equiv\prod_{l=1}^L(\Lambda^{-1})^{n_l}_{q_l},\quad D^{p_1p_2\cdots p_K}_{m_1m_2\cdots m_K}\equiv\prod_{k=1}^K\Lambda^{p_k}_{m_k}\end{aligned} \tag{4.38}$$

と表現できる．それゆえ，式 (4.33) によれば

$$\begin{aligned}\nabla_V\phi=&\dot{\underline{\phi}}^{n_1\cdots n_L}_{m_1\cdots m_K}\sigma^{m_1\cdots m_K}_{n_1\cdots n_L}=(\dot{C}^{n_1\cdots n_L}_{q_1\cdots q_L}D^{p_1\cdots p_K}_{m_1\cdots m_K}\phi^{q_1\cdots q_L}_{p_1\cdots p_K}+C^{n_1\cdots n_L}_{q_1\cdots q_L}\dot{D}^{p_1\cdots p_K}_{m_1\cdots m_K}\phi^{q_1\cdots q_L}_{p_1\cdots p_K}\\ &+C^{n_1\cdots n_L}_{q_1\cdots q_L}D^{p_1\cdots p_K}_{m_1\cdots m_K}\dot{\phi}^{q_1\cdots q_L}_{p_1\cdots p_K})A^{m_1\cdots m_K}_{r_1\cdots r_K}B^{s_1\cdots s_L}_{n_1\cdots n_L}\beta^{r_1\cdots r_K}_{s_1\cdots s_L}\end{aligned} \tag{4.39}$$

であるが，

$$D^{p_1\cdots p_K}_{m_1\cdots m_K}A^{m_1\cdots m_K}_{r_1\cdots r_K}=\prod_{k=1}^K\Lambda^{p_k}_{m_k}\prod_{k=1}^K(\Lambda^{-1})^{m_k}_{r_k}=\prod_{k=1}^K\delta^{p_k}_{r_k}=\delta^{p_1\cdots p_K}_{r_1\cdots r_K}$$

$$C^{n_1\cdots n_L}_{q_1\cdots q_L}B^{s_1\cdots s_L}_{n_1\cdots n_L}=\prod_{l=1}^L(\Lambda^{-1})^{n_l}_{q_l}\prod_{l=1}^L\Lambda^{s_l}_{n_l}=\prod_{l=1}^L\delta^{s_l}_{q_l}=\delta^{s_1\cdots s_L}_{q_1\cdots q_L}$$

だから，式 (4.39) は

$$\nabla_V \phi = \dot{C}^{n_1\cdots n_L}_{q_1\cdots q_L} B^{s_1\cdots s_L}_{n_1\cdots n_L} \phi^{q_1\cdots q_L}_{p_1\cdots p_K} \beta^{p_1\cdots p_K}_{s_1\cdots s_L} + \dot{D}^{p_1\cdots p_K}_{m_1\cdots m_K} A^{m_1\cdots m_K}_{r_1\cdots r_K} \phi^{q_1\cdots q_L}_{p_1\cdots p_K} \beta^{r_1\cdots r_K}_{q_1\cdots q_L} + \dot{\phi}^{q_1\cdots q_L}_{p_1\cdots p_K} \beta^{p_1\cdots p_K}_{q_1\cdots q_L} \tag{4.40}$$

と書ける．ところで，式 (4.26) によれば

$$\begin{aligned}\dot{D}^{p_1\cdots p_K}_{m_1\cdots m_K} &= \frac{d}{dt}\prod_{1\le i\le K} \Lambda^{p_i}_{m_i} = \sum_{1\le k\le K} \dot{\Lambda}^{p_k}_{m_k} \prod_{i\neq k, 1\le i\le K} \Lambda^{p_i}_{m_i} \\ &= -\sum_{1\le k\le K} V^n \Gamma^{p_k}_{nm} \Lambda^m_{m_k} \prod_{i\neq k, 1\le i\le K} \Lambda^{p_i}_{m_i}\end{aligned} \tag{4.41}$$

だから

$$\begin{aligned}\dot{D}^{p_1\cdots p_K}_{m_1\cdots m_K} A^{m_1\cdots m_K}_{r_1\cdots r_K} &= \left(-\sum_{1\le k\le K} V^n \Gamma^{p_k}_{nm} \Lambda^m_{m_k} \prod_{i\neq k, 1\le i\le K} \Lambda^{p_i}_{m_i}\right)\left(\prod_{1\le i\le K} (\Lambda^{-1})^{m_i}_{r_i}\right) \\ &= -\sum_{1\le k\le K} V^n \Gamma^{p_k}_{nm} \Lambda^m_{m_k} (\Lambda^{-1})^{m_k}_{r_k} \prod_{i\neq k, 1\le i\le K} \Lambda^{p_i}_{m_i} (\Lambda^{-1})^{m_i}_{r_i} \\ &= -\sum_{1\le k\le K} V^n \Gamma^{p_k}_{nm} \delta^m_{r_k} \prod_{i\neq k, 1\le i\le K} \delta^{p_i}_{r_i} = -\sum_{1\le k\le K} V^n \Gamma^{p_k}_{nm} \delta^{p_1\cdots p_{k-1} m p_{k+1}\cdots p_K}_{r_1\cdots r_K}\end{aligned}$$

であり，したがって

$$\begin{aligned}&\dot{D}^{p_1\cdots p_K}_{m_1\cdots m_K} A^{m_1\cdots m_K}_{r_1\cdots r_K} \phi^{q_1\cdots q_L}_{p_1\cdots p_K} \beta^{r_1\cdots r_K}_{q_1\cdots q_L} \\ &\quad = -\sum_{1\le k\le K} V^n \Gamma^{p_k}_{nm} \delta^{p_1\cdots p_{k-1} m p_{k+1}\cdots p_K}_{r_1\cdots r_K} \phi^{q_1\cdots q_L}_{p_1\cdots p_K} \beta^{r_1\cdots r_K}_{q_1\cdots q_L} \\ &\quad = -\sum_{1\le k\le K} V^n \Gamma^{p_k}_{nm} \phi^{q_1\cdots q_L}_{p_1\cdots p_K} \beta^{p_1\cdots p_{k-1} m p_{k+1}\cdots p_K}_{q_1\cdots q_L} \\ &\quad = -\sum_{1\le k\le K} V^n \Gamma^m_{np_k} \phi^{q_1\cdots q_L}_{p_1\cdots p_{k-1} m p_{k+1}\cdots p_K} \beta^{p_1\cdots p_K}_{q_1\cdots q_L}\end{aligned} \tag{4.42}$$

を得る．一方，$\delta^j_i = \Lambda^j_n (\Lambda^{-1})^n_i$ を微分した後に $(\Lambda^{-1})^p_j$ と縮約すれば式 (4.26) によって

$$\begin{aligned}0 &= (\Lambda^{-1})^p_j \dot{\delta}^j_k = (\Lambda^{-1})^p_j \{\dot{\Lambda}^j_n (\Lambda^{-1})^n_k + \Lambda^j_n (\dot{\Lambda}^{-1})^n_k\} \\ &= (\Lambda^{-1})^p_j \{-V^l \Gamma^j_{lm} \Lambda^m_n (\Lambda^{-1})^n_k\} + \delta^p_n (\dot{\Lambda}^{-1})^n_k = -(\Lambda^{-1})^p_j V^l \Gamma^j_{lm} \delta^m_k + (\dot{\Lambda}^{-1})^p_k\end{aligned}$$

すなわち

$$(\dot{\Lambda}^{-1})^p_k = (\Lambda^{-1})^p_j V^l \Gamma^j_{lk} \tag{4.43}$$

が結論される．それゆえ，式 (4.41) に対応して

$$\dot{C}^{n_1\cdots n_L}_{q_1\cdots q_L} = \frac{d}{dt}\prod_{1\le j\le L} (\Lambda^{-1})^{n_j}_{q_j} = \sum_{1\le l\le L} (\Lambda^{-1})^{n_l}_m V^n \Gamma^m_{nq_l} \prod_{j\neq l, 1\le j\le L} (\Lambda^{-1})^{n_j}_{q_j} \tag{4.44}$$

が成立し，式 (4.41) から (4.42) を得たのと同様にして，式 (4.44) からは

$$\dot{C}^{n_1\cdots n_L}_{q_1\cdots q_L} B^{s_1\cdots s_L}_{n_1\cdots n_L}\, \phi^{q_1\cdots q_L}_{p_1\cdots p_K} \beta^{p_1\cdots p_K}_{s_1\cdots s_L} = \sum_{1\le l\le L} V^n \Gamma^{q_l}_{nm} \phi^{q_1\cdots q_{l-1} m q_{l+1}\cdots q_L}_{p_1\cdots p_K} \beta^{p_1\cdots p_K}_{q_1\cdots q_L} \tag{4.45}$$

が導かれ，式 (4.42) と (4.45) を式 (4.40) に代入すれば

$$\nabla_V \phi = \left(\dot{\phi}^{q_1\cdots q_L}_{p_1\cdots p_K} + \sum_{l=1}^{L} V^n \Gamma^{q_l}_{nm} \phi^{q_1\cdots q_{l-1} m q_{l+1}\cdots q_L}_{p_1\cdots p_K} - \sum_{k=1}^{K} V^n \Gamma^{m}_{np_k} \phi^{q_1\cdots q_L}_{p_1\cdots p_{k-1} m p_{k+1}\cdots p_K} \right) \beta^{p_1\cdots p_K}_{q_1\cdots q_L} \tag{4.46}$$

が結論される．そして，当然ではあるが式 (4.46) で $(L,K)=(1,0)$ とすれば式 (4.7) に，$(L,K)=(0,1)$ とすれば式 (4.27) に一致する．

こうして曲線に沿う共変微分が定義できれば，一点 $p_0 \in M$ で指定された接ベクトル $V_0 \in T_{p_0}(M)$ に沿うテンソル場 $\phi \in \mathcal{T}^L_K(M)$ の共変微分 $\nabla_{V_0,p_0}\phi$ が p_0 を含む座標近傍 (U,φ) において定義され，前節と同様に

$$\nabla_{V_0,p_0}\phi = \left(V_0 \phi^{q_1\cdots q_L}_{p_1\cdots p_K} + \sum_{l=1}^{L} V_0^n \Gamma^{q_l}_{nm} \phi^{q_1\cdots q_{l-1} m q_{l+1}\cdots q_L}_{p_1\cdots p_K} - \sum_{k=1}^{K} V_0^n \Gamma^{m}_{np_k} \phi^{q_1\cdots q_L}_{p_1\cdots p_{k-1} m p_{k+1}\cdots p_K} \right) \beta^{p_1\cdots p_K}_{q_1\cdots q_L}\Big|_{p_0} \tag{4.47}$$

を得る．それゆえ，M 上の接ベクトル場 $X \in \mathcal{T}^1_0(M)$ が与えられれば，M の各点 p_0 において $X(p_0) \in T_{p_0}(M)$ に沿う共変微分 $\nabla_{X(p_0),p_0}\phi \in T^L_K(T_{p_0}(M))$ が定義されるが，M の各点 p_0 に対して p_0 における (L,K) 型テンソル $\nabla_{X(p_0),p_0}\phi$ をひとつずつ定める対応は M 上の (L,K) 型テンソル場であり，これを X に沿う ϕ の共変微分とよんで $\nabla_X\phi$ と記す．この共変微分は座標近傍 (U,φ) では式 (4.47) によって

$$\begin{aligned}\nabla_X \phi &\equiv \{\nabla_{V_0,p_0}\phi\}_{p_0\in M} \\ &= \left(X \phi^{q_1\cdots q_L}_{p_1\cdots p_K} + \sum_{l=1}^{L} X^n \Gamma^{q_l}_{nm} \phi^{q_1\cdots q_{l-1} m q_{l+1}\cdots q_L}_{p_1\cdots p_K} - \sum_{k=1}^{K} X^n \Gamma^{m}_{np_k} \phi^{q_1\cdots q_L}_{p_1\cdots p_{k-1} m p_{k+1}\cdots p_K} \right) \beta^{p_1\cdots p_K}_{q_1\cdots q_L}\end{aligned} \tag{4.48}$$

と表現できる．この定義が基底場 $\{e_n\}$ の選び方によらないことはいうまでもない．

最後に，共変微分はテンソル積に関しても通常の積に対するように Leibniz 則を満足すること，そして縮約作用素と可換であること[‡10]，つまり

$$\nabla_X(\phi\otimes\psi) = (\nabla_X\phi)\otimes\psi + \phi\otimes\nabla_X\psi \qquad (\phi\in\mathcal{T}^L_K(M),\ \psi\in\mathcal{T}^I_J(M)) \tag{4.49}$$

$$\nabla_X(C^s_r\phi) = C^s_r\nabla_X\phi \qquad (\phi\in\mathcal{T}^L_K(M),\ 1\le r\le K,\ 1\le s\le L) \tag{4.50}$$

[‡10] 縮約に関しては付録 B.2 節を参照のこと．

が成立することを示そう．式 (4.48) を使って直接に証明することも可能だが，ここでは $X \in \mathcal{T}_0^1(M)$ に沿う共変微分 ∇_X が M 上の曲線に沿う共変微分を介して定義されたことを利用する．それゆえ，M 上の任意の曲線 C に対して

$$\nabla_V(\phi \otimes \psi) = (\nabla_V \phi) \otimes \psi + \phi \otimes \nabla_V \psi \tag{4.51}$$

$$\nabla_V(C_r^s \phi) = C_r^s \nabla_V \phi \tag{4.52}$$

が成立することを示せばよい (V は C の速度ベクトル場)．そこで曲線 C に沿って平行な接ベクトル場からなる $\mathcal{T}_0^1(C)$ の基底場を $\{b_n\}_{n=1\sim N}$，その双対基底場を $\{\rho^n\}_{n=1\sim N}$ とし，C のパラメータ表示を $(I, \gamma : I \to M)$ とする．ϕ と ψ は C 上のテンソル場でもあるから

$$\phi = \underline{\phi}^{n_1 n_2 \cdots n_L}_{m_1 m_2 \cdots m_K} \sigma^{m_1 m_2 \cdots m_K}_{n_1 n_2 \cdots n_L}, \quad \psi = \underline{\psi}^{q_1 q_2 \cdots q_J}_{p_1 p_2 \cdots p_I} \sigma^{p_1 p_2 \cdots p_I}_{q_1 q_2 \cdots q_J}$$

と展開でき，両者のテンソル積は

$$\phi \otimes \psi = \underline{\phi}^{n_1 \cdots n_L}_{m_1 \cdots m_K} \underline{\psi}^{q_1 \cdots q_J}_{p_1 \cdots p_I} \sigma^{m_1 \cdots m_K}_{n_1 \cdots n_L} \otimes \sigma^{p_1 \cdots p_I}_{q_1 \cdots q_J} = \underline{\phi}^{n_1 \cdots n_L}_{m_1 \cdots m_K} \underline{\psi}^{q_1 \cdots q_J}_{p_1 \cdots p_I} \sigma^{m_1 \cdots m_K p_1 \cdots p_I}_{n_1 \cdots n_L q_1 \cdots q_J}$$

と展開できるから，その共変微分は式 (4.33) によって

$$\begin{aligned}
\nabla_V(\phi \otimes \psi) &= (\dot{\underline{\phi}}^{n_1 \cdots n_L}_{m_1 \cdots m_K} \underline{\psi}^{q_1 \cdots q_J}_{p_1 \cdots p_I} + \underline{\phi}^{n_1 \cdots n_L}_{m_1 \cdots m_K} \dot{\underline{\psi}}^{q_1 \cdots q_J}_{p_1 \cdots p_I}) \sigma^{m_1 \cdots m_K}_{n_1 \cdots n_L} \otimes \sigma^{p_1 \cdots p_I}_{q_1 \cdots q_J} \\
&= \dot{\underline{\phi}}^{n_1 \cdots n_L}_{m_1 \cdots m_K} \sigma^{m_1 \cdots m_K}_{n_1 \cdots n_L} \otimes \underline{\psi}^{q_1 \cdots q_J}_{p_1 \cdots p_I} \sigma^{p_1 \cdots p_I}_{q_1 \cdots q_J} + \underline{\phi}^{n_1 \cdots n_L}_{m_1 \cdots m_K} \sigma^{m_1 \cdots m_K}_{n_1 \cdots n_L} \otimes \dot{\underline{\psi}}^{q_1 \cdots q_J}_{p_1 \cdots p_I} \sigma^{p_1 \cdots p_I}_{q_1 \cdots q_J} \\
&= (\nabla_V \phi) \otimes \psi + \phi \otimes \nabla_V \psi
\end{aligned}$$

であり，式 (4.51) が成立する．また，式 (4.33) と付録 B の式 (B.25) によれば

$$\begin{aligned}
\nabla_V(C_r^s \phi) &= \nabla_V(\underline{\phi}^{n_1 \cdots n_{s-1} k n_s \cdots n_{L-1}}_{m_1 \cdots m_{r-1} k m_r \cdots m_{K-1}} \sigma^{m_1 m_2 \cdots m_{K-1}}_{n_1 n_2 \cdots n_{L-1}}) \\
&= \dot{\underline{\phi}}^{n_1 \cdots n_{s-1} k n_s \cdots n_{L-1}}_{m_1 \cdots m_{r-1} k m_r \cdots m_{K-1}} \sigma^{m_1 m_2 \cdots m_{K-1}}_{n_1 n_2 \cdots n_{L-1}} \\
&= C_r^s(\dot{\underline{\phi}}^{n_1 n_2 \cdots n_L}_{m_1 m_2 \cdots m_K} \sigma^{m_1 m_2 \cdots m_K}_{n_1 n_2 \cdots n_L}) = C_r^s \nabla_V \phi
\end{aligned}$$

であり，確かに式 (4.52) が成立する．

4.1.4 テンソル場の共変微分再考

前項では「曲線 C に沿って平行なテンソル場からなる基底場」を使ってテンソル場の共変微分を定義し，その共変微分が式 (4.49), (4.50) を満足すること，すなわち共変微分がテンソル積に関しても Leibniz 則を満足し，縮約作用素と可換であることを示したが，逆方向に議論を進めることも可能である．つまり，スカラー場と接ベクトル場に関して定義された共変微分が式 (4.49) と (4.50) を満足することを要求すれば，これらの条件を使って任意のテンソル場の共変微分が定義できるのである．これを示そう．

まず，任意の 1 形式 $\omega \in \Lambda^1(M)$ と接ベクトル場 $Y \in \mathcal{T}_0^1(M)$ に対して $\omega(Y)$ は M 上のスカラー場 (関数) であるが，この $\omega(Y)$ は $(1,1)$ 型テンソル $Y \otimes \omega \in \mathcal{T}_1^1(M)$ の縮

約として与えられる点に注意する．実際，任意の座標近傍 (U,φ) に対して，$\mathcal{T}_0^1(U)$ の基底場を任意に1組選んで $\{e_n\}$ とし，その双対基底場を $\{\theta^n\}$ とすれば，$\omega=\omega_n\theta^n$，$Y=Y^n e_n$ と展開できるから，式 (B.18) によって

$$C_1^1(Y\otimes\omega)=(Y\otimes\omega)(\theta^n,e_n)=Y(\theta^n)\omega(e_n)=Y^n\omega_n=\omega(Y) \tag{4.53}$$

が成立する．とくに

$$C_1^1(e_k\otimes\theta^l)=\theta^l(e_k)=\delta_k^l$$

であり，$\nabla_X\delta_k^l=0$ だから，$X=e_m$ として式 (4.49)，(4.50) を適用すれば

$$\begin{aligned}0=\nabla_{e_m}\delta_k^l&=\nabla_{e_m}C_1^1(e_k\otimes\theta^l)=C_1^1\nabla_{e_m}(e_k\otimes\theta^l)\\&=C_1^1\{(\nabla_{e_m}e_k)\otimes\theta^l+e_k\otimes\nabla_{e_m}\theta^l\}=(\mathit{\Gamma}_{mk}^i e_i\otimes\theta^l+e_k\otimes\nabla_{e_m}\theta^l)(\theta^n,e_n)\\&=\mathit{\Gamma}_{mk}^i e_i(\theta^n)\theta^l(e_n)+e_k(\theta^n)(\nabla_{e_m}\theta^l)(e_n)=\mathit{\Gamma}_{mk}^i\delta_i^n\delta_n^l+\delta_k^n(\nabla_{e_m}\theta^l)(e_n)\\&=\mathit{\Gamma}_{mk}^l+(\nabla_{e_m}\theta^l)(e_k)=\mathit{\Gamma}_{mk}^l+(\nabla_{e_m}\theta^l)_k\end{aligned}$$

したがって

$$\nabla_{e_m}\theta^l=(\nabla_{e_m}\theta^l)_k\theta^k=-\mathit{\Gamma}_{mk}^l\theta^k \tag{4.54}$$

を得る．そして，式 (4.4) から式 (4.5) を導いたように，式 (4.54) からは

$$\nabla_X\omega=\nabla_{X^m e_m}(\omega_n\theta^n)=(X\omega_k-X^m\mathit{\Gamma}_{mk}^n\omega_n)\theta^k \tag{4.55}$$

が導かれ，任意の1形式の共変微分が定まる．

ところが，一般のテンソル場はいくつかのベクトル場と1形式のテンソル積にスカラー場を乗じたものの和として表現できるため，スカラー場と接ベクトル場，そして1形式の共変微分が定まれば，式 (4.49) によって任意のテンソル場の共変微分が確定することになる．たとえば，M 上の $(0,2)$ 型テンソル場 $g\in\mathcal{T}_2^0(M)$ は U 上では

$$g=g_{mn}\theta^m\otimes\theta^n,\quad g_{mn}\equiv g(e_m,e_n)\in\mathit{\Lambda}^0(U) \tag{4.56}$$

と表現できるから，

$$\begin{aligned}\nabla_{e_k}g&=\nabla_{e_k}(g_{mn}\theta^m\otimes\theta^n)\\&=(\nabla_{e_k}g_{mn})\theta^m\otimes\theta^n+g_{mn}\nabla_{e_k}\theta^m\otimes\theta^n+g_{mn}\theta^m\otimes\nabla_{e_k}\theta^n\\&=(e_k g_{mn})\theta^m\otimes\theta^n-g_{mn}\mathit{\Gamma}_{kl}^m\theta^l\otimes\theta^n-g_{mn}\theta^m\otimes\mathit{\Gamma}_{kl}^n\theta^l\\&=(e_k g_{mn}-g_{ln}\mathit{\Gamma}_{km}^l-g_{ml}\mathit{\Gamma}_{kn}^l)\theta^m\otimes\theta^n\end{aligned}$$

であり，接ベクトル $X=X^k e_k$ に沿う共変微分は

$$\nabla_X g=\nabla_{X^k e_k}g=X^k\nabla_{e_k}g=X^k(e_k g_{mn}-g_{ln}\mathit{\Gamma}_{km}^l-g_{ml}\mathit{\Gamma}_{kn}^l)\theta^m\otimes\theta^n$$

すなわち

$$\nabla_X g=(Xg_{mn}-g_{ln}X^k\mathit{\Gamma}_{km}^l-g_{ml}X^k\mathit{\Gamma}_{kn}^l)\theta^m\otimes\theta^n \tag{4.57}$$

となる．同様に，(L,K) 型テンソル場 $\phi \in \mathcal{T}^L_K(M)$ に対しては式 (4.48)，すなわち

$$\nabla_X \phi = \left(X\phi^{q_1\cdots q_L}_{p_1\cdots p_K} + \sum_{l=1}^{L} X^n \Gamma^{q_l}_{nm} \phi^{q_1\cdots q_{l-1} m q_{l+1}\cdots q_L}_{p_1\cdots p_K} \right. \\ \left. - \sum_{k=1}^{K} X^n \Gamma^m_{np_k} \phi^{q_1\cdots q_L}_{p_1\cdots p_{k-1} m p_{k+1}\cdots p_K} \right) \beta^{p_1\cdots p_K}_{q_1\cdots q_L} \tag{4.58}$$

$$\beta^{m_1 m_2\cdots m_K}_{n_1 n_2\cdots n_L} \equiv e_{n_1} \otimes e_{n_2} \otimes \cdots \otimes e_{n_L} \otimes \theta^{m_1} \otimes \theta^{m_2} \otimes \cdots \otimes \theta^{m_K}$$

を得る．

ところで，式 (4.5) と (4.55) によれば

$$\omega(\nabla_X Y) = \omega_k (\nabla_X Y)^k = \omega_k (XY^k + X^m \Gamma^k_{mn} Y^n)$$

$$(\nabla_X \omega)(Y) = (\nabla_X \omega)_k Y^k = (X\omega_k - X^m \Gamma^n_{mk} \omega_n) Y^k$$

だから

$$(\nabla_X \omega)(Y) + \omega(\nabla_X Y) = (X\omega_k)Y^k + \omega_k(XY^k) - X^m \Gamma^n_{mk}\omega_n Y^k + X^m \Gamma^k_{mn}\omega_k Y^n$$

$$= (X\omega_k)Y^k + \omega_k(XY^k) = X(\omega_k Y^k) = \nabla_X(\omega(Y))$$

すなわち，任意の $\omega \in \Lambda^1(M)$ と $Y \in \mathcal{T}^1_0(M)$ に対して

$$\nabla_X(\omega(Y)) = (\nabla_X \omega)(Y) + \omega(\nabla_X Y) \tag{4.59}$$

を得る．同様に，式 (4.56) からは，任意の $g \in \mathcal{T}^0_2(M)$ と $Y, Z \in \mathcal{T}^1_0(M)$ に対して

$$\nabla_X(g(Y,Z)) = (\nabla_X g)(Y,Z) + g(\nabla_X Y, Z) + g(Y, \nabla_X Z) \tag{4.60}$$

が結論される．$\omega(Y)$ は ω と Y のテンソル積を縮約したものに他ならず，$g(Y,Z)$ は g と Y と Z のテンソル積を縮約することによって構成されるが，共変微分はテンソル積に関しても Leibniz 則を満足し，しかも縮約と可換であるため，$\omega(Y)$ や $g(Y,Z)$ をそれぞれ形式的に ω と Y の積，g と Y と Z の積とみなして Leibniz 則を適用すればよく，それゆえに式 (4.59)，(4.60) が成立するのである．より一般のテンソルに関しても同様の関係式が成立することはいうまでもない．

4.1.5 Christoffel 記号の変換性

$\mathcal{T}^1_0(U)$ の 2 種類の基底場 $\{e_n\}$，$\{\overline{e}_n\}$ に対応する Christoffel 記号 $\{\Gamma^k_{mn}\}, \{\overline{\Gamma}^l_{pq}\}$ は

$$\nabla_{e_m} e_n = \Gamma^k_{mn} e_k, \quad \nabla_{\overline{e}_p} \overline{e}_q = \overline{\Gamma}^l_{pq} \overline{e}_l \tag{4.61}$$

によって定義されるが，基底場が

$$e_n = \overline{e}_m \Lambda^m_n \tag{4.62}$$

として変換するとき，対応する Christoffel 記号がどのように変換するかを調べよう．

$$\nabla_{e_m} e_n = \Gamma^i_{mn} e_i = \Gamma^i_{mn} \overline{e}_l \Lambda^l_i = \nabla_{\overline{e}_p \Lambda^p_m} (\overline{e}_q \Lambda^q_n) = \Lambda^p_m \nabla_{\overline{e}_p} (\overline{e}_q \Lambda^q_n)$$

$$= \Lambda^p_m\{\overline{e}_q(\nabla_{\overline{e}_p}\Lambda^q_n) + (\nabla_{\overline{e}_p}\overline{e}_q)\Lambda^q_n)\} = \Lambda^p_m\{(\overline{e}_p\Lambda^q_n)\overline{e}_q + \Lambda^q_n\overline{\Gamma}^l_{pq}\overline{e}_l\}$$
$$= \Lambda^p_m(\overline{e}_p\Lambda^l_n + \Lambda^q_n\overline{\Gamma}^l_{pq})\overline{e}_l$$

であり‡11，$\{\overline{e}_n\}$ は線形独立だから

$$\Gamma^k_{mn}\Lambda^l_k = \Lambda^p_m(\overline{e}_p\Lambda^l_n + \Lambda^q_n\overline{\Gamma}^l_{pq}) = \Lambda^p_m\overline{e}_p\Lambda^l_n + \Lambda^p_m\Lambda^q_n\overline{\Gamma}^l_{pq} = e_m\Lambda^l_n + \Lambda^p_m\Lambda^q_n\overline{\Gamma}^l_{pq}$$

が成立する．それゆえ

$$\Gamma^i_{mn}\Lambda^l_i(\Lambda^{-1})^k_l = \Gamma^i_{mn}\delta^k_i = \Gamma^k_{mn}$$
$$= (e_m\Lambda^l_n + \Lambda^p_m\Lambda^q_n\overline{\Gamma}^l_{pq})(\Lambda^{-1})^k_l = (e_m\Lambda^l_n)(\Lambda^{-1})^k_l + \Lambda^p_m\Lambda^q_n(\Lambda^{-1})^k_l\overline{\Gamma}^l_{pq}$$

すなわち

$$\Gamma^k_{mn} = \Lambda^p_m\Lambda^q_n(\Lambda^{-1})^k_l\overline{\Gamma}^l_{pq} + (e_m\Lambda^l_n)(\Lambda^{-1})^k_l \tag{4.63}$$

が結論される．右辺第2項の存在により，Christoffel 記号は $(2,1)$ 型テンソル場の成分とは異なる変換を受ける点に注意しよう．

たとえば，たがいに交叉する二つの座標近傍 $(U,\varphi:x)$，$(V,\psi:y)$ の共通部分 $U\cap V$ で定義される2種類の基底場 $\{\partial_{x^n}\}$，$\{\partial_{y^n}\}$ を上述の $\{e_n\}$，$\{\overline{e}_n\}$ として採用した場合には，両者が

$$\partial_{x^n} = \partial_{y^m}\Lambda^m_n, \quad \Lambda^m_n = \frac{\partial y^m}{\partial x^n} \tag{4.64}$$

として変換し，

$$(\Lambda^{-1})^k_l = \frac{\partial x^k}{\partial y^l}, \quad e_m\Lambda^l_n = \frac{\partial}{\partial x^m}\frac{\partial y^l}{\partial x^n} = \frac{\partial^2 y^l}{\partial x^m\partial x^n}$$

が成立するから，式 (4.63) は

$$\Gamma^k_{mn} = \frac{\partial y^p}{\partial x^m}\frac{\partial y^q}{\partial x^n}\frac{\partial x^k}{\partial y^l}\overline{\Gamma}^l_{pq} + \frac{\partial^2 y^l}{\partial x^m\partial x^n}\frac{\partial x^k}{\partial y^l} \tag{4.65}$$

と書ける．

4.2　捩率テンソルと曲率テンソル

4.2.1　捩率テンソル

3次元 Euclid 空間中の曲面では，$\{\boldsymbol{p}_u, \boldsymbol{p}_v\}$ を基底場とした場合の Christoffel 記号は式 (1.51) に示すように二つの下付き添え字の入れ替えに関して対称である．しかし，一般の線形接続 ∇ に対する Christoffel 記号ではそのような対称性は保証されない．しかも Christoffel 記号は基底場の変換によって式 (4.63) のように変換するから，仮に

‡11 ここで，$\overline{e}_q\Lambda^q_n = \Lambda^q_n\overline{e}_q$ は接ベクトル場 $\{\overline{e}_q\}_{q=1\sim N}$ の線形結合であり，したがって接ベクトル場 $\overline{e}_q\Lambda^q_n \in \mathcal{T}^1_0(U)$ であるが，$\overline{e}_p\Lambda^q_n$ はスカラー場 $\Lambda^q_n \in \Lambda^0(U)$ に接ベクトル場 $\overline{e}_p \in \mathcal{T}^1_0(U)$ を作用させて得られるスカラー場 $\overline{e}_p\Lambda^q_n \in \Lambda^0(U)$ である点に注意する必要がある．どちらに解釈すべきかは文脈から判断できる．

ある基底場に関して対称であっても別の基底場に関して対称であるとは限らない．ただし，基底場を標準基底場 (標準接ベクトル場からなる基底場) に限れば，Christoffel 記号は式 (4.65) にしたがって変換するから，ある標準基底場に関して対称ならば他の標準基底場に関しても対称である．

Christoffel 記号の対称性と直接に関係するのが

$$T : \mathcal{T}_0^1(M)^2 \to \mathcal{T}_0^1(M), \quad (X, Y) \mapsto T(X, Y) \equiv \nabla_X Y - \nabla_Y X - [X, Y] \tag{4.66}$$

として定義される**捩率テンソル場** (torsion tensor field) である[‡12]．どのように関係するのかを述べる前に，この T が実際に $(1, 2)$ 型のテンソル場であることを確認しておこう．まず，任意の $f \in \Lambda^0(M)$，$X, Y, X_1, X_2, Y_1, Y_2 \in \mathcal{T}_0^1(M)$ に対して

$$T(fX, Y) = fT(X, Y) = T(X, fY) \tag{4.67}$$

$$\begin{aligned} T(X_1 + X_2, Y) &= T(X_1, Y) + T(X_2, Y), \\ T(X, Y_1 + Y_2) &= T(X, Y_1) + T(X, Y_2) \end{aligned} \tag{4.68}$$

が成立する点に注意する．証明は容易だが，参考までに式 (4.67) の最初の等式だけを示しておこう．実際，括弧積や共変微分の性質から

$$\begin{aligned} T(fX, Y) &= \nabla_{fX} Y - \nabla_Y (fX) - [fX, Y] \\ &= f\nabla_X Y - \{(Yf)X + f\nabla_Y X\} - \{f[X, Y] - (Yf)X\} \\ &= f\{\nabla_X Y - \nabla_Y X - [X, Y]\} = fT(X, Y) \end{aligned}$$

である．いずれにせよ，式 (4.67)，(4.68) は写像 $T : \mathcal{T}_0^1(M)^2 \to \mathcal{T}_0^1(M)$ が $\Lambda^0(M)$ に関して多重線形であることを意味し，したがって T は $(1, 2)$ 型のテンソル場である[‡13]．

さて，捩率テンソルが零の場合，つまり

$$T(X, Y) \equiv \nabla_X Y - \nabla_Y X - [X, Y] = 0 \qquad (\forall X, Y \in \mathcal{T}_0^1(M)) \tag{4.69}$$

が成立する場合，線形接続 ∇ は対称と形容される．なぜなら，式 (4.69) が成立する場合，その場合にかぎって標準基底場に関する Christoffel 記号が対称だからである．これを示そう．

座標近傍 (U, φ) において $\mathcal{T}_0^1(U)$ の基底場を 1 組選んで $\{e_n\}$ とし，その双対基底場を $\{\theta^n\}$ とすれば，式 (3.117) に示すように，捩率テンソル $T \in \mathcal{T}_2^1(M)$ は U 上で

$$T = T^n_{pq} e_n \otimes \theta^p \otimes \theta^q, \quad T^n_{pq} \equiv T(\theta^n, e_p, e_q) = \theta^n(T(e_p, e_q)) \tag{4.70}$$

と展開できる．ところで，任意の接ベクトル場 $X \in \mathcal{T}_0^1(U)$ に対して

---

‡12 捩率テンソル場は単に捩率テンソルと呼ばれることが多い．捩率テンソル場と，特定の一点におけるテンソル場の値である捩率テンソルとは区別して表現すべきだが，本書でも混乱の恐れがない場合には慣例に従うことにしよう．

‡13 3.4.2 項参照のこと．

$$X = e_n\theta^n(X) \tag{4.71}$$

が成立するから[‡14]，接ベクトル場 $T(e_p, e_q) \in \mathcal{T}_0^1(U)$ は

$$T(e_p, e_q) = e_n\theta^n(T(e_p, e_q)) = e_n T^n_{pq} \tag{4.72}$$

と展開できる．ところで，$[e_p, e_q]$ は接ベクトル場だから基底場 $\{e_n\}$ を使って

$$[e_p, e_q] = C^n_{pq}e_n \qquad (C^n_{pq} \in \Lambda^0(U)) \tag{4.73}$$

と展開できるから，捩率テンソルの定義式 (4.66) によれば

$$T(e_p, e_q) = \nabla_{e_p}e_q - \nabla_{e_q}e_p - [e_p, e_q] = (\Gamma^n_{pq} - \Gamma^n_{qp} - C^n_{pq})e_n$$

であり，式 (4.72) を利用すれば

$$T^n_{pq} = \theta^n(T(e_p, e_q)) = \Gamma^n_{pq} - \Gamma^n_{qr} - C^n_{pq} \tag{4.74}$$

がいえる．さらに，接ベクトル場 $X, Y \in \mathcal{T}_0^1(U)$ を $X = X^p e_p$，$Y = Y^q e_q$ と展開すれば

$$\begin{aligned} T(X, Y) &= T(X^p e_p, Y^q e_q) = X^p Y^q T(e_p, e_q) = X^p Y^q e_n T^n_{p,q} \\ &= X^p Y^q e_n\{\Gamma^n_{pq} - \Gamma^n_{qr} - C^n_{pq}\} = X^p Y^q\{(\Gamma^n_{pq} - \Gamma^n_{qr})e_n - C^n_{pq}e_n\} \end{aligned}$$

すなわち，

$$T(X, Y) = X^p Y^q e_n T^n_{pq} = X^p Y^q\{(\Gamma^n_{pq} - \Gamma^n_{qr})e_n - [e_p, e_q]\} \tag{4.75}$$

を得る．一方，定義から容易にわかるように $T(X, Y)$ は X と Y の入れ替えに関して反対称であり，これを反映して成分 T^n_{pq} もまた下付き添え字 p，q の入れ替えに関して反対称である．つまり

$$T(X, Y) = -T(Y, X), \quad T^n_{pq} = -T^n_{qp} \tag{4.76}$$

が成立する．

さて，M のアトラスを1組選んで $\mathcal{A}$ とし，$\mathcal{A}$ の座標近傍のひとつを $(U_\alpha, \varphi_\alpha : x)$ とするとき，M の開集合 U_α においては $\{e_n\}$ として標準基底場 $\{\partial_{x^n}\}$ が利用できるが，標準接ベクトル場は可換であって $[\partial_{x^p}, \partial_{x^q}] = 0$ だから，式 (4.75) は

$$T(X, Y) = X^p Y^q(\Gamma^n_{pq} - \Gamma^n_{pq})\partial_{x^n} \tag{4.77}$$

と書ける．それゆえ，式 (4.69) が成立するなら標準基底場 $\{\partial_{x^n}\}$ に対する Christoffel 記号は対称であり，これが $\mathcal{A}$ の座標近傍のすべてに対して成立する．逆に，$\mathcal{A}$ の座標近傍のすべてに対して標準基底場に関する Christoffel 記号が対称ならば，式 (4.77) によって $T(X, Y) = 0$ がすべての座標近傍で成立し，したがって M 全体で $T(X, Y) = 0$ である．これが証明すべきことであった．

---

‡14 $X = X^p e_p$ と展開できるから，$e_n\theta^n(X) = e_n\theta^n(X^p e_p) = e_n X^p \theta^n(e_p) = e_n X^p \delta^n_p = X^p e_p = X$ が成立する．

4.2.2 積分曲線に沿った接ベクトルの平行移動

2.1.3 項では 3 次元 Euclid 空間内の曲面 S を対象とし，座標曲線を辺とする微小な四辺形状のループに沿った接ベクトルの平行移動を考えた．抽象的な曲面，つまり 2 次元の可微分多様体 M においても座標近傍 $(U, \varphi : x)$ を使えばまったく同様の議論が可能である．まず，点 $p \in U$ に対して $(x_p^1 \;\; x_p^2)^t = \varphi(p)$ とするとき，p を通る x^1 曲線は

$$(I,\ \gamma : I \to M,\ t \mapsto \varphi^{-1}((x^1 \;\; x^2)^t)\ ), \quad (x^1 \;\; x^2)^t = (x_p^1 + t \;\; x_p^2)^t \tag{4.78}$$

としてパラメータ表示され，その速度ベクトル場は式 (3.47) によって

$$V = \frac{d\gamma(t)}{dt} = \dot{x}^1 \partial_{x^1} + \dot{x}^2 \partial_{x^2} = \partial_{x^1} = \delta_1^m \partial_{x^m}$$

となる．それゆえ，接ベクトル場 $X = X^m \partial_{x^m}$ が x^1 曲線に沿って平行という条件 $\nabla_V X = 0$ は式 (4.5) によって

$$\nabla_V X = (\dot{X}^k + V^m \mathit{\Gamma}_{mn}^k X^n)\partial_{x^k} = (\dot{X}^k + \mathit{\Gamma}_{1n}^k X^n)\partial_{x^k} = 0 \quad \Rightarrow \quad \dot{X}^k = -\mathit{\Gamma}_{1n}^k X^n \tag{4.79}$$

と書ける．つまり

$$\dot{\overline{\boldsymbol{X}}} = -\mathit{\Gamma}_1 \overline{\boldsymbol{X}}, \quad \overline{\boldsymbol{X}} \equiv \begin{pmatrix} X^1 \\ X^2 \end{pmatrix}, \quad \mathit{\Gamma}_1 \equiv \begin{pmatrix} \mathit{\Gamma}_{11}^1 & \mathit{\Gamma}_{12}^1 \\ \mathit{\Gamma}_{11}^2 & \mathit{\Gamma}_{12}^2 \end{pmatrix} \tag{4.80}$$

であり，これは 2.1.3 項の式 (2.30) に他ならない．同様に，X が x^2 曲線に沿って平行という条件は

$$\dot{\overline{\boldsymbol{X}}} = -\mathit{\Gamma}_2 \overline{\boldsymbol{X}}, \quad \overline{\boldsymbol{X}} \equiv \begin{pmatrix} X^1 \\ X^2 \end{pmatrix}, \quad \mathit{\Gamma}_2 \equiv \begin{pmatrix} \mathit{\Gamma}_{21}^1 & \mathit{\Gamma}_{22}^1 \\ \mathit{\Gamma}_{21}^2 & \mathit{\Gamma}_{22}^2 \end{pmatrix} \tag{4.81}$$

と表現できるが，これは式 (2.32) である．それゆえ，U 内の 4 点

$$\begin{aligned} p_1 &= \varphi^{-1}((x_{p_1}^1 \;\; x_{p_1}^2)^t), \quad p_2 = \varphi^{-1}((x_{p_1}^1 + \varepsilon \;\; x_{p_1}^2)^t), \\ p_3 &= \varphi^{-1}((x_{p_1}^1 + \varepsilon \;\; x_{p_1}^2 + \delta)^t), \quad p_4 = \varphi^{-1}((x_{p_1}^1 \;\; x_{p_1}^2 + \delta)^t) \end{aligned} \tag{4.82}$$

をこの順序にしたがって座標曲線で結んだ閉曲線を L とし，点 p_1 における接ベクトル X_1 を L に沿って平行移動して得られる接ベクトルを X_1' とすれば，2.1.3 項と同様に

$$\overline{\boldsymbol{X}}_1' = \overline{\boldsymbol{X}}_1 - \varepsilon\delta R_{1,2} \overline{\boldsymbol{X}}_1, \quad R_{1,2} \equiv \partial_{x^1}\mathit{\Gamma}_2 - \partial_{x^2}\mathit{\Gamma}_1 + \mathit{\Gamma}_1\mathit{\Gamma}_2 - \mathit{\Gamma}_2\mathit{\Gamma}_1 \tag{4.83}$$

を得る．ただし，$\overline{\boldsymbol{X}}_1$ と $\overline{\boldsymbol{X}}_1'$ は，$T_{p_1}(M)$ の基底 $\{(\partial_{x^n})_{p_1}\}_{n=1,2}$ を使って $X_1, X_1' \in T_{p_1}(M)$ を展開した場合の展開係数を並べて作った 2 次元の数ベクトルである．

ところで，x^1 曲線と x^2 曲線はそれぞれ接ベクトル場 ∂_{x^1}，∂_{x^2} の積分曲線であり，閉曲線 L はこれらの積分曲線を交互に繋いで構成されている．では，より一般の高次元可微分多様体で，∂_{x^1}，∂_{x^2} に限らず任意に指定された 2 種類の接ベクトル場 $Y, Z \in \mathcal{T}_0^1(M)$ の積分曲線を使って同様の閉曲線を構成したとき，その閉曲線に沿っ

た接ベクトルの平行移動はどのように表現されるだろうか．この問いに答えることが本節の目的である．

4.1.1 項で議論したように，曲線 C に沿う平行移動を扱う際には，C に沿って平行な接ベクトル場からなる $\mathcal{T}_0^1(C)$ の基底場 $\{b_n\}$ が便利であった．C のパラメータ表示を $(I, \gamma : I \to M)$ とし，C 上の任意の接ベクトル場 $X \in \mathcal{T}_0^1(C)$ を

$$X(\gamma(t)) = \underline{X}^m(\gamma(t))b_n(\gamma(t)) \tag{4.84}$$

と展開した場合，点 $q = \gamma(t_q)$ における接ベクトル $X(q) \in T_q(M)$ を C に沿って点 $p = \gamma(t_p)$ まで平行移動して得られる接ベクトルを $X_{//}(q \to p)$ と記せば式 (4.18) に示すように

$$X_{//}(q \to p) = \underline{X}^m(\gamma(t_q))b_n(\gamma(t_p)) \in T_p(M) \tag{4.85}$$

が成立する．$\{b_n\}$ は C に沿って平行だから，C の速度ベクトル場を V とするとき

$$\nabla_V X = \dot{\underline{X}}^m b_m, \quad (\nabla_V)^2 X = \nabla_V(\nabla_V X) = \ddot{\underline{X}}^m b_m, \quad (\nabla_V)^3 X = \dddot{\underline{X}}^m b_m, \quad \cdots$$

であり，一般に

$$(\nabla_V)^k X = (\underline{X}^m)^{(k)} b_m, \quad (\underline{X}^m)^{(k)}(\gamma(t)) \equiv \frac{d^k \underline{X}^m(\gamma(t))}{dt^k} \tag{4.86}$$

が成立する．一方，$\varepsilon = t_q - t_p$ として

$$\begin{aligned}\underline{X}^m(\gamma(t_q))b_m(\gamma(t_p)) &= \underline{X}^m(\gamma(t_p + \varepsilon))b_m(\gamma(t_p)) \\ &= \sum_{k=0}^{\infty} \frac{\varepsilon^k}{k!}(\underline{X}^m)^{(k)}(\gamma(t_p))b_m(\gamma(t_p)) = \sum_{k=0}^{\infty} \frac{\varepsilon^k}{k!}(\nabla_V)^k X\big|_p\end{aligned}$$

が成立するから，式 (4.85) は

$$X_{//}(q \to p) = \sum_{k=0}^{\infty} \frac{\varepsilon^k}{k!}(\nabla_V)^k X\big|_p = \exp(\varepsilon \nabla_V) X\big|_p, \quad \varepsilon \equiv t_q - t_p \tag{4.87}$$

と表現できる．この表現には基底場 $\{b_n\}$ の痕跡が何も残っていないことからも明らかなように，式 (4.87) は基底場の選び方とは無関係に成立し，右辺を評価するのに特別な基底場は必要ない．とくに，X が C に沿って平行ならば $X_{//}(q \to p)$ は $X(p)$ に一致するはずだが，その場合には $k \geq 1$ に対して $(\nabla_V)^k X = 0$ だから，式 (4.87) は確かに

$$X_{//}(q \to p) = X\big|_p = X(p)$$

を与える．

さて，3.3.3 項で示したように，接ベクトル場 $Y \in \mathcal{T}_0^1(M)$ と点 $p \in M$ が指定されたとき，点 p を通る Y の積分曲線 $C_{Y,p}$ が一意的に定まる．この積分曲線 $C_{Y,p}$ に沿って点 p からパラメータ距離 ε だけ離れた点を q とし，式 (4.87) を適用すれば，任意の接ベクトル場 $X \in \mathcal{T}_0^1(M)$ に対して

$$X_{//}(q \to p) = \exp(\varepsilon \nabla_Y) X \Big|_p \in T_p(M), \quad \varepsilon \equiv t_q - t_p \tag{4.88}$$

が成立する．接ベクトル場の共変微分は接ベクトル場だから，任意の自然数 k に対して $(\nabla_Y)^k X$ は接ベクトル場であり，したがって $\exp(\varepsilon\nabla_Y)X$ もまた接ベクトル場である点に注意しよう．式 (4.88) に示されるように，接ベクトル場 $\exp(\varepsilon\nabla_Y)X$ の点 p における値 $\exp(\varepsilon\nabla_Y)X|_p$ は，点 q での接ベクトル $X_q \in T_q(M)$ を Y の積分曲線に沿って点 p まで平行移動して得られる点 p での接ベクトル場である．この意味で，$\exp(\varepsilon\nabla_Y)X$ とは，接ベクトル場 X 全体を Y の積分曲線に沿って ε だけ逆方向に平行移動して得られる接ベクトル場である．

さて，もうひとつの接ベクトル場 $Z \in \mathcal{T}_0^1(M)$ が指定されたとしよう．すると，点 q を通る Z の積分曲線 $C_{Z,q}$ が一意的に決まるが，この $C_{Z,q}$ に沿って q からパラメータ距離 δ だけ離れた点を r とすれば，式 (4.88) と同様にして

$$X_{//}(r \to q) = \exp(\delta \nabla_Z) X \Big|_q \in T_q(M) \tag{4.89}$$

であり，この接ベクトル $X_{//}(r \to q)$ をさらに Y の積分曲線 $C_{Y,p}$ に沿って p まで平行移動して得られる接ベクトルを $X_{//}(r \to q \to p)$ と記せば，式 (4.88) と (4.89) から

$$X_{//}(r \to q \to p) = \exp(\varepsilon \nabla_Y) \exp(\delta \nabla_Z) X \Big|_p \in T_p(M) \tag{4.90}$$

が結論される．X 全体を Z の積分曲線に沿って δ だけ逆方向に平行移動し，さらに Y の積分曲線に沿って ε だけ逆方向に平行移動して得られる接ベクトル場が $\exp(\varepsilon\nabla_Y)\exp(\delta\nabla_Z)X$ であり，そのベクトル場の点 p における値が式 (4.90) の右辺である．また，式 (4.88) で点 p と q の役割を入れ替えれば

$$X_{//}(p \to q) = \exp(-\varepsilon \nabla_Y) X \Big|_q \in T_q(M), \quad -\varepsilon \equiv t_p - t_q \tag{4.91}$$

となる点に注意しよう．同様に，式 (4.89) で q と r の役割を入れ替えれば

$$X_{//}(q \to r) = \exp(-\delta \nabla_Z) X \Big|_r \in T_r(M)$$

であり，式 (4.91) の結果と合成すれば

$$X_{//}(p \to q \to r) = \exp(-\delta \nabla_Z) \exp(-\varepsilon \nabla_Y) X \Big|_r \in T_r(M) \tag{4.92}$$

を得る．このように，M 上のベクトル場の積分曲線に沿った平行移動を何度でも順次繋げていくことが可能である．

さて，3.3.3 項の後半では任意の接ベクトル場 $Y, Z \in \mathcal{T}_0^1(M)$ の積分曲線を順次繋ぎ合わせて構成される経路を考えた．つまり，点 $p_1 \in M$ から出発して Y の積分曲線に沿ってパラメータ差 ε だけ進んだ点を p_2 とし，p_2 から Z の積分曲線に沿って δ だけ進んだ点を p_3，p_3 から Y の積分曲線に沿って $-\varepsilon$ だけ進んだ (ε だけ遡った) 点を p_4，p_4 から Z の積分曲線に沿って $-\delta$ だけ進んだ点を p_5 としたのであった．二つの接ベクトル場 Y，Z は一般には非可換であり，したがって $p_5 \neq p_1$ であるが，p_5 から

$[Y,Z]$ の積分曲線に沿って $-\varepsilon\delta$ だけ進んだ点を p_6 とするとき，式 (3.97) から容易に示されるように，ε と δ に関して 3 次以上の項を無視する近似では $p_6 = p_1$ である．そこで，p_1 を出発して p_6 に到る経路を $\widetilde{L}$ と記し，この経路 $\widetilde{L}$ に沿った接ベクトルの平行移動を考えよう．

p_1 から p_2 までは Y の積分曲線に沿ってパラメータ差が ε であり，p_2 から p_3 までは Z の積分曲線に沿ってパラメータ差が δ だから，式 (4.91) によって

$$X_{//}(p_1 \to p_2) = \exp(-\varepsilon\nabla_Y)X\Big|_{p_2}, \quad X_{//}(p_2 \to p_3) = \exp(-\delta\nabla_Z)X\Big|_{p_3}$$

が成立する．同様に，p_3 から p_4 までは Y の積分曲線に沿ってパラメータ差が $-\varepsilon$ であり，p_4 から p_5 までは Z の積分曲線に沿ってパラメータ差が $-\delta$，そして p_5 から p_6 までは $[Y,Z]$ の積分曲線に沿ってパラメータ差が $-\varepsilon\delta$ だから

$$X_{//}(p_3 \to p_4) = \exp(\varepsilon\nabla_Y)X\Big|_{p_4}, \quad X_{//}(p_4 \to p_5) = \exp(\delta\nabla_Z)X\Big|_{p_5}$$

$$X_{//}(p_5 \to p_6) = \exp(\varepsilon\delta\nabla_{[Y,Z]})X\Big|_{p_6}$$

である．したがって，式 (4.92) を繰り返し利用すれば

$$\begin{aligned} X'_{p_1} &\equiv X_{//}(p_1 \to p_2 \to p_3 \to p_4 \to p_5 \to p_6) \\ &= \exp(\varepsilon\delta\nabla_{[Y,Z]})\exp(\delta\nabla_Z)\exp(\varepsilon\nabla_Y)\exp(-\delta\nabla_Z)\exp(-\varepsilon\nabla_Y)X\Big|_{p_1} \end{aligned} \tag{4.93}$$

を得る．ここで，ε と δ に関して 3 次以上の項を O^3 と記せば

$$\begin{aligned} &\exp(\varepsilon\delta\nabla_{[Y,Z]})\exp(\delta\nabla_Z)\exp(\varepsilon\nabla_Y)\exp(-\delta\nabla_Z)\exp(-\varepsilon\nabla_Y) \\ &\quad = (1+\varepsilon\delta\nabla_{[Y,Z]}+O^3)\left(1+\delta\nabla_Z+\frac{\delta^2}{2}\nabla_Z^2+O^3\right)\left(1+\varepsilon\nabla_Y+\frac{\varepsilon^2}{2}\nabla_Y^2+O^3\right) \\ &\qquad \times\left(1-\delta\nabla_Z+\frac{\delta^2}{2}\nabla_Z^2+O^3\right)\left(1-\varepsilon\nabla_Y+\frac{\varepsilon^2}{2}\nabla_Y^2+O^3\right) \\ &\quad = 1+\varepsilon\delta\nabla_{[Y,Z]}-\varepsilon\delta(\nabla_Y\nabla_Z-\nabla_Z\nabla_Y)+O^3 = 1-\varepsilon\delta R_{Y,Z}+O^3 \end{aligned} \tag{4.94}$$

が成立する．ただし

$$R_{Y,Z} \equiv [\nabla_Y, \nabla_Z] - \nabla_{[Y,Z]} \tag{4.95}$$

である．それゆえ，ε と δ に関する 3 次以上の項を無視する近似では，式 (4.93) は

$$X'_{p_1} = (X - \varepsilon\delta R_{Y,Z}X)\Big|_{p_1} \tag{4.96}$$

と書ける．この近似では p_1 から p_6 に到る経路 $\widetilde{L}$ は閉曲線である点に注意しよう．

ここで，$Y = Y^n\partial_{x^n}$，$Z = Z^n\partial_{x^n}$ と展開して式 (4.5) を利用すれば

$$\nabla_Y X = Y^n(\partial_{x^n}X^k + X^m\Gamma^k_{nm})\partial_{x^k}$$

$$\nabla_Z \nabla_Y X = Z^j[\partial_{x^j}\{Y^n(\partial_{x^n}X^k + X^m\Gamma^k_{nm})\} + Y^n(\partial_{x^n}X^i + X^m\Gamma^i_{nm})\Gamma^k_{ji}]\partial_{x^k}$$
$$= Z^j(\partial_{x^j}Y^n)(\partial_{x^n}X^k + X^m\Gamma^k_{nm})\partial_{x^k} + Z^jY^nX^m(\partial_{x^j}\Gamma^k_{nm} + \Gamma^i_{nm}\Gamma^k_{ji})\partial_{x^k}$$
$$+ Z^jY^n\{\partial_{x^j}\partial_{x^n}X^k + (\partial_{x^j}X^m)\Gamma^k_{nm} + (\partial_{x^n}X^i)\Gamma^k_{ji}\}\partial_{x^k}$$

であり，同様に $\nabla_Y\nabla_Z X$ を計算して差をとれば

$$[\nabla_Y, \nabla_Z]X = (YZ^n - ZY^n)(\partial_{x^n}X^k + X^m\Gamma^k_{nm})\partial_{x^k} + Y^nZ^j(R_{nj})^k_m X^m\partial_{x^k} \quad (4.97)$$

を得る．ここで正方行列 R_{nj} の k 行 m 列成分を

$$(R_{nj})^k_m \equiv \partial_{x^n}\Gamma^k_{jm} - \partial_{x^j}\Gamma^k_{nm} + \Gamma^k_{ni}\Gamma^i_{jm} - \Gamma^k_{ji}\Gamma^i_{nm} \quad (4.98)$$

として定義している．一方，

$$[Y, Z] = [Y^m\partial_{x^m}, Z^n\partial_{x^n}] = Y^m(\partial_{x^m}Z^n)\partial_{x^n} - Z^n(\partial_{x^n}Y^m)\partial_{x^m}$$
$$= (YZ^n - ZY^n)\partial_{x^n} \quad (4.99)$$

だから

$$\nabla_{[Y,Z]}X = (YZ^n - ZY^n)(\partial_{x^n}X^k + X^m\Gamma^k_{nm})\partial_{x^k}$$

であり，これを式 (4.97) に代入すれば

$$[\nabla_Y, \nabla_Z]X = \nabla_{[Y,Z]}X + Y^nZ^j(R_{nj})^k_m X^m\partial_{x^k}$$

すなわち

$$R_{Y,Z}X = [\nabla_Y, \nabla_Z]X - \nabla_{[Y,Z]}X = Y^nZ^j(R_{nj})^k_m X^m\partial_{x^k} \quad (4.100)$$

を得る．∇_Y，∇_Z や $\nabla_{[Y,Z]}$ は接ベクトル場 X に作用する微分演算子であるが，式 (4.100) の右辺からわかるように，$R_{Y,Z}X$ は X の微分を含まない．それゆえ，式 (4.96) の右辺は接ベクトル場 X の点 p_1 における値 $X_{p_1} \in T_{p_1}(M)$ だけで決まり，p_1 近傍での X の振る舞いとは無関係であるが，これは当然のことといえよう．なぜなら，点 p_1 における接ベクトル X_{p_1} を閉曲線 $\widetilde{L}$ に沿って平行移動して得られる接ベクトルは，p_1 以外の点における X の値とは無関係なはずだからである．

一例として，$Y = \partial_{x^1}$，$Z = \partial_{x^2}$ の場合を考えよう．この場合には $[Y, Z] = 0$ だから点 p_5 から p_6 までの経路が不要であり ($p_5 = p_6 = p_1$)，$\widetilde{L}$ は厳密な意味での閉曲線である．また，$Y^n = \delta^n_1$，$Z^n = \delta^n_2$ だから式 (4.100) は

$$R_{\partial_{x^1}, \partial_{x^2}}X = Y^nZ^j(R_{nj})^k_m X^m\partial_{x^k} = \delta^n_1\delta^j_2(R_{nj})^k_m X^m\partial_{x^k} = (R_{1,2})^k_m X^m\partial_{x^k}$$

となり，式 (4.96) は

$$X'_{p_1} = {X'_{p_1}}^k(\partial_{x^k})_{p_1} = (X - \varepsilon\delta R_{Y,Z}X)\big|_{p_1} = \{X - \varepsilon\delta(R_{1,2})^k_m X^m\partial_{x^k}\}\big|_{p_1}$$
$$= \{X^k_{p_1} - \varepsilon\delta(R_{1,2})^k_m X^m_{p_1}\}(\partial_{x^k})_{p_1} \quad (4.101)$$

と書ける．ただし，$\partial_{x^k} \in \mathcal{T}^1_0(U)$ や $X^n \in \Lambda^0(U)$ の点 p_1 における値をそれぞれ $(\partial_{x^k})_{p_1}$，$X^n_{p_1}$ などと記し，式 (4.101) の最右辺においては $(R_{12})^k_m \in \Lambda^0(U)$ の点 p_1 に

おける値を単に $(R_{12})^k_m$ と記している．$\{(\partial_{x^n})_{p_1}\}_{n=1,2}$ は $T_{p_1}(U)$ の基底だから，式 (4.101) は

$$X'^{\,k}_{p_1} = X^k_{p_1} - \varepsilon\delta(R_{1,2})^k_m X^m_{p_1} \qquad (k = 1 \sim N) \tag{4.102}$$

を意味するが，これを 2 次元可微分多様体 $(N = 2)$ の場合に行列形式で表現したものが式 (4.83) に他ならない．

4.2.3　曲率テンソル

前項では，任意の接ベクトル場 $Y, Z \in \mathcal{T}^1_0(M)$ の積分曲線を順次繋ぎ合わせて構成される微小な閉曲線を考え，接ベクトルを平行移動させながらこの閉曲線に沿って 1 周した場合の効果について検討したのであった．その結果得られた式 (4.96) によれば，点 p_1 近傍の微小な閉曲線に沿った平行移動にともなって接ベクトル $X|_{p_1}$ は $-\varepsilon\delta R_{Y,Z}X\big|_{p_1}$ だけ変化する．一方，3 次元 Euclid 空間内の曲面を対象として 2.4.4 項で示した Gauss-Bonnet の定理によれば，点 p_1 近傍の微小な閉曲線に沿う平行移動にともなって接ベクトルは Kds だけ回転する．ただし，ds は閉曲線が囲む領域の面積であり，K は p_1 における曲面の Gauss 曲率である．それゆえ，式 (4.96) を 3 次元 Euclid 空間内の曲面に適用した場合，$-\varepsilon\delta R_{Y,Z}X\big|_{p_1}$ は Kds だけの回転による接ベクトル $X\big|_{p_1}$ の変化を表すことになる．そして，$\varepsilon\delta$ が ds に比例することから，$R_{Y,Z}X\big|_{p_1}$ は点 p_1 における Gauss 曲率 K に比例した量である．

さて，3 個のベクトル場の組をベクトル場に写す写像

$$R : \mathcal{T}^1_0(M)^3 \to \mathcal{T}^1_0(M), \quad (X, Y, Z) \mapsto R(X, Y, Z) \tag{4.103}$$

を考えよう．ただし

$$R(X, Y, Z) \equiv R_{Y,Z}X = [\nabla_Y, \nabla_Z]X - \nabla_{[Y,Z]}X \tag{4.104}$$

である．このとき，任意の $f \in \Lambda^0(M)$，$X, Y, X_1, X_2, Y_1, Y_2 \in \mathcal{T}^1_0(M)$ に対して

$$\begin{aligned}
&R(fX, Y, Z) = R(X, fY, Z) = R(X, Y, fZ) = fR(X, Y, Z)\\
&R(W_1 + W_2, Y, Z) = R(W_1, Y, Z) + R(W_2, Y, Z)\\
&R(X, W_1 + W_2, Z) = R(X, W_1, Z) + R(X, W_2, Z)\\
&R(X, Y, W_1 + W_2) = R(X, Y, W_1) + R(X, Y, W_2)
\end{aligned} \tag{4.105}$$

が成立する．実際，式 (4.100) によれば式 (4.105) の成立はほとんど自明である．また，式 (4.100) は特定の座標近傍 $(U, \varphi : x)$ における表現であるが，座標近傍に頼らなくとも，式 (4.1)，(4.2) および (4.51) に示す共変微分の性質だけを使って式 (4.105) を証明することも可能である．たとえば，

$$\begin{aligned}
\nabla_Y\nabla_Z(fX) &= \nabla_Y\{(\nabla_Z f)X + f\nabla_Z X\} = \nabla_Y\{(Zf)X + f\nabla_Z X\}\\
&= (YZf)X + (Zf)\nabla_Y X + (Yf)\nabla_Z X + f\nabla_Y\nabla_Z X
\end{aligned}$$

$$\nabla_Z \nabla_Y (fX) = (ZYf)X + (Yf)\nabla_Z X + (Zf)\nabla_Y X + f\nabla_Z \nabla_Y X$$

$$\nabla_{[Y,Z]} fX = (\nabla_{[Y,Z]} f)X + f\nabla_{[Y,Z]} X = ([Y,Z]f)X + f\nabla_{[Y,Z]} X$$

だから,

$$\begin{aligned} R(fX, Y, Z) &= [\nabla_Y, \nabla_Z] fX - \nabla_{[Y,Z]} fX \\ &= f\{[\nabla_Y, \nabla_Z]X - \nabla_{[Y,Z]} X\} = fR(X, Y, Z) \end{aligned}$$

がいえる. いずれにせよ, 式 (4.105) によって写像 $R : \mathcal{T}_0^1(M)^3 \to \mathcal{T}_0^1(M)$ は $\Lambda^0(M)$ に関して多重線形だから, R は M 上の $(1,3)$ 型テンソル場 $R \in \mathcal{T}_3^1(M)$ である‡15. また, 上述のように, このテンソル場 R は Gauss 曲率と直接に関係していることから**曲率テンソル場** (curvature tensor field) とよばれる‡16.

座標近傍 (U, φ) において $\mathcal{T}_0^1(U)$ の基底場を 1 組選んで $\{e_n\}$ とし, その双対基底場を $\{\theta^n\}$ とすれば, 式 (3.117) に示すように, 曲率テンソル場 $R \in \mathcal{T}_3^1(M)$ は U 上で

$$R = R^n_{pqr} e_n \otimes \theta^p \otimes \theta^q \otimes \theta^r, \quad R^n_{pqr} \equiv R(\theta^n, e_p, e_q, e_r) = \theta^n(R_{e_q, e_r} e_p) \tag{4.106}$$

と展開でき, 接ベクトル場 $R_{e_q, e_r} e_p \in \mathcal{T}_0^1(U)$ は

$$R_{e_q, e_r} e_p = e_n \theta^n(R_{e_q, e_r} e_p) = e_n R^n_{pqr} \tag{4.107}$$

と展開されることになる. また,

$$\nabla_{e_q} \nabla_{e_r} e_p = \nabla_{e_q} \Gamma^m_{rp} e_m = (e_q \Gamma^m_{rp}) e_m + \Gamma^m_{rp} \nabla_{e_q} e_m = (e_q \Gamma^n_{rp}) e_n + \Gamma^m_{rp} \Gamma^n_{qm} e_n$$

$$\nabla_{e_r} \nabla_{e_q} e_p = \nabla_{e_r} \Gamma^m_{qp} e_m = (e_r \Gamma^m_{qp}) e_m + \Gamma^m_{qp} \nabla_{e_r} e_m = (e_r \Gamma^n_{qp}) e_n + \Gamma^m_{qp} \Gamma^n_{rm} e_n$$

であり, 式 (4.73) を使えば

$$\nabla_{[e_q, e_r]} e_p = \nabla_{C^m_{qr} e_m} e_p = C^m_{qr} \nabla_{e_m} e_p = C^m_{qr} \Gamma^n_{mp} e_n$$

であって, 式 (4.103) と (4.107) によれば

$$\begin{aligned} R(e_p, e_q, e_r) &= R_{e_q, e_r} e_p = e_n R^n_{pqr} = [\nabla_{e_q}, \nabla_{e_r}] e_p - \nabla_{[e_q, e_r]} e_p \\ &= (e_q \Gamma^n_{rp} - e_r \Gamma^n_{qp} + \Gamma^m_{rp} \Gamma^n_{qm} - \Gamma^m_{qp} \Gamma^n_{rm} - C^m_{qr} \Gamma^n_{mp}) e_n \end{aligned}$$

だから

$$R^n_{pqr} = e_q \Gamma^n_{rp} - e_r \Gamma^n_{qp} + \Gamma^n_{qm} \Gamma^m_{rp} - \Gamma^n_{rm} \Gamma^m_{qp} - C^m_{qr} \Gamma^n_{mp} \tag{4.108}$$

が結論される.

$\mathcal{T}_0^1(U)$ の基底場 $\{e_n\}$ として, とくに標準基底場 $\{\partial_{x^n}\}$ を採用した場合には, $[\partial_{x^q}, \partial_{x^r}] = 0$, すなわち $C^m_{qr} = 0$ だから, 式 (4.108) は

---

‡15 3.4.2 項参照のこと.

‡16 振率テンソル場と同様に, 曲率テンソル場は単に曲率テンソルと呼ばれることが多い. 本書でも混乱の恐れがない場合には慣例に従う.

$$R^n_{pqr} = \partial_{x^q}\Gamma^n_{rp} - \partial_{x^r}\Gamma^n_{qp} + \Gamma^n_{qm}\Gamma^m_{rp} - \Gamma^n_{rm}\Gamma^m_{qp} = (R_{qr})^n_p \tag{4.109}$$

となる．ただし，R_{qr} は式 (4.98) で定義した行列であり，1.4.4 項で 3 次元空間中の曲面に関する「驚異の定理」を証明する際に式 (1.99) で定義した 2 次の正方行列 R_{uv} と同じものである．いずれにせよ，定義から容易に示されるように $R_{Y,Z}X$ は Y と Z の入れ替えに関して反対称であり，これを反映して成分 R^n_{pqr} もまた下付き添え字 q，r の入れ替えに関して反対称である．つまり

$$R_{Y,Z}X = -R_{Z,Y}X, \quad R^n_{pqr} = -R^n_{prq} \tag{4.110}$$

が成立する．

4.2.4　接続形式と曲率形式

ここでも座標近傍 (U, φ) を対象とし，$\mathcal{T}^1_0(U)$ の基底場を 1 組選んで $\{e_n\}$ とする．また，$\{e_n\}$ の双対基底場を $\{\theta^n\}$ と記す．接ベクトル場 $X \in \mathcal{T}^1_0(U)$ に沿う e_m の共変微分 $\nabla_X e_m$ は接ベクトル場だから，基底場 $\{e_n\}$ を使って

$$\nabla_X e_m \equiv e_n \omega^n_m(X) \tag{4.111}$$

と一意に展開できる．展開係数 $\omega^n_m(X)$ は U 上の関数 $\omega^n_m(X) \in \Lambda^0(U)$ だから，ω^n_m は $\mathcal{T}^1_0(U)$ から $\Lambda^0(U)$ への写像

$$\omega^n_m : \mathcal{T}^1_0(U) \to \Lambda^0(U), \quad X \mapsto \omega^n_m(X) \tag{4.112}$$

であり，式 (4.2) によれば任意の $X, Y \in \mathcal{T}^1_0(U)$ と $f \in \Lambda^0(U)$ に対して

$$\omega^n_m(X+Y) = \omega^n_m(X) + \omega^n_m(Y), \quad \omega^n_m(fX) = f\omega^n_m(X) \tag{4.113}$$

だから，ω^n_m は U 上の 1 形式である．そこで，これらの $\{\omega^n_m\}$ を線形接続 ∇ に対する**接続形式** (connection form) とよぶ．

まったく同様に，$\nabla_X \theta^p \in \Lambda^1(U)$ を $\{\theta^n\}$ で展開した場合の展開係数を $\eta^p_q(X)$ とすれば，η^p_q が U 上の 1 形式であることが示される．そして，式 (4.50)，(4.53) によれば

$$\begin{aligned}
0 &= \nabla_X \delta^p_m = \nabla_X (C^1_1 e_m \otimes \theta^p) = C^1_1 \nabla_X (e_m \otimes \theta^p) \\
&= C^1_1\{(\nabla_X e_m) \otimes \theta^p + e_m \otimes \nabla_X \theta^p\} = C^1_1\{e_n \omega^n_m(X) \otimes \theta^p + e_m \otimes \eta^p_q(X)\theta^q\} \\
&= \omega^n_m(X)\delta^p_n + \eta^p_q(X)\delta^q_m = \omega^p_m(X) + \eta^p_m(X)
\end{aligned}$$

だから $\eta^p_m(X)$ は $-\omega^p_m(X)$ に等しく，したがって

$$\nabla_X \theta^p = -\omega^p_q(X)\theta^q \tag{4.114}$$

が成立する．

さて，線形接続は特定の基底場とは無関係な存在だが，4.1.1 項で述べたように基底場を定めれば線形接続 ∇ を Christoffel 記号 $\{\Gamma^n_{pq}\}$ という U 上の関数の組として扱う

ことが可能となり，具体的な計算には便利である．また，接続形式 $\{\omega^n_m\}$ という U 上の 1 形式の組として扱うことも可能である．なぜなら，Christoffel 記号 $\{\Gamma^n_{pq}\}$ と接続形式 $\{\omega^n_m\}$ とは一対一に対応するからである．実際，式 (4.4) と (4.111) によれば

$$\nabla_{e_p} e_q = \Gamma^n_{pq} e_n = e_n \omega^n_q(e_p) \quad \Rightarrow \quad \omega^n_q(e_p) = \Gamma^n_{pq}$$

だから，1 形式 $\omega^n_q \in \Lambda^1(U)$ を $\{\theta^n\}$ で展開すれば

$$\omega^n_q = \omega^n_q(e_p)\theta^p = \Gamma^n_{pq}\theta^p \tag{4.115}$$

を得る．つまり，Christoffel 記号とは接続形式を双対基底場で展開した場合の展開係数に他ならない[‡17]．それゆえ，Christoffel 記号 $\{\Gamma^n_{pq}\}$ を指定すれば接続形式 $\{\omega^n_m\}$ は確定し，逆に接続形式 $\{\omega^n_m\}$ を与えれば Christoffel 記号 $\{\Gamma^n_{pq}\}$ が決まる．

いずれにせよ

$$(\omega^n_m \wedge \theta^m)(e_p, e_q) = (\omega^n_m \otimes \theta^m - \theta^m \otimes \omega^n_m)(e_p, e_q)$$
$$= \omega^n_m(e_p)\theta^m(e_q) - \omega^n_m(e_q)\theta^m(e_p) = \omega^n_q(e_p) - \omega^n_p(e_q) = \Gamma^n_{pq} - \Gamma^n_{qp}$$

であるが[‡18]，式 (3.154) と (4.111) によれば

$$(d\theta^n)(e_p, e_q) = e_p(\theta^n(e_q)) - e_q(\theta^n(e_p)) - \theta^n([e_p, e_q])$$
$$= -\theta^n(C^k_{pq}e_k) = -C^k_{pq}\delta^n_k = -C^n_{pq} \tag{4.116}$$

だから，捩率テンソル $T \in \mathcal{T}^1_2(M)$ の成分を与える式 (4.74) によれば

$$(d\theta^n + \omega^n_m \wedge \theta^m)(e_p, e_q) = \Gamma^n_{pq} - \Gamma^n_{qp} - C^n_{pq} = T^n_{pq}$$

が成立する．それゆえ，2 形式 $\{\Theta^n\}$ を

$$\Theta^n \equiv d\theta^n + \omega^n_m \wedge \theta^m \tag{4.117}$$

として定義すれば，捩率テンソルは U 上では

$$T = e_n \otimes \Theta^n \tag{4.118}$$

と表現できる．実際，$e_m \otimes \Theta^m \in \mathcal{T}^1_2(U)$ の成分は

$$(e_m \otimes \Theta^m)(\theta^n, e_p, e_q) = e_m(\theta^n)\Theta^m(e_p, e_q) = \delta^n_m\Theta^m(e_p, e_q) = \Theta^n(e_p, e_q) = T^n_{pq}$$

であり，捩率テンソルの成分と完全に一致する．こうした理由から，2 形式 $\{\Theta^n\}$ は線形接続 ∇ に対する**捩率形式** (torsion form) とよばれる．また，式 (4.70) と (4.118) によれば

---

‡17 下付き添え字 p，q の順序に注意．

‡18 二つの 1 形式 $\omega^n_m, \theta^m \in \Lambda^1(U)$ の外積は 2 形式 $\omega^n_m \wedge \theta^m \in \Lambda^2(U)$ である．一方，$\omega^n_m \otimes \theta^m$ や $\theta^m \otimes \omega^n_m$ は二つの (0,1) 型テンソル場 $\omega^n_m, \theta^m \in \mathcal{T}^0_1(U)$ のテンソル積である．外積とテンソル積の関係は式 (5.25) に示すが，ここでは任意の $\xi, \eta \in \Lambda^1(U) \subset \mathcal{T}^0_1(U)$ に対して $\xi \wedge \eta = \xi \otimes \eta - \eta \otimes \xi \in \Lambda^2(U)$ が成立することを認めておけばよい．

$$T = T^n_{pq} e_n \otimes \theta^p \otimes \theta^q = e_n \otimes \Theta^n$$

だから，捩率形式そのものは

$$\Theta^n = T^n_{pq} \theta^p \otimes \theta^q \tag{4.119}$$

と表現されることになる．

曲率テンソルに関しても同様の議論が可能である．まず，

$$\begin{aligned}(d\omega^n_p)(e_q, e_r) &= e_q(\omega^n_p(e_r)) - e_r(\omega^n_p(e_q)) - \omega^n_p([e_q, e_r]) \\ &= e_q \Gamma^n_{rp} - e_r \Gamma^n_{qp} - C^m_{qr} \omega^n_p(e_m) = e_q \Gamma^n_{rp} - e_r \Gamma^n_{qp} - C^m_{qr} \Gamma^n_{mp}\end{aligned}$$

$$(\omega^n_m \wedge \omega^m_p)(e_q, e_r) = \omega^n_m(e_q)\omega^m_p(e_r) - \omega^m_p(e_q)\omega^n_m(e_r) = \Gamma^n_{qm}\Gamma^m_{rp} - \Gamma^m_{qp}\Gamma^n_{rm}$$

だから，曲率テンソル $R \in \mathcal{T}^1_3(M)$ の成分を与える式 (4.108) によれば

$$(d\omega^n_p + \omega^n_m \wedge \omega^m_p)(e_q, e_r) = e_q \Gamma^n_{rp} - e_r \Gamma^n_{qp} + \Gamma^n_{qm}\Gamma^m_{rp} - \Gamma^n_{rm}\Gamma^m_{qp} - C^m_{qr}\Gamma^n_{mp} = R^n_{pqr}$$

が成立する．それゆえ，2 形式 $\{\Omega^n_p\}$ を

$$\Omega^n_p \equiv d\omega^n_p + \omega^n_m \wedge \omega^m_p \tag{4.120}$$

として定義すれば，曲率テンソルは U 上では

$$R = e_n \otimes \theta^p \otimes \Omega^n_p \tag{4.121}$$

と表現できる．実際，$e_n \otimes \theta^p \otimes \Omega^n_p \in \mathcal{T}^1_3(M)$ の成分は

$$(e_i \otimes \theta^j \otimes \Omega^i_j)(\theta^n, e_p, e_q, e_r) = e_i(\theta^n)\theta^j(e_p)\Omega^i_j(e_q, e_r) = \delta^n_i \delta^j_p R^i_{jqr} = R^n_{pqr}$$

であり，曲率テンソルの成分と完全に一致する．こうした理由から，2 形式 $\{\Omega^n_p\}$ は線形接続 ∇ に対する**曲率形式** (curvature form) とよばれる．式 (4.106) と (4.121) によれば

$$R = R^n_{pqr} e_n \otimes \theta^p \otimes \theta^q \otimes \theta^r = e_n \otimes \theta^p \otimes \Omega^n_p$$

が成立するから，曲率形式そのものは

$$\Omega^n_p = R^n_{pqr} \theta^q \otimes \theta^r = \frac{1}{2} R^n_{pqr} \theta^q \wedge \theta^r \tag{4.122}$$

と表現されることになる．ただし，式 (4.110) に示す反対称性によって

$$\begin{aligned}R^n_{pqr}\theta^q \wedge \theta^r &= R^n_{pqr}(\theta^q \otimes \theta^r - \theta^r \otimes \theta^q) \\ &= R^n_{pqr}\theta^q \otimes \theta^r + R^n_{prq}\theta^r \otimes \theta^q = 2R^n_{pqr}\theta^q \otimes \theta^r\end{aligned}$$

が成立することを利用した．

■ 4.2.5　Bianchi の恒等式

捩率テンソル T は，二つの接ベクトル場 X，Y の組を接ベクトル場 $T(X, Y)$ に写す写像である．そして，4.1.4 項で議論したように，共変微分では $T(X, Y)$ を T，X，

Y の「形式的な積」と見なして Leibniz 則が適用できるから，任意の $Z \in \mathcal{T}_0^1(M)$ に対して

$$\nabla_Z(T(X,Y)) = (\nabla_Z T)(X,Y) + T(\nabla_Z X, Y) + T(X, \nabla_Z Y)$$

すなわち

$$(\nabla_Z T)(X,Y) = \nabla_Z(T(X,Y)) - T(\nabla_Z X, Y) - T(X, \nabla_Z Y) \tag{4.123}$$

が成立する．3 個の接ベクトル場 X，Y，W を接ベクトル場 $R(W,X,Y) = R_{X,Y}W$ に写す曲率テンソル R に関しても同様であり，任意の $Z \in \mathcal{T}_0^1(M)$ に対して

$$\begin{aligned}\nabla_Z(R(W,X,Y)) &= (\nabla_Z R)(W,X,Y) + R(\nabla_Z W, X, Y)\\ &\quad + R(W, \nabla_Z X, Y) + R(W, X, \nabla_Z Y)\end{aligned}$$

すなわち

$$(\nabla_Z R)(W,X,Y) = \nabla_Z(R_{X,Y}W) - R_{X,Y}\nabla_Z W - R_{\nabla_Z X, Y}W - R_{X,\nabla_Z Y}W \tag{4.124}$$

が成立する．ところで，$X, Y, Z \in \mathcal{T}_0^1(M)$ を任意に固定したとき，写像

$$(\nabla_Z R)_{X,Y} : \mathcal{T}_0^1(M) \to \mathcal{T}_0^1(M), \quad W \mapsto (\nabla_Z R)(W,X,Y)$$

が定義できるが，容易に示されるように，任意の $V, W \in \mathcal{T}_0^1(M)$ と $f \in \Lambda^0(M)$ に対して

$$(\nabla_Z R)_{X,Y}(V+W) = (\nabla_Z R)_{X,Y}(V) + (\nabla_Z R)_{X,Y}(W)$$

$$(\nabla_Z R)_{X,Y}(fW) = f(\nabla_Z R)_{X,Y}(W)$$

が成立するため，$(\nabla_Z R)_{X,Y}(W)$ を単に $(\nabla_Z R)_{X,Y}W$ と記すことが許される[‡19]．また，

$$\nabla_Z(R_{X,Y}W) - R_{X,Y}\nabla_Z W = (\nabla_Z R_{X,Y} - R_{X,Y}\nabla_Z)W = [\nabla_Z, R_{X,Y}]W$$

だから，式 (4.124) は

$$(\nabla_Z R)_{X,Y}W \equiv (\nabla_Z R)(W,X,Y) = ([\nabla_Z, R_{X,Y}] - R_{\nabla_Z X, Y} - R_{X,\nabla_Z Y})W$$

と表現でき，これが任意の $W \in \mathcal{T}_0^1(M)$ に対して成立することから

$$(\nabla_Z R)_{X,Y} = [\nabla_Z, R_{X,Y}] - R_{\nabla_Z X, Y} - R_{X,\nabla_Z Y} \tag{4.125}$$

が結論される．

さて，3 個の接ベクトル場 $X, Y, Z \in \mathcal{T}_0^1(M)$ に依存する対象 $K(X,Y,Z)$ があるとき

$$\mathfrak{S}\{K(X,Y,Z)\} \equiv K(X,Y,Z) + K(Y,Z,X) + K(Z,X,Y) \tag{4.126}$$

と記し，これを**巡回和** (cyclic sum) とよぶことにする．この記法を使えば，たとえば 3.3.2 項に示した Jacobi の恒等式は

$$[[X,Y],Z] + [[Y,Z],X] + [[Z,X],Y] = \mathfrak{S}\{[[X,Y],Z]\} = 0 \tag{4.127}$$

---

‡19 $R(X,Y,Z)$ を単に $R_{Y,Z}X$ と記すことが許されるのも同じ理由による．

と表現できる．また，当然ながら

$$\mathfrak{S}\{K(X,Y,Z)\}=\mathfrak{S}\{K(Y,Z,X)\}=\mathfrak{S}\{K(Z,X,Y)\} \tag{4.128}$$

であり，$L(X,Y,Z)$ もまた X，Y，Z に依存する対象であるとすれば，$f\in\Lambda^0(M)$ に対して

$$\begin{aligned}&\mathfrak{S}\{K(X,Y,Z)+L(X,Y,Z)\}=\mathfrak{S}\{K(X,Y,Z)\}+\mathfrak{S}\{L(X,Y,Z)\}\\&\mathfrak{S}\{fK(X,Y,Z)\}=f\mathfrak{S}\{K(X,Y,Z)\}\end{aligned} \tag{4.129}$$

が成立する．こうした巡回和の性質を利用すれば，たとえば共変微分演算子に関する Jacobi の恒等式

$$\mathfrak{S}\big\{\big[[\nabla_X,\nabla_Y],\nabla_Z\big]\big\}=\big[[\nabla_X,\nabla_Y],\nabla_Z\big]+\big[[\nabla_Y,\nabla_Z],\nabla_X\big]+\big[[\nabla_Z,\nabla_X],\nabla_Y\big]=0 \tag{4.130}$$

が容易に導出できる．実際，任意のテンソル場 $\phi\in\mathcal{T}_K^L(M)$ に対して

$$\begin{aligned}&\mathfrak{S}\{[[\nabla_X,\nabla_Y],\nabla_Z]\}\phi=\mathfrak{S}\{[\nabla_X\nabla_Y-\nabla_Y\nabla_X,\nabla_Z]\}\phi\\&\quad=\mathfrak{S}\{\nabla_X\nabla_Y\nabla_Z-\nabla_Y\nabla_X\nabla_Z-\nabla_Z\nabla_X\nabla_Y+\nabla_Z\nabla_Y\nabla_X\}\phi\\&\quad=\mathfrak{S}\{\nabla_X\nabla_Y\nabla_Z\}\phi-\mathfrak{S}\{\nabla_Y\nabla_X\nabla_Z\}\phi-\mathfrak{S}\{\nabla_Z\nabla_X\nabla_Y\}\phi+\mathfrak{S}\{\nabla_Z\nabla_Y\nabla_X\}\phi\\&\quad=\mathfrak{S}\{\nabla_X\nabla_Y\nabla_Z\}\phi-\mathfrak{S}\{\nabla_X\nabla_Z\nabla_Y\}\phi-\mathfrak{S}\{\nabla_X\nabla_Y\nabla_Z\}\phi+\mathfrak{S}\{\nabla_X\nabla_Z\nabla_Y\}\phi=0\end{aligned}$$

だから式 (4.130) が結論される．

ところで，式 (4.66) によって

$$\begin{aligned}T(T(X,Y),Z)&=\nabla_{T(X,Y)}Z-\nabla_ZT(X,Y)-[T(X,Y),Z]\\&=\nabla_{\nabla_XY-\nabla_YX-[X,Y]}Z-\nabla_Z(\nabla_XY-\nabla_YX-[X,Y])\\&\quad-[\nabla_XY-\nabla_YX-[X,Y],Z]\\&=\nabla_{\nabla_XY}Z-\nabla_Z\nabla_XY-[\nabla_XY,Z]+\nabla_Z\nabla_YX-\nabla_{\nabla_YX}Z\\&\quad-[Z,\nabla_YX]-\nabla_{[X,Y]}Z+\nabla_Z[X,Y]+[[X,Y],Z]\\&=T(\nabla_XY,Z)+T(Z,\nabla_YX)-T([X,Y],Z)\end{aligned}$$

すなわち

$$T(T(X,Y),Z)=T(\nabla_XY,Z)+T(Z,\nabla_YX)-T([X,Y],Z) \tag{4.131}$$

が成立するから，式 (4.123) と (4.128) によれば

$$\begin{aligned}\mathfrak{S}\{T(T(X,Y),Z)\}&=\mathfrak{S}\{T(\nabla_XY,Z)+T(Z,\nabla_YX)-T([X,Y],Z)\}\\&=\mathfrak{S}\{T(\nabla_ZX,Y)+T(X,\nabla_ZY)-T([X,Y],Z)\}\\&=\mathfrak{S}\{\nabla_Z(T(X,Y))-(\nabla_ZT)(X,Y)-T([X,Y],Z)\}\end{aligned}$$

であるが，式 (4.127)，(4.128)，(4.129)，および式 (4.66)，(4.95) を使えば

$$\begin{aligned}&\mathfrak{S}\{\nabla_Z(T(X,Y)) - T([X,Y],Z)\}\\&\quad= \mathfrak{S}\{\nabla_Z\nabla_X Y - \nabla_Z\nabla_Y X - \nabla_{[X,Y]}Z\} + \mathfrak{S}\{[[X,Y],Z]\}\\&\quad= \mathfrak{S}\{\nabla_X\nabla_Y Z - \nabla_Y\nabla_X Z - \nabla_{[X,Y]}Z\} = \mathfrak{S}\{R_{X,Y}Z\}\end{aligned}$$

だから，

$$\mathfrak{S}\{T(T(X,Y),Z)\} = \mathfrak{S}\{R_{X,Y}Z\} - \mathfrak{S}\{(\nabla_Z T)(X,Y)\}$$

すなわち

$$\mathfrak{S}\{R_{X,Y}Z\} = \mathfrak{S}\{T(T(X,Y),Z)\} + \mathfrak{S}\{(\nabla_Z T)(X,Y)\} \tag{4.132}$$

が結論される．これを **Bianchi の第一恒等式** (Bianchi's first identity) とよぶ．

一方，式 (4.105) から容易に示されるように $R_{X,Y}$ は X，Y に関して線形であり，また式 (4.110) に示すように $R_{X,Y} = -R_{Y,X}$ だから

$$\begin{aligned}R_{T(X,Y),Z} &= R_{\nabla_X Y - \nabla_Y X - [X,Y],Z} = R_{\nabla_X Y,Z} - R_{\nabla_Y X,Z} - R_{[X,Y],Z}\\&= R_{\nabla_X Y,Z} + R_{Z,\nabla_Y X} - R_{[X,Y],Z}\end{aligned}$$

であり，式 (4.128) と (4.125) を使えば

$$\begin{aligned}\mathfrak{S}\{R_{T(X,Y),Z}\} &= \mathfrak{S}\{R_{\nabla_X Y,Z} + R_{Z,\nabla_Y X} - R_{[X,Y],Z}\}\\&= \mathfrak{S}\{R_{\nabla_Z X,Y} + R_{X,\nabla_Z Y} - R_{[X,Y],Z}\}\\&= \mathfrak{S}\{[\nabla_Z, R_{X,Y}] - (\nabla_Z R)_{X,Y} - R_{[X,Y],Z}\}\end{aligned} \tag{4.133}$$

を得る．ところが，式 (4.104) によって

$$\begin{aligned}[\nabla_Z, R_{X,Y}] - R_{[X,Y],Z} &= [\nabla_Z, [\nabla_X,\nabla_Y] - \nabla_{[X,Y]}] - \{[\nabla_{[X,Y]},\nabla_Z] - \nabla_{[[X,Y],Z]}\}\\&= -[[\nabla_X,\nabla_Y],\nabla_Z] + \nabla_{[[X,Y],Z]}\end{aligned}$$

だから，Jacobi の恒等式 (4.127)，(4.130) によって

$$\mathfrak{S}\{[\nabla_Z, R_{X,Y}] - R_{[X,Y],Z}\} = -\mathfrak{S}\{[[\nabla_X,\nabla_Y],\nabla_Z]\} + \nabla_{\mathfrak{S}\{[[X,Y],Z]\}} = 0$$

であり，したがって式 (4.133) は

$$\mathfrak{S}\{R_{T(X,Y),Z}\} = -\mathfrak{S}\{(\nabla_Z R)_{X,Y}\}$$

すなわち

$$\mathfrak{S}\{(\nabla_Z R)_{X,Y} + R_{T(X,Y),Z}\} = 0 \tag{4.134}$$

を意味する．これを **Bianchi の第二恒等式** (Bianchi's second identity) とよぶ．

最後に，捩率テンソルと曲率テンソルの成分を使って Bianchi の恒等式を表現しておこう．座標近傍 (U,φ) において $\mathcal{T}_0^1(U)$ の基底場を 1 組選んで $\{e_n\}$ とし，その双対

基底場を $\{\theta^n\}$ とすれば，式 (4.70) と (4.106) に示すように，捩率テンソル T と曲率テンソル R はそれぞれ

$$\begin{aligned} T &= T^m_{pq} e_m \otimes \theta^p \otimes \theta^q, \quad T^m_{pq} \equiv T(\theta^m, e_p, e_q) \\ R &= R^m_{npq} e_m \otimes \theta^n \otimes \theta^p \otimes \theta^q, \quad R^m_{npq} \equiv R(\theta^m, e_n, e_p, e_q) \end{aligned} \tag{4.135}$$

と展開できる．それゆえ

$$\begin{aligned} T(e_p, e_q) &= (T^m_{ij} e_m \otimes \theta^i \otimes \theta^j)(e_p, e_q) \\ &= T^m_{ij} e_m \theta^i(e_p) \theta^j(e_q) = T^m_{ij} e_m \delta^i_p \delta^j_q = T^m_{pq} e_m \end{aligned} \tag{4.136}$$

であり，同様にして

$$T(T(e_p, e_q), e_r) = T^m_{ij} e_m \theta^i(T^n_{pq} e_n) \theta^j(e_r) = T^m_{ij} e_m T^n_{pq} \delta^i_n \delta^j_r = T^n_{pq} T^m_{nr} e_m \tag{4.137}$$

$$R_{e_p, e_q} e_r = R(e_r, e_p, e_q) = R^m_{ijk} e_m \theta^i(e_r) \theta^j(e_p) \theta^k(e_q) = R^m_{rpq} e_m \tag{4.138}$$

を得る．さらに，式 (4.135)，(4.137) および (4.105) によって

$$R_{T(e_p, e_q), e_r} = R_{T^k_{pq} e_k, e_r} = T^k_{pq} R_{e_k, e_r} = T^k_{pq} R^m_{nij} e_m \otimes \theta^n \delta^i_k \delta^j_r = T^k_{pq} R^m_{nkr} e_m \otimes \theta^n \tag{4.139}$$

が導かれる．一方，e_r に沿った共変微分は式 (4.48) によって

$$\nabla_{e_r} T = T^m_{pq;r} e_m \otimes \theta^p \otimes \theta^q, \quad \nabla_{e_r} R = R^m_{npq;r} e_m \otimes \theta^n \otimes \theta^p \otimes \theta^q \tag{4.140}$$

と書ける．ただし

$$\begin{aligned} T^m_{pq;r} &\equiv e_r T^m_{pq} + \Gamma^m_{rk} T^k_{pq} - \Gamma^k_{rp} T^m_{kq} - \Gamma^k_{rq} T^m_{pk} \\ R^m_{npq;r} &\equiv e_r R^m_{npq} + \Gamma^m_{rk} R^k_{npq} - \Gamma^k_{rn} R^m_{kpq} - \Gamma^k_{rp} R^m_{nkq} - \Gamma^k_{rq} R^m_{npk} \end{aligned} \tag{4.141}$$

である．そして，式 (4.140) からは

$$(\nabla_{e_r} T)(e_p, e_q) = T^m_{pq;r} e_m, \quad (\nabla_{e_r} R)_{e_p, e_q} = R^m_{npq;r} e_m \otimes \theta^n \tag{4.142}$$

が示される．ここで，巡回和における接ベクトル場 X，Y，Z としてそれぞれ e_p，e_q，e_r を採用しよう．したがって，3 個の整数 p，q，r に依存する対象 K_{pqr} があるとき，巡回和は

$$\mathfrak{S}\{K_{pqr}\} \equiv K_{pqr} + K_{qrp} + K_{rpq} \tag{4.143}$$

として定義されることになる．この記法によれば Bianchi の第一恒等式は

$$\mathfrak{S}\{R_{e_p, e_q} e_r\} = \mathfrak{S}\{T(T(e_p, e_q), e_r)\} + \mathfrak{S}\{(\nabla_{e_r} T)(e_p, e_q)\} \tag{4.144}$$

と書けるが，これに式 (4.137)，(4.138) および (4.142) を代入すれば

$$\mathfrak{S}\{R^m_{rpq} e_m\} = \mathfrak{S}\{T^n_{pq} T^m_{nr} e_m\} + \mathfrak{S}\{T^m_{pq;r} e_m\}$$

すなわち

$$\mathfrak{S}\{R^m_{rpq} - T^n_{pq} T^m_{nr} - T^m_{pq;r}\} e_m = 0$$

を得るが，$\{e_n\}$ は各点で線形独立だから

$$\mathfrak{S}\{R^m_{pqr}\} = \mathfrak{S}\{T^n_{pq}T^m_{nr}\} + \mathfrak{S}\{T^m_{pq;r}\} \tag{4.145}$$

が成立する (形を整えるために $\mathfrak{S}\{R^m_{rpq}\} = \mathfrak{S}\{R^m_{pqr}\}$ を利用した)．逆に式 (4.145) が成立すれば式 (4.132) もまた成立することが容易に示されるから，式 (4.145) を Bianchi の第一恒等式とよんでもよい．同様に Bianchi の第二恒等式は

$$\mathfrak{S}\left\{(\nabla_{e_r}R)_{e_p,e_q} + R_{T(e_p,e_q),e_r}\right\} = 0$$

と書けるが，これに式 (4.139) と (4.142) を代入すれば

$$\mathfrak{S}\left\{R^m_{npq;r} + T^k_{pq}R^m_{nkr}\right\} e_m \otimes \theta^n = 0$$

を得るが，$\{e_m \otimes \theta^n\}$ は各点 $p \in U$ で $T^1_1(T_p(M))$ の基底をなすから

$$\mathfrak{S}\left\{R^m_{npq;r} + T^k_{pq}R^m_{nkr}\right\} = 0 \tag{4.146}$$

が成立する．逆に式 (4.146) が成立すれば式 (4.134) もまた成立することが容易に示されるから，式 (4.146) を Bianchi の第二恒等式とよんでもよい．

4.3 Riemann 接続

4.3.1 計量

付録 B の B.3 節で議論するように，実ベクトル空間 V における内積 g とは $V \times V$ 上の対称な双線形形式，すなわち V 上の対称な $(0,2)$ 型テンソル $g \in \Sigma^2(V^*)$ のことであり，V に属する二つのベクトル $x, y \in V$ の組 $(x,y) \in V \times V$ に実数 $g(x,y) \in \boldsymbol{R}$ を対応させる．そして，$x \neq 0_V$ ならば $g(x,x) > 0$ という性質をもつ内積は正値と形容され，正値な内積では $\sqrt{g(x,x)}$ はベクトル x の大きさとして解釈されるのであった．

さて，ここでは g を多様体 M 上の対称な $(0,2)$ 型テンソル場 $g \in \Sigma^2(M)$ としよう．点 $p \in M$ における g の値は $g_p \in \Sigma^2(T^*_p(M))$，つまり $T_p(M)$ 上の内積だから，テンソル場 g によって M 上のすべての接ベクトル空間に内積が定義されることになる．とくに，すべての $p \in M$ に対して g_p が正値ならば[‡20]，すべての接ベクトル空間でベクトルの大きさが定義されることになる．g_p が正値でない場合には $g_p(x,x)$ を接ベクトル $x \in T_p(M)$ の「大きさの 2 乗」と解釈するわけにはいかないが，g_p が非退化であれば同様の議論が可能であることから，すべての $p \in M$ に対して g_p が非退化な場合には $g \in \Sigma^2(M)$ を M 上の**計量テンソル場** (metric tensor field)，あるいは単に**計量** (metric) とよぶ．とくに，正値な計量は **Riemann 計量** (Riemannian metric) とよばれる．

‡20 内積の正値性，非退化性については付録 B の B.3 節から B.5 節を参照のこと．

たとえば，第1章で扱った3次元Euclid空間中の曲面 S を考えよう．S のパラメータ表示を $(D, \varphi : (u\ \ v)^t \mapsto \boldsymbol{p}(u,v))$ とすれば，点 $\boldsymbol{p} \in S$ における接ベクトル空間 $T_{\boldsymbol{p}}(S)$ は $\{\boldsymbol{p}_u, \boldsymbol{p}_v\}$ を基底とし，任意の接ベクトル $\boldsymbol{X}, \boldsymbol{Y} \in T_{\boldsymbol{p}}(S)$ は

$$\boldsymbol{X} = X^u \boldsymbol{p}_u + X^v \boldsymbol{p}_v = B \begin{pmatrix} X^u \\ X^v \end{pmatrix}, \quad \boldsymbol{Y} = B \begin{pmatrix} Y^u \\ Y^v \end{pmatrix}, \quad B \equiv (\boldsymbol{p}_u\ \ \boldsymbol{p}_v)$$

と展開され，両者の内積は式 (1.41) で定義される第一基本行列 S_I を用いて

$$\boldsymbol{X}^t \boldsymbol{Y} = (X^u\ \ X^v) B^t B \begin{pmatrix} Y^u \\ Y^v \end{pmatrix} = (X^u\ \ X^v) S_I \begin{pmatrix} Y^u \\ Y^v \end{pmatrix}$$

と書ける．そして，点 $\boldsymbol{p}$ における正値で対称な $(0,2)$ 型テンソル $g_{\boldsymbol{p}}$ が

$$g_{\boldsymbol{p}} : T_{\boldsymbol{p}}(S) \times T_{\boldsymbol{p}}(S) \to \boldsymbol{R}, \quad (\boldsymbol{X}, \boldsymbol{Y}) \mapsto g_{\boldsymbol{p}}(\boldsymbol{X}, \boldsymbol{Y}) \equiv \boldsymbol{X}^t \boldsymbol{Y} \tag{4.147}$$

として定義される．このように，曲面 S の各点 $\boldsymbol{p}$ に対して $\boldsymbol{p}$ における正値で対称な $(0,2)$ 型テンソル $g_{\boldsymbol{p}}$ がひとつずつ決まるから，この対応 $g = \{g_{\boldsymbol{p}}\}_{\boldsymbol{p} \in S}$ は S 上の正値な計量テンソル場 $g \in \Sigma^2(S)$，つまりRiemann計量である．基底場 $\{\boldsymbol{p}_u, \boldsymbol{p}_v\}$ に対する g の成分は

$$\begin{pmatrix} g_{uu} & g_{uv} \\ g_{vu} & g_{vv} \end{pmatrix} = \begin{pmatrix} g(\boldsymbol{p}_u, \boldsymbol{p}_u) & g(\boldsymbol{p}_u, \boldsymbol{p}_v) \\ g(\boldsymbol{p}_v, \boldsymbol{p}_u) & g(\boldsymbol{p}_v, \boldsymbol{p}_v) \end{pmatrix} = S_I \tag{4.148}$$

として与えられるから，S 上のすべての点で第一基本行列 S_I が与えられれば計量 g は確定し，逆に S 上の計量 g が与えられれば S 上のすべての点で第一基本行列 S_I が決まる．ところが，第1章で示したように曲面 S 上の共変微分は第一基本行列によって定まり，平行移動や測地線もまた第一基本行列にもとづいて議論することが可能である．つまり，S 上の計量 g が与えられさえすれば，Gauss曲率を含めて曲面に関する多くの性質が議論できるのである．一般の可微分多様体でも同様であり，次項で詳しく説明するように，M 上の計量が指定されれば適当な前提の下に線形接続が確定し，微分幾何学的な議論が展開できることになる．

では，一般の可微分多様体 M 上に計量 g が指定されているとしよう．また，座標近傍 (U, φ) において $T_0^1(U)$ の基底場を1組選んで $\{e_n\}$ とし，その双対基底場を $\{\theta^n\}$ とする．このとき，M 上の計量 g，すなわち M 上の $(0,2)$ 型テンソル場 g は U 上では

$$g = g_{mn} \theta^m \otimes \theta^n, \quad g_{mn} \equiv g(e_m, e_n) \in \Lambda^0(U) \tag{4.149}$$

と展開でき，計量は対称な $(0,2)$ 型テンソル場だから，U 上で

$$g_{mn} = g_{nm} \tag{4.150}$$

が成立する．ところで，g_p は接空間 $T_p(M)$ 上の非退化な内積だから，これに対応して余接空間 $T_p^*(M)$ 上の非退化な内積 g_p^* が式 (B.44) によって定義される．そして，M

の各点 p に対して p における $(2,0)$ 型テンソル $g_p^* \in T_0^2(T_p(M))$ をひとつずつ定める対応

$$g^* \equiv \{g_p^*\}_{p\in M} \tag{4.151}$$

は M 上の $(2,0)$ 型テンソル場 $g^* \in \mathcal{T}_0^2(M)$ である．この g^* は M の各点で余接空間上の内積を定めることから計量 g の**双対計量** (dual metric) とよばれる．$\{e_m \otimes e_n\}$ は $\mathcal{T}_0^2(U)$ の基底場だから，双対計量 g^* は U 上で

$$g^* = g^{mn} e_m \otimes e_n, \quad g^{mn} \equiv g(\theta^m, \theta^n) \in \Lambda^0(U) \tag{4.152}$$

と展開でき，式 (B.49) に対応して

$$g^{mk} g_{kn} = g_{nk} g^{km} = \delta_n^m \tag{4.153}$$

が成立する．

さて，g_{mn} を (m,n) 要素 (第 m 行第 n 列要素) とする N 次正方行列

$$G \equiv \begin{pmatrix} g_{11} & g_{12} & \cdots & g_{1N} \\ g_{21} & g_{22} & \cdots & \vdots \\ \vdots & \vdots & \ddots & \vdots \\ g_{N1} & \cdots & \cdots & g_{NN} \end{pmatrix} \tag{4.154}$$

は式 (4.150) によって実対称行列であり，その N 個の固有値 $\{\lambda_n\}_{n=1\sim N}$ はすべて実数である．また，計量 g は U の各点で非退化な内積だから，U の各点で

$$\det(G) = \lambda_1 \lambda_2 \cdots \lambda_N \fallingdotseq 0 \tag{4.155}$$

が成立する．G の固有値 $\{\lambda_n\}_{n=1\sim N}$ は λ に関する N 次方程式

$$\det(G - \lambda I_N) = 0$$

の根として与えられるから，G の要素 g_{mn} の連続関数である．それゆえ，計量 g が U 上で連続 (C^0 級) ならば $\{\lambda_n\}$ もまた U 上で連続である．しかも，式 (4.155) によって $\{\lambda_n\}$ は M 上では零となり得ないから，$\{\lambda_n\}$ は U 上で符号を変えることはない．したがって，内積の型は U 上で一定である[‡21]．たとえば，計量 g が U 上の一点で (g_P, g_N) 型ならば，g は U 全体で (g_P, g_N) 型である．それゆえ，たがいに交叉する二つの座標近傍の一方で g が (g_P, g_N) 型ならば g はその両方で (g_P, g_N) 型である．したがって，連結な多様体では，アトラスの構成要素である座標近傍のひとつで g が (g_P, g_N) 型ならば，アトラスを構成するすべての座標近傍で g は (g_P, g_N) 型である．結局，M を連結な多様体とすると，M 上の一点で g が (g_P, g_N) 型ならば，g は M 全

‡21 内積の型は行列 G の固有値の符号によって決まるのであった．付録 B の B.5 節を参照のこと．

体で (g_P, g_N) 型である．とくに，計量 g が連結多様体 M 上の一点で正値ならば g は M 上の Riemann 計量である[‡22]．

ところで，G は N 次の実対称行列だから，固有値 $\{\lambda_n\}$ に属する G の固有ベクトル $\{\boldsymbol{u}_n\}_{n=1\sim N}$ が $\boldsymbol{R}^N$ の正規直交基底をなすように設定できる．このとき，

$$\boldsymbol{u}_m^t \boldsymbol{u}_n = \delta_{mn}, \quad G\boldsymbol{u}_n = \lambda_n \boldsymbol{u}_n$$

が成立し，$\{\boldsymbol{u}_n\}$ を横に並べて N 次の正方行列

$$U \equiv \begin{pmatrix} \boldsymbol{u}_1 & \boldsymbol{u}_2 & \cdots & \boldsymbol{u}_N \end{pmatrix}$$

を構成すれば，付録 B の式 (B.55)，(B.56) に対応して

$$U^t U = I_N, \quad U^t G U = \mathit{\Lambda} \equiv \mathrm{diag}(\lambda_1, \lambda_2, \cdots, \lambda_N)$$

$$G^{-1} = U \mathit{\Lambda}^{-1} U^t = U \, \mathrm{diag}(\lambda_1^{-1}, \lambda_2^{-1}, \cdots, \lambda_N^{-1}) U^t$$

が成立する．また，$u_n \equiv e_m [U]^m_n$ を定義すれば，式 (B.58) や式 (B.59) と同様に

$$g(u_m, u_n) = \lambda_n \delta_{mn}, \quad e_m = u_n [U^{-1}]^n_m$$

が成立するから，$\{u_n\}$ は計量 g に関して $\mathcal{T}^1_0(U)$ の直交基底場である．さらに，

$$v_n \equiv \frac{u_n}{\sqrt{\mathrm{sgn}\,(\lambda_n) \lambda_n}}$$

とすれば，式 (B.62) と同様に

$$g(v_m, v_n) = s_{g:n} \delta_{mn}, \quad s_{g:n} \equiv \mathrm{sgn}\,(\lambda_n)$$

が成立するから，$\{v_n\}$ は計量 g に関する $\mathcal{T}^1_0(U)$ の広義正規直交基底場である．

このように，M 上に計量 g が与えられれば，任意の座標近傍 (U, φ) に対して，$\mathcal{T}^1_0(U)$ の任意の基底場から出発して g に関する広義正規直交基底場が必ず構成できるから，$\mathcal{T}^1_0(U)$ の基底場 $\{e_n\}$ としては始めから g に関する広義正規直交基底場を選んでおくことにすれば，

$$g(e_m, e_n) = s_{g:n} \delta_{mn} \qquad (s_{g:n} = 1 \ \text{ or } \ -1) \tag{4.156}$$

であり，M 上での $\{e_n\}$ の双対基底を $\{\theta^n\}$ とすれば，式 (4.149) は

$$g = s_{g:n} \delta_{mn} \theta^m \otimes \theta^n \qquad (s_{g:n} = 1 \ \text{ or } \ -1) \tag{4.157}$$

という具合に単純化される．また，式 (4.153) と式 (4.156) により式 (4.152) は

$$g^* = s_{g:n} \delta^{mn} e_m \otimes e_n \tag{4.158}$$

となる．

ここで，3 次元 Euclid 空間中の曲面に対して定義された第一基本形式と計量との関係を確かめるため，M が 2 次元の可微分多様体の場合を考え，$(U, \varphi : x)$ を M の座標

[‡22] g が正値であることは g が $(N, 0)$ 型であることと同値である．

近傍とする．U 上では式 (4.149) における $\{e_n\}$，$\{\theta^n\}$ として標準基底場 $\{\partial_{x^n}\}$ とその双対基底場 $\{dx^n\}$ が採用でき，計量は

$$g = g_{mn}dx^m \otimes dx^n = g_{11}dx^1 \otimes dx^1 + g_{12}dx^1 \otimes dx^2 + g_{21}dx^2 \otimes dx^1 + g_{22}dx^2 \otimes dx^2 \quad (4.159)$$

と表現できる．ここで付録 C の C.2 節で導入する対称化作用素 $\mathcal{S}$

$$\mathcal{S}\, dx^1 \otimes dx^2 = \frac{1}{2}\{dx^1 \otimes dx^2 + dx^2 \otimes dx^1\} \quad (4.160)$$

を使えば式 (4.159) は

$$g = g_{mn}dx^m \otimes dx^n = g_{11}dx^1 \otimes dx^1 + 2g_{12}\,\mathcal{S}\, dx^1 \otimes dx^2 + g_{22}dx^2 \otimes dx^2 \quad (4.161)$$

と表現できるが，式 (1.41) との対応関係は明らかだろう．つまり，

$$\begin{array}{lllllllll} g & \Leftrightarrow & I & g_{11} \circ \varphi^{-1} & \Leftrightarrow & E & dx^1 \otimes dx^1 & \Leftrightarrow & dudu \\ dx^1 & \Leftrightarrow & du & g_{12} \circ \varphi^{-1} & \Leftrightarrow & F & \mathcal{S}dx^1 \otimes dx^2 & \Leftrightarrow & dudv \\ dx^2 & \Leftrightarrow & dv & g_{22} \circ \varphi^{-1} & \Leftrightarrow & G & dx^2 \otimes dx^2 & \Leftrightarrow & dvdv \end{array} \quad (4.162)$$

と対応するのである．第 1 章では du や dv は「単なる微小量」と解釈していたが，これらは実は 1 形式であり，「微小量の積」として解釈していたものは実は「1 形式のテンソル積」なのである．そして，$dudv$ は単なるテンソル積 $dx^1 \otimes dx^2$ ではなく，それを対称化した $\mathcal{S}\, dx^1 \otimes dx^2$ に対応する．

4.3.2 Riemann 接続

以下に示すように，多様体 M に計量 g が指定された場合，M 上の線形接続 ∇ で

$$T(X,Y) \equiv \nabla_X Y - \nabla_Y X - [X,Y] = 0 \qquad (\forall X, Y \in \mathcal{T}_0^1(M)) \quad (4.163)$$

$$\nabla_X g = 0 \qquad (\forall X \in \mathcal{T}_0^1(M)) \quad (4.164)$$

を満足するものが一意的に存在する．この接続は計量 g によって定まることから，計量 g の **Riemann 接続** (Riemann connection)，あるいは **Levi-Civita 接続** (Levi-Civita connection) とよばれる．g が Riemann 計量でない場合でも Riemann 接続は定義される点に注意しておこう．式 (4.163) は接続が対称であること，つまり標準基底場に対する Christoffel 記号が対称であることを意味する．一方，式 (4.164) は計量 g が M 上のすべての曲線に沿って平行であることを意味し，式 (4.1) と (4.60) によれば

$$Xg(Y,Z) = \nabla_X(g(Y,Z)) = g(\nabla_X Y, Z) + g(Y, \nabla_X Z) \qquad (\forall X, Y, Z \in \mathcal{T}_0^1(M)) \quad (4.165)$$

と等価である．ここで，式 (4.165) が「任意の曲線に沿った平行移動によって二つの接ベクトルの内積が変化しない」ことを意味する点に注意しておこう．実際，M 上の曲線 C の速度ベクトル場を $V \in \mathcal{T}_0^1(C)$ とするとき，Y と Z が C に沿って平行な接ベクトル場ならば $\nabla_V Y = \nabla_V Z = 0$ だから，式 (4.165) によって $Vg(Y,Z) = 0$，つ

まり C に沿って内積 $g(Y,Z)$ は定数である．この意味で，式 (4.164) を満足する線形接続 ∇ は計量 g と整合するという．

では，式 (4.163)，(4.164) の条件を満足する線形接続 ∇ が一意に存在することを示そう．まず，$X,Y,Z \in \mathcal{T}_0^1(M)$ に対して写像 $F:(\mathcal{T}_0^1(M))^3 \to \Lambda^0(M)$ を

$$\begin{aligned} F(X,Y,Z) \equiv\ & Xg(Y,Z)+Yg(Z,X)-Zg(X,Y) \\ & +g([X,Y],Z)-g([Y,Z],X)+g([Z,X],Y) \end{aligned} \tag{4.166}$$

として定義する．そして，任意に固定した $X,Y \in \mathcal{T}_0^1(M)$ に対して

$$\omega_{X,Y}:\mathcal{T}_0^1(M) \to \Lambda^0(M), \quad Z \mapsto \omega_{X,Y}(Z) \equiv F(X,Y,Z) \tag{4.167}$$

を定義すれば，任意の $f \in \Lambda^0(M)$ に対して

$$\omega_{X,Y}(fZ) = f\omega_{X,Y}(Z) \tag{4.168}$$

が成立する．これを確認するには

$$Xg(Y,fZ) = X\{fg(Y,Z)\} = (Xf)g(Y,Z) + fXg(Y,Z)$$

$$Yg(fZ,X) = Y\{fg(Z,X)\} = (Yf)g(Z,X) + fYg(Z,X)$$

$$[Y,fZ] = f[Y,Z] + (Yf)Z, \quad [fZ,X] = f[Z,X] - (Xf)Z$$

を式 (4.166) に代入し，計量 g の双線形性を利用すればよい．いずれにせよ，式 (4.168) によれば点 $p \in M$ における $\omega_{X,Y}(Z)$ の値は $Z(p) \in T_p(M)$ だけで決まり，$\omega_{X,Y}$ は $\Lambda^0(M)$ に関して線形だから，$\omega_{X,Y}$ は M 上の 1 形式である‡23．そこで，線形接続 ∇ を

$$2g(\nabla_X Y, Z) = \omega_{X,Y}(Z) \qquad (\forall X,Y,Z \in \mathcal{T}_0^1(M)) \tag{4.169}$$

によって定義すれば‡24，これが所望の線形接続である．実際，任意の $X,Y,Z \in \mathcal{T}_0^1(M)$ に対して

$$\begin{aligned} 2g(T(X,Y),Z) &= 2g(\nabla_X Y,Z) - 2g(\nabla_Y X,Z) - 2g([X,Y],Z) \\ &= \omega_{X,Y}(Z) - \omega_{Y,X}(Z) - 2g([X,Y],Z) \\ &= F(X,Y,Z) - F(Y,X,Z) - 2g([X,Y],Z) = 0 \end{aligned}$$

であり，計量 g が非退化だから ∇ は式 (4.163) を満足する．また，

$$\begin{aligned} 2g(\nabla_X Y,Z) + 2g(Y,\nabla_X Z) &= \omega_{X,Y}(Z) + \omega_{X,Z}(Y) \\ &= F(X,Y,Z) + F(X,Z,Y) = 2Xg(Y,Z) \end{aligned}$$

‡23 3.4.2 項参照.

‡24 計量 g が非退化だから，任意の $v \in T_p(M)$ と $a \in \boldsymbol{R}$ に対して $g(u,v)=a$ を満足する $u \in T_p(M)$ が一意に存在する点に注意しよう．それゆえ，任意の $X,Y,Z \in \mathcal{T}_0^1(M)$ に対して式 (4.169) を満足する $\nabla_X Y \in \mathcal{T}_0^1(M)$ が一意に存在する.

だから式 (4.165) が成立し，したがって ∇ は式 (4.164) を満足する．つぎに一意性を示そう．式 (4.164) と式 (4.165) は等価だから，式 (4.163) と式 (4.164) を満足する任意の線形接続を $\overline{\nabla}$ とすれば，任意の $X, Y, Z \in \mathcal{T}_0^1(M)$ に対して

$$
\begin{aligned}
&Xg(Y,Z) + Yg(Z,X) - Zg(X,Y)\\
&= g(\overline{\nabla}_X Y, Z) + g(Y, \overline{\nabla}_X Z) + g(\overline{\nabla}_Y Z, X) + g(Z, \overline{\nabla}_Y X) - g(\overline{\nabla}_Z X, Y) - g(X, \overline{\nabla}_Z Y)\\
&= g(\overline{\nabla}_X Y, Z) + g(\overline{\nabla}_Y X, Z) + g(\overline{\nabla}_Y Z, X) - g(\overline{\nabla}_Z Y, X) + g(\overline{\nabla}_X Z, Y) - g(\overline{\nabla}_Z X, Y)\\
&= g(-\overline{\nabla}_X Y + \overline{\nabla}_Y X + 2\overline{\nabla}_X Y, Z) + g(\overline{\nabla}_Y Z - \overline{\nabla}_Z Y, X) + g(-\overline{\nabla}_Z X + \overline{\nabla}_X Z, Y)\\
&= 2g(\overline{\nabla}_X Y, Z) - g([X,Y],Z) + g([Y,Z],X) - g([Z,X],Y)
\end{aligned}
$$

すなわち

$$
2g(\overline{\nabla}_X Y, Z) = F(X,Y,Z) = \omega_{X,Y}(Z) \qquad (\forall X, Y, Z \in \mathcal{T}_0^1(M)) \tag{4.170}
$$

が成立するから，この線形接続 $\overline{\nabla}$ は式 (4.169) で定義される線形接続 ∇ に一致する．

では，計量 g の Riemann 接続を ∇ としたとき，$\mathcal{T}_0^1(U)$ の基底場 $\{e_m\}$ に関する ∇ の Christoffel 記号 $\{\Gamma^k_{mn}\}$ を具体的に求めてみよう．まず，計量 g とその双対計量 g^* は基底場 $\{e_m\}$ とその双対基底場 $\{\theta^m\}$ を使ってそれぞれ式 (4.149)，(4.152) のように展開され，展開係数 $\{g_{mn}\}$ と $\{g^{mn}\}$ は式 (4.153) を満足する．また，括弧積 $[e_i, e_j]$ は式 (4.73) のように展開されるから，式 (4.166) により

$$
\begin{aligned}
F(e_i, e_j, e_k) &= e_i g(e_j, e_k) + e_j g(e_k, e_i) - e_k g(e_i, e_j)\\
&\qquad + g([e_i, e_j], e_k) - g([e_j, e_k], e_i) + g([e_k, e_i], e_j)\\
&= e_i g_{jk} + e_j g_{ki} - e_k g_{ij} + C^m_{ij} g_{mk} - C^m_{jk} g_{mi} + C^m_{ki} g_{mj}
\end{aligned} \tag{4.171}
$$

であり，Christoffel 記号の定義により

$$
g(\nabla_{e_i} e_j, e_k) = g(\Gamma^m_{ij} e_m, e_k) = \Gamma^m_{ij} g_{mk} \tag{4.172}
$$

だから，式 (4.169) は

$$
\begin{aligned}
2\Gamma^m_{ij} g_{mk} &= 2g(\nabla_{e_i} e_j, e_k) = \omega_{e_i, e_j}(e_k) = F(e_i, e_j, e_k)\\
&= e_i g_{jk} + e_j g_{ki} - e_k g_{ij} + C^m_{ij} g_{mk} - C^m_{jk} g_{mi} + C^m_{ki} g_{mj}
\end{aligned}
$$

を意味するが，両辺に g^{kn} を乗じて縮約すれば，式 (4.153) によって

$$
2\Gamma^m_{ij} g_{mk} g^{kn} = 2\Gamma^m_{ij} \delta^n_m = g^{kn}(e_i g_{jk} + e_j g_{ki} - e_k g_{ij} + C^m_{ij} g_{mk} - C^m_{jk} g_{mi} + C^m_{ki} g_{mj})
$$

すなわち

$$
\Gamma^n_{ij} = \frac{1}{2} g^{kn}(e_i g_{jk} + e_j g_{ki} - e_k g_{ij} + C^m_{ij} g_{mk} - C^m_{jk} g_{mi} + C^m_{ki} g_{mj}) \tag{4.173}
$$

を得る．基底場 $\{e_n\}$ としてとくに標準基底場 $\{\partial_{x^n}\}$ を採用した場合には標準接ベクトルがたがいに可換だから $C^k_{mn} = 0$ $(k, m, n = 1 \sim N)$ が成立し，そのため式 (4.173) は

$$\Gamma^n_{ij} = \frac{1}{2} g^{kn} \left(\frac{\partial}{\partial x^i} g_{jk} + \frac{\partial}{\partial x^j} g_{ki} - \frac{\partial}{\partial x^k} g_{ij} \right) \tag{4.174}$$

となる．

4.3.3 Riemann 接続の接続形式

前項で示したように，多様体 M に計量 g が指定された場合，捩率テンソル場が恒等的に零であり，しかも計量 g と整合する線形接続が一意に存在する．これを計量 g の Riemann 接続とよぶのであった．そして，座標近傍 (U, φ) において $\mathcal{T}^1_0(U)$ の基底場 $\{e_n\}$ が任意に指定されたとき，計量 g の Riemann 接続の $\{e_n\}$ に関する Christoffel 記号 $\{\Gamma^n_{pq}\}$ は式 (4.173) によって与えられる．前節で述べたように，接続形式 $\{\omega^n_q\}$ を双対基底場 $\{\theta^n\}$ で展開した場合の展開係数が Christoffel 記号 $\{\Gamma^n_{pq}\}$ だから，式 (4.173) は接続形式を計量 g によって表現したものとしても解釈できる．前項では，式 (4.169) で決まる接続が Riemann 接続であるという性質を使って式 (4.173) を導出したが，本項では捩率形式や接続形式などの微分形式に着目し，微分形式や外微分の性質を使って同じ結果を導出する．

捩率テンソルが恒等的に零という条件 (4.163) は，式 (4.117) と (4.119) によって

$$\Theta^n \equiv d\theta^n + \omega^n_m \wedge \theta^m = T^n_{pq} \theta^p \otimes \theta^q = 0 \qquad (n = 1 \sim N) \tag{4.175}$$

と等価である．一方，式 (4.149) に示すように計量 g を

$$g = g_{mn} \theta^m \otimes \theta^n, \quad g_{mn} \equiv g(e_m, e_n) \in \Lambda^0(M)$$

と展開すれば，線形接続 ∇ が計量 g と整合するという条件 (4.164) は

$$dg_{pq} - g_{qn}\omega^n_p - g_{pn}\omega^n_q = 0 \quad (p, q = 1 \sim N) \tag{4.176}$$

と等価である．これを示そう．まず，式 (4.60) によれば

$$\begin{aligned} e_k g_{pq} &= e_k(g(e_p, e_q)) = \nabla_{e_k}(g(e_p, e_q)) \\ &= (\nabla_{e_k} g)(e_p, e_q) + g(\nabla_{e_k} e_p, e_q) + g(e_p, \nabla_{e_k} e_q) \\ &= (\nabla_{e_k} g)(e_p, e_q) + \Gamma^n_{kp} g_{nq} + \Gamma^n_{kq} g_{pn} \end{aligned}$$

であり，一方では式 (3.124) と式 (4.115) によって

$$\begin{aligned} (dg_{pq} - g_{nq}\omega^n_p - g_{pn}\omega^n_q)(e_k) &= (dg_{pq})(e_k) - g_{nq}\omega^n_p(e_k) - g_{pn}\omega^n_q(e_k) \\ &= e_k g_{pq} - g_{nq}\Gamma^n_{kp} - g_{pn}\Gamma^n_{kq} \end{aligned}$$

だから，

$$(\nabla_{e_k} g)(e_p, e_q) = (dg_{pq} - g_{nq}\omega^n_p - g_{pn}\omega^n_q)(e_k) \qquad (k, p, q = 1 \sim N) \tag{4.177}$$

を得る．それゆえ，式 (4.164) が成立すれば式 (4.176) も成立し，逆に式 (4.176) の成立は式 (4.164) の成立を意味する．つまり，式 (4.164) は式 (4.176) と等価である．

では，式 (4.175) と式 (4.176) を使って接続形式 $\{\omega_m^n\}$ を決定しよう．そのために，1 形式 $dg_{pq}, \omega_m^n \in \Lambda^1(M)$ を $\{\theta^n\}$ で展開し，2 形式 $d\theta^n \in \Lambda^2(M)$ を $\{\theta^p \wedge \theta^q\}$ で展開して

$$\begin{aligned} dg_{pq} &= (dg_{pq})(e_n)\theta^n = (e_n g_{pq})\theta^n, \quad \omega_p^n = \omega_p^n(e_q)\theta^q = \Gamma_{qp}^n \theta^q \\ d\theta^n &= \frac{1}{2}(d\theta^n)(e_p, e_q)\theta^p \wedge \theta^q = -\frac{1}{2}C_{pq}^n \theta^p \wedge \theta^q = \frac{1}{2}C_{qp}^n \theta^p \wedge \theta^q \end{aligned} \tag{4.178}$$

と表現する．ここで，式 (3.124)，(4.115)，(4.116)，および付録 C の式 (C.21) を利用した．Γ_{pq}^n を二つの下付きの添え字に関する対称成分 S_{pq}^n と反対称成分 A_{pq}^n に分割して

$$\Gamma_{pq}^n = S_{pq}^n + A_{pq}^n, \quad S_{pq}^n = \frac{1}{2}(\Gamma_{pq}^n + \Gamma_{qp}^n), \quad A_{pq}^n = \frac{1}{2}(\Gamma_{pq}^n - \Gamma_{qp}^n) \tag{4.179}$$

と表現しておく．そして，式 (4.178)，(4.179) を式 (4.175) と (4.176) に代入すれば

$$\begin{aligned} 0 &= d\theta^n + \omega_p^n \wedge \theta^p = \frac{1}{2}C_{qp}^n \theta^p \wedge \theta^q + (S_{qp}^n + A_{qp}^n)\theta^q \wedge \theta^p \\ &= \frac{1}{2}C_{qp}^n \theta^p \wedge \theta^q + A_{qp}^n \theta^q \wedge \theta^p = \left\{\frac{1}{2}C_{qp}^n - A_{qp}^n\right\}\theta^p \wedge \theta^q \\ 0 &= dg_{pq} - g_{qn}\omega_p^n - g_{pn}\omega_q^n = (e_n g_{pq})\theta^n - g_{qn}\Gamma_{qp}^n \theta^q - g_{pn}\Gamma_{pq}^n \theta^p \\ &= (e_n g_{pq} - g_{qm}\Gamma_{np}^m - g_{pm}\Gamma_{nq}^m)\theta^n \end{aligned}$$

となり，これから

$$A_{qp}^n = \frac{1}{2}C_{qp}^n \tag{4.180}$$

$$e_n g_{pq} = g_{qm}\Gamma_{np}^m + g_{pm}\Gamma_{nq}^m \tag{4.181}$$

が結論される．さらに，式 (4.181) からは

$$\begin{aligned} e_n g_{pq} + e_q g_{np} - e_p g_{qn} &= g_{qm}\Gamma_{np}^m + g_{pm}\Gamma_{nq}^m + g_{pm}\Gamma_{qn}^m + g_{nm}\Gamma_{qp}^m - g_{nm}\Gamma_{pq}^m - g_{qm}\Gamma_{pn}^m \\ &= g_{pm}(\Gamma_{nq}^m + \Gamma_{qn}^m) + g_{qm}(\Gamma_{np}^m - \Gamma_{pn}^m) + g_{nm}(\Gamma_{qp}^m - \Gamma_{pq}^m) \\ &= 2g_{pm}S_{qn}^m + 2g_{qm}A_{np}^m - 2g_{nm}A_{pq}^m \end{aligned}$$

がいえ，式 (4.180) を利用すれば

$$2g_{pm}S_{qn}^m = e_n g_{pq} + e_q g_{np} - e_p g_{qn} - g_{qm}C_{np}^m + g_{nm}C_{pq}^m$$

が成立する．それゆえ

$$2g^{kp}g_{pm}S_{qn}^m = 2\delta_m^k S_{qn}^m = 2S_{qn}^k = g^{kp}(e_n g_{pq} + e_q g_{np} - e_p g_{qn} - g_{qm}C_{np}^m + g_{nm}C_{pq}^m)$$

であり，適当に添え字を書き換えれば

$$2S_{pq}^n = g^{nk}(e_q g_{kp} + e_p g_{qk} - e_k g_{pq} - g_{pm}C_{qk}^m + g_{qm}C_{kp}^m) \tag{4.182}$$

を得る．式 (4.179) に (4.180) と (4.182) を代入し，

$$C^n_{pq} = \delta^n_m C^m_{pq} = g^{nk} g_{km} C^m_{pq}$$

を利用すれば,

$$\Gamma^n_{pq} = \frac{1}{2} g^{nk} (e_q g_{kp} + e_p g_{qk} - e_k g_{pq} + g_{km} C^m_{pq} - g_{pm} C^m_{qk} + g_{qm} C^m_{kp}) \qquad (4.183)$$

を得るが，これは式 (4.173) に他ならない.

4.4　擬 Riemann 多様体

4.4.1　Riemann 曲率テンソル

計量 g が指定された可微分多様体 M を**擬 Riemann 多様体** (quasi-Riemann manifold) とよび，(M, g) と記す．g が Riemann 計量の場合，つまり g が正値な計量の場合には (M, g) をとくに **Riemann 多様体** (Riemann manifold) とよぶ．そして，擬 Riemann 多様体の Riemann 接続の曲率テンソルを **Riemann 曲率テンソル** (Riemann curvature tensor) とよぶ.

Riemann 曲率テンソルも曲率テンソルの一例だから式 (4.110)，すなわち

$$R_{X,Y} + R_{Y,X} = 0 \qquad (4.184)$$

が成立するのは当然であるが，Riemann 接続 ∇ が対称であることから Bianchi の恒等式からは捩率テンソルの項が消えて

$$\mathfrak{S}\{R_{X,Y} Z\} = R_{X,Y} Z + R_{Y,Z} X + R_{Z,X} Y = 0 \qquad (\text{第一恒等式}) \qquad (4.185)$$

$$\mathfrak{S}\{(\nabla_Z R)_{X,Y}\} = (\nabla_Z R)_{X,Y} + (\nabla_X R)_{Y,Z} + (\nabla_Y R)_{Z,X} = 0 \qquad (\text{第二恒等式}) \qquad (4.186)$$

となる．また，計量 g と整合することから

$$g(R_{X,Y} Z, W) + g(R_{X,Y} W, Z) = 0 \qquad (4.187)$$

$$g(R_{X,Y} Z, W) - g(R_{Z,W} X, Y) = 0 \qquad (4.188)$$

が成立する．これを示そう.

まず，Riemann 接続が計量 ∇ と整合することから式 (4.165)，すなわち

$$g(\nabla_X Y, Z) = X(g(Y, Z)) - g(Y, \nabla_X Z) \qquad (\forall X, Y, Z \in \mathcal{T}^1_0(M)) \qquad (4.189)$$

が成立する点に注目する．それゆえ

$$g(\nabla_Y Z, Z) = Y(g(Z, Z)) - g(Z, \nabla_Y Z)$$

であるが，g は対称だから，上式からは

$$g(\nabla_Y Z, Z) = \frac{1}{2}\{g(\nabla_Y Z, Z) + g(Z, \nabla_Y Z)\} = \frac{1}{2} Y(g(Z, Z)) \qquad (4.190)$$

がいえる．式 (4.189) で Y の代わりに $\nabla_Y Z$ を使い，式 (4.190) を利用すれば

$$g(\nabla_X \nabla_Y Z, Z) = X(g(\nabla_Y Z, Z)) - g(\nabla_Y Z, \nabla_X Z)$$
$$= \frac{1}{2} XY(g(Z,Z)) - g(\nabla_Y Z, \nabla_X Z)$$

であり，同様に

$$g(\nabla_Y \nabla_X Z, Z) = \frac{1}{2} YX(g(Z,Z)) - g(\nabla_X Z, \nabla_Y Z)$$

だから，

$$g(\nabla_X \nabla_Y Z, Z) - g(\nabla_Y \nabla_X Z, Z) = g([\nabla_X, \nabla_Y]Z, Z) = \frac{1}{2}[X,Y](g(Z,Z)) \quad (4.191)$$

を得る．さらに式 (4.190) で Y の代わりに $[X,Y]$ を使い，式 (4.191) を利用すれば

$$g(\nabla_{[X,Y]} Z, Z) = \frac{1}{2}[X,Y](g(Z,Z)) = g([\nabla_X, \nabla_Y]Z, Z)$$

を得るが，これは

$$g([\nabla_X, \nabla_Y]Z, Z) - g(\nabla_{[X,Y]} Z, Z)$$
$$= g([\nabla_X, \nabla_Y]Z - \nabla_{[X,Y]} Z, Z) = g(R_{X,Y} Z, Z) = 0 \qquad (\forall X, Y, Z \in \mathcal{T}_0^1(M)) \quad (4.192)$$

を意味する．それゆえ，任意の $X, Y, Z, W \in \mathcal{T}_0^1(M)$ に対して

$$0 = g(R_{X,Y}(Z+W), Z+W)$$
$$= g(R_{X,Y} Z, Z) + g(R_{X,Y} Z, W) + g(R_{X,Y} W, Z) + g(R_{X,Y} W, W)$$
$$= g(R_{X,Y} Z, W) + g(R_{X,Y} W, Z)$$

が成立するが，これは式 (4.187) に他ならない．

つぎに，式 (4.188) を示すため

$$C(X,Y,Z,W) \equiv g(R_{X,Y} Z, W) + g(R_{Y,Z} X, W) + g(R_{Z,X} Y, W) \quad (4.193)$$

を定義する．計量 g の線形性と式 (4.185) によれば任意の $X, Y, Z, W \in \mathcal{T}_0^1(M)$ に対して

$$C(X,Y,Z,W) = g(R_{X,Y} Z + R_{Y,Z} X + R_{Z,X} Y, W) = g(0, W) = 0$$

であり，したがって

$$C(X,Y,Z,W) + C(Y,Z,W,X) + C(Z,W,X,Y) + C(W,X,Y,Z) = 0$$

が成立する．上式左辺の各項を式 (4.193) によって展開すれば，式 (4.187) によって多くの項が相殺し

$$g(R_{Z,X} Y, W) + g(R_{W,Y} Z, X) + g(R_{X,Z} W, Y) + g(R_{Y,W} X, Z) = 0 \quad (4.194)$$

を得る．さらに，式 (4.184) と (4.187) を使えば

$$g(R_{X,Z} W, Y) = -g(R_{X,Z} Y, W) = -g(-R_{Z,X} Y, W) = g(R_{Z,X} Y, W)$$

$$g(R_{Y,W}X,Z)=-g(R_{Y,W}Z,X),\quad g(R_{W,Y}Z,X)=-g(R_{Y,W}Z,X)$$

であり，これを式 (4.194) に代入すれば

$$2\{g(R_{Z,X}Y,W)-g(R_{Y,W}Z,X)\}=0$$

を得るが，ここで，Z，X，Y をそれぞれ X，Y，Z で置き換えれば式 (4.188) が結論される．

4.4.2　断面曲率

まずは3次元 Euclid 空間中の曲面 S を対象とし，曲率テンソル R と Gauss 曲率 K の関係を調べてみよう．S は2次元の可微分多様体であり，4.3.1 項の冒頭でも示したように S には第一基本形式によって正値な内積 g が定義されている．したがって (S,g) は2次元の Riemann 多様体である．$(U,\varphi:x)$ を S の座標近傍とし，$\mathcal{T}_0^1(S)$ の基底場として標準基底場 $\{\partial_{x^n}\}_{n=1,2}$ を採用しよう．この標準基底場に関する曲率テンソルの成分は式 (4.109) によって

$$R^n_{pqr}=\partial_{x^q}\varGamma^n_{rp}-\partial_{x^r}\varGamma^n_{qp}+\varGamma^n_{qm}\varGamma^m_{rp}-\varGamma^n_{rm}\varGamma^m_{qp}=(R_{qr})^n_p \tag{4.195}$$

として与えられる．ここで，式 (4.80)，(4.81) にあるように

$$\varGamma_1\equiv\begin{pmatrix}\varGamma^1_{1,1} & \varGamma^1_{1,2}\\ \varGamma^2_{1,1} & \varGamma^2_{1,2}\end{pmatrix},\quad \varGamma_2\equiv\begin{pmatrix}\varGamma^1_{2,1} & \varGamma^1_{2,2}\\ \varGamma^2_{2,1} & \varGamma^2_{2,2}\end{pmatrix} \tag{4.196}$$

とし，これらの行列の n 行 p 列成分をそれぞれ $(\varGamma_1)^n_p$，$(\varGamma_2)^n_p$ と記せば

$$\begin{aligned}(R_{qr})^n_p&=\partial_{x^q}\varGamma^n_{rp}-\partial_{x^r}\varGamma^n_{qp}+\varGamma^n_{qm}\varGamma^m_{rp}-\varGamma^n_{rm}\varGamma^m_{qp}\\ &=\partial_{x^q}(\varGamma_r)^n_p-\partial_{x^r}(\varGamma_q)^n_p+(\varGamma_q)^n_m(\varGamma_r)^m_p-(\varGamma_r)^n_m(\varGamma_q)^m_p\\ &=(\partial_{x^q}\varGamma_r-\partial_{x^r}\varGamma_q+\varGamma_q\varGamma_r-\varGamma_r\varGamma_q)^n_p\end{aligned}$$

だから

$$R_{qr}=\partial_{x^q}\varGamma_r-\partial_{x^r}\varGamma_q+\varGamma_q\varGamma_r-\varGamma_r\varGamma_q \tag{4.197}$$

が成立する．ここで，式 (4.197) と 1.4.4 項の式 (1.99) を比較すればわかるように，座標 x^1，x^2 をそれぞれ u，v に書き換えれば，1.4.4 項における R_{uv} は本節における $R_{1,2}$ に他ならない．一方，式 (4.148) によれば

$$S_IR_{1,2}=\begin{pmatrix}g_{1,1} & g_{1,2}\\ g_{2,1} & g_{2,2}\end{pmatrix}\begin{pmatrix}(R_{1,2})^1_1 & (R_{1,2})^1_2\\ (R_{1,2})^2_1 & (R_{1,2})^2_2\end{pmatrix}$$

だから，2次正方行列 $S_IR_{1,2}$ の1行2列成分 $[S_IR_{1,2}]_{1,2}$ は

$$[S_IR_{1,2}]_{1,2}=g_{1,1}(R_{1,2})^1_2+g_{1,2}(R_{1,2})^2_2$$

であり，式 (4.107) と g の対称性によれば

$$g(R_{\partial_{x^1},\partial_{x^2}}\partial_{x^2},\partial_{x^1})=g(R^n_{2,1,2}\partial_{x^n},\partial_{x^1})=R^n_{2,1,2}g(\partial_{x^n},\partial_{x^1})=R^n_{2,1,2}g_{n1}$$

$$= g_{1,1}R^1_{2,1,2} + g_{2,1}R^2_{2,1,2} = g_{1,1}(R_{1,2})^1_2 + g_{1,2}(R_{1,2})^2_2$$

が成立するから

$$g(R_{\partial_{x^1},\partial_{x^2}}\partial_{x^2},\partial_{x^1}) = [S_I R_{1,2}]_{1,2} \tag{4.198}$$

を得る．それゆえ，1.4.4 項の式 (1.101) によれば

$$K = \frac{[S_I R_{1,2}]_{1,2}}{\det(S_I)} = \frac{g(R_{\partial_{x^1},\partial_{x^2}}\partial_{x^2},\partial_{x^1})}{g_{1,1}g_{2,2}-(g_{1,2})^2} = \frac{g(R_{\partial_{x^1},\partial_{x^2}}\partial_{x^2},\partial_{x^1})}{g(\partial_{x^1},\partial_{x^1})g(\partial_{x^2},\partial_{x^2})-g(\partial_{x^1},\partial_{x^2})^2} \tag{4.199}$$

が結論される．これが 3 次元 Euclid 空間中の曲面 S における曲率テンソル R と Gauss 曲率 K の関係である．

では，一般の擬 Riemann 多様体 (M,g) に話を戻そう．任意の点 $p \in M$ における接空間 $T_p(M)$ の 2 次元部分空間 σ を多様体 M の点 p における**平面切口** (plane section) とよぶ．$X,Y \in T_p(M)$ が張る平面切口を $\sigma_{X,Y}$ と記そう．そして，式 (4.199) にもとづいて擬 Riemann 多様体 (M,g) の平面切口 $\sigma_{X,Y}$ に関する**断面曲率** (sectional curvature) を

$$K(\sigma_{X,Y}) \equiv \frac{g(R_{X,Y}Y,X)}{g(X,X)g(Y,Y)-g(X,Y)^2} \tag{4.200}$$

として定義する．断面曲率は平面切口 $\sigma_{X,Y}$ だけで決まり，その基底 $\{X,Y\}$ の選び方によらないことを証明しよう．まず，他の基底を $\{X',Y'\}$ とすれば

$$X' = aX + bY, \quad Y' = cX + dY \qquad (ad - bc \neq 0)$$

と表現でき，計量 g の多重線形性と対称性により

$$g(X',X')g(Y',Y') - g(X',Y')^2 = (ad-bc)^2\{g(X,X)g(Y,Y)-g(X,Y)^2\}$$

が成立する．それゆえ，

$$\kappa(X,Y) \equiv g(R_{X,Y}Y,X) \tag{4.201}$$

として定義される κ が

$$\kappa(aX+bY,cX+dY) = (ad-bc)^2\kappa(X,Y) \tag{4.202}$$

を満足すれば

$$\frac{g(R_{X',Y'}Y',X')}{g(X',X')g(Y',Y')-g(X',Y')^2} = \frac{g(R_{X,Y}Y,X)}{g(X,X)g(Y,Y)-g(X,Y)^2}$$

が成立し，証明が完結する．では，式 (4.202) の成立を確認しよう．まず，曲率テンソルの多重線形性と式 (4.184) に示す反対称性によって

$$R_{X',Y'} = R_{aX+bY,cX+dY} = (ad-bc)R_{X,Y}$$

が成立する．また，式 (4.187) によれば任意の $X,Y \in \mathcal{T}^1_0(M)$ に対して

$$g(R_{X,Y}X,X) = g(R_{X,Y}Y,Y) = 0, \quad g(R_{X,Y}X,Y) = -g(R_{X,Y}Y,X)$$

だから

$$g(R_{X,Y}Y', X') = g(R_{X,Y}(cX + dY), aX + bY) = (ad - bc)g(R_{X,Y}Y, X)$$

が成立し，したがって

$$g(R_{X',Y'}Y', X') = (ad - bc)^2 g(R_{X,Y}Y, X)$$

を得るが，これは式 (4.202) に他ならない．

断面曲率を曲率テンソルで表現したものが式 (4.200) であるが，逆に曲率テンソルを断面曲率で表現することも可能である．実際，$X, Y, Z, W \in \mathcal{T}_0^1(M)$ に対して

$$\begin{aligned} \mu_{X,Y}(Z, W) \equiv \kappa(X + W, Y + Z) &- \kappa(X, Y + Z) - \kappa(W, Y + Z) \\ &- \kappa(Y, X + W) - \kappa(Z, X + W) \\ &+ \kappa(X, Y) + \kappa(X, Z) + \kappa(Y, W) + \kappa(W, Z) \end{aligned} \tag{4.203}$$

を定義すれば，

$$g(R_{X,Y}Z, W) = \frac{1}{6}\{\mu_{X,Y}(Z, W) - \mu_{Y,X}(Z, W)\} \tag{4.204}$$

が成立する．κ は式 (4.201) で定義され，断面曲率を使って

$$\kappa(X, Y) = \{g(X, X)g(Y, Y) - g(X, Y)^2\}K(\sigma_{X,Y}) \tag{4.205}$$

と表現できる点に注意しよう．したがって断面曲率が与えられれば κ が決まり，式 (4.203) と式 (4.204) によって曲率テンソル R が決まることになる．

では，式 (4.204) が成立することを確認しておこう．まず，式 (4.202) によって

$$\kappa(Y, X) = \kappa(X, Y) \tag{4.206}$$

が成立する．また，曲率テンソルと計量の多重線形性，および式 (4.206) によって

$$\begin{aligned} \kappa(X + W, Y) &= g(R_{X+W,Y}Y, X + W) = g(R_{X,Y}Y, X + W) + g(R_{W,Y}Y, X + W) \\ &= g(R_{X,Y}Y, X) + g(R_{X,Y}Y, W) + g(R_{W,Y}Y, X) + g(R_{W,Y}Y, W) \\ &= \kappa(X, Y) + \kappa(W, Y) + g(R_{X,Y}Y, W) + g(R_{W,Y}Y, X) \end{aligned} \tag{4.207}$$

$$\begin{aligned} \kappa(X, Y + Z) &= \kappa(Y + Z, X) \\ &= \kappa(Y, X) + \kappa(Z, X) + g(R_{Y,X}X, Z) + g(R_{Z,X}X, Y) \end{aligned} \tag{4.208}$$

である．さらに，式 (4.207) で Y の代わりに $Y + Z$ とすれば

$$\begin{aligned} \kappa(X + W, Y + Z) &= \kappa(X, Y + Z) + \kappa(W, Y + Z) \\ &\quad + g(R_{X,Y+Z}(Y + Z), W) + g(R_{W,Y+Z}(Y + Z), X) \end{aligned} \tag{4.209}$$

を得る．式 (4.184) と (4.188) によれば

$$g(R_{W,Z}Y, X) = -g(R_{Z,W}Y, X) = -g(R_{Y,X}Z, W) = g(R_{X,Y}Z, W)$$

$$g(R_{W,Y}Z,X) = -g(R_{Y,W}Z,X) = -g(R_{Z,X}Y,W) = g(R_{X,Z}Y,W)$$

であり，式 (4.208) によれば

$$\kappa(Y,X+W) = \kappa(X,Y) + \kappa(W,Y) + g(R_{X,Y}Y,W) + g(R_{W,Y}Y,X)$$

$$\kappa(Z,X+W) = \kappa(X,Z) + \kappa(W,Z) + g(R_{X,Z}Z,W) + g(R_{W,Z}Z,X)$$

だから，式 (4.209) によって

$$\begin{aligned}
&\kappa(X+W,Y+Z) - \kappa(X,Y+Z) - \kappa(W,Y+Z) \\
&\quad = g(R_{X,Y+Z}(Y+Z),W) + g(R_{W,Y+Z}(Y+Z),X) \\
&\quad = g(R_{X,Y}Y,W) + g(R_{X,Z}Y,W) + g(R_{X,Y}Z,W) + g(R_{X,Z}Z,W) \\
&\qquad + g(R_{W,Y}Y,X) + g(R_{W,Z}Y,X) + g(R_{W,Y}Z,X) + g(R_{W,Z}Z,X) \\
&\quad = 2g(R_{X,Y}Z,W) + \{\kappa(Y,X+W) - \kappa(X,Y) - \kappa(W,Y)\} \\
&\qquad + \{\kappa(Z,X+W) - \kappa(X,Z) - \kappa(W,Z)\} + 2g(R_{X,Z}Y,W)
\end{aligned}$$

が成立する．それゆえ，式 (4.203) で定義される $\mu_{X,Y}(Z,W)$ は

$$\mu_{X,Y}(Z,W) = 2g(R_{X,Y}Z,W) + 2g(R_{X,Z}Y,W) \tag{4.210}$$

と表現できる．X と Y を交換すれば

$$\begin{aligned}
\mu_{Y,X}(Z,W) &= 2g(R_{Y,X}Z,W) + 2g(R_{Y,Z}X,W) \\
&= -2g(R_{X,Y}Z,W) - 2g(R_{Z,Y}X,W)
\end{aligned}$$

となるから，

$$\mu_{X,Y}(Z,W) - \mu_{Y,X}(Z,W) = 4g(R_{X,Y}Z,W) + 2g(R_{X,Z}Y + R_{Z,Y}X,W) \tag{4.211}$$

である．ところが，式 (4.185) により

$$R_{X,Z}Y + R_{Z,Y}X + R_{Y,X}Z = 0$$

だから

$$g(R_{X,Z}Y + R_{Z,Y}X,W) = g(-R_{Y,X}Z,W) = g(R_{X,Y}Z,W)$$

が成立する．それゆえ，式 (4.211) は

$$\mu_{X,Y}(Z,W) - \mu_{Y,X}(Z,W) = 6g(R_{X,Y}Z,W)$$

と書けるが，これは式 (4.204) に他ならない．

さて，任意の $X,Y \in \mathcal{T}_0^1(M)$ に対して，$R_{X,Y}$ は $\mathcal{T}_0^1(M)$ 上の写像

$$R_{X,Y} : \mathcal{T}_0^1(M) \to \mathcal{T}_0^1(M), \quad Z \mapsto R_{X,Y}Z \tag{4.212}$$

であった．これに対応して，$X,Y \in \mathcal{T}_0^1(M)$ に依存する $\mathcal{T}_0^1(M)$ 上の写像を

$$X \wedge Y : \mathcal{T}_0^1(M) \to \mathcal{T}_0^1(M), \quad Z \mapsto (X \wedge Y)Z \equiv g(Y,Z)X - g(X,Z)Y \tag{4.213}$$

として定義し，写像 $\overline{R}$ を

$$\begin{aligned} &\overline{R} : \mathcal{T}_0^1(M) \times \mathcal{T}_0^1(M) \times \mathcal{T}_0^1(M) \to \mathcal{T}_0^1(M), \\ &(Z, X, Y) \mapsto \overline{R}_{X,Y} Z \equiv \overline{R}(Z, X, Y) \equiv (X \wedge Y)Z \end{aligned} \tag{4.214}$$

として定義しよう．容易に示されるように $\overline{R}$ は式 (4.105) を満足するから‡25，$\overline{R}$ は (1,3) 型テンソル場である．座標近傍 (U, φ) に対して $\mathcal{T}_0^1(U)$ 基底場を 1 組選んで $\{e_n\}$ とし，その双対基底場を $\{\theta^n\}$ とすれば，$\overline{R}$ が U 上で

$$\overline{R} = \overline{R}^n_{pqr} e_n \otimes \theta^p \otimes \theta^q \otimes \theta^r, \quad \overline{R}^n_{pqr} = \overline{R}(\theta^n, e_p, e_q, e_r) = \theta^n(\overline{R}_{e_q,e_r} e_p) \tag{4.215}$$

と展開できることも曲率テンソルの場合と同様であり，式 (4.213)，(4.214) によって

$$\begin{aligned} \overline{R}^n_{pqr} &= \theta^n(\overline{R}_{e_q,e_r} e_p) = \theta^n((e_q \wedge e_r)e_p) = \theta^n(g(e_r, e_p)e_q - g(e_q, e_p)e_r) \\ &= \theta^n(g_{rp}e_q - g_{qp}e_r) = g_{rp}\theta^n(e_q) - g_{qp}\theta^n(e_r) \end{aligned}$$

すなわち

$$\overline{R}^n_{pqr} = g_{rp}\delta^n_q - g_{qp}\delta^n_r \tag{4.216}$$

である．また，定義によって

$$\overline{R}_{X,Y} = X \wedge Y \tag{4.217}$$

である点にも注意しておこう．さらに，$\overline{R}$ が式 (4.184)〜(4.188) を満足することも示される．証明は容易だが，参考までに式 (4.185) を示そう．実際，

$$\mathfrak{S}\{g(X,Z)Y\} = \mathfrak{S}\{g(Z,Y)X\} = \mathfrak{S}\{g(Y,Z)X\}$$

だから

$$\begin{aligned} \mathfrak{S}\{\overline{R}_{X,Y} Z\} &= \mathfrak{S}\{(X \wedge Y)Z\} = \mathfrak{S}\{g(Y,Z)X - g(X,Z)Y\} \\ &= \mathfrak{S}\{g(Y,Z)X\} - \mathfrak{S}\{g(X,Z)Y\} = 0 \end{aligned}$$

である．

では断面曲率に話を戻そう．上に定義した写像 $X \wedge Y$ を使えば

$$g((X \wedge Y)Y, X) = g(g(Y,Y)X - g(X,Y)Y, X) = g(Y,Y)g(X,X) - g(X,Y)^2$$

だから，式 (4.200) は

$$K(\sigma_{X,Y}) = \frac{g(R_{X,Y}Y, X)}{g((X \wedge Y)Y, X)} \tag{4.218}$$

と表現できる．それゆえ，$c \in \Lambda^0(M)$ として

$$R_{X,Y} = c(X \wedge Y) = c\overline{R}_{X,Y} \qquad (\forall X, Y \in \mathcal{T}_0^1(M)) \tag{4.219}$$

が成立する場合には

---

‡25 正確には「式 (4.105) の R を $\overline{R}$ で置き換えた式を満足する」の意味．以下同様．

$$K(\sigma_{X,Y}) = \frac{g(c(X \wedge Y)Y, X)}{g((X \wedge Y)Y, X)} = c$$

すなわち

$$K(\sigma_{X,Y}) = c \qquad (\forall X, Y \in \mathcal{T}_0^1(M)) \tag{4.220}$$

が成立し，断面曲率は平面切口によらない．逆に，式 (4.220) が成立すれば

$$\kappa(X,Y) \equiv g(R_{X,Y}Y, X) = K(\sigma_{X,Y})g((X \wedge Y)Y, X) = cg((X \wedge Y)Y, X)$$

であり，これを使って式 (4.203) で定義される $\mu_{X,Y}(Z,W)$ を計算し，さらに式 (4.204) に代入すれば

$$g(R_{X,Y}Z, W) = g(c(X \wedge Y)Z, W) \qquad (\forall X, Y, Z, W \in \mathcal{T}_0^1(M))$$

が成立することが示される．そして g は非退化だから，上式は式 (4.219) を意味する．結局，式 (4.220) は式 (4.219) の必要十分条件である．

実は，次元が 3 以上の連結な擬 Riemann 多様体では，式 (4.220) が成立するならば $c \in \Lambda^0(M)$ は M 上で定数でなければならない (**Schur の定理**)．これを示して本項を終えよう．すでに示したように，式 (4.220) が成立するならば式 (4.219) もまた成立するが，式 (4.219) は

$$R = c\overline{R} \tag{4.221}$$

と等価だから，式 (4.221) を前提として c が定数であることを示せばよい．ところで，Riemann 接続は計量と適合するから任意の $W \in \mathcal{T}_0^1(M)$ に対して $\nabla_W g = 0$ である．それゆえ，任意の $X, Y, Z, W \in \mathcal{T}_0^1(M)$ に対して

$$\begin{aligned}
\nabla_W\{\overline{R}(Z,X,Y)\} &= \nabla_W\{(X \wedge Y)Z\} = \nabla_W\{g(Y,Z)X - g(X,Z)Y\} \\
&= g(\nabla_W Y, Z)X + g(Y, \nabla_W Z)X + g(Y,Z)\nabla_W X \\
&\quad - g(\nabla_W X, Z)Y - g(X, \nabla_W Z)Y - g(X,Z)\nabla_W Y \\
&= (\nabla_W X \wedge Y)Z + (X \wedge \nabla_W Y)Z + (X \wedge Y)\nabla_W Z \\
&= \overline{R}(Z, \nabla_W X, Y) + \overline{R}(Z, X, \nabla_W Y) + \overline{R}(\nabla_W Z, X, Y)
\end{aligned}$$

が成立する．一方，

$$\begin{aligned}
\nabla_W\{\overline{R}(Z,X,Y)\} &= (\nabla_W \overline{R})(Z,X,Y) + \overline{R}(\nabla_W Z, X, Y) \\
&\quad + \overline{R}(Z, \nabla_W X, Y) + \overline{R}(Z, X, \nabla_W Y)
\end{aligned}$$

だから

$$\nabla_W \overline{R} = 0 \qquad (\forall W \in \mathcal{T}_0^1(M)) \tag{4.222}$$

が結論される．式 (4.221) と (4.222) によれば

$$\nabla_W R = \nabla_W(c\overline{R}) = (\nabla_W c)\overline{R} + c\nabla_W \overline{R} = (\nabla_W c)\overline{R}$$

だから

$$(\nabla_Z R)_{X,Y} = (\nabla_Z c)\overline{R}_{X,Y} = (\nabla_Z c)(X \wedge Y) = (Zc)(X \wedge Y)$$

であり，Bianchi の第二恒等式 (4.186) から

$$\begin{aligned} 0 &= \mathfrak{S}\{(\nabla_Z R)_{X,Y}\} = \mathfrak{S}\{(Zc)(X \wedge Y)\} \\ &= (Zc)(X \wedge Y) + (Xc)(Y \wedge Z) + (Yc)(Z \wedge X) \end{aligned} \tag{4.223}$$

が成立する．ここで M の次元が 3 以上だから，X を任意の広義単位ベクトル場とするとき，$\{X, Y, Z\}$ が広義正規直交系をなすように Y，Z を設定できる．そのとき，

$$\begin{cases} (X \wedge Y)Z = g(Y,Z)X - g(X,Z)Y = 0 \\ (Y \wedge Z)Z = g(Z,Z)Y - g(Y,Z)Z = s_z Y \\ (Z \wedge X)Z = g(X,Z)Z - g(Z,Z)X = -s_z X \end{cases}, \qquad s_z \equiv g(Z,Z)$$

だから，式 (4.223) の両辺を Z に作用させれば

$$\begin{aligned} 0 = 0Z &= (Zc)(X \wedge Y)Z + (Xc)(Y \wedge Z)Z + (Yc)(Z \wedge X)Z \\ &= (Xc)s_z Y - (Yc)s_z X \end{aligned}$$

を得る．X と Y は線形独立であり $s_z = \pm 1$ だから $Xc = 0$ でなければならず，X は任意の広義単位ベクトル場だから c は定数でなければならない．

4.4.3　定曲率空間

擬 Riemann 多様体 (M, g) の断面曲率 K が M 上で定数である場合，つまり $c \in \boldsymbol{R}$ として式 (4.221) が成立する場合，(M, g) を**定曲率空間** (space of constant curvature) とよぶ．以下に定曲率空間の例をいくつか挙げておこう．

► ***N* 次元 Euclid 空間**

$\boldsymbol{R}^N$ は単一の座標近傍 $(\boldsymbol{R}^N, i_d)$ からなるアトラスをもつ N 次元の可微分多様体である (i_d は恒等写像)．この $\boldsymbol{R}^N$ に正値な **Euclid 計量** (Euclidian metric)

$$g = g_{mn} dx^m \otimes dx^n, \quad g_{mn} = \delta_{mn} \tag{4.224}$$

を導入して構成される Riemann 多様体 $\boldsymbol{E}^N \equiv (\boldsymbol{R}^N, g)$ が N 次元 **Euclid 空間** (Euclidian space) である．Riemann 接続 ∇ の Christoffel 記号は式 (4.174) によって

$$\Gamma^n_{ij} = 0 \tag{4.225}$$

であり，曲率テンソルの成分は式 (4.109) によって

$$R^n_{pqr} = 0 \tag{4.226}$$

となる．それゆえ

$$R = 0 = 0\overline{R} \tag{4.227}$$

が成立し，断面曲率は M 上で定数 0 だから $\boldsymbol{E}^N$ は定曲率空間である．

▶ **N 次元球面**

$N+1$ 次元 Euclid 空間 $\boldsymbol{E}^{N+1}$ に置かれた半径 ρ の N 次元球面 $\boldsymbol{S}^N(\rho)$ を考えよう．$\boldsymbol{S}^N(\rho)$ の接ベクトル間の内積を Euclid 空間 $\boldsymbol{E}^{N+1}$ 中のベクトル間の内積として定義すれば，$\boldsymbol{S}^N(\rho)$ に正値な計量 g が定義され[‡26]，$(\boldsymbol{S}^N(\rho), g)$ は Riemann 多様体となる．この球の北極 $\boldsymbol{p}_+ \equiv (0 \ \cdots \ 0 \ \rho)^t$ と赤道超平面 $\{\boldsymbol{p}|\boldsymbol{p}\in\boldsymbol{E}^{N+1}, [\boldsymbol{p}]_{N+1}=0\}$ 上の点 $\boldsymbol{q}=(x^1 \ \cdots \ x^N \ 0)^t$ を結ぶ直線は球と必ず一点だけで交わり，その交点は

$$\boldsymbol{p}=\left(\frac{2\rho^2}{\|\boldsymbol{x}\|^2+\rho^2}\boldsymbol{x}^t \quad \frac{\|\boldsymbol{x}\|^2-\rho^2}{\|\boldsymbol{x}\|^2+\rho^2}\rho\right)^t, \quad \boldsymbol{x}=\left(x^1 \ \cdots \ x^N\right)^t \tag{4.228}$$

として与えられる．$\boldsymbol{S}^N(\rho)$ から北極 p_+ を除いたものを $\boldsymbol{S}^N_+(\rho)\equiv\boldsymbol{S}^N(\rho)\backslash\{p_+\}$ と記せば，式 (4.228) によって $\boldsymbol{S}^N_+(\rho)$ から $\boldsymbol{R}^N$ への微分同相写像

$$\varphi_+ : \boldsymbol{S}^N_+(\rho)\to\boldsymbol{R}^N, \quad \boldsymbol{p}\mapsto\boldsymbol{x} \tag{4.229}$$

が定まる．同様に，球の南極 $\boldsymbol{p}_- \equiv (0 \ \cdots \ 0 \ -\rho)^t$ と赤道超平面上の点 $\boldsymbol{q}=(x^1 \ \cdots \ x^N \ 0)^t$ を結ぶ直線も球と必ず一点だけで交わり，その交点は

$$\boldsymbol{p}=\left(\frac{2\rho^2}{\|\boldsymbol{x}\|^2+\rho^2}\boldsymbol{x}^t \quad -\frac{\|\boldsymbol{x}\|^2-\rho^2}{\|\boldsymbol{x}\|^2+\rho^2}\rho\right)^t, \quad \boldsymbol{x}=(x^1 \ \cdots \ x^N)^t \tag{4.230}$$

として与えられ，$\boldsymbol{S}^N_-(\rho)\equiv\boldsymbol{S}^N(\rho)\backslash\{p_-\}$ から $\boldsymbol{R}^N$ への微分同相写像

$$\varphi_- : \boldsymbol{S}^N_-(\rho)\to\boldsymbol{R}^N, \quad \boldsymbol{p}\mapsto\boldsymbol{x} \tag{4.231}$$

が定まる．それゆえ，$\boldsymbol{S}^N(\rho)$ は二つの座標近傍 $(\boldsymbol{S}^N_+(\rho),\varphi_+)$，$(\boldsymbol{S}^N_-(\rho),\varphi_-)$ からなるアトラスをもつ．以下，座標近傍 $(\boldsymbol{S}^N_+(\rho),\varphi_+)$ についての結果を示すが，$(\boldsymbol{S}^N_-(\rho),\varphi_-)$ に関してもほとんど同様である．

さて，座標近傍 $(\boldsymbol{S}^N_+(\rho),\varphi_+)$ では

$$\frac{\partial\boldsymbol{p}}{\partial x^n}=\frac{\partial}{\partial x^n}\frac{1}{\|\boldsymbol{x}\|^2+\rho^2}\begin{pmatrix}2\rho^2\boldsymbol{x}\\ \rho(\|\boldsymbol{x}\|^2-\rho^2)\end{pmatrix}=\frac{2\rho^2}{(\|\boldsymbol{x}\|^2+\rho^2)^2}\begin{pmatrix}-2x^n\boldsymbol{x}+(\|\boldsymbol{x}\|^2+\rho^2)\boldsymbol{e}_n\\ 2\rho x^n\end{pmatrix}$$

だから，標準基底場 $\{\partial_{x^n}\}_{n=1\sim N}$ に関する計量 g の成分は

$$g_{mn}=g(\partial_{x^m},\partial_{x^n})=\frac{\partial\boldsymbol{p}}{\partial x^m}\cdot\frac{\partial\boldsymbol{p}}{\partial x^n}=\left(\frac{2\rho^2}{\|\boldsymbol{x}\|^2+\rho^2}\right)^2\delta_{mn}$$

であり，計量テンソルは

$$g=g_{mn}dx^m\otimes dx^n, \quad g_{mn}=\left(\frac{2\rho^2}{\|\boldsymbol{x}\|^2+\rho^2}\right)^2\delta_{mn} \tag{4.232}$$

として与えられる．

$$g^{mn}=\left(\frac{\|\boldsymbol{x}\|^2+\rho^2}{2\rho^2}\right)^2\delta^{mn}, \quad \frac{\partial g_{mn}}{\partial x^k}=\frac{-16\rho^4x^k}{(\|\boldsymbol{x}\|^2+\rho^2)^3}\delta_{mn} \tag{4.233}$$

だから，Christoffel 記号は式 (4.174) によって

‡26 これを Euclid 空間からの誘導計量と呼ぶ．

$$\begin{aligned} \Gamma^n_{ij} &= \frac{1}{2}\left(\frac{\|\boldsymbol{x}\|^2+\rho^2}{2\rho^2}\right)^2 \delta^{kn}\frac{-16\rho^4}{(\|\boldsymbol{x}\|^2+\rho^2)^3}\left(x^i\delta_{jk}+x^j\delta_{ki}-x^k\delta_{ij}\right) \\ &= \frac{-2}{\|\boldsymbol{x}\|^2+\rho^2}\left(x^i\delta_{jn}+x^j\delta_{ni}-x^n\delta_{ij}\right) \end{aligned} \tag{4.234}$$

となる．それゆえ

$$\partial_{x^q}\Gamma^n_{rp} = \frac{4x^q(x^r\delta_{pn}+x^p\delta_{nr}-x^n\delta_{rp})}{(\|\boldsymbol{x}\|^2+\rho^2)^2} - \frac{2(\delta_{rq}\delta_{pn}+\delta_{pq}\delta_{nr}-\delta_{nq}\delta_{rp})}{\|\boldsymbol{x}\|^2+\rho^2}$$

だから

$$\begin{aligned} &(\|\boldsymbol{x}\|^2+\rho^2)^2(\partial_{x^q}\Gamma^n_{rp}-\partial_{x^r}\Gamma^n_{qp}) \\ &\quad = 4(x^qx^p\delta_{nr}-x^qx^n\delta_{rp}-x^px^r\delta_{nq}+x^rx^n\delta_{qp})+4(\|\boldsymbol{x}\|^2+\rho^2)(\delta_{nq}\delta_{rp}-\delta_{pq}\delta_{nr}) \end{aligned}$$

である．また，

$$\begin{aligned} &(\|\boldsymbol{x}\|^2+\rho^2)^2\Gamma^n_{qm}\Gamma^m_{rp} \\ &\quad = 4(x^q\delta_{mn}+x^m\delta_{nq}-x^n\delta_{qm})(x^r\delta_{pm}+x^p\delta_{mr}-x^m\delta_{rp}) \\ &\quad = 4(x^qx^r\delta_{pn}+x^qx^p\delta_{rn}+2x^px^r\delta_{nq}-x^nx^r\delta_{qp}-x^nx^p\delta_{qr}-\|\boldsymbol{x}\|^2\delta_{nq}\delta_{rp}) \end{aligned}$$

だから

$$\begin{aligned} &(\|\boldsymbol{x}\|^2+\rho^2)^2(\Gamma^n_{qm}\Gamma^m_{rp}-\Gamma^n_{rm}\Gamma^m_{qp}) \\ &\quad = 4\{x^px^r\delta_{nq}+x^nx^q\delta_{rp}-x^nx^r\delta_{qp}-x^px^q\delta_{nr}-\|\boldsymbol{x}\|^2(\delta_{nq}\delta_{rp}-\delta_{nr}\delta_{qp})\} \end{aligned}$$

である．ただし，Einstein 規約による演算に際して注意が必要である．通常は同一文字による上付き・下付きの組に対して縮約を実行するが，上の計算ではテンソル演算とは無関係に座標 $\{x^n\}$ による微分演算によって上付き添え字が生ずるために上付き・下付きのバランスが乱れている．たとえば，$x^m\delta_{nq}$ と $x^m\delta_{rp}$ の積として上付きの m を 2 個含む $x^m\delta_{nq}x^m\delta_{rp}$ という項が登場するが，これは m に関して縮約する必要があり，結果として $\|\boldsymbol{x}\|^2\delta_{nq}\delta_{rp}$ を得る．いずれにせよ，以上の結果を式 (4.109) に代入すれば

$$\begin{aligned} (\|\boldsymbol{x}\|^2+\rho^2)^2R^n_{pqr} &= (\|\boldsymbol{x}\|^2+\rho^2)^2(\partial_{x^q}\Gamma^n_{rp}-\partial_{x^r}\Gamma^n_{qp}+\Gamma^n_{qm}\Gamma^m_{rp}-\Gamma^n_{rm}\Gamma^m_{qp}) \\ &= 4\rho^2(\delta_{nq}\delta_{rp}-\delta_{pq}\delta_{nr}) \end{aligned}$$

すなわち

$$R^n_{pqr} = \frac{4\rho^2}{(\|\boldsymbol{x}\|^2+\rho^2)^2}(\delta_{rp}\delta^n_q-\delta_{pq}\delta^n_r) = \frac{1}{\rho^2}(g_{rp}\delta^n_q-g_{pq}\delta^n_r) = \frac{1}{\rho^2}\overline{R}^n_{pqr} \tag{4.235}$$

を得る．ここで，式 (4.232) と (4.216) を利用した．式 (4.235) は

$$R = c\overline{R}, \quad c = \frac{1}{\rho^2} \tag{4.236}$$

を意味するから，半径 ρ の N 次元球面 $\boldsymbol{S}^N(\rho)$ は断面曲率 $c = 1/\rho^2$ の定曲率空間である．

▶ **双曲空間**

N 次元空間 $\boldsymbol{R}^N$ 内の半径 ρ の球体

$$\boldsymbol{B}^N(\rho) \equiv \{\boldsymbol{x} | \boldsymbol{x} \in \boldsymbol{R}^N, \|\boldsymbol{x}\| < \rho\} \tag{4.237}$$

に **Poincaré 計量** (Poincaré metric) とよばれる正値な計量

$$g = g_{mn} dx^m \otimes dx^n, \quad g_{mn} = \left(\frac{2\rho^2}{\rho^2 - \|\boldsymbol{x}\|^2} \right)^2 \delta_{mn} \tag{4.238}$$

を導入して構成される Riemann 多様体 $(\boldsymbol{B}^N(\rho), g)$ を N 次元**双曲空間** (hyperbolic space) とよび $\boldsymbol{H}^N(\rho)$ と記す．この多様体はひとつの座標近傍 $(\boldsymbol{B}^N(\rho), i_d)$ からなるアトラスをもつ．$(\boldsymbol{S}^N(\rho), g)$ の場合と同様に

$$g^{mn} = \left(\frac{\rho^2 - \|\boldsymbol{x}\|^2}{2\rho^2} \right)^2 \delta^{mn}, \quad \frac{\partial g_{mn}}{\partial x^k} = \frac{16\rho^4 x^k}{(\rho^2 - \|\boldsymbol{x}\|^2)^3} \delta_{mn} \tag{4.239}$$

$$\Gamma^n_{ij} = \frac{2}{\rho^2 - \|\boldsymbol{x}\|^2} \left(x^i \delta_{jn} + x^j \delta_{ni} - x^n \delta_{ij} \right) \tag{4.240}$$

$$R^n_{pqr} = -\frac{1}{\rho^2} (g_{rp} \delta^n_q - g_{pq} \delta^n_r) = -\frac{1}{\rho^2} \overline{R}^n_{pqr} \tag{4.241}$$

$$R = c\overline{R}, \quad c = -\frac{1}{\rho^2} \tag{4.242}$$

を得るから，$\boldsymbol{H}^N(\rho)$ は負の断面曲率 $c = -1/\rho^2$ をもつ定曲率空間である．

▶ **$(\boldsymbol{N}, \boldsymbol{M})$ 型 Minkowski 空間 (擬 Euclid 空間)**

$N + M$ 次元空間 $\boldsymbol{R}^{N+M}$ に (N, M) 型の計量

$$\eta = \eta_{mn} dx^m \otimes dx^n, \quad \eta_{mn} = s_n \delta_{mn}, \quad s_n = \begin{cases} 1 & (1 \leq n \leq N) \\ -1 & (N+1 \leq n \leq N+M) \end{cases} \tag{4.243}$$

を導入して得られる擬 Riemann 多様体を (N, M) 型の **Minkowski 空間** (Minkowskian space)，あるいは**擬 Euclid 空間** (quasi-Euclidian space) とよび，$\boldsymbol{M}^{N,M}$ と記す．$\boldsymbol{M}^{N,1}$ をとくに **Lorentz 空間** (Lorenzian space) とよび，$\boldsymbol{L}^{N+1}$ と記す場合もある．Euclid 空間の場合と同様に $\boldsymbol{M}^{N,M} = (\boldsymbol{R}^{N+M}, \eta)$ でも

$$\Gamma^n_{ij} = 0, \quad R^n_{pqr} = 0, \quad R = 0\overline{R}$$

が成立するから，$\boldsymbol{M}^{N,M}$ もまた断面曲率零の定曲率空間である．

▶ **Lorentz 空間内の超曲面としての双曲空間**

Lorentz 空間 $\boldsymbol{L}^{N+1}$ 中の超曲面

$$H^N(\rho) \equiv \{\boldsymbol{p} | \boldsymbol{p} \in \boldsymbol{L}^{N+1}, \eta(\boldsymbol{p}, \boldsymbol{p}) = -\rho^2, [\boldsymbol{p}]_{N+1} > 0\} \tag{4.244}$$

を考えよう．南極 $\boldsymbol{p}_- \equiv (0 \ \cdots \ 0 \ -\rho)^t$ と赤道超平面上の点 $\boldsymbol{q} = (x^1 \ \cdots \ x^N \ 0)^t$ を結ぶ直線は $H^N(\rho)$ と必ず一点だけで交わり，その交点は

$$\boldsymbol{p} = \left(\frac{2\rho^2}{\rho^2 - \|\boldsymbol{x}\|^2}\boldsymbol{x}^t \quad \frac{\rho^2 + \|\boldsymbol{x}\|^2}{\rho^2 - \|\boldsymbol{x}\|^2}\rho \right)^t, \quad \boldsymbol{x} = (x^1 \quad \cdots \quad x^N)^t \tag{4.245}$$

として与えられるから，この関係によって $H^N(\rho)$ から $\boldsymbol{B}^N(\rho)$ への微分同相写像

$$\varphi : H^N(\rho) \to \boldsymbol{B}^N(\rho), \quad \boldsymbol{p} \mapsto \boldsymbol{x} \tag{4.246}$$

が定まる．それゆえ，$H^N(\rho)$ は単一の座標近傍 $(H^N(\rho), \varphi)$ からなるアトラスをもつ N 次元の可微分多様体である．$H^N(\rho)$ の接ベクトル間の内積を Lorentz 空間 $\boldsymbol{L}^{N+1}$ 中のベクトル間の内積として定義すれば，$H^N(\rho)$ に計量 g が定義され，$(H^N(\rho), g)$ は擬 Riemann 多様体となる．ところで，

$$g_{mn} = g(\partial_{x^m}, \partial_{x^n}) = \eta\left(\frac{\partial \boldsymbol{p}}{\partial x^m}, \frac{\partial \boldsymbol{p}}{\partial x^n}\right) = \left(\frac{2\rho^2}{\rho^2 - \|\boldsymbol{x}\|^2}\right)^2 \delta_{mn}$$

だから，計量テンソルは

$$g = g_{mn} dx^m \otimes dx^n, \quad g_{mn} = \left(\frac{2\rho^2}{\rho^2 - \|\boldsymbol{x}\|^2}\right)^2 \delta_{mn} \tag{4.247}$$

となるが，これは式 (4.238) の Poincaré 計量に他ならない．つまり，$(H^N(\rho), g)$ は N 次元双曲空間 $\boldsymbol{H}^N(\rho)$ に他ならない．$\boldsymbol{L}^{N+1}$ の計量は正値ではないが，$\boldsymbol{L}^{N+1}$ の超曲面 $H^N(\rho)$ 上では正値な計量を与え，$\boldsymbol{H}^N(\rho) = (H^N(\rho), g)$ は Riemann 多様体である点に注意しておこう．

第5章

微分形式

第2章ではEuclid空間内の曲面における微分形式を「形式的」に導入し，曲面の性質を解析する上での有用性を示した．また，第3章では可微分多様体上の微分形式をテンソル場の一種として正式に定義し，第4章では多くの微分幾何学的対象が微分形式を使って記述されることをみた．本章では一般の可微分多様体における微分形式の一般的な性質について議論する．

5.1　微分形式

5.1.1　広義交代形式の場としての微分形式

3.4.1 項で述べたように，可微分多様体 M の各点 p に対して，p における接ベクトル $X_p \in T_p(M)$ がひとつずつ定められているとき，その対応 $X = \{X_p\}_{p\in M}$ を M 上での接ベクトルの場 (接ベクトル場) とよぶのであった．一般に，M の各点である対象がひとつずつ定められているとき，その対応を M 上の「場」とよぶ．たとえば，M の各点で同じ型のテンソルが定められていればテンソルの場 (テンソル場)，M の各点で接ベクトル空間の基底が指定されていれば基底の場 (基底場)，ということになる．同様に，M 上の実数場[‡1] とは M の各点にひとつずつ実数を定めるものであるが，これは M 上の実関数に他ならない．また，$(0, K)$ 型の交代対称テンソルの場は当然ながらテンソル場の一種であり，$(0, K)$ 型交代対称テンソル場，あるいは交代 K 次形式場とよんでもよいのであるが[‡2]，通常はこれを K 次微分形式，あるいは単に K 形式とよぶ．名称が示すように K 次微分形式は微分形式の一種ではあるが，3.4.6 項でも議論したように，微分形式は異なる次数の形式の線形結合をも含んだ，より一般的な概念である．

ところで，付録 C で詳述するように，実ベクトル空間 V が与えられれば V^* 上の外積代数 $\Lambda^*(V^*)$ が構成できる．任意の点 $p \in M$ における接ベクトル空間 $T_p(M)$ は実ベクトル空間だから，M の各点 p に対して $T_p^*(M)$ 上の外積代数 $\Lambda^*(T_p^*(M))$ が構成できることになる．それゆえ，広義交代形式の場が定義できるが[‡3]，これを微分形式とよぶ．つまり，M の各点 p に対して，p における広義交代形式 $\omega_p \in \Lambda^*(T_p^*(M))$ がひとつずつ定められているとき，その対応 $\omega = \{\omega_p\}_{p\in M}$ を M 上の微分形式とよぶのである．M 上の K 形式の集合を $\Lambda^K(M)$ と記したことに対応し，M 上の微分形式の集合を $\Lambda^*(M)$ と記す．

さて，広義交代形式の場である微分形式を議論する前に，N 次元の実ベクトル空間 V から出発して外積代数 $\Lambda^*(V^*)$ を構成する方法を略述しておこう．詳しくは付録 C を参照されたい．

まず，V^K 上の多重線形形式 $\phi \in M(V^K, \boldsymbol{R})$ が

$$\phi(x_{\sigma(1)}, x_{\sigma(2)}, \cdots, x_{\sigma(K)}) = \varepsilon(\sigma)\phi(x_1, x_2, \cdots, x_K) \qquad (\forall\sigma \in S_K) \tag{5.1}$$

---

‡1 ベクトル場に対比した場合，「実数場」は「スカラー場」とよばれることが多い．

‡2 点 $p \in M$ における $(0, K)$ 型の交代対称テンソル η_p とは接ベクトル空間 $T_p(M)$ 上の交代 K 次形式 $\eta_p \in \Lambda^K(T_p^*(M))$ である点に注意．

‡3 本書では外積代数の元を広義交代形式とよんでいる．付録 C.6 節を参照のこと．

を満足する場合，つまり引数の任意の入れ替えに対して符号を変える場合，ϕ を V 上の交代 K 次形式とよぶ．ここで，S_K は K 個の数字 $\{1, 2, \cdots, K\}$ に関する置換の集合を意味し，$\varepsilon(\sigma)$ は置換 σ の符号を表す．V 上の交代 K 次形式の集合 $\Lambda^K(V^*)$ は $M(V^K, \boldsymbol{R})$ の部分集合であり，$M(V^K, \boldsymbol{R})$ に定義された和と実数倍に関して閉じているから，$\Lambda^K(V^*)$ は $M(V^K, \boldsymbol{R})$ の部分空間である．$K > N$ の場合，交代 K 次形式は $M(V^K, \boldsymbol{R})$ の零元 0_K に限られるため

$$\Lambda^K(V^*) = \{0_K\} \qquad (K > N \equiv \dim(V)) \tag{5.2}$$

である．また，V 上の交代 0 次形式の集合を

$$\Lambda^0(V^*) \equiv \boldsymbol{R} \tag{5.3}$$

として定義する．したがって V 上の交代 0 次形式とは単なる実数に他ならない．

さて，多重線形形式 $\phi \in M(V^K, \boldsymbol{R})$ に対して $\phi_A \in M(V^K, \boldsymbol{R})$ を

$$\phi_A(x_1, x_2, \cdots, x_K) \equiv \frac{1}{K!} \sum_{\rho \in S_K} \varepsilon(\rho) \phi(x_{\rho(1)}, x_{\rho(2)}, \cdots, x_{\rho(K)}) \tag{5.4}$$

として定義すれば，ϕ_A は V 上の交代 K 次形式である．そこで，$M(V^K, \boldsymbol{R})$ から $\Lambda^K(V^*)$ への線形写像 $\mathcal{A}$ を

$$\mathcal{A} : M(V^K, \boldsymbol{R}) \to \Lambda^K(V^*), \quad \phi \mapsto \mathcal{A}\phi \equiv \phi_A \tag{5.5}$$

として定義し，これを交代化作用素とよぶ．そして，任意の $\eta_1, \cdots, \eta_K \in V^*$ に対して $\eta_1 \wedge \cdots \wedge \eta_K$ という記号で表現される V 上の交代 K 次形式を

$$\eta_1 \wedge \eta_2 \wedge \cdots \wedge \eta_K \equiv K! \mathcal{A}(\eta_1 \otimes \eta_2 \otimes \cdots \otimes \eta_K) \in \Lambda^K(V^*) \tag{5.6}$$

として定義する．つまり $\eta_1, \cdots, \eta_K$ のテンソル積 $\eta_1 \otimes \cdots \otimes \eta_K \in M(V^K, \boldsymbol{R})$ を交代化して得られる交代 K 次形式を $\eta_1 \wedge \cdots \wedge \eta_K$ と記すのである．V の基底を 1 組選んで $\{e_n\}_{n=1\sim N}$ とし，その双対基底を $\{\theta^n\}$ とすれば，定理 C–3 が主張するように $\{\theta^{n_1} \wedge \cdots \wedge \theta^{n_K}\}_{1 \le n_1 < \cdots < n_K \le N}$ は $\Lambda^K(V^*)$ の基底をなし，したがって $\Lambda^K(V^*)$ の次元は

$$\dim(\Lambda^K(V^*)) = {}_N C_K = \frac{N!}{(N-K)!K!} \tag{5.7}$$

として与えられる．$K = 0$，あるいは $K > N$ の場合にも式 (5.7) は成立し，$\Lambda^K(V^*)$ の次元はそれぞれ ${}_N C_0 = 1$，${}_N C_K = 0 \ (K > N)$ である．

V 上の交代 K 次形式 $\xi \in \Lambda^K(V^*)$ と交代 L 次形式 $\eta \in \Lambda^L(V^*)$ のテンソル積 $\xi \otimes \eta$ は V 上の多重線形形式 $\xi \otimes \eta \in M(V^{K+L}, \boldsymbol{R})$ だから，これを交代化すれば交代 $K + L$ 次形式 $\mathcal{A}(\xi \otimes \eta) \in \Lambda^{K+L}(V^*)$ を得る．これに実数 $(K + L)!/K!L!$ を乗じたものを ξ と η の外積とよび，$\xi \wedge \eta$ と記す．すなわち

$$\xi \wedge \eta \equiv \frac{(K+L)!}{K!L!} \mathcal{A}(\xi \otimes \eta) \in \Lambda^{K+L}(V^*) \tag{5.8}$$

である．この外積に関して

$$(\xi \wedge \eta)(x_1, \cdots, x_{K+L}) = \frac{1}{K!L!} \sum_{\rho \in S_{K+L}} \varepsilon(\rho) \xi(x_{\rho(1)}, \cdots, x_{\rho(K)}) \eta(x_{\rho(K+1)}, \cdots, x_{\rho(K+L)}) \tag{5.9}$$

$$\xi \wedge \eta = (-1)^{KL} \eta \wedge \xi \qquad (\xi \in \Lambda^K(V^*),\ \ \eta \in \Lambda^L(V^*)) \tag{5.10}$$

などが示される．また，任意の $\xi \in \Lambda^K(V^*)$，$\eta \in \Lambda^L(V^*)$，$\zeta \in \Lambda^M(V^*)$ に対して

$$(\xi \wedge \eta) \wedge \zeta = \xi \wedge (\eta \wedge \zeta) \tag{5.11}$$

が成立し，$(\xi \wedge \eta) \wedge \zeta$ と $\xi \wedge (\eta \wedge \zeta)$ を区別する必要がないため，それらを単に $\xi \wedge \eta \wedge \zeta$ と記す．交代化作用素 $\mathcal{A}$ が線形写像であり，

$$\mathcal{A}(\mathcal{A}(\xi \otimes \eta) \otimes \zeta) = \mathcal{A}(\xi \otimes \eta \otimes \zeta)$$

であることに注意すれば，式 (5.8) により

$$\begin{aligned}
\xi \wedge \eta \wedge \zeta = (\xi \wedge \eta) \wedge \zeta &= \frac{(K+L+M)!}{(K+L)!M!} \mathcal{A}((\xi \wedge \eta) \otimes \zeta) \\
&= \frac{(K+L+M)!}{(K+L)!M!} \frac{(K+L)!}{K!L!} \mathcal{A}(\mathcal{A}(\xi \otimes \eta) \otimes \zeta) = \frac{(K+L+M)!}{K!L!M!} \mathcal{A}(\xi \otimes \eta \otimes \zeta)
\end{aligned}$$

すなわち

$$\xi \wedge \eta \wedge \zeta = \frac{(K+L+M)!}{K!L!M!} \mathcal{A}(\xi \otimes \eta \otimes \zeta) \tag{5.12}$$

が結論される．一般に，K 個の交代形式 $\xi_k \in \Lambda^{N_k}(V^*)$ $(k = 1 \sim K)$ の外積が

$$\xi_1 \wedge \xi_2 \wedge \cdots \wedge \xi_K = \frac{(N_1 + N_2 + \cdots + N_K)!}{N_1!N_2 \cdots !N_K!} \mathcal{A}(\xi_1 \otimes \xi_2 \otimes \cdots \otimes \xi_K) \tag{5.13}$$

と書けることも同様に示され，とくに $\{\xi_k\}_{k=1\sim K}$ がすべて交代1次形式 $\xi_k \in \Lambda^1(V^*) = V^*$ の場合には，式 (5.13) は

$$\xi_1 \wedge \xi_2 \wedge \cdots \wedge \xi_K = K! \mathcal{A}(\xi_1 \otimes \xi_2 \otimes \cdots \otimes \xi_K)$$

を意味するから，式 (5.6) の定義は首尾一貫していることになる．

$N+1$ 個のベクトル空間 $\{\Lambda^K(V^*)\}_{K=0\sim N}$ の直積空間を考え，これを $\Lambda^*(V^*)$ と記す．つまり

$$\Lambda^*(V^*) \equiv \Lambda^0(V^*) \times \Lambda^1(V^*) \times \cdots \times \Lambda^N(V^*) \tag{5.14}$$

である．式 (5.2) に示すように，$K > N$ に対して $\Lambda^K(V^*)$ は零元だけからなるベクトル空間だから，$N+1$ 個より多くのベクトル空間 $\{\Lambda^K(V^*)\}_{K=0\sim N+L}$ $(L > 1)$ の直積を考えても実質的には何も変わらない．いずれにせよ，式 (5.7) によれば

$$\dim(\Lambda^*(V^*)) = \sum_{K=0}^{N} \dim(\Lambda^K(V^*)) = \sum_{K=0}^{N} {}_N C_K = 2^N \tag{5.15}$$

である．直積空間の定義により，任意の $\Phi \in \Lambda^*(V^*)$ は

$$\varPhi = (\phi_0, \phi_1, \cdots, \phi_N) \qquad (\phi_K \in \varLambda^K(V^*),\ K = 0 \sim N) \tag{5.16}$$

と一意的に表現できる．ここで，K 番目の要素以外がすべて零元であるような $\varLambda^*(V^*)$ の元の集合を V_K と記そう．つまり，$\{0_K\}_{K=0\sim N}$ をそれぞれ $\{\varLambda^K(V^*)\}_{K=0\sim N}$ の零元として

$$V_K \equiv \{(0_0, \cdots, 0_{K-1}, \phi_K, 0_{K+1}, \cdots, 0_N) | \phi_K \in \varLambda^K(V^*)\} \qquad (K = 0 \sim N) \tag{5.17}$$

である．V_K は $\varLambda^*(V^*)$ の部分空間であり，任意の $\varPhi \in \varLambda^*(V^*)$ は

$$\varPhi = \varPhi_0 + \varPhi_1 + \cdots + \varPhi_N \qquad (\varPhi_K \in V_K,\ K = 1 \sim N)$$

と一意的に表現できるから，$\varLambda^*(V^*)$ は $\{V_K\}_{K=0\sim N}$ の直和であり

$$\varLambda^*(V^*) = \bigoplus_{K=0}^{N} V_K \equiv V_0 \oplus V_1 \oplus \cdots \oplus V_N \tag{5.18}$$

と表現できる．ここで，$(0_0, \cdots, 0_{K-1}, \phi_K, 0_{K+1}, \cdots, 0_N) \in V_K$ と $\phi_K \in \varLambda^K(V^*)$ とを同一視すれば V_K と $\varLambda^K(V^*)$ とは同一のベクトル空間と見なされ，式 (5.18) は

$$\varLambda^*(V^*) = \bigoplus_{K=0}^{N} \varLambda^K(V^*) \equiv \varLambda^0(V^*) \oplus \varLambda^1(V^*) \oplus \cdots \oplus \varLambda^N(V^*) \tag{5.19}$$

と表現できる．また，任意の $\varPhi \in \varLambda^*(V^*)$ は

$$\varPhi = \sum_{K=0}^{N} \varPhi_K \qquad (\varPhi_K \in \varLambda^K(V^*),\ k = 0 \sim N) \tag{5.20}$$

として一意的に表現できる．このように，$\varLambda^*(V^*)$ の元 $\varPhi$ はさまざまな次数の交代形式 $\{\varPhi_K\}$ の直和として表現できることから，本書では $\varLambda^*(V^*)$ の元を V 上の広義交代形式とよぶ．V の基底を 1 組選んで $\{e_n\}_{n=1\sim N}$ とし，その双対基底を $\{\theta^n\}$ とすれば，$\{\theta^{n_1} \wedge \cdots \wedge \theta^{n_K}\}_{1 \leq n_1 < \cdots < n_K \leq N}$ は $\varLambda^K(V^*)$ の基底をなすから，$\varPhi_K \in \varLambda^K(V^*)$ はそれらの線形結合として一意的に表現され，任意の $\varPhi \in \varLambda^*(V^*)$ は

$$\varPhi = \sum_{K=0}^{N} \sum_{1 \leq n_1 < \cdots < n_K \leq N} \varPhi_{n_1, \cdots, n_K} \theta^{n_1} \wedge \cdots \wedge \theta^{n_K} \quad (\varPhi_{n_1, \cdots, n_K} \in \boldsymbol{R}) \tag{5.21}$$

として一意的に表現される．ただし，$\theta^{n_1} \wedge \cdots \wedge \theta^{n_K}$ は $K = 0$ に対しては実数の 1 を意味するものとする．結局，V^* の基底 $\{\theta^n\}$ が与えられれば，$\varLambda^1(V^*) = V^*$ の N 個の元 $\{\theta^n\}$ と $\varLambda^0(V^*) = \boldsymbol{R}$ の元である 1 とから $\varLambda^*(V^*)$ の基底

$$\{1\} \cup \{\theta^{n_1}\}_{1 \leq n_1 \leq N} \cup \{\theta^{n_1} \wedge \theta^{n_2}\}_{1 \leq n_1 < n_2 \leq N} \cup \cdots \cup \{\theta^1 \wedge \theta^2 \wedge \cdots \wedge \theta^N\} \tag{5.22}$$

が構築されるが，この事実を「$\{\theta^n\}$ は $\varLambda^*(V^*)$ を生成する」と表現する．

ベクトル空間である $\varLambda^*(V^*)$ には当然ながら和と実数倍が定義されているが，そのほかにも外積という演算が定義され，これらの演算は分配側や結合則を満足する．このような代数的構造をもつ $\varLambda^*(V^*)$ を V^* 上の外積代数，あるいは Grassmann 代数とよぶ．

ところで，式 (5.11) では ξ，η，ζ は狭義の交代形式 (次数が定まった交代形式) に制限されているが，それらが広義の交代形式 $\xi, \eta, \zeta \in \Lambda^*(M)$ であっても式 (5.22) の基底で展開し，個々の狭義交代形式に対して式 (5.11) を適用すれば

$$(\xi \wedge \eta) \wedge \zeta = \xi \wedge (\eta \wedge \zeta) \qquad (\xi, \eta, \zeta \in \Lambda^*(V^*)) \tag{5.23}$$

の成立が示される．したがって，$(\xi \wedge \eta) \wedge \zeta$ や $\xi \wedge (\eta \wedge \zeta)$ を単に $\xi \wedge \eta \wedge \zeta$ と記しても問題は生じない．

■ 5.1.2　微分形式間の外積

M を N 次元の可微分多様体とし，M 上の微分形式 $\xi \in \Lambda^*(M)$ の点 $p \in M$ における値を ξ_p と記す．二つの微分形式 $\xi, \eta \in \Lambda^*(M)$ の点 p における値 ξ_p，η_p は $T_p^*(M)$ 上の外積代数の元，すなわち点 p における広義交代形式 $\xi_p, \eta_p \in \Lambda^*(T_p^*(M))$ だから，両者の間に外積 $\xi_p \wedge \eta_p$ が定義される．そのため，各点 $p \in M$ に対して p における広義交代形式 $\xi_p \wedge \eta_p \in \Lambda^*(T_p^*(M))$ がひとつずつ定められることになり，この対応 $\{\xi_p \wedge \eta_p\}_{p \in M}$ は M 上の微分形式を与える．これを二つの微分形式 $\xi, \eta \in \Lambda^*(M)$ の外積とよび，

$$\xi \wedge \eta \equiv \{\xi_p \wedge \eta_p\}_{p \in M} \tag{5.24}$$

と記す．このように，微分形式間の外積は広義交代形式間の外積を介して定義されるから，広義交代形式間の外積の性質である式 (5.9)，(5.10) はそのまま引き継がれ，容易に示されるように，$\xi \in \Lambda^K(M)$，$\eta \in \Lambda^L(M)$ に対して

$$\begin{aligned}(\xi \wedge \eta)&(X_1, \cdots, X_{K+L}) \\ &= \frac{1}{K!L!} \sum_{\rho \in S_{K+L}} \varepsilon(\rho) \xi(X_{\rho(1)}, \cdots, X_{\rho(K)}) \eta(X_{\rho(K+1)}, \cdots, X_{\rho(K+L)})\end{aligned} \tag{5.25}$$

$$\xi \wedge \eta = (-1)^{KL} \eta \wedge \xi \tag{5.26}$$

が成立する．ただし，式 (5.25) における $\{X_n\}_{n=1 \sim K+L}$ はすべて M 上の接ベクトル場であり，等式は M 上のすべての点で成立することを意味する．また，式 (5.23) に対応して

$$(\xi \wedge \eta) \wedge \zeta = \xi \wedge (\eta \wedge \zeta) \qquad (\xi, \eta, \zeta \in \Lambda^*(M)) \tag{5.27}$$

が成立するから，微分形式の外積に関しても単に $\xi \wedge \eta \wedge \zeta$ と記すだけで十分である．さらに，$T_p^*(M)$ 上の外積代数 $\Lambda^*(T_p^*(M))$ における外積演算が線形であること，つまり付録 C の式 (C.66) を満足することから，M 上の任意の微分形式 $\omega, \omega', \phi, \phi' \in \Lambda^*(M)$ と関数 $f \in \Lambda^0(M)$ に対して

$$\begin{aligned}&(f\omega) \wedge \phi = \omega \wedge (f\phi) = f(\omega \wedge \phi) \\ &(\omega + \omega') \wedge \phi = \omega \wedge \phi + \omega' \wedge \phi, \quad \omega \wedge (\phi + \phi') = \omega \wedge \phi + \omega \wedge \phi'\end{aligned} \tag{5.28}$$

が成立する．

ここで 0 形式 $f \in \Lambda^0(M)$ と微分形式 $\xi \in \Lambda^*(M)$ の外積を考えよう．点 $p \in M$ における f の値 $f_p \in \Lambda^0(T_p^*(M))$ は交代 0 次形式，つまり単なる実数だから，付録 C の式 (C.33) に示すように f_p と $\xi_p \in \Lambda^*(T_p^*(M))$ との外積 $f_p \wedge \xi_p$ は $f_p \xi_p$ に一致する．それゆえ，

$$f \wedge \xi \equiv \{f_p \wedge \xi_p\}_{p \in M} = \{f_p \xi_p\}_{p \in M} = f\xi$$

である．$\xi \wedge f$ に関しても同様であり，結局

$$f \wedge \xi = \xi \wedge f = f\xi \qquad (f \in \Lambda^0(M), \xi \in \Lambda^*(M)) \tag{5.29}$$

が結論される．

(U, φ) を M の座標近傍としよう．U 上の接ベクトル場の集合 $\mathcal{T}_0^1(U)$ に対する基底場を 1 組選んで $\{e_n\}_{n=1\sim N}$ とし，その双対基底場を $\{\theta^n\}_{n=1\sim N}$ とする．また，接ベクトル場 $e_n \in \mathcal{T}_0^1(U)$ や 1 形式 $\theta^n \in \mathcal{T}_1^0(U)$ の点 $p \in U$ における値をそれぞれ $(e_n)_p$, $(\theta^n)_p$ と記す‡4．このとき，$\{(e_n)_p\}_{n=1\sim N}$ は点 p における接ベクトル空間 $T_p(M)$ の基底を成し，その双対基底 $\{(\theta^n)_p\}_{n=1\sim N}$ は余接ベクトル空間 $T_p^*(M)$ の基底をなす．したがって交代 K 次形式 $\{(\theta^{n_1})_p \wedge \cdots \wedge (\theta^{n_K})_p\}_{1 \leq n_1 < \cdots < n_K \leq N}$ は $\Lambda^K(T_p^*(M))$ の基底をなし，式 (5.22) に対応して $\Lambda^*(T_p^*(M))$ の基底

$$\{1\} \cup \{(\theta^{n_1})_p\}_{1 \leq n_1 \leq N} \cup \{(\theta^{n_1})_p \wedge (\theta^{n_2})_p\}_{1 \leq n_1 < n_2 \leq N} \cup \cdots \cup \{(\theta^1)_p \wedge (\theta^2)_p \wedge \cdots \wedge (\theta^N)_p\} \tag{5.30}$$

が構成される．微分形式間の外積の定義により，K 個の 1 形式 $\{\theta^{n_k}\}_{k=1\sim K}$ の外積

$$\theta^{n_1} \wedge \cdots \wedge \theta^{n_K} \equiv \{(\theta^{n_1})_p \wedge \cdots \wedge (\theta^{n_K})_p\}_{p \in U} \quad (1 \leq n_1 < \cdots < n_K \leq N) \tag{5.31}$$

は U 上の K 形式であり‡5，この K 形式の点 $p \in U$ における値は

$$(\theta^{n_1} \wedge \cdots \wedge \theta^{n_K})_p = (\theta^{n_1})_p \wedge \cdots \wedge (\theta^{n_K})_p$$

だから，式 (5.30) は

$$\{1\} \cup \{(\theta^{n_1})_p\}_{1 \leq n_1 \leq N} \cup \{(\theta^{n_1} \wedge \theta^{n_2})_p\}_{1 \leq n_1 < n_2 \leq N} \cup \cdots \cup \{(\theta^1 \wedge \theta^2 \wedge \cdots \wedge \theta^N)_p\} \tag{5.32}$$

と表現できる．任意の微分形式 $\xi \in \Lambda^*(M)$ に対して $\xi_p \in \Lambda^*(T_p^*(M))$ であり，一意的に

$$\xi_p = \sum_{K=0}^{N} \sum_{1 \leq n_1 < n_2 < \cdots < n_K \leq N} (\xi_{n_1, n_2, \cdots, n_K})_p (\theta^{n_1} \wedge \theta^{n_2} \wedge \cdots \wedge \theta^{n_K})_p$$

$$((\xi_{n_1, \cdots, n_K})_p \in \boldsymbol{R})$$

と展開できるから，U 上の実関数 $\xi_{n_1, n_2, \cdots, n_K} \in \Lambda^0(U)$ を

‡4 3.4.1 項で示したように，余接ベクトル場は 1 形式である．

‡5 式 (5.31) は式 (3.119) としてすでに登場している．

$$\xi_{n_1,n_2,\cdots,n_K} \equiv \{(\xi_{n_1,n_2,\cdots,n_K})_p\}_{p\in M}$$

として定義し，U 上で1を与える定数関数を 1_U と記せば，ξ 自体は 2^N 個の微分形式

$$\{1_U\} \cup \{\theta^{n_1}\}_{1\le n_1\le N} \cup \{\theta^{n_1}\wedge\theta^{n_2}\}_{1\le n_1<n_2\le N} \cup\cdots\cup \{\theta^1\wedge\theta^2\wedge\cdots\wedge\theta^N\} \tag{5.33}$$

によって一意的に

$$\xi|U = \sum_{K=0}^{N} \sum_{1\le n_1<n_2<\cdots<n_K\le N} \xi_{n_1,n_2,\cdots,n_K}\theta^{n_1}\wedge\theta^{n_2}\wedge\cdots\wedge\theta^{n_K} \qquad (\xi_{n_1,\cdots,n_K}\in\Lambda^0(U)) \tag{5.34}$$

と展開できる[‡6]．ただし，$K=0$ に対して $\theta^{n_1}\wedge\cdots\wedge\theta^{n_K}$ は 1_U を意味する．とくに ξ が K 形式 $\xi\in\Lambda^K(U)$ の場合には，${}_NC_K$ 個の K 形式 $\{\theta^{n_1}\wedge\cdots\wedge\theta^{n_K}\}_{1\le n_1<\cdots<n_K\le N}$ によって一意的に

$$\xi|U = \sum_{1\le n_1<n_2<\cdots<n_K\le N} \xi_{n_1,n_2,\cdots,n_K}\theta^{n_1}\wedge\theta^{n_2}\wedge\cdots\wedge\theta^{n_K} \qquad (\xi\in\Lambda^K(U)) \tag{5.35}$$

と展開できることになる．

3.4.4 項で詳述したように，$(U,\varphi:x)$ を多様体 M の座標近傍とすれば標準接ベクトル場の組 $\{\partial_{x^n}\}_{n=1\sim N}$ は $\mathcal{T}_0^1(U)$ に対する基底場をなし，その双対基底場は標準1形式の組 $\{dx^n\}_{n=1\sim N}$ として与えられる．それゆえ，式 (5.34) に対応して

$$\xi|U = \sum_{K=0}^{N} \sum_{1\le n_1<n_2<\cdots<n_K\le N} \xi_{n_1,n_2,\cdots,n_K}dx^{n_1}\wedge dx^{n_2}\wedge\cdots\wedge dx^{n_K} \tag{5.36}$$

と表現できるが，これを微分形式の局所座標表示とよび，U 上の実関数 $\{\xi_{n_1,n_2,\cdots,n_K}\}$ を座標近傍 $(U,\varphi:x)$ に関する微分形式 $\xi\in\Lambda^*(M)$ の成分という．

ところで，次数が確定した微分形式である K 形式とは $(0,K)$ 型の交代対称テンソル場に他ならず，テンソル場の一種だから，その可微分性を表す「級」に関してはすでに 3.4.4 項で定義されている通りである．一般の微分形式 $\xi\in\Lambda^*(M)$ に関してもまったく同様にして「級」が定義できる．つまり，M を C^r 級の多様体とするとき，M 上の微分形式 $\xi\in\Lambda^*(M)$ が C^k 級であるとは，M のアトラスをひとつ選んで $\mathcal{A}=\{(U_\alpha,\varphi_\alpha)\}_{\alpha\in A}$ とするとき，すべての $\alpha\in A$ に対し，$(U_\alpha,\varphi_\alpha:x)$ に関する ξ の成分がすべて U_α 上の C^k 級関数であること，として定義される．この定義は特定のアトラス $\mathcal{A}$ にもとづいているが，$0\le k\le r-1$ の場合にはアトラスの選び方によらないことがテンソル場の場合と同様に示される．C^r 級多様体上では微分形式の微分可能性は C^{r-1} 級までしか定義できず，C^r 級以上の微分可能性には意味がないこともテンソル場の場合と同様である．以下，とくに断りがない場合は M は C^∞ 級の多様体とする．したがって，任意の自然数 k に対して C^k 級の微分形式が定義できることになる．

[‡6] $\xi|U$ は ξ の U への制限を意味する．3.3.1 項参照のこと．

■ 5.1.3 外微分

一般の微分形式を対象とする前に，次数が確定した微分形式である K 形式を考えよう．K 形式とは $(0, K)$ 型の交代対称テンソル場のことであった．したがって，M 上の K 形式 $\omega \in \Lambda^K(M)$ は K 個の接ベクトル場の組 $(X_1, \cdots, X_K) \in \mathcal{T}_0^1(M)^K$ に作用して M 上の関数 $\omega(X_1, \cdots, X_K) \in \Lambda^0(M)$ を与える．つまり，ω は $\mathcal{T}_0^1(M)^K$ から $\Lambda^0(M)$ への写像である．この写像 $\omega : \mathcal{T}_0^1(M)^K \to \Lambda^0(M)$ を使って写像 $\widetilde{\omega} : \mathcal{T}_0^1(M)^{K+1} \to \Lambda^0(M)$ を

$$\widetilde{\omega}(X_1, \cdots, X_{K+1}) \equiv \sum_{k=1}^{K+1} (-1)^{k+1} X_k(\omega(X_1, \cdots, \widehat{X}_k, \cdots, X_{K+1})) + \sum_{1 \le k < l \le K+1} (-1)^{k+l} \omega([X_k, X_l], X_1, \cdots, \widehat{X}_k, \cdots, \widehat{X}_l, \cdots, X_{K+1}) \tag{5.37}$$

として定義しよう．ただし，$\widehat{X}_k$ は「X_k を取り除く」ことを意味し，たとえば

$$\omega(X_1, \cdots, \widehat{X}_k, \cdots, X_{K+1}) \equiv \begin{cases} \omega(X_2, X_3, \cdots, X_{K+1}) & (k = 1) \\ \omega(X_1, \cdots, X_{k-1}, X_{k+1}, \cdots, X_{K+1}) & (1 < k < K+1) \\ \omega(X_1, \cdots, X_{K-1}, X_K) & (k = K+1) \end{cases}$$

である．また，微分作用素としての接ベクトル場 X_k を M 上の関数 $\omega(X_1, \cdots, \widehat{X}_k, \cdots, X_{K+1})$ に作用させて得られる M 上の関数が $X_k(\omega(X_1, \cdots, \widehat{X}_k, \cdots, X_{K+1})) \in \Lambda^0(M)$ である．

さて，証明は多少煩雑なので本節の末尾に譲ることにするが，式 (5.37) で定義される写像 $\widetilde{\omega}$ は交代対称であり，$\Lambda^0(M)$ に関して多重線形，つまり任意の $f \in \Lambda^0(M)$ と $i = 1 \sim K+1$ に対して

$$\widetilde{\omega}(X_1, \cdots, fX_i, \cdots, X_{K+1}) = f\widetilde{\omega}(X_1, \cdots, X_i, \cdots, X_{K+1}) \tag{5.38}$$

$$\widetilde{\omega}(X_1, \cdots, X_i + X'_i, \cdots, X_{K+1}) = \widetilde{\omega}(X_1, \cdots, X_i, \cdots, X_{K+1}) + \widetilde{\omega}(X_1, \cdots, X'_i, \cdots, X_{K+1}) \tag{5.39}$$

が成立することが示される．それゆえ，$\widetilde{\omega}$ は $(0, K+1)$ 型の交代対称テンソル場[‡7]，すなわち $K+1$ 形式である．これを K 形式 ω の外微分 (exterior derivative) とよび $d\omega$ と記す．結局，ω の外微分 $d\omega$ は

$$d\omega(X_1, \cdots, X_{K+1}) \equiv \sum_{k=1}^{K+1} (-1)^{k+1} X_k(\omega(X_1, \cdots, \widehat{X}_k, \cdots, X_{K+1}))$$

[‡7] 3.4.2 項参照のこと．

$$+ \sum_{1 \le k < l \le K+1} (-1)^{k+l} \omega([X_k, X_l], X_1, \cdots, \widehat{X}_k, \cdots, \widehat{X}_l, \cdots, X_{K+1}) \quad (5.40)$$

を満足し，この性質によって定義されることになる．とくに $K = 0$，$K = 1$ の場合には

$$d\omega(X_1) = X_1(\omega) \qquad (\omega \in \Lambda^0(M)) \quad (5.41)$$

$$d\omega(X_1, X_2) = X_1(\omega(X_2)) - X_2(\omega(X_1)) - \omega([X_1, X_2]) \qquad (\omega \in \Lambda^1(M)) \quad (5.42)$$

を得るが，これらはそれぞれ 3.4.4 項の式 (3.124) および 3.4.6 項の式 (3.154) に他ならない．また，d を $\Lambda^K(M)$ から $\Lambda^{K+1}(M)$ への写像

$$d : \Lambda^K(M) \to \Lambda^{K+1}(M), \quad \eta \mapsto d\eta \quad (5.43)$$

と解釈する場合，式 (5.40) から容易に示されるように，この写像は線形である．

さて，式 (5.34) に示すように，M 上の任意の微分形式 $\xi \in \Lambda^*(M)$ は 0 次から N 次までの微分形式の和として

$$\xi = \sum_{K=0}^{N} \xi_K \qquad (\xi_K \in \Lambda^K(M), K = 0 \sim N) \quad (5.44)$$

と表現できるから，ξ に対する d の作用を

$$d\xi \equiv \sum_{K=0}^{N} d\xi_K \quad (5.45)$$

として定義すれば，d は $\Lambda^*(M)$ 上の線形作用素

$$d : \Lambda^*(M) \to \Lambda^*(M), \quad \xi \mapsto d\xi \quad (5.46)$$

である．このように外微分は式 (5.40) と (5.45) によって定義されるが，実際に外微分の計算をする際には適当な座標近傍に関する局所座標表示を使ったほうが便利である．その方法を示そう．

まず，前節の末尾で述べたように，座標近傍 $(U, \varphi : x)$ に関する K 形式 $\xi \in \Lambda^K(M)$ の局所座標表示は

$$\xi|U = \sum_{1 \le n_1 < n_2 < \cdots < n_K \le N} \xi_{n_1, n_2, \cdots, n_K} dx^{n_1} \wedge dx^{n_2} \wedge \cdots \wedge dx^{n_K}$$

$$(\xi_{n_1, n_2, \cdots, n_K} \in \Lambda^0(U)) \quad (5.47)$$

となる．煩雑さを避けるため，ξ の U への制限を意味する $\xi|U$ を単に ξ と記すことにしよう．ところで，$\xi_{n_1, \cdots, n_K} \in \Lambda^0(U)$ の外微分 $d\xi_{n_1, \cdots, n_K}$ は U 上の 1 形式であり

$$d\xi_{n_1, \cdots, n_K} = (\partial_n \xi_{n_1, \cdots, n_K}) dx^n, \quad \partial_n \xi_{n_1, \cdots, n_K} \equiv \partial_{x^n} \xi_{n_1, \cdots, n_K} = \frac{\partial \xi_{n_1, \cdots, n_K}}{\partial x^n} \quad (5.48)$$

と書ける‡8．そこで，U 上の $K+1$ 形式 $\widetilde{d}\xi \in \Lambda^{K+1}(U)$ を

‡8 簡単のため，ここでは ∂_{x^n} を ∂_n と記している．

$$\widetilde{d}\xi \equiv \sum_{1\le n_1<n_2<\cdots<n_K\le N} (\partial_n \xi_{n_1,n_2,\cdots,n_K}) dx^n \wedge dx^{n_1} \wedge dx^{n_2} \wedge \cdots \wedge dx^{n_K} \tag{5.49}$$

として定義する．添え字 $\{n_k\}_{k=1\sim K}$ に関しては和記号内に変動範囲が指定されているため Einstein 規約に従わないが，変動範囲の指定がされていない添え字 n に関しては Einstein 規約に従う点に注意しよう．n が $\{n_k\}_{k=1\sim K}$ のどれかに一致すれば

$$dx^n \wedge dx^{n_1} \wedge dx^{n_2} \wedge \cdots \wedge dx^{n_K} = 0$$

だから，$n_0 \equiv 0$，$n_{K+1} \equiv N+1$ と定義すれば，式 (5.49) は

$$\begin{aligned}\widetilde{d}\xi &= \sum_{1\le n_1<\cdots<n_K\le N} \left\{ \sum_{1\le n<n_1} + \sum_{n_1<n<n_2} + \cdots + \sum_{n_K<n\le N} \right\} \\ &\qquad \times (\partial_n \xi_{n_1,\cdots,n_K}) dx^n \wedge dx^{n_1} \wedge \cdots \wedge dx^{n_K} \\ &= \sum_{1\le n_1<\cdots<n_K\le N} \sum_{p=0}^{K} \sum_{n_p<n<n_{p+1}} (\partial_n \xi_{n_1,\cdots,n_K}) dx^n \wedge dx^{n_1} \wedge \cdots \wedge dx^{n_K}\end{aligned}$$

と書ける．そして，$n_p < n < n_{p+1}$ $(p = 1 \sim K)$ の場合には

$$dx^n \wedge dx^{n_1} \wedge \cdots \wedge dx^{n_K} = (-1)^p dx^{n_1} \wedge \cdots \wedge dx^{n_p} \wedge dx^n \wedge dx^{n_{p+1}} \wedge \cdots \wedge dx^{n_K}$$

と変形すれば，$\widetilde{d}\xi$ は

$$\widetilde{d}\xi = \sum_{p=0}^{K} (-1)^p \sum_{1\le n_1<\cdots<n_K\le N} \sum_{n_p<n<n_{p+1}} (\partial_n \xi_{n_1,\cdots,n_K}) dx^{n_1} \wedge \cdots \wedge (dx^n)_{p+1} \wedge \cdots \wedge dx^{n_K} \tag{5.50}$$

と表現できる．ただし，$(dx^n)_{p+1}$ は dx^n が 1 形式の並びの中で $p+1$ 番目の位置にあることを意味する．この $\widetilde{d}\xi$ が U 上では ξ の外微分 $d\xi$ に一致すること，つまり

$$\widetilde{d}\xi(X_1, \cdots, X_{K+1}) = d\xi(X_1, \cdots, X_{K+1}) \qquad (\forall (X_1 \ \cdots \ X_{K+1}) \in (\mathcal{T}_0^1(M))^{K+1}) \tag{5.51}$$

を示そう．まず，$d\xi$ と $\widetilde{d}\xi$ はともに $K+1$ 形式だから $\mathcal{T}_0^1(M)$ の基底場 $\{\partial_n\}_{n=1\sim N}$ に対して

$$\widetilde{d}\xi(\partial_{m_1}, \cdots, \partial_{m_{K+1}}) = d\xi(\partial_{m_1}, \cdots, \partial_{m_{K+1}}) \qquad (\forall \{m_k\}_{k=1\sim K+1}; 1 \le m_1 < \cdots < m_{K+1} \le N) \tag{5.52}$$

が成立すれば，式 (5.51) もまた成立する点に注意する．ところで，標準接ベクトル場は可換 (つまり $[\partial_m, \partial_n] = 0$) だから，式 (5.40) によって

$$d\xi(\partial_{m_1}, \cdots, \partial_{m_{K+1}}) = \sum_{k=1}^{K+1} (-1)^{k+1} \partial_{m_k} (\xi(\partial_{m_1}, \cdots, \widehat{\partial}_{m_k}, \cdots, \partial_{m_{K+1}}))$$

であり，式 (5.47) と付録 C.3 節の定理 C–2 によれば

$$\begin{aligned}
&\xi(\partial_{m_1},\cdots,\widehat{\partial}_{m_k},\cdots,\partial_{m_{K+1}})\\
&\quad=\sum_{1\le n_1<\cdots<n_K\le N}\xi_{n_1,\cdots,n_K}(dx^{n_1}\wedge dx^{n_2}\wedge\cdots\wedge dx^{n_K})(\partial_{m_1},\cdots,\widehat{\partial}_{m_k},\cdots,\partial_{m_{K+1}})\\
&\quad=\sum_{1\le n_1<\cdots<n_K\le N}\xi_{n_1,\cdots,n_K}\delta^{n_1}_{m_1}\cdots\delta^{n_{k-1}}_{m_{k-1}}\delta^{n_k}_{m_{k+1}}\delta^{n_{k+1}}_{m_{k+2}}\cdots\delta^{n_K}_{m_{K+1}}=\xi_{m_1,\cdots,\widehat{m}_k,\cdots,m_{K+1}}
\end{aligned}$$

だから ($\widehat{m}_k$ は m_k を取り除くことを意味する),

$$d\xi(\partial_{m_1},\cdots,\partial_{m_{K+1}})=\sum_{k=1}^{K+1}(-1)^{k+1}\partial_{m_k}\xi_{m_1,\cdots,\widehat{m}_k,\cdots,m_{K+1}} \tag{5.53}$$

を得る．一方，式 (5.50) と定理 C–2 によれば

$$\begin{aligned}
&\widetilde{d}\xi(\partial_{m_1},\cdots,\partial_{m_{K+1}})\\
&\quad=\sum_{p=0}^{K}(-1)^p\sum_{1\le n_1<\cdots<n_K\le N}\ \sum_{n_p<n<n_{p+1}}(\partial_n\xi_{n_1,\cdots,n_K})\delta^{n_1}_{m_1}\cdots\delta^{n_p}_{m_p}\delta^{n}_{m_{p+1}}\delta^{n_{p+1}}_{m_{p+2}}\cdots\delta^{n_K}_{m_{K+1}}\\
&\quad=\sum_{p=0}^{K}(-1)^p\partial_{m_{p+1}}\xi_{m_1,\cdots,\widehat{m}_{p+1},\cdots,m_{K+1}}=\sum_{k=1}^{K+1}(-1)^{k+1}\partial_{m_k}\xi_{m_1,\cdots,\widehat{m}_k,\cdots,m_{K+1}}
\end{aligned} \tag{5.54}$$

を得る．最後の等式では和のインデックスを p から $k=p+1$ に変換し，$(-1)^{k-1}=(-1)^{k+1}$ を利用している．いずれにせよ，式 (5.53) と (5.54) から式 (5.52) が，さらには式 (5.51) が結論されるから，U 上では $d\xi$ と $\widetilde{d}\xi$ は $K+1$ 形式として同一である．

結局，座標近傍 $(U,\varphi:x)$ に関する K 形式 $\xi\in\Lambda^K(M)$ の局所座標表示が

$$\xi|U=\sum_{1\le n_1<n_2<\cdots<n_K\le N}\xi_{n_1,n_2,\cdots,n_K}dx^{n_1}\wedge dx^{n_2}\wedge\cdots\wedge dx^{n_K} \tag{5.55}$$

であれば，その外微分 $d\xi$ の局所座標表示は

$$\begin{aligned}
d\xi|U&=\sum_{1\le n_1<n_2<\cdots<n_K\le N}(d\xi_{n_1,n_2,\cdots,n_K})\wedge dx^{n_1}\wedge dx^{n_2}\wedge\cdots\wedge dx^{n_K}\\
&=\sum_{1\le n_1<n_2<\cdots<n_K\le N}(\partial_n\xi_{n_1,n_2,\cdots,n_K})dx^{n}\wedge dx^{n_1}\wedge dx^{n_2}\wedge\cdots\wedge dx^{n_K}
\end{aligned} \tag{5.56}$$

として与えられる．式 (5.40) ではベクトル場の組 $(X_1\ \cdots\ X_{K+1})\in\mathcal{T}^1_0(M)^{K+1}$ に対する作用を介して外微分 $d\xi$ が定義されるが，式 (5.56) では標準 1 形式間の外積によって陽な形で表現されている点に注意して欲しい．外微分の具体的な計算では後者のほうがはるかに容易である．また，一般の微分形式 $\xi\in\Lambda^*(M)$ の外微分 $d\xi$ に関しても同様である．$d\xi$ は式 (5.45) によって定義されるから，ξ の局所座標表示が

$$\xi|U=\sum_{K=0}^{N}\ \sum_{1\le n_1<n_2<\cdots<n_K\le N}\xi_{n_1,n_2,\cdots,n_K}dx^{n_1}\wedge dx^{n_2}\wedge\cdots\wedge dx^{n_K} \tag{5.57}$$

ならば，その外微分 $d\xi$ の局所座標表示は

$$
\begin{aligned}
d\xi|U &= \sum_{K=0}^{N} \sum_{1\le n_1<n_2<\cdots<n_K\le N} (d\xi_{n_1,n_2,\cdots,n_K}) \wedge dx^{n_1} \wedge dx^{n_2} \wedge \cdots \wedge dx^{n_K} \\
&= \sum_{K=0}^{N} \sum_{1\le n_1<n_2<\cdots<n_K\le N} (\partial_n \xi_{n_1,n_2,\cdots,n_K}) dx^n \wedge dx^{n_1} \wedge dx^{n_2} \wedge \cdots \wedge dx^{n_K}
\end{aligned} \tag{5.58}
$$

として与えられることになる．これ以降，式 (5.56) や (5.58) を頻繁に利用することになるが，表記が煩雑なので

$$
dx^{n_1,n_2,\cdots,n_K} \equiv dx^{n_1} \wedge dx^{n_2} \wedge \cdots \wedge dx^{n_K} \tag{5.59}
$$

などと記す場合もある．以下，この記法を用いて外微分の基本的な性質を示す．

まず，0 形式 $f, g \in \Lambda^0(M)$ の積 fg は 0 形式であり，式 (5.56) で $K=0$ とすれば

$$
\begin{aligned}
d(fg) &= \{\partial_n(fg)\}dx^n = \{(\partial_n f)g + f(\partial_n g)\}dx^n \\
&= \{(\partial_n f)dx^n\}g + f\{(\partial_n g)dx^n\} = (df)g + fdg \quad (f, g \in \Lambda^0(M))
\end{aligned} \tag{5.60}
$$

を得る．つぎに，座標近傍 $(U, \varphi : x)$ に関して

$$
\phi = fdx^{p_1,p_2,\cdots,p_K} \qquad (f \in \Lambda^0(U), \quad 1 \le p_1, \cdots, p_K \le N) \tag{5.61}
$$

と表現される U 上の K 形式 ϕ を考えよう．ここで $\{p_1, \cdots, p_K\}$ は大きさの順番に並んでいるとは限らず，また同じ数値を含んでいてもかまわない．このとき，

$$
d\phi = df \wedge dx^{p_1,p_2,\cdots,p_K} \tag{5.62}
$$

が成立する．実際，$\{p_1, \cdots, p_K\}$ が同じ数値を含んでいる場合には $\phi = 0$ だから $d\phi = 0$ であり，また $dx^{p_1,p_2,\cdots,p_K} = 0$ だから式 (5.62) は成立する．一方，$\{p_1, \cdots, p_K\}$ がすべて異なる数値からなる場合，$\{p_1, \cdots, p_K\}$ を大きさの順番に並べたものを $\{n_1, \cdots, n_K\}$ とし，それに必要な置換の符号を ε とすれば $\phi = \varepsilon f dx^{n_1,\cdots,n_K}$ である．また，$\{n_1, \cdots, n_K\}$ を $\{p_1, \cdots, p_K\}$ に戻す置換の符号も ε だから，式 (5.56) によって

$$
d\phi = d(\varepsilon f) \wedge dx^{n_1,\cdots,n_K} = df \wedge \varepsilon dx^{n_1,\cdots,n_K} = df \wedge dx^{p_1,\cdots,p_K}
$$

であり，この場合も式 (5.62) が成立する．つづいて，座標近傍 $(U, \varphi : x)$ に関して

$$
\phi = fdx^{p_1,p_2,\cdots,p_K}, \quad \psi = gdx^{q_1,q_2,\cdots,q_L} \qquad (f, g \in \Lambda^0(U)) \tag{5.63}
$$

と局所座標表示される K 形式 $\phi \in \Lambda^K(M)$ と L 形式 $\psi \in \Lambda^L(M)$ を考える．$\{p_1, \cdots, p_K\}$ や $\{q_1, \cdots, q_K\}$ は必ずしも大きさの順番に並んでいる必要はなく，また同じ数値を含んでいてもかまわない．式 (5.28) によれば

$$
\phi \wedge \psi = fdx^{p_1,\cdots,p_K} \wedge gdx^{q_1,\cdots,q_L} = fgdx^{p_1,\cdots,p_K,q_1,\cdots,q_L} \in \Lambda^{K+L}(M)
$$

であり，式 (5.60) と (5.62) によれば

$$
\begin{aligned}
d(\phi\wedge\psi) &= d(fg)\wedge dx^{p_1,\cdots,p_K,q_1,\cdots,q_L}\\
&= (gdf+fdg)\wedge dx^{p_1,\cdots,p_K}\wedge dx^{q_1,\cdots,q_L}\\
&= g(df\wedge dx^{p_1,\cdots,p_K})\wedge dx^{q_1,\cdots,q_L}+fdg\wedge dx^{p_1,\cdots,p_K}\wedge dx^{q_1,\cdots,q_L}
\end{aligned}
$$

であるが,

$$
\begin{aligned}
dg\wedge dx^{p_1,\cdots,p_K} &= dg\wedge dx^{p_1}\wedge\cdots\wedge dx^{p_K}\\
&= (-1)^K dx^{p_1}\wedge\cdots\wedge dx^{p_K}\wedge dg = (-1)^K dx^{p_1,\cdots,p_K}\wedge dg
\end{aligned}
$$

だから

$$
d(\phi\wedge\psi) = d\phi\wedge\psi + (-1)^K\phi\wedge d\psi \tag{5.64}
$$

が結論される．実はこの結果はさらに一般的であり，任意の K 形式 $\omega\in\Lambda^K(M)$ と微分形式 $\xi\in\Lambda^*(M)$ の外積の外微分に関して

$$
d(\omega\wedge\xi) = d\omega\wedge\xi+(-1)^K\omega\wedge d\xi \qquad (\omega\in\Lambda^K(M),\ \xi\in\Lambda^*(M)) \tag{5.65}
$$

が成立する．実際，ω と ξ は任意の座標近傍 $(U,\varphi:x)$ でそれぞれ式 (5.55) と (5.57) のように局所座標表示されるから，外積演算と外微分作用素の線形性によって

$$
\begin{aligned}
d(\omega\wedge\xi) &= d\Bigg(\sum_{1\le n_1<\cdots<n_K\le N}\omega_{n_1,\cdots,n_K}dx^{n_1,\cdots,n_K}\\
&\qquad\qquad \wedge\sum_{L=0}^{N}\sum_{1\le m_1<\cdots<m_L\le N}\xi_{m_1,\cdots,m_L}dx^{m_1,\cdots,m_L}\Bigg)\\
&= \sum_{L=0}^{N}\sum_{\substack{1\le n_1<\cdots<n_K\le N\\ 1\le m_1<\cdots<m_L\le N}} d\{(\omega_{n_1,\cdots,n_K}dx^{n_1,\cdots,n_K})\wedge(\xi_{m_1,\cdots,m_L}dx^{m_1,\cdots,m_L})\}
\end{aligned}
$$

と書けるが，ここで $[\omega_{n_1,\cdots,n_K}dx^{n_1,\cdots,n_K}]_E$ を ϕ，$[\xi_{m_1,\cdots,m_L}dx^{m_1,\cdots,m_L}]_E$ を ψ として式 (5.64) を適用し‡9，ふたたび外積演算と外微分作用素の線形性を利用して結果を整理すれば式 (5.65) を得る．このように式 (5.65) は任意の座標近傍 $(U,\varphi:x)$ に対して成立し，したがって M 全体でも成立することになる．式 (5.65) は 2.3.3 項の式 (2.123)，あるいは 3.4.6 項の式 (3.153) の一般化である．

ふたたび式 (5.61) の K 形式 ϕ を考えよう．その外微分は式 (5.62) で与えられるが，これに再度外微分を施せば

$$
d^2\phi = d(d\phi) = d\{(\partial_n f)dx^n\wedge dx^{p_1,p_2,\cdots,p_K}\} = (\partial_m\partial_n f)dx^m\wedge dx^n\wedge dx^{p_1,p_2,\cdots,p_K}
$$

を得るが，$dx^n\wedge dx^m = -dx^m\wedge dx^n$ によって

---

‡9 $[\omega_{n_1,\cdots,n_K}dx^{n_1,\cdots,n_K}]_E$ は，上下の添え字に同じものがあっても Einstein 規約に従わないことを明示した表記法である．式中では $\{n_k\}_{k=1\sim k}$ の変動範囲が指定されているため単に $\omega_{n_1,\cdots,n_K}dx^{n_1,\cdots,n_K}$ と表記しただけでも Einstein 規約に従わないことは明らかである．

$$(\partial_m\partial_n f)dx^m \wedge dx^n = \frac{1}{2}\{(\partial_m\partial_n f)dx^m \wedge dx^n + (\partial_n\partial_m f)dx^n \wedge dx^m\}$$
$$= \frac{1}{2}(\partial_m\partial_n f - \partial_n\partial_m f)dx^m \wedge dx^n = 0$$

が成立し，したがって $d^2\phi = 0$ を得る．ところが，微分形式 $\xi \in \Lambda^*(M)$ は式 (5.57) のように局所座標表示されるから，外微分演算の線形性によって

$$d^2\xi|U = \sum_{K=0}^{N} \sum_{1\le n_1<n_2<\cdots<n_K\le N} d^2(\xi_{n_1,\cdots,n_K} dx^{n_1,\cdots,n_K}) = 0 \qquad (\forall\xi \in \Lambda^*(M)) \tag{5.66}$$

が成立する．これが任意の座標近傍 $(U, \varphi : x)$ に対して成立するから，実は M 全体で $d^2\xi = 0$ であり，2.3.3 項の式 (2.122) や 3.4.6 項の式 (3.152) で示したように

$$d^2 = 0 \tag{5.67}$$

が結論される．

では，先延ばしにしていた証明を提示して本項を終えよう．つまり，式 (5.37) で定義される写像 $\widetilde{\omega}$ は交代対称であり，しかも式 (5.38) と (5.39) を満足することを示す．ところで，$\omega \in \Lambda^K(M)$ は交代対称だから，$1 \le i < j \le K$ を満足する任意の整数の組 $(i\ j)$ に対して，X_i と X_j の入れ替えによって符号が反転する．つまり

$$\omega(X_1,\cdots,X_i,\cdots,X_j,\cdots,X_K) = -\omega(X_1,\cdots,(X_j)_i,\cdots,(X_i)_j,\cdots,X_K) \tag{5.68}$$

である．ただし，$(X_\alpha)_\beta$ はベクトル場 X_α が並びの中で β 番目の位置を占めることを意味する．説明の便のため，ここでは式 (5.68) の性質を「ω は $(i\ j)$ 反対称である」と表現することにしよう．交代対称性の定義から明らかなように，$1 \le i < j \le K$ を満足する任意の整数の組 $(i\ j)$ に対して写像 $\lambda : \mathcal{T}_0^1(M)^K \to \Lambda^0(M)$ が $(i\ j)$ 反対称であることと，λ が交代対称であることは同義である．

さて，$\widetilde{\omega}$ が交代対称であることを示そう．そのために

$$\omega_1(X_1,\cdots,X_{K+1}) \equiv \sum_{k=1}^{K+1}(-1)^{k+1}X_k(\omega(X_1,\cdots,\widehat{X}_k,\cdots,X_{K+1})) \tag{5.69}$$

$$\omega_2(X_1,\cdots,X_{K+1}) \equiv \sum_{1\le k<l\le K+1}(-1)^{k+l}\omega([X_k,X_l],X_1,\cdots,\widehat{X}_k,\cdots,\widehat{X}_l,\cdots,X_{K+1}) \tag{5.70}$$

を定義しておく．すると，式 (5.37) は

$$\widetilde{\omega}(X_1,\cdots,X_{K+1}) \equiv \omega_1(X_1,\cdots,X_{K+1}) + \omega_2(X_1,\cdots,X_{K+1}) \tag{5.71}$$

と書けるから，ω_1 と ω_2 がともに交代対称であれば，つまり $1 \le p < q \le K+1$ を満足する任意の整数の組 $(p\ \ q)$ に対して ω_1 と ω_2 がともに $(p\ \ q)$ 反対称ならば，$\widetilde{\omega}$ は交代

対称である．さて，式 (5.69) 右辺の和において，k が p，q のいずれとも一致しない項の $(p\ q)$ 反対称性は ω の交代対称性によって明らかだから，$k=p$ と $k=q$ の項の和

$$\begin{aligned}\chi_1(X_1,\cdots,X_{K+1}) \equiv (-1)^{p+1}X_p(\omega(X_1,\cdots,\widehat{X}_p,\cdots,X_{K+1}))\\ +(-1)^{q+1}X_q(\omega(X_1,\cdots,\widehat{X}_q,\cdots,X_{K+1}))\end{aligned} \tag{5.72}$$

が $(p\ q)$ 反対称であることを示せばよい．ところが，ω の交代対称性によって

$$\omega(X_1,\cdots,(X_q)_p,\cdots,(\widehat{X}_p)_q,\cdots,X_{K+1}) = (-1)^{q-p-1}\omega(X_1,\cdots,\widehat{X}_p,\cdots,X_{K+1})$$

$$\omega(X_1,\cdots,(\widehat{X}_q)_p,\cdots,(X_p)_q,\cdots,X_{K+1}) = (-1)^{q-p-1}\omega(X_1,\cdots,\widehat{X}_q,\cdots,X_{K+1})$$

が成立するから‡10，

$$\begin{aligned}&\chi_1(X_1,\cdots,(X_q)_p,\cdots,(X_p)_q,\cdots,X_{K+1})\\ &= (-1)^{p+1}(-1)^{q-p-1}X_q(\omega(X_1,\cdots,\widehat{X}_q,\cdots,X_{K+1}))\\ &\quad +(-1)^{q+1}(-1)^{q-p-1}X_p(\omega(X_1,\cdots,\widehat{X}_p,\cdots,X_{K+1}))\\ &= -\chi_1(X_1,\cdots,X_p,\cdots,X_q,\cdots,X_{K+1})\end{aligned}$$

であり，χ_1 は確かに $(p\ q)$ 反対称である．

つぎに ω_2 の交代対称性を確認しよう．式 (5.70) 右辺の和において，k，l がともに p，q のいずれにも一致しない項，および k，l がそれぞれ p，q に一致する項が $(p\ q)$ 反対称であることは ω の交代対称性と括弧積の性質によって明らかである．そこで $k=p$，$l \neq q$ の場合，$k=q$ の場合 ($k<l$ かつ $p<q$ だから自動的に $l \neq p$)，$k \neq p$，$l=q$ の場合，そして $l=p$ の場合 (自動的に $k \neq q$) の和

$$\begin{aligned}&\chi_2(X_1,\cdots,X_p,\cdots,X_q,\cdots,X_{K+1})\\ &\equiv \left\{\sum_{p<l<q}+\sum_{q<l\le K+1}\right\}(-1)^{p+l}\omega([X_p,X_l],X_1,\cdots,\widehat{X}_p,\cdots,\widehat{X}_l,\cdots,X_{K+1})\\ &\quad +\sum_{q<l\le K+1}(-1)^{q+l}\omega([X_q,X_l],X_1,\cdots,\widehat{X}_q,\cdots,\widehat{X}_l,\cdots,X_{K+1})\\ &\quad +\left\{\sum_{1\le k<p}+\sum_{p<k<q}\right\}(-1)^{k+q}\omega([X_k,X_q],X_1,\cdots,\widehat{X}_k,\cdots,\widehat{X}_q,\cdots,X_{K+1})\\ &\quad +\sum_{1\le k<p}(-1)^{k+p}\omega([X_k,X_p],X_1,\cdots,\widehat{X}_k,\cdots,\widehat{X}_p,\cdots,X_{K+1})\end{aligned} \tag{5.73}$$

---

‡10 たとえば，第 1 式左辺に登場する $(\widehat{X}_p)_q$ は q 番目に置かれた X_p を取り除くことを意味する．つまり $\omega(X_1,\cdots,(X_q)_p,\cdots,(\widehat{X}_p)_q,\cdots,X_{K+1}) = \omega(X_1,\cdots,X_{p-1},X_q,X_{p+1},\cdots,X_{q-1},X_{q+1},\cdots,X_{K+1})$ である．

が $(p\ q)$ 反対称であることを示せばよい．X_p と X_q を入れ替えれば

$$
\begin{aligned}
&\chi_2(X_1,\cdots,(X_q)_p,\cdots,(X_p)_q,\cdots,X_{K+1})\\
&\quad=\left\{\sum_{p<l<q}+\sum_{q<l\le K+1}\right\}(-1)^{p+l}\omega([X_q,X_l],X_1,\cdots,(\widehat{X}_q)_p,\cdots,\widehat{X}_l,\cdots,X_{K+1})\\
&\qquad+\sum_{q<l\le K+1}(-1)^{q+l}\omega([X_p,X_l],X_1,\cdots,(\widehat{X}_p)_q,\cdots,\widehat{X}_l,\cdots,X_{K+1})\\
&\qquad+\left\{\sum_{1\le k<p}+\sum_{p<k<q}\right\}(-1)^{k+q}\omega([X_k,X_p],X_1,\cdots,\widehat{X}_k,\cdots,(\widehat{X}_p)_q,\cdots,X_{K+1})\\
&\qquad+\sum_{1\le k<p}(-1)^{k+p}\omega([X_k,X_q],X_1,\cdots,\widehat{X}_k,\cdots,(\widehat{X}_q)_p,\cdots,X_{K+1})
\end{aligned}
\tag{5.74}
$$

となるが，たとえば $p<l<q$ の場合と $q<l\le K+1$ の場合にはそれぞれ

$$
\begin{aligned}
&\omega([X_q,X_l],X_1,\cdots,(\widehat{X}_q)_p,\cdots,\widehat{X}_l,\cdots,(X_p)_q,\cdots,X_{K+1})\\
&\quad=(-1)^{q-p-2}\omega([X_q,X_l],X_1,\cdots,X_p,\cdots,\widehat{X}_l,\cdots,\widehat{X}_q,\cdots,X_{K+1})\\
&\quad=(-1)^{q-p-1}\omega([X_l,X_q],X_1,\cdots,X_p,\cdots,\widehat{X}_l,\cdots,\widehat{X}_q,\cdots,X_{K+1})\\
&\omega([X_q,X_l],X_1,\cdots,(\widehat{X}_q)_p,\cdots,(X_p)_q,\cdots,\widehat{X}_l,\cdots,X_{K+1})\\
&\quad=(-1)^{q-p-1}\omega([X_q,X_l],X_1,\cdots,X_p,\cdots,\widehat{X}_q,\cdots,\widehat{X}_l,\cdots,X_{K+1})
\end{aligned}
$$

と変形できるから，式 (5.74) 右辺の第 1 項は

$$
\begin{aligned}
&\left\{\sum_{p<l<q}+\sum_{q<l\le K+1}\right\}(-1)^{p+l}\omega([X_q,X_l],X_1,\cdots,(\widehat{X}_q)_p,\cdots,\widehat{X}_l,\cdots,X_{K+1})\\
&\quad=-\sum_{p<l<q}(-1)^{q+l}\omega([X_l,X_q],X_1,\cdots,X_p,\cdots,\widehat{X}_l,\cdots,\widehat{X}_q,\cdots,X_{K+1})\\
&\qquad-\sum_{q<l\le K+1}(-1)^{q+l}\omega([X_q,X_l],X_1,\cdots,X_p,\cdots,\widehat{X}_q,\cdots,\widehat{X}_l,\cdots,X_{K+1})
\end{aligned}
$$

と変形できる．また，$p<q$ だから式 (5.74) の右辺第 2 項は

$$
\begin{aligned}
&\sum_{q<l\le K+1}(-1)^{q+l}\omega([X_p,X_l],X_1,\cdots,(X_q)_p,\cdots,(\widehat{X}_p)_q,\cdots,\widehat{X}_l,\cdots,X_{K+1})\\
&\quad=-\sum_{q<l\le K+1}(-1)^{p+l}\omega([X_p,X_l],X_1,\cdots,\widehat{X}_p,\cdots,X_q,\cdots,\widehat{X}_l,\cdots,X_{K+1})
\end{aligned}
$$

となる．第 3 項，4 項に関しても同様に変形し，$(-1)^{k+2q-p}=(-1)^{k+p}$ を使えば

$$
\left\{\sum_{1\le k<p}+\sum_{p<k<q}\right\}(-1)^{k+q}\omega([X_k,X_p],X_1,\cdots,\widehat{X}_k,\cdots,(\widehat{X}_p)_q,\cdots,X_{K+1})
$$

$$= -\sum_{1\le k<p}(-1)^{k+p}\omega([X_k, X_p], X_1, \cdots, \widehat{X}_k, \cdots, \widehat{X}_p, \cdots, X_q, \cdots, X_{K+1})$$

$$-\sum_{p<k<q}(-1)^{k+p}\omega([X_p, X_k], X_1, \cdots, \widehat{X}_p, \cdots, \widehat{X}_k, \cdots, X_q, \cdots, X_{K+1})$$

$$\sum_{1\le k<p}(-1)^{k+p}\omega([X_k, X_q], X_1, \cdots, \widehat{X}_k, \cdots, (\widehat{X}_q)_p, \cdots, X_{K+1})$$

$$= -\sum_{1\le k<p}(-1)^{k+q}\omega([X_k, X_q], X_1, \cdots, \widehat{X}_k, \cdots, X_p, \cdots, \widehat{X}_q, \cdots, X_{K+1})$$

であり，これらを式 (5.74) に代入すれば

$$\chi_2(X_1, \cdots, (X_q)_p, \cdots, (X_p)_q, \cdots, X_{K+1}) = -\chi_2(X_1, \cdots, X_p, \cdots, X_q, \cdots, X_{K+1})$$

が示される．したがって χ_2 は確かに $(p\ \ q)$ 反対称である．

つぎに，$\widetilde{\omega}$ が式 (5.38) と (5.39) を満足することを示そう．上述のように $\widetilde{\omega}$ は交代対称だから，$i=1$ の場合について示せば十分である．つまり

$$\widetilde{\omega}(fX_1, X_2, \cdots, X_{K+1}) = f\widetilde{\omega}(X_1, X_2, \cdots, X_{K+1}) \tag{5.75}$$

$$\widetilde{\omega}(X_1 + X_1', X_2, \cdots, X_{K+1}) = \widetilde{\omega}(X_1, X_2, \cdots, X_{K+1}) + \widetilde{\omega}(X_1', X_2, \cdots, X_{K+1}) \tag{5.76}$$

を示せばよい．さて，定義式 (5.37) によって

$$\begin{aligned}\widetilde{\omega}(fX_1, \cdots, X_{K+1}) &\equiv \sum_{k=1}^{K+1}(-1)^{k+1}X_k(\omega(fX_1, \cdots, \widehat{X}_k, \cdots, X_{K+1}))\\ &+ \sum_{1<l\le K+1}(-1)^{1+l}\omega([fX_1, X_l], X_2, \cdots, \widehat{X}_l, \cdots, X_{K+1})\\ &+ \sum_{2\le k<l\le K+1}(-1)^{k+l}\omega([X_k, X_l], fX_1, \cdots, \widehat{X}_k, \cdots, \widehat{X}_l, \cdots, X_{K+1})\end{aligned} \tag{5.77}$$

であるが，ω はテンソル場だから

$$X_k(\omega(fX_1, \cdots, \widehat{X}_k, \cdots, X_{K+1})) = X_k(f\omega(X_1, \cdots, \widehat{X}_k, \cdots, X_{K+1}))$$

$$= (X_kf)\omega(X_1, \cdots, \widehat{X}_k, \cdots, X_{K+1}) + fX_k(\omega(X_1, \cdots, \widehat{X}_k, \cdots, X_{K+1}))$$

$$\omega([fX_1, X_l], X_2, \cdots, \widehat{X}_l, \cdots, X_{K+1})$$

$$= \omega(f[X_1, X_l] - (X_lf)X_1, X_2, \cdots, \widehat{X}_l, \cdots, X_{K+1})$$

$$= f\omega([X_1, X_l], X_2, \cdots, \widehat{X}_l, \cdots, X_{K+1}) - (X_lf)\omega(X_1, X_2, \cdots, \widehat{X}_l, \cdots, X_{K+1})$$

$$\omega([X_k, X_l], fX_1, \cdots, \widehat{X}_k, \cdots, \widehat{X}_l, \cdots, X_{K+1})$$

$$= f\omega([X_k, X_l], X_1, \cdots, \widehat{X}_k, \cdots, \widehat{X}_l, \cdots, X_{K+1})$$

が成立し，これらを式 (5.77) に代入すれば f の微分を含む項は相殺し，他の項はすべて共通因子として f を含むことから，これを括り出せば式 (5.75) を得る．一方，K 形式の多重線形性，微分作用素としての接ベクトル場の線形性，および括弧積の線形性から

$$X_k(\omega(X_1+X_1', X_2, \cdots, \widehat{X}_k, \cdots, X_{K+1}))$$
$$= X_k(\omega(X_1, X_2, \cdots, \widehat{X}_k, \cdots, X_{K+1})) + X_k(\omega(X_1', X_2, \cdots, \widehat{X}_k, \cdots, X_{K+1}))$$
$$\omega([X_1+X_1', X_l], X_2, \cdots, \widehat{X}_l, \cdots, X_{K+1})$$
$$= \omega([X_1, X_l], X_2, \cdots, \widehat{X}_l, \cdots, X_{K+1}) + \omega([X_1', X_l], X_2, \cdots, \widehat{X}_l, \cdots, X_{K+1})$$
$$\omega([X_k, X_l], X_1+X_1', \cdots)$$
$$= \omega([X_k, X_l], X_1, \cdots) + \omega([X_k, X_l], X_1', \cdots)$$

が成立し，これから式 (5.76) が結論される．

5.1.4 内部積

M 上の接ベクトル場 $X \in \mathcal{T}_0^1(M)$ と K 形式 $\omega \in \Lambda^K(M)$ を使って (ただし $K \geq 1$ とする)，$\mathcal{T}_0^1(M)^{K-1}$ から $\Lambda^0(M)$ への写像 $\omega_X : \mathcal{T}_0^1(M)^{K-1} \to \Lambda^0(M)$ を

$$\omega_X(X_1, \cdots, X_{K-1}) \equiv \omega(X, X_1, \cdots, X_{K-1}) \tag{5.78}$$

として定義しよう．$\omega \in \Lambda^K(M)$ が微分形式であることから容易に示されるように，ω_X は交代対称であり，任意の $f \in \Lambda^0(M)$ と $i = 1 \sim K-1$ に対して

$$\omega_X(X_1, \cdots, fX_i, \cdots, X_{K-1}) = f\omega_X(X_1, \cdots, X_i, \cdots, X_{K-1}) \tag{5.79}$$

$$\omega_X(X_1, \cdots, X_i+X_i', \cdots, X_{K-1}) = \omega_X(X_1, \cdots, X_i, \cdots, X_{K-1}) + \omega_X(X_1, \cdots, X_i', \cdots, X_{K-1}) \tag{5.80}$$

が成立するから，ω_X は $(0, K-1)$ 型の交代対称テンソル場，すなわち $K-1$ 形式である．それゆえ，X に依存して決まる $\Lambda^K(M)$ から $\Lambda^{K-1}(M)$ への写像

$$I_X : \Lambda^K(M) \to \Lambda^{K-1}(M), \quad \omega \mapsto \omega_X \tag{5.81}$$

が定義できるが，この写像 I_X を X との**内部積** (interior product) とよぶ．便宜のため，$K=0$ に対しては

$$I_X : \Lambda^0(M) \to \{0\} \subset \boldsymbol{R}, \quad f \mapsto 0 \tag{5.82}$$

と定義する．また，$K=1$ の場合には式 (5.78) は

$$I_X\omega = \omega(X) \in \Lambda^0(M) \qquad (\omega \in \Lambda^1(M)) \tag{5.83}$$

を意味する．いずれにせよ，微分形式が多重線形であることを反映して内部積は線形写像である．

さて，任意の $\omega \in \Lambda^K(M)$ と $X_1, \cdots, X_K \in \mathcal{T}_0^1(M)$ に対して

$$\omega(X_1, \cdots, X_K) = I_{X_1}\omega(X_2, \cdots, X_K) = I_{X_2}I_{X_1}\omega(X_3, \cdots, X_K) = \cdots$$

だから

$$\omega(X_1, \cdots, X_K) = I_{X_K} \cdots I_{X_2}I_{X_1}\omega \in \Lambda^0(M) \qquad (\omega \in \Lambda^K(M)) \tag{5.84}$$

が成立する．また，任意の $K+2$ 形式 $\omega \in \Lambda^{K+2}(M)$ と $X, Y \in \mathcal{T}_0^1(M)$ に対して

$$\begin{aligned} I_Y(I_X\omega)(X_1, \cdots, X_K) &= I_X\omega(Y, X_1, \cdots, X_K) = \omega(X, Y, X_1, \cdots, X_K) \\ &= -\omega(Y, X, X_1, \cdots, X_K) = -I_Y\omega(X, X_1, \cdots, X_K) \\ &= -I_X(I_Y\omega)(X_1, \cdots, X_K) \end{aligned}$$

が成立するから

$$I_Y I_X = -I_X I_Y \tag{5.85}$$

であり，とくに

$$I_X^2 = 0 \tag{5.86}$$

が結論される．

では最後に，任意の $X \in \mathcal{T}_0^1(M)$ と $\omega \in \Lambda^K(M)$，$\chi \in \Lambda^L(M)$ に対して

$$I_X(\omega \wedge \chi) = (I_X\omega) \wedge \chi + (-1)^K \omega \wedge I_X\chi \tag{5.87}$$

が成立することを示そう．そのためには，任意の $X_1, \cdots, X_{K+L} \in \mathcal{T}_0^1(M)$ に対して

$$\begin{aligned} &I_{X_1}(\omega \wedge \chi)(X_2, \cdots, X_{K+L}) \\ &= \{(I_{X_1}\omega) \wedge \chi\}(X_2, \cdots, X_{K+L}) + (-1)^K\{\omega \wedge (I_{X_1}\chi)\}(X_2, \cdots, X_{K+L}) \end{aligned} \tag{5.88}$$

が成立することを示せばよい．まず，$\omega \wedge \chi \in \Lambda^{K+L}(M)$ だから $I_{X_1}(\omega \wedge \chi)$ は

$$\begin{aligned} &I_{X_1}(\omega \wedge \chi)(X_2, \cdots, X_{K+L}) = (\omega \wedge \chi)(X_1, X_2, \cdots, X_{K+L}) \\ &= \frac{1}{K!L!} \sum_{\rho \in S_{K+L}} \varepsilon(\rho)\omega(X_{\rho(1)}, \cdots, X_{\rho(K)})\chi(X_{\rho(K+1)}, \cdots, X_{\rho(K+L)}) \end{aligned} \tag{5.89}$$

を満足する．ここで，$K+L$ 次の置換群 S_{K+L} の部分集合 S_{K+L}^n を

$$S_{K+L}^n \equiv \{\sigma | \sigma \in S_{K+L}, \sigma(n) = 1\} \qquad (n = 1 \sim K+L) \tag{5.90}$$

として定義し[‡11]，巡回置換 $\gamma_n \in S_{K+L}$ を

$$\begin{aligned} &\gamma_1 \equiv e \\ &\gamma_n \equiv (1, 2, \cdots, n)_{K+L} = (1,2)_{K+L}(2,3)_{K+L} \cdots (n-1, n)_{K+L} \qquad (2 \le n \le K+L) \end{aligned} \tag{5.91}$$

として定義する．ここで，$e \in S_{K+L}$ は恒等置換であり，$(m,n)_{K+L} \in S_{K+L}$ は m と n を交換する互換を意味する．γ_n は $n-1$ 個の互換の合成だから，その符号は

[‡11] 置換群に関しては C.1 節を参照のこと．

$$\varepsilon(\gamma_n) = (-1)^{n-1} \qquad (n = 1 \sim K+L) \tag{5.92}$$

となる．また，$2 \leq n \leq K+L$ の場合には，巡回置換 γ_n は

$$\gamma_n(m) = \begin{cases} m+1 & (1 \leq m < n) \\ 1 & (m = n) \end{cases} \qquad (2 \leq n \leq K+L) \tag{5.93}$$

を満足する．容易に示されるように

$$S_{K+L} = \bigcup_{n=1}^{K+L} S_{K+L}^n, \quad S_{K+L}^m \cap S_{K+L}^n = \emptyset \qquad (m \neq n) \tag{5.94}$$

であり，σ が S_{K+L}^1 全体を重複なしに動けば $\sigma\gamma_n$ は S_{K+L}^n 全体を重複なしに動くから

$$\sum_{\rho \in S_{K+L}} = \sum_{n=1}^{N} \sum_{\rho \in S_{K+L}^n} = \left(\sum_{n=1}^{K} + \sum_{n=K+1}^{K+L} \right) \sum_{\rho = \sigma\gamma_n,\ \sigma \in S_{K+L}^1} \tag{5.95}$$

と表現できる．また，$\rho = \sigma\gamma_n$ とするとき，$n = 1$ なら $\rho = \sigma$ であり，$2 \leq n \leq K+L$ ならば式 (5.93) によって

$$\rho(m) = (\sigma\gamma_n)(m) = \begin{cases} \sigma(m+1) & 1 \leq m < n \\ \sigma(1) = 1 & m = n \\ \sigma(m) & n < m \leq K+L \end{cases} \qquad (2 \leq n \leq K+L)$$

である．それゆえ，$1 \leq n \leq K$ の場合には

$$\begin{aligned} \omega(X_{\rho(1)}, \cdots, X_{\rho(K)}) &= \omega(X_{\sigma(2)}, \cdots, X_{\sigma(n)}, X_1, X_{\sigma(n+1)}, \cdots, X_{\sigma(K)}) \\ &= (-1)^{n-1} \omega(X_1, X_{\sigma(2)}, \cdots, X_{\sigma(K)}) \\ &= (-1)^{n-1} I_{X_1} \omega(X_{\sigma(2)}, X_{\sigma(3)}, \cdots, X_{\sigma(K)}) \end{aligned}$$

$$\chi(X_{\rho(K+1)}, \cdots, X_{\rho(K+L)}) = \chi(X_{\sigma(K+1)}, \cdots, X_{\sigma(K+L)})$$

だから

$$\begin{aligned} &\varepsilon(\rho)\omega(X_{\rho(1)}, \cdots, X_{\rho(K)})\chi(X_{\rho(K+1)}, \cdots, X_{\rho(K+L)}) \\ &\quad = \varepsilon(\sigma)\varepsilon(\gamma_n)(-1)^{n-1} I_{X_1}\omega(X_{\sigma(2)}, \cdots, X_{\sigma(K)})\chi(X_{\sigma(K+1)}, \cdots, X_{\sigma(K+L)}) \\ &\quad = \varepsilon(\sigma) I_{X_1}\omega(X_{\sigma(2)}, \cdots, X_{\sigma(K)})\chi(X_{\sigma(K+1)}, \cdots, X_{\sigma(K+L)}) \end{aligned} \tag{5.96}$$

が成立する．一方，$K+1 \leq n \leq K+L$ の場合には

$$\omega(X_{\rho(1)}, \cdots, X_{\rho(K)}) = \omega(X_{\sigma(2)}, X_{\sigma(3)}, \cdots, X_{\sigma(K+1)})$$

$$\begin{aligned} \chi(X_{\rho(K+1)}, \cdots, X_{\rho(K+L)}) &= \chi(X_{\sigma(K+2)}, \cdots, X_{\sigma(n)}, X_1, X_{\sigma(n+1)}, X_{\sigma(K+L)}) \\ &= (-1)^{n-K-1} \chi(X_1, X_{\sigma(K+2)}, X_{\sigma(K+3)}, \cdots, X_{\sigma(K+L)}) \\ &= (-1)^{n-K-1} I_{X_1} \chi(X_{\sigma(K+2)}, X_{\sigma(K+3)}, \cdots, X_{\sigma(K+L)}) \end{aligned}$$

だから，

$$
\begin{aligned}
&\varepsilon(\rho)\omega(X_{\rho(1)},\cdots,X_{\rho(K)})\chi(X_{\rho(K+1)},\cdots,X_{\rho(K+L)})\\
&\quad=\varepsilon(\sigma)\varepsilon(\gamma_n)(-1)^{n-K-1}\omega(X_{\sigma(2)},\cdots,X_{\sigma(K+1)})I_{X_1}\chi(X_{\sigma(K+2)},\cdots,X_{\sigma(K+L)})\\
&\quad=(-1)^K\varepsilon(\sigma)\omega(X_{\sigma(2)},\cdots,X_{\sigma(K+1)})I_{X_1}\chi(X_{\sigma(K+2)},\cdots,X_{\sigma(K+L)}) \qquad (5.97)
\end{aligned}
$$

を得る (最後の変形では $(-1)^{2n-K-2}=(-1)^K$ を利用). 式 (5.96) や (5.97) の右辺は n に依存しない点に注意しよう. したがって, 和記号 $\sum_{n=1}^{K}$ や $\sum_{n=K+1}^{K+L}$ は単に K 倍や L 倍を意味する. それゆえ, 式 (5.95), (5.96), (5.97) を式 (5.89) に代入すれば

$$
\begin{aligned}
&I_{X_1}(\omega\wedge\chi)(X_2,\cdots,X_{K+L})\\
&\quad=\frac{1}{(K-1)!L!}\sum_{\sigma\in S^1_{K+L}}\varepsilon(\sigma)I_{X_1}\omega(X_{\sigma(2)},\cdots,X_{\sigma(K)})\chi(X_{\sigma(K+1)},\cdots,X_{\sigma(K+L)})\\
&\qquad+\frac{(-1)^K}{K!(L-1)!}\sum_{\sigma\in S^1_{K+L}}\varepsilon(\sigma)\omega(X_{\sigma(2)},\cdots,X_{\sigma(K+1)})I_{X_1}\chi(X_{\rho(K+2)},\cdots,X_{\rho(K+L)})
\end{aligned}
\tag{5.98}
$$

を得る. ところで, 1 を固定する置換の集合として定義された S^1_{K+L} は $K+L-1$ 個の数値 $\{2,3,\cdots,K+L\}$ に関する置換の集合に他ならず, 実質的には $K+L-1$ 次の置換群 S_{K+L-1} だから式 (5.88) が成立する. これが証明すべきことであった.

■ 5.1.5　微分形式に対する Hodge 作用素

向き付け可能な N 次元可微分多様体 M の上に計量 $g\in\mathcal{T}^0_2(M)$ が指定されているとしよう[‡12]. M は向き付け可能だから, すべてが同じ向きにある座標近傍からなるアトラス $\mathcal{A}=\{(U_\alpha,\varphi_\alpha)\}_{\alpha\in A}$ をもつ. つまり, $\mathcal{A}$ を構成する座標近傍 $(U_\alpha,\varphi_\alpha:x)$ と $(U_\beta,\varphi_\beta:y)$ が交わるならば, U_α 上の標構場 $(\partial_{x^1},\cdots,\partial_{x^N})$ と U_β 上の標構場 $(\partial_{y^1},\cdots,\partial_{y^N})$ は共通部分 $U_\alpha\cap U_\beta$ で同じ向きを定める.

座標近傍 $(U_\alpha,\varphi_\alpha:x)$ では標準接ベクトル場の組 $\{\partial_{x^n}\}_{n=1\sim N}$ が $\mathcal{T}^1_0(U_\alpha)$ の基底場をなすが, これに **Gram-Schmidt の直交化法** (Gram-Schmidt orthogonalization) を適用すれば計量 g に関して広義正規直交な $\mathcal{T}^1_0(U_\alpha)$ の基底場 $\{e_n\}_{n=1\sim N}$ が構築できる. まず, U_α 上で $g(\partial_{x^1},\partial_{x^1})\fallingdotseq 0$ だから

$$
\varepsilon_1\equiv\partial_{x^1},\quad e_1\equiv\frac{\varepsilon_1}{\sqrt{|g(\varepsilon_1,\varepsilon_1)|}},\quad s_1\equiv g(e_1,e_1)
$$

とすれば $e_1\in\mathcal{T}^1_0(U_\alpha)$ は広義正規である. そこで

$$
\varepsilon_2\equiv\partial_{x^2}-s_1g(e_1,\partial_{x^2})e_1,\quad e_2\equiv\frac{\varepsilon_2}{\sqrt{|g(\varepsilon_2,\varepsilon_2)|}},\quad s_2\equiv g(e_2,e_2)
$$

‡12 向き付け可能性については 3.4.5 項参照のこと.

とすれば $e_1, e_2 \in \mathcal{T}_0^1(U_\alpha)$ は広義正規直交である．一般に，広義正規直交な k 個 $(k < N)$ の接ベクトル場 $e_1, \cdots, e_k \in \mathcal{T}_0^1(U_\alpha)$ が得られたとすれば

$$\varepsilon_{k+1} \equiv \partial_{x^{k+1}} - s_1 g(e_1, \partial_{x^{k+1}})e_1 - \cdots - s_k g(e_k, \partial_{x^{k+1}})e_k,$$
$$e_{k+1} \equiv \frac{\varepsilon_{k+1}}{\sqrt{|g(\varepsilon_{k+1}, \varepsilon_{k+1})|}}, \quad s_{k+1} \equiv g(e_{k+1}, e_{k+1})$$

によって $k+1$ 個の広義正規直交な接ベクトル場 $e_1, \cdots, e_{k+1} \in \mathcal{T}_0^1(U_\alpha)$ が構成できるから，これを繰り返せばよい．上の構成法からわかるように，e_n は n 個の標準接ベクトル場 $\{\partial_{x^k}\}_{k=1\sim n}$ の線形結合で表現され，∂_{x^n} に関する展開係数 $\alpha_n \equiv 1/\sqrt{|g(\varepsilon_n, \varepsilon_n)|}$ は正である．それゆえ，$\{\partial_{x^n}\}_{n=1\sim N}$ から $\{e_n\}_{n=1\sim N}$ への変換を

$$e_n = \sum_{m=1}^{N} \partial_{x^m}[A]_{mn} \quad (n = 1 \sim N)$$

と表現したとき，変換行列 A は正実数 $\{\alpha_n\}_{n=1\sim N}$ を対角成分とする上三角行列であり，

$$\det(A) = \alpha_1 \alpha_2 \cdots \alpha_N > 0$$

だから，二つの標構場 $(\partial_{x^1}, \cdots, \partial_{x^N}), (e_1, \cdots, e_N) \in \mathcal{F}(U_\alpha)$ は U_α 上で同じ向きを定める．座標近傍 $(U_\alpha, \varphi_\alpha : x)$ と交わる座標近傍 $(U_\beta, \varphi_\beta : y)$ でも同様であり，標準接ベクトル場の組 $\{\partial_{y^n}\}_{n=1\sim N}$ から Gram-Schmidt の直交化法によって $\mathcal{T}_0^1(U_\beta)$ の広義正規直交基底 $\{e'_n\}_{n=1\sim N}$ を構成すれば，二つの標構場 $(\partial_{y^1}, \cdots, \partial_{y^N})$，$(e'_1, \cdots, e'_N) \in \mathcal{F}(U_\beta)$ は U_β 上で同じ向きを定める．そして，共通部分 $U_\alpha \cap U_\beta$ では $(\partial_{x^1}, \cdots, \partial_{x^N})$ と $(\partial_{y^1}, \cdots, \partial_{y^N})$ が同じ向きを定めるから，広義正規直交標構 $(e_1, \cdots, e_N)$，$(e'_1, \cdots, e'_N)$ もまた $U_\alpha \cap U_\beta$ 上で同じ向きを定める．結局，M のアトラス $\mathcal{A} = \{(U_\alpha, \varphi_\alpha)\}_{\alpha \in A}$ を構成するすべての座標近傍で広義の正規直交標構が定義され，二つの座標近傍の共通部分では両者の広義正規直交標構が同じ向きを定める．

さて，任意の点 $p \in M$ に対して p を含む座標近傍をひとつ選んで $(U_\alpha, \varphi_\alpha)$ としよう．上述のように，この座標近傍には広義正規直交標構 $(e_1, \cdots, e_N) \in \mathcal{F}(U_\alpha)$ が定義される．当然ながら $\{e_n\}_{n=1\sim N}$ は $\mathcal{T}_0^1(U_\alpha)$ の広義正規直交基底場をなすが，その双対基底場を $\{\theta^n\}_{n=1\sim N}$ と記し，点 $p \in U_\alpha \subset M$ における $e_n \in \mathcal{T}_0^1(M)$ と $\theta^n \in \Lambda^1(M)$ の値をそれぞれ $(e_n)_p$，$(\theta^n)_p$ と表記しよう．計量 $g \in \mathcal{T}_2^0(M)$ の点 p における値 g_p は接ベクトル空間 $T_p(M)$ における非退化な内積であり，$\{(e_n)_p\}_{n=1\sim N}$ は g_p に関する $T_p(M)$ の広義正規直交基底だから，その双対基底 $\{(\theta^n)_p\}_{n=1\sim N}$ を使えば，付録 C の C.7 節に示したように，交代 N 次形式

$$\Omega_p = (\theta^1)_p \wedge (\theta^2)_p \wedge \cdots \wedge (\theta^N)_p \in \Lambda^N(T_p^*(M)) \tag{5.99}$$

にもとづいて Hodge 作用素

$$*_p : \Lambda^K(T_p^*(M)) \to \Lambda^{N-K}(T_p^*(M)) \tag{5.100}$$

が定義される[‡13]．p を含む他の座標近傍 (U_β, φ_β) を選んだ場合でも，U_β 上の広義正規直交標構 $(e'_1, \cdots, e'_N) \in \mathcal{F}(U_\beta)$ は点 p において $(e_1, \cdots, e_N) \in \mathcal{F}(U_\alpha)$ と同じ向きを定めるから，式 (5.100) で定義される Hodge 作用素 $*_p$ は座標近傍の選び方によらない．このように，任意の点 $p \in M$ で Hodge 作用素 $*_p$ が一意的に定義されることになる．

ところで，M 上の K 形式 $\xi \in \Lambda^K(M)$ の点 $p \in M$ における値 ξ_p は $T_p(M)$ 上の交代 K 次形式 $\xi_p \in \Lambda^K(T_p^*(M))$ だから，これに $*_p$ を作用させれば $T_p(M)$ 上の交代 $N-K$ 次形式 $*_p\xi_p \in \Lambda^{N-K}(T_p^*(M))$ を得る．そして，M の各点 p に対して，p における交代 $N-K$ 次形式 $*_p\xi_p$ をひとつずつ定める対応 $\{*_p\xi_p\}_{p\in M}$ は M 上の $N-K$ 形式であり，これを

$$*\xi \equiv \{*_p\xi_p\}_{p\in M} \tag{5.101}$$

と記す．作用素 $*$ が K 形式 ξ に作用して $N-K$ 形式 $*\xi$ が得られると解釈し，この作用素 $*$ を **Hodge 作用素** (Hodge operator) あるいは**星印作用素** (star operator) とよぶ[‡14]．Hodge 作用素 $*$ は $\Lambda^K(M)$ から $\Lambda^{N-K}(M)$ への写像

$$* : \Lambda^K(M) \to \Lambda^{N-K}(M), \quad \xi \mapsto *\xi \tag{5.102}$$

であり，各点 $p \in M$ において $*_p$ が線形だから Hodge 作用素 $*$ もまた線形である．

さて，座標近傍 $(U_\alpha, \varphi_\alpha)$ では $\mathcal{T}_0^1(U_\alpha)$ の広義正規直交基底場 $\{e_n\}_{n=1\sim N}$ が定義され，その双対基底場を $\{\theta^n\}_{n=1\sim N}$ と記したのであった．U_α 上の N 形式を

$$\Omega \equiv \theta^1 \wedge \theta^2 \wedge \cdots \wedge \theta^N \in \Lambda^N(U_\alpha) \tag{5.103}$$

として定義すれば点 $p \in U_\alpha$ における Ω の値は式 (5.99) で与えられるから，式 (C.74) に示すように，点 p における Hodge 作用素 $*_p$ の $\xi_p \in \Lambda^K(T_p^*(M))$ に対する作用は

$$\xi_p \wedge \lambda_p = (*_p\xi_p, \lambda_p)_{N-K;p}\Omega_p \qquad (\forall\lambda_p \in \Lambda^{N-K}(T_p^*(M))) \tag{5.104}$$

によって指定され，この関係式によって一意的に定まる．ここで，$(\ .\ ,\ .\ )_{N-K;p}$ は $T_p(M)$ 上の非退化な内積 g_p から定まる $\Lambda^{N-K}(T_p^*(M))$ 上の非退化な内積である[‡15]．

式 (5.103) の右辺は U_α 上でのみ意味をもつが，Ω 自体は M 上で一意に定義される点に注意しよう．$(U_\alpha, \varphi_\alpha)$ と交わる任意の座標近傍を (U_β, φ_β) とするとき，(U_β, φ_β) における広義正規直交基底場 $\{e'_n\}_{n=1\sim N}$ の双対基底場 $\{\theta'^n\}_{n=1\sim N}$ から構成される

---

‡13 点 p における接ベクトル空間の上で定義される Hodge 作用素という意味で $*_p$ と表記した．

‡14 ベクトル空間の上の交代形式に作用する Hodge 作用素と，多様体上の微分形式に作用する Hodge 作用素を同一の記号で表現するが，混乱することはないだろう．

‡15 交代形式の内積に関しては C.5 節を参照のこと．

U_β 上の N 形式 Ω' は共通部分 $U_\alpha \cap U_\beta$ では Ω と一致するからである．それゆえ，式 (5.104) は多様体 M 上の任意の点 $p \in M$ で意味をもち，M 全体で

$$\xi \wedge \lambda = (*\xi, \lambda)_{N-K}\Omega \qquad (\forall \lambda \in \Lambda^{N-K}(M)) \tag{5.105}$$

が成立する．K 形式 $\xi \in \Lambda^K(M)$ に対する Hodge 作用素 $*$ の作用は式 (5.105) によって指定され，広義正規直交基底場 $\{e_n\}_{n=1\sim N}$ に対して一意的に定まることになる[‡16]．

このように，M 上の微分形式に対する Hodge 作用素 $*$ は，各点 $p \in M$ で個々に定義される Hodge 作用素 $*_p$ の総体として定義されるから，$*_p$ に関して C.7 節に示した結果はほとんどそのまま $*$ に関しても成立する．式 (C.74) に対応して式 (5.105) が成立するのはその一例であるが，このほかにも式 (C.79)，(C.83)，(C.87)，(C.88) に対応して

$$*\,\theta^{n_1,\cdots,n_K} = \varepsilon(\sigma) s_{g:\overline{n}_1} \cdots s_{g:\overline{n}_{N-K}} \theta^{\overline{n}_1,\overline{n}_2,\cdots,\overline{n}_{N-K}} \tag{5.106}$$

$$(*)^2\xi = *(*\xi) = (-1)^{K(N-K)+(N-g_S)/2}\xi \qquad (\forall \xi \in \Lambda^K(M)) \tag{5.107}$$

$$\begin{aligned} \theta^{m_1,\cdots,m_K} \wedge *\theta^{n_1,\cdots,n_K} &= (-1)^{(N-g_S)/2}(\theta^{m_1,\cdots,m_K}, \theta^{n_1,\cdots,n_K})_K \Omega \\ &= \theta^{n_1,\cdots,n_K} \wedge *\theta^{m_1,\cdots,m_K} \end{aligned} \tag{5.108}$$

$$\begin{aligned} &*\,\theta^{n_1,\cdots,n_K} \wedge \theta^{m_1,\cdots,m_K} = (-1)^{(N-K)K}\theta^{m_1,\cdots,m_K} \wedge *\theta^{n_1,\cdots,n_K} \\ &\quad = (-1)^{K(N-K)+(N-g_S)/2}(\theta^{n_1,\cdots,n_K}, \theta^{m_1,\cdots,m_K})_K \Omega = *\theta^{m_1,\cdots,m_K} \wedge \theta^{n_1,\cdots,n_K} \end{aligned} \tag{5.109}$$

が成立する[‡17]．とはいえ，これらは微分形式に関する等式であり，C.7 節に示した交代形式としての等式とは意味が異なる点に注意する必要がある．

5.2 引き戻し

5.2.1 多様体間の写像の微分

M を N 次元可微分多様体，M' を N' 次元可微分多様体とし，φ を M から M' への可微分写像とする[‡18]．点 $p \in M$ を通る M 内の曲線 C が，開区間 $I \equiv (-\varepsilon, \varepsilon) \subset \boldsymbol{R}$ と，$\gamma(0) = p$ を満足する写像 $\gamma : I \to M$ によって $(I, \gamma : I \to M)$ とパラメータ表示されるとしよう．この曲線は $t = 0$ で点 p を通過し，3.2.3 項で示したように点 p にお

‡16 C.7 節に示したように，符号の違いを別にすれば，Hodge 作用素は広義正規直交基底場の選び方にかかわらず一意的に決まる．

‡17 $\{\overline{n}_k\}_{k=1\sim N-K}$ や $\{s_{g:\overline{n}_k}\}_{k=1\sim N-K}$，$g_S$ などが何を意味するかに関しては C.7 節を参照のこと．

‡18 煩雑さを避けるため，多様体や写像は必要に応じて十分な可微分性をもつとしておく．より単純に C^∞ 級多様体と C^∞ 級写像を対象としていると思ってもよい．

ける曲線 C の速度ベクトルは $d\gamma(t)/dt\big|_0$ として与えられる．この速度ベクトルは点 p における多様体 M の接ベクトル空間 $T_p(M)$ の元である．一方，写像 $\varphi : M \to M'$ による曲線 C の像 $C' \equiv \varphi(C) \subset M'$ は $(I, \varphi\circ\gamma : I \to M')$ をパラメータ表示とする M' 内の曲線であり，$t=0$ で点 $\varphi(p)$ を通過する．また，点 $\varphi(p)$ における曲線 C' の速度ベクトルは $d(\varphi\circ\gamma)(t)/dt\big|_0$ であり，これは点 $\varphi(p)$ における多様体 M' の接ベクトル空間 $T_{\varphi(p)}(M')$ の元である．これら二つの接ベクトル

$$v \equiv \left.\frac{d\gamma(t)}{dt}\right|_0 \in T_p(M), \quad v' \equiv \left.\frac{d(\varphi\circ\gamma)(t)}{dt}\right|_0 \in T_{\varphi(p)}(M') \tag{5.110}$$

の関係を調べてみよう．

M のアトラス $\mathcal{A}$ から点 $p \in M$ を含む座標近傍をひとつ選んで $(U_\alpha, \xi_\alpha : x)$ とし，M' のアトラス $\mathcal{B}$ から点 $\varphi(p) \in M'$ を含む座標近傍をひとつ選んで $(V_\beta, \eta_\beta : y)$ とする．写像 φ をこれら二つの座標近傍の間だけで評価するため，点 p を含む M の開集合 U を十分に小さく選んで $U \subset U_\alpha$ かつ $\varphi(U) \subset V_\beta$ とする．このとき，$U \subset U_\alpha$ から $\varphi(U) \subset V_\beta$ への写像 $\varphi : U \to \varphi(U)$ は，二つの局所近傍における局所座標系 ξ_α, η_β によって $\xi_\alpha(U) \in \boldsymbol{R}^N$ から $(\eta_\beta\circ\varphi)(U) \in \boldsymbol{R}^{N'}$ への写像

$$\begin{aligned} &\boldsymbol{\varphi} \equiv \eta_\beta \circ \varphi \circ \xi_\alpha^{-1} : \xi_\alpha(U) \to (\eta_\beta\circ\varphi)(U), \\ &\quad \boldsymbol{x} = (x^1 \;\; x^2 \;\; \cdots \;\; x^N)^t \;\mapsto \boldsymbol{y} = (y^1 \;\; y^2 \;\; \cdots \;\; y^{N'})^t = (\eta_\beta\circ\varphi\circ\xi_\alpha^{-1})(\boldsymbol{x}) \end{aligned} \tag{5.111}$$

として表現できる．ここで N' 次元数ベクトル $\boldsymbol{\varphi}(\boldsymbol{x}) \in \boldsymbol{R}^{N'}$ の第 n' 番目の要素を

$$\varphi^{n'}(\boldsymbol{x}) \equiv [\boldsymbol{\varphi}(\boldsymbol{x})]^{n'} = [(\eta_\beta\circ\varphi\circ\xi_\alpha^{-1})(\boldsymbol{x})]^{n'} \qquad (n' = 1 \sim N') \tag{5.112}$$

と記せば，写像 $\varphi : U \to \varphi(U)$ は $\xi_\alpha(U) \in \boldsymbol{R}^N$ を定義域とする N' 個の N 変数実関数

$$y^{n'} = \varphi^{n'}(\boldsymbol{x}) = \varphi^{n'}(x^1, x^2, \cdots, x^N) \qquad (n' = 1 \sim N') \tag{5.113}$$

の組として表現されることになる．

さて，曲線 C は写像 $\gamma : I \to M$ による開区間 $I \equiv (-\varepsilon, \varepsilon)$ の像 $C = \gamma(I)$ であったが，ここで対象としているのは点 $p = \gamma(0)$ における C の速度ベクトルだから，開区間 I を定める正数 ε は任意に小さく設定できる．そこで，$C = \gamma(I) \subset U$ となるように ε を十分に小さく選ぶ．すると，曲線 C' は自動的に $C' = \varphi(C) \subset \varphi(U)$ を満足する．こうして，曲線 C と C' はそれぞれ座標近傍 $(U_\alpha, \xi_\alpha : x)$，$(V_\beta, \eta_\beta : y)$ に含まれることになる．そこで，$t \in I$ に依存して決まる $\xi_\alpha(\gamma(t)) \in \boldsymbol{R}^N$ と $\eta_\beta((\varphi\circ\gamma)(t)) \in \boldsymbol{R}^{N'}$ をそれぞれ

$$\begin{aligned} \boldsymbol{x}_\gamma(t) &= (x_\gamma^1(t) \;\; x_\gamma^2(t) \;\; \cdots \;\; x_\gamma^N(t))^t \equiv \xi_\alpha(\gamma(t)) \\ \boldsymbol{y}_{\varphi\circ\gamma}(t) &= (y_{\varphi\circ\gamma}^1(t) \;\; y_{\varphi\circ\gamma}^2(t) \;\; \cdots \;\; y_{\varphi\circ\gamma}^{N'}(t))^t \equiv \eta_\beta((\varphi\circ\gamma)(t)) \end{aligned} \tag{5.114}$$

と記せば，$t=0$ における C，C' の速度ベクトルは式 (3.47) によって

$$v \equiv \left.\frac{d\gamma(t)}{dt}\right|_0 = \sum_{n=1}^{N} \dot{x}_\gamma^n(0)(\partial_{x^n})_p, \quad v' \equiv \left.\frac{d(\varphi\circ\gamma)(t)}{dt}\right|_0 = \sum_{n'=1}^{N'} \dot{y}_{\varphi\circ\gamma}^{n'}(0)(\partial_{y^{n'}})_{\varphi(p)} \tag{5.115}$$

として与えられる．ところが，式 (5.111)，(5.114) によれば

$$\begin{aligned} \boldsymbol{y}_{\varphi\circ\gamma}(t) &= \eta_\beta((\varphi\circ\gamma)(t)) = (\eta_\beta\circ\varphi\circ\gamma)(t) = (\eta_\beta\circ\varphi\circ\xi_\alpha^{-1}\circ\xi_\alpha\circ\gamma)(t) \\ &= (\eta_\beta\circ\varphi\circ\xi_\alpha^{-1})((\xi_\alpha\circ\gamma)(t)) = \boldsymbol{\varphi}(\boldsymbol{x}_\gamma(t)) \end{aligned} \tag{5.116}$$

であり，$\boldsymbol{y}_{\varphi\circ\gamma}(t) \in \boldsymbol{R}^{N'}$ の第 n' 番目の要素 $y_{\varphi\circ\gamma}^{n'}(t)$ は式 (5.113) によって

$$y_{\varphi\circ\gamma}^{n'}(t) = \varphi^{n'}(\boldsymbol{x}_\gamma(t)) = \varphi^{n'}(x_\gamma^1(t), x_\gamma^2(t), \cdots, x_\gamma^N(t))$$

と表現できるから

$$\dot{y}_{\varphi\circ\gamma}^{n'}(0) = \left.\frac{d\dot{y}_{\varphi\circ\gamma}^{n'}(t)}{dt}\right|_0 = \left.\frac{\partial\varphi^{n'}(\boldsymbol{x})}{\partial x^n}\right|_{\boldsymbol{x}_\gamma(0)} \left.\frac{dx_\gamma^n(t)}{dt}\right|_0 = \left.\frac{\partial\varphi^{n'}(\boldsymbol{x})}{\partial x^n}\right|_{\xi_\alpha(p)} \dot{x}_\gamma^n(0)$$
$$(n' = 1 \sim N') \tag{5.117}$$

を得る ($\boldsymbol{x}_\gamma(0) = \xi_\alpha(\gamma(0)) = \xi_\alpha(p)$ に注意)．点 $p \in U$ に依存する N' 行 N 列行列 $J\varphi$ を

$$(J\varphi)_p \equiv \left.\frac{\partial\boldsymbol{y}(\boldsymbol{x})}{\partial\boldsymbol{x}}\right|_{\xi_\alpha(p)} \quad \Leftrightarrow \quad [(J\varphi)_p]_n^{n'} \equiv \left.\frac{\partial\varphi^{n'}(\boldsymbol{x})}{\partial x^n}\right|_{\xi_\alpha(p)} \tag{5.118}$$

として定義し，これを写像 φ の **Jacobi 行列** (Jacobian matrix) とよぶ．ここで $[(J\varphi)_p]_n^{n'}$ は Jacobi 行列 $(J\varphi)_p$ の n' 行 n 列成分を意味する．Jacobi 行列を使えば，式 (5.117) は

$$\dot{y}_{\varphi\circ\gamma}^{n'}(0) = [(J\varphi)_p]_n^{n'}\dot{x}_\gamma^n(0) \qquad (n' = 1 \sim N') \tag{5.119}$$

と表現できる．このように，曲線 C と C' の $t=0$ における速度ベクトル v，v' を対応する座標近傍の標準接ベクトル $\{(\partial_{x^n})_p\}$，$\{(\partial_{y^{n'}})_{\varphi(p)}\}$ で展開したとき，展開係数は点 p における φ の Jacobi 行列 $(J\varphi)_p$ によって結ばれるのである．そして，式 (5.119) を式 (5.115) に代入すればわかるように，$v \in T_p(M)$ を与えれば $v' \in T_{\varphi(p)}(M')$ は確定する．つまり，p を通り p における速度ベクトルが v に等しい M 内の任意の曲線 $\overline{C}$ に対して，M' 内の曲線 $\overline{C}' \equiv \varphi(\overline{C})$ の点 $\varphi(p)$ における速度ベクトルは v' に一致するのである．

これまでの議論では最初に M 内の曲線を指定し，その曲線の速度ベクトルとしての接ベクトルを考えたが，今度は始めから接ベクトルが指定されているものとしよう．点 $p \in M$ と，接ベクトル $v \in T_p(M)$ が任意に指定されたとき，p を通り p における速度ベクトルが v に一致する M 内の曲線が存在することは 3.2.3 項の末尾に示した通りである．そうした曲線のひとつを C とし，M' 内の曲線 $C' \equiv \varphi(C)$ の点 $\varphi(p)$ によ

る速度ベクトルを $v' \in T_{\varphi(p)}(M')$ としよう．前述のように v' は曲線 C の選び方に依存せず，v によって一意的に決まるから，$v \in T_p(M)$ を $v' \in T_{\varphi(p)}(M')$ に写す写像

$$(d\varphi)_p : T_p(M) \to T_{\varphi(p)}(M'), \quad v \mapsto v' = (d\varphi)_p v \tag{5.120}$$

が定義できる．これを点 $p \in M$ における写像 $\varphi : M \to M'$ の**微分** (differential) とよぶ．すぐ後で示すように $(d\varphi)_p$ は線形だから，$(d\varphi)_p(v)$ を単に $(d\varphi)_p v$ と記している．写像 φ によって M 内の曲線を M' 内の曲線に写す操作は座標近傍と無関係であり，曲線の速度ベクトルは座標近傍と無関係に定義されるから，$(d\varphi)_p$ もまた座標近傍とは無関係に決まる点に注意しておこう．

さて，v と v' をそれぞれ $T_p(M)$，$T_{\varphi(p)}(M')$ の基底 $\{(\partial_{x^n})_p\}$，$\{(\partial_{y^{n'}})_{\varphi(p)}\}$ で展開して

$$v = v^n(\partial_{x^n})_p, \quad v' = v'^{n'}(\partial_{y^{n'}})_{\varphi(p)} \tag{5.121}$$

と表現しよう．ただし，Einstein 規約における n と n' の変動範囲はそれぞれ $1 \sim N$，および $1 \sim N'$ である．これらの展開係数を縦に並べて

$$\boldsymbol{v} \equiv (v^1 \ \ v^2 \ \ \cdots \ \ v^N)^t \in \boldsymbol{R}^N, \quad \boldsymbol{v}' \equiv (v'^1 \ \ v'^2 \ \ \cdots \ \ v'^{N'})^t \in \boldsymbol{R}^{N'} \tag{5.122}$$

を定義すれば，$T_p(M)$ と $T_{\varphi(p)}(M')$ はそれぞれ $\boldsymbol{R}^N$，$\boldsymbol{R}^{N'}$ と同型対応し，式 (5.119) は

$$\boldsymbol{v}' = (J\varphi)_p \boldsymbol{v} \quad \Leftrightarrow \quad v'^{n'} = [(J\varphi)_p]^{n'}_n v^n \quad (n' = 1 \sim N') \tag{5.123}$$

と表現できる．これを

$$(J\varphi)_p : \boldsymbol{R}^N \to \boldsymbol{R}^{N'}, \quad \boldsymbol{v} \mapsto \boldsymbol{v}' = (J\varphi)_p \boldsymbol{v} \tag{5.124}$$

と解釈すれば式 (5.120) との対応は明らかだろう．基底を定めることで接ベクトル v，v' はそれぞれ数ベクトル $\boldsymbol{v}$，$\boldsymbol{v}'$ と同型対応し，点 p における微分 $(d\varphi)_p$ の作用は Jacobi 行列 $(J\varphi)_p$ の作用として表現されるのである．したがって，$(d\varphi)_p$ は確かに線形写像である．接ベクトル v，v' や微分 $(d\varphi)_p$ は座標近傍とは無関係に決まるが，それらを表現する数ベクトル $\boldsymbol{v}$，$\boldsymbol{v}'$ や Jacobi 行列 $(J\varphi)_p$ は当然ながら座標近傍の選び方に依存して変化する．

■ 5.2.2　合成写像の微分

M，M' に加えて N'' 次元の可微分多様体 M'' があり，M' から M'' への可微分写像 ψ が与えられているとしよう．二つの写像 $\varphi : M \to M'$ と $\psi : M' \to M''$ の合成 $\psi \circ \varphi$ は M から M'' への可微分写像

$$\psi \circ \varphi : M \to M'', \quad p \mapsto (\psi \circ \varphi)(p) = \psi(\varphi(p)) \tag{5.125}$$

だから，点 $p \in M$ における微分 $(d(\psi \circ \varphi))_p$ が定義できる．ところで，上述のように，任意の接ベクトル $v \in T_p(M)$ に対して，p を通り p における速度ベクトルが v に一致する M 内の曲線が存在するから，そうした曲線のひとつを C とし，そのパラメータ

表示を (I,γ) とする．一般性を失うことなく曲線 C は $t=0$ で点 p を通過するものと仮定してよい．このとき，$(d(\psi\circ\varphi))_p$ は $v=d\gamma(t)/dt\big|_0 \in T_p(M)$ に作用して M'' の接ベクトル

$$(d(\psi\circ\varphi))_p v = (d(\psi\circ\varphi))_p \left.\frac{d\gamma(t)}{dt}\right|_0 = \left.\frac{d((\psi\circ\varphi)\circ\gamma)(t)}{dt}\right|_0 \in T_{(\psi\circ\varphi)(p)}(M'')$$

を与えるが，同じ理由から上式右辺は

$$\left.\frac{d((\psi\circ\varphi)\circ\gamma)(t)}{dt}\right|_0 = \left.\frac{d(\psi\circ(\varphi\circ\gamma))(t)}{dt}\right|_0 = (d\psi)_{\varphi(p)} \left.\frac{d(\varphi\circ\gamma)(t)}{dt}\right|_0$$
$$= (d\psi)_{\varphi(p)}(d\varphi)_p \left.\frac{d\gamma(t)}{dt}\right|_0 = (d\psi)_{\varphi(p)}(d\varphi)_p v$$

と変形できる．結局，任意の $v\in T_p(M)$ に対して

$$(d(\psi\circ\varphi))_p v = (d\psi)_{\varphi(p)}(d\varphi)_p v$$

が成立し，したがって

$$(d(\psi\circ\varphi))_p = (d\psi)_{\varphi(p)}(d\varphi)_p \tag{5.126}$$

が結論される．これに対応して Jacobi 行列が

$$(J(\psi\circ\varphi))_p = (J\psi)_{\varphi(p)}(J\varphi)_p \tag{5.127}$$

を満足することを示そう．

そのため $\chi\equiv\psi\circ\varphi$ とし，点 $p\in M$，$\varphi(p)\in M'$，$\chi(p)\in M''$ を含む M，M'，M'' の座標近傍をひとつずつ選んでそれぞれ $(U_\alpha,\xi_\alpha:x)$，$(V_\beta,\eta_\beta:y)$ および $(W_\gamma,\zeta_\gamma:z)$ とする．また，点 p を含む M の開集合 U を十分に小さく選んで $U\subset U_\alpha$，$\varphi(U)\in V_\beta$ および $\chi(U)\in W_\gamma$ が成立するようにすれば，式 (5.111) と同様に写像

$$\boldsymbol{\psi}\equiv\zeta_\gamma\circ\psi\circ\eta_\beta^{-1}:\eta_\beta(\varphi(U))\to(\zeta_\gamma\circ\chi)(U),\quad \boldsymbol{y}\mapsto\boldsymbol{z}=(\zeta_\gamma\circ\chi\circ\eta_\beta^{-1})(\boldsymbol{y})$$

$$\boldsymbol{\chi}\equiv\zeta_\gamma\circ\chi\circ\xi_\alpha^{-1}:\xi_\alpha(U)\to(\zeta_\gamma\circ\chi)(U),\quad \boldsymbol{x}\mapsto\boldsymbol{z}=(\zeta_\gamma\circ\chi\circ\xi_\alpha^{-1})(\boldsymbol{x})$$

が定義でき，式 (5.118) の $(J\varphi)_p$ と同様に，Jacobi 行列 $(J\psi)_{\varphi(p)}$，$(J\chi)_p$ は

$$(J\psi)_{\varphi(p)} = \left.\frac{\partial\boldsymbol{z}}{\partial\boldsymbol{y}}\right|_{\eta_\beta(\varphi(p))},\quad (J\chi)_p = \left.\frac{\partial\boldsymbol{z}}{\partial\boldsymbol{x}}\right|_{\xi_\alpha(p)}$$

として与えられる．ところが，

$$\boldsymbol{z}=(\zeta_\gamma\circ\chi\circ\xi_\alpha^{-1})(\boldsymbol{x})=(\zeta_\gamma\circ(\psi\circ\varphi)\circ\xi_\alpha^{-1})(\boldsymbol{x})=(\zeta_\gamma\circ\psi\circ\eta_\beta^{-1}\circ\eta_\beta\circ\varphi\circ\xi_\alpha^{-1})(\boldsymbol{x})$$
$$=((\zeta_\gamma\circ\psi\circ\eta_\beta^{-1})\circ(\eta_\beta\circ\varphi\circ\xi_\alpha^{-1}))(\boldsymbol{x})=(\boldsymbol{\psi}\circ\boldsymbol{\varphi})(\boldsymbol{x})=\boldsymbol{\psi}(\boldsymbol{\varphi}(\boldsymbol{x}))$$

であり，$\boldsymbol{y}=\boldsymbol{\varphi}(\boldsymbol{x})$ だから，微分に関する連鎖率 (chain rule) によって

$$(J\chi)_p = \left.\frac{\partial\boldsymbol{z}}{\partial\boldsymbol{x}}\right|_{\xi_\alpha(p)} = \left.\frac{\partial\boldsymbol{z}}{\partial\boldsymbol{y}}\right|_{\eta_\beta(\varphi(p))}\left.\frac{\partial\boldsymbol{y}}{\partial\boldsymbol{x}}\right|_{\xi_\alpha(p)} = (J\psi)_{\varphi(p)}(J\varphi)_p$$

すなわち式 (5.127) が成立する．ただし，$\boldsymbol{x}=\xi_\alpha(p)$ における $\boldsymbol{y}=\boldsymbol{\varphi}(\boldsymbol{x})$ の値が

$$\boldsymbol{y}=\boldsymbol{\varphi}(\xi_\alpha(p))=(\eta_\beta\circ\varphi\circ\xi_\alpha^{-1})(\xi_\alpha(p))=\eta_\beta(\varphi(p))$$

であることを利用している．

5.2.3　0形式の微分

$\boldsymbol{R}$ 上の恒等写像を φ_I とするとき，$\boldsymbol{R}$ は単一の座標近傍 $(\boldsymbol{R}, \varphi_I)$ をアトラスとする C^∞ 級の可微分多様体である．そこで前節の結果を M から $M' = \boldsymbol{R}$ への写像 $\varphi : M \to \boldsymbol{R}$ に適用すれば，点 $p \in M$ における微分 $(d\varphi)_p$ が定義できる．一方，写像 $\varphi : M \to \boldsymbol{R}$ は M 上の0形式 $\varphi \in \Lambda^0(M)$ だから外微分 $d\varphi \in \Lambda^1(M)$ が定義され，この1形式 $d\varphi$ の点 p における値もまた $(d\varphi)_p$ と記した．実は写像 $\varphi : M \to \boldsymbol{R}$ の微分と0形式 $\varphi \in \Lambda^0(M)$ の外微分は同じものであり，それゆえに同じ記号で表現するのである．これを説明しよう．

$(d\varphi)_p$ を1形式 $d\varphi$ の点 p における値と解釈する場合，$(d\varphi)_p$ は点 p における余接ベクトル $(d\varphi)_p \in T_p^*(M)$，つまり $T_p(M)$ から $\boldsymbol{R}$ への線形写像であり，式 (3.123) により

$$(d\varphi)_p : T_p(M) \to \boldsymbol{R}, \quad v \mapsto (d\varphi)_p(v) = v\varphi \tag{5.128}$$

である．ただし，$v\varphi \in \boldsymbol{R}$ は M 上の関数 φ に方向微分 $v \in T_p(M)$ を作用させた結果であり，p を含む座標近傍として $(U_\alpha, \xi_\alpha : x)$ を採用し，$v = v^n(\partial_{x^n})_p$ と展開すれば

$$v\varphi = v^n(\partial_{x^n})_p\varphi = v^n \left.\frac{\partial(\varphi \circ \xi_\alpha^{-1})(\boldsymbol{x})}{\partial x^n}\right|_{\xi_\alpha(p)} \tag{5.129}$$

と書ける．一方，以下に示すように，点 p における φ の微分と解釈した場合でも $(d\varphi)_p$ は式 (5.128) に示す $T_p(M)$ から $\boldsymbol{R}$ への線形写像であり，この意味において写像 $\varphi : M \to \boldsymbol{R}$ の微分と0形式 $\varphi \in \Lambda^0(M)$ の外微分は同じものである．

まず，定義により写像 $\varphi : M \to \boldsymbol{R}$ の微分 $(d\varphi)_p$ は $T_p(M)$ から $T_{\varphi(p)}(\boldsymbol{R})$ への線形写像

$$(d\varphi)_p : T_p(M) \to T_{\varphi(p)}(\boldsymbol{R}) \tag{5.130}$$

である．ここで $\boldsymbol{R}$ の座標近傍を $(\boldsymbol{R}, \varphi_I : y)$ と記し，点 $\varphi(p) \in \boldsymbol{R}$ における接空間 $T_{\varphi(p)}(\boldsymbol{R})$ の基底として $\{(\partial_y)_{\varphi(p)}\}$ を選ぶ．そして，同型写像

$$\iota_p : T_{\varphi(p)}(\boldsymbol{R}) \to \boldsymbol{R}, \quad x(\partial_y)_{\varphi(p)} \mapsto x \tag{5.131}$$

によって $T_{\varphi(p)}(\boldsymbol{R})$ と $\boldsymbol{R}$ を同一視すれば，$(d\varphi)_p$ は写像

$$(d\varphi)_p : T_p(M) \to \boldsymbol{R}, \quad v \mapsto \iota_p((d\varphi)_p v) \in \boldsymbol{R} \tag{5.132}$$

として解釈できる．ところで，$M' = \boldsymbol{R}$ の座標近傍として $(V_\beta, \eta_\beta : y) = (\boldsymbol{R}, \varphi_I : y)$ を採用しているため，式 (5.111) における $\boldsymbol{\varphi}$ は

$$\boldsymbol{\varphi} \equiv \eta_\beta \circ \varphi \circ \xi_\alpha^{-1} = \varphi \circ \xi_\alpha^{-1} : \xi_\alpha(U) \to \varphi(U) \in \boldsymbol{R}, \quad \boldsymbol{x} \mapsto y = (\varphi \circ \xi_\alpha^{-1})(\boldsymbol{x}) \tag{5.133}$$

であり，1行 N 列の Jacobi 行列 $(J\varphi)_p$ は

$$(J\varphi)_p = \left.\begin{pmatrix} \dfrac{\partial y}{\partial x^1} & \dfrac{\partial y}{\partial x^2} & \cdots & \dfrac{\partial y}{\partial x^N} \end{pmatrix}\right|_{\xi_\alpha(p)} \tag{5.134}$$

となるから，本来の，つまり式 (5.130) の意味での $(d\varphi)_p$ による $v = v^n(\partial_{x^n})_p \in T_p(M)$ の像を $v'(\partial_y)_{\varphi(p)} \in T_{\varphi(p)}(\boldsymbol{R})$ とすれば，式 (5.123)，(5.129) によって

$$v' = (J\varphi)_p \boldsymbol{v} = v^n \left.\frac{\partial y}{\partial x^n}\right|_{\xi_\alpha(p)} = v^n \left.\frac{\partial(\varphi \circ \xi_\alpha^{-1})(\boldsymbol{x})}{\partial x^n}\right|_{\xi_\alpha(p)} = v\varphi$$

が成立する．それゆえ式 (5.132) は

$$(d\varphi)_p : T_p(M) \to \boldsymbol{R}, \quad v \mapsto \iota_p((d\varphi)_p v) = \iota_p(v'(\partial_y)_{\varphi(p)}) = v' = v\varphi$$

を意味し，これは式 (5.128) に一致する．これが示すべきことであった．

5.2.4 微分形式の引き戻し

ここでも M を N 次元可微分多様体，M' を N' 次元可微分多様体とし，φ を M から M' への可微分写像

$$\varphi : M \to M' \tag{5.135}$$

とする．M' 上の関数 $f : M' \to \boldsymbol{R}$，つまり M' 上の 0 形式 $f \in \Lambda^0(M')$ に対して，φ との合成写像 $f \circ \varphi$ は M 上の関数 $f \circ \varphi : M \to \boldsymbol{R}$，つまり M 上の 0 形式 $f \circ \varphi \in \Lambda^0(M)$ である．そこで，$f \in \Lambda^0(M')$ を $f \circ \varphi \in \Lambda^0(M)$ に写す写像を φ による 0 形式の引き戻しとよび

$$\varphi^* : \Lambda^0(M') \to \Lambda^0(M), \quad f \mapsto \varphi^* f \equiv f \circ \varphi \tag{5.136}$$

と記す．φ が M から M' への写像であるのに対し，φ^* の向きは逆方向，つまり $\Lambda^0(M')$ から $\Lambda^0(M)$ へ向かう点に注意しよう．これが「引き戻し」とよばれる理由である．

つぎに M' 上の 1 形式 $\omega \in \Lambda^1(M')$ を考えよう．点 $p \in M$ における写像 $\varphi : M \to M'$ の微分 $(d\varphi)_p$ は $T_p(M)$ から $T_{\varphi(p)}(M')$ への線形写像であり，1 形式 ω の点 $\varphi(p)$ における値 $\omega_{\varphi(p)}$ は $T_{\varphi(p)}(M')$ から $\boldsymbol{R}$ への線形写像だから，両者の合成写像 $\omega_{\varphi(p)} \circ (d\varphi)_p$ は $T_p(M)$ から $\boldsymbol{R}$ への線形写像，つまり点 p における余接ベクトル $\omega_{\varphi(p)} \circ (d\varphi)_p \in T_p^*(M)$ である．そして，M の各点 p に対して p における余接ベクトルをひとつずつ定める対応は M 上の 1 形式だから，1 形式の引き戻しが

$$\varphi^* : \Lambda^1(M') \to \Lambda^1(M), \quad \omega \mapsto \varphi^* \omega \equiv \{\omega_{\varphi(p)} \circ (d\varphi)_p\}_{p \in M} \tag{5.137}$$

として定義できる．

今度は M' 上の K 形式 $\omega \in \Lambda^K(M')$ が与えられたとしよう $(K \geq 1)$．点 $\varphi(p) \in M'$ における ω の値 $\omega_{\varphi(p)}$ は $T_{\varphi(p)}(M')$ 上の交代 K 形式であり，$T_{\varphi(p)}(M')^K$ から $\boldsymbol{R}$ への多重線形写像である．また，$T_p(M)^K$ から $T_{\varphi(p)}(M')^K$ への写像 $(d\varphi)_p^K$ を

$$(d\varphi)_p^K : T_p(M)^K \to T_{\varphi(p)}(M')^K, \quad (v_1, \cdots, v_K) \mapsto ((d\varphi)_p v_1, \cdots, (d\varphi)_p v_K) \tag{5.138}$$

として定義すれば，$(d\varphi)_p^K$ は多重線形である．それゆえ，$(d\varphi)_p^K$ と $\omega_{\varphi(p)}$ の合成写像

$$\omega_{\varphi(p)} \circ (d\varphi)_p^K : T_p(M)^K \to \boldsymbol{R}, \quad (v_1, \cdots, v_K) \mapsto \omega_{\varphi(p)}((d\varphi)_p v_1, \cdots, (d\varphi)_p v_K) \tag{5.139}$$

は $T_p(M)^K$ から $\boldsymbol{R}$ への交代対称な多重線形写像，つまり点 p における交代 K 次形式である．そして，M の各点 p に対して p における交代 K 次形式をひとつずつ定める対応は M 上の K 形式だから，K 形式の引き戻しが

$$\varphi^* : \Lambda^K(M') \to \Lambda^K(M), \quad \omega \mapsto \varphi^*\omega \equiv \{\omega_{\varphi(p)} \circ (d\varphi)_p^K\}_{p\in M} \tag{5.140}$$

として定義される．$K=1$ の場合には式 (5.140) は当然ながら式 (5.137) と一致する．

さて，式 (5.136) と式 (5.140) で定義される引き戻しは，任意の $\omega, \chi \in \Lambda^K(M')$ と $f \in \Lambda^0(M')$ に対して

$$\varphi^*(\omega+\chi) = \varphi^*\omega + \varphi^*\chi, \quad \varphi^*(f\omega) = (\varphi^* f)\varphi^*\omega \tag{5.141}$$

を満足する．証明は容易だが，参考までに第2式を示しておこう．まず，$K=0$ なら

$$\varphi^*(f\omega) = (f\omega)\circ\varphi = (f\circ\varphi)(\omega\circ\varphi) = (\varphi^* f)\varphi^*\omega$$

である．また，$K \geq 1$ の場合には任意の $(v_1, \cdots, v_K) \in T_p(M)^K$ に対して

$$\begin{aligned}(\varphi^*(f\omega))_p(v_1,\cdots,v_K) &= (f\omega)_{\varphi(p)}((d\varphi)_p v_1, \cdots, (d\varphi)_p v_K) \\ &= f_{\varphi(p)}\omega_{\varphi(p)}((d\varphi)_p v_1, \cdots, (d\varphi)_p v_K) = (\varphi^* f)_p \omega_p^*(v_1, \cdots, v_K)\end{aligned}$$

だから第2式が成立する．そこで，ω や χ が一般の微分形式 $\omega, \chi \in \Lambda^*(M')$ の場合でも式 (5.141) が成立することを要請すれば，任意の微分形式に対して引き戻し

$$\varphi^* : \Lambda^*(M') \to \Lambda^*(M) \tag{5.142}$$

が定義されることになる．つまり，任意の $\phi \in \Lambda^*(M')$ は

$$\phi = \sum_{K=0}^{N} \phi_K \qquad (\phi_K \in \Lambda^K(M'), K = 0 \sim N) \tag{5.143}$$

と表現できるが，その引き戻しを

$$\varphi^*\phi \equiv \sum_{K=0}^{N} \varphi^*\phi_K \tag{5.144}$$

として定義するのである．

ところで，$\omega \in \Lambda^K(M')$，$\chi \in \Lambda^L(M')$ ならば，$\omega \wedge \chi \in \Lambda^{K+L}(M')$ の引き戻しは

$$\varphi^*(\omega\wedge\chi) = (\varphi^*\omega)\wedge(\varphi^*\chi) \in \Lambda^{K+L}(M) \tag{5.145}$$

と書ける．実際，$v_1, \cdots, v_{K+L} \in T_p(M)$ に対して

$$v_n' \equiv (d\varphi)_p v_n \in T_{\varphi(p)}(M') \qquad (n = 1 \sim K+L)$$

と記すとき，式 (5.139)，(5.140) と (5.9) によれば

$$\begin{aligned}(\varphi^*(\omega\wedge\chi))_p(v_1, \cdots, v_{K+L}) &= (\omega\wedge\chi)_{\varphi(p)}(v_1', \cdots, v_{K+L}') \\ &= \frac{1}{K!L!}\sum_{\rho\in S_{K+L}} \varepsilon(\rho)\omega_{\varphi(p)}(v_{\rho(1)}', \cdots, v_{\rho(K)}')\chi_{\varphi(p)}(v_{\rho(K+1)}', \cdots, v_{\rho(K+L)}')\end{aligned}$$

$$= \frac{1}{K!L!} \sum_{\rho \in S_{K+L}} \varepsilon(\rho)(\varphi^*\omega)_p(v_{\rho(1)}, \cdots, v_{\rho(K)})(\varphi^*\chi)_p(v_{\rho(K+1)}, \cdots, v_{\rho(K+L)})$$

$$= ((\varphi^*\omega)_p \wedge (\varphi^*\chi)_p)(v_1, \cdots, v_{K+L})$$

つまり，$(\varphi^*(\omega \wedge \chi))_p = (\varphi^*\omega)_p \wedge (\varphi^*\chi)_p$ だから

$$\varphi^*(\omega \wedge \chi) = \{(\varphi^*(\omega \wedge \chi))_p\}_{p \in M} = \{(\varphi^*\omega)_p \wedge (\varphi^*\chi)_p\}_{p \in M}$$

$$= \{(\varphi^*\omega)_p\}_{p \in M} \wedge \{(\varphi^*\chi)_p\}_{p \in M} = (\varphi^*\omega) \wedge (\varphi^*\chi)$$

が結論される．

つぎに，外微分演算 d と引き戻し演算 φ^* が可換であること，つまり

$$d\varphi^* = \varphi^* d \tag{5.146}$$

が成立することを示そう．そのためには

$$d\varphi^*\phi = \varphi^* d\phi \qquad (\forall \phi \in \Lambda^*(M'))$$

が成立することを示せばよく，d と φ^* の線形性から実は

$$d\varphi^*\omega = \varphi^* d\omega \qquad (\forall \omega \in \Lambda^K(M'),\ K = 0 \sim N) \tag{5.147}$$

を示せば十分である．

まず，$K = 0$ の場合を考えよう．$f \in \Lambda^0(M')$ とするとき，式 (5.136)，(5.137) そして (5.126) によれば，任意の $p \in M$ と $v \in T_p(M)$ に対して

$$(\varphi^*(df))_p(v) = (df)_{\varphi(p)}((d\varphi)_p(v)) = ((df)_{\varphi(p)} \circ (d\varphi)_p)(v)$$

$$= (d(f \circ \varphi))_p(v) = (d(\varphi^* f))_p(v)$$

だから，確かに

$$d\varphi^* f = \varphi^* df \qquad (\forall f \in \Lambda^0(M')) \tag{5.148}$$

が成立する．

では，$K \geq 1$ の場合を考えよう．点 $p \in M$ が任意に指定されたとき，M' のアトラス $\mathcal{B}$ から点 $\varphi(p) \in M'$ を含む座標近傍をひとつ選んで $(V_\beta, \eta_\beta : y)$ とし，点 p を含む M の開集合 U を十分に小さく選んで $\varphi(U) \subset V_\beta$ とする．このとき，式 (5.62) および式 (5.145)，(5.148) によれば，$1 \leq n_1 < \cdots < n_K \leq N'$ を満足する任意の整数の組 $(n_1, \cdots, n_K)$ と任意の $f \in \Lambda^0(V_\beta)$ に対して

$$\varphi^* d(f dy^{n_1} \wedge \cdots \wedge dy^{n_K}) = \varphi^*(df \wedge dy^{n_1} \wedge \cdots \wedge dy^{n_K})$$

$$= (\varphi^* df) \wedge (\varphi^* dy^{n_1}) \wedge \cdots \wedge (\varphi^* dy^{n_K}) = (d\varphi^* f) \wedge (d\varphi^* y^{n_1}) \wedge \cdots \wedge (d\varphi^* y^{n_K})$$

$$= d\{(\varphi^* f)(d\varphi^* y^{n_1}) \wedge \cdots \wedge (d\varphi^* y^{n_K})\} = d\varphi^*(f dy^{n_1} \wedge \cdots \wedge dy^{n_K})$$

すなわち

$$d\varphi^*(f dy^{n_1} \wedge \cdots \wedge dy^{n_K}) = \varphi^* d(f dy^{n_1} \wedge \cdots \wedge dy^{n_K}) \qquad (f \in \Lambda^0(V_\beta)) \tag{5.149}$$

が成立する．両辺ともに U 上で定義される $K+1$ 形式である点に注意しておこう．いずれにせよ，M' 上の任意 K 形式は V_β 上では $\{dy^{n_1} \wedge \cdots \wedge dy^{n_K}\}_{1 \le n_1 < \cdots < n_K \le N'}$ によって展開できるから，式 (5.149) は任意の $\omega \in \Lambda^K(M')$ に対して少なくとも U 上では式 (5.147) が成立することを意味する．このように，任意の点 $p \in M$ に対し，p を含む開集合 U において式 (5.149) が成立するから，結局は M 全体で式 (5.149) が成立する．

最後に，標準 1 形式の引き戻しに関する公式を与えておこう．点 $p \in M$ が任意に指定されたとき，M のアトラス $\mathcal{A}$ から点 $p \in M$ を含む座標近傍をひとつ選んで $(U_\alpha, \xi_\alpha : x)$ とし，M' のアトラス $\mathcal{B}$ から点 $\varphi(p) \in M'$ を含む座標近傍をひとつ選んで $(V_\beta, \eta_\beta : y)$ とする．また，写像 φ をこれら二つの座標近傍の間だけで評価するため，5.2.1 項と同様に点 p を含む M の開集合 U を十分に小さく選んで $U \subset U_\alpha$ かつ $\varphi(U) \subset V_\beta$ としておく．このとき，写像 $\varphi : U \to \varphi(U)$ は式 (5.113) に示す N' 個の N 変数実関数の組 $\{\varphi^{n'}\}_{n'=1\sim N'}$ として表現されることになる．さて，$y^{n'} \in \Lambda^0(V_\beta)$ だから，式 (5.147) と (5.136) によれば

$$\varphi^* dy^{n'} = d\varphi^* y^{n'} = d(y^{n'} \circ \varphi) \tag{5.150}$$

である．$y^{n'} : V_\beta \to \boldsymbol{R}$ は $\eta_\beta : V_\beta \to \boldsymbol{R}^{N'}$ の第 n' 成分だから，これを明示して $y^{n'} = [\eta_\beta]^{n'}$ と記せば，式 (5.112) によって

$$y^{n'} \circ \varphi = [\eta_\beta]^{n'} \circ \varphi \circ \xi_\alpha^{-1} \circ \xi_\alpha = [\eta_\beta \circ \varphi \circ \xi_\alpha^{-1}]^{n'} \circ \xi_\alpha = [\boldsymbol{\varphi}(\boldsymbol{x})]^{n'} \circ \xi_\alpha = \varphi^{n'} \circ \xi_\alpha$$

を得る．そして U 上の関数 $\varphi^{n'} \circ \xi_\alpha \in \Lambda^0(U)$ の外微分は式 (5.56) によって

$$d(\varphi^{n'} \circ \xi_\alpha) = (\partial_{x^n}(\varphi^{n'} \circ \xi_\alpha))dx^n$$

であるが，式 (3.62) によって

$$\partial_{x^n}(\varphi^{n'} \circ \xi_\alpha) = \frac{\partial(\varphi^{n'} \circ \xi_\alpha \circ \xi_\alpha^{-1})}{\partial x^n} \circ \xi_\alpha = \frac{\partial \varphi^{n'}}{\partial x^n} \circ \xi_\alpha$$

だから[‡19]，これらを式 (5.150) に代入すれば

$$\varphi^* dy^{n'} = \left(\frac{\partial \varphi^{n'}}{\partial x^n} \circ \xi_\alpha \right) dx^n \tag{5.151}$$

が結論される．

■ 5.2.5　微分同相写像によるテンソルの引き戻し

前節と同様に，M を N 次元可微分多様体，M' を N' 次元可微分多様体とし，φ を M から M' への可微分写像 $\varphi : M \to M'$ とする．任意の $p \in M$ に対して，p における

[‡19] 式 (3.62) における f と φ_α に対応するのはそれぞれ $\varphi^{n'} \circ \xi_\alpha$ と ξ_α である．

φ の微分 $(d\varphi)_p$ は $T_p(M)$ から $T_{\varphi(p)}(M')$ への線形写像だから，$\mathcal{T}_0^1(M)$ から $\mathcal{T}_0^1(M')$ への写像が

$$\varphi_* : \mathcal{T}_0^1(M) \to \mathcal{T}_0^1(M'), \quad X \mapsto \{(d\varphi)_p X_p\}_{p \in M}$$

として定義できるように思われるが，一般には $\{(d\varphi)_p X_p\}_{p \in M}$ は M' 上の接ベクトル場ではない．実際，φ が全射でなければ M' 上に接ベクトルが定義されない点が存在し，φ が単射でなければ接ベクトルが一意に決まらない点が M' 上に存在する．しかし，φ が全単射な可微分写像，つまり微分同相写像ならば不都合は発生せず，写像

$$\varphi_* : \mathcal{T}_0^1(M) \to \mathcal{T}_0^1(M'), \quad X \mapsto \varphi_* X \equiv \{(d\varphi)_{\varphi^{-1}(p')} X_{\varphi^{-1}(p')}\}_{p' \in M'} \tag{5.152}$$

が定義され，この写像 φ_* は $\Lambda^0(M)$ に関して線形である．$\varphi_* X \in \mathcal{T}_0^1(M')$ を写像 φ による $X \in \mathcal{T}_0^1(M)$ の像とよぶ．写像 φ_* の向き $\mathcal{T}_0^1(M) \to \mathcal{T}_0^1(M')$ は写像 φ の向き $M \to M'$ と同じであるため，これを「引き戻し」とはよばない．いずれにせよ，写像 φ が可微分でさえあれば微分形式の引き戻しは可能であるが，接ベクトル場を対応させるには写像 φ は微分同相でなければならない点に注意しよう．実は，φ が微分同相ならば接ベクトル場に限らず任意のテンソル場が双方向に対応する．これを示すことが本節の目的であり，したがって本節では φ は微分同相とする．

さて，M' 上の任意の K 形式を $\omega \in \Lambda^K(M')$ としよう．φ_* は M 上の接ベクトル場を M' 上の接ベクトル場に写すから，$X_1, \cdots, X_K \in \mathcal{T}_0^1(M)$ ならば $\varphi_* X_1, \cdots, \varphi_* X_K \in \mathcal{T}_0^1(M')$ であり，したがって $\omega(\varphi_* X_1, \cdots, \varphi_* X_K)$ は M' 上の関数である．これを φ で引き戻せば M 上の関数 $\varphi^*(\omega(\varphi_* X_1, \cdots, \varphi_* X_K)) \in \Lambda^0(M)$ を得るが，この関数の点 $p \in M$ における値は式 (5.136)，(5.152)，(5.139) および (5.140) によって

$$\begin{aligned}(\varphi^*(\omega(\varphi_* X_1, \cdots, \varphi_* X_K)))(p) &= (\omega(\varphi_* X_1, \cdots, \varphi_* X_K))(\varphi(p)) \\ &= \omega_{\varphi(p)}((\varphi_* X_1)_{\varphi(p)}, \cdots, (\varphi_* X_K)_{\varphi(p)}) \\ &= \omega_{\varphi(p)}((d\varphi)_p (X_1)_p, \cdots, (d\varphi)_p (X_K)_p) \\ &= (\omega_{\varphi(p)} \circ (d\varphi)_p^K)((X_1)_p, \cdots, (X_K)_p) \\ &= (\varphi^* \omega)_p((X_1)_p, \cdots, (X_K)_p)\end{aligned}$$

であり，これが任意の $p \in M$ に対して成立するから

$$\varphi^*(\omega(\varphi_* X_1, \cdots, \varphi_* X_K)) = (\varphi^* \omega)(X_1, \cdots, X_K) \tag{5.153}$$

が結論される．それゆえ，K 形式 $\omega \in \Lambda^K(M')$ の φ による引き戻し $\varphi^* \omega \in \Lambda^K(M)$ は

$$\varphi^* \omega : \mathcal{T}_0^1(M)^K \to \Lambda^0(M), \quad (X_1, \cdots, X_K) \mapsto \varphi^*(\omega(\varphi_* X_1, \cdots, \varphi_* X_K)) \tag{5.154}$$

として解釈できることになる．

ところで，$\varphi : M \to M'$ は微分同相だから $\varphi^{-1} : M' \to M$ も微分同相であり，φ^{-1} による微分形式の引き戻し $(\varphi^{-1})^* : \Lambda^*(M) \to \Lambda^*(M')$ や，φ^{-1} による接ベクトル場の間の写像 $(\varphi^{-1})_* : \mathcal{T}_0^1(M') \to \mathcal{T}_0^1(M)$ が定義されるが，それらを

$$\varphi_* \equiv (\varphi^{-1})^* : \Lambda^*(M) \to \Lambda^*(M'), \quad \varphi^* \equiv (\varphi^{-1})_* : \mathcal{T}_0^1(M') \to \mathcal{T}_0^1(M) \tag{5.155}$$

と表記する．また，$\omega \in \Lambda^*(M)$ に対して $\varphi_*\omega \in \Lambda^*(M')$ を φ による ω の像とよび，$X \in \mathcal{T}_0^1(M')$ に対して $\varphi^*X \in \mathcal{T}_0^1(M)$ を φ による X の引き戻しと称する．つまり，微分形式であるか接ベクトル場であるかにかかわらず，写像 $\varphi : M \to M'$ と同方向の対応を φ_* と記し，逆方向の対応を φ^* と記して引き戻しとよぶのである．

さて，M' 上の任意の (L, K) 型テンソル場を $\phi \in \mathcal{T}_K^L(M')$ としよう．3.4.2 項で示したように，ϕ は $\Lambda^0(M')$ に関して多重線形な $\Lambda^1(M')^L \times \mathcal{T}_0^1(M')^K$ から $\Lambda^0(M')$ への写像

$$\begin{aligned} &\phi : \Lambda^1(M')^L \times \mathcal{T}_0^1(M')^K \to \Lambda^0(M'), \\ &\quad (\omega'_1, \cdots, \omega'_L, X'_1, \cdots, X'_K) \mapsto \phi(\omega'_1, \cdots, \omega'_L, X'_1, \cdots, X'_K) \in \Lambda^0(M') \end{aligned} \tag{5.156}$$

である．一方，任意の $\omega \in \Lambda^1(M)$ に対して $\varphi_*\omega \in \Lambda^1(M')$ であり，任意の $X \in \mathcal{T}_0^1(M)$ に対して $\varphi_*X \in \mathcal{T}_0^1(M')$ だから，ϕ を使って $\Lambda^1(M)^L \times \mathcal{T}_0^1(M)^K$ から $\Lambda^0(M)$ への写像

$$\begin{aligned} &\widetilde{\phi} : \Lambda^1(M)^L \times \mathcal{T}_0^1(M)^K \to \Lambda^0(M), \\ &\quad (\omega_1, \cdots, \omega_L, X_1, \cdots, X_K) \mapsto \varphi^*(\phi(\varphi_*\omega_1, \cdots, \varphi_*\omega_L, \varphi_*X_1, \cdots, \varphi_*X_K)) \end{aligned} \tag{5.157}$$

が定義でき，この写像 $\widetilde{\phi}$ は $\Lambda^0(M)$ に関して多重線形である．ところが，3.4.2 項で示したように，$\Lambda^1(M)^L \times \mathcal{T}_0^1(M)^K$ から $\Lambda^0(M)$ への $\Lambda^0(M)$ に関して多重線形な写像 $\widetilde{\phi}$ は M 上の (L, K) 型テンソル場である．そこで $\widetilde{\phi}$ を φ による $\phi \in \mathcal{T}_K^L(M')$ の引き戻しとよび，$\varphi^*\phi$ と記す．こうして，任意のテンソル場の引き戻しが

$$\varphi^* : \mathcal{T}_K^L(M') \to \mathcal{T}_K^L(M), \quad \phi \mapsto \varphi^*\phi \equiv \widetilde{\phi} \tag{5.158}$$

として定義され，$\varphi : M \to M'$ と同方向のテンソル場の写像が

$$\varphi_* : \mathcal{T}_K^L(M) \to \mathcal{T}_K^L(M'), \quad \phi \mapsto \varphi_*\phi \equiv (\varphi^{-1})^*\phi \tag{5.159}$$

として定義される．こうして，写像 $\varphi : M \to M'$ が微分同相ならば，任意のテンソル場が双方向に対応することになる．

微分形式に対する φ_* の作用は φ^{-1} の引き戻しとして式 (5.155) で定義され，引き戻しと外微分は可換だったから，φ_* と外微分もまた可換であり

$$d\varphi_* = \varphi_* d \tag{5.160}$$

が成立する．同様に，式 (5.145) に対応して

$$\varphi_*(\omega \wedge \chi) = (\varphi_*\omega) \wedge (\varphi_*\chi) \qquad (\omega \in \Lambda^K(M), \chi \in \Lambda^L(M)) \tag{5.161}$$

が成立する．さらに，式 (5.141) は任意のテンソル場に対して一般化されて

$$\varphi^*(\phi + \psi) = \varphi^*\phi + \varphi^*\psi, \quad \varphi^*(f\phi) = (\varphi^* f)\varphi^*\phi \qquad (\phi, \psi \in \mathcal{T}_K^L(M'), f \in \Lambda^0(M')) \tag{5.162}$$

であり，当然ながら

$$\varphi_*(\phi + \psi) = \varphi_*\phi + \varphi_*\psi, \quad \varphi_*(f\phi) = (\varphi_* f)\varphi_*\phi \qquad (\phi, \psi \in \mathcal{T}_K^L(M), f \in \Lambda^0(M)) \tag{5.163}$$

もまた成立する．

5.3 微分形式の積分

5.3.1 部分多様体

第 1 章では，3 次元 Euclid 空間 $\boldsymbol{E}^3$ 内の曲線や曲面を扱った．$\boldsymbol{E}^3$ を $\boldsymbol{R}^3$ と同一視したから，$\boldsymbol{R}^3$ 内の曲線や曲面といってもよい．曲線 C は開区間 $I \subset \boldsymbol{R}$ から $\boldsymbol{R}^3$ への写像 $\gamma : I \to \boldsymbol{R}^3$ を使って (I, γ) とパラメータ表示され，曲面 S は $\boldsymbol{R}^2$ 上の開領域 $D \subset \boldsymbol{R}^2$ から $\boldsymbol{R}^3$ への写像 $\varphi : D \to \boldsymbol{R}^3$ を使って (D, φ) とパラメータ表示されたのであった．開区間 I や開領域 D はそれぞれ 1 次元と 2 次元の多様体であり，写像 γ や φ が適当な条件を満足すれば C と S はそれぞれ 1 次元と 2 次元の多様体である．このように，多様体 $\boldsymbol{E}^3$ の一部であって，それ自体もまた多様体である曲線 C や曲面 S は多様体 $\boldsymbol{E}^3$ の**部分多様体** (submanifold) とよばれる．では一般に，多様体 M の部分集合はどのような場合に部分多様体となるのであろうか．また，多様体 M から多様体 M' への写像 $\varphi : M \to M'$ がどのような条件を満足すれば $\varphi(M)$ は M' の部分多様体となるのであろうか．本項では前者に対する回答を与え，後者は次項で議論することにしよう．

M を N 次元の C^r 級多様体としよう．$U \subset M$ を M の開集合とすれば，U もまた N 次元の C^r 級多様体である．実際，Hausdorff 空間 M からの相対位相によって U もまた Hausdorff 空間であり‡20，$\mathcal{A} = \{(U_\alpha, \varphi_\alpha)\}_{\alpha \in A}$ が M の C^r 級アトラスならば $\mathcal{A}$ を U に制限した $\{(U_\alpha \cap U, \varphi_\alpha | U_\alpha \cap U)\}_{\alpha \in A}$ は U の C^r 級アトラスである．この意味で，多様体 M の開集合 U は M の**開部分多様体** (open submanifold) とよばれる．

さて，N 次元 C^r 級多様体 M の部分集合 $S \subset M$ がつぎの性質をもつとしよう．つまり，N を越えない非負の整数 L が定まり $(0 \leq L < N)$，任意の点 $\sigma \in S$ に対して σ を含む M の座標近傍 (W_σ, χ_σ) が存在して

$$S \cap W_\sigma = \{p | p \in W_\sigma, \ [\chi_\sigma(p)]^n = 0 \qquad (n = L + 1 \sim N)\} \tag{5.164}$$

‡20 たとえば，松本幸夫著：多様体の基礎 (第 1 章)，東京大学出版会

が成立する．ただし，$[\chi_\sigma(p)]^n$ は数ベクトル $\chi_\sigma(p) \in \boldsymbol{R}^N$ の第 n 成分を表す．式 (5.164) は「$p \in S \cap W_\sigma$ ならば N 次元数ベクトル $\chi_\sigma(p) \in \boldsymbol{R}^N$ の第 $L+1$ 成分から第 N 成分はすべて零であり，逆に $\chi_\sigma(p)$ の第 $L+1$ 成分から第 N 成分がすべて零であるような点 $p \in W_\sigma$ は S に含まれる」ことを意味する．いずれにせよ，Hausdorff 空間 M からの相対位相によって S もまた Hausdorff 空間であり，以下に示すように L 次元座標近傍からなる S の C^r 級アトラスが構成できるから S は L 次元の C^r 級多様体である．それゆえ，この S を多様体 M の **L 次元 C^r 級部分多様体** (L-dimensional C^r-submanifold) とよぶ．

では，L 次元座標近傍からなる S の C^r 級アトラスを構成しよう．仮定により，任意の点 $\sigma \in S$ に対して式 (5.164) を満足する M の座標近傍 (W_σ, χ_σ) が存在する．ここで $V_\sigma \equiv S \cap W_\sigma$ とすれば V_σ は S の開集合である[‡21]．また，写像 $\psi_\sigma : V_\sigma \to \boldsymbol{R}^L$ を

$$\psi_\sigma : V_\sigma \to \boldsymbol{R}^L, \quad p \mapsto ([\chi_\sigma(p)]^1 \;\; [\chi_\sigma(p)]^2 \;\; \cdots \;\; [\chi_\sigma(p)]^L)^t \tag{5.165}$$

として定義すれば，$\chi_\sigma : W_\sigma \to \chi_\sigma(W_\sigma) \subset \boldsymbol{R}^N$ が同相写像であることを反映して ψ_σ もまた V_σ から $\psi_\sigma(V_\sigma) \subset \boldsymbol{R}^L$ への同相写像である．それゆえ，(V_σ, ψ_σ) は S に対する L 次元座標近傍であり，S を覆う座標近傍の組 $\mathcal{A}_\mathcal{S} = \{(V_\sigma, \psi_\sigma)\}_{\sigma \in S}$ は S のアトラスである．したがって，残る課題は $\mathcal{A}_\mathcal{S}$ が C^r 級アトラスであることの確認である．そこで $\mathcal{A}_\mathcal{S}$ を構成する二つの座標近傍 (V_σ, ψ_σ) と $(V_{\sigma'}, \psi_{\sigma'})$ がたがいに交わるとしよう．これらに対応する M の座標近傍 (W_σ, χ_σ)，$(W_{\sigma'}, \chi_{\sigma'})$ もまたたがいに交わり

$$V_\sigma \cap V_{\sigma'} = (S \cap W_\sigma) \cap (S \cap W_{\sigma'}) = S \cap (W_\sigma \cap W_{\sigma'})$$

が成立する．また，点 $p \in W_\sigma \cap W_{\sigma'}$ の (W_σ, χ_σ) と $(W_{\sigma'}, \chi_{\sigma'})$ における座標をそれぞれ

$$\boldsymbol{x} = (x^1 \;\; x^2 \;\; \cdots \;\; x^N)^t = \chi_\sigma(p), \quad \boldsymbol{y} = (y^1 \;\; y^2 \;\; \cdots \;\; y^N)^t = \chi_{\sigma'}(p)$$

とすれば，両者は $\boldsymbol{y} = (\chi_{\sigma'} \circ \chi_\sigma^{-1})(\boldsymbol{x})$ によって関係付けられる．そして，M は C^r 級多様体だから $\chi_\sigma(W_\sigma \cap W_{\sigma'}) \subset \boldsymbol{R}^N$ から $\chi_{\sigma'}(W_\sigma \cap W_{\sigma'}) \subset \boldsymbol{R}^N$ への写像 $\chi_{\sigma'} \circ \chi_\sigma^{-1}$ は C^r 級である．つまり，N 次元の数ベクトル $(\chi_{\sigma'} \circ \chi_\sigma^{-1})(\boldsymbol{x})$ の第 n 成分を

$$f^n(\boldsymbol{x}) \equiv f^n(x^1, x^2, \cdots, x^N) \equiv [(\chi_{\sigma'} \circ \chi_\sigma^{-1})(\boldsymbol{x})]^n \qquad (n = 1 \sim N)$$

と記せば，写像 $f^n : \chi_\sigma(W_\sigma \cap W_{\sigma'}) \to \boldsymbol{R}$ は C^r 級である．そして $p \in V_\sigma \cap V_{\sigma'}$ ならば

$$\chi_\sigma(p) = (x^1 \;\; \cdots \;\; x^L \;\; 0 \;\; \cdots \;\; 0)^t, \quad \psi_\sigma(p) = (x^1 \;\; \cdots \;\; x^L)^t$$

$$\chi_{\sigma'}(p) = (y^1 \;\; \cdots \;\; y^L \;\; 0 \;\; \cdots \;\; 0)^t, \quad \psi_{\sigma'}(p) = (y^1 \;\; \cdots \;\; y^L)^t$$

であって，

---

‡21 W_σ は M の開集合であり，S は M からの相対位相による位相空間だから，相対位相の定義によって $V_\sigma \equiv S \cap W_\sigma$ は S の開集合である．

$$\psi_{\sigma'} \circ \psi_\sigma^{-1} : \psi_\sigma(V_\sigma \cap V_{\sigma'}) \to \psi_{\sigma'}(V_\sigma \cap V_{\sigma'}) \tag{5.166}$$

は同相写像だから，$(x^1 \ \cdots \ x^L)^t \in \psi_\sigma(V_\sigma \cap V_{\sigma'})$ ならば

$$\begin{aligned} y^n &= f^n(x^1, \cdots, x^L, 0, \cdots, 0) = [(\chi_{\sigma'} \circ \chi_\sigma^{-1})(x^1, \cdots, x^L, 0, \cdots, 0)]^n \\ &= [(\psi_{\sigma'} \circ \psi_\sigma^{-1})(x^1, \cdots, x^L)]^n \qquad (n = 1 \sim L) \end{aligned}$$

が成立し，したがって $\psi_{\sigma'} \circ \psi_\sigma^{-1}$ もまた C^r 級である．これが証明すべきことであった．

■ 5.3.2 はめ込みと埋め込み

M を N 次元可微分多様体，M' を N' 次元可微分多様体とし，φ を M から M' への可微分写像とする．点 $p \in M$ における φ の微分 $(d\varphi)_p$ は $T_p(M)$ から $T_{\varphi(p)}(M')$ への線形写像であるが，M 上のすべての点 $p \in M$ において $(d\varphi)_p$ が単射写像である場合，写像 $\varphi : M \to M'$ は「**はめ込み** (immersion)」とよばれる．ここで，線形写像 $(d\varphi)_p$ の**核** (kernel) や**像** (image) を

$$\begin{aligned} &\mathrm{Ker}\,((d\varphi)_p) \equiv \{v | v \in T_p(M),\ (d\varphi)_p v = 0\} \\ &\mathrm{Img}\,((d\varphi)_p) \equiv (d\varphi)_p(T_p(M)) \equiv \{(d\varphi)_p v | v \in T_p(M)\} \end{aligned} \tag{5.167}$$

と定義すれば，$\mathrm{Ker}((d\varphi)_p)$ は $T_p(M)$ の部分空間，$\mathrm{Img}((d\varphi)_p)$ は $T_{\varphi(p)}(M')$ の部分空間であって，$(d\varphi)_p$ が単射写像であることは

$$\dim(\mathrm{Ker}((d\varphi)_p)) = 0 \tag{5.168}$$

あるいは

$$\mathrm{Rank}\,((d\varphi)_p) \equiv \dim(\mathrm{Img}\,((d\varphi)_p)) = \dim(T_p(M)) = N \tag{5.169}$$

と同値である[‡22]．$\mathrm{Rank}\,((d\varphi)_p)$ が線形写像 $(d\varphi)_p$ のランクであることはいうまでもない．

5.2.1 項で議論したように，座標近傍を採用すれば微分 $(d\varphi)_p : T_p(M) \to T_{\varphi(p)}(M')$ は Jacobi 行列 $(J\varphi)_p : \boldsymbol{R}^N \to \boldsymbol{R}^{N'}$ として表現され，

$$\begin{aligned} &\dim(\mathrm{Ker}\,((d\varphi)_p)) = \dim(\mathrm{Ker}\,((J\varphi)_p)) \\ &\mathrm{Rank}\,((d\varphi)_p) = \dim(\mathrm{Img}\,((d\varphi)_p)) = \dim(\mathrm{Img}\,((J\varphi)_p)) = \mathrm{Rank}((J\varphi)_p)) \end{aligned} \tag{5.170}$$

が成立するから，$\varphi : M \to M'$ がはめ込みか否かの具体的な判定には Jacobi 行列 $(J\varphi)_p$ が利用できる．

たとえば，開区間 $I \subset \boldsymbol{R}$ から $\boldsymbol{E}^3$ への写像 $\gamma : I \to \boldsymbol{E}^3$ を使って $\boldsymbol{E}^3$ 中の曲線 C が (I, γ) として正則表示される場合，γ を 1 次元可微分多様体 I から 3 次元可微分多様体 $\boldsymbol{E}^3$ への写像と解釈すれば γ ははめ込みである．同様に，開領域 $D \subset \boldsymbol{R}^2$ から $\boldsymbol{E}^3$

---

‡22 線形写像の核や像，ランクなどに関してはたとえば，岡本良夫：逆問題とその解き方 (第 2 章)，オーム社

への写像 $\varphi : D \to \boldsymbol{E}^3$ を使って $\boldsymbol{E}^3$ 中の曲面 S が (D, φ) として正則表示される場合，φ を 2 次元可微分多様体 D から 3 次元可微分多様体 $\boldsymbol{E}^3$ への写像と解釈すれば φ もまたはめ込みである．参考までに $\varphi : D \to \boldsymbol{E}^3$ がはめ込みであることを確認しておこう．

$\boldsymbol{R}^2$ 上の恒等写像を i_2 と記せば，開領域 $D \subset \boldsymbol{R}^2$ は単一の座標近傍 (D, i_2) からなるアトラスをもつ C^∞ 級の 2 次元多様体である．また，$\boldsymbol{R}^3$ と同一視した $\boldsymbol{E}^3$ から $\boldsymbol{R}^3$ への恒等写像を i_3 と記せば，$\boldsymbol{E}^3$ は単一の座標近傍 $(\boldsymbol{R}^3, i_3)$ からなるアトラスをもつ C^∞ 級の 3 次元多様体である．D と $\boldsymbol{E}^3$ の座標近傍としてそれぞれ (D, i_2)，$(\boldsymbol{R}^3, i_3)$ を採用した場合の写像 $\varphi : D \to \boldsymbol{E}^3$ の表現は，式 (5.111) によって

$$\boldsymbol{\varphi} \equiv i_2 \circ \varphi \circ i_3^{-1} = \varphi : D \to \boldsymbol{R}^3, \quad (u \;\; v)^t \mapsto (x \;\; y \;\; z)^t = \varphi(u, v)$$

である．それゆえ，点 $p = (u \;\; v)^t \in D$ における Jacobi 行列は式 (5.118) によって

$$(J\varphi)_p = \left.\begin{pmatrix} \dfrac{\partial x}{\partial u} & \dfrac{\partial x}{\partial v} \\ \dfrac{\partial y}{\partial u} & \dfrac{\partial y}{\partial v} \\ \dfrac{\partial z}{\partial u} & \dfrac{\partial z}{\partial v} \end{pmatrix}\right|_{i_2(p)} = (\boldsymbol{p}_u \;\; \boldsymbol{p}_v)|_{(u \;\; v)^t} = (\boldsymbol{p}_u(u, v) \;\; \boldsymbol{p}_v(u, v))$$

である．ここで，$\boldsymbol{p}_u$ と $\boldsymbol{p}_v$ は式 (1.26) で定義したベクトルであり，(D, φ) が曲面 S の正則表示であるという仮定によって D 上でたがいに線形独立である．それゆえ，D 上で式 (5.169)，すなわち

$$\mathrm{Rank}\,((d\varphi)_p) = \mathrm{Rank}\,((J\varphi)_p) = \dim(T_p(D)) = 2$$

が成立するから $\varphi : D \to \boldsymbol{E}^3$ ははめ込みである．第 1 章における「(D, φ) は正則表示である」という表現が，ここでは「写像 $\varphi : D \to \boldsymbol{E}^3$ ははめ込みである」という表現に置き換えられたことになる．

議論を一般の可微分写像 $\varphi : M \to M'$ に戻そう．φ による M の像 $\varphi(M)$ は M' の部分集合だから，M' からの相対位相を導入すれば $\varphi(M)$ は位相空間である．そこで，φ がはめ込みであって，しかも $\varphi : M \to \varphi(M)$ が同相写像である場合，$\varphi : M \to M'$ を「**埋め込み** (embedding or imbedding)」とよぶ．たとえば，$\boldsymbol{E}^3$ 中の曲線 C が (I, γ) として正則表示される場合には写像 $\gamma : I \to \boldsymbol{E}^3$ は上述のようにはめ込みであるが，C が自己交叉する場合には埋め込みではない．自己交叉する曲線 $C = \gamma(I)$ は開区間 I とは同相ではないからである．

ところで，包含関係にある二つの集合 $A \subset B$ に対して，写像

$$i : A \to B, \quad A \ni p \mapsto p \in B \tag{5.171}$$

は A から B への**包含写像** (inclusion mapping) とよばれるが，S を N 次元 C^r 級可微分多様体 M の l 次元 C^r 級部分多様体とすると，S から M への包含写像 $i : S \to M$

は埋め込みである．実際，任意の点 $p \in S$ に対して $T_p(S)$ は N 次元ベクトル空間 $T_p(M)$ の l 次元の部分ベクトル空間であり，$(d\varphi)_p$ は $T_p(S)$ 上の恒等写像だから単射写像であり，したがって $i: S \to M$ ははめ込みである．また，S と $i(S) = S$ は当然ながら同相だから，包含写像 $i: S \to M$ は埋め込みである．

このように部分多様体からの包含写像は埋め込みであるが，逆に $\varphi: M \to M'$ が埋め込みならば，$\varphi(M)$ は M' の部分多様体である．正確にはつぎのように表現できる．M と M' をそれぞれ N 次元，N' 次元の C^r 級多様体とし，$\varphi: M \to M'$ を C^r 級の埋め込みとすれば，$\varphi(M)$ は M' の N 次元 C^r 級部分多様体であり，$\varphi: M \to \varphi(M)$ は C^r 級微分同相写像である．これを証明しよう．

まず，$N = N'$ の場合を考えよう．以下に示すように，この場合には $\varphi(M)$ は M' の開集合であり，したがって $\varphi(M)$ は確かに M' の部分多様体 (開部分多様体) である．$\varphi(M)$ が M' の開集合であることを示すには，任意の $q \in \varphi(M)$ に対して q の開近傍 (q を含む開集合) で $\varphi(M)$ に含まれるものが存在することを示せばよい．実際，$q \in \varphi(M)$ だから $q = \varphi(p)$ となるような点 $p \in M$ が存在するが，$\varphi: M \to M'$ は埋め込みだからはめ込みであり，点 $p \in M$ において式 (5.169) が成立する．すると

$$\dim(\mathrm{Img}\,((d\varphi)_p)) = \dim(T_p(M)) = N = N' = \dim(T_{\varphi(p)}(M'))$$

だから，$(d\varphi)_p : T_p(M) \to T_{\varphi(p)}(M')$ は同型写像である．したがって，逆関数定理によれば，M における $p \in M$ の開近傍 U が存在して $\varphi|U : U \to \varphi(U)$ は C^r 級微分同相写像であり，$\varphi(U)$ は所望の開近傍，すなわち $q \in \varphi(U) \subset \varphi(M)$ である．

つぎに $N < N'$ の場合を考えよう．前節で与えた部分多様体の定義から明らかなように，$\varphi(M)$ が M' の N 次元 C^r 級部分多様体であることを示すには，任意の $\sigma \in \varphi(M)$ に対して σ を含む M' の座標近傍 (W_σ, χ_σ) が存在して

$$\varphi(M) \cap W_\sigma = \{p | p \in W_\sigma,\ \ [\chi_\sigma(p)]^n = 0 \qquad (n = N+1 \sim N')\} \tag{5.172}$$

が成立し，$W_\sigma \cap W_{\sigma'} \neq \emptyset$ ならば座標変換 $\chi_{\sigma'} \circ \chi_\sigma^{-1}$ が C^r 級であることを確認すればよい．

まず，$\sigma \in \varphi(M)$ だから $\sigma = \varphi(\rho)$ となるような点 $\rho \in M$ が存在する．そこで点 ρ を含む M の座標近傍をひとつ選んで $(U_\alpha, \xi_\alpha : x)$ とし，$\sigma = \varphi(\rho)$ を含む M' の座標近傍をひとつ選んで $(V_\beta, \eta_\beta : y)$ としよう．また，写像 φ をこれら二つの座標近傍の間だけで評価するため，点 ρ の開近傍 U を十分に小さく選んで $U \subset U_\alpha$，$\varphi(U) \subset V_\beta$ が成立するようにしておく．$(U_\alpha, \xi_\alpha : x)$ における点 $p \in U$ の座標 $\boldsymbol{x} = \xi_\alpha(p)$ と $(V_\beta, \eta_\beta : y)$ における $q = \varphi(p)$ の座標 $\boldsymbol{y} = \eta_\beta(q)$ は

$$\boldsymbol{y} = \eta_\beta(q) = \eta_\beta(\varphi(p)) = \eta_\beta(\varphi(\xi_\alpha^{-1}(\boldsymbol{x}))) = (\eta_\beta \circ \varphi \circ \xi_\alpha^{-1})(\boldsymbol{x}) = \boldsymbol{\varphi}(\boldsymbol{x}) \tag{5.173}$$

として関係付けられる．ここで，$\boldsymbol{\varphi}$ は式 (5.111) で定義される写像である．座標 $\boldsymbol{x}$，$\boldsymbol{y}$ の成分を使って表現すれば，式 (5.173) は

$$y^{n'} = \varphi^{n'}(x^1, x^2, \cdots, x^N) \qquad (n' = 1 \sim N') \tag{5.174}$$

と書ける．ここで，N' 次元の数ベクトル $\boldsymbol{y} \in \boldsymbol{R}^{N'}$ を N 次元成分 $\boldsymbol{y}'$ と $N' - N$ 次元成分 $\boldsymbol{y}''$ の二つに分割し，

$$\boldsymbol{y} = \begin{pmatrix} \boldsymbol{y}' \\ \boldsymbol{y}'' \end{pmatrix} = (\boldsymbol{y}' \ \ \boldsymbol{y}'')^t \in \boldsymbol{R}^{N'},$$

$$\boldsymbol{y}' \equiv (y^1 \ \ y^2 \ \ \cdots \ \ y^N)^t \in \boldsymbol{R}^N, \quad \boldsymbol{y}'' \equiv (y^{N+1} \ \ y^{N+2} \ \ \cdots \ \ y^{N'})^t \in \boldsymbol{R}^{N'-N} \tag{5.175}$$

として表現することにしよう‡23．$\boldsymbol{\varphi}(\boldsymbol{x}) \in \boldsymbol{R}^{N'}$ に関しても同様であり，N 次元成分 $\boldsymbol{\varphi}'(\boldsymbol{x})$ と $N' - N$ 次元成分 $\boldsymbol{\varphi}''(\boldsymbol{x})$ に分割すれば，たとえば式 (5.173) は

$$\boldsymbol{y}' = \boldsymbol{\varphi}'(\boldsymbol{x}), \quad \boldsymbol{y}'' = \boldsymbol{\varphi}''(\boldsymbol{x}) \tag{5.176}$$

として表現できる．点 $\rho \in M$ に対する座標値を

$$\boldsymbol{x}_\rho \equiv \xi_\alpha(\rho), \quad \boldsymbol{y}_\sigma \equiv \eta_\beta(\sigma) = \boldsymbol{\varphi}(\boldsymbol{x}_\rho), \quad \boldsymbol{y}'_\sigma \equiv \boldsymbol{\varphi}'(\boldsymbol{x}_\rho), \quad \boldsymbol{y}''_\sigma \equiv \boldsymbol{\varphi}''(\boldsymbol{x}_\rho) \tag{5.177}$$

と記すことにしよう．当然ながら $\boldsymbol{y}_\sigma = (\boldsymbol{y}'_\sigma \ \ \boldsymbol{y}''_\sigma)^t$ である．ここで，$\boldsymbol{R}^{N'}$ の部分集合 Q を

$$Q \equiv \{(\boldsymbol{x} \ \ \boldsymbol{y}'' - \boldsymbol{\varphi}''(\boldsymbol{x}))^t \in \boldsymbol{R}^{N'} | \boldsymbol{x} \in \xi_\alpha(U), \boldsymbol{y}'' \in \boldsymbol{\varphi}''(\xi_\alpha(U))\} \subset \boldsymbol{R}^{N'} \tag{5.178}$$

として定義し，Q から $\boldsymbol{R}^{N'}$ への写像 μ を

$$\mu : Q \to \boldsymbol{R}^{N'}, \quad (\boldsymbol{z}' \ \ \boldsymbol{z}'')^t \mapsto (\boldsymbol{y}' \ \ \boldsymbol{y}'')^t = (\boldsymbol{\varphi}'(\boldsymbol{z}') \ \ \boldsymbol{z}'' + \boldsymbol{\varphi}''(\boldsymbol{z}'))^t \tag{5.179}$$

として定義する．成分で表示すれば，式 (5.179) は

$$y^n = \begin{cases} \varphi^n(z^1, z^2, \cdots, z^N) & (n = 1 \sim N) \\ z^n + \varphi^n(z^1, z^2, \cdots, z^N) & (n = N+1 \sim N') \end{cases} \tag{5.180}$$

を意味する．あるいは，式 (5.176) に対応させて表現すれば

$$\boldsymbol{y}' = \boldsymbol{\varphi}'(\boldsymbol{z}'), \quad \boldsymbol{y}'' = \boldsymbol{z}'' + \boldsymbol{\varphi}''(\boldsymbol{z}') \tag{5.181}$$

と書ける．μ の定義域 Q は μ が意味をもつように定められており，μ による Q の像が

$$\mu(Q) = \{(\boldsymbol{y}' \ \ \boldsymbol{y}'')^t \in \boldsymbol{R}^{N'} | \boldsymbol{y}' \in \boldsymbol{\varphi}'(\xi_\alpha(U)), \boldsymbol{y}'' \in \boldsymbol{\varphi}''(\xi_\alpha(U))\} = \boldsymbol{\varphi}(\xi_\alpha(U)) \subset \boldsymbol{R}^{N'} \tag{5.182}$$

となる点に注意しておこう．ところで，$\boldsymbol{\varphi}'$ は $\boldsymbol{R}^N$ から $\boldsymbol{R}^N$ への写像であり，$\boldsymbol{z}' = \boldsymbol{x}_\rho$ における Jacobi 行列は

$$[(J\boldsymbol{\varphi}')_{\boldsymbol{x}_\rho}]^m_n \equiv \left.\frac{\partial y^m}{\partial z^n}\right|_{\boldsymbol{x}_\rho} \qquad (m, n = 1 \sim N) \tag{5.183}$$

---

‡23 $(\boldsymbol{y}' \ \ \boldsymbol{y}'')^t$ は正確には $(\boldsymbol{y}'^t \ \ \boldsymbol{y}''^t)^t$ と表記すべきであろうが，煩雑になるのでこのように略記する．

であるが，これは点 $\rho \in M$ における写像 $\varphi : M \to M'$ の Jacobi 行列 $(J\varphi)_\rho$ の最初の N 行からなる N 次正方行列に他ならない．ところが，仮定によって φ は埋め込み (したがってはめ込み) だから $(J\varphi)_\rho$ のランクは N であり，それに含まれる N 次正方行列 $(J\boldsymbol{\varphi}')_{\boldsymbol{x}_\rho}$ は可逆である．それゆえ，逆関数定理により，$\boldsymbol{x}_\rho$ の開近傍 $\overline{U}_{\boldsymbol{x}_\rho}$ が存在して写像 $\boldsymbol{\varphi}' : \overline{U}_{\boldsymbol{x}_\rho} \to \boldsymbol{\varphi}'(\overline{U}_{\boldsymbol{x}_\rho})$ は C^r 級微分同相写像であり，その逆写像 $\boldsymbol{\varphi}'^{-1} : \boldsymbol{\varphi}'(\overline{U}_{\boldsymbol{x}_\rho}) \to \overline{U}_{\boldsymbol{x}_\rho}$ も C^r 級である．それゆえ，式 (5.179) で定義される写像 μ は Q の部分集合

$$\overline{Q} \equiv \{(\boldsymbol{x} \ \ \boldsymbol{y}'' - \boldsymbol{\varphi}''(\boldsymbol{x}))^t \in \boldsymbol{R}^{N'} | \boldsymbol{x} \in \overline{U}_{\boldsymbol{x}_\rho}, \boldsymbol{y}'' \in \boldsymbol{\varphi}''(\xi_\alpha(U))\} \subset Q \tag{5.184}$$

の上では可逆であり，その逆写像 μ^{-1} は

$$\mu^{-1} : \mu(\overline{Q}) \to Q, \quad (\boldsymbol{y}' \ \ \boldsymbol{y}'')^t \mapsto (\boldsymbol{z}' \ \ \boldsymbol{z}'')^t = (\boldsymbol{\varphi}'^{-1}(\boldsymbol{y}') \ \ \boldsymbol{y}'' - \boldsymbol{\varphi}''(\boldsymbol{\varphi}'^{-1}(\boldsymbol{y}')))^t \tag{5.185}$$

として与えられ，C^r 級である．式 (5.181) と同様に

$$\boldsymbol{z}' = \boldsymbol{\varphi}'^{-1}(\boldsymbol{y}'), \quad \boldsymbol{z}'' = \boldsymbol{y}'' - \boldsymbol{\varphi}''(\boldsymbol{\varphi}'^{-1}(\boldsymbol{y}')) \tag{5.186}$$

と表現してもよい．また，$\boldsymbol{y}'_\sigma \in \boldsymbol{\varphi}'(\overline{U}_{\boldsymbol{x}_\rho})$，$\boldsymbol{y}''_\sigma \in \boldsymbol{\varphi}''(\xi_\alpha(U))$ であり，

$$\mu(\overline{Q}) = \{(\boldsymbol{y}' \ \ \boldsymbol{y}'')^t \in \boldsymbol{R}^{N'} | \boldsymbol{y}' \in \boldsymbol{\varphi}'(\overline{U}_{\boldsymbol{x}_\rho}), \boldsymbol{y}'' \in \boldsymbol{\varphi}''(\xi_\alpha(U))\}$$

だから $\mu(\overline{Q})$ は $\boldsymbol{y}_\sigma$ を含む $\boldsymbol{R}^{N'}$ の開集合である．さらに，式 (5.182) と $\varphi(U) \subset V_\beta$ によって

$$\mu(\overline{Q}) \subset \mu(Q) = \boldsymbol{\varphi}(\xi_\alpha(U)) = (\eta_\beta \circ \varphi \circ \xi_\alpha^{-1})(\xi_\alpha(U)) = \eta_\beta(\varphi(U)) \subset \eta_\beta(V_\beta) \tag{5.187}$$

だから，点 $\sigma \in M'$ を含む M' の開集合，つまり σ の開近傍 W_σ が

$$W_\sigma \equiv \eta_\beta^{-1}(\mu(\overline{Q})) \subset \varphi(U) \subset V_\beta \tag{5.188}$$

として定義できる．また，W_σ 上で定義される写像

$$\chi_\sigma \equiv \mu^{-1} \circ \eta_\beta : W_\sigma \to \overline{Q} \tag{5.189}$$

は C^r 級同相写像であり，したがって (W_σ, χ_σ) は点 $\sigma \in M'$ を含む M' の C^r 級座標近傍である．

さて，座標近傍 (W_σ, χ_σ) に対する点 $q \in \varphi(M) \cap W_\sigma$ の座標 $\boldsymbol{z} = \chi_\sigma(q)$ を求めてみよう．式 (5.188) に示されるように $W_\sigma \subset \varphi(U)$ だから，$q = \varphi(p)$ を満足する点 $p \in U \subset U_\alpha$ が存在するが，$(U_\alpha, \xi_\alpha : x)$ に対する p の座標を $\boldsymbol{x} \equiv \xi_\alpha(p)$ と記せば

$$\begin{aligned}
\boldsymbol{z} &= \chi_\sigma(q) = (\mu^{-1} \circ \eta_\beta)(\varphi(p)) = (\mu^{-1} \circ \eta_\beta \circ \varphi \circ \xi_\alpha^{-1} \circ \xi_\alpha)(p) \\
&= (\mu^{-1} \circ \boldsymbol{\varphi})(\xi_\alpha(p)) = (\mu^{-1} \circ \boldsymbol{\varphi})(\boldsymbol{x}) = \mu^{-1}((\boldsymbol{\varphi}'(\boldsymbol{x}) \ \ \boldsymbol{\varphi}''(\boldsymbol{x}))^t) \\
&= (\boldsymbol{\varphi}'^{-1}(\boldsymbol{\varphi}'(\boldsymbol{x})) \ \ \boldsymbol{\varphi}''(\boldsymbol{x}) - \boldsymbol{\varphi}''(\boldsymbol{\varphi}'^{-1}(\boldsymbol{\varphi}'(\boldsymbol{x}))))^t = (\boldsymbol{x} \ \ \boldsymbol{\varphi}''(\boldsymbol{x}) - \boldsymbol{\varphi}''(\boldsymbol{x}))^t
\end{aligned}$$

すなわち

$$\boldsymbol{z} = (\boldsymbol{x} \ \ \boldsymbol{0})^t = (x^1 \ \ x^2 \ \ \cdots \ \ x^N \ \ 0 \ \ \cdots \ \ 0)^t \tag{5.190}$$

を得る．したがって，(W_σ, χ_σ) は確かに式 (5.172) を満足する C^r 級座標近傍である．これが証明すべきことであった．

上述のように，$\boldsymbol{R}^3$ 内の ($\boldsymbol{E}^3$ 内の) 自己交叉しない曲線 C の正則表示を (I, γ) とすれば，写像 $\gamma : I \to \boldsymbol{R}^3$ は実直線上の開区間 $I \subset \boldsymbol{R}$ という 1 次元多様体から $\boldsymbol{R}^3$ への埋め込みであった．つまり，開区間と同相な $\boldsymbol{R}^3$ 内の曲線とは開区間 I を $\boldsymbol{R}^3$ に埋め込んだものである．同様に $\boldsymbol{R}^2$ 上の開領域 $D \subset \boldsymbol{R}^2$ と同相な $\boldsymbol{R}^3$ 内の曲面とは領域 D を $\boldsymbol{R}^3$ に埋め込んだものに他ならない．$\boldsymbol{R}^3$ は，より一般に $\boldsymbol{R}^N$ は直感的にも把握しやすく，扱いやすい基本的な多様体である．だからこそ，一般の多様体を議論する際にも座標近傍という $\boldsymbol{R}^N$ との局所的な同相写像を基本的な道具立てとするのである．局所的ではなく，多様体の全体を $\boldsymbol{R}^N$ に埋め込むことができれば好都合であることは容易に理解できるだろう．もちろん，N 次元の多様体の全体を $\boldsymbol{R}^N$ に埋め込むことは一般には期待できない．それが可能であれば，多様体は単一の座標近傍からなるアトラスをもつことになるからである．では，N 次元の多様体 M を $\boldsymbol{R}^{N_E}$ $(N_E \geq N)$ に埋め込むことは可能であろうか．この問題に関して以下の定理が知られている[‡24]．

《埋め込み定理》

任意のコンパクト N 次元 C^r 級多様体 M に対して，N_E を十分大きく選べば C^r 級の埋め込み $\varphi : M \to \boldsymbol{R}^{N_E}$ が存在する $(1 \leq r \leq \infty)$．

《Whitney の定理》

任意の σ コンパクトな N 次元 C^r 級多様体 M に対して，C^r 級の埋め込み $\varphi : M \to \boldsymbol{R}^{2N+1}$ であって，像 $\varphi(M)$ が $\boldsymbol{R}^{2N+1}$ の閉集合になるものが存在する $(1 \leq r \leq \infty)$．

ここで「コンパクト」とは位相空間に対する概念であるが，簡単に説明しておこう．まず，位相空間 X の開集合からなる族 $\{U_\alpha\}_{\alpha \in A}$ が X を覆うとき，つまり X がそれらの開集合の和に一致する場合 $(X = \cup_{\alpha \in A} U_\alpha)$，$\{U_\alpha\}_{\alpha \in A}$ を X の**開被覆** (open covering) とよぶ．また，$\{U_\alpha\}_{\alpha \in A}$ が X の開被覆であり，$B \subset A$ に対して $\{U_\beta\}_{\beta \in B}$ もまた X の開被覆である場合，$\{U_\beta\}_{\beta \in B}$ を $\{U_\alpha\}_{\alpha \in A}$ の**部分被覆** (sub-covering) とよび，さらに B が有限集合である場合，$\{U_\beta\}_{\beta \in B}$ を $\{U_\alpha\}_{\alpha \in A}$ の**有限部分被覆** (finite sub-covering) とよぶ．そして，任意の開被覆から有限部分被覆が選べる位相空間を**コンパクト** (compact) と形容する．たとえば実直線上の有限な閉区間 $[a, b] \subset \boldsymbol{R}$ は通常の位相に関してコンパクトであり，より一般に $\boldsymbol{R}^N$ の有界な閉集合は通常の位相に関

[‡24] たとえば松本幸夫著：多様体の基礎 (第 4 章)，東京大学出版会

してコンパクトである (Heine-Borel の定理). たとえば球面 S^N は $\boldsymbol{R}^{N+1}$ の有界な閉集合だからコンパクトである. 一方, たとえば, 開区間 $(0,1) \subset \boldsymbol{R}$ はコンパクトではない. 実際, $U_n \equiv (n^{-1}, 1)$ とすれば $\{U_n\}_{n=2,3,\cdots}$ は $(0,1)$ の開被覆だが, 有限部分被覆は存在しない. また, $\boldsymbol{R}^N$ がコンパクトでないことも容易に示される.

多様体 M が位相空間としてコンパクトである場合, M をコンパクト多様体とよぶ[‡25]. したがって, 球面 S^N はコンパクト多様体だが, 開区間 $(0,1) \subset \boldsymbol{R}$ はコンパクト多様体ではない. そのため上述の「埋め込み定理」では開区間 $(0,1)$ さえ対象外となり, 大いに不便である. そこで「σ コンパクト」という概念が登場し,「Whitney の定理」が利用されることになる. 位相空間 X が **$\boldsymbol{\sigma}$ コンパクト** (σ-compact) であるとは, X が高々加算個のコンパクト部分集合 $K_1, K_2, \cdots \subset X$ の和集合になっていることである ($X = \bigcup_{n=1}^{\infty} K_n$). コンパクト多様体は当然ながら σ コンパクトである. 開区間 $(0,1) \subset \boldsymbol{R}$ は上述のようにコンパクトではないが, σ コンパクトではある. 実際, 任意の $n = 1, 2, \cdots$ に対して $(0,1)$ に含まれる閉区間 $K_n \equiv [1/(n+1), n/(n+1)]$ はコンパクトであり, $(0,1)$ はこれらのコンパクト集合の和集合に一致する. 位相空間として σ コンパクトな多様体を σ コンパクト多様体とよぶわけだが, この範疇に属する多様体は多く, それゆえに「Whitney の定理」は有用である.

5.3.3 実直線上の開区間における 1 形式の積分

簡単な例として, 実直線上の開区間 $M = (a,b) \subset \boldsymbol{R}$ を考えよう. $\zeta : M \to \boldsymbol{R}$ を M から $\zeta(M)$ への同相写像とすれば (M, ζ) は M の 1 次元座標近傍であり, 単独で M のアトラスを構成するから M は 1 次元の多様体である. 座標近傍 $(M, \zeta : z)$ における標準 1 形式 dz は単独で $\Lambda^1(M)$ の基底場をなし, 任意の 1 形式 $\omega \in \Lambda^1(M)$ は適当な $\omega_z \in \Lambda^0(M)$ を用いて $\omega = \omega_z dz$ と表現できることから, 微分形式 $\omega \in \Lambda^1(M)$ の M における積分を

$$\int_M \omega \equiv \int_{\zeta(a)}^{\zeta(b)} dz \omega_z(\zeta^{-1}(z)) = \int_{\zeta(a)}^{\zeta(b)} dz (\omega_z \circ \zeta^{-1})(z) \tag{5.191}$$

として定義する. 上式の右辺は $\zeta(M) \subset \boldsymbol{R}$ 上の実関数 $\omega_z \circ \zeta^{-1}$ に関する通常の積分である. この定義は座標近傍の選び方に依存しているように思われるが, 実際はどうだろうか. これを確かめるため, M 全体を覆う他の座標近傍 $(M, \varphi : x)$ を考えよう.

---

‡25 $\mathcal{A} = \{U_\alpha, \varphi_\alpha\}_{\alpha \in A}$ が多様体 M のアトラスならば $\{U_\alpha\}_{\alpha \in A}$ は M の開被覆である. それゆえ, M がコンパクトならば有限部分被覆 $\{U_\beta\}_{\beta \in B}$ が選べる. このとき, $\mathcal{B} = \{U_\beta, \varphi_\beta\}_{\beta \in B}$ は有限個の座標近傍からなる M のアトラスである. したがって, コンパクトな多様体は必ず有限個の座標近傍からなるアトラスをもつことになる. もちろん, コンパクトでない多様体でも有限個の座標近傍からなるアトラスをもち得る. たとえば, 開区間 $(0,1) \subset \boldsymbol{R}$ はコンパクト多様体ではないが, 単一の座標近傍からなるアトラスをもつ.

$(M, \zeta : z)$ から $(M, \varphi : x)$ への座標変換は $x = (\varphi \circ \zeta^{-1})(z)$ であり，両座標近傍における標準1形式 dz, dx は式 (3.132) によって

$$dx = \frac{dx}{dz}dz = \frac{d(\varphi \circ \zeta^{-1})(z)}{dz}dz \tag{5.192}$$

として関係する．それゆえ，$\omega = \omega_z dz = \omega_x dx$ を点 $p = \zeta^{-1}(z) = \varphi^{-1}(x) \in M$ で評価すれば

$$(\omega)_p = \omega_z(p)(dz)_p = \omega_x(p)(dx)_p = \omega_x(p) \left.\frac{dx}{dz}\right|_{x=\varphi(p)} (dz)_p$$

だから，任意の $z \in \zeta(M)$ に対して

$$\omega_x(\zeta^{-1}(z))\frac{dx}{dz} = \omega_z(\zeta^{-1}(z)) \tag{5.193}$$

が成立する[‡26]．したがって，積分変数を x から $z = (\zeta \circ \varphi^{-1})(x)$ に変更することにより

$$\begin{aligned}\int_{\varphi(a)}^{\varphi(b)} dx\omega_x(\varphi^{-1}(x)) &= \int_{(\zeta\circ\varphi^{-1})(\varphi(a))}^{(\zeta\circ\varphi^{-1})(\varphi(b))} dz\frac{dx}{dz}\omega_x(\varphi^{-1}((\varphi \circ \zeta^{-1})(z))) \\ &= \int_{\zeta(a)}^{\zeta(b)} dz\omega_z(\zeta^{-1}(z))\end{aligned} \tag{5.194}$$

を得るが，この等式は，M 全体を覆う単一の座標近傍を採用するかぎり式 (5.191) による1形式の積分の定義は座標近傍の選び方によらないことを意味している．

では，M 全体を覆うとは限らない複数の座標近傍によって M のアトラスが構成されている場合はどうだろうか．議論を複雑にし過ぎないために，有限個 (K 個) の座標近傍からなるアトラス $\mathcal{A} = \{(U_k, \varphi_k)\}_{k=1\sim K}$ を考えよう．また，開区間 U_k は $U_k = (a_k, b_k)$ とする．ここで，つぎの性質をもつ M 上の関数 $w_1, \cdots, w_K \in \Lambda^0(M)$ を導入しよう．

$$0 \leq w_k \leq 1 \qquad (k = 1 \sim K) \tag{5.195a}$$

$$w_k(p) = 0 \qquad (p \notin U_k, k = 1 \sim K) \tag{5.195b}$$

$$\sum_{k=1}^{K} w_k = 1 \tag{5.195c}$$

こうした関数が存在することは本項の最後で示すこととし，ここでは存在を前提として議論を進める．

さて，M 全体を覆う座標近傍 (M, ζ) に対して M 上の1形式の積分を式 (5.191) で定義したから，積分の線形性，つまり

$$\int_M (\omega + \chi) = \int_M \omega + \int_M \chi, \quad \int_M c\omega = c\int_M \omega \qquad (\omega, \chi \in \Lambda^1(M), c \in \boldsymbol{R}) \tag{5.196}$$

---

‡26 座標変換に関して1形式は反変量であり，展開係数は共変量であることからも式 (5.193) を得る．

は明らかである．そこで，上述の関数 $\{w_k\}_{k=1\sim K}$ を使えば

$$\int_M \omega = \int_M 1\omega = \int_M \left(\sum_{k=1}^{K} w_k\right)\omega = \sum_{k=1}^{K}\int_M w_k\omega \tag{5.197}$$

を得る．さて，$\zeta : M \to \zeta(M)$ は同相写像だから ζ は M 上で強単調であり，ζ が強単調増加か強単調減少かに応じて

$$\zeta(U_k) = \begin{cases} (\zeta(a_k), \zeta(b_k)) & (\zeta \text{ が強単調増加の場合}) \\ (\zeta(b_k), \zeta(a_k)) & (\zeta \text{ が強単調減少の場合}) \end{cases}$$

が成立する．式 (5.195b) によって $z \notin \zeta(U_k)$ ならば $w_k(\zeta^{-1}(z)) = 0$ だから，ζ が強単調増加か強単調減少かにかかわらず

$$\begin{aligned}\int_M w_k\omega &= \int_{\zeta(a)}^{\zeta(b)} dz\,(w_k\omega_z)(\zeta^{-1}(z)) = \left(\int_{\zeta(a)}^{\zeta(a_k)} + \int_{\zeta(a_k)}^{\zeta(b_k)} + \int_{\zeta(b_k)}^{\zeta(b)}\right) dz\,(w_k\omega_z)(\zeta^{-1}(z)) \\ &= \int_{\zeta(a_k)}^{\zeta(b_k)} dz\,(w_k\omega_z)(\zeta^{-1}(z)) = \int_{U_k} w_k\omega\end{aligned}$$

が成立し‡27，これを式 (5.197) に代入すれば

$$\int_M \omega = \sum_{k=1}^{K}\int_{U_k} w_k\omega \tag{5.198}$$

が結論される．ところで，多様体 U_k(M の開部分多様体) は単一の座標近傍 $(U_k, \varphi_k : x)$ で覆われ，また $\zeta : M \to \boldsymbol{R}$ を U_k に制限することで得られる座標近傍 $(U_k, \zeta|U_k : z)$ によっても覆われるが，これら二つの座標近傍を使って U_k 上での $w_k\omega$ の積分を評価すれば，式 (5.194) と同様にして

$$\int_{U_k} w_k\omega = \int_{\varphi(a_k)}^{\varphi(b_k)} dx\,(w_k\omega_{k,x})(\varphi_k^{-1}(x)) = \int_{\zeta(a_k)}^{\zeta(b_k)} dz\,(w_k\omega_z)(\zeta^{-1}(z)) \tag{5.199}$$

を得る．ここで，$\omega_{k,x} \in \Lambda^0(U_k)$ は $(U_k, \varphi_k : x)$ の標準 1 形式 dx で ω を展開した場合の展開係数である．

結局，K 個の座標近傍からなる M のアトラス $\mathcal{A} = \{(U_k, \varphi_k)\}_{k=1\sim K}$ が与えられれば，1 形式 $\omega \in \Lambda^1(M)$ の M 上での積分は M 全体を覆う座標近傍に頼ることなく

$$\int_M \omega = \sum_{k=1}^{K}\int_{U_k} w_k\omega = \sum_{k=1}^{K}\int_{\varphi(a_k)}^{\varphi(b_k)} dx\,(w_k\omega_{k,x})(\varphi_k^{-1}(x)) \tag{5.200}$$

として計算でき，計算結果は M 全体を覆う座標近傍にもとづく式 (5.191) の結果と一致する．微分形式の M 全体での積分を多数の座標近傍における積分の和に還元する

‡27 $(w_k\omega_z)(\zeta^{-1}(z))$ は $w_k\omega \in \Lambda^1(M)$ を dz で展開した場合の展開係数 $w_k\omega_z \in \Lambda^0(M)$ の点 $\zeta^{-1}(z) \in M$ における値である．$w_k \in \Lambda^0(M)$ と $\omega_z \in \Lambda^0(M)$ の積が $w_k\omega_z \in \Lambda^0(M)$ であることはいうまでもない．

この手法は，一般の多様体における微分形式の積分を議論する際にもほとんどそのままの形で利用される．

次項に進む前に，式 (5.195) を満足する関数 $\{w_k\}_{k=1\sim K}$ が確かに存在することを示しておこう．まず，実関数 $d:\boldsymbol{R}\to\boldsymbol{R}$ を次式で定義する．

$$d(x)\equiv\begin{cases} e^{-1/x} & (x>0) \\ 0 & (x\le 0)\end{cases} \tag{5.201}$$

この実関数 d は $\boldsymbol{R}-\{0\}$ では明らかに C^∞ 級だが，実は $\boldsymbol{R}$ 全体でも C^∞ 級である．実際，

$$P_{2(n+1)}(t)=t^2\{P_{2n}(t)-P'_{2n}(t)\},\quad P_0(t)=1$$

によって決まる $2n$ 次の多項式 $P_{2n}(x)$ を使えば，$x>0$ における d の n 階の導関数 $d^{(n)}$ は

$$d^{(n)}(x)=P_{2n}\left(\frac{1}{x}\right)e^{-1/x}\qquad(x>0)$$

と表現できるが，任意の非負整数 k に対して $x^{-k}e^{-1/x}\to 0\ (x\to +0)$ だから，任意の非負整数 n に対して $d^{(n)}(x)\to 0\ (x\to +0)$ である．一方，$x<0$ では $d^{(n)}(x)=0$ だから

$$\lim_{x\to+0}d^{(n)}(x)=\lim_{x\to-0}d^{(n)}(x)=0$$

が成立する．つまり，$x=0$ における $d^{(n)}$ の値は確定して 0 であり，$d^{(n)}$ は

$$d^{(n)}(x)=\begin{cases} P_{2n}\left(\dfrac{1}{x}\right)e^{-1/x} & (x>0) \\ 0 & (x\le 0)\end{cases} \tag{5.202}$$

として与えられるから，実関数 $d:\boldsymbol{R}\to\boldsymbol{R}$ は確かに C^∞ 級である．

さて，開区間 $U=(\alpha,\beta)\subset\boldsymbol{R}$ に対して $d_U:\boldsymbol{R}\to\boldsymbol{R}$ を

$$d_U(x)\equiv d(x-\alpha)d(\beta-x) \tag{5.203}$$

として定義すれば，d_U は C^∞ 級であり

$$d_U(x)=0\quad(x\notin U),\qquad d_U(x)>0\qquad(x\in U) \tag{5.204}$$

が成立する．そこで，実関数 $\{w_k\}_{k=1\sim K}$ を

$$w_k(x)\equiv\frac{d_{U_k}(x)}{\displaystyle\sum_{l=1}^{K}d_{U_l}(x)}\qquad(k=1\sim K) \tag{5.205}$$

として定義すればよい．容易に示されるように，こうして定義される C^∞ 級の関数 $\{w_k\}_{k=1\sim K}$ は式 (5.195) を満足する．

こうして式 (5.195) を満足する関数 $\{w_k\}_{k=1\sim K}$ の存在が証明されたわけだが，これは以下に示す「1 の分割定理」の特別な例に過ぎない．この定理の証明は他書に譲る‡28．

《1 の分割定理》

M を σ コンパクトな C^r 級多様体とし $(1 \leq r \leq \infty)$，$\{U_\alpha\}_{\alpha \in A}$ を M の開被覆とする．このとき，M 上の加算個の C^r 級関数 $w_k : M \to \boldsymbol{R}\ (k = 1, 2, \cdots)$ が存在してつぎの (1)，(2)，(3) が成立する．

(1) $0 \leq w_k \leq 1 \qquad (k = 1, 2, \cdots)$

(2) $\{\mathrm{supp}(w_k)\}_{k=1,2,\cdots}$ は M の局所有限な被覆であり，$\{U_\alpha\}_{\alpha \in A}$ の細分である．

(3) $\displaystyle\sum_{k=1}^{\infty} w_k = 1$

ただし，$\mathrm{supp}\,(w_k)$ は w_k の**台** (support) を意味する．つまり，任意の $f \in \Lambda^0(M)$ に対して

$$\mathrm{supp}\,(f) \equiv \overline{S}_f, \quad S_f \equiv \{p \in M | f(p) \neq 0\} \tag{5.206}$$

として定義される．一般に，位相空間 X の部分集合 S に対して，S を含む最小の閉集合を S の**閉包** (closure) とよび，$\overline{S}$ と記す‡29．それゆえ，式 (5.206) は「f の値が 0 でないような点 $p \in M$ の集合を S_f とするとき，この S_f を含む最小の閉集合が $\mathrm{supp}(f)$ である」ことを意味する．また，位相空間 X の被覆 $\{V_\alpha\}_{\alpha \in A}$ が**局所有限** (locally finite) であるとは‡30，任意の点 $p \in X$ に対して十分に小さな p の開近傍 U をとれば，$U \cap V_\alpha \neq \emptyset$ であるような $\alpha \in A$ が有限個しかないことである．さらに，$\{V_\alpha\}_{\alpha \in A}$ と $\{W_\beta\}_{\beta \in B}$ がともに位相空間 X の被覆である場合，任意の V_α が少なくともどれかひとつの W_β に含まれる場合，$\{V_\alpha\}_{\alpha \in A}$ は $\{W_\beta\}_{\beta \in B}$ の**細分** (refinement) であるという．したがって，上記の式 (2) は「任意の点 $p \in M$ に対して p の開近傍 U を十分に小さく選べば，U 上で 0 とならない w_k は高々有限個であり，どの w_k に対しても $\mathrm{supp}(w_k)$ を含む開集合 U_α が存在する」ことを意味し，これは式 (5.195b) の一般化である．また，式 (1) と (3) がそれぞれ式 (5.195a) と (5.195c) の一般化であることはいうまでもない．いずれにせよ，上述の「1 の分割定理」において式 (1)，(2)，(3) を満足する M 上の関数の組 $\{w_k\}_{k=1,2,\cdots}$ を開被覆 $\{U_\alpha\}_{\alpha \in A}$ に従属する **1 の分割** (partition of unity) とよぶ．

---

‡28 たとえば，松本幸夫著：多様体の基礎 (第 4 章)，東京大学出版会

‡29 S を含む X の閉集合は複数 (多くの場合は無数に) 存在するが，それらすべての共通部分が $\overline{S}$ である．

‡30 必ずしも開被覆である必要はない．つまり，V_α は X の開集合でなくともよい．

M が σ コンパクトな多様体ならば，M は高々可算個の座標近傍からなるアトラスをもつことに注意しよう．実際，$\mathcal{A} = \{(U_\alpha, \varphi_\alpha)\}_{\alpha \in A}$ を σ コンパクトな多様体 M のアトラスとすれば，$\mathcal{A}$ を構成する座標近傍の中からつぎのようにして高々可算個の座標近傍を選び，新たなアトラスが構成できる．まず，M は高々可算個のコンパクトな部分集合 $M_1, M_2, \cdots$ の和集合として表現でき，各部分集合 M_n では開被覆 $\{U_\alpha\}_{\alpha \in A}$ から有限部分被覆 $\{U_{\alpha_n}\}_{\alpha_n \in A_n}$ が選べる (A_n は有限集合)．ところで，高々可算個の有限集合 $A_1, A_2, \cdots$ の和集合 A' は高々可算個の要素をもつ集合である．そして $\{U_\alpha\}_{\alpha \in A'}$ は M 全体を覆うから，$\mathcal{A}' = \{(U_\alpha, \varphi_\alpha)\}_{\alpha \in A'}$ は高々可算個の座標近傍からなる M のアトラスである．

このように，σ コンパクトな多様体は必ず高々可算個の座標近傍からなるアトラスをもつわけだが，単に有限個の座標近傍からなるアトラスをもつ多様体も少なくない．そして，その場合には「1の分割定理」からつぎの定理が導かれる．適用範囲は多少制限されるが，こちらの方が使いやすい．

《有限開被覆に従属する1の分割》

M が有限開被覆 $\{U_k\}_{k=1\sim K}$ をもつ σ コンパクトな C^r 級多様体 ($1 \leq r \leq \infty$) ならば，その開被覆の開集合と同じ個数 (K 個) の C^r 級関数 $w_k : M \to \boldsymbol{R}$ ($k = 1 \sim K$) が存在してつぎの(1)，(2)，(3)が成立する．

(1) $0 \leq w_k \leq 1 \qquad (k = 1 \sim K)$

(2) $\mathrm{supp}\,(w_k) \subset U_k \qquad (k = 1 \sim K)$

(3) $\displaystyle\sum_{k=1}^{\infty} w_k = 1$

5.3.4　1次元多様体上での1形式の積分

まずは M を1次元の可微分多様体とし，1形式 $\omega \in \Lambda^1(M)$ の積分を考えよう．簡単のため，M は K 個 ($K \geq 1$) の座標近傍からなるアトラス $\mathcal{A} = \{(U_k, \varphi_k)\}_{k=1\sim K}$ をもつとしよう．前項の最後に紹介した「1の分割定理」によれば，

$$0 \leq w_k \leq 1 \qquad (k = 1 \sim K) \tag{5.207a}$$

$$\mathrm{supp}\,(w_k) \subset U_k \qquad (k = 1 \sim K) \tag{5.207b}$$

$$\sum_{k=1}^{K} w_k = 1 \tag{5.207c}$$

を満足する M 上の関数 $w_1, \cdots, w_K \in \Lambda^0(M)$ が存在する．式 (5.207b) は式 (5.195b) と同値であり，単に「有限開被覆に従属する1の分割」に近い形で表現しているに過ぎない．では，前節で扱った特別な場合，つまり M が実直線上の開区間という特別な

場合と同様に，一般的な 1 次元多様体 M においても 1 形式 $\omega \in \Lambda^1(M)$ の M 上での積分は式 (5.200) で与えられるだろうか．一見したところ，そのように思われる．実際，座標近傍 $(U_k, \varphi_k : x)$ における標準 1 形式 dx は単独で $\Lambda^1(U_k)$ の基底場をなすから，$\omega \in \Lambda^1(M)$ は U_k 上では適当な関数 $\omega_{k,x} \in \Lambda^0(U_k)$ を使って $\omega = \omega_{k,x} dx$ と表現できる．また，$\varphi_k(U_k)$ は $\boldsymbol{R}$ 上の開区間だから $\varphi_k(U_k) = (\alpha_k, \beta_k)$ と表現できる．それゆえ $(w_k \omega_{k,x}) \circ \varphi_k^{-1}$ は (α_k, β_k) 上の実関数であり，式 (5.200) の右辺は通常の実関数の積分

$$\sum_{k=1}^{K} \int_{\alpha_k}^{\beta_k} dx\,(w_k \omega_{k,x})(\varphi_k^{-1}(x)) \tag{5.208}$$

として計算できる．しかし，これを M 上での $\omega \in \Lambda^1(M)$ の積分とするわけにはいかない．

前節の例，つまり M が実直線上の開区間である場合を考えよう．この例では U_k は開区間であり，これを $U_k = (a_k, b_k)$ と記したのであった．実関数 $\varphi_k : U_k \to \varphi_k(U_k) \subset \boldsymbol{R}$ は同相写像だから強単調関数であり

$$\varphi_k(U_k) = (\alpha_k, \beta_k) = \begin{cases} (\varphi_k(a_k), \varphi_k(b_k)) & (\varphi_k \text{ が強単調増加の場合}) \\ (\varphi_k(b_k), \varphi_k(a_k)) & (\varphi_k \text{ が単強調減少の場合}) \end{cases}$$

だから

$$\int_{\alpha_k}^{\beta_k} dx = s_k \int_{\varphi(a_k)}^{\varphi(b_k)} dx, \quad s_k \equiv \begin{cases} +1 & (\varphi_k \text{ が強単調増加の場合}) \\ -1 & (\varphi_k \text{ が単強調減少の場合}) \end{cases} \tag{5.209}$$

が成立する．それゆえ，式 (5.208) の積分が式 (5.200) の右辺に一致するのは $\{\varphi_k\}_{k=1\sim K}$ がすべて強単調増加の場合に限られる．ところが，M が一般の 1 次元多様体の場合には写像 $\varphi_k : U_k \to \boldsymbol{R}$ の単調性そのものが意味をもたない．2 点 $p, q \in U_k \subset M$ の間の順序関係が定義されていないからである．こうした不都合の生じない積分を見出すため，実直線上の開区間を対象としつつも，実数に関する通常の順序関係を使わずに M 上での 1 形式の積分を定義してみよう．当然ながら，その結果は式 (5.200) の積分に一致しなければならない．説明の便のため，式 (5.209) で定義される s_k を座標近傍 (U_k, φ_k) の符号とよぶことにしよう．

さて，U_k 自体に順序関係がない場合でも座標近傍 (U_k, φ_k) における点 $p \in U_k$ の座標値 $\varphi_k(p)$ の大小によって順序関係が導入されるが，この順序関係を採用した場合には $\varphi_k : U_k \to \boldsymbol{R}$ がつねに強単調増加であることからもわかるように，座標近傍の符号 s_k は定まらない．s_k 自体の決定は不可能であるが，二つの座標近傍 $(U_k, \varphi_k : x)$, $(U_l, \varphi_l : y)$ が交わる場合に s_k と s_l が一致するか否かは判定できる点に注意しよう．両座標近傍の共通部分では座標変換が定義され，その Jacobian の正負によって両座標近傍の向きが同じか逆かが判定できるが，両座標近傍が同じ向きにある場合には

$s_k = s_l$ であり，逆向きにある場合には $s_k = -s_l$ である．これを示そう．まず，M が実直線上の開区間だから $\varphi_k : U_k \to \boldsymbol{R}$ は実関数であって $d\varphi_k/dp$ が意味をもち，$\varphi_k : U_k \to \varphi_k(U_k)$ は同相写像だから U_k 上の一点で $d\varphi_k/dp$ が正 (負) なら U_k 全体で $d\varphi_k/dp$ が正 (負) である点に注意しよう．したがって，符号 s_k の定義から

$$s_k = \begin{cases} +1 & \left(U_k\text{の 1 点で}\dfrac{d\varphi_k}{dp} > 0\right) \\ -1 & \left(U_k\text{の 1 点で}\dfrac{d\varphi_k}{dp} < 0\right) \end{cases} \tag{5.210}$$

が成立する．φ_l と s_l に関しても同様である．一方，座標近傍 $(U_k, \varphi_k : x)$ と $(U_l, \varphi_l : y)$ における点 $p \in U_k \cap U_l$ の座標 $x = \varphi_k(p)$，$y = \varphi_l(p)$ の間の座標変換，およびその Jacobian は式 (3.144) によって

$$y = (\varphi_l \circ \varphi_k^{-1})(x), \quad \det(A_p) = \left.\frac{dy}{dx}\right|_p \tag{5.211}$$

として与えられるから，$U_k \cap U_l$ 上で

$$\frac{d\varphi_l}{dp} = \frac{dy}{dp} = \frac{dy}{dx}\frac{dx}{dp} = \det(A)\frac{dx}{dp} = \det(A)\frac{d\varphi_k}{dp} \tag{5.212}$$

が成立する．両座標近傍が同じ向きならば点 $p \in U_k \cap U_l$ に対して $\det(A_p) > 0$ であり，この点 p において $d\varphi_k/dp$ と $d\varphi_l/dp$ は同符号だから $s_k = s_l$ である．一方，両座標近傍が逆向きならば点 $p \in U_k \cap U_l$ に対して $\det(A_p) < 0$ であり，この点 p において $d\varphi_k/dp$ と $d\varphi_l/dp$ は逆符号だから $s_k = -s_l$ が成立する．これが示すべきことであった．

ところで，3.4.5 項で述べたように，すべてが同じ向きにある座標近傍からなるアトラスをもつ多様体を向き付け可能な多様体とよぶのであった．そこで M が向き付け可能であるとし，M のアトラス $\mathcal{A}$ を構成するすべての座標近傍が同じ向きにあるとしよう[‡31]．この場合，すべての座標近傍の符号が一致するから，その共通の符号を $s_{\mathcal{A}}$ と記せば，式 (5.209) によって

$$\sum_{k=1}^{K}\int_{\alpha_k}^{\beta_k} dx\,(w_k\omega_{k,x})(\varphi_k^{-1}(x)) = s_{\mathcal{A}}\sum_{k=1}^{K}\int_{\varphi(a_k)}^{\varphi(b_k)} dx\,(w_k\omega_{k,x})(\varphi_k^{-1}(x)) \tag{5.213}$$

が成立する．右辺は U_k に実数としての順序関係があることを利用して得られた結果であるのに対し，左辺はそのような順序関係が指定されていない場合でも，つまり M が一般の 1 次元多様体の場合でも，向き付け可能でありさえすれば適用できる点に注

[‡31] 「連結な 1 次元可微分多様体は円 S^1，あるいは実数のある区間のどちらかに微分同相である」ことから，1 次元可微分多様体はすべて向き付け可能である．たとえば，J.W.Milnor 著，蟹江幸博訳：微分トポロジー講義 (付録 A)，シュプリンガー・フェアラーク東京

意しよう．それゆえ，向き付け可能な 1 次元多様体 M に対しては，1 形式 $\omega \in \Lambda^1(M)$ の M 上での積分を

$$\int_M \omega \equiv \sum_{k=1}^{K} \int_{\alpha_k}^{\beta_k} dx\,(w_k\omega_{k,x})(\varphi_k^{-1}(x)) \tag{5.214}$$

と定義するのが自然である．M が実直線上の開区間という特殊な場合には，この定義は式 (5.191) に与えたものと符号の分だけ異なることもあるが，この食い違いは解消できない．

容易に確認できるように，式 (5.214) で定義される積分は線形であり，式 (5.196) が成立する．それゆえ式 (5.197) も成立するから，式 (5.214) を

$$\int_M \omega \equiv \sum_{k=1}^{K} \int_M w_k\omega \tag{5.215}$$

$$\int_M w_k\omega \equiv \int_{\alpha_k}^{\beta_k} dx\,(w_k\omega_{k,x})(\varphi_k^{-1}(x)) \qquad (k = 1 \sim K) \tag{5.216}$$

と表現してもよい．式 (5.207b) に示すように，$\mathrm{supp}(w_k)$ が単一の座標近傍 (U_k, φ_k) に含まれてしまう点に注意して欲しい．つまり，単一の座標近傍のみで零でない値をもつような微分形式の積分が定義できれば，任意の微分形式の積分が定義できるのである．次項では，この方法を使って N 次元多様体 M の上での N 形式 ω の積分を定義し，さらには M の L 次元部分空間における L 形式の積分を定義する．

ところで式 (5.215), (5.216) では向きのそろった特定のアトラス $\mathcal{A} = \{(U_k, \varphi_k)\}_{k=1\sim K}$ を使って 1 形式の積分を定義しているが，向きのそろった他のアトラスを使った場合にも両アトラスの向きが一致していれば同一の結果を，向きが反対ならば符号が異なる結果を得る．証明は，より一般的な場合も含めて次項で示すことにする．

■ 5.3.5 多様体上での微分形式の積分

前項では向きの定まった 1 次元多様体における 1 形式の積分について議論したが，式 (5.215) に示すように，そこでは「1 の分割」を使って多様体全体での積分を単一の座標近傍における積分の和に還元し，座標近傍では所与の微分形式を標準 1 形式で展開した場合の展開係数を使って積分を定義したのであった．多様体 M が高次元であっても，それが向き付け可能であって，しかも「1 の分割」が可能であれば，1 次元の場合とほぼ同様にして最高次微分形式の積分が定義できる．それを示すことが本節の目的である．簡単のため，対象を「有限個の座標近傍からなるアトラスをもつ σ コンパクト多様体」に制限しておこう．したがって，5.3.3 項の末尾で紹介した「有限開被覆に従属する 1 の分割」が可能である．

さて，M を N 次元の多様体としたとき，M における最高次の微分形式，すなわち N 形式 $\omega \in \Lambda^N(M)$ を M 上で積分することが問題である．まずはひとつの座標近傍 $(U, \varphi : x)$ に注目しよう．この座標近傍における標準 1 形式 $\{dx^n\}_{n=1\sim N}$ を使えば，任意の N 形式 $\omega \in \Lambda^N(M)$ は U 上では

$$\omega|U = \omega_x dx^1 \wedge dx^2 \wedge \cdots \wedge dx^N \qquad (\omega_x \in \Lambda^1(U)) \tag{5.217}$$

と展開できる．ここで，その台 $\mathrm{supp}(w)$ が U に含まれるような M 上の関数 $w \in \Lambda^0(M)$ に対して，$w\omega \in \Lambda^N(M)$ の積分を

$$\int_M w\omega \equiv \int_{\varphi(U)} d\boldsymbol{x}\,(w\omega_x)(\varphi^{-1}(\boldsymbol{x})) \qquad (\mathrm{supp}(w) \subset U) \tag{5.218}$$

として定義する．$(w\omega_x) \circ \varphi^{-1}$ は $\varphi(U) \subset \boldsymbol{R}^N$ 上の実関数であり，上式右辺は通常の N 重積分である．

さて，座標近傍 $(V, \psi : y)$ が $(U, \varphi : x)$ と交わるとしよう．つまり $U \cap V \neq \emptyset$ である．$\mathrm{supp}(w) \subset U \cap V$ だとすれば，両座標近傍において $w\omega$ の積分が定義されるが，両者の関係は式 (5.194) と同様にして導出できる．まず，$(U, \varphi : x)$ から $(V, \psi : y)$ への座標変換は $\boldsymbol{y} = (\psi \circ \varphi^{-1})(\boldsymbol{x})$ であり，座標変換の Jacobi 行列 J は式 (3.132) によって

$$dy^n = \frac{\partial y^n}{\partial x^m} dx^n = [J]^n_m dx^m, \quad [J]^n_m \equiv \frac{\partial y^n}{\partial x^m} \tag{5.219}$$

として与えられる．それゆえ，

$$\begin{aligned} dy^1 \wedge \cdots \wedge dy^N &= ([J]^1_{m_1} dx^{m_1}) \wedge \cdots \wedge ([J]^N_{m_N} dx^{m_N}) \\ &= \sum_{1 \le m_1, \cdots, m_N \le N} [J]^1_{m_1} \cdots [J]^N_{m_N} dx^{m_1} \wedge \cdots \wedge dx^{m_N} \end{aligned}$$

であるが，$\{m_n\}_{n=1\sim N}$ が同一の整数を含む場合には $dx^{m_1} \wedge \cdots \wedge dx^{m_N} = 0$ だから，和は $\{m_n\}_{n=1\sim N}$ がすべて異なる場合，つまり N 要素の置換のすべてについてとればよい．また，N 次の置換群を S_N とするとき，付録 C の式 (C.15) に対応して

$$dx^{\sigma(1)} \wedge \cdots \wedge dx^{\sigma(N)} = \varepsilon(\sigma) dx^1 \wedge \cdots \wedge dx^N \qquad (\forall \sigma \in S_N)$$

が成立するから，

$$\begin{aligned} dy^1 \wedge \cdots \wedge dy^N &= \sum_{\sigma \in S_N} [J]^1_{\sigma(1)} \cdots [J]^N_{\sigma(N)} dx^{\sigma(1)} \wedge \cdots \wedge dx^{\sigma(N)} \\ &= \left(\sum_{\sigma \in S_N} \varepsilon(\sigma) [J]^1_{\sigma(1)} \cdots [J]^N_{\sigma(N)} \right) dx^1 \wedge \cdots \wedge dx^N \end{aligned}$$

すなわち

$$dy^1 \wedge \cdots \wedge dy^N = \det(J) dx^1 \wedge \cdots \wedge dx^N, \quad \det(J) = \frac{\partial(y^1, \cdots, y^N)}{\partial(x^1, \cdots, x^N)} \tag{5.220}$$

が結論される．一方，$U \cap V$ 上では $\omega \in \Lambda^N(M)$ は

$$\omega|U\cap V=\omega_x dx^1\wedge\cdots\wedge dx^N=\omega_y dy^1\wedge\cdots\wedge dy^N \qquad (\omega_x,\omega_y\in\Lambda^0(U\cap V)) \tag{5.221}$$

と表現できるから，式 (5.220) によれば，$U\cap V$ 上で

$$\omega_y \det(J)=\omega_x \quad \Rightarrow \quad w\omega_y \det(J)=w\omega_x \tag{5.222}$$

が成立する．$\{dx^n\}_{n=1\sim N}$ と $\{dy^n\}_{n=1\sim N}$ はともに $\Lambda^1(U\cap V)$ の基底場をなすから，それらの間の変換行列である Jacobi 行列 J は $U\cap V$ 上で可逆であり，$\det(J)$ は $U\cap V$ 上で符号を変えない点に注意しよう．それゆえ，一点 $p\in U\cap V$ で $\det(J_p)>0$ (<0) ならば $U\cap V$ の全体で $\det(J)>0$ (<0) である．一方，$\varphi\circ\psi^{-1}$ による $\psi(U\cap V)$ の像は $\varphi(U\cap V)$ だから，積分変数を $\boldsymbol{y}$ から $\boldsymbol{x}=(\varphi\circ\psi^{-1})(\boldsymbol{y})$ に変更すれば，N 重積分の積分変数の変換に関する公式によって

$$\begin{aligned}\int_{\psi(U\cap V)} d\boldsymbol{y}\,(w\omega_y)(\psi^{-1}(\boldsymbol{y}))&=\int_{\varphi(U\cap V)} d\boldsymbol{x}\,|\det(J)|\,(w\omega_y)(\psi^{-1}((\psi\circ\varphi^{-1})(\boldsymbol{x})))\\&=\operatorname{sgn}(\det(J_p))\int_{\varphi(U\cap V)} d\boldsymbol{x}\,(w\omega_x)(\varphi^{-1}(\boldsymbol{x}))\end{aligned} \tag{5.223}$$

を得る．ただし，$\operatorname{sgn}(\det(J_p))$ は点 $p\in U\cap V$ における $\det(J)$ の符号を意味する．ところで，$\det(J_p)>0$ ならば $(U,\varphi:x)$ と $(V,\psi:y)$ は同じ向きにあり，$\det(J_p)<0$ ならば両者は逆向きにある．前項で扱った 1 次元多様体の場合と同様に，向きが同じ座標近傍を使うかぎり，高次元の多様体においても座標近傍内に台をもつ微分形式の積分は座標近傍の選び方によらないのである．

そこで，M を向き付け可能な多様体とし，有限個 (K 個) の座標近傍からなるアトラス $\mathcal{A}=\{(U_k,\varphi_k)\}_{k=1\sim K}$ は向きがそろっているものとする．また，M の有限開被覆 $\{U_k\}_{k=1\sim K}$ に従属する 1 の分割を任意に 1 組選んで $\{w_k\}_{k=1\sim K}$ とするとき，N 形式 $\omega\in\Lambda^N(M)$ の M 全体での積分を

$$\int_M \omega\equiv\sum_{k=1}^{K}\int_M w_k\omega \tag{5.224}$$

$$\int_M w_k\omega\equiv\int_{\varphi_k(U_k)} d\boldsymbol{x}\,(w_k\omega_{k,x})(\varphi_k^{-1}(\boldsymbol{x})) \qquad (k=1\sim K) \tag{5.225}$$

として定義する[‡32]．ただし，$\omega_{k,x}$ はアトラス $\mathcal{A}$ の k 番目の座標近傍 $(U_k,\varphi_k:x)$ における $\omega|U_k$ の展開係数であり

$$\omega|U_k=\omega_{k,x}dx^1\wedge dx^2\wedge\cdots\wedge dx^n \tag{5.226}$$

によって確定する．この定義がアトラスや 1 の分割の選び方に依存しないことを示そう．そのため，$\mathcal{A}$ と同じ向きに向きがそろった任意のアトラスを $\mathcal{B}=\{(V_l,\psi_l)\}_{l=1\sim L}$

‡32 これは式 (5.215)，(5.216) の一般化である．

とし，有限開被覆 $\{V_l\}_{l=1\sim L}$ に属する1の分割を任意に1組選んで $\{v_l\}_{l=1\sim L}$ としよう．このとき，

$$\mathrm{supp}\,(w_k v_l) \subset \mathrm{supp}\,(w_k) \cap \mathrm{supp}\,(v_l) \subset U_k \cap V_l$$

が成立するから $w_k v_l \omega$ の積分は $(U_k, \varphi_k : x)$ と $(V_l, \psi_l; y)$ の両方で評価できるが，仮定によって両座標近傍の向きは同じだから，式 (5.223) によって

$$\begin{aligned}\int_M w_k v_l \omega &= \int_{\psi_l(U_k \cap V_l)} d\boldsymbol{y} (w_k v_l \omega_{\mathcal{B};l,y})(\psi_l^{-1}(\boldsymbol{y})) \\ &= \int_{\varphi_k(U_k \cap V_l)} d\boldsymbol{x}\,(w_k v_l \omega_{\mathcal{A};k,x})(\varphi_k^{-1}(\boldsymbol{x}))\end{aligned} \tag{5.227}$$

を得る．ただし，ここでは二つのアトラスを使っているため，アトラス $\mathcal{A}$ の k 番目の座標近傍 $(U_k, \varphi_k : x)$ における $\omega|U_k$ の展開係数を $\omega_{\mathcal{A};k,x}$，アトラス $\mathcal{B}$ の l 番目の座標近傍 $(V_l, \psi_l : y)$ における $\omega|V_l$ の展開係数を $\omega_{\mathcal{B};l,y}$ と記して区別している．いずれにせよ，$w_k v_l \omega$ の積分はどちらの座標近傍を使っても同じだから

$$\begin{aligned}\sum_{k=1}^{K}\int_M w_k\omega &= \sum_{k=1}^{K}\int_M w_k\left(\sum_{l=1}^{L} v_l\right)\omega = \sum_{k=1}^{K}\sum_{l=1}^{L}\int_M w_k v_l \omega \\ &= \sum_{l=1}^{L}\sum_{k=1}^{K}\int_M v_l w_k \omega = \sum_{l=1}^{L}\int_M v_l\left(\sum_{k=1}^{K} w_k\right)\omega = \sum_{l=1}^{L}\int_M v_l\omega\end{aligned}$$

であり，アトラス $\mathcal{A}$ と1の分割 $\{w_k\}_{k=1\sim K}$ を使った場合の結果 (上式の1行目) はアトラス $\mathcal{B}$ と1の分割 $\{v_l\}_{l=1\sim L}$ を使った場合の結果 (上式の2行目) と一致する．

これまでは，向き付け可能な N 次元の多様体 M における最高次の微分形式，つまり N 形式 $\omega \in \Lambda^N(M)$ の積分を考えてきたが，M 上の L 形式 $(1 \le L < N)$ に関しては向き付けられた L 次元部分多様体 $S \subset M$ の上での積分が考えられる．5.3.2 項で示したように，S から M への包含写像 $i : S \to M$ は埋め込みであるが，この包含写像を使って M 上の L 形式 $\eta \in \Lambda^L(M)$ を S へと引き戻せば S 上の L 形式 $i^*\eta \in \Lambda^L(S)$ を得る．すると，$i^*\eta$ は S における最高次の微分形式だから，上に示した方法によって S 上での積分が定義できる．通常，この積分は

$$\int_S \eta \equiv \int_S i^*\eta \tag{5.228}$$

と略記される．

■ 5.3.6　境界をもつ多様体

2.3.5 項では $\boldsymbol{R}^2$ 内の有界閉領域 D に関する Stokes の定理を紹介している．D の境界を ∂D と記すとき，D 上の1形式 ω に対して

$$\int_D d\omega = \int_{\partial D} \omega \tag{5.229}$$

が成立する，という定理であった．これを一般化することが本項と次項の目的である．

ところで，$\boldsymbol{R}^2$ は 2 次元の多様体であり，D の境界 ∂D は 1 次元の多様体である．また，D から境界 ∂D を取り除いて得られる $D - \partial D$ は $\boldsymbol{R}^2$ の開集合であり，したがって $\boldsymbol{R}^2$ の開部分多様体である[‡33]．一方，$\boldsymbol{R}^2$ の閉集合である D 自体は通常の意味では多様体ではない．$\boldsymbol{R}^2$ からの相対位相によって D は Hausdorff 空間ではあるが，$\boldsymbol{R}^2$ の座標近傍 (U, φ) に対して $(U \cap D, \varphi|U \cap D)$ は D の座標近傍ではないからである．実際，$U \cap D$ は相対位相に関する D の開集合ではあっても $\boldsymbol{R}^2$ の開集合ではないため，$\varphi(U \cap D)$ は $\boldsymbol{R}^2$ の開集合ではない[‡34]．このように D 自体は多様体ではないが，境界 ∂D を除けば多様体である．いい換えれば，多様体 $D - \partial D$ に境界 ∂D を付加したものが D であり，これは以下に定義される「境界をもつ多様体」の一例である．

M を N 次元の多様体とし，Ω を M の閉集合とする．点 $p \in \Omega$ に対して $p \in V \subset \Omega$ を満足する M の開集合 V が存在する場合，p を Ω の**内点** (interior point) とよび，Ω の内点の集合を Ω の**内部** (interior) とよんで Ω° と記す．一方，$\boldsymbol{R}^N$ の閉半空間を

$$\boldsymbol{R}^N_{0+} \equiv \{(x^1 \;\; x^2 \;\; \cdots \;\; x^N) \in \boldsymbol{R}^N | x^N \geq 0\} \tag{5.230}$$

として定義するとき，$p \in \Omega$ を含む座標近傍 (U, φ) が存在して

$$\varphi(U \cap \Omega) = \varphi(U) \cap \boldsymbol{R}^N_{0+} \tag{5.231}$$

$$[\varphi(p)]^N = 0 \tag{5.232}$$

を満足する場合，p を Ω の**境界点** (boundary point) とよび[‡35]，Ω の境界点の集合を Ω の**境界** (boundary) とよんで $\partial\Omega$ と記す．式 (5.231) により $q \in U \cap \Omega$ ならば $[\varphi(q)]^N \geq 0$ であるが，実は $[\varphi(q)]^N$ が正か零かに応じて q は Ω の内点か境界点であり，

$$\varphi(U \cap \Omega^\circ) = \varphi(U) \cap \boldsymbol{R}^N_{+}, \quad \boldsymbol{R}^N_{+} \equiv \{(x^1 \;\; x^2 \;\; \cdots \;\; x^N) \in \boldsymbol{R}^N | x^N > 0\} \tag{5.233}$$

$$\varphi(U \cap \partial\Omega) = \varphi(U) \cap \boldsymbol{R}^N_{0}, \quad \boldsymbol{R}^N_{0} \equiv \{(x^1 \;\; x^2 \;\; \cdots \;\; x^N) \in \boldsymbol{R}^N | x^N = 0\} \tag{5.234}$$

が成立する．これを示すため，$\boldsymbol{R}^N$ における点 $\boldsymbol{x}_0 \in \boldsymbol{R}^N$ の ε 近傍を

$$N_\varepsilon(\boldsymbol{x}_0) \equiv \{\boldsymbol{x} \in \boldsymbol{R}^N | \|\boldsymbol{x} - \boldsymbol{x}_0\| < \varepsilon\}$$

と記すことにする．

[‡33] 3.1.2 項の末尾では「N 次元 C^r 級多様体の任意の開集合は N 次元 C^r 級多様体である」ことを示した．そこでの議論を参照のこと．

[‡34] (V, ψ) が D の座標近傍なら V は D の開集合であり，$\psi(V)$ は $\boldsymbol{R}^2$ の開集合であって，$\psi : V \to \psi(V)$ は同相写像でなければならない．

[‡35] 位相空間論における境界点の定義とは異なる点に注意しよう．位相空間論では，p を含む任意の開集合が Ω に属する点と属さない点の両方を含む場合に p を Ω の境界点と呼ぶのであった．たとえば，竹之内脩著：トポロジー (5 章)，廣川書店

まずは $\varphi(U\cap\Omega^\circ)\subset\varphi(U)\cap\boldsymbol{R}_+^N$，つまり $q\in U\cap\Omega^\circ$ ならば $[\varphi(q)]^N>0$ を確認しよう．$U\cap\Omega^\circ$ は M の開集合だから $\varphi(U\cap\Omega^\circ)$ は $\boldsymbol{R}^N$ の開集合であり，$q\in U\cap\Omega^\circ$ とすれば正数 ε を小さく選んで $N_\varepsilon(\varphi(q))\subset\varphi(U\cap\Omega^\circ)\subset\boldsymbol{R}_{0+}^N$ とできるが，仮に $[\varphi(q)]^N=0$ とすれば任意の $\varepsilon>0$ に対して $N_\varepsilon(\varphi(q))\not\subset\boldsymbol{R}_{0+}^N$ であり，矛盾である．つぎに $\varphi(U\cap\Omega^\circ)\supset\varphi(U)\cap\boldsymbol{R}_+^N$，つまり $q\in U\cap\Omega$ が $[\varphi(q)]^N>0$ を満足するなら $q\in U\cap\Omega^\circ$ を示そう．$\varphi(U)$ は $\boldsymbol{x}_q\equiv\varphi(q)$ を含む $\boldsymbol{R}^N$ の開集合だから，正数 ε_1 を小さく選べば $N_{\varepsilon_1}(\boldsymbol{x}_q)\subset\varphi(U)$ とできる．そして，$[\boldsymbol{x}_q]^N>0$ だから，$\varepsilon_2\equiv[\boldsymbol{x}_q]^N/2$ とすれば $N_{\varepsilon_2}(\boldsymbol{x}_q)\subset\boldsymbol{R}_+^N$ である．そこで $\varepsilon\equiv\min(\varepsilon_1,\varepsilon_2)$ とすれば $N_\varepsilon(\boldsymbol{x}_q)\subset\varphi(U)\cap\boldsymbol{R}_+^N$ であり，式 (5.231) によれば $q\in\varphi^{-1}(N_\varepsilon(\boldsymbol{x}_q))\subset U\cap\Omega\subset\Omega$ である．ところが $\varphi^{-1}(N_\varepsilon(\boldsymbol{x}_q))$ は M の開集合だから，定義によって q は Ω の内点であり，したがって $q\in U\cap\Omega^\circ$ である．これで式 (5.233) が証明されたことになる．

引き続き式 (5.234) を証明しよう．$q\in U\cap\Omega$ が $\varphi(q)\in\varphi(U)\cap\boldsymbol{R}_0^N$ を満足するならば $[\varphi(q)]^N=0$ だから定義によって q は Ω の境界点であり，したがって $q\in U\cap\partial\Omega$ である．つまり，$\varphi(U\cap\partial\Omega)\supset\varphi(U)\cap\boldsymbol{R}_0^N$ が成立する．一方，$\varphi(U\cap\partial\Omega)\subset\varphi(U)\cap\boldsymbol{R}_0^N$ を示すには，任意の $q\in U\cap\partial\Omega$ に対して $[\varphi(q)]^N=0$ を確認すればよい．そのために $[\varphi(q)]^N>0$ を仮定して矛盾を導こう．$[\varphi(q)]^N>0$ ならば正数 ε を小さく選んで $N_\varepsilon(\varphi(q))\subset\varphi(U)\cap\boldsymbol{R}_+^N$ とでき，$q\in\varphi^{-1}(N_\varepsilon(\varphi(q)))\subset U\cap\Omega$ が成立することは前述の通りである．また，q は Ω の境界点だから，q を含む座標近傍 (V,ψ) が存在して

$$\psi(V\cap\Omega)=\psi(V)\cap\boldsymbol{R}_{0+}^N,\quad [\psi(q)]^N=0$$

が成立する．そこで $W\equiv\varphi^{-1}(N_\varepsilon(\varphi(q)))\cap V$ とすれば，W は q を含む M の開集合であり，$\psi(W)$ は $\psi(q)$ を含む $\boldsymbol{R}^N$ の開集合であって

$$\psi(W)=\psi(\varphi^{-1}(N_\varepsilon(\varphi(q)))\cap V)\subset\psi(U\cap\Omega\cap V)\subset\psi(V\cap\Omega)=\psi(V)\cap\boldsymbol{R}_{0+}^N$$

が成立する．ところが，$[\psi(q)]^N=0$ だから点 $\psi(q)\in\boldsymbol{R}^N$ の任意の ε 近傍 $N_\varepsilon(\psi(q))$ は $\psi(W)$ に属さない点を含むが，これは $\psi(W)$ が開集合であることと矛盾する．

容易に確認できるように，式 (5.233) と (5.234) はそれぞれ次式と同値である．

$$U\cap\Omega^\circ=\{q|q\in U,\ [\varphi(q)]^N>0\}\tag{5.235}$$

$$U\cap\partial\Omega=\{q|q\in U,\ [\varphi(q)]^N=0\}\tag{5.236}$$

また，点 $p\in\Omega$ が Ω の内点ならば p は Ω の境界点ではあり得ず，逆に p が Ω の境界点ならば p は Ω の内点ではあり得ないことが示される．つまり

$$\Omega^\circ\cap\partial\Omega=\emptyset\tag{5.237}$$

である．

さて，N 次元多様体 M の閉集合 Ω が内点と境界点のみから構成され ($\Omega=\Omega^\circ\cup\partial\Omega$)，$\Omega$ の内部が空でない場合 ($\Omega^\circ\neq\emptyset$)，$\Omega$ を M における境界をもつ多様体とよぶ．$\Omega^\circ\neq\emptyset$

は要求されるが，$\partial\Omega = \emptyset$ は許される点に注意しよう．つまり，$\Omega = M$ ならば $\partial\Omega = \emptyset$ であるが[‡36]，この場合でも $\Omega = M$ を境界をもつ多様体とよぶのである．境界をもつ多様体 Ω の境界 $\partial\Omega$ は閉集合である点に注意しよう．$\partial\Omega$ の補集合 $(\partial\Omega)^C \equiv M - \partial\Omega$ が開集合だからである．実際，$\Omega = \Omega^\circ \cup \partial\Omega$ と式 (5.237) によって $\partial\Omega = \Omega - \Omega^\circ$ だから

$$(\partial\Omega)^C \equiv M - \partial\Omega = M - (\Omega - \Omega^\circ) = (M - \Omega) \cup \Omega^\circ = \Omega^C \cup \Omega^\circ$$

であるが，Ω は閉集合だから補集合 $\Omega^C \equiv M - \Omega$ は開集合であり，Ω の内部 Ω° もまた開集合だから，二つの開集合の合併である $(\partial\Omega)^C$ もまた開集合である．

Ω を N 次元多様体 M における境界をもつ多様体としよう．Ω の内部 Ω° は M の開集合だから M の開部分多様体であり，したがって N 次元の多様体である．一方，Ω の境界 $\partial\Omega$ が空でないならば，$\partial\Omega$ は M の $N-1$ 次元部分多様体である．実際，境界点の定義により，任意の $\sigma \in \partial\Omega$ に対して σ を含む M の座標近傍 (W_σ, χ_σ) が存在し

$$\chi_\sigma(W_\sigma \cap \Omega) = \chi_\sigma(W_\sigma) \cap \boldsymbol{R}^N_{0+}, \quad [\chi_\sigma(\sigma)]^N = 0$$

であるが，式 (5.236) によれば

$$W_\sigma \cap \partial\Omega = \{q | q \in W_\sigma,\ [\chi_\sigma(q)]^N = 0\} \tag{5.238}$$

が成立するから，5.3.1 項に示した部分多様体の定義によって $\partial\Omega$ は多様体 M の $N-1$ 次元部分多様体である．

ところで，M が向き付けられた多様体ならば，M の開部分多様体である Ω° の向きは M の向きによって自然に定まる．また，Ω の境界 $\partial\Omega$ に対しては，M の向き O_M によって決まる向き $O_{\partial\Omega}$ を以下のように導入する．任意の $p \in \partial\Omega$ に対して M の座標近傍 (U, φ) が存在して式 (5.235)，(5.236) が成立するが，ここで

$$\overline{\varphi} : U \cap \partial\Omega \to \boldsymbol{R}^{N-1}, \quad q \mapsto ([\varphi(q)]^1 \ \ [\varphi(q)]^2 \ \ \cdots \ \ [\varphi(q)]^{N-1})^t \tag{5.239}$$

を定義すれば，$(U \cap \partial\Omega, \overline{\varphi})$ は点 p を含む $\partial\Omega$ の座標近傍である．逆にいえば，$\partial\Omega$ の座標近傍 $(U \cap \partial\Omega, \overline{\varphi})$ が与えられたとき，Ω の内部に向かう方向に第 N 番目の座標軸を設けることによって構成される M の座標近傍が (U, φ) である．いずれにせよ，(U, φ) が O_M に関して正の座標近傍である場合，$\partial\Omega$ の向き $O_{\partial\Omega}$ をつぎのように定める．つまり，多様体 M の次元 N が偶数ならば $(U \cap \partial\Omega, \overline{\varphi})$ は $O_{\partial\Omega}$ に関して正の座標近傍であるとし，奇数ならば負の座標近傍であるとする．次元の偶奇に応じて向きの正負を変える理由は次項で明らかとなる．

[‡36] Ω が M の閉集合であることを前提として議論しているが，M は開集合であると同時に閉集合でもあるから $\Omega = M$ の場合でも不都合は生じない．

5.3.7 Stokesの定理

では，2.3.5項で紹介したStokesの定理の一般形を示し，その証明を与えよう．

《Stokesの定理：一般形》

M を向き付けられた N 次元可微分多様体とし，Ω を M の向きに合わせて向き付けられた M における境界をもつコンパクトな多様体とすれば，M 上の任意の $(N-1)$ 形式 ω に関して次式が成立する．

$$\int_\Omega d\omega = \int_{\partial\Omega} \omega \tag{5.240}$$

$\boldsymbol{R}^N$ において点 $\boldsymbol{x}_0 \equiv (x_0^1 \ \ x_0^2 \ \ \cdots \ \ x_0^N)^t \in \boldsymbol{R}^N$ を重心とする一辺 2ε の開立方体 $C_\varepsilon(\boldsymbol{x}_0)$ を

$$C_\varepsilon(\boldsymbol{x}_0) \equiv \left\{(x^1 \ \ x^2 \ \ \cdots \ \ x^N)^t \in \boldsymbol{R}^N \middle| \ |x^n - x_0^n| < \varepsilon \qquad (n = 1 \sim N)\right\}$$

として定義しておく．さて，任意の境界点 $p \in \partial\Omega$ に対して p を含む M の座標近傍 (U, φ) が存在して式 (5.234) が成立する．$\varphi(U)$ は $\varphi(p)$ を含む $\boldsymbol{R}^N$ の開集合だから，$\varepsilon > 0$ を小さく選べば $C_\varepsilon(\varphi(p)) \subset \varphi(U)$ とできる．このとき，$U' \equiv \varphi^{-1}(C_\varepsilon(\varphi(p)))$ は点 p を含む M の開集合だから，(U', φ) は点 p を含む M の座標近傍である．また，式 (5.234) に対応して $\varphi(U' \cap \partial\Omega) = \varphi(U') \cap \boldsymbol{R}_0^N$ が成立し，しかも $\varphi(U')$ は $\boldsymbol{R}^N$ における開立方体 $C_\varepsilon(\varphi(p))$ である．このように，境界点 $p \in \partial\Omega$ を含む座標近傍 (U, φ) は式 (5.234) を満足し，しかも $\varphi(U)$ が $\boldsymbol{R}^N$ における開立方体であるとしても一般性を失わない．そこで，境界 $\partial\Omega$ の各点 $p \in \partial\Omega$ に対してそのような座標近傍を選んで (U_p, φ_p) としよう．$\partial\Omega$ はコンパクト集合 Ω の閉部分集合だからコンパクトであり[‡37]，$\{U_p\}_{p\in\partial\Omega}$ は $\partial\Omega$ の開被覆だから有限部分被覆が選べる．それを $\{U_{p_k}\}_{k=1\sim K_1}$ と記そう．すると，有限個の座標近傍 $\{(U_{p_k}, \varphi_{p_k})\}_{k=1\sim K_1}$ は $\partial\Omega$ を覆う．開立方体 $\varphi_{p_k}(U_{p_k})$ の重心を $\boldsymbol{x}_k$，辺の長さを $2\varepsilon_k$ と記すことにしよう．ここで M の部分集合 U_B と Ω' を

$$U_B \equiv \bigcup_{k=1}^{K_1} U_{p_k}, \quad \Omega' \equiv (\Omega^C \cup U_B)^C = \Omega - \Omega \cap U_B$$

として定義すれば，U_B は $\partial\Omega$ を含む開集合であり $(\partial\Omega \subset U_B)$，$\Omega'$ は Ω の内部 Ω° に含まれる閉集合である $(\Omega' \subset \Omega^\circ)$．また，$\{(U_{p_k}, \varphi_{p_k})\}_{k=1\sim K_1}$ は U_B を覆う座標近傍の組である．

さて，M のアトラスを1組選んで $\mathcal{A} = \{(V_\alpha, \psi_\alpha)\}_{\alpha\in A}$ としよう．任意の点 $p \in \Omega'$ に対して p を含む $\mathcal{A}$ の座標近傍が存在するから，そのなかのひとつを選んで (V_α, ψ_α)

‡37 たとえば，竹之内脩著：トポロジー (7章)，廣川書店

とする．p は開集合 $V_\alpha \cap \Omega^\circ$ に含まれるから，$\varepsilon > 0$ を十分に小さく選べば $\psi_\alpha(p)$ を重心とする $\boldsymbol{R}^N$ の開立方体 $C_\varepsilon(\psi_\alpha(p))$ が $V_{\alpha,p} \equiv \varphi^{-1}(C_\varepsilon(\psi_\alpha(p))) \subset V_\alpha \cap \Omega^\circ$ を満足するようにできる．このとき $(V_{\alpha,p}, \psi_\alpha)$ は点 p を含む M の座標近傍である．Ω' はコンパクト集合 Ω の閉部分集合だからコンパクトであり，$\{V_{\alpha,p}\}_{p\in\Omega'}$ は Ω' の開被覆だから有限部分被覆が選べる．それを $\{V_{\alpha,p_k}\}_{k=K_1+1\sim K}$ と記す．また，開立方体 $\psi_{\alpha,p_k}(V_{\alpha,p_k})$ の重心を $\boldsymbol{x}_k$，辺の長さを $2\varepsilon_k$ と記す．構成法から明らかなように $\{V_{\alpha,p_k}\}_{k=K_1+1\sim K}$ はすべて Ω° に含まれ，$\{(V_{\alpha,p_k}, \psi_{\alpha,p_k})\}_{k=K_1+1\sim K}$ は Ω' を覆う座標近傍の組である．

ところで，$\{(U_{p_k}, \varphi_{p_k})\}_{k=1\sim K_1}$ は U_B を覆う座標近傍の組であり，$\{(V_{\alpha,p_k}, \psi_{\alpha,p_k})\}_{k=K_1+1\sim K}$ は Ω' を覆う座標近傍の組であって，

$$U_B \cup \Omega' = U_B \cup (\Omega - \Omega \cap U_B) \supset \Omega$$

だから，これら K 個の座標近傍の組は Ω 全体を覆う．これを改めて $\{(U_k, \varphi_k)\}_{k=1\sim K}$ と記そう．すなわち

$$(U_k, \varphi_k) \equiv \begin{cases} (U_{p_k}, \varphi_{p_k}) & k = 1 \sim K_1 \\ (V_{\alpha,p_k}, \psi_{\alpha,p_k}) & k = K_1 + 1 \sim K \end{cases}$$

である．そして，有限被覆 $\{U_k\}_{k=1\sim K}$ に従属する 1 の分割を $\{w_k\}_{k=1\sim K}$ とすれば

$$\int_\Omega d\omega = \int_\Omega d\left(\sum_{k=1}^K w_k\right)\omega = \sum_{k=1}^K \int_\Omega d(w_k\omega), \quad \int_{\partial\Omega} \omega = \sum_{k=1}^K \int_{\partial\Omega} w_k\omega$$

を得る．したがって，Stokes の定理を証明するには

$$\int_\Omega d(w_k\omega) = \int_{\partial\Omega} w_k\omega \qquad (k = 1 \sim K) \tag{5.241}$$

を示せばよい．

まず，$k = K_1 + 1 \sim K$ としよう．この場合には $U_k \subset \Omega^\circ$ であり，$\mathrm{supp}(w_k) \subset U_k$ だから包含写像 $i : \partial\Omega \to M$ による $w_k\omega$ の引き戻し $i^*(w_k\omega)$ は $\partial\Omega$ 上で恒等的に 0 であり，

$$\int_{\partial\Omega} w_k\omega \equiv \int_{\partial\Omega} i^*(w_k\omega) = \int_{\partial\Omega} 0 = 0 \tag{5.242}$$

が結論される．一方，$(N-1)$ 形式 ω は座標近傍 $(U_k, \varphi_k : x)$ では

$$\omega = \sum_{n=1}^N \omega_{k,n} dx^1 \wedge \cdots \wedge d\widehat{x}^n \wedge \cdots \wedge dx^N \tag{5.243}$$

と展開できるから ($d\widehat{x}^n$ は dx^n を除くことを意味する)，

$$d(w_k\omega) = \sum_{n=1}^N (-1)^{n-1} g_n dx^1 \wedge \cdots \wedge dx^N, \quad g_n \equiv \frac{\partial w_k \omega_{k,n}}{\partial x^n} \qquad (n = 1 \sim N) \tag{5.244}$$

である．ところが

$$\mathrm{supp}\,(w_k) \subset U_k, \quad \mathrm{supp}\left(\frac{\partial w_k}{\partial x^n}\right) \subset U_k \qquad (n = 1 \sim N) \tag{5.245}$$

だから $\mathrm{supp}\,(d(w_k\omega)) \subset U_k$ であり，したがって式 (5.218) によれば

$$\begin{aligned}\int_\Omega d(w_k\omega) &= \int_{\varphi_k(U_k)} d\boldsymbol{x} \sum_{n=1}^{N} (-1)^{n-1} g_n(\varphi_k^{-1}(\boldsymbol{x})) \\ &= \sum_{n=1}^{N} (-1)^{n-1} \int_{x_k^1-\varepsilon_k}^{x_k^1+\varepsilon_k} dx^1 \int_{x_k^2-\varepsilon_k}^{x_k^2+\varepsilon_k} dx^2 \cdots \int_{x_k^N-\varepsilon_k}^{x_k^N+\varepsilon_k} dx^N \frac{\partial w_k\omega_{k,n}}{\partial x^n}\end{aligned} \tag{5.246}$$

である．ここで $\varphi_k(U_k)$ が点 $\boldsymbol{x}_k \equiv (x_k^1 \ \ x_k^2 \ \ \cdots \ \ x_k^N)^t \in \boldsymbol{R}^N$ を重心とする一辺 $2\varepsilon_k$ の開立方体であることを利用した．ところで，$\mathrm{supp}\,(w_k) \subset U_k$ だから $w_k\omega_{k,n}$ は開立方体 $\varphi_k(U_k)$ の表面では 0 であり，したがって $n = 1 \sim N$ のそれぞれに対して

$$\int_{x_k^n-\varepsilon_k}^{x_k^n+\varepsilon_k} dx^n \frac{\partial w_k\omega_{k,n}}{\partial x^n} = w_k\omega_{k,n}\big|_{x^n=x_k^n+\varepsilon_k} - w_k\omega_{k,n}\big|_{x^n=x_k^n-\varepsilon_k} = 0 \tag{5.247}$$

が成立する．この結果を式 (5.246) に代入し，式 (5.242) と比較すれば式 (5.241) の成立が確認できる．

つぎに，$k = 1 \sim K_1$ の場合を考えよう．この場合には $U_k \cap \partial\Omega \neq \emptyset$ だから，$i^*(w_k\omega)$ は $\partial\Omega$ 上で 0 とは限らない．そこで，式 (5.241) 右辺の積分を評価するため，座標近傍 (U_k, φ_k) における包含写像 $i : \partial\Omega \to M$ の局所座標表現を求めておこう．式 (5.239) に示したように，U_k 上の局所座標系 $\varphi_k : U_k \to \boldsymbol{R}^N$ を使って

$$\overline{\varphi}_k : U_k \cap \partial\Omega \to \boldsymbol{R}^{N-1}, \quad q \mapsto ([\varphi_k(q)]^1 \ \ [\varphi_k(q)]^2 \ \ \cdots \ \ [\varphi_k(q)]^{N-1})^t$$

を定義すれば，$(U_k \cap \partial\Omega, \overline{\varphi}_k)$ は $\partial\Omega$ の座標近傍である．点 $q \in U_k \cap \partial\Omega$ の $(U_k \cap \partial\Omega, \overline{\varphi}_k : y)$ に関する座標を $\overline{\varphi}_k(q) = (y^1 \ \ \cdots \ \ y^{N-1})^t$ とすれば，同一の点 q の $(U_k, \varphi_k : x)$ に関する座標は

$$\varphi_k(q) = (x^1 \ \ \cdots \ \ x^{N-1} \ \ x^N)^t = (y^1 \ \ \cdots \ \ y^{N-1} \ \ 0)^t$$

だから，式 (5.111) に対応して包含写像 $i : \partial\Omega \to M$ は

$$\begin{aligned}&\boldsymbol{i} \equiv \varphi_k \circ i \circ \overline{\varphi}_k^{-1} : \overline{\varphi}_k(U_k \cap \partial\Omega) \to \varphi_k(U_k \cap \partial\Omega), \\ &\boldsymbol{y} = (y^1 \ \ \cdots \ \ y^{N-1})^t \mapsto \boldsymbol{x} = \boldsymbol{i}(\boldsymbol{y}) = (y^1 \ \ \cdots \ \ y^{N-1} \ \ 0)^t\end{aligned} \tag{5.248}$$

として表現できる．$\boldsymbol{i}(\boldsymbol{y}) \in \boldsymbol{R}^N$ の第 n 成分は

$$i^n(\boldsymbol{y}) \equiv [\boldsymbol{i}(\boldsymbol{y})]^n = \begin{cases} y^n & (n = 1 \sim N-1) \\ 0 & (n = N) \end{cases} \tag{5.249}$$

だから，$(U_k, \varphi_k : x)$ における基本1形式 dx^n の包含写像 i による引き戻しは式 (5.151) によって

$$i^* dx^n = \left(\frac{\partial\, i^n(\boldsymbol{y})}{\partial y^m} \circ \overline{\varphi}_k \right) dy^m = \begin{cases} \delta^n_m dy^m = dy^n & (n = 1 \sim N-1) \\ 0\, dy^m = 0 & (n = N) \end{cases} \tag{5.250}$$

となる[‡38]．ところで，任意の $(N-1)$ 形式 ω は座標近傍 $(U_k, \varphi_k : x)$ では式 (5.243) のように展開できるから，式 (5.136)，(5.141)，(5.145) そして式 (5.250) によって

$$\begin{aligned} i^*(w_k \omega) &= \sum_{n=1}^{N} (i^*(w_k \omega_{k,n}))(i^* dx^1) \wedge \cdots \wedge (i^* d\widehat{x}^n) \wedge \cdots \wedge (i^* dx^N) \\ &= ((w_k \omega_{k,N}) \circ i) dy^1 \wedge \cdots \wedge dy^{N-1} \end{aligned} \tag{5.251}$$

を得る．ここで，最初の等式の右辺において $n = 1 \sim N-1$ の項は $i^* dx^N = 0$ を因子として含むために零であることを利用している．ここで，$\boldsymbol{y} \in \overline{\varphi}_k(U_k \cap \partial\Omega)$ ならば

$$\begin{aligned} ((w_k \omega_{k,N}) \circ i \circ \overline{\varphi}_k^{-1})(\boldsymbol{y}) &= ((w_k \omega_{k,N}) \circ \varphi_k^{-1} \circ \varphi_k \circ i \circ \overline{\varphi}_k^{-1})(\boldsymbol{y}) \\ &= ((w_k \omega_{k,N}) \circ \varphi_k^{-1})(\boldsymbol{i}(\boldsymbol{y})) \\ &= ((w_k \omega_{k,N}) \circ \varphi_k^{-1})((y^1 \ \cdots \ y^{N-1} \ 0)^t) \end{aligned}$$

であること，そして座標近傍 $(U_k \cap \partial\Omega, \overline{\varphi}_k)$ の向きに注意すれば

$$\begin{aligned} \int_{\partial\Omega} w_k \omega &\equiv \int_{\partial\Omega} i^*(w_k \omega) = \int_{\partial\Omega} ((w_k \omega_{k,N}) \circ i) dy^1 \wedge \cdots \wedge dy^{N-1} \\ &= (-1)^N \int_{x_k^1 - \varepsilon_k}^{x_k^1 + \varepsilon_k} dy^1 \cdots \int_{x_k^{N-1} - \varepsilon_k}^{x_k^{N-1} + \varepsilon_k} dy^{N-1} \\ &\qquad \times ((w_k \omega_{k,N}) \circ \varphi_k^{-1})((y^1 \ \cdots \ y^{N-1} \ 0)^t) \end{aligned} \tag{5.252}$$

が結論される．実際，仮定によって座標近傍 $(U_k, \varphi_k : x)$ の向きは正だから，前項の最後に示したように多様体 M の次元 N が偶数 (奇数) ならば $(U \cap \partial\Omega, \overline{\varphi})$ の向きは正 (負) となり，したがって微分形式の積分と重積分との間に符号因子 $(-1)^N$ が必要である．

では，式 (5.241) の左辺を計算しよう．$k = K_1 + 1 \sim K$ の場合と同様に，$k = 1 \sim K_1$ の場合でも式 (5.246) は成立し，$n = 1 \sim N-1$ に対しては式 (5.247) も成立するが，$n = N$ に対しては積分範囲が $(x_k^N - \varepsilon_k, x_k^N + \varepsilon_k)$ ではなく $(0, x_k^N + \varepsilon_k)$ であるため

$$\int_0^{x_k^N + \varepsilon_k} dx^N \frac{\partial w_k \omega_{k,N}}{\partial x^N} = w_k \omega_{k,N}\big|_{x^N = x_k^N + \varepsilon_k} - w_k \omega_{k,N}\big|_{x^N = 0} = - w_k \omega_{k,N}\big|_{x^N = 0} \tag{5.253}$$

となる．したがって，式 (5.246) は

‡38 式 (5.151) における $x, y, \varphi, \xi_\alpha, n, n'$ をそれぞれ $y, x, i, \overline{\varphi}_k, m, n$ で置き換えたものが式 (5.250) である．

$$\int_\Omega d(w_k\omega) = (-1)^{N-1}\int_{x_k^1-\varepsilon_k}^{x_k^1+\varepsilon_k} dx^1 \cdots \int_{x_k^{N-1}-\varepsilon_k}^{x_k^{N-1}+\varepsilon_k} dx^{N-1}\{-w_k\omega_{k,N}|_{x^N=0}\}$$

$$= (-1)^N \int_{x_k^1-\varepsilon_k}^{x_k^1+\varepsilon_k} dx^1 \cdots \int_{x_k^{N-1}-\varepsilon_k}^{x_k^{N-1}+\varepsilon_k} dx^{N-1} \times ((w_k\omega_{k,N})\circ\varphi_k^{-1})((x^1 \quad \cdots \quad x^{N-1} \quad 0)^t) \tag{5.254}$$

となるが，これを式 (5.252) と比較すれば式 (5.241) の成立が確認できる．これが証明すべきことであった．

第 6 章

非可換代数上の微分

本章では，まず非可換代数のひとつの例として行列代数 (行列環，すなわち行列のつくる多元環) を採り上げ，その上で微分形式を構築する．その後，それを一般の非可換代数上での微分形式に拡張し，行列代数と同様な議論が可能となるための条件，つまり生成子に課される条件を求める．そして最後に，対合演算との関係における実制限についても述べる．

はじめに，具体的な行列代数として特殊ユニタリー群 $SU(n)$ の Lie 代数 $\mathfrak{su}(n)$ を考え，これの基底 (基) に着目し，それらの間の演算から内部微分 (随伴作用により定義される微分) を用いて導かれるベクトル (導分) を求め，それの双対基底として 1 次微分形式 (1 形式) を得る．さらにはそれら 1 形式に対して成立するいくつかの式を導出する．その後，行列代数をより一般的な非可換代数に拡張する．このような過程を踏むことにより，理解しにくい非可換代数上の微分がかなり身近なものになるだろう．

ここでの構成法は非常に汎用的なものであるので，具体的な計算を読者自らが試みることにより，ぜひその手法を身に付けて頂きたい．

6.1　Lie 代数 $\mathfrak{su}(2)$，$\mathfrak{su}(3)$

6.1.1　$\mathfrak{su}(2)$

最も簡単なところから始めよう．物理学で馴染みの深い **Pauli 行列**を示す．それらは，

$$\sigma_1 = \begin{pmatrix} 0 & 1 \\ 1 & 0 \end{pmatrix}, \quad \sigma_2 = \begin{pmatrix} 0 & -i \\ i & 0 \end{pmatrix}, \quad \sigma_3 = \begin{pmatrix} 1 & 0 \\ 0 & -1 \end{pmatrix}$$

であり，これらの間の関係式は自明であって，

$$[\sigma_1,\ \sigma_2] = i2\sigma_3, \quad [\sigma_2,\ \sigma_3] = i2\sigma_1, \quad [\sigma_3,\ \sigma_1] = i2\sigma_2 \tag{6.1}$$

$$\sigma_1^2 = \sigma_2^2 = \sigma_3^2 = I_2 \quad ;\ \text{単位行列} \tag{6.2}$$

$$\sigma_1\sigma_2 = i\sigma_3, \quad \sigma_2\sigma_3 = i\sigma_1, \quad \sigma_3\sigma_1 = i\sigma_2 \tag{6.3}$$

$$\sigma_1\sigma_2 = -\sigma_2\sigma_1, \quad \sigma_2\sigma_3 = -\sigma_3\sigma_2, \quad \sigma_3\sigma_1 = -\sigma_1\sigma_3 \tag{6.4}$$

が成立している．ここで，

$$\lambda_1 = \frac{i}{2}\sigma_1 = \frac{1}{2}\begin{pmatrix} 0 & i \\ i & 0 \end{pmatrix}, \quad \lambda_2 = -\frac{i}{2}\sigma_2 = \frac{1}{2}\begin{pmatrix} 0 & -1 \\ 1 & 0 \end{pmatrix}, \quad \lambda_3 = \frac{i}{2}\sigma_3 = \frac{1}{2}\begin{pmatrix} i & 0 \\ 0 & -i \end{pmatrix}$$

と定義すると，当然 $\{\lambda_i\}$ も上と同様の関係式を満たす．この $\{\lambda_i\}$ を **Lie 群** $SU(2)$ **の生成子**とするのが便利である．これは **Lie 代数** $\mathfrak{su}(2)$ **の基底**ともよばれる (数学では単に基ともいう)．$\mathfrak{su}(2)$ は

$$\mathfrak{su}(2) = \left\{X \in M(2, \boldsymbol{C}) \middle| X^\dagger = -X,\, TrX = 0\right\}$$

であるから，$2^2 - 1$ 次元，すなわち 3 次元である．

さて，式 (6.1) から

$$[\lambda_1,\ \lambda_2] = \lambda_3, \quad [\lambda_2,\ \lambda_3] = \lambda_1, \quad [\lambda_3,\ \lambda_1] = \lambda_2 \tag{6.5}$$

が得られるので，まとめて

$$[\lambda_i,\ \lambda_j] = C_{ij}{}^k\lambda_k \tag{6.6}$$

と記すことができ，$C_{ij}{}^k = \varepsilon_{ijk}$ (**Levi-Civita テンソル**；3 階の完全反対称テンソル) となっていることがわかる．上下に同じ添え字が現れた場合には，その添え字について 1 から 3 までの和をとると約束する．式 (6.6) が成立するとき，$C_{ij}{}^k$ を **Lie 群** $SU(2)$ **の構造定数**という．ここで示したような Pauli 行列を用いた表現 (Lie 代数の表現) は，$\mathfrak{su}(2)$ **の基本表現**とよばれる．後で他の表現も出てくるが，構造定数は Lie 代数の構造そのものを決定付けるもので表現には依存しない．

これまでは，上下の添え字の位置を経済性を優先してそろえて記してきたが (そうしないと紙幅が増大してしまう)，本章以降では添え字の上げ下げが発生することから，きちんとずらして表記することにする．

つぎに，**Cartan 計量**を定義する．それは

$$g_{ij} = -\frac{1}{2} C_{im}{}^{n} C_{jn}{}^{m} \tag{6.7}$$

であり，Levi-Civita テンソルの性質から

$$g_{ij} = -\frac{1}{2} \varepsilon_{imn} \varepsilon_{jnm} = \frac{1}{2} \varepsilon_{imn} \varepsilon_{jmn} = \delta_{ij} \tag{6.8}$$

となる．これにより式 (6.2)，(6.3) は，2 次の単位行列 I_2 を用いて

$$\lambda_i \lambda_j = \frac{1}{2} C_{ij}{}^{k} \lambda_k - \frac{1}{4} g_{ij} I_2 \tag{6.9}$$

と書けることがわかる．今の場合，$SU(n)$ において $n = 2$ としているから，この式は

$$\lambda_i \lambda_j = \frac{1}{2} C_{ij}{}^{k} \lambda_k - \frac{1}{2n} g_{ij} I_n \tag{6.10}$$

と書いてもよい．

もうひとつの表現である **Lie 代数の随伴表現**を求めてみよう．これが**内部微分** (以下単に微分) とよばれるものになるのであるが，本によっては**導分**とよばれることもある．**随伴表現** “ad” は構造定数を用いてつぎのように定義される．つまり

$$e_i = \mathrm{ad}\lambda_i \tag{6.11}$$

を 3 次の行列と考え，その成分を $(\mathrm{ad}\lambda_i)^{j}{}_{k}$ と表し，それを

$$(\mathrm{ad}\lambda_i)^{j}{}_{k} = C_{ik}{}^{j} = \varepsilon_{ikj} = -\varepsilon_{ijk} \tag{6.12}$$

と定義するのである．具体的には，

$$\begin{aligned} e_1 = \mathrm{ad}\lambda_1 = -(\varepsilon_{1jk}) &= \begin{pmatrix} 0 & 0 & 0 \\ 0 & 0 & -1 \\ 0 & 1 & 0 \end{pmatrix} \\ e_2 = \mathrm{ad}\lambda_2 = -(\varepsilon_{2jk}) &= \begin{pmatrix} 0 & 0 & 1 \\ 0 & 0 & 0 \\ -1 & 0 & 0 \end{pmatrix} \\ e_3 = \mathrm{ad}\lambda_3 = -(\varepsilon_{3jk}) &= \begin{pmatrix} 0 & -1 & 0 \\ 1 & 0 & 0 \\ 0 & 0 & 0 \end{pmatrix} \end{aligned} \tag{6.13}$$

である．これらは当然 Lie 代数の表現であるから，$\{\lambda_i\}$ と同じ交換関係を満足する．すなわち，

$$[e_i, e_j] = C_{ij}{}^{k} e_k \tag{6.14}$$

である．群の表現論の観点からすれば，Lie 代数の随伴表現が作用する表現空間は Lie 代数そのもの (3 次元ベクトル空間) であるから，基底 $\{\lambda_i\}$ に関する $\mathrm{ad}\lambda_i$ の表現行列 M_i は

$$\big((\mathrm{ad}\lambda_i)\lambda_1 \quad (\mathrm{ad}\lambda_i)\lambda_2 \quad (\mathrm{ad}\lambda_i)\lambda_3\big) = (\lambda_1 \quad \lambda_2 \quad \lambda_3)M_i \tag{6.15}$$

と表される．実はこの行列 M_i が上で求めた行列 $\mathrm{ad}\lambda_i$ なのである．作用素とその表現行列は別の記号を用いるべきかも知れないが，慣習に従い同じ記号を用いることにする．式 (6.15) を具体的に表すとつぎのようになる．$i=1$ のとき，

$$\big((\mathrm{ad}\lambda_1)\lambda_1 \quad (\mathrm{ad}\lambda_1)\lambda_2 \quad (\mathrm{ad}\lambda_1)\lambda_3\big) = (\lambda_1 \quad \lambda_2 \quad \lambda_3)\begin{pmatrix} 0 & 0 & 0 \\ 0 & 0 & -1 \\ 0 & 1 & 0 \end{pmatrix} \tag{6.16}$$

であるから，

$$(\mathrm{ad}\lambda_1)\lambda_1 = 0, \quad (\mathrm{ad}\lambda_1)\lambda_2 = \lambda_3, \quad (\mathrm{ad}\lambda_1)\lambda_3 = -\lambda_2$$

となり，まったく同様にして，$i=2,3$ の式から

$$(\mathrm{ad}\lambda_2)\lambda_1 = -\lambda_3, \quad (\mathrm{ad}\lambda_2)\lambda_2 = 0, \quad (\mathrm{ad}\lambda_2)\lambda_3 = \lambda_1$$

$$(\mathrm{ad}\lambda_3)\lambda_1 = \lambda_2, \quad (\mathrm{ad}\lambda_3)\lambda_2 = -\lambda_1, \quad (\mathrm{ad}\lambda_3)\lambda_3 = 0$$

が得られる．これらをまとめると，

$$(\mathrm{ad}\lambda_i)\lambda_j = C_{ij}{}^k\lambda_k \tag{6.17}$$

となる．一方，式 (6.6) から

$$[\lambda_i, \lambda_j] = C_{ij}{}^k\lambda_k$$

であったので，結局

$$(\mathrm{ad}\lambda_i)\lambda_j = [\lambda_i, \lambda_j] \tag{6.18}$$

が成立することになる．一般には，$\forall X, \forall Y \in \mathfrak{su}(2)$ に対して

$$(\mathrm{ad}Y)X = [Y, X] \tag{6.19}$$

が成立している．これが随伴表現の重要な性質であるが，実は逆にこの式をもって随伴表現の定義とすることもできるのである．

ここで Killing 形式を導入しておく．一般に Lie 代数 $\mathfrak{g}$ 上の双線形形式

$$\varPhi : \mathfrak{g} \times \mathfrak{g} \to K$$

で，$\forall X, \forall Y \in \mathfrak{g}$ に対して

$$\varPhi(X, Y) = \mathrm{tr}\big((\mathrm{ad}X)(\mathrm{ad}Y)\big) \tag{6.20}$$

を代数 $\mathfrak{g}$ の **Killing 形式**という．K は数体である．これより，$\mathfrak{su}(2)$ の基底 $\{\lambda_i\}$ に対しては

$$\Phi(\lambda_i,\lambda_j)=\mathrm{tr}\big((\mathrm{ad}\lambda_i)(\mathrm{ad}\lambda_j)\big)=(\mathrm{ad}\lambda_i)^m{}_n(\mathrm{ad}\lambda_j)^n{}_m=C_{in}{}^mC_{jm}{}^n=-2g_{ij} \tag{6.21}$$

がいえる．最後のところは式 (6.7) を用いた．具体的に式 (6.13) を使って計算してみると，

$$g_{11}=-\frac{1}{2}\mathrm{tr}\big((\mathrm{ad}\lambda_1)(\mathrm{ad}\lambda_1)\big)=-\frac{1}{2}\mathrm{tr}\left(\begin{pmatrix}0&0&0\\0&-1&0\\0&0&-1\end{pmatrix}\right)=1$$

$$g_{22}=g_{33}=1,\qquad \text{他は } 0$$

となることがわかる．これは式 (6.8) そのものである．添え字の上げ下げにこの Cartan 計量 g_{ij} を用いるならば，上げ下げ時に係数がかかることはなく，上下の区別は必要なくなる．しかし，一般的には Killing 形式を用いて上げ下げを行うことが多い．その際は係数 (今の場合には因子 -2) がかかってくるので承知しておいて欲しい．実は，群論のひとつの帰結として，コンパクト半単純群の場合，生成子 $\{\lambda_i\}$ をうまく選択すると

$$\Phi(\lambda_i,\ \lambda_j)=\delta_{ij}$$

とすることができるのである[‡1]．よって今述べたことは，本質的なことではない．

式 (6.11) で導入した “ad” は随伴表現 “Ad” の微分表現となっていることを指摘しておこう．Lie 群 G の随伴表現 Ad は，$\forall \mathrm{g}\in G$，$\forall X\in\mathfrak{g}$ のとき，

$$(\mathrm{Ad\,g})X=\mathrm{g}X\mathrm{g}^{-1} \tag{6.22}$$

として定義される．そして，この g は $\exists Y\in\mathfrak{g}$ により，$\mathrm{g}=e^{tY}$，$t\in\boldsymbol{R}$ と表される．したがって，

$$\frac{d}{dt}(\mathrm{Ad}\,e^{tY})X\bigg|_{t=0}=\frac{d}{dt}(e^{tY}Xe^{-tY})\bigg|_{t=0}=[Y,X]=(\mathrm{ad}Y)X \tag{6.23}$$

が成立する．ここで**相似変換**の公式

$$e^{tY}Xe^{-tY}=X+[Y,X]t+\frac{1}{2!}\big[Y,[Y,X]\big]t^2+\cdots \tag{6.24}$$

を用いた．

さて，ここまでは $SU(2)$ の Lie 代数 $\mathfrak{su}(2)$ を例にとって説明してきたが，$\mathfrak{su}(n)(n\geq 3)$ を考えると，一部変更しなければならないところが生じてくる．

6.1.2 $\mathfrak{su}(3)$

Lie 代数の基底の中でたがいに可換なものの最大の数，すなわちそれら可換な基底の張る Lie 代数の部分空間の次元のことを **Lie 代数の階数**といい，またその部分空間のことを **Cartan 部分代数**という．$\mathfrak{su}(2)$ の場合は明らかに階数が 1 であるから，

‡1 たとえば，島和久:「連続群とその表現」，岩波書店，第 7 章

式 (6.10) でよかったのであるが，たとえば $\mathfrak{su}(3)$ では変更点が生じてくる．$\mathfrak{su}(3)$ は 3^2-1 次元，すなわち 8 次元のベクトル空間なので八つの基底を有しており，それらは **Gell–Mann 行列**

$$\tau_1=\begin{pmatrix}0&1&0\\1&0&0\\0&0&0\end{pmatrix},\quad \tau_2=\begin{pmatrix}0&-i&0\\i&0&0\\0&0&0\end{pmatrix},\quad \tau_3=\begin{pmatrix}1&0&0\\0&-1&0\\0&0&0\end{pmatrix}$$
$$\tau_4=\begin{pmatrix}0&0&1\\0&0&0\\1&0&0\end{pmatrix},\quad \tau_5=\begin{pmatrix}0&0&-i\\0&0&0\\i&0&0\end{pmatrix},\quad \tau_6=\begin{pmatrix}0&0&0\\0&0&1\\0&1&0\end{pmatrix} \tag{6.25}$$
$$\tau_7=\begin{pmatrix}0&0&0\\0&0&-i\\0&i&0\end{pmatrix},\quad \tau_8=\frac{1}{\sqrt{3}}\begin{pmatrix}1&0&0\\0&1&0\\0&0&-2\end{pmatrix}$$

を用いて表される．前例 (6.1.1 項) 同様，

$$\lambda_1=\frac{i}{2}\tau_1=\frac{1}{2}\begin{pmatrix}0&i&0\\i&0&0\\0&0&0\end{pmatrix},\quad \lambda_2=-\frac{i}{2}\tau_2=\frac{1}{2}\begin{pmatrix}0&-1&0\\1&0&0\\0&0&0\end{pmatrix}$$
$$\lambda_3=\frac{i}{2}\tau_3=\frac{1}{2}\begin{pmatrix}i&0&0\\0&-i&0\\0&0&0\end{pmatrix},\quad \lambda_4=\frac{i}{2}\tau_4=\frac{1}{2}\begin{pmatrix}0&0&i\\0&0&0\\i&0&0\end{pmatrix}$$
$$\lambda_5=-\frac{i}{2}\tau_5=\frac{1}{2}\begin{pmatrix}0&0&-1\\0&0&0\\1&0&0\end{pmatrix},\quad \lambda_6=\frac{i}{2}\tau_6=\frac{1}{2}\begin{pmatrix}0&0&0\\0&0&i\\0&i&0\end{pmatrix} \tag{6.26}$$
$$\lambda_7=-\frac{i}{2}\tau_7=\frac{1}{2}\begin{pmatrix}0&0&0\\0&0&-1\\0&1&0\end{pmatrix},\quad \lambda_8=\frac{i}{2}\tau_8=\frac{1}{2\sqrt{3}}\begin{pmatrix}i&0&0\\0&i&0\\0&0&-2i\end{pmatrix}$$

とするのが便利である．これらから群 $SU(3)$ の構造定数を計算してみると，$(i,\ j,\ k)$ に関して完全反対称となることがわかる．式 (6.26) より明らかなように，λ_3 と λ_8 は可換であり，λ_1 と λ_8 もそうである．しかし，λ_1 と λ_3 は可換ではないので，可換なものの最大の数は 2，すなわち代数の階数は 2 ということになる．

ここで，λ_3 と λ_8 の積を計算してみると，

$$\lambda_3\lambda_8=\lambda_8\lambda_3=\frac{i}{2\sqrt{3}}\lambda_3 \tag{6.27}$$

となることがわかる．式 (6.10) の中にはこのパートは含まれていない．したがって，添え字 i，j に関して対称となる項を考慮しなければならないのである．それを $(1/2)D_{ij}{}^k\lambda_k$ と書くと，式 (6.10) は

$$\lambda_i\lambda_j = \frac{1}{2}C_{ij}{}^k\lambda_k + \frac{1}{2}D_{ij}{}^k\lambda_k - \frac{1}{2n}g_{ij}I_n \tag{6.28}$$

と書き換えられる．上下の同じ添え字は 1 から n^2-1 までの和をとるが，今の場合は当然 $n=3$ である．式 (6.27) は

$$D_{38}{}^3 = D_{83}{}^3 = \frac{i}{\sqrt{3}}, \quad C_{38}{}^k = 0 \qquad (k = 1 \sim 8) \tag{6.29}$$

を意味している．また，

$$\lambda_3\lambda_3 = -\frac{1}{4}\begin{pmatrix} 1 & 0 & 0 \\ 0 & 1 & 0 \\ 0 & 0 & 0 \end{pmatrix}$$

であり，$g_{33} = -\frac{1}{3}C_{3m}{}^nC_{3n}{}^m = 1$ に注意すると

$$-\frac{1}{3}\left(2\sqrt{3}\,i\lambda_8 - 2g_{33}I_3\right) = \begin{pmatrix} 1 & 0 & 0 \\ 0 & 1 & 0 \\ 0 & 0 & 0 \end{pmatrix}$$

であるから，

$$\lambda_3\lambda_3 = \frac{1}{12}\left(2\sqrt{3}\,i\lambda_8 - 2g_{33}I_3\right) = \frac{1}{2}\frac{i}{\sqrt{3}}\lambda_8 - \frac{1}{6}g_{33}I_3$$

となる．一方，式 (6.28) から

$$\lambda_3\lambda_3 = \frac{1}{2}D_{33}{}^k\lambda_k - \frac{1}{6}g_{33}I_3$$

がいえるので，結局

$$D_{33}{}^8 = \frac{i}{\sqrt{3}}, \quad D_{33}{}^k = 0 \qquad (k \neq 8) \tag{6.30}$$

が得られる．式 (6.29) と合わせて，

$$D_{38}{}^3 = D_{83}{}^3 = D_{33}{}^8 = \frac{i}{\sqrt{3}} \tag{6.31}$$

が導かれたことになる．一般に，$D_{ij}{}^k$ は完全対称になる．

$\mathfrak{su}(3)$ の随伴表現についても，$\mathfrak{su}(2)$ の場合とまったく同じようにして求めることができるのであるが，繰り返しになるので省略する．

6.2 行列代数上の微分形式

まずは，K–多元環の定義から始めよう．集合 $\mathfrak{A}$ の任意の二つの元 a，b と数体 K の任意の元 k に対し，和 $a+b \in \mathfrak{A}$ と積 $ab \in \mathfrak{A}$，およびスカラー積 $ka \in \mathfrak{A}$ が定義されていて，以下の条件が満たされるとき，$\mathfrak{A}$ は **K–多元環** (**K–代数**) であるという．

(1) $\mathfrak{A}$ は $a+b$, ab に関して環である．環は結合則を満たし，単位元を有する．

(2) $\mathfrak{A}$ は $a+b$, ka に関して K–加群，すなわち K 上のベクトル空間である．

(3) $k(ab)=(ka)b=a(kb)$ が成り立つ．

例としては，K の元を成分にもつ (n,n) 型行列全体 (n 次正方行列全体) が考えられる．これを $M(n,K)$ と表すのが常であるが，これは確かに和と積に関して環となっている．また，行列空間はベクトル空間でもあることから，$M(n,K)$ は K–加群でもある．結局，$M(n,K)$ は上の三つの条件を満たしており，K–多元環となっていることがわかる．以後，K–多元環のことを単に**代数**とよぶことにする．

前節で述べてきた Lie 代数は，実は積が括弧積 $[\cdot,\cdot]$ で定義された代数なのであるが，ここでは通常の行列の積を "積" と定義することにし，括弧積は微分表現としてとっておく．しかしこの際に注意すべきことは，一般に Lie 代数 $\mathfrak{su}(n)$ の基底のみを考えたのでは閉じた代数とはならないことである．なぜならば，式 (6.28) より明らかなように，基底どうしの積には単位行列のスカラー倍が含まれているからである．そして $n=3$ のときには，単位行列を $i/\sqrt{6}$ 倍したものは，$\mathfrak{su}(3)$ の基底ではなくて $\mathfrak{u}(3)$ の基底となっている．この項で考えるべき代数の基底は，単位行列の $i/\sqrt{2n}$ 倍と $\{\lambda_i\}_{i=1\sim n^2-1}$ とである．そして積は行列としての積を採用することにする．

6.2.1　係数間の関係式

さて，前項の説明から，代数の基底 λ_i $(i=1\sim n^2-1)$ どうしの積は

$$\lambda_i\lambda_j=\frac{1}{2}C_{ij}{}^k\lambda_k+\frac{1}{2}D_{ij}{}^k\lambda_k-\frac{1}{2n}g_{ij}I_n \tag{6.32}$$

と表され，そこでの Cartan 計量は

$$g_{ij}=-\frac{1}{n}C_{im}{}^nC_{jn}{}^m \tag{6.33}$$

となることがわかる．また，$C_{ij}{}^k$ は実で完全反対称，$D_{ij}{}^k$ は完全対称である．Lie 群論の立場からは，$(i/\sqrt{2n})I_n$ と $\{\lambda_i\}_{i=1\sim n^2-1}$ が $U(n)$ の生成子なのであるが，ここでは $\{\lambda_i\}_{i=1\sim n^2-1}$ を代数の生成子とよぶことにする．実は式 (6.32) を許した段階で，この空間は Lie 代数ではなくなっているのである．Lie 代数 $\mathfrak{u}(n)$ の積は本来括弧積であるからである．また，$\mathfrak{u}(n)$ は複素 Lie 代数 ($\boldsymbol{C}$–代数) にはならなくて，実 Lie 代数 ($\boldsymbol{R}$–代数) となっている．この点注意を要する．以後，I_n, $\{\lambda_i\}_{i=1\sim n^2-1}$ が張る空間で，$\{\lambda_i\}$ に対して式 (6.32) の積が定義されている $\boldsymbol{C}$–代数を $\mathfrak{A}(n)$ と表すことにする．λ_i は $\mathfrak{u}(n)$ からのいわば借り物であって，

$$\lambda_i^\dagger={}^t\lambda_i^*=-\lambda_i \tag{6.34}$$

が成立していることを指摘しておく．そして明らかに $\mathfrak{A}(n)\subset M(n,\boldsymbol{C})$ である．

ここで，式 (6.32) の係数 C,D が満たす関係式を求めておこう．まず最初に **Jacobi の恒等式**

$$\left[\lambda_i,\ [\lambda_j,\ \lambda_k]\right] + \left[\lambda_j,\ [\lambda_k,\ \lambda_i]\right] + \left[\lambda_k,\ [\lambda_i,\ \lambda_j]\right] = 0 \tag{6.35}$$

から，構造定数が満足する関係式

$$C^i{}_{jm}C^m{}_{kl} + C^i{}_{km}C^m{}_{lj} + C^i{}_{lm}C^m{}_{jk} = 0 \tag{6.36}$$

を得る．これより，

$$C^i{}_{jm}C^m{}_{kl}C^l{}_{ni} + C^i{}_{km}C^m{}_{lj}C^l{}_{ni} = -C^i{}_{lm}C^m{}_{jk}C^l{}_{ni}$$

$$C^i{}_{jm}C^m{}_{kl}C^l{}_{ni} + C^l{}_{km}C^m{}_{ij}C^i{}_{nl} = C^i{}_{ml}C^l{}_{ni}C^m{}_{jk}$$

となるが，ここで

$$C^l{}_{km}C^m{}_{ij}C^i{}_{nl} = C^i{}_{jm}C^m{}_{kl}C^l{}_{ni}$$

が成立しているから，

$$2C^i{}_{jm}C^m{}_{kl}C^l{}_{ni} = C^i{}_{ml}C^l{}_{ni}C^m{}_{jk}$$

となる．さらに右辺に式 (6.33) を代入すると，

$$2C^i{}_{jm}C^m{}_{kl}C^l{}_{ni} = -ng_{mn}C^m{}_{jk}$$

すなわち，

$$C^i{}_{jm}C^m{}_{kl}C^l{}_{ni} = -\frac{n}{2}C_{jkn} \tag{6.37}$$

が得られる．

つぎに，交換子 $[\cdot,\cdot]$ と反交換子 $\{\cdot,\cdot\}$ を組み合わせて成り立つ恒等式

$$[\lambda_i,\ \{\lambda_j,\ \lambda_k\}] + [\lambda_j,\ \{\lambda_k,\ \lambda_i\}] + [\lambda_k,\ \{\lambda_i,\ \lambda_j\}] = 0 \tag{6.38}$$

を考える．ここで式 (6.32) から，

$$\{\lambda_j,\ \lambda_k\} = D_{jk}{}^m\lambda_m - \frac{1}{n}g_{jk}I_n \tag{6.39}$$

であるので，

$$[\lambda_i,\ \{\lambda_j,\ \lambda_k\}] = D_{jk}{}^m[\lambda_i,\ \lambda_m] = D_{jk}{}^mC_{im}{}^l\lambda_l$$

が得られる．したがって，式 (6.38) は

$$C^l{}_{im}D^m{}_{jk} + C^l{}_{jm}D^m{}_{ki} + C^l{}_{km}D^m{}_{ij} = 0 \tag{6.40}$$

と書き換えられる．さらに式 (6.33) を用いて

$$C^i{}_{nl}C^l{}_{im}D^m{}_{jk} + C^i{}_{nl}C^l{}_{jm}D^m{}_{ki} + C^i{}_{nl}C^l{}_{km}D^m{}_{ij} = 0$$

$$C^i{}_{nl}C^l{}_{jm}D^m{}_{ki} + C^l{}_{ki}C^m{}_{nl}D^i{}_{mj} = C^i{}_{nl}C^l{}_{mi}D^m{}_{jk}$$

$$C^i{}_{nl}C^l{}_{jm}D^m{}_{ki} + C^i{}_{lk}C^l{}_{mn}D^m{}_{ji} = -ng_{nm}D^m{}_{jk}$$

すなわち，

$$C^i{}_{nl}C^l{}_{jm}D^m{}_{ki} + C^i{}_{kl}C^l{}_{nm}D^m{}_{ji} = -nD_{njk} \tag{i}$$

が得られる．この式において (n, j, k) を循環させると，

$$C^i{}_{jl}C^l{}_{km}D^m{}_{ni} + C^i{}_{nl}C^l{}_{jm}D^m{}_{ki} = -nD_{jkn} \tag{ii}$$

$$C^i{}_{kl}C^l{}_{nm}D^m{}_{ji} + C^i{}_{jl}C^l{}_{km}D^m{}_{ni} = -nD_{knj} \tag{iii}$$

であるから，(i)+(ii)−(iii) を計算してみると，

$$2C^i{}_{nl}C^l{}_{jm}D^m{}_{ki} = -nD_{njk}$$

となり，結局

$$C^i{}_{jk}C^k{}_{lm}D^m{}_{ni} = -\frac{n}{2}D_{jln} \tag{6.41}$$

に到達する．また，この式から

$$D_{jl}{}^l = -\frac{2}{n}C^i{}_{jk}C^k{}_{lm}D^m{}_{li} = 0 \tag{6.42}$$

となることもわかる．最後の等式は，C の完全反対称性と D の完全対称性から導かれる．

第三番目の等式は以下のようにして求める．恒等式

$$[\lambda_i,\ [\lambda_j,\ \lambda_k]] + \{\lambda_j,\ \{\lambda_k,\ \lambda_i\}\} - \{\lambda_k,\ \{\lambda_i,\ \lambda_j\}\} = 0 \tag{6.43}$$

を考えると，これは式 (6.6) と式 (6.39) より，

$$[\lambda_i,\ C_{jk}{}^m\lambda_m] + \left\{\lambda_j,\ D_{ki}{}^m\lambda_m - \frac{1}{n}g_{ki}I_n\right\} - \left\{\lambda_k,\ D_{ij}{}^m\lambda_m - \frac{1}{n}g_{ij}I_n\right\} = 0$$

$$C_{jk}{}^m C_{im}{}^l\lambda_l + D_{ki}{}^m\left(D_{jm}{}^l\lambda_l - \frac{1}{n}g_{jm}I_n\right) - \frac{2}{n}g_{ki}\lambda_j$$

$$- D_{ij}{}^m(D_{km}{}^l\lambda_l - \frac{1}{n}g_{km}I_n) + \frac{2}{n}g_{ij}\lambda_k = 0$$

$$C^l{}_{im}C^m{}_{jk} + D^l{}_{jm}D^m{}_{ki} - D^l{}_{km}D^m{}_{ij} - \frac{2}{n}(g_{ki}\delta^l_j - g_{ij}\delta^l_k) = 0 \tag{6.44}$$

となる．さらに，式 (6.33) を用いて

$$C^i{}_{nl}C^l{}_{im}C^m{}_{jk} + C^i{}_{nl}D^l{}_{jm}D^m{}_{ki} - C^i{}_{nl}D^m{}_{ij}D^l{}_{km} - \frac{2}{n}(g_{ki}C^i{}_{nl}\delta^l_j - g_{ij}C^i{}_{nl}\delta^l_k) = 0$$

$$ng_{nm}C^m{}_{jk} + C^i{}_{nl}D^l{}_{jm}D^m{}_{ki} - C^l{}_{ni}D^m{}_{lj}D^i{}_{km} - \frac{4}{n}C_{knj} = 0$$

$$nC_{njk} + 2C^i{}_{nl}D^l{}_{jm}D^m{}_{ki} - \frac{4}{n}C_{knj} = 0$$

すなわち，

$$C^i{}_{nl}D^l{}_{jm}D^m{}_{ki} = \frac{2}{n}C_{knj} - \frac{n}{2}C_{njk}$$

が得られる．そして，結局

$$C^i{}_{jk}D^k{}_{lm}D^m{}_{ni} = \frac{n}{2}\left(\frac{4}{n^2} - 1\right)C_{jln} \tag{6.45}$$

に到達する．

以上の準備の下に，代数 $\mathfrak{A}(n)$ 上の微分形式を構築しよう．

■ 6.2.2 $\mathfrak{A}(n)$ 上の微分形式

まず，$\forall f \in \mathfrak{A}(n)$ に対して，それから導かれた**微分作用素** (**導分**ともいう) を $\mathrm{ad}\, f$ で定める．これは Lie 群の随伴表現 Ad の微分表現であった．式 (6.19) より，$\forall g \in \mathfrak{A}(n)$ に対して (これは計量の g ではなくて，単なる代数の元である点に注意)，

$$(\mathrm{ad}\, f)g = [f, g] \tag{6.46}$$

である．$\mathrm{ad}\, f$ が微分作用素となるためには，最も基本的な関係式 **Leibniz 則**を満足しなければならない．実際，$\forall g, \forall h \in \mathfrak{A}(n)$ に対して，

$$(\mathrm{ad}\, f)(gh) = [f, gh] = [f, g]h + g[f, h] = (\mathrm{ad}\, f)g \cdot h + g \cdot (\mathrm{ad}\, f)h \tag{6.47}$$

が成立している．ここで，生成子 λ_i から導かれる微分作用素を e_i として

$$e_i = \mathrm{ad}\lambda_i$$

と記すことにする．このとき，$\forall f \in \mathfrak{A}(n)$ から得られる 1 次微分形式 df は，通常の関数に対しての定義と同様に

$$df(e_i) = e_i f = (\mathrm{ad}\lambda_i)f = [\lambda_i, f] \tag{6.48}$$

として定義される．ここでも，1 次微分形式のことを単に 1 形式とよぶことにする．

さて，代数 $\mathfrak{A}(n)$ の微分全体が作る空間を考え，それを $\mathfrak{D}(\mathfrak{A}(n))$ としよう．すると，上で定義した $\{e_i\}_{i=1\sim n^2-1}$ はこの空間の基底となっていることがわかる．また，ad の性質そのものから，e_i は式 (6.14) を満たすことも明らかである．ここで，$\{e_i\}$ の**双対基底** $\{\theta^i\}$ を導入する．θ^i は 1 形式であり，

$$\theta^i(e_j) = \delta^i_j I_n \tag{6.49}$$

を満たすものとして定義される．式 (6.48) から

$$d\lambda_i(e_k) = e_k\lambda_i = [\lambda_k, \lambda_i] = C_{ki}{}^j\lambda_j = -C_{ik}{}^j\lambda_j \tag{6.50}$$

が得られるから，λ の添え字を上付きにして整理すると，

$$d\lambda^i(e_k) = C^i{}_{jk}\lambda^j$$

となる．これと式 (6.49) とを比較してみると，ただちに

$$d\lambda^i = C^i{}_{jk}\lambda^j\theta^k \tag{6.51}$$

が得られる．

問題はこれを逆に解くこと，すなわち θ^i を求めることである．そのためにまず，

$$C^k{}_{lj}\lambda_k\lambda^i\lambda^l = \frac{1}{4}\delta^i_j I_n \tag{6.52}$$

を示しておく．式 (6.32) に注意すると，

$$C^k{}_{lj}\lambda_k\lambda^i\lambda^l = C^i{}_{lj}\lambda_k\left(\frac{1}{2}C^{ilm}\lambda_m + \frac{1}{2}D^{ilm}\lambda_m - \frac{1}{2n}g^{il}I_n\right)$$

$$
\begin{aligned}
&= \frac{1}{2}C^k{}_{lj}C^{ilm}\lambda_k\lambda_m + \frac{1}{2}C^k{}_{lj}D^{ilm}\lambda_k\lambda_m - \frac{1}{2n}C^k{}_{lj}g^{il}\lambda_k \\
&= \frac{1}{2}C^k{}_{lj}C^{ilm}\left(\frac{1}{2}C_{km}{}^n\lambda_n + \frac{1}{2}D_{km}{}^n\lambda_n - \frac{1}{2n}g_{km}I_n\right) \\
&\quad + \frac{1}{2}C^k{}_{lj}D^{ilm}\left(\frac{1}{2}C_{km}{}^n\lambda_n + \frac{1}{2}D_{km}{}^n\lambda_n - \frac{1}{2n}g_{km}I_n\right) - \frac{1}{2n}C^{ki}{}_j\lambda_k \\
&= \frac{1}{4}C^k{}_{lj}C^{ilm}C^n{}_{km}\lambda_n + \frac{1}{4}C^k{}_{lj}C^{ilm}D^n{}_{km}\lambda_n - \frac{1}{4n}C_{mlj}C^{ilm}I_n \\
&\quad + \frac{1}{4}C^k{}_{lj}D^{ilm}C^n{}_{km}\lambda_n + \frac{1}{4}C^k{}_{lj}D^{ilm}D^n{}_{km}\lambda_n - \frac{1}{4n}C_{mlj}D^{ilm}I_n \\
&\quad - \frac{1}{2n}C^{ki}{}_j\lambda_k
\end{aligned}
$$

となる．ここで，式 (6.37)，(6.41)，(6.45) を用いると，

$$
\begin{aligned}
C^k{}_{lj}\lambda_k\lambda^i\lambda^l &= -\frac{n}{8}C_j{}^{in}\lambda_n - \frac{n}{8}D_j{}^{in}\lambda_n - \frac{1}{4n}C_{mlj}C^{ilm}I_n + \frac{n}{8}D_j{}^{ni}\lambda_n \\
&\quad - \frac{n}{8}\left(\frac{4}{n^2} - 1\right)C_j{}^{in}\lambda_n - \frac{1}{2n}C^{ni}{}_j\lambda_n \\
&= -\frac{1}{4n}C_{mlj}C^{ilm}I_n - \frac{1}{2n}C_j{}^{in}\lambda_n - \frac{1}{2n}C^{ni}{}_j\lambda_n \\
&= -\frac{1}{4n}(-n\delta^i_j)I_n = \frac{1}{4}\delta^i_j I_n
\end{aligned}
$$

が得られる．最後のところでは式 (6.33) ($g_{ij} \to \delta^i_j$ としたもの) を用いた．また，残存してしまった係数 1/4 については，生成子 λ_i の再定義によって消去することもできるが，理論の本質には影響しないので，とりあえず残しておくことにする．これを用いると，式 (6.51) から

$$
4\lambda_k\lambda^i d\lambda^k = 4C^k{}_{lj}\lambda_k\lambda^i\lambda^l\theta^j = \delta^i_j\theta^j = \theta^i
$$

すなわち

$$
\theta^i = 4\lambda_k\lambda^i d\lambda^k \tag{6.53}
$$

が得られる．この θ^i と代数 $\mathfrak{A}(n)$ の元との可換性については，$\forall f \in \mathfrak{A}(n)$ に対して成り立つ式

$$
(f\theta^i)(e_j) = f\theta^i(e_j) = f\delta^i_j = \delta^i_j f = \theta^i(e_j)f = (\theta^i f)(e_j)
$$

から

$$
f\theta^i = \theta^i f \tag{6.54}
$$

と結論付けることができる．

ここで注意すべき事実は，導分が作る空間 $\mathfrak{D}(\mathfrak{A}(n))$ は $\mathfrak{A}(n)$–加群とはならない (もちろん $\boldsymbol{C}$–加群にはなっている) が，その双対空間 $\mathfrak{D}^*(\mathfrak{A}(n))$ は $\mathfrak{A}(n)$–加群となっているということである．$\mathfrak{D}(\mathfrak{A}(n))$ のある元 $X = \mathrm{ad}\, f$ に対して，$h \in \mathfrak{A}(n)$ との積 hX を考えてみると，$\forall g \in \mathfrak{A}(n)$ に対して

$$(hX)g = h \cdot (\mathrm{ad}\, f)g = h[f, g]$$

であって，これは $[hf, g] = (\mathrm{ad}\, hf)g$ には等しくない．すなわち，$hX \notin \mathfrak{D}(\mathfrak{A}(n))$ となって，$\mathfrak{D}(\mathfrak{A}(n))$ は $\mathfrak{A}(n)$–加群とはならないことがわかる．

また，式 (6.54) を用いると

$$d\lambda^j = C^j{}_{mn}\lambda^m\theta^n = C^j{}_{mn}\theta^n\lambda^m$$

とできるので，

$$\begin{aligned} d\lambda^j\,\lambda^i\lambda_j &= C^j{}_{mn}\theta^n\lambda^m\lambda^i\lambda_j = \theta^n C^j{}_{mn}\lambda^m\lambda^i\lambda_j \\ &= -\frac{1}{4}\theta^n\delta^i_n = -\frac{1}{4}\theta^i \end{aligned}$$

すなわち

$$\theta^i = -4d\lambda^j\,\lambda^i\lambda_j \tag{6.55}$$

が求まる．さらに，1 形式の外積の定義から，通常のように

$$\theta^i \wedge \theta^j = -\theta^j \wedge \theta^i \tag{6.56}$$

であるとする．

つぎに，式 (6.53) の外微分をとると，式 (6.52) に注意して

$$\begin{aligned} d\theta^i &= 4d\lambda_k \wedge \lambda^i d\lambda^k + 4\lambda_k d\lambda^i \wedge d\lambda^k \\ &= 4C_{kmn}\lambda^m\theta^n \wedge \lambda^i C^k{}_{lp}\lambda^l\theta^p + 4\lambda_k C^i{}_{mn}\lambda^m\theta^n \wedge C^k{}_{lp}\lambda^l\theta^p \\ &= 4C_{mnk}C^k{}_{lp}\lambda^m\lambda^i\lambda^l\theta^n \wedge \theta^p + 4C^i{}_{mn}C^k{}_{lp}\lambda_k\lambda^m\lambda^l\theta^n \wedge \theta^p \\ &= 4C_{mnk}C^k{}_{lp}\lambda^m\lambda^i\lambda^l\theta^n \wedge \theta^p + C^i{}_{pn}\theta^n \wedge \theta^p \end{aligned}$$

となる．ただし，通常の外微分作用素の定義同様，$d^2 = 0$ とした．ここで，Jacobi の恒等式から導かれる構造定数の関係式

$$C_{mnk}C^k{}_{lp} = -C_{mlk}C^k{}_{pn} - C_{mpk}C^k{}_{nl}$$

を用いると，右辺第一項は

$$\begin{aligned} &4C_{mnk}C^k{}_{lp}\lambda^m\lambda^i\lambda^l\theta^n \wedge \theta^p \\ &\quad = -4C_{mlk}C^k{}_{pn}\lambda^m\lambda^i\lambda^l\theta^n \wedge \theta^p - 4C_{mpk}C^k{}_{nl}\lambda^m\lambda^i\lambda^l\theta^n \wedge \theta^p \\ &4C_{mnk}C^k{}_{lp}\lambda^m\lambda^i\lambda^l\theta^n \wedge \theta^p + 4C_{mpk}C^k{}_{nl}\lambda^m\lambda^i\lambda^l\theta^n \wedge \theta^p \\ &\quad = -C^k{}_{pn}\delta^i_k\theta^n \wedge \theta^p \\ &4C_{mnk}C^k{}_{lp}\lambda^m\lambda^i\lambda^l\theta^n \wedge \theta^p + 4C_{mnk}C^k{}_{pl}\lambda^m\lambda^i\lambda^l\theta^p \wedge \theta^n \\ &\quad = -C^i{}_{pn}\theta^n \wedge \theta^p \end{aligned}$$

$$4C_{mnk}C^{k}{}_{lp}\lambda^m\lambda^i\lambda^l\theta^n\wedge\theta^p=-\frac{1}{2}C^{i}{}_{pn}\theta^n\wedge\theta^p$$

と変形できる．よって，

$$\begin{aligned}d\theta^i&=-\frac{1}{2}C^{i}{}_{pn}\theta^n\wedge\theta^p+C^{i}{}_{pn}\theta^n\wedge\theta^p=\frac{1}{2}C^{i}{}_{pn}\theta^n\wedge\theta^p\\&=-\frac{1}{2}C^{i}{}_{jk}\theta^j\wedge\theta^k\end{aligned}\tag{6.57}$$

が得られる．これはLie群の構造方程式とまったく同じ形をしているので，可換の場合のように**Maurer-Cartanの微分形式** θ を導入することができる．Lie群G上のMaurer-Cartan形式は，Lie代数 $\mathfrak{g}$ の基底 $\{B_k\}$ を用いて

$$\theta=B_k\theta^k$$

として定義された．ここでは，

$$\theta=-\lambda_i\theta^i\tag{6.58}$$

と定義することにする．注意すべき点は，Lie群上では $\{\theta^k\}$ は $\{B_k\}$ の双対基底となっていたことである．今の場合は，$\{\theta^i\}$ の双対基底は $\{\lambda_i\}$ ではなくて $\{e_i\}$ となっている．

さて，式(6.58)から，その外微分を計算してみよう．まず

$$d\theta=-d\lambda_i\wedge\theta^i-\lambda_i d\theta^i$$

であるから，式(6.51)と式(6.57)を代入すると

$$\begin{aligned}d\theta&=-C_{ijk}\lambda^j\theta^k\wedge\theta^i+\frac{1}{2}\lambda_iC^{i}{}_{jk}\theta^j\wedge\theta^k\\&=-C_{jik}\lambda^i\theta^k\wedge\theta^j+\frac{1}{2}C^{i}{}_{jk}\lambda_i\theta^j\wedge\theta^k\\&=-C^{i}{}_{jk}\lambda_i\theta^j\wedge\theta^k+\frac{1}{2}C^{i}{}_{jk}\lambda_i\theta^j\wedge\theta^k\\&=-\frac{1}{2}C^{i}{}_{jk}\lambda_i\theta^j\wedge\theta^k\end{aligned}$$

が得られる．一方，

$$\begin{aligned}\theta\wedge\theta&=\lambda_j\lambda_k\theta^j\wedge\theta^k=\frac{1}{2}\lambda_j\lambda_k\theta^j\wedge\theta^k+\frac{1}{2}\lambda_k\lambda_j\theta^k\wedge\theta^j\\&=\frac{1}{2}[\lambda_j,\lambda_k]\theta^j\wedge\theta^k=\frac{1}{2}C^{i}{}_{jk}\lambda_i\theta^j\wedge\theta^k\end{aligned}$$

であるから，結局

$$d\theta+\theta\wedge\theta=0\tag{6.59}$$

となる．式(6.58)右辺の負号は，この式に − が入らないようにするためであった．

もうひとつ，θ を λ で表した式も求めておこう．まず，式(6.32)より

$$
\begin{aligned}
C^{ik}{}_j\lambda_i\lambda_k &= C^{ik}{}_j\left(\frac{1}{2}C^m{}_{ik}\lambda_m + \frac{1}{2}D^m{}_{ik}\lambda_m - \frac{1}{2n}g_{ik}I_n\right) \\
&= \frac{1}{2}C^{ik}{}_jC^m{}_{ik}\lambda_m + \frac{1}{2}C^{ik}{}_jD^m{}_{ik}\lambda_m - \frac{1}{2n}g_{ik}C^{ik}{}_jI_n \\
&= \frac{1}{2}C^{ik}{}_jC^m{}_{ik}\lambda_m = -\frac{1}{2}C^i{}_{jk}C^{km}{}_i\lambda_m \\
&= \frac{n}{2}\delta_j^m\lambda_m = \frac{n}{2}\lambda_j
\end{aligned} \tag{6.60}
$$

が成り立つことに注意する．式 (6.58) に式 (6.53) を代入すると，

$$
\begin{aligned}
\theta &= -\lambda_i\theta^i = -4\lambda_i\lambda_j\lambda^i d\lambda^j = -4\lambda_i(\lambda^i\lambda_j - C^i{}_{jk}\lambda^k)d\lambda^j \\
&= -4\lambda_i\lambda^i\lambda_j d\lambda^j + 4C^i{}_{jk}\lambda_i\lambda^k d\lambda^j
\end{aligned}
$$

が得られるが，ここで C の完全反対称性と式 (6.42) を思い起こすと，

$$
\lambda^i\lambda_i = \frac{1}{2}C^i{}_{ik}\lambda^k + \frac{1}{2}D^i{}_{ik}\lambda^k - \frac{1}{2n}\delta_i^i I_n = -\frac{1}{2n}(n^2-1)I_n
$$

がいえるから，これと式 (6.60) を上式に代入して

$$
\theta = \frac{2}{n}(n^2-1)\lambda_j d\lambda^j - 2n\lambda_j d\lambda^j = -\frac{2}{n}\lambda_j d\lambda^j \tag{6.61}
$$

が導かれる．

本節の終わりに，式 (6.48) で定義した $f \in \mathfrak{A}(n)$ の外微分 df を θ を用いて表しておこう．式 (6.48) から，ただちに

$$
df = e_i f\theta^i \tag{6.62}
$$

とできることがわかる．したがって，$e_i = \mathrm{ad}\lambda_i$ を代入して，

$$
\begin{aligned}
df &= (\mathrm{ad}\lambda_i)f\theta^i = [\lambda_i, f]\theta^i = \lambda_i f\theta^i - f\lambda_i\theta^i \\
&= \lambda_i\theta^i f - f\lambda_i\theta^i = -\theta f + f\theta = -[\theta, f]
\end{aligned} \tag{6.63}
$$

となる．

6.3 非可換代数上の微分形式

これまでは非可換代数のひとつである行列代数を考え，その上での微分形式を論じてきた．その際，生成子である $\{\lambda_i\}_{i=1\sim n^2-1}$ は $\mathfrak{u}(n)$ からもち込んだものであり，その性質はすべて明らかなものであった．λ_i は Lie 代数の基本表現の行列そのものであった．

ここでは，論旨を逆転させて，より一般的な非可換代数の**生成子**から出発し，前節同様の微分形式を構築したときに，いったい生成子にはどのような条件が課されるのか，つまり生成子が満たすべき基本式はどのようなものになるのか，ということを詳しくみていくことにする．

6.3.1　一般非可換代数上の微分形式

まず，一般的な非可換代数 $\mathfrak{A}$ を考え，そのなかの N 個の生成子を $\{\lambda_i\}_{i=1\sim N}$ とする．これから導かれる**微分作用素** $\{e_i\}$ を

$$e_i = \mathrm{ad}\lambda_i$$

と定義し，これらの導分が作る空間を $\mathfrak{D}(\mathfrak{A})$ と書くことにする．そして，$\{e_i\}$ の**双対基底** $\{\theta^i\}$ は式 (6.49) と同様にして，

$$\theta^i(e_j) = \delta^i_j I \tag{6.64}$$

により定義されるとする．ここで，I は代数 $\mathfrak{A}$ の単位元である．これより，$\forall f \in \mathfrak{A}$ に対して，

$$f\theta^i = \theta^i f$$

がいえる．さらにこれらを用いると，f の外微分 df は

$$df = e_i f\theta^i \tag{6.65}$$

と表すことができる．また，

$$\theta = -\lambda_i\theta^i \tag{6.66}$$

と定義すると，式 (6.63) と同様にして

$$df = -[\theta, f] \tag{6.67}$$

もいえる．**1 形式** $\{\theta^i\}$ **が張る空間** ($\mathfrak{A}$–加群) のことを，可換の場合と同様に $\Omega^1(\mathfrak{A})$ と表すことにする．つまり，

$$\Omega^1(\mathfrak{A}) = \mathfrak{D}^*(\mathfrak{A})$$

であり，明らかに $df \in \Omega^1(\mathfrak{A})$ となっている．

さて，通常の微分形式と同様に外積を定義するために，$\Omega^1(\mathfrak{A})$ をコピーしたもののテンソル積から 2 形式の空間 $\Omega^2(\mathfrak{A})$ への写像を定義しよう．その写像 $\mathcal{E}$ を $\mathfrak{A}$ 上線形であるとして，

$$\mathcal{E} : \Omega^1(\mathfrak{A}) \otimes \Omega^1(\mathfrak{A}) \to \Omega^2(\mathfrak{A}) \tag{6.68}$$

とする．$\otimes$ が $\mathfrak{A}$ 上のテンソル積であることはいうまでもない．具体的には代数 $\mathfrak{A}$ の**中心要素** (他のすべての要素と可換な要素)${E^{ij}}_{kl}$ を用いて，

$$\mathcal{E}(\theta^i \otimes \theta^j) = {E^{ij}}_{kl}\theta^k \otimes \theta^l \tag{6.69}$$

とするのである．もし，このとき

$${E^{ij}}_{kl} = \frac{1}{2}(\delta^i_k\delta^j_l - \delta^i_l\delta^j_k)I \tag{6.70}$$

であったならば，これは当然 ${E^{ij}}_{kl} \in Z(\mathfrak{A})$，つまり代数 $\mathfrak{A}$ の**中心**であり，

$$\mathcal{E}(\theta^i \otimes \theta^j) = \frac{1}{2}(\theta^i \otimes \theta^j - \theta^j \otimes \theta^i)$$

が成り立つ．写像 $\mathcal{E}$ はテンソルの交代化を意味していることになる．式 (6.69) はまさにこの一般化と考えられ，単なる反交換の積とは限らない場合も含む．そこで以後，これを単に $\theta^i\theta^j$ と表すことにする．これは 1 形式間の外積に対応付けられるものであるが，その際，係数が異なっている点に注意をする必要がある．改めて記すと，

$$\mathcal{E}(\theta^i \otimes \theta^j) = E^{ij}{}_{kl}\theta^k \otimes \theta^l = \theta^i\theta^j \tag{6.71}$$

である．さらに，$\mathcal{E}(\theta^i\theta^j) = \theta^i\theta^j$ とすると $\mathcal{E}$ は**射影**となり，

$$\mathcal{E} \circ \mathcal{E} = \mathcal{E}$$

が成り立つ．このことと，写像 $\mathcal{E}$ と $E^{ij}{}_{kl}$ が可換であるという事実を用いると，

$$\begin{aligned} \theta^i\theta^j &= \mathcal{E}(\theta^i\theta^j) = \mathcal{E}(E^{ij}{}_{kl}\theta^k \otimes \theta^l) \\ &= E^{ij}{}_{kl}\mathcal{E}(\theta^k \otimes \theta^l) = E^{ij}{}_{kl}\theta^k\theta^l \end{aligned} \tag{6.72}$$

が導かれる．逆に，このことから $\forall f \in \mathfrak{A}$ に対して

$$\begin{aligned} fE^{ij}{}_{kl}\theta^k\theta^l &= f\theta^i\theta^j = \theta^i\theta^j f \\ &= E^{ij}{}_{kl}\theta^k\theta^l f = E^{ij}{}_{kl}f\theta^k\theta^l \end{aligned}$$

すなわち

$$fE^{ij}{}_{kl} = E^{ij}{}_{kl}f$$

がいえるので，$E^{ij}{}_{kl} \in Z(\mathfrak{A})$ が導かれる．

ここで，θ^i の外微分 $d\theta^i$ の形を求めておこう．$d\theta^i$ は $\Omega^2(\mathfrak{A})$ の元であるから，$\theta^i\theta^j$ の線形結合で表される．その係数を式 (6.57) との類似で $-(1/2)Q^i{}_{jk}$ と記すことにすると

$$d\theta^i = -\frac{1}{2}Q^i{}_{jk}\theta^j\theta^k \tag{6.73}$$

となる．しかし，今の場合 $Q^i{}_{jk}$ は構造定数ではないので，

$$Q^i{}_{jk} \notin Z(\mathfrak{A})$$

であることに注意する必要がある．

6.3.2 生成子の満たす方程式

ここからは生成子が満たすべき方程式を求めていく．最初に $d\theta + \theta^2$ を考える．行列代数上ではこれは 0 であった (式 (6.59) を参照)．まず，$\forall f \in \mathfrak{A}$ に対して

$$\begin{aligned} f(d\theta + \theta^2) - (d\theta + \theta^2)f &= fd\theta - d\theta \cdot f + f\theta^2 - \theta^2 f \\ &= fd\theta - d\theta \cdot f + f\theta^2 - \theta f\theta + \theta f\theta - \theta^2 f \\ &= fd\theta - d\theta \cdot f + [f, \theta]\theta + \theta[f, \theta] \\ &= fd\theta - d\theta \cdot f + df \cdot \theta + \theta df \end{aligned}$$

$$= d(f\theta - \theta f) = d([f, \theta]) = d^2 f$$

が成り立つ．ここで，式 (6.67) を用いたこと，また外微分作用素 d が 1 形式 θ を越えて作用するときには負号がつくことを付記しておく．通常の外微分作用素の定義同様，$d^2 = 0$ であるから，上の式は結局，

$$f(d\theta + \theta^2) - (d\theta + \theta^2)f = 0$$

となる．つまり，$d\theta + \theta^2$ は 2 形式でかつ $\mathfrak{A}$ の任意の元と可換であることになる．よって，$K_{jk} \in Z(\mathfrak{A})$ として，

$$d\theta + \theta^2 = -\frac{1}{2} K_{jk} \theta^j \theta^k \tag{6.74}$$

と表すことができる．式 (6.74) の左辺は，式 (6.66) により，

$$d\theta + \theta^2 = -d\lambda_i \cdot \theta^i - \lambda_i d\theta^i + \lambda_i \lambda_j \theta^i \theta^j$$

となるが，ここで

$$d\lambda_i = -[\theta, \lambda_i] = \lambda_j \lambda_i \theta^j - \lambda_i \lambda_j \theta^j$$

に注意し，さらに式 (6.73) を代入し，その後で式 (6.72) を用いると，

$$\begin{aligned} d\theta + \theta^2 &= -\lambda_j \lambda_i \theta^j \theta^i + \lambda_i \lambda_j \theta^j \theta^i + \frac{1}{2} \lambda_i Q^i{}_{jk} \theta^j \theta^k + \lambda_j \lambda_i \theta^j \theta^i \\ &= \lambda_i \lambda_j \theta^j \theta^i + \frac{1}{2} \lambda_i Q^i{}_{jk} \theta^j \theta^k \\ &= \lambda_i \lambda_j E^{ji}{}_{kl} \theta^k \theta^l + \frac{1}{2} \lambda_i Q^i{}_{jk} \theta^j \theta^k \\ &= \left(\lambda_i \lambda_l E^{li}{}_{jk} + \frac{1}{2} \lambda_i Q^i{}_{jk} \right) \theta^j \theta^k \end{aligned}$$

と書き換えられる．したがって，式 (6.74) は

$$(2\lambda_i \lambda_l E^{li}{}_{jk} + \lambda_i Q^i{}_{jk} + K_{jk}) \theta^j \theta^k = 0 \tag{6.75}$$

となる．

以上が，代数 $\mathfrak{A}$ の生成子 $\{\lambda_i\}$ が満たさねばならない方程式であるが，この係数の中には中心の元ではないもの ($Q^i{}_{jk}$) が含まれている．そこで，この $Q^i{}_{jk}$ を中心の元と生成子との和に分離することを試みよう．まず，$\forall f \in \mathfrak{A}$ に対して

$$\begin{aligned} df \cdot \theta^i &= -[\theta, f]\theta^i = [\lambda_j \theta^j, f]\theta^i \\ &= [\lambda_j, f]\theta^j \theta^i = [\lambda_j \delta^i_k, f]\theta^j \theta^k \end{aligned} \tag{6.76}$$

であり，同様にして，

$$\theta^i df = [\lambda_k \delta^i_j, f]\theta^j \theta^k \tag{6.77}$$

であるので，式 (6.73) も用いると

$$d(f\theta^i - \theta^i f) = df \cdot \theta^i + f d\theta^i - d\theta^i \cdot f + \theta^i df$$

$$
\begin{aligned}
&= [\lambda_j \delta^i_k, f]\theta^j\theta^k - \frac{1}{2}[f, Q^i{}_{jk}]\theta^j\theta^k + [\lambda_k \delta^i_j, f]\theta^j\theta^k \\
&= [\lambda_j \delta^i_k + \lambda_k \delta^i_j, f]\theta^j\theta^k + \frac{1}{2}[Q^i{}_{jk}, f]\theta^j\theta^k \\
&= \left[\lambda_j \delta^i_k + \lambda_k \delta^i_j + \frac{1}{2}Q^i{}_{jk}, f\right]\theta^j\theta^k \\
&= \left[\left(\lambda_j \delta^i_k + \lambda_k \delta^i_j + \frac{1}{2}Q^i{}_{jk}\right)\theta^j\theta^k, f\right]
\end{aligned}
$$

が得られる．ここで，$f\theta^i = \theta^i f$ を考慮すると，

$$
[(2\lambda_j \delta^i_k + 2\lambda_k \delta^i_j + Q^i{}_{jk}), f]\theta^j\theta^k = 0
$$

が導かれる．このことから，$\exists F^i{}_{jk} \in Z(\mathfrak{A})$ を用いて

$$
(Q^i{}_{jk} + 2\lambda_j \delta^i_k + 2\lambda_k \delta^i_j - F^i{}_{jk})\theta^j\theta^k = 0
$$

が結論付けられる．したがって，

$$
Q^i{}_{jk}\theta^j\theta^k = \{F^i{}_{jk} - 2(\lambda_j \delta^i_k + \lambda_k \delta^i_j)\}\theta^j\theta^k \tag{6.78}
$$

となり，$Q^i{}_{jk}$ は代数の中心の元 $F^i{}_{jk}$ と生成子との線形和になることがわかる．

最後に，式 (6.78) を式 (6.75) に代入すると，

$$
\begin{aligned}
&\{2\lambda_i\lambda_l E^{li}{}_{jk} + \lambda_i F^i{}_{jk} - 2\lambda_i(\lambda_j \delta^i_k + \lambda_k \delta^i_j) + K_{jk}\}\theta^j\theta^k = 0 \\
&2\lambda_i\lambda_l\theta^l\theta^i + \lambda_i F^i{}_{jk}\theta^j\theta^k - 2\lambda_k\lambda_j\theta^j\theta^k \\
&\qquad - 2\lambda_j\lambda_k\theta^j\theta^k + K_{jk}\theta^j\theta^k = 0 \\
&(\lambda_i F^i{}_{jk} - 2\lambda_j\lambda_k + K_{jk})\theta^j\theta^k = 0
\end{aligned}
$$

が得られる．これからただちに $\theta^j\theta^k$ の係数を 0 とできそうであるが，実はそうはいかない．$\theta^j\theta^k$ は $E^{ij}{}_{kl}$ を通して式 (6.72) の関係にあり，これらはすべてが独立であるとは限らないので，注意深く扱う必要がある．すなわち，上式からは

$$
\lambda_i F^i{}_{jk}E^{jk}{}_{lm} - 2\lambda_j\lambda_k E^{jk}{}_{lm} + K_{jk}E^{jk}{}_{lm} = 0 \tag{6.79}
$$

しかいえない．そこで，二つの条件を E，F に課すことにする．それは，

$$
\begin{aligned}
F^i{}_{jk}E^{jk}{}_{lm} &= F^i{}_{lm} \\
K_{jk}E^{jk}{}_{lm} &= K_{lm}
\end{aligned} \tag{6.80}
$$

である．こうすると，式 (6.79) は結局，

$$
2\lambda_i\lambda_j E^{ij}{}_{kl} - \lambda_i F^i{}_{kl} - K_{kl} = 0 \tag{6.81}
$$

となる．これが，これまで論じてきた微分形式の理論が成立するために生成子に課される条件式であるが，その係数はすべて代数 $\mathfrak{A}$ の中心にあるというたいへん望ましいものとなっている．

これまで，一般的な非可換代数上の微分形式の議論を展開してきたが，次節では，残された重要な性質であるところの対合演算との関係に触れておこう．

6.4 実制限

まず最初に，代数 $\mathfrak{A}$ 上に**対合演算** (単に**対合**ともいう) が定義されているとする．対合演算とは，その作用を2回繰り返すと被作用要素がもとに戻る演算のことであり，複素数値関数における複素共役をとる作用 "$*$" であるとか，複素行列における Hermite 共役をとる作用 "$\dagger$" などである．ここでは対合演算の記号として "$\dagger$" を用いることにする．そして，$\mathfrak{A}$ の任意の二つの元 f，g の積の対合演算は，

$$(fg)^\dagger = g^\dagger f^\dagger \tag{6.82}$$

を満たすものとして定義される．

さて，行列代数 $\mathfrak{A}(n)$ の場合には，$\forall f \in \mathfrak{A}(n)$ に対して

$$(e_i f)^\dagger = [\lambda_i, f]^\dagger = [f^\dagger, \lambda_i^\dagger] = -[\lambda_i^\dagger, f^\dagger]$$

となるので，これに式 (6.34)

$$\lambda_i^\dagger = -\lambda_i$$

を代入すると

$$(e_i f)^\dagger = [\lambda_i, f^\dagger] = e_i f^\dagger \tag{6.83}$$

が得られる．つまり，微分作用素 e_i はあたかも Hermite 作用素のような振る舞いをするのである．しかし，一般の代数 $\mathfrak{A}$ 上ではそうなるとは限らない．そこで，そのときには逆に式 (6.83) を制限条件として課すことにする．つまり，$\forall f \in \mathfrak{A}$，$\forall X \in \mathfrak{D}(\mathfrak{A})$ に対して

$$(Xf)^\dagger = Xf^\dagger \tag{6.84}$$

とするのである．この操作のことを**微分作用素の実制限**とよぶことにする．

外微分作用素 d に対しては，この実制限は

$$(df(e_i))^\dagger = (e_i f)^\dagger = e_i f^\dagger = df^\dagger(e_i)$$

となるが，このとき左辺を

$$(df(e_i))^\dagger = (df)^\dagger(e_i)$$

と記すと

$$(df)^\dagger = df^\dagger \tag{6.85}$$

が成立していることがわかる．これは**外微分作用素の実制限**である．これより，$\forall f, \forall g \in \mathfrak{A}$に対して

$$(d(fg))^\dagger = d(g^\dagger f^\dagger) = dg^\dagger \cdot f^\dagger + g^\dagger df^\dagger$$

となるが，この左辺は，

$$(d(fg))^\dagger = (df \cdot g + fdg)^\dagger = (df \cdot g)^\dagger + (fdg)^\dagger$$

と書き換えられるので，

$$(fdg)^\dagger + (df \cdot g)^\dagger = dg^\dagger \cdot f^\dagger + g^\dagger df^\dagger$$

が成立する．ここで，$df, dg \in \Omega^1(\mathfrak{A})$ であるが，f，g が任意であることからこれらを独立にとることができる．よって，

$$(fdg)^\dagger = dg^\dagger \cdot f^\dagger \tag{6.86}$$

がいえ，より一般に $\forall f \in \mathfrak{A}$，$\forall \xi \in \Omega^1(\mathfrak{A})$ に対して

$$(f\xi)^\dagger = \xi^\dagger f^\dagger, \quad (\xi f)^\dagger = f^\dagger \xi^\dagger \tag{6.87}$$

が結論付けられる．

つぎに，実制限の条件が成立している場合に，1 形式 θ^i や θ がどのような式を満たさねばならないかを調べてみよう．$\forall f \in \mathfrak{A}$ に対して，$\theta^i \in \Omega^1(\mathfrak{A})$ に注意すると，

$$(df)^\dagger = (e_i f \theta^i)^\dagger = (\theta^i)^\dagger (e_i f)^\dagger = (\theta^i)^\dagger e_i f^\dagger = e_i f^\dagger (\theta^i)^\dagger$$

がいえる．最後の等式は $f\theta^i = \theta^i f$ から導かれる．一方，左辺は，

$$(df)^\dagger = df^\dagger = e_i f^\dagger \theta^i$$

であるから，結局

$$(\theta^i)^\dagger = \theta^i \tag{6.88}$$

となることがわかる．つまり，θ^i は Hermite なのである．さらに，式 (6.84) から

$$[\lambda_i, f]^\dagger = [\lambda_i, f^\dagger]$$

がいえるが，この左辺は $-[\lambda_i^\dagger, f^\dagger]$ に等しいので，

$$[\lambda_i + \lambda_i^\dagger, f^\dagger] = 0$$

が得られる．f は任意であったから，この式は

$$\lambda_i + \lambda_i^\dagger \in Z(\mathfrak{A}) \tag{6.89}$$

を意味する．そこで，行列代数にならって

$$\lambda_i^\dagger = -\lambda_i \tag{6.90}$$

と置くことにすると，

$$\begin{aligned} \theta^\dagger &= -(\lambda_i \theta^i)^\dagger = -(\theta^i)^\dagger \lambda_i^\dagger = \theta^i \lambda_i \\ &= \lambda_i \theta^i = -\theta \end{aligned} \tag{6.91}$$

が得られる．これは，θ が反 Hermite であることを意味する．ただし，条件式 (6.90) の下にあるということを忘れてはならない．

第7章

非可換微分幾何学

この章では，非可換代数上の微分形式を基礎として，接続，曲率の概念について述べる．

まずは，Riemann 多様体における計量を拡張して，非可換代数上での計量の定義を行う．計量には，対称条件，実制限の条件等が課される．それから線形接続を求め，曲率の定義に到る．いまだ，十分に満足のいく非可換幾何学における曲率の定義というものは存在しないが，自然な形で導かれるところのものに限定して議論を進める．また捩率についても，可換の場合と同様にして定義していくので，かなり理解しやすいと思われる．

ここでの議論は，決して確立されたものとはいい難いが，将来の新しい理論につながっていくことはまず間違いのないことなので，ぜひとも，その方法論を修得して頂きたい．

7.1 計 量

まずは，Riemann 多様体における**計量**の定義から始める．それは 1 形式 $\{\theta^i\}$ を用いて，

$$g = g_{ij}\theta^i \otimes \theta^j \tag{7.1}$$

と表される．通常，g_{ij} の対称性からテンソル積は省略されるが，ここでは明記しておくことにする．式 (7.1) のテンソル成分 g_{ij} は，テンソル積の定義から

$$g_{ij} = g\,(e_i, e_j) \tag{7.2}$$

となることがわかる．ここで，$\{e_i\}$ の張る空間を $\mathfrak{D}$ として，その元 $X = X^k e_k$，$X^k \in \boldsymbol{R}$ に対して，

$$g(X, e_j) = X^k g(e_k, e_j) = X^k g_{kj} = \xi_j$$

と置き，1 形式 ξ を

$$\xi = \xi_j \theta^j = g_{kj} X^k \theta^j$$

と定義すると，写像

$$\begin{aligned} &\mathfrak{D} \to \Omega^1(M) \quad (\text{多様体 } M \text{ 上の 1 形式のつくる空間}) \\ &X \mapsto \xi \end{aligned}$$

が定まる．そして，この逆写像 $\xi \mapsto X$ は，

$$g\left(\theta^j \otimes \theta^k\right) = g^{jk} \tag{7.3}$$

と定義して，

$$g(\xi \otimes \theta^k) = \xi_j g(\theta^j \otimes \theta^k) = \xi_j g^{jk} = X^k$$

と置けばよい．X はこれを用いて $X = X^k e_k$ と定義される．このとき明らかに

$$\begin{aligned} X = X^k e_k \quad &\mapsto \quad \xi = \xi_j \theta^j = g_{ij} X^i \theta^j \\ &\mapsto \quad X = \xi_j g^{jk} e_k \end{aligned}$$

となっており，元に戻るので，

$$X^k = \xi_j g^{jk} = g_{ij} X^i g^{jk}$$

より

$$g_{ij} g^{jk} = \delta_i^k \tag{7.4}$$

が成立しなければならないことがわかる．つまり，式 (7.2) と式 (7.3) によって定義された行列 (g_{ij}) と (g^{kl}) はお互いに逆になっているのである．そして，成分 ξ_j, X^k などの添え字の上げ下げはこの計量によっている．

以上述べてきた事柄を拡張し，非可換代数 $\mathfrak{A}$ 上のものに置き換えねばならないが，その際 $\{e_i\}$ が張る空間 $\mathfrak{D}(\mathfrak{A})$ は $\mathfrak{A}$–加群になっていないので，$\{\theta^i\}$ が張る空間 $\Omega^1(\mathfrak{A})$

に対して g の成分を定義したほうが便利である．そこで，式 (7.3) により計量を定義することにする．

さて，非可換代数 $\mathfrak{A}$ 上の**計量テンソル成分**を

$$g^{ij} = g(\theta^i \otimes \theta^j) \in \mathfrak{A} \tag{7.5}$$

として，$\mathfrak{A}$ 上の 1 形式の空間 $\Omega^1(\mathfrak{A})$ を用いて

$$g : \Omega^1(\mathfrak{A}) \otimes \Omega^1(\mathfrak{A}) \to \mathfrak{A} \tag{7.6}$$

と定義する．そして，g は $\mathfrak{A}$ 上双線形かつ**非退化**な写像であるとする．非退化の意味は，$\forall\alpha \in \Omega^1(\mathfrak{A})$ に対して

$$g(\alpha \otimes \beta) = 0 \Rightarrow \beta = 0$$

でなければならないということである．また，双線形という条件は g^{ij} に対してかなりの制限を課すことになる．$\forall f \in \mathfrak{A}$ に対して，$f\theta^i = \theta^i f$ に注意すると，

$$\begin{aligned} fg^{ij} &= fg(\theta^i \otimes \theta^j) = g(f\theta^i \otimes \theta^j) = g(\theta^i \otimes \theta^j f) \\ &= g(\theta^i \otimes \theta^j)f = g^{ij}f \end{aligned} \tag{7.7}$$

となるから，

$$g^{ij} \in Z(\mathfrak{A}) \tag{7.8}$$

がいえる．

ここで，**フリップ** σ を導入しよう．それは $\Omega^1(\mathfrak{A}) \otimes \Omega^1(\mathfrak{A})$ 上の作用素であり，

$$\sigma(\theta^i \otimes \theta^j) = S^{ij}{}_{kl}\theta^k \otimes \theta^l, \quad S^{ij}{}_{kl} \in \mathfrak{A} \tag{7.9}$$

として定義されるものである．最も簡単なフリップは

$$S^{ij}{}_{kl} = \delta^j_k \delta^i_l \in Z(\mathfrak{A})$$

によって与えられるもので，式 (7.9) に代入してみると

$$\sigma(\theta^i \otimes \theta^j) = \theta^j \otimes \theta^i \tag{7.10}$$

となる．つまり，このとき σ はテンソル積の順序を入れ換えるだけの操作をするのである．式 (7.9) は $\Omega^1(\mathfrak{A})$ の基底 $\{\theta^i\}$ のテンソル積に対して定義されているが，より一般的な元 $\xi, \eta \in \Omega^1(\mathfrak{A})$ に対しての定義も同様である．ただし，その際 Hermite 共役をとる演算に関しては，

$$(\xi \otimes \eta)^\dagger = \sigma(\eta^\dagger \otimes \xi^\dagger) \tag{7.11}$$

と約束する．すなわち，**対合演算** $\dagger$ を介してその順序を入れ換えるものとするのである．このフリップを用いて，計量 g の実制限を具体的に表現してみよう．まず，g の実制限は

$$(g(\xi \otimes \eta))^\dagger = g((\xi \otimes \eta)^\dagger) \tag{7.12}$$

として定義される．この式の右辺に式 (7.11) を代入すると，

$$g\left((\xi \otimes \eta)^\dagger\right) = g \circ \sigma(\eta^\dagger \otimes \xi^\dagger) \tag{7.13}$$

が得られる．ここでさらに，$\xi = \theta^j$，$\eta = \theta^i$ を代入してみると，$(\theta^j)^\dagger = \theta^j$ に注意して

$$\begin{aligned}(g^{ji})^\dagger &= g \circ \sigma(\theta^i \otimes \theta^j) = g(S^{ij}{}_{kl}\theta^k \otimes \theta^l)\\ &= S^{ij}{}_{kl}g(\theta^k \otimes \theta^l) = S^{ij}{}_{kl}g^{kl}\end{aligned} \tag{7.14}$$

が得られる．途中，g は双線形であるということを利用した．式 (7.14) が g の実制限を成分によって具体的に表した式である．

最後に，g の**対称条件**について触れておく．それはフリップ σ により

$$g \circ \sigma = g \tag{7.15}$$

として定義される．もし，σ が式 (7.10) で与えられるものであれば，これは

$$g^{ji} = g^{ij} \tag{7.16}$$

を意味するので，その呼称は妥当であろう．式 (7.15) を式 (7.13) に代入すると，式 (7.12) より

$$(g(\xi \otimes \eta))^\dagger = g(\eta^\dagger \otimes \xi^\dagger) \tag{7.17}$$

が得られる．

7.2　接　続

ここでは，非可換代数 $\mathfrak{A}$ 上の微分形式 $\Omega^1(\mathfrak{A})$ を用いて，通常の接続の概念を自然に拡張した2通りの**接続**を定義する．

7.2.1　$\mathfrak{A}$–左加群上の接続

まずは，**左接続**とよばれる $\mathfrak{A}$–左加群上の接続から説明しよう．新たな空間として，$\mathfrak{A}$ の作用が左側からのみ許される **$\mathfrak{A}$–左加群** $\mathfrak{M}_L$ を導入し，線形写像 ($\mathfrak{A}$–線形ではない)D をつぎのようにして定義する．D は

$$D : \mathfrak{M}_L \to \Omega^1(\mathfrak{A}) \otimes \mathfrak{M}_L$$

であり，可換の場合の共変微分と同様，$\forall f \in \mathfrak{A}$，$\forall \xi \in \mathfrak{M}_L$ に対して

$$D(f\xi) = df \otimes \xi + fD\xi \tag{7.18}$$

を満たすものであるとする．これは Leibniz 則そのものである．こうして定義された D を**左共変微分**あるいは左接続という．

具体的にみるために，ひとつの例として $\mathfrak{A}$ が行列代数 $\mathfrak{A}(n)$ である場合を考えてみる．その上で定義された θ は，$\mathfrak{u}(n)$ 値の1形式であり，$\forall f \in \mathfrak{A}(n)$ に対して

$$df = -[\theta, f] \tag{7.19}$$

を満たしていた．一方，ゲージ群を $U(n)$ としたときの物理学における**ゲージ変換**は，**接続形式** (ゲージ場) ω を

$$\omega' = s^{-1}\omega\, s + s^{-1}ds, \quad s \in U(n) \tag{7.20}$$

と変換する．ここで，ω は $\mathfrak{u}(n)$ 値 1 形式であった．そこで，θ を ω の一部と考えてみよう．あからさまに

$$\omega = \theta + \phi \tag{7.21}$$

と置き，これを式 (7.20) に代入することにより，

$$\theta' + \phi' = s^{-1}\theta s + s^{-1}\phi\, s + s^{-1}ds \tag{7.22}$$

が得られる．$U(n)$ の元 s は，$\exists f \in \mathfrak{u}(n)$ により $s = e^{tf}$，$t \in \boldsymbol{R}$ と表すことができるので，相似変換の公式 (式 (6.24)) を用いると，$[\theta^i, f] = 0$ から

$$e^{tf}\theta^i e^{-tf} = \theta^i \tag{7.23}$$

が導かれ，結局 $[\theta^i, s] = 0$ がいえる．これから式 (7.19) と同様の式

$$ds = -[\theta, s] \tag{7.24}$$

が得られる．これを式 (7.22) に代入すると，

$$\theta' + \phi' = \theta + s^{-1}\phi\, s \tag{7.25}$$

となる．したがって，式 (7.21) で導入された ϕ は，ゲージ変換によって

$$\phi' = s^{-1}\phi\, s \tag{7.26}$$

と変換することがわかる．他方，θ は**ゲージ不変量**となっている．

多少強引に行列代数上の 1 形式 θ と接続形式 ω とを結びつけた感は否めないが，次節で定義する曲率を考慮すると θ は曲率 0 の接続形式となっていることがわかるので，式 (7.21) は接続形式のなかの曲率 0 のパートを分離したものであると解釈することができる．さらに，この式中の ϕ を **Higgs 場**にとるとたいへん興味深い物理モデルが構築できるが，ここでは述べない．

簡単のために，$U(n)$–$Z(\mathfrak{A}(n))$–加群 ($U(n)$ の左作用ベクトル空間である $\boldsymbol{C}$–加群) を $\mathfrak{M}_L$ として採用すると，そのベクトル空間の基底 $\{e_i\}$ を用いて，$\forall\xi \in \mathfrak{M}_L$ は

$$\xi = \xi^i e_i, \quad \xi^i \in Z(\mathfrak{A}(n))$$

と書くことができる．これに式 (7.18) を適用すると，

$$D\xi = D(\xi^i e_i) = d\xi^i \otimes e_i + \xi^i De_i$$

となるので，**接続形式**を

$$De_j = \omega^i{}_j \otimes e_i \tag{7.27}$$

と定義することにより，

$$D\xi = (d\xi^i + \omega^i{}_j \xi^j) \otimes e_i \tag{7.28}$$

が得られる．ここで，1 形式 $\omega^i{}_j$ は $\omega^i{}_j(e_k) \in Z(\mathfrak{A}(n))$ を満たすとする．もちろん一般的には，ξ^i，$\omega^i{}_j(e_k) \in \mathfrak{A}$ としなければならないが，そうするとたいへん複雑になってしまうからである．式 (7.28) は

$$(D\xi)^i = d\xi^i + \omega^i{}_j \xi^j \tag{7.29}$$

を意味するが，これを便宜的に

$$D\xi = d\xi + \omega\xi \tag{7.30}$$

と表すことにする．この式は $\mathfrak{M}_L$ における元の各成分間に対して成り立つ，ということをいつでも意識しておく必要がある．$D\xi$ をさらに具体的に表すためには，式 (7.30) の $d\xi$ を求めておかねばならない．代数 $\mathfrak{A}(n)$ 上の外微分は定義されているが，ベクトル空間 $\mathfrak{M}_L$ 上の外微分はまだ定義されていない．そこで，$\forall\psi \in U(n)$，$\forall\xi \in \mathfrak{M}_L$ に対して Leibniz 則

$$d(\psi\xi) = (d\psi)\xi + \psi d\xi$$

が成立すると仮定し，この式に式 (7.24) を代入してみると，

$$d(\psi\xi) = -\theta\psi\xi + \psi\theta\xi + \psi d\xi = -\theta(\psi\xi) + \psi(d\xi + \theta\xi)$$

すなわち，

$$(d+\theta)(\psi\xi) = \psi(d+\theta)\xi \tag{7.31}$$

が導かれる．当然 $\psi\xi \in \mathfrak{M}_L$ であり，これは物理学におけるゲージ変換に相当するので，ξ' と記すことにすると (右辺も同様)，左右入れ換えて

$$((d+\theta)\xi)' = (d+\theta)\xi'$$

となる．よって，

$$d\xi = -\theta\xi \tag{7.32}$$

と置くことが許される．このことから，ξ の共変微分は式 (7.21) を用いて

$$D\xi = -\theta\xi + (\theta+\phi)\xi = \phi\xi \tag{7.33}$$

となることがわかる．ξ はベクトルであることを強調しておく．

まったく同様にして，行列 ψ に対する共変微分も計算することができる．$\psi\xi$ の共変微分が Leibniz 則を満たすとして，

$$D(\psi\xi) = (D\psi)\xi + \psi(D\xi)$$

を仮定する．式 (7.29) に注意すると，

$$((D\psi)\xi)^i = (D(\psi\xi))^i - (\psi D\xi)^i = d(\psi\xi)^i + (\omega\psi\xi)^i - \psi^i{}_j(d\xi^j + (\omega\xi)^j)$$

$$= d(\psi^i{}_j\xi^j) + (\omega\psi)^i{}_j\xi^j - \psi^i{}_j d\xi^j - (\psi\omega)^i{}_j\xi^j = \{(d\psi^i{}_j) + (\omega\psi)^i{}_j - (\psi\omega)^i{}_j\}\xi^j$$

が得られる．左辺は

$$((D\psi)\xi)^i = (D\psi)^i{}_j\xi^j$$

と書くことができるので，結局

$$(D\psi)^i{}_j = d\psi^i{}_j + ([\omega,\psi])^i{}_j \tag{7.34}$$

がいえる．これを，式 (7.30) 同様

$$D\psi = d\psi + [\omega,\psi] \tag{7.35}$$

と表すことにする．ここで，式 (7.24) を代入すると，

$$D\psi = [\phi,\psi] \tag{7.36}$$

が得られる．以上をまとめて記すと，ベクトル ξ および行列 ψ [‡1] に対して，

$$\begin{aligned} d\xi &= -\theta\xi, & D\xi &= \phi\xi \\ d\psi &= -[\theta,\psi], & D\psi &= [\phi,\psi] \end{aligned} \tag{7.37}$$

となる．

$\mathfrak{M}_L$ として $\mathfrak{A}(n)$ の中心上の加群を採用してきたが，これはかなり一般性を犠牲にしてしまったといわざるを得ない．本来，$Z(\mathfrak{A}(n))$ 上ではなく，$\mathfrak{A}(n)$ 上，さらにはより一般的な $\mathfrak{A}$ 上の加群に対して理論を構築していく必要がある．

7.2.2 両側加群上の接続

つぎに，**両側加群** $\mathfrak{M}$ の上で定義される**両側接続**について説明しよう．$\mathfrak{M}$ が両側加群であることから，共変微分の定義としては式 (7.18) のみならず，右側 Leibniz 則も同時に満たすようにすることが可能である．それには式 (7.9) で導入したフリップ σ を用いる．ここでは

$$\sigma : \mathfrak{M} \otimes \Omega^1(\mathfrak{A}) \to \Omega^1(\mathfrak{A}) \otimes \mathfrak{M}$$

として，$\forall f \in \mathfrak{A}$，$\forall \xi \in \mathfrak{M}$ に対する**右側 Leibniz 則**を

$$D(\xi f) = \sigma(\xi \otimes df) + (D\xi)f \tag{7.38}$$

と定義する．このとき，フリップ σ は $\mathfrak{A}$ 上双線形写像となっていることを示す．g を $\mathfrak{A}$ の元 (これは計量の g ではなくて，単なる代数の元である) とすると，結合代数の性質から

$$(\xi f)g = \xi(fg)$$

が成り立つので，

[‡1] ξ，ψ は，ファイバー束の言葉でいえば，それぞれ多様体 M 上のベクトル束 E の切断，ならびに End E の部分束の切断ということになる．

$$D((\xi f)g) = D(\xi(fg))$$

が導かれる．ここで，式 (7.38) より

$$\text{左辺} = \sigma((\xi f)\otimes dg) + (D(\xi f))g = \sigma(\xi\otimes f dg) + \{\sigma(\xi\otimes df) + (D\xi)f\}g$$

$$= \sigma(\xi\otimes f dg) + \sigma(\xi\otimes df)g + (D\xi)fg$$

$$\text{右辺} = \sigma(\xi\otimes d(fg)) + (D\xi)fg = \sigma(\xi\otimes df\cdot g + \xi\otimes f dg) + (D\xi)fg$$

$$= \sigma(\xi\otimes df\cdot g) + \sigma(\xi\otimes f dg) + (D\xi)fg$$

となるので，

$$\sigma(\xi\otimes df\cdot g) = \sigma(\xi\otimes df)g \quad ; \mathfrak{A}\text{–右線形} \tag{7.39}$$

が得られる．また，同様にして，

$$(f\xi)g = f(\xi g)$$

より

$$D((f\xi)g) = D(f(\xi g))$$

が成り立つ．式 (7.18) にも注意すると，

$$\text{左辺} = \sigma(f\xi\otimes dg) + (df\otimes\xi + fD\xi)g = \sigma(f\xi\otimes dg) + df\otimes\xi g + f(D\xi)g$$

$$\text{右辺} = df\otimes\xi g + f\{\sigma(\xi\otimes dg) + (D\xi)g\} = df\otimes\xi g + f\sigma(\xi\otimes dg) + f(D\xi)g$$

となるので，結局

$$\sigma(f\xi\otimes dg) = f\sigma(\xi\otimes dg) \quad ; \mathfrak{A}\text{–左線形} \tag{7.40}$$

が得られる．

$\mathfrak{A}$–両側加群 $\mathfrak{M}$ に対して，式 (7.18)，(7.38) を満足するように定義された D のことを**両側共変微分**，あるいは**両側接続**という．これを単に**共変微分**，もしくは**接続**ということもある．

つぎに計量の実制限のところで述べた σ と対合演算との関係式

$$\sigma(\xi^\dagger\otimes df^\dagger) = (df\otimes\xi)^\dagger \tag{7.41}$$

を思い起こして，これから**共変微分 D の実制限**を導こう．式 (6.87) と同様の式

$$(f\xi)^\dagger = \xi^\dagger f^\dagger \tag{7.42}$$

を出発点とする．当然，$(fD\xi)^\dagger = (D\xi)^\dagger f^\dagger$ も成立している．第 6 章では $\xi\in\Omega^1(\mathfrak{A})$ であったが，今の場合には $\xi\in\mathfrak{M}$ であることだけ注意しておく．いずれにしても，$\mathfrak{A}$–加群の元であることに変わりはない．式 (7.42) から

$$D(f\xi)^\dagger = D(\xi^\dagger f^\dagger) = \sigma(\xi^\dagger\otimes df^\dagger) + (D\xi^\dagger)f^\dagger$$

$$= (df\otimes\xi)^\dagger + (f(D\xi^\dagger)^\dagger)^\dagger = (df\otimes\xi + f(D\xi^\dagger)^\dagger)^\dagger$$

が得られる．そこで，共変微分 D に対する実制限を

$$(D\xi)^\dagger = D\xi^\dagger \tag{7.43}$$

と定義すると，上の式において $D(f\xi)^\dagger = (D(f\xi))^\dagger$ となり，無矛盾となることがわかる．式 (7.43) を共変微分 D の実制限という．

ここで両側共変微分の分解を求めておこう．D を **$\mathfrak{A}$–右線形**の接続 D_L と **$\mathfrak{A}$–左線形**の接続 D_R とに分離するのである．まず，

$$D_L : \mathfrak{M} \to \Omega^1(\mathfrak{A}) \otimes \mathfrak{M}$$

であり，これは式 (7.18) 同様，$\forall f$，$\forall g \in \mathfrak{A}$，$\forall \xi \in \mathfrak{M}$ に対して，

$$\begin{aligned} &D_L(f\xi) = df \otimes \xi + fD_L\xi \\ &D_L(\xi g) = (D_L\xi)g \quad ; \mathfrak{A}\text{–右線形} \end{aligned} \tag{7.44}$$

を満たし，また

$$D_R : \mathfrak{M} \to \mathfrak{M} \otimes \Omega^1(\mathfrak{A})$$

であり，

$$\begin{aligned} &D_R(\xi g) = \xi \otimes dg + (D_R\xi)g \\ &D_R(f\xi) = f(D_R\xi) \quad ; \mathfrak{A}\text{–左線形} \end{aligned} \tag{7.45}$$

を満たすものとする．このとき，明らかに

$$D = D_L + \sigma \circ D_R \tag{7.46}$$

と分離できる．なぜならば，σ の双線形性により，D は

$$\begin{aligned} D(f\xi) &= D_L(f\xi) + \sigma \circ D_R(f\xi) = df \otimes \xi + fD_L\xi + \sigma(fD_R\xi) \\ &= df \otimes \xi + f(D_L\xi + \sigma \circ D_R\xi) = df \otimes \xi + f(D\xi) \end{aligned}$$

を満たし，同時に

$$\begin{aligned} D(\xi g) &= D_L(\xi g) + \sigma \circ D_R(\xi g) = (D_L\xi)g + \sigma(\xi \otimes dg) + (\sigma \circ D_R\xi)g \\ &= \sigma(\xi \otimes dg) + (D_L\xi + \sigma \circ D_R\xi)g = \sigma(\xi \otimes dg) + (D\xi)g \end{aligned}$$

も満たすので，両側共変微分となっているからである．

■ 7.2.3　捩　率

可換幾何学において，空間の捩率を定義したが，非可換幾何学においてもそれを拡張して**捩率**を定義することができる．捩率を T と表すと，それは $\mathfrak{D}(\mathfrak{A})$ に値をとる 2 形式であり，$\forall \xi$，$\forall \eta \in \mathfrak{D}(\mathfrak{A})$ に対して

$$T(\xi, \eta) = \frac{1}{2}\{(D\eta)(\xi) - (D\xi)(\eta) - [\xi, \eta]\} \tag{7.47}$$

として定義される．ここで，ξ，η として $\mathfrak{D}(\mathfrak{A})$ の基底 e_j，e_k を代入してみると，

$$2T(e_j, e_k) = (De_k)(e_j) - (De_j)(e_k) - [e_j, e_k]$$

となるが，式 (7.27) と同様にして，基底に対する**共変微分** D を

$$De_k = \omega^i{}_k \otimes e_i \tag{7.48}$$

と定義すると，

$$2T(e_j, e_k) = \omega^i{}_k(e_j) \otimes e_i - \omega^i{}_j(e_k) \otimes e_i - [e_j, e_k]$$

が得られる．これは $\mathfrak{D}(\mathfrak{A})$ に値をとるので，両辺に θ^i を作用させると，$\theta^i(e_j) = \delta^i_j I$ (I は $\mathfrak{A}$ の単位元) に注意して，

$$2\theta^i(T(e_j, e_k)) = \omega^i{}_k(e_j) - \omega^i{}_j(e_k) - \theta^i([e_j, e_k]) \tag{7.49}$$

と書くことができる．右辺第三項を書き換えるために，ここで式 (6.73) を思い起こそう．それは

$$d\theta^i = -\frac{1}{2}Q^i{}_{jk}\theta^j\theta^k \tag{7.50}$$

であった．簡単のために

$$\theta^j\theta^k = -\theta^k\theta^j$$

を仮定する．これは式 (6.70) が成立していることと同じことである．さらにもうひとつ，式 (6.74) で定義した K_{jk} について，

$$K_{jk} = 0$$

を仮定する．そうすると，式 (6.75) より

$$\lambda_k\lambda_j - \lambda_j\lambda_k + \lambda_i Q^i{}_{jk} = 0 \tag{7.51}$$

が導かれ，そこで $Q^i{}_{jk}$ は (j, k) について反対称となっていることがわかる．よって，式 (6.78) に注意すると，

$$Q^i{}_{jk} = F^i{}_{jk} \in Z(\mathfrak{A})$$

が得られる．式 (7.51) より

$$[\lambda_j, \lambda_k] = Q^i{}_{jk}\lambda_i$$

であるので，結局

$$[e_j, e_k] = Q^i{}_{jk}e_i$$

となり，θ^i を両辺に作用させることにより

$$\theta^i([e_j, e_k]) = Q^i{}_{jk} \tag{7.52}$$

が導かれる．一方，式 (7.50) から

$$-2d\theta^i(e_j, e_k) = Q^i{}_{jk}$$

であるので，式 (7.49) の右辺第三項は

$$\theta^i([e_j, e_k]) = -2d\theta^i(e_j, e_k) \tag{7.53}$$

と書き換えられる．したがって，式 (7.49) は

$$2\theta^i(T(e_j,e_k)) = \omega^i{}_k(e_j) - \omega^i{}_j(e_k) + 2d\theta^i(e_j,e_k)$$

となる．$\omega^i{}_l$ が 1 形式であることを考慮して，

$$\begin{aligned}(\omega^i{}_l\theta^l)(e_j,e_k) &= \frac{1}{2}\{\omega^i{}_l(e_j)\theta^l(e_k) - \omega^i{}_l(e_k)\theta^l(e_j)\} \\ &= \frac{1}{2}(\omega^i{}_k(e_j) - \omega^i{}_j(e_k))\end{aligned} \tag{7.54}$$

となることを利用すると，結局

$$\theta^i(T(e_j,e_k)) = (\omega^i{}_l\theta^l + d\theta^i)(e_j,e_k) \tag{7.55}$$

が得られることになる．

そこで，この左辺を捩率 $T(e_j,e_k)$ の $\mathfrak{D}(\mathfrak{A})$ における第 i 成分として，$\Theta^i(e_j,e_k)$ と表すことにすると，

$$\Theta^i = d\theta^i + \omega^i{}_l\theta^l \tag{7.56}$$

と書けることがわかる．これは，微分形式を用いて通常定義される捩率と同じ形をしている．ただし，今の場合，一般性をかなり犠牲にしている．それは

$$E^{li}{}_{jk} = \frac{1}{2}(\delta^l_j\delta^i_k - \delta^l_k\delta^i_j), \quad K_{jk} = 0$$

と仮定しているからである．さらに，式 (7.48) と同様，$\Omega^1(\mathfrak{A})$ の基底に対する**共変微分** D を

$$D\theta^i = -\omega^i{}_l \otimes \theta^l \tag{7.57}$$

と定義する．ここでの ω は式 (7.48) の ω と同じものである．なぜならば，$\mathfrak{D}(\mathfrak{A}) = (\Omega^1(\mathfrak{A}))^*$ であるからである．式 (6.71) に注意すると，式 (7.56) は

$$\Theta^i = d\theta^i - (\mathcal{E}\circ D)\theta^i = (d - \mathcal{E}\circ D)\theta^i \tag{7.58}$$

と書くことができる．実は，この式をもって非可換幾何学における捩率の定義とするのが一般的なのである．より正確には，式 (7.58) 中の $d - \mathcal{E}\circ D$ は 1 形式の空間 $\Omega^1(\mathfrak{A})$ から 2 形式の空間 $\Omega^2(\mathfrak{A})$ への写像となっているので，それを Θ と表すことにして，

$$\Theta : \Omega^1(\mathfrak{A}) \to \Omega^2(\mathfrak{A})$$

であり，

$$\begin{aligned}\Theta &= d - \mathcal{E}\circ D \\ \Theta^i &= \Theta(\theta^i)\end{aligned} \tag{7.59}$$

として定義するのである．このとき，Θ は $\mathfrak{A}$–左線形となっている．実際，$\forall\xi \in \Omega^1(\mathfrak{A})$，$\forall f \in \mathfrak{A}$ に対して，

$$\begin{aligned}\Theta(f\xi) &= (d - \mathcal{E} \circ D)(f\xi) = d(f\xi) - \mathcal{E}(D(f\xi)) \\ &= df \cdot \xi + f d\xi - \mathcal{E}(df \otimes \xi + fD\xi) \\ &= f d\xi - f(\mathcal{E} \circ D)\xi = f(d - \mathcal{E} \circ D)\xi = f\Theta(\xi)\end{aligned} \tag{7.60}$$

が成り立つ．途中，写像 $\mathcal{E}$ の左線形性を利用している．しかし，Θ は右線形とはならない．そのためにはある条件を課す必要がある．その条件とは，

$$\begin{aligned}\Theta(\xi)f - \Theta(\xi f) &= (d\xi - \mathcal{E} \circ D\xi)f - d(\xi f) - \mathcal{E} \circ D(\xi f) \\ &= d\xi \cdot f - \mathcal{E}(D\xi)f - d\xi \cdot f + \xi df + \mathcal{E}(\sigma(\xi \otimes df) + (D\xi)f) \\ &= \xi df + \mathcal{E} \circ \sigma(\xi \otimes df) \\ &= \mathcal{E}(\xi \otimes df + \sigma(\xi \otimes df)) \\ &= \mathcal{E} \circ (1 + \sigma)(\xi \otimes df)\end{aligned} \tag{7.61}$$

より，

$$\mathcal{E} \circ (\sigma + 1) = 0 \tag{7.62}$$

であることがわかる．

最後に，接続の定義のときに用いた両側加群 $\mathfrak{M}$ として，1 形式の空間 $\Omega^1(\mathfrak{A})$ を採用した場合，その接続のことを**線形接続**，あるいは**アフィン接続**とよぶことを付記しておく．つまり，式 (7.57) を定義式として得られる接続のことである．

7.3　曲　率

この節では線形接続の**曲率**について述べる．線形接続 D とは，両側加群 $\Omega^1(\mathfrak{A})$ に対して

$$D : \Omega^1(\mathfrak{A}) \to \Omega^1(\mathfrak{A}) \otimes \Omega^1(\mathfrak{A})$$

と作用し，$\Omega^1(\mathfrak{A})$ の生成子 θ^i に対して，具体的に

$$D\theta^i = -\omega^i{}_l \otimes \theta^l$$

となるものであった．

7.3.1　線形接続の曲率

可換の場合と同様，この接続の 2 乗をもって曲率 R とし，

$$R : \Omega^1(\mathfrak{A}) \to \Omega^2(\mathfrak{A}) \otimes \Omega^1(\mathfrak{A}) \tag{7.63}$$

によって定義する．しかし，1 形式に作用した D は被作用要素を二つのテンソル積にしてしまうので，二度目に作用するものは二つの 1 形式のテンソル積に作用することができるようになっていなければならない．そして最終的には，$\Omega^2(\mathfrak{A}) \otimes \Omega^1(\mathfrak{A})$ の元

を生み出さなければならない．つまり，二度目に作用する共変微分 (それを $D^{(2)}$ と記す) は，最初の D と同一ではあり得ず，拡張されたものでなければならないのである．そのためにまず，三つの 1 形式のテンソル積に対して定義されるフリップ σ_{12} を導入する必要がある．それは 3 要素のうち，左の 2 要素に対してのみフリップとして作用し，残りの 1 要素はそのまま留め置くというものである．$\forall\xi, \forall\eta, \forall\zeta \in \Omega^1(\mathfrak{A})$ として

$$\sigma_{12}(\xi \otimes \eta \otimes \zeta) = (\sigma \otimes 1)((\xi \otimes \eta) \otimes \zeta) = \sigma(\xi \otimes \eta) \otimes \zeta \tag{7.64}$$

と定義する．つまり，$\sigma_{12} = \sigma \otimes 1$ であり，添え字の 1，2 は 3 要素の左から 1，2 番目に作用するということを意味する．これを用いて，$D^{(2)}$ は写像

$$D^{(2)} : \Omega^1(\mathfrak{A}) \otimes \Omega^1(\mathfrak{A}) \to \Omega^1(\mathfrak{A}) \otimes \Omega^1(\mathfrak{A}) \otimes \Omega^1(\mathfrak{A})$$

であり，各元に対して

$$D^{(2)}(\xi \otimes \eta) = D\xi \otimes \eta + \sigma_{12}(\xi \otimes D\eta) \tag{7.65}$$

が成り立つものとして定義される．さらに，テンソル積から 2 形式への写像 (射影)$\mathcal{E}$ を用いて，式 (7.64) 同様 $\mathcal{E}_{12} = \mathcal{E} \otimes 1$ を定義する．これらを組み合わせて，合成写像

$$\mathcal{E}_{12} \circ D^{(2)} \circ D : \Omega^1(\mathfrak{A}) \to \Omega^2(\mathfrak{A}) \otimes \Omega^1(\mathfrak{A})$$

を考えると，これは式 (7.63) の R の候補となっていることがわかる．そこで，これを $\theta^i \in \Omega^1(\mathfrak{A})$ に作用させた結果を計算してみよう．

まず，式 (7.65) により

$$\begin{aligned} D^{(2)} \circ D\theta^i &= -D^{(2)}({\omega^i}_l \otimes \theta^l) = -D{\omega^i}_l \otimes \theta^l - \sigma_{12}({\omega^i}_l \otimes D\theta^l) \\ &= -D{\omega^i}_l \otimes \theta^l + \sigma({\omega^i}_l \otimes {\omega^l}_k) \otimes \theta^k \end{aligned}$$

であるから，

$$\mathcal{E}_{12} \circ D^{(2)} \circ D\theta^i = -(\mathcal{E} \circ D{\omega^i}_l) \otimes \theta^l + \mathcal{E} \circ \sigma({\omega^i}_l \otimes {\omega^l}_k) \otimes \theta^k$$

が得られる．ここで，Θ は左・右線形であるとすると，式 (7.62) から

$$\mathcal{E} \circ \sigma = -\mathcal{E}$$

がいえるので，

$$\mathcal{E}_{12} \circ D^{(2)} \circ D\theta^i = -(\mathcal{E} \circ D{\omega^i}_l) \otimes \theta^l - {\omega^i}_k {\omega^k}_l \otimes \theta^l \tag{7.66}$$

が導かれる．さらに，捩率の定義式 (7.59) を用いると，

$$\mathcal{E} \circ D{\omega^i}_l = d{\omega^i}_l - \Theta({\omega^i}_l)$$

であるから，

$$\begin{aligned} \mathcal{E}_{12} \circ D^{(2)} \circ D\theta^i &= -d{\omega^i}_l \otimes \theta^l + \Theta({\omega^i}_l) \otimes \theta^l - {\omega^i}_k {\omega^k}_l \otimes \theta^l \\ &= -(d{\omega^i}_l + {\omega^i}_k {\omega^k}_l) \otimes \theta^l + \Theta({\omega^i}_l) \otimes \theta^l \end{aligned}$$

となる．ここで，可換の場合と同様にして，D の**曲率形式**

$$\Omega^i{}_l = d\omega^i{}_l + \omega^i{}_k\omega^k{}_l \in \Omega^2(\mathfrak{A}) \tag{7.67}$$

を定義し，$\Theta_1 = \Theta \otimes 1$ として

$$\Theta(\omega^i{}_l) \otimes \theta^l = (\Theta \otimes 1)(\omega^i{}_l \otimes \theta^l) = \Theta_1(\omega^i{}_l \otimes \theta^l) = -\Theta_1 \circ D\theta^i$$

と書き換えができることを考慮すると，結局

$$\mathcal{E}_{12} \circ D^{(2)} \circ D\theta^i = -\Omega^i{}_l \otimes \theta^l - \Theta_1 \circ D\theta^i \tag{7.68}$$

が得られる．曲率形式と曲率 R との関係は

$$R\theta^i = \Omega^i{}_l \otimes \theta^l \tag{7.69}$$

であることから，式 (7.68) は最終的に

$$R\theta^i = -\mathcal{E}_{12} \circ D^{(2)} \circ D\theta^i - \Theta_1 \circ D\theta^i \tag{7.70}$$

となることがわかる．

したがって，曲率 R として

$$R = -\mathcal{E}_{12} \circ D^{(2)} \circ D - \Theta_1 \circ D \tag{7.71}$$

と定義することは妥当であろう．以後，これを**非可換代数上の曲率**として定義することにする．もし，捩率がなければ $\Theta = 0$ より右辺第二項は消えるので，

$$R = -\mathcal{E}_{12} \circ D^{(2)} \circ D \tag{7.72}$$

となる．

つぎに，こうして定義された R の線形性について述べる．まず，$\forall f \in \mathfrak{A}$ に対して

$$D(f\theta^i) = df \otimes \theta^i + fD\theta^i = df \otimes \theta^i - f\omega^i{}_l \otimes \theta^l$$

であるから，σ の $\mathfrak{A}$–左線形 (実は左・右線形である) に注意すると，

$$\begin{aligned}
D^{(2)} \circ D(f\theta^i) &= D(df) \otimes \theta^i + \sigma_{12}(df \otimes D\theta^i) - D(f\omega^i{}_l) \otimes \theta^l - \sigma_{12}(f\omega^i{}_l \otimes D\theta^l) \\
&= D(df) \otimes \theta^i - (\sigma \otimes 1)(df \otimes \omega^i{}_l \otimes \theta^l) - D(f\omega^i{}_l) \otimes \theta^l \\
&\qquad + (\sigma \otimes 1)(f\omega^i{}_l \otimes \omega^l{}_k \otimes \theta^k) \\
&= D(df) \otimes \theta^i - \sigma(df \otimes \omega^i{}_l) \otimes \theta^l - D(f\omega^i{}_l) \otimes \theta^l + f\sigma(\omega^i{}_l \otimes \omega^l{}_k) \otimes \theta^k
\end{aligned}$$

が得られる．よって，$\mathcal{E}$ の左線形性を用いて

$$\begin{aligned}
\mathcal{E} \circ D^{(2)} \circ D(f\theta^i) &= \mathcal{E} \circ D(df) \otimes \theta^i - \mathcal{E} \circ \sigma(df \otimes \omega^i{}_l) \otimes \theta^l \\
&\qquad - \mathcal{E} \circ D(f\omega^i{}_l) \otimes \theta^l + f\mathcal{E} \circ \sigma(\omega^i{}_l \otimes \omega^l{}_k) \otimes \theta^k
\end{aligned}$$

となるが，式 (7.62) を代入すると，

$$\mathcal{E} \circ D^{(2)} \circ D(f\theta^i) = \mathcal{E} \circ D(df) \otimes \theta^i + df \cdot \omega^i{}_l \otimes \theta^l \\ - \mathcal{E} \circ D(f\omega^i{}_l) \otimes \theta^l - f\omega^i{}_l \omega^l{}_k \otimes \theta^k \tag{7.73}$$

が導かれる．また，$\Theta = d - \mathcal{E} \circ D$ であったから，

$$\Theta_1 \circ D(f\theta^i) = (\Theta \otimes 1)(df \otimes \theta^i - f\omega^i{}_l \otimes \theta^l) = \Theta(df) \otimes \theta^i - \Theta(f\omega^i{}_l) \otimes \theta^l \\ = -\mathcal{E} \circ D(df) \otimes \theta^i - d(f\omega^i{}_l) \otimes \theta^l + \mathcal{E} \circ D(f\omega^i{}_l) \otimes \theta^l \tag{7.74}$$

となるので，以上より

$$\begin{aligned} R(f\theta^i) &= -\mathcal{E} \circ D(df) \otimes \theta^i - df \cdot \omega^i{}_l \otimes \theta^l + \mathcal{E} \circ D(f\omega^i{}_l) \otimes \theta^l + f\omega^i{}_l \omega^l{}_k \otimes \theta^k \\ &\quad + \mathcal{E} \circ D(df) \otimes \theta^i + d(f\omega^i{}_l) \otimes \theta^l - \mathcal{E} \circ D(f\omega^i{}_l) \otimes \theta^l \\ &= f(d\omega^i{}_l + \omega^i{}_k \omega^k{}_l) \otimes \theta^l = f\Omega^i{}_l \otimes \theta^l \\ &= fR\theta^i \end{aligned} \tag{7.75}$$

が成り立つ．つまり，R は $\mathfrak{A}$–**左線形**となることが示されたのである．かなり複雑に見えていながらも，このような単純な関係式を満たすということは驚きである．もし，可換の場合同様，曲率の局所性を主張するならば，式 (7.75) と同時に右線形性も成り立たねばならない．ところが，残念ながらこれは一般には成立しない．したがってそのときには，やむなく，$\forall \xi \in \Omega^1(\mathfrak{A})$，$\forall f \in \mathfrak{A}$ に対して，

$$R(\xi f) - R(\xi) f$$

の形の元のみからなる部分加群 $\mathfrak{H}$ を考え，写像 R を

$$R : \Omega^1(\mathfrak{A}) \to \Omega^2(\mathfrak{A}) \otimes \Omega^1(\mathfrak{A}) / \mathfrak{H} \tag{7.76}$$

と制限する必要が生じる．しかし，これは非常に作為的であり，望ましいことではない．より納得性のある定義を考え出す必要がある．

さて，この問題には目をつぶり，式 (7.71) で定義される曲率 R を行列代数 $\mathfrak{A}(n)$ 上の微分形式に適用してみよう．

■ 7.3.2 $\mathfrak{A}(n)$ の曲率

捩率がないと仮定する．つまり

$$d - \mathcal{E} \circ D = 0 \tag{7.77}$$

とするのである．これより

$$0 = d\theta^i - \mathcal{E} \circ D\theta^i = d\theta^i + \omega^i{}_l \theta^l$$

が得られるが，式 (6.57) を思い起こすと，

$$d\theta^i = -\frac{1}{2} C^i{}_{jl} \theta^j \theta^l, \quad C^i{}_{jl} \in \boldsymbol{R}$$

であったので，結局捩率 0 の条件は

$$\omega^i{}_l = \frac{1}{2}C^i{}_{jl}\theta^j \tag{7.78}$$

と書き換えられることになる．これより，

$$D\theta^i = -\omega^i{}_l \otimes \theta^l = -\frac{1}{2}C^i{}_{jl}\theta^j \otimes \theta^l$$

がいえる．この式は上の $d\theta^i$ の式に酷似しているが，式 (7.77) より $d = \mathcal{E} \circ D$ が成立しているので当然である．$\forall f \in \mathfrak{A}(n)$ に対して，$f\theta^i = \theta^i f$ が成り立っているので，今の場合

$$f(D\theta^i) = -\frac{1}{2}C^i{}_{jl}f\theta^j \otimes \theta^l = -\frac{1}{2}C^i{}_{jl}\theta^j \otimes \theta^l f = (D\theta^i)f$$

がいえ，これに注意すると，$D(f\theta^i) = D(\theta^i f)$ から

$$\sigma(\theta^i \otimes df) = df \otimes \theta^i$$

が導かれる．すなわちフリップ σ は最も簡単なものとなり，

$$\sigma(\theta^i \otimes \theta^j) = \theta^j \otimes \theta^i \tag{7.79}$$

を満たしている．したがって，

$$\begin{aligned}
R\theta^i &= -\mathcal{E}_{12} \circ D^{(2)} \circ D\theta^i = \frac{1}{2}C^i{}_{jl}\mathcal{E}_{12} \circ D^{(2)}(\theta^j \otimes \theta^l) \\
&= \frac{1}{2}C^i{}_{jl}\mathcal{E}_{12}(D\theta^j \otimes \theta^l + (\sigma + 1)(\theta^j \otimes D\theta^l)) \\
&= \frac{1}{2}C^i{}_{jl}\mathcal{E}_{12}\left(-\frac{1}{2}C^j{}_{mn}\theta^m \otimes \theta^n \otimes \theta^l - \frac{1}{2}C^l{}_{mn}\sigma(\theta^j \otimes \theta^m) \otimes \theta^n\right) \\
&= -\frac{1}{4}C^i{}_{jl}C^j{}_{mn}\theta^m\theta^n \otimes \theta^l - \frac{1}{4}C^i{}_{jl}C^l{}_{mn}\theta^m\theta^j \otimes \theta^n \\
&= -\frac{1}{4}(C^i{}_{jl}C^j{}_{mn} + C^i{}_{nj}C^j{}_{ml})\theta^m\theta^n \otimes \theta^l
\end{aligned} \tag{7.80}$$

が得られる．ここで，式 (6.36) より右辺第二項部分は

$$C^i{}_{nj}C^j{}_{ml}\theta^m\theta^n = -\frac{1}{2}C^i{}_{lj}C^j{}_{nm}\theta^m\theta^n$$

と書き換えられるので，

$$\begin{aligned}
R\theta^i &= -\frac{1}{4}(C^i{}_{jl}C^j{}_{mn} - \frac{1}{2}C^i{}_{lj}C^j{}_{nm})\theta^m\theta^n \otimes \theta^l \\
&= -\frac{1}{8}C^i{}_{jl}C^j{}_{mn}\theta^m\theta^n \otimes \theta^l
\end{aligned} \tag{7.81}$$

となる．

一方，**曲率形式**を

$$\Omega^i{}_l = \frac{1}{2}R^i{}_{lmn}\theta^m\theta^n \tag{7.82}$$

と表記することにすると，

$$R\theta^i = \Omega^i{}_l \otimes \theta^l = \frac{1}{2}R^i{}_{lmn}\theta^m\theta^n \otimes \theta^l \tag{7.83}$$

である．よって，式 (7.81) と比較して，さらに $C^i{}_{jl} = -C^i{}_{lj}$ を考慮すると，結局

$$R^i{}_{lmn} = \frac{1}{4} C^i{}_{lj} C^j{}_{mn} \tag{7.84}$$

が求まる．行列代数 $\mathfrak{A}(n)$ 上の接続 D の曲率 R は，捩率 0 の下では，このように簡単な形となるのである．

7.3.3 $D^{(2)}$ と g との両立条件

最後に，式 (7.65) で定義した共変微分 $D^{(2)}$ と 7.1 節で導入した計量 g との**両立条件**を求めておく．可換の場合には，その条件は

$$Dg = 0 \tag{7.85}$$

であった．実は，この条件と捩率 0 を満たす Riemann 多様体上の接続が，**Levi-Civita 接続**であり，古典的重力場の理論である一般相対性理論に現れる重力場すなわち接続係数 $\Gamma^\mu{}_{\nu\lambda}$ に対応しているのである．非可換に移ってもこの条件は踏襲されねばならないであろう．では，この条件から導かれる $D^{(2)}$ が満たすべき方程式とはどのようなものであろうか．

まず，計量 g は双線形写像であり，

$$g : \Omega^1(\mathfrak{A}) \otimes \Omega^1(\mathfrak{A}) \to \mathfrak{A}$$

であった．$\forall\xi, \forall\eta \in \Omega^1(\mathfrak{A})$ として，$g(\xi \otimes \eta) \in \mathfrak{A}$ の外微分をとることを考える．全体に作用した外微分は，g そのものに作用する共変微分と g の偏角 $\xi \otimes \eta$ に作用する共変微分とに分かれる．とくに後者は D ではなく $D^{(2)}$ としなければならない．そして，$D^{(2)}$ が作用すると，結果は $\Omega^1(\mathfrak{A}) \otimes \Omega^1(\mathfrak{A}) \otimes \Omega^1(\mathfrak{A})$ の元になってしまうので，その上で g をとる場合には，g の偏角として左側の二つを採用するのか，はたまた右側の二つを採用するのかを指定しておく必要がある．ここでは右側の二つを採ることにする．そうすると，$g(\xi \otimes \eta)$ の外微分は

$$d(g(\xi \otimes \eta)) = (Dg)(\xi \otimes \eta) + \mathcal{E} \circ g_{23} \circ D^{(2)}(\xi \otimes \eta) \tag{7.86}$$

と書くことができる．ただし，$g_{23} = 1 \otimes g$ である．この式に両立条件式 (7.85) を代入すると，

$$d \circ g(\xi \otimes \eta) = \mathcal{E} \circ g_{23} \circ D^{(2)}(\xi \otimes \eta)$$

すなわち，

$$d \circ g = \mathcal{E} \circ g_{23} \circ D^{(2)} \tag{7.87}$$

が得られる．

この条件をより具体的にみるために，前例 (7.3.2 項) 同様行列代数 $\mathfrak{A}(n)$ 上の微分形式に適用してみよう．ここでも捩率 0 を仮定すると，式 (7.79) が成立しており，

$$
\begin{aligned}
D^{(2)}(\theta^i \otimes \theta^j) &= D^{(2)}\theta^i \otimes \theta^j + (\sigma \otimes 1)(\theta^i \otimes D\theta^j) \\
&= -\omega^i{}_l \otimes \theta^l \otimes \theta^j - \sigma(\theta^i \otimes \omega^j{}_l) \otimes \theta^l \\
&= -\omega^i{}_l \otimes \theta^l \otimes \theta^j - \omega^j{}_l \otimes \theta^i \otimes \theta^l
\end{aligned}
\tag{7.88}
$$

となるので，式 (7.87) は

$$
\begin{aligned}
d \circ g(\theta^i \otimes \theta^j) &= -\mathcal{E} \circ (1 \otimes g)(\omega^i{}_l \otimes \theta^l \otimes \theta^j + \omega^j{}_l \otimes \theta^i \otimes \theta^l) \\
&= -\mathcal{E}(\omega^i{}_l \otimes g^{lj} + \omega^j{}_l \otimes g^{il})
\end{aligned}
$$

すなわち，

$$
dg^{ij} = -\omega^i{}_l g^{lj} - \omega^j{}_l g^{il} \tag{7.89}
$$

となる．これは，一般相対性理論における計量テンソルと接続係数とが満たす方程式とまったく同じ形をしている．つまり，正に Riemann 多様体上の Levi-Civita 接続と計量との関係式になっているのである．

この節では，非可換代数上の微分形式を基に，可換の場合の定義を自然に拡張して曲率の概念を述べてきた．しかし，途中記したように完全に満足のできるものではない．今後，より納得性のある曲率の定義ができることを切に願う．

第 8 章

量子空間

この章では，前章までに構築した非可換微分幾何学の応用として，**量子空間**なるものを採り上げる．簡単のために生成子が二つの場合に限定する．それは可換の場合の 2 次元を考えることに相当することから，空間というよりも**量子曲面**といったほうが適当かもしれない (平面ではなく曲面とよぶ理由は，本文中で示す)．典型的な例として，q 変形曲面と h 変形曲面 (Jordan 曲面) の二つについて詳しく述べることにする．

量子空間とは，そこに設けられた “座標成分” どうしが一般には交換しないようなものであり，パラメータ q や h のある極限をとることにより，可換の場合に帰着させることができるような空間のことである．各成分の微分が存在することを仮定すると，それらを用いて微分形式が構築でき，空間上の共変微分や曲率が計算できるようになる．また，物理学への応用のひとつとして，ゲージ理論の内部空間に量子空間を採用すると，CP 不変性の破れが説明できるということについても触れる．

このような具体例を詳細に調べることにより，非可換微分幾何学の概念をより深く把握すること，ならびにその計算手法を修得することが本章の目的である．

8.1　q 変形曲面

8.1.1　q 変形曲面の基本式

これから考える非可換代数 $\mathfrak{A}$ は，二つの生成子のみを有するとし，それらを意図的に x，y と表現することにする．そして，$q \in \boldsymbol{C}$，ただし，$q^2 \fallingdotseq \pm 1$，0 とし，

$$xy = qyx \tag{8.1}$$

が成立すると仮定する．また，x，y は逆をもつとして，それらを x^{-1}，y^{-1} としよう．つまり，$\mathfrak{A}$ の単位元を I として

$$x^{-1}x = xx^{-1} = I, \quad y^{-1}y = yy^{-1} = I \tag{8.2}$$

が成り立つとするのである．I は $\mathfrak{A}$ の中心 $Z(\mathfrak{A})$ の元であるから，

$$dI = 0 \tag{8.3}$$

を示すことができる．

さて，6.3 節の一般論をこの例に適用するために，x，y から構成される他の生成子 λ_1，λ_2 を

$$\lambda_1 = -\frac{q^2}{q^2-1}x^{-2}y^2, \quad \lambda_2 = \frac{1}{q^2-1}x^{-2} \tag{8.4}$$

として定義する．この式の妥当性については後程 (8.1.4 項で) 示す．x，y の単項式に係数がかかっているが，これは x，y の微分が可換の極限 $(q \to 1)$ でも存在するようにするためである．代わりとして，λ_1，λ_2 が $q \to 1$ のときに正則ではなくなってしまうという犠牲を払うことになる．微分作用素 $\{e_i\}$ は

$$e_1 = \mathrm{ad}\lambda_1, \quad e_2 = \mathrm{ad}\lambda_2 \tag{8.5}$$

であり，式 (8.1) から

$$yx^{-1} = qx^{-1}y \qquad (y^{-1}x = qxy^{-1}) \tag{8.6}$$

が成り立つことに注意すると，式 (8.4) より

$$\begin{aligned} e_1 x = [\lambda_1, x] &= -\frac{q^2}{q^2-1}[x^{-2}y^2,\, x] \\ &= -\frac{q^2}{q^2-1}(q^{-2}-1)x^{-1}y^2 = x^{-1}y^2 \end{aligned} \tag{8.7}$$

$$e_2 x = [\lambda_2,\, x] = 0 \tag{8.8}$$

$$\begin{aligned} e_1 y = [\lambda_1, y] &= -\frac{q^2}{q^2-1}[x^{-2}y^2,\, y] \\ &= -\frac{q^2}{q^2-1}(1-q^2)x^{-2}y^3 = q^2x^{-2}y^3 \end{aligned} \tag{8.9}$$

$$e_2 y = [\lambda_2,\, y] = -x^{-2} y \tag{8.10}$$

が得られる．ここで，$\{e_i\}$ の双対基底 $\{\theta^i\}$ は

$$\theta^i(e_j) = \delta^i_j I$$

により定義され，$\forall f \in \mathfrak{A}$ に対して，その外微分は $df = e_i f \theta^i$ と表すことができるので，

$$\xi = dx, \quad \eta = dy$$

とおくことにすると，

$$\xi = e_i x\, \theta^i = e_1 x\, \theta^1 + e_2 x\, \theta^2 = x^{-1} y^2 \theta^1 \tag{8.11}$$

$$\eta = e_i y\, \theta^i = e_1 y\, \theta^1 + e_2 y\, \theta^2 = q^2 x^{-2} y^3 \theta^1 - x^{-2} y\, \theta^2 \tag{8.12}$$

となる．x，y と ξ，η との交換関係を求めるために，これらを逆に解く必要がある．式 (8.11) からただちに，

$$\theta^1 = y^{-2} x \xi = q^2 x y^{-2} \xi \tag{8.13}$$

を得る．つぎに式 (8.12) より，

$$x^{-2} y (q^2 y^2 \theta^1 - \theta^2) = \eta$$

すなわち，

$$q^2 y^2 \theta^1 - \theta^2 = q^2 x^2 y^{-1} \eta$$

となるから，これに式 (8.13) を代入すると

$$\begin{aligned} \theta^2 &= q^2 (y^2 \theta^1 - x^2 y^{-1} \eta) = q^2 (x\xi - x^2 y^{-1} \eta) \\ &= q^2 x (\xi - x y^{-1} \eta) \end{aligned} \tag{8.14}$$

を得る．ここでの θ^2 は θ の 2 乗でないことは明らかであろう．θ の 2 乗は $(\theta)^2$ と記すことにする．

以上で準備が整った．まず，$\forall f \in \mathfrak{A}$ に対して $f\theta^i = \theta^i f$ が成立することを利用すると，

$$x\xi = y^2 \theta^1 = y^2 x^{-1} \theta^1 x = q^2 (x^{-1} y^2 \theta^1) x = q^2 \xi x \tag{8.15}$$

が求まる．同様にして，

$$\begin{aligned} x\eta &= q^2 x^{-1} y^3 \theta^1 - x^{-1} y\, \theta^2 = q^2 x^{-1} y^2 \theta^1 y - q x^{-2} y\, \theta^2 x \\ &= q^2 \xi y - q x^{-2} y\, \theta^2 x = (q^2 - 1)\xi y + \xi y - q x^{-2} y\, \theta^2 x \\ &= (q^2 - 1)\xi y + x^{-1} y^3 \theta^1 - q x^{-2} y\, \theta^2 x \\ &= (q^2 - 1)\xi y + q(q^2 x^{-2} y^3 \theta^1 - x^{-2} y\, \theta^2) x \\ &= (q^2 - 1)\xi y + q\eta x \end{aligned} \tag{8.16}$$

$$y\xi = yx^{-1}y^2\theta^1 = qx^{-1}y^2\theta^1 y = q\xi y \tag{8.17}$$

$$\begin{aligned} y\eta &= q^2yx^{-2}y^3\theta^1 - yx^{-2}y\,\theta^2 = q^2(q^2x^{-2}y^3\theta^1 - x^{-2}y\,\theta^2)y \\ &= q^2\eta y \end{aligned} \tag{8.18}$$

が求まる．これらが，今考えている代数 $\mathfrak{A}$ 上の微分形式における基本式である．実はこの関係式は，後述する量子群 $SL_q(2, \boldsymbol{C})$ の作用 (正確には余作用) の下で，量子空間上の微分形式が不変であるという条件からも求めることができるのである．

さらに，式 (8.15) の外微分をとることにより，$d^2 = 0$ を考慮して

$$\xi^2 = -q^2\xi^2$$

すなわち

$$\xi^2 = 0 \tag{8.19}$$

が得られる．式 (8.18) からは

$$\eta^2 = -q^2\eta^2$$

すなわち

$$\eta^2 = 0 \tag{8.20}$$

が得られる．同様にして，式 (8.17) からは

$$\eta\xi + q\xi\eta = 0 \tag{8.21}$$

が求まる．

また，θ^1 と θ^2 を λ_1，λ_2 を用いて表現し，それらから θ を得ることもできる．そのために，まずは基本的な関係式二つを計算しておこう．式 (8.3) より

$$0 = dI = d(y^{-1}y) = dy^{-1}\cdot y + y^{-1}dy$$

すなわち，

$$dy^{-1} = -y^{-1}dy\cdot y^{-1} = -y^{-1}\eta y^{-1}$$

であり，式 (8.18) からは

$$\eta y^{-1} = q^2y^{-1}\eta$$

がいえるので，これらを用いると

$$dx^2 = xdx + dx\cdot x = \frac{q^2+1}{q^2}x\xi \tag{8.22}$$

$$\begin{aligned} dy^{-2} &= y^{-1}dy^{-1} + dy^{-1}\cdot y^{-1} = -(y^{-2}\eta y^{-1} + y^{-1}\eta y^{-2}) \\ &= -q^2(q^2+1)y^{-3}\eta \end{aligned} \tag{8.23}$$

が得られる．したがって，式 (8.4) より

$$d\lambda_2^{-1} = (q^2-1)dx^2 = \frac{q^4-1}{q^2}x\xi$$

となるので，

$$(\lambda_2^{-1}\lambda_1)^{-1}d\lambda_2^{-1} = -(q^2y^2)^{-1}\frac{q^4-1}{q^2}x\xi = -q^{-2}\frac{q^4-1}{q^2}y^{-2}x\xi$$
$$= -q^{-2}(q^4-1)xy^{-2}\xi = -\frac{q^4-1}{q^4}\theta^1$$

がいえ，これより

$$\theta^1 = -\frac{q^4}{q^4-1}(\lambda_2^{-1}\lambda_1)^{-1}d\lambda_2^{-1} \tag{8.24}$$

が得られる．同様にして，

$$d\lambda_1^{-1} = -\frac{q^2-1}{q^2}d(y^{-2}x^2) = -\frac{q^2-1}{q^2}(dy^{-2}\cdot x^2 + y^{-2}dx^2)$$
$$= -\frac{q^2-1}{q^2}\left\{-q^2(q^2+1)y^{-3}\eta x^2 + \left(\frac{q^2+1}{q^2}\right)y^{-2}x\xi\right\}$$
$$= (q^4-1)y^{-3}\eta x^2 - \frac{q^4-1}{q^4}y^{-2}x\xi$$

となるが，ここで式 (8.15)，(8.16)，(8.17) から

$$\eta x = \frac{1}{q}x\eta - \frac{q^2-1}{q^2}y\xi$$
$$\eta x^2 = \frac{1}{q^2}x^2\eta - \frac{q^4-1}{q^4}yx\xi$$

がいえるので，これらを上式に代入すると

$$d\lambda_1^{-1} = \frac{q^4-1}{q^2}\left(y^{-3}x^2\eta - \frac{q^4-1}{q^2}y^{-2}x\xi - \frac{1}{q^2}y^{-2}x\xi\right)$$
$$= \frac{q^4-1}{q^2}(y^{-3}x^2\eta - q^2y^{-2}x\xi)$$

となる．よって，式 (8.14) を考慮すると，

$$\lambda_2^{-1}\lambda_1 d\lambda_1^{-1} = -(q^4-1)y^2(y^{-3}x^2\eta - q^2y^{-2}x\xi)$$
$$= (q^4-1)q^2x(\xi - xy^{-1}\eta) = (q^4-1)\theta^2$$

が得られ，結局

$$\theta^2 = \frac{1}{q^4-1}\lambda_2^{-1}\lambda_1 d\lambda_1^{-1} \tag{8.25}$$

と書くことができる．

以上から，

$$\theta = -\lambda_1\theta^1 - \lambda_2\theta^2 = \frac{1}{q^4-1}(q^4\lambda_2 d\lambda_2^{-1} - \lambda_1 d\lambda_1^{-1}) \tag{8.26}$$

が得られる．さらに書き換えて，

$$\theta = \frac{1}{q^4-1}(d\lambda_1\cdot\lambda_1^{-1} - q^4 d\lambda_2\cdot\lambda_2^{-1}) \tag{8.27}$$

と記すこともできる．

式 (8.19)，(8.20)，(8.21) を $\{\theta^i\}$ の満たすべき式に書き換えてみることも大切である．まず，

$$(\theta^1)^2 = q^4xy^{-2}\xi xy^{-2}\xi = q^4xy^{-2}xy^{-2}\xi^2 = 0 \tag{8.28}$$

が成立する．まったく同様にして

$$\begin{aligned}(\theta^2)^2 &= q^4(x\xi - x^2y^{-1}\eta)(x\xi - x^2y^{-1}\eta)\\ &= q^4(-x\xi x^2y^{-1}\eta - x^2y^{-1}\eta x\xi + x^2y^{-1}\eta x^2y^{-1}\eta)\\ &= q^4x^3y^{-1}(q\xi\eta + \eta\xi)\\ &= 0\end{aligned} \tag{8.29}$$

$$\begin{aligned}q^4\theta^1\theta^2 + \theta^2\theta^1 &= q^4xy^{-2}\xi(x\xi - x^2y^{-1}\eta)\\ &\quad + q^4(x\xi - x^2y^{-1}\eta)xy^{-2}\xi\\ &= -q^4(q^4xy^{-2}\xi x^2y^{-1}\eta + x^2y^{-1}\eta xy^{-2}\xi)\\ &= -q^6xy^{-1}x^2y^{-2}(q\xi\eta + \eta\xi)\\ &= 0\end{aligned} \tag{8.30}$$

が成り立つ[‡1]．式 (8.28)，(8.29)，(8.30) は，式 (6.72) を具体的に書き表したものである．つまり，そこでの係数 ${E^{ij}}_{kl}$ の各成分を求めたことに相当するのである．

■ 8.1.2　線形接続

つぎに，$\Omega^1(\mathfrak{A})$ 上で定義される**線形接続**を求めよう．簡単のために**捩率** Θ は 0 であると仮定する．そうすると，

$$0 = -\Theta(\xi) = -d\xi + \mathcal{E}\circ D\xi = \mathcal{E}\circ D\xi$$

であり，かつ $\mathcal{E}\circ D\eta = 0$ である．つまり，$D\xi$ ならびに $D\eta$ は $\mathcal{E}$ の作用により 0 となるものでなければならないのである．よって，自ずとその形は決まってくる．それを得るために，まずは x，y と $D\xi$，$D\eta$ との交換関係を求めておく．式 (8.15) 両辺の共変微分をとることにより，

$$D(x\xi) = q^2D(\xi x)$$

すなわち

$$\xi\otimes\xi + xD\xi = q^2\sigma(\xi\otimes\xi) + q^2D\xi\cdot x$$

となるので，

$$\sigma(\xi\otimes\xi) = q^{-2}\xi\otimes\xi \tag{8.31}$$

‡1 これら 2 式については，途中の演算を少し省いたことを付記しておく．

$$xD\xi = q^2 D\xi \cdot x \tag{8.32}$$

とおくことができる．同様にして，式 (8.17)，(8.18) から，

$$\sigma(\xi \otimes \eta) = q^{-1}\eta \otimes \xi \tag{8.33}$$

$$yD\xi = qD\xi \cdot y \tag{8.34}$$

$$\sigma(\eta \otimes \eta) = q^{-2}\eta \otimes \eta \tag{8.35}$$

$$yD\eta = q^2 D\eta \cdot y \tag{8.36}$$

とできる．残りの式 (8.16) からは

$$\xi \otimes \eta + xD\eta = (q^2-1)\{\sigma(\xi \otimes \eta) + D\xi \cdot y\} + q\{\sigma(\eta \otimes \xi) + D\eta \cdot x\}$$

となるので，

$$q\sigma(\eta \otimes \xi) + (q^2-1)\sigma(\xi \otimes \eta) = \xi \otimes \eta$$

において，式 (8.33) を代入して

$$q\sigma(\eta \otimes \xi) + (q-q^{-1})\eta \otimes \xi = \xi \otimes \eta$$

すなわち

$$\sigma(\eta \otimes \xi) = q^{-1}\xi \otimes \eta - (1-q^{-2})\eta \otimes \xi \tag{8.37}$$

および，

$$xD\eta = (q^2-1)D\xi \cdot y + qD\eta \cdot x \tag{8.38}$$

を得る．ここで，たとえば式 (8.32)，(8.34) に着目してみると，$D\xi$ は，x，y との交換時にそれぞれ q^2，q が生じるもので，かつ $\mathcal{E} \circ D\xi = 0$ を満たすものでなければならない．したがって，$\xi \otimes \xi$ や $\eta \otimes \eta$ ではあり得ないことがわかる．そこで新たに，1 形式として

$$\kappa = x\eta - qy\xi \tag{8.39}$$

を考案し，$\kappa \otimes \kappa$ という量を扱う必要が生じる．まず，ただちに

$$\begin{aligned} x\kappa &= x\{q\eta x + (q^2-1)\xi y\} - q^2 yx\xi \\ &= qx\eta x + (q^2-1)yx\xi - q^2 yx\xi \\ &= q(x\eta - qy\xi)x = q\kappa x \end{aligned} \tag{8.40}$$

ならびに

$$\begin{aligned} y\kappa &= q^{-1}xy\eta - qy^2\xi = qx\eta y - q^2 y\xi y \\ &= q(x\eta - qy\xi)y = q\kappa y \end{aligned} \tag{8.41}$$

が導かれる．また，$\xi^2 = 0$，$\eta^2 = 0$ より，非常に大切な関係式

$$
\begin{aligned}
\kappa^2 &= x\eta x\eta - qx\eta y\xi - qy\xi x\eta + q^2 y\xi y\xi \\
&= -q^{-1}(q^2-1)x\xi y\eta + q^3 x\xi\eta y - q^{-1}x\xi y\eta \\
&= -q\,(x\xi y\eta - x\xi y\eta) \\
&= 0
\end{aligned}
\tag{8.42}
$$

が得られるので，結局 $\kappa \otimes \kappa$ を利用して

$$
D\xi = cx\kappa \otimes \kappa, \quad c \in \boldsymbol{C} \tag{8.43}
$$

とすればよいことがわかる．これは確かに捩率0の条件および式(8.32)と式(8.34)を満足している．そして $D\eta$ であるが，これも式(8.36)から

$$
D\eta = cy\kappa \otimes \kappa \tag{8.44}
$$

となることが予想される．このとき

$$
D\xi \cdot y = qD\eta \cdot x
$$

が成り立つことに注意すると，式(8.38)も満たされていることがいえる．

こうして $\Omega^1(\mathfrak{A})$ 上の**共変微分**が求まったので，いよいよ**曲率**を計算する段階に入る．

8.1.3　曲　率

まず，κ に関するフリップの式を求めておこう．フリップ σ は $\mathfrak{A}$–線形であることを利用して，式(8.31)，(8.33)，(8.35)，(8.37)に注意すると

$$
\begin{aligned}
\sigma(\xi\otimes\kappa) &= \sigma(\xi\otimes x\eta) - q\sigma(\xi\otimes y\xi) = q^{-2}x\sigma(\xi\otimes\eta) - y\sigma(\xi\otimes\xi) \\
&= q^{-3}(x\eta - qy\xi)\otimes\xi = q^{-3}\kappa\otimes\xi
\end{aligned}
\tag{8.45}
$$

$$
\begin{aligned}
\sigma(\eta\otimes\kappa) &= \sigma(\eta\otimes x\eta) - q^{-1}\sigma(y\eta\otimes\xi) \\
&= q^{-1}x\sigma(\eta\otimes\eta) - (1-q^{-2})y\sigma(\xi\otimes\eta) - q^{-1}y\sigma(\eta\otimes\xi) \\
&= q^{-3}x\eta\otimes\eta - q^{-1}(1-q^{-2})y\eta\otimes\xi - q^{-2}y\xi\otimes\eta + q^{-1}(1-q^{-2})y\eta\otimes\xi \\
&= q^{-3}(x\eta - qy\xi)\otimes\eta = q^{-3}\kappa\otimes\eta
\end{aligned}
\tag{8.46}
$$

が求まり，同様にして，

$$
\begin{aligned}
\sigma(\kappa\otimes\xi) &= \sigma(x\eta\otimes\xi) - q\sigma(y\xi\otimes\xi) \\
&= q^{-1}x\xi\otimes\eta - (1-q^{-2})x\eta\otimes\xi - q^{-1}y\xi\otimes\xi \\
&= q\xi\otimes\kappa - (1-q^{-2})\kappa\otimes\xi
\end{aligned}
\tag{8.47}
$$

$$
\begin{aligned}
\sigma(\kappa\otimes\eta) &= \sigma(x\eta\otimes\eta) - q\sigma(y\xi\otimes\eta) = q^{-2}x\eta\otimes\eta - y\eta\otimes\xi \\
&= q\eta\otimes\kappa - (1-q^{-2})\kappa\otimes\eta
\end{aligned}
\tag{8.48}
$$

も得られる[‡2]．つぎに $D\kappa$ も計算しておこう．式 (8.43)，(8.44) を考慮すると，式 (8.39) から

$$\begin{aligned} D\kappa = D(x\eta - qy\xi) &= \xi \otimes \eta + xD\eta - q\eta \otimes \xi - qyD\xi \\ &= \xi \otimes \eta + cxy\kappa \otimes \kappa - q\eta \otimes \xi - cqyx\kappa \otimes \kappa \\ &= \xi \otimes \eta - q\eta \otimes \xi + c(xy - qyx)\kappa \otimes \kappa \\ &= \xi \otimes \eta - q\eta \otimes \xi \end{aligned} \tag{8.49}$$

となる．

これらの結果を用いると，式 (7.72) から

$$\begin{aligned} R\xi &= -\mathcal{E}_{12} \circ D^{(2)} \circ D\xi = -\mathcal{E}_{12} \circ D^{(2)}(cx\kappa \otimes \kappa) \\ &= -c\mathcal{E}_{12} \circ \{D(x\kappa) \otimes \kappa + \sigma_{12}(x\kappa \otimes D\kappa)\} \\ &= -c\mathcal{E}_{12} \circ \{\xi \otimes \kappa \otimes \kappa + x(D\kappa) \otimes \kappa + \sigma_{12}(x\kappa \otimes D\kappa)\} \\ &= -c\mathcal{E}_{12}\big(\xi \otimes \kappa \otimes \kappa + x\xi \otimes \eta \otimes \kappa - qx\eta \otimes \xi \otimes \kappa \\ &\quad + x\sigma(\kappa \otimes \xi) \otimes \eta - qx\sigma(\kappa \otimes \eta) \otimes \xi\big) \\ &= -c\mathcal{E}_{12}\big(\xi \otimes \kappa \otimes \kappa + x\xi \otimes \eta \otimes \kappa - qx\eta \otimes \xi \otimes \kappa \\ &\quad + qx\xi \otimes \kappa \otimes \eta - (1 - q^{-2})x\kappa \otimes \xi \otimes \eta \\ &\quad - q^2 x\eta \otimes \kappa \otimes \xi + q(1 - q^{-2})x\kappa \otimes \eta \otimes \xi\big) \\ &= -c\{\xi\kappa \otimes \kappa + x\xi\eta \otimes \kappa + q^2 x\xi\eta \otimes \kappa + qx\xi\kappa \otimes \eta \\ &\quad - (1 - q^{-2})x\kappa\xi \otimes \eta - q^2 x\eta\kappa \otimes \xi + q(1 - q^{-2})x\kappa\eta \otimes \xi\} \end{aligned}$$

が得られる．ここで，

$$\begin{aligned} qx\xi\kappa \otimes \eta &= qx\xi(x\eta - qy\xi) \otimes \eta = qx\xi\{q\eta x + (q^2 - 1)\xi y\} \otimes \eta \\ &= q^2 x\xi\eta \otimes x\eta \\ (1 - q^{-2})x\kappa\xi \otimes \eta &= (1 - q^{-2})x \cdot x\eta\xi \otimes \eta \\ &= (1 - q^{-2})x\{q\eta x + (q^2 - 1)\xi y\}\xi \otimes \eta \\ &= (q - q^{-1})x\eta x\xi \otimes \eta = q(q^2 - 1)x\eta\xi \otimes x\eta \\ &= -q^2(q^2 - 1)x\xi\eta \otimes x\eta \\ q^2 x\eta\kappa \otimes \xi &= q^2 x\eta x\eta \otimes \xi - q^4 x\eta\xi \otimes y\xi \end{aligned}$$

[‡2] ただし，これら 2 式については，途中の演算を多少省いたことを付記しておく．

$$= q^2 x\eta\{q\eta x + (q^2-1)\xi y\} \otimes \xi - q^4 x\eta\xi \otimes y\xi$$
$$= q^2(q^2-1)x\eta\xi \otimes y\xi - q^4 x\eta\xi \otimes y\xi = q^3 x\xi\eta \otimes y\xi$$
$$q(1-q^{-2})x\kappa\eta \otimes \xi = -(q^2-1)xy\xi\eta \otimes \xi = -q^3(q^2-1)x\xi\eta \otimes y\xi$$

となるので，結局

$$\begin{aligned} R\xi &= -c\{\xi\kappa \otimes \kappa + x\xi\eta \otimes \kappa + q^2 x\xi\eta \otimes \kappa + q^2 x\xi\eta \otimes x\eta \\ &\quad + q^2(q^2-1)x\xi\eta \otimes x\eta - q^3 x\xi\eta \otimes y\xi - q^3(q^2-1)x\xi\eta \otimes y\xi\} \\ &= -c\{\xi(x\eta - qy\xi) \otimes \kappa + x\xi\eta \otimes \kappa + q^2 x\xi\eta \otimes \kappa \\ &\quad + q^2 x\xi\eta \otimes (x\eta - qy\xi) + q^2(q^2-1)x\xi\eta \otimes (x\eta - qy\xi)\} \\ &= -c(q^{-2}+1+q^2+q^4)x\xi\eta \otimes \kappa \\ &= -cq^{-2}(q^2+1)(q^4+1)x\xi\eta \otimes \kappa \end{aligned} \tag{8.50}$$

に到達する．さらに，

$$\begin{aligned} x\xi\eta \otimes \kappa &= x\xi\eta x \otimes \eta - qx\xi\eta y \otimes \xi \\ &= x\xi\{q^{-1}x\eta - (1-q^{-2})y\xi\} \otimes \eta - q^{-1}x\xi y\eta \otimes \xi \\ &= q^{-1}(x\xi x\eta \otimes \eta - x\xi y\eta \otimes \xi) \\ &= -q^{-2}(xy\xi\eta \otimes \xi - q^{-1}x^2\xi\eta \otimes \eta) \end{aligned}$$

と書き換えられることから，

$$R\xi = cq^{-4}(q^2+1)(q^4+1)(xy\xi\eta \otimes \xi - q^{-1}x^2\xi\eta \otimes \eta) \tag{8.51}$$

を得る．

他方，式 (7.69) を思い起こして，**曲率形式**を

$$R\xi = \Omega^1{}_1 \otimes \xi + \Omega^1{}_2 \otimes \eta \tag{8.52}$$

と定義する．以前は $\{\theta^i\}$ を用いて定義したが，ここでは代わりに $\{\xi, \eta\}$ を使用している．式 (8.51) との比較により，

$$\Omega^1{}_1 = cq^{-4}(q^2+1)(q^4+1)xy\xi\eta \tag{8.53}$$

$$\Omega^1{}_2 = -cq^{-5}(q^2+1)(q^4+1)x^2\xi\eta \tag{8.54}$$

が導かれる．

まったく同様にして，

$$R\eta = -cq^{-2}(q^2+1)(q^4+1)y\xi\eta \otimes \kappa \tag{8.55}$$

が得られる．したがって，

$$\begin{aligned} y\xi\eta \otimes \kappa &= q^{-2}(q^{-1}yx\xi\eta \otimes \eta - y^2\xi\eta \otimes \xi) \\ &= -q^{-2}(y^2\xi\eta \otimes \xi - q^{-2}xy\xi\eta \otimes \eta) \end{aligned}$$

を代入して，

$$R\eta = cq^{-4}(q^2+1)(q^4+1)(y^2\xi\eta \otimes \xi - q^{-2}xy\xi\eta \otimes \eta) \tag{8.56}$$

となる．ここで，式 (8.52) 同様

$$R\eta = \Omega^2{}_1 \otimes \xi + \Omega^2{}_2 \otimes \eta \tag{8.57}$$

とおくと，

$$\Omega^2{}_1 = cq^{-4}(q^2+1)(q^4+1)y^2\xi\eta \tag{8.58}$$

$$\Omega^2{}_2 = -cq^{-6}(q^2+1)(q^4+1)xy\xi\eta \tag{8.59}$$

が導かれる．

以上で曲率の具体的な形が求まった．それによると，$q \to 1$ の極限においても 0 とはならないことがわかる．つまり，ここで考えた空間は可換の極限においても“平ら”ではないのである．

当然のことではあるが，$\{\xi, \eta\}$ の代わりに $\{\theta^i\}$ を用いて定式化することも可能である．しかし，繰り返しになるので省略する．

8.1.4 無矛盾性

本節の終わりに，ここでの議論が無矛盾となっていることを確認しておく．それには，式 (8.4) で定義された生成子 $\{\lambda_i\}$ が，式 (6.81) を満たしていることを示す必要がある．まずは λ_1 と λ_2 の定義から，

$$\lambda_1\lambda_2 = q^4\lambda_2\lambda_1 \tag{8.60}$$

であるから，式 (8.26) で導入した θ の 2 乗は

$$\begin{aligned} (\theta)^2 &= (\lambda_1\theta^1 + \lambda_2\theta^2)(\lambda_1\theta^1 + \lambda_2\theta^2) \\ &= (\lambda_1\lambda_2 - q^4\lambda_2\lambda_1)\theta^1\theta^2 \\ &= 0 \end{aligned} \tag{8.61}$$

となる．つぎに，式 (8.23) に注意すると，式 (8.13) より

$$d\theta^1 = q^2\xi y^{-1}\xi + q^2x\,dy^{-2}\cdot\xi = q^5(q^2+1)xy^{-3}\xi\eta$$

が得られるが，ここで

$$\begin{aligned} \xi\eta &= x^{-1}y^2\theta^1(q^2x^{-2}y^3\theta^1 - x^{-2}y\theta^2) \\ &= -q^4x^{-3}y^3\theta^1\theta^2 \end{aligned}$$

であるから，

$$\begin{aligned} d\theta^1 &= -q^9(q^2+1)xy^{-3}x^{-3}y^3\theta^1\theta^2 = -(q^2+1)x^{-2}\theta^1\theta^2 \\ &= -(q^4-1)\lambda_2\theta^1\theta^2 \end{aligned} \tag{8.62}$$

となる．同様にして，式 (8.14) より

$$\begin{aligned} d\theta^2 &= q^2\xi(\xi - xy^{-1}\eta) + q^2x(-\xi y^{-1}\eta - x\,dy^{-1}\cdot\eta) \\ &= -q^2\xi xy^{-1}\eta - q^2x\xi y^{-1}\eta \\ &= -q(q^2+1)xy^{-1}\xi\eta = q^5(q^2+1)xy^{-1}x^{-3}y^3\theta^1\theta^2 \\ &= q^2(q^2+1)x^{-2}y^2\theta^1\theta^2 = -(q^4-1)\lambda_1\theta^1\theta^2 \end{aligned} \tag{8.63}$$

を得る．これらを用いると，

$$\begin{aligned} d\theta &= -d\lambda_1\cdot\theta^1 - \lambda_1 d\theta^1 - d\lambda_2\cdot\theta^2 - \lambda_2 d\theta^2 \\ &= -\frac{q^2+1}{q^2-1}(q^2x^{-3}y^2\xi - x^{-2}y\eta)(q^2xy^{-2}\xi) \\ &\quad + \frac{q^2}{q^2-1}x^{-2}y^2\{q^5(q^2+1)xy^{-3}\xi\eta\} \\ &\quad + \frac{q^2(q^2+1)}{q^2-1}x^{-3}\xi\{q^2x(\xi - xy^{-1}\eta)\} \\ &\quad + \frac{1}{q^2-1}x^{-2}\{q(q^2+1)xy^{-1}\xi\eta\} \\ &= 0 \end{aligned} \tag{8.64}$$

がいえる．途中計算を省略した．式 (8.61) と式 (8.64) から

$$d\theta + (\theta)^2 = 0 \tag{8.65}$$

が導かれる．

一方，式 (6.74) から

$$d\theta + (\theta)^2 = -\frac{1}{2}K_{jk}\theta^j\theta^k$$

であった (そこでの θ^2 は $(\theta)^2$ のことであった) ので，これらを比較して

$$K_{jk}\theta^j\theta^k = 0$$

が得られる．したがって，

$$K_{jk}E^{jk}{}_{lm} = 0 \tag{8.66}$$

となる．第 6 章で述べたように，$\theta^j\theta^k$ はすべてが独立というわけではないので，$E^{jk}{}_{lm}$ をかけた式にしなければならないのである．しかし，式 (6.80) で課した条件から，

$$K_{lm} = K_{jk}E^{jk}{}_{lm}$$

が成立しているので，結局今の場合，

$$K_{lm} = 0 \tag{8.67}$$

がいえることになる．

さて，つぎに式 (6.73) より

$$d\theta^1 = -\frac{1}{2}Q^1{}_{jk}\theta^j\theta^k$$

であるから，これと式 (8.62) から

$$Q^1{}_{jk}\theta^j\theta^k = 2(q^4-1)\lambda_2\theta^1\theta^2$$

がいえる．また，式 (8.30) を用いると，

$$2(\lambda_j\delta^1_k + \lambda_k\delta^1_j)\theta^j\theta^k = -2(q^4-1)\lambda_2\theta^1\theta^2$$

であるから，合わせて

$$Q^1{}_{jk}\theta^j\theta^k + 2(\lambda_j\delta^1_k + \lambda_k\delta^1_j)\theta^j\theta^k = 0$$

が導かれる．同様にして，式 (8.63) から

$$Q^2{}_{jk}\theta^j\theta^k = 2(q^4-1)\lambda_1\theta^1\theta^2$$

を得るが，

$$2(\lambda_j\delta^2_k + \lambda_k\delta^2_j)\theta^j\theta^k = -2(q^4-1)\lambda_1\theta^1\theta^2$$

であることから

$$Q^2{}_{jk}\theta^j\theta^k + 2(\lambda_j\delta^2_k + \lambda_k\delta^2_j)\theta^j\theta^k = 0$$

が導かれる．結局，今の例では

$$\{Q^i{}_{jk} + 2(\lambda_j\delta^i_k + \lambda_k\delta^i_j)\}\theta^j\theta^k = 0 \tag{8.68}$$

が成立していることになる．これを式 (6.78) に代入すると，

$$F^i{}_{jk}\theta^j\theta^k = 0 \tag{8.69}$$

を得る．したがって，式 (6.80) から

$$F^i{}_{jk}E^{jk}{}_{lm} = F^i{}_{lm} = 0 \tag{8.70}$$

が導かれる．

式 (8.67) と式 (8.70) とを式 (6.81) に代入すると，

$$\lambda_i\lambda_j E^{ij}{}_{kl} = 0 \tag{8.71}$$

となる．よって，生成子 $\{\lambda_i\}$ がこの式を満たしていることを示せば，理論の無矛盾性がいえたことになる．式 (8.30) から

$$\theta^1\theta^2 = \frac{1}{2}(\theta^1\theta^2 + \theta^1\theta^2) = \frac{1}{2}\theta^1\theta^2 - \frac{1}{2}q^{-4}\theta^2\theta^1$$

となる．一方，式 (6.72) からは

$$\theta^1\theta^2 = E^{12}{}_{12}\theta^1\theta^2 + E^{12}{}_{21}\theta^2\theta^1$$

であるから，二つを比較すると

$$E^{12}{}_{12} = \frac{1}{2}I, \quad E^{12}{}_{21} = -\frac{1}{2}q^{-4}I \tag{8.72}$$

が導かれる．同様にして，

$$\theta^2\theta^1 = -\frac{1}{2}q^4\theta^1\theta^2 + \frac{1}{2}\theta^2\theta^1 = E^{21}{}_{12}\theta^1\theta^2 + E^{21}{}_{21}\theta^2\theta^1$$

から

$$E^{21}{}_{12} = -\frac{1}{2}q^4 I, \quad E^{21}{}_{21} = \frac{1}{2}I \tag{8.73}$$

が得られる．これら以外は0と考えてよい．したがって，式(8.71)の左辺は，式(8.60)を考慮すると

$$\begin{aligned}\lambda_i\lambda_j E^{ij}{}_{12} &= \lambda_1\lambda_2 E^{12}{}_{12} + \lambda_2\lambda_1 E^{21}{}_{12} = \frac{1}{2}(\lambda_1\lambda_2 - q^4\lambda_2\lambda_1)\\ &= 0\end{aligned} \tag{8.74}$$

$$\begin{aligned}\lambda_i\lambda_j E^{ij}{}_{21} &= \lambda_1\lambda_2 E^{12}{}_{21} + \lambda_2\lambda_1 E^{21}{}_{21} = -\frac{1}{2}q^{-4}(\lambda_1\lambda_2 - q^4\lambda_2\lambda_1)\\ &= 0\end{aligned} \tag{8.75}$$

となり，いずれの成分も0となることが示せる．

以上で，式(8.4)で定義した生成子$\{\lambda_i\}$が，本来満たすべき方程式(式(6.81))を満たしていることが示された．

8.2 h変形曲面とCP不変性の破れ

8.2.1 h変形曲面の基本式

ここでも，まず二つの生成子を意図的にx，yと表現し，$h \in \boldsymbol{C}$として

$$[x, y] = h \tag{8.76}$$

を満たすとする．$h \to 0$の極限において，これらは可換となる．前節同様，x，yは逆をもつと仮定する．さらに，以後の式を簡単にするために，

$$u = y, \quad v = x^{-1} \tag{8.77}$$

と置くことにする．そうすると式(8.76)は

$$[u, v] = hv^2 \tag{8.78}$$

と置き換えられることがわかる．

さて，u，vにより構成される他の生成子λ_1，λ_2を

$$\lambda_1 = \frac{1}{2h}v^{-2}, \quad \lambda_2 = \frac{1}{2h}uv^{-1} \tag{8.79}$$

として定義する．$[v^{-1}, u] = [x, y] = h$に注意すると，

$$
\begin{aligned}
e_1 u &= [\lambda_1, u] = \frac{1}{2h}[v^{-2}, u] = \frac{1}{2h}\{v^{-1}[v^{-1}, u] + [v^{-1}, u]v^{-1}\} = v^{-1} \\
e_2 u &= [\lambda_2, u] = \frac{1}{2h} u[v^{-1}, u] = \frac{1}{2}u \\
e_1 v &= [\lambda_1, v] = 0 \\
e_2 v &= [\lambda_2, v] = \frac{1}{2h}[u, v]v^{-1} = \frac{1}{2}v
\end{aligned}
\tag{8.80}
$$

が成り立つことがわかる．よって，$\xi = du$，$\eta = dv$ とおくと，

$$
\begin{aligned}
\xi &= e_i u\,\theta^i = e_1 u\,\theta^1 + e_2 u\,\theta^2 = v^{-1}\theta^1 + \frac{1}{2}u\,\theta^2 \\
\eta &= e_i v\,\theta^i = e_1 v\,\theta^1 + e_2 v\,\theta^2 = \frac{1}{2}v\,\theta^2
\end{aligned}
\tag{8.81}
$$

となるので，これを逆に解いて

$$
\begin{aligned}
\theta^2 &= 2v^{-1}\eta \\
\theta^1 &= v\xi - \frac{1}{2}vu\,\theta^2 = v\xi - vuv^{-1}\eta = v\xi - (u - hv)\eta
\end{aligned}
\tag{8.82}
$$

を得る．$\forall f \in \mathfrak{A}$ に対して，$f\theta^i = \theta^i f$ が成り立つことを利用すると，まず

$$
\begin{aligned}
u\xi &= uv^{-1}\theta^1 + \frac{1}{2}u \cdot u\,\theta^2 = (v^{-1}u - h)\theta^1 + \frac{1}{2}u\,\theta^2 u \\
&= (v^{-1}\theta^1 + \frac{1}{2}u\,\theta^1)u - h\,\theta^1 = \xi u - h\,\theta^1
\end{aligned}
$$

となるので，右辺に

$$
\frac{1}{2}h\{[u, v] - hv^2\}\theta^2 \quad (= 0)
$$

を付け加え，$\theta^1 = v^{-1}\theta^1 v$ に注意すると，

$$
\begin{aligned}
u\xi &= \xi u - hv^{-1}\theta^1 v - \frac{1}{2}h\{[u, v] - hv^2\}\theta^2 \\
&= \xi u - hv^{-1}\theta^1 v - \frac{1}{2}h(u\,\theta^2 v - v\,\theta^2 u - hv\,\theta^2 v) \\
&= \xi u - h\left(v^{-1}\theta^1 + \frac{1}{2}u\,\theta^2\right)v + \frac{1}{2}hv\,\theta^2 u + \frac{1}{2}h^2 v\,\theta^2 v \\
&= \xi u - h\xi v + h\eta u + h^2\eta v
\end{aligned}
\tag{8.83}
$$

が求まる．同様にして

$$
\begin{aligned}
u\eta &= \frac{1}{2}uv\,\theta^2 = \frac{1}{2}(vu + hv^2)\theta^2 = \frac{1}{2}v\,\theta^2 u + \frac{1}{2}hv\,\theta^2 v \\
&= \eta u + h\eta v
\end{aligned}
\tag{8.84}
$$

$$
\begin{aligned}
v\xi &= \theta^1 + \frac{1}{2}vu\,\theta^2 = v^{-1}\theta^1 v + \frac{1}{2}(uv - hv^2)\theta^2 \\
&= \left(v^{-1}\theta^1 + \frac{1}{2}u\,\theta^2\right)v - \frac{1}{2}hv\,\theta^2 v = \xi v - h\eta v
\end{aligned}
\tag{8.85}
$$

$$v\eta = \frac{1}{2} v\,\theta^2 v = \eta v \quad ; \text{ 可換} \tag{8.86}$$

も求まる．これらが本例における微分形式の基本式となる．さらに両辺の外微分をとると，

$$\xi^2 = h\xi\eta, \quad \xi\eta = -\eta\xi, \quad \eta^2 = 0 \tag{8.87}$$

が得られる．これらを $\{\theta^i\}$ の満たすべき式に書き換えてみよう．まず，$\eta^2 = 0$ に注意すると，

$$\eta u\eta = \eta(\eta u + h\eta v) = 0$$

であるから，式 (8.87) と式 (8.78) より，

$$\begin{aligned}(\theta^1)^2 &= (v\xi - u\eta + hv\eta)(v\xi - u\eta + hv\eta) \\ &= v\xi v\xi - v\xi u\eta + hv\xi v\eta - u\eta v\xi + hv\eta v\xi \\ &= v(v\xi + h\eta v)\xi - v(u\xi + h\xi v)\eta + hv(v\xi)\eta - (uv - hv^2)\eta\xi \\ &= v^2\xi^2 + hv^2\eta\xi - vu\xi\eta - hv\xi v\eta + hv^2(\xi\eta + \eta\xi) - uv\eta\xi \\ &= hv^2\xi\eta - hv^2\xi\eta + [u,v]\xi\eta - hv(v\xi)\eta = ([u,v] - hv^2)\xi\eta \\ &= 0\end{aligned} \tag{8.88}$$

がいえる．同様にして，

$$(\theta^2)^2 = 4v^{-1}\eta v^{-1}\eta = 4v^{-2}\eta^2 = 0 \tag{8.89}$$

$$\begin{aligned}\theta^1\theta^2 + \theta^2\theta^1 &= 2\{(v\xi - u\eta + hv\eta)(v^{-1}\eta) + (v^{-1}\eta)(v\xi - u\eta + hv\eta)\} \\ &= 2(v\xi v^{-1}\eta + v^{-1}\eta v\xi) = 2\{v(v^{-1}\xi - hv^{-1}\eta)\eta + \eta\xi\} \\ &= 2(\xi\eta + \eta\xi) = 0\end{aligned} \tag{8.90}$$

となる．

8.2.2　線形接続

つぎに**線形接続**を求めよう．簡単のために，ここでも**捩率**は 0 であるとする．つまり，

$$\mathcal{E} \circ D\xi = \mathcal{E} \circ D\eta = 0 \tag{8.91}$$

とする．まずは，u，v と $D\xi$，$D\eta$ との交換関係を得ることから始めよう．式 (8.86) 両辺の共変微分をとることにより，

$$D(v\eta) = D(\eta v)$$

すなわち

$$\eta \otimes \eta + vD\eta = \sigma(\eta \otimes \eta) + D\eta \cdot v$$

となるから，

$$\sigma(\eta\otimes\eta)=\eta\otimes\eta,\quad vD\eta=D\eta\cdot v$$

と置くことができる．同様にして，式 (8.85) から

$$\begin{aligned}\eta\otimes\xi+vD\xi&=\sigma(\xi\otimes\eta)+D\xi\cdot v-h\sigma(\eta\otimes\eta)-hD\eta\cdot v\\&=\sigma(\xi\otimes\eta)-h\eta\otimes\eta+D\xi\cdot v-hD\eta\cdot v\end{aligned}$$

となるので，

$$\sigma(\xi\otimes\eta)=\eta\otimes\xi+h\eta\otimes\eta,\quad vD\xi=D\xi\cdot v-hD\eta\cdot v$$

とでき，また式 (8.84) からは

$$\begin{aligned}\xi\otimes\eta+uD\eta&=\sigma(\eta\otimes\xi)+D\eta\cdot u+h\sigma(\eta\otimes\eta)+hD\eta\cdot v\\&=\sigma(\eta\otimes\xi)+h\eta\otimes\eta+D\eta\cdot u+hD\eta\cdot v\end{aligned}$$

となるので，

$$\sigma(\eta\otimes\xi)=\xi\otimes\eta-h\eta\otimes\eta,\quad uD\eta=D\eta\cdot u+hD\eta\cdot v$$

とできる．最後に式 (8.83) からは，

$$\begin{aligned}\xi\otimes\xi+uD\xi&=\sigma(\xi\otimes\xi)+D\xi\cdot u-h\sigma(\xi\otimes\eta)-hD\xi\cdot v\\&\quad+h\sigma(\eta\otimes\xi)+hD\eta\cdot u+h^2\sigma(\eta\otimes\eta)+h^2D\eta\cdot v\\&=\sigma(\xi\otimes\xi)-h\eta\otimes\xi-h^2\eta\otimes\eta+h\xi\otimes\eta\\&\quad-h^2\eta\otimes\eta+h^2\eta\otimes\eta+D\xi\cdot u-hD\xi\cdot v+hD\eta\cdot u+h^2D\eta\cdot v\end{aligned}$$

が得られるので，

$$\begin{aligned}\sigma(\xi\otimes\xi)&=\xi\otimes\xi-h\xi\otimes\eta+h\eta\otimes\xi+h^2\eta\otimes\eta\\uD\xi&=D\xi\cdot u-hD\xi\cdot v+hD\eta\cdot u+h^2D\eta\cdot v\end{aligned}$$

がいえる．以上，多少順序を入れ換えてまとめると，

$$\sigma(\xi\otimes\xi)=\xi\otimes\xi-h\xi\otimes\eta+h\eta\otimes\xi+h^2\eta\otimes\eta \tag{8.92}$$

$$uD\xi=D\xi\cdot u-hD\xi\cdot v+hD\eta\cdot u+h^2D\eta\cdot v \tag{8.93}$$

$$\sigma(\xi\otimes\eta)=\eta\otimes\xi+h\eta\otimes\eta \tag{8.94}$$

$$uD\eta=D\eta\cdot u+hD\eta\cdot v \tag{8.95}$$

$$\sigma(\eta\otimes\xi)=\xi\otimes\eta-h\eta\otimes\eta \tag{8.96}$$

$$vD\xi=D\xi\cdot v-hD\eta\cdot v \tag{8.97}$$

$$\sigma(\eta\otimes\eta)=\eta\otimes\eta \tag{8.98}$$

$$vD\eta = D\eta \cdot v \quad ;\ \text{可換} \tag{8.99}$$

となる．σ と D とに関する式の右辺どうしを較べてみると，たいへん似た形をしていることに気付かれるであろう．それらは実は，ひとつの R–行列 (組み紐行列) によって表現されるのである．さて，これから求めるべき $D\xi$，$D\eta$ は，上の関係式を満足するものでなければならないが，その形をよくみてみると，ξ，η とまったく同じ交換関係に従っていることがわかる．よって，ξ，η そのものを候補に挙げたくなるところであるが，$D\xi$，$D\eta$ は二つの 1 形式のテンソル積になっていなければならないので，ξ，η 単独というわけにはいかない．そこで，ここでもまた他の 1 形式 κ を考案する必要が生じる．ξ，η がすでにその共変微分とまったく同じ交換関係を満たしていることから，u，v と可換となるように κ を定義する必要がある．新たな 1 形式として

$$\kappa = u\eta - v\xi - hv\eta \tag{8.100}$$

としよう．式 (8.82) と比較してみると，$\kappa = -\theta^1$ となっていることがわかる．したがって，式 (8.88) からただちに

$$\kappa^2 = 0 \tag{8.101}$$

がいえる．また，すでに明らかとは思われるが，

$$\begin{aligned} u\kappa &= u(u\eta - v\xi - hv\eta) \\ &= u(\eta u + h\eta v)u - (vu + hv^2)\xi - h(vu + hv^2)\eta \\ &= (u\eta - v\xi - hv\eta)u + h\eta uv - h\eta vu - h^2\eta v^2 \\ &= \kappa u + h\eta([u, v] - hv^2) \\ &= \kappa u \quad ;\ \text{可換} \end{aligned} \tag{8.102}$$

であり，

$$\begin{aligned} v\kappa &= v(u\eta - v\xi - hv\eta) = u\eta v - v(\xi v - h\eta v) - 2hv\eta v \\ &= (u\eta - v\xi - hv\eta)v = \kappa v \quad ;\ \text{可換} \end{aligned} \tag{8.103}$$

であるから，これは上で述べた条件を満たしている．よって，$\xi \otimes \kappa$，$\eta \otimes \kappa$ が $D\xi$ や $D\eta$ の候補となるが，しかしそれでもまだ捩率 0 の条件は満たさない．そこで，ξ，η と κ との交換関係を調べてみると，

$$\begin{aligned} \xi\kappa &= \xi(u\eta - v\xi - hv\eta) = (\xi u - h\xi v)\eta - \xi v\xi \\ &= (u\xi - h\eta u - h^2\eta v)\eta - (v\xi + h\eta v)\xi \\ &= -\kappa\xi \end{aligned} \tag{8.104}$$

となり，同様にして，

$$\eta\kappa = -\kappa\eta \tag{8.105}$$

もいえる[‡3]．以上から，たとえば $\xi\otimes\kappa$ のみでは振率 0 の共変微分を構成することはできないが，$\xi\otimes\kappa+\kappa\otimes\xi$ の形になっていれば，$\mathcal{E}\circ D\xi=0$ とすることが可能となることがわかる．

結局，ξ，η の共変微分は，$c_1, c_2 \in \boldsymbol{C}$ として，

$$D\xi = c_1 u\kappa\otimes\kappa + c_2(\xi\otimes\kappa+\kappa\otimes\xi) \tag{8.106}$$

$$D\eta = c_1 v\kappa\otimes\kappa + c_2(\eta\otimes\kappa+\kappa\otimes\eta) \tag{8.107}$$

と定義できるのである．実際にこれらが，交換関係の式 (8.93)，(8.95)，(8.97)，(8.99) を満たすことを示すことができる．たとえば，式 (8.95) は

$$\begin{aligned} uD\eta &= c_1 uv\kappa\otimes\kappa + c_2(u\eta\otimes\kappa+\kappa\otimes u\eta) \\ &= c_1(vu+hv^2)\kappa\otimes\kappa + c_2\{(\eta u+h\eta v)\otimes\kappa+\kappa\otimes(\eta u+h\eta v)\} \\ &= \{c_1 v\kappa\otimes\kappa + c_2(\eta\otimes\kappa+\kappa\otimes\eta)\}u + h\{c_1 v\kappa\otimes\kappa + c_2(\eta\otimes\kappa+\kappa\otimes\eta)\}v \\ &= D\eta\cdot u + hD\eta\cdot v \end{aligned}$$

となっている．他も同様にして示せる．

8.2.3　曲率，無矛盾性

つぎに，曲率を計算してみよう．この計算は結構面倒なので，簡単のために $c_2=0$ を仮定することにする．まず，κ に関するフリップの式を求めておこう．式 (8.92)，(8.94)，(8.96)，(8.98) から

$$\begin{aligned} \sigma(\xi\otimes\kappa) &= \sigma(\xi\otimes u\eta) - \sigma(\xi\otimes v\xi) - \sigma(\xi\otimes hv\eta) \\ &= \sigma((\xi u - h\xi v)\otimes\eta) - \sigma(\xi v\otimes\xi) \\ &= \sigma((u\xi - h\eta u - h^2\eta v)\otimes\eta) - \sigma((v\xi + h\eta v)\otimes\xi) \\ &= u\sigma(\xi\otimes\eta) - h\sigma(\eta u\otimes\eta) - h^2 v\sigma(\eta\otimes\eta) \\ &\quad - v\sigma(\xi\otimes\xi) - hv\sigma(\eta\otimes\xi) \\ &= u\eta\otimes\xi + hu\eta\otimes\eta - h\sigma((u\eta - h\eta v)\otimes\eta) \\ &\quad - h^2 v\eta\otimes\eta - v\xi\otimes\xi + hv\xi\otimes\eta - hv\eta\otimes\xi \\ &\quad - h^2 v\eta\otimes\eta - hv\xi\otimes\eta + hv^2\eta\otimes\eta \\ &= (u\eta - v\xi - hv\eta)\otimes\xi \\ &= \kappa\otimes\xi \end{aligned} \tag{8.108}$$

---

‡3 これら 2 式の導出については，途中計算を省略したことを付記しておく．

が得られる．同様にして，

$$\sigma(\eta \otimes \kappa) = \kappa \otimes \eta \tag{8.109}$$

$$\sigma(\kappa \otimes \xi) = \xi \otimes \kappa \tag{8.110}$$

$$\sigma(\kappa \otimes \eta) = \eta \otimes \kappa \tag{8.111}$$

もいえる．さらに，式 (8.106)，(8.107) より

$$\begin{aligned} D\kappa &= D(u\eta - v\xi - hv\eta) \\ &= \xi \otimes \eta + uD\eta - \eta \otimes \xi - vD\xi - h\eta \otimes \eta - hvD\eta \\ &= \xi \otimes \eta + c_1 uv\kappa \otimes \kappa - \eta \otimes \xi - c_1 vu\kappa \otimes \kappa \\ &\quad - h\eta \otimes \eta - hc_1 v^2 \kappa \otimes \kappa \\ &= \xi \otimes \eta - \eta \otimes \xi - h\eta \otimes \eta + c_1([u, v] - hv^2)\kappa \otimes \kappa \\ &= \xi \otimes \eta - \eta \otimes \xi - h\eta \otimes \eta \end{aligned} \tag{8.112}$$

が導かれる．これらを用いて，

$$\begin{aligned} R\xi &= -\mathcal{E}_{12} \circ D^{(2)} \circ D\xi = -c_1 \mathcal{E}_{12} \circ D^{(2)}(u\kappa \otimes \kappa) \\ &= -c_1 \mathcal{E}_{12} \circ \{D(u\kappa) \otimes \kappa + \sigma_{12}(u\kappa \otimes D\kappa)\} \\ &= -c_1 \mathcal{E}_{12} \circ \{\xi \otimes \kappa \otimes \kappa + u(\xi \otimes \eta - \eta \otimes \xi - h\eta \otimes \eta) \otimes \kappa \\ &\qquad + u\sigma_{12}(\kappa \otimes \xi \otimes \eta - \kappa \otimes \eta \otimes \xi - h\kappa \otimes \eta \otimes \eta)\} \\ &= -c_1 \mathcal{E}_{12} \circ \{\xi \otimes \kappa \otimes \kappa + u(\xi \otimes \eta \otimes \kappa - \eta \otimes \xi \otimes \kappa - h\eta \otimes \eta \otimes \kappa) \\ &\qquad + u(\xi \otimes \kappa \otimes \eta - \eta \otimes \kappa \otimes \xi - h\eta \otimes \kappa \otimes \eta)\} \\ &= -c_1\{\xi\kappa \otimes \kappa + u(2\xi\eta \otimes \kappa + \xi\kappa \otimes \eta - \eta\kappa \otimes \xi - h\eta\kappa \otimes \eta)\} \end{aligned}$$

を得る．ここで，

$$\begin{aligned} \xi\kappa \otimes \kappa &= \xi\kappa \otimes (u\eta - v\xi - hv\eta) = (\xi u - h\xi v)\kappa \otimes \eta - (v\xi + h\eta v)\kappa \otimes \xi \\ &= (u\xi - h\eta u - h^2\eta v)(u\eta - v\xi - hv\eta) \otimes \eta - v\xi\kappa \otimes \xi - hv\eta\kappa \otimes \xi \\ &= (u\xi u\eta - u\xi v\xi - hu\xi v\eta - h\eta u^2\eta + h\eta uv\xi + h^2\eta v^2\xi) \otimes \eta \\ &\quad - v\xi\kappa \otimes \xi - hv\eta\kappa \otimes \xi \\ &= \{u(u\xi + h\xi v - h\eta u - h^2\eta v)\eta - 2huv\xi\eta\} \otimes \eta \\ &\quad - v\xi(u\eta - v\xi - hv\eta) \otimes \xi - hv\eta(u\eta - v\xi - hv\eta) \otimes \xi \\ &= u^2\xi\eta \otimes \eta + huv\xi\eta \otimes \eta - 2huv\xi\eta \otimes \eta \end{aligned}$$

$$
\begin{aligned}
&- v(u\xi - h\eta u - h^2\eta v)\eta \otimes \xi + v(v\xi + h\eta v)\xi \otimes \xi + hv^2\eta\xi \otimes \xi \\
&= u^2\xi\eta \otimes \eta - huv\xi\eta \otimes \eta - uv\xi\eta \otimes \xi + hv^2\xi\eta \otimes \xi + hv^2\eta\xi \otimes \xi \\
&= u^2\xi\eta \otimes \eta - huv\xi\eta \otimes \eta - uv\xi\eta \otimes \xi
\end{aligned}
$$

$$
\begin{aligned}
\xi\eta \otimes \kappa &= \xi\eta \otimes (u\eta - v\xi - hv\eta) = \xi(u\eta - h\eta v) \otimes \eta - \xi v\eta \otimes \xi - h\xi v\eta \otimes \eta \\
&= (\xi u - h\xi v)\eta \otimes \eta - (v\xi + h\eta v)\eta \otimes \xi - h(v\xi + h\eta v)\eta \otimes \eta \\
&= (u\xi - h\eta u - h^2\eta v)\eta \otimes \eta - v\xi\eta \otimes \xi - hv\xi\eta \otimes \eta \\
&= u\xi\eta \otimes \eta - hv\xi\eta \otimes \eta - v\xi\eta \otimes \xi \\
\xi\kappa \otimes \eta &= \xi(u\eta - v\xi - hv\eta) \otimes \eta = (\xi u - h\xi v)\eta \otimes \eta - (v\xi + h\eta v)\xi \otimes \eta \\
&= u\xi\eta \otimes \eta - hv\xi\eta \otimes \eta - hv\eta\xi \otimes \eta = u\xi\eta \otimes \eta \\
\eta\kappa \otimes \xi &= \eta(u\eta - v\xi - hv\eta) \otimes \xi = -v\eta\xi \otimes \xi = v\xi\eta \otimes \xi \\
h\eta\kappa \otimes \eta &= h\eta(u\eta - v\xi - hv\eta) \otimes \eta = hv\xi\eta \otimes \eta
\end{aligned}
$$

が成り立つので，結局

$$
\begin{aligned}
R\xi &= -c_1\{u^2\xi\eta \otimes \eta - huv\xi\eta \otimes \eta - uv\xi\eta \otimes \xi \\
&\quad + u(2u\xi\eta \otimes \eta - 2hv\xi\eta \otimes \eta - 2v\xi\eta \otimes \xi + u\xi\eta \otimes \eta \\
&\quad - v\xi\eta \otimes \xi - hv\xi\eta \otimes \eta)\} \qquad (8.113) \\
&= -4c_1(u^2\xi\eta \otimes \eta - huv\xi\eta \otimes \eta - uv\xi\eta \otimes \xi) \\
&= 4c_1 uv\xi\eta \otimes \xi - 4c_1(u^2 - huv)\xi\eta \otimes \eta
\end{aligned}
$$

に到達する．

一方，**曲率形式**を，式 (8.52) 同様

$$
R\xi = \Omega^1{}_1 \otimes \xi + \Omega^1{}_2 \otimes \eta
$$

と定義すると，式 (8.113) との比較から

$$
\Omega^1{}_1 = 4c_1 uv\xi\eta, \qquad \Omega^1{}_2 = -4c_1(u^2 - huv)\xi\eta \qquad (8.114)
$$

を得る．

まったく同様にして，

$$
R\eta = 4c_1 v^2\xi\eta \otimes \xi - 4c_1(uv - 2hv^2)\xi\eta \otimes \eta \qquad (8.115)
$$

が導かれることから，式 (8.57) との比較により

$$
\Omega^2{}_1 = 4c_1 v^2\xi\eta, \qquad \Omega^2{}_2 = -4c_1(uv - 2hv^2)\xi\eta \qquad (8.116)
$$

を得る．

以上が曲率の具体的な形であるが，明らかに，$h \to 0$ の極限においてもこれらは 0 にはならないことがわかる．つまり，可換の極限においても“平ら”ではないのである．

前例 (8.1.4 項) 同様，式 (8.79) で定義した生成子 $\{\lambda_i\}$ が妥当であることを示しておく．式 (8.82) より，

$$d\theta^1 = \eta\xi - (\xi - h\eta)\eta = -2\xi\eta = -\theta^1\theta^2 \tag{8.117}$$

であり，

$$d\theta^2 = 0 \tag{8.118}$$

である．また，直接の計算により

$$d\lambda_1 = -\frac{1}{h}v^{-3}\eta$$

$$d\lambda_2 = \frac{1}{2h}(v^{-1}\xi - hv^{-1}\eta - uv^{-2}\eta)$$

となるから，これらを用いて

$$\begin{aligned} d\theta &= -d\lambda_1 \cdot \theta^1 - \lambda_1 d\theta^1 - d\lambda_2 \cdot \theta^2 - \lambda_2 d\theta^2 \\ &= \frac{1}{h}v^{-2}\eta\xi + \frac{1}{h}v^{-2}\xi\eta - \frac{1}{h}v^{-2}\xi\eta = -\frac{1}{h}v^{-2}\xi\eta \end{aligned} \tag{8.119}$$

が得られる．さらに，

$$(\theta)^2 = [\lambda_1, \lambda_2]\theta^1\theta^2 = \lambda_1\theta^1\theta^2 = \frac{1}{2h}v^{-2}\theta^1\theta^2 = \frac{1}{h}v^{-2}\xi\eta \tag{8.120}$$

であるから，本例においても

$$d\theta + (\theta)^2 = 0 \tag{8.121}$$

がいえ，これから

$$K_{ij} = 0 \tag{8.122}$$

が導かれる．よって，成立すべき式は，式 (6.81) より，

$$2\lambda_i\lambda_j E^{ij}{}_{kl} - \lambda_i F^i{}_{kl} = 0$$

であることになる．今，$\{\theta^i\}$ の満たす関係式からただちに

$$E^{ij}{}_{kl} = \frac{1}{2}(\delta^i_k\delta^j_l - \delta^i_l\delta^j_k)I$$

を得る．そして，式 (8.117)，(8.118) からは $Q^1{}_{12} = I = -Q^1{}_{21}$，$Q^2{}_{kl} = 0$ となるので，$Q^i{}_{jk}$ は代数の中心の元 $F^i{}_{jk}$ と生成子との線形和であったことを思い起こすと，

$$F^1{}_{12} = I = -F^1{}_{21}, \quad F^2{}_{kl} = 0$$

が導かれる．したがって，たとえば

$$2\lambda_i\lambda_j E^{ij}{}_{12} - \lambda_i F^i{}_{12} = [\lambda_1, \lambda_2] - \lambda_1 = 0 \tag{8.123}$$

が成立し，同様に

$$2\lambda_i\lambda_j E^{ij}{}_{21} - \lambda_i F^i{}_{21} = 0 \tag{8.124}$$

も成立することがわかる．これで，式 (8.79) で定義した生成子 $\{\lambda_i\}$ の妥当性が示された．

8.2.4 CP 不変性の破れ

ここでは，物理学への具体的な応用としての，h 変形空間のひとつの可能性について触れておこう．現在，物理学において，基本粒子の相互作用を記述している理論は，特殊相対性理論と量子力学とを土台として構築された“**標準理論 (模型)**”とよばれているものであって，それはゲージ理論を中心に据えている．標準理論は，その名の通り多くの実験事実を説明する普遍的で，かつたいへん巧妙なものとなっているが，しかしいまだ真の基本理論とは考えられていない．その理由は，人為的に決定しなければならないパラメータが多過ぎるということと，重力相互作用を含めることができないということにある．

さて，その標準理論において長い間懸案となっている問題として，**CP 不変性の破れ**というものがある．CP 不変性とは，基本粒子のある相互作用において，粒子の荷電共役変換 (C) を行い，つづいて空間反転 (P) をした状態で観測したとしても，相互作用はまったく変わらないというものである．CPT **定理**[‡4] から，これは間接的に時間反転 (T) 不変性を意味している．1964 年，K 粒子の崩壊過程においてわずかにこの CP 不変性が破れているということが発見された．

現在，この現象を説明するための理論がいくつか提唱されている．たとえば，電弱相互作用を変える，あるいは粒子の数，または世代数を増やすことによって，CP 不変性の破れを説明するというものである．著者らは，独自に，ゲージ対称性を記述するための内部空間がもし非可換空間であったならば，粒子数には依存せずに 1 世代のみでも CP 不変性が破れる可能性があることを見出した[‡5]．こちらの方が，CP の破れの物理的原因を探る上ではより本質的であると思われる．そしてその空間のひとつが，正にここで述べた h 変形平面なのである．

式 (8.76) を満たす生成子 x，y を内部空間の座標と考える．すると，本来独立であるべき x と y が，ある定数 h により

$$xy - yx = h \tag{8.125}$$

と結び付けられる．この h は物理的普遍定数であり，たとえば重力相互作用に起因するものと考えることができる．x の位相を変化させたとすると，h が普遍定数なので，y の位相も変化させることになる．

ところで，h 変形平面は，量子群 $SL_h(2,\boldsymbol{C})$ の作用 (余作用) の下で不変な構造をもつことがわかっている．これをゲージ群と考えれば，非可換空間上のゲージ理論が構

[‡4] 局所相互作用している物理系 (当然 Lorentz 不変な系) に，C, P, T の三つの変換を連続して施してもその系は不変である，という定理．

[‡5] K. Sugita, Y. Okamoto and M. Sekine, “CP violation via a noncommutative SU(2)-bundle internal structure,” Physics Essays, Vol.19, No.1, March 2006.

築できる．そして，x，yをクォークやレプトンの2重項と考える(たとえば，$x \to u$クォークのスピノール成分，$y \to d$クォークのスピノール成分とする)と，それらのいずれかに担わせた位相因子$e^{i\delta}(\delta \in \boldsymbol{R})$は，$x$，$y$の定義のし直しを行っても除去することは不可能である．なぜならば，再定義を行うと，式(8.125)右辺のhにも変化をもたらすことになってしまうからである(hは物理的普遍定数とした)．そしてこの位相因子こそが，CP不変性の破れを引き起こす源泉となるのである．つまり，ある崩壊過程の確率振幅を計算してみると，この位相因子がその中に出現して，確率振幅をCP変換したものと，Hermite共役をとったものとが一致しなくなってしまうのである．

ここでの議論は，ゲージ理論を適用すべき内部空間として非可換空間を採用したとすると，CP不変性の破れが粒子の数，つまり世代数に依存せずに説明できるというものである．それは，現在観測されているK粒子やB粒子の崩壊時の破れに相当するものなのか，それとも重力相互作用が主体となるようなPlanckエネルギー(10^{19} GeV程度)に近づいたときにのみ出現するものなのかはまだよくわかっていない．多分，いまだ完成していない量子重力理論と関連しているのであろう．CP不変性の破れの源は，その辺りにあると思われる．

第 9 章

量子群

本章では，量子群について非可換幾何学の観点から簡単に述べる．量子群に関する研究は比較的新しいにもかかわらず，その独自の興味深さゆえ，たいへん裾野が広くなってしまっている．したがって，ここでその全容を明らかにするのは，紙数からいっても，能力からいっても不可能である．

そこで，できるだけ題材を絞り，限定されたことがらについてのみ多少詳しく述べて，読者の理解に資することとする．よって量子群の一側面のみを説明することになってしまうが，各式の導出過程をしっかりと追ってもらえたならば，徐々にその描像が明らかになってくると思う．

余代数の定義から始め，双代数，Hopf 代数の定義へと進めていく．理解を深めるために，具体例を示しながら解説を加え，この Hopf 代数を用いて量子群なるものを定義する．量子群には Lie 代数の包絡代数を q 変形したもの (量子包絡代数) と，Lie 群上の関数代数を q 変形，ならびに h 変形したものとがある．後者は前者の双対的な位置にあり，量子空間に作用 (余作用) するまさに “量子群” と考えられるので，物理的にはこちらのほうが理解しやすいと思われる．これが，後者をより詳しく述べるゆえんである．

9.1　Hopf 代数

9.1.1　余代数

まずは，複素数体 $\boldsymbol{C}$ 上の代数，すなわち $\boldsymbol{C}$–代数 $\mathfrak{A}$ を思い起こしてみよう．それは $\boldsymbol{C}$ 上のベクトル空間であり，かつ積写像

$$m : \mathfrak{A} \otimes \mathfrak{A} \to \mathfrak{A}, \quad f \otimes g \mapsto fg$$

および単位写像

$$u : \boldsymbol{C} \to \mathfrak{A}, \quad k \mapsto kI \qquad (I \text{ は } \mathfrak{A} \text{ の単位元})$$

が定義されたものである．m，u はともに線形写像である．ここで，i_d を恒等写像

$$i_d : \mathfrak{A} \to \mathfrak{A}$$

とすると，

$$m \otimes i_d : (\mathfrak{A} \otimes \mathfrak{A}) \otimes \mathfrak{A} \to \mathfrak{A} \otimes \mathfrak{A}$$

$$i_d \otimes m : \mathfrak{A} \otimes (\mathfrak{A} \otimes \mathfrak{A}) \to \mathfrak{A} \otimes \mathfrak{A}$$

が定義できる．このとき，代数 $\mathfrak{A}$ の結合則は

$$m \circ (m \otimes i_d) = m \circ (i_d \otimes m) \tag{9.1}$$

と表すことができる．また，単位則は

$$u \otimes i_d : \boldsymbol{C} \otimes \mathfrak{A} \to \mathfrak{A} \otimes \mathfrak{A}$$

$$i_d \otimes u : \mathfrak{A} \otimes \boldsymbol{C} \to \mathfrak{A} \otimes \mathfrak{A}$$

を用いて，

$$m \circ (u \otimes i_d) = m \circ (i_d \otimes u) = i_d \tag{9.2}$$

と表すことができる．具体的に，$f, g, h \in \mathfrak{A}$ に対して

$$m \circ (m \otimes i_d)(f \otimes g \otimes h) = m((fg) \otimes h) = (fg)h$$

$$m \circ (i_d \otimes m)(f \otimes g \otimes h) = m(f \otimes (gh)) = f(gh)$$

となるから，式 (9.1) はまさに

$$(fg)h = f(gh) \quad ; \text{ 結合則}$$

を意味していることになる．同様にして，

$$m \circ (u \otimes i_d)(1 \otimes f) = m(I \otimes f) = If$$

$$m \circ (i_d \otimes u)(f \otimes 1) = m(f \otimes I) = fI$$

$$i_d(f) = f$$

がいえるから，式 (9.2) は

$$If = fI = f$$

を意味していることになる．ただし，ここで

$$\boldsymbol{C} \otimes \mathfrak{A} \cong \mathfrak{A} \cong \mathfrak{A} \otimes \boldsymbol{C} \quad ; \text{代数として同型}$$

が成立していることから，

$$1 \otimes f = f = f \otimes 1$$

となることを利用した．以上の代数の説明は，6.2節の最初に述べたことがらを $K = \boldsymbol{C}$ として書き換えたものであることを注意しておく．

さて，**余代数**を定義しよう．余代数 $\mathfrak{A}_c$ とは，$\boldsymbol{C}$ 上のベクトル空間であり，かつ**余積写像**

$$\Delta : \mathfrak{A}_c \to \mathfrak{A}_c \otimes \mathfrak{A}_c \tag{9.3}$$

および**余単位写像**

$$\varepsilon : \mathfrak{A}_c \to \boldsymbol{C} \tag{9.4}$$

が存在し，さらに式 (9.1)，(9.2) に対応して

$$(i_d \otimes \Delta) \circ \Delta = (\Delta \otimes i_d) \circ \Delta \tag{9.5}$$

$$(i_d \otimes \varepsilon) \circ \Delta = (\varepsilon \otimes i_d) \circ \Delta = i_d \tag{9.6}$$

が成り立つものである．Δ，ε はともに線形写像である．以後，その意味をわかりやすくするために，$\forall f \in \mathfrak{A}_c$ に対して

$$\Delta f = f_i \otimes f^i \tag{9.7}$$

と表現することにする．一般には，$f_i \fallingdotseq f^i$ であることに注意．$\{i\}$ の変域は有限の場合もあれば，そうでない場合もある．後者のときには，$\mathfrak{A}_c$ に対してなんらかの拘束条件を準備する必要がある．たとえば，$\mathfrak{A}_c$ として Lie 群 G 上の関数代数をとった場合には，G が有限ではないときに後者になる可能性がある．そのときには，関数の定義域に条件を課す必要がある．式 (9.7) 右辺において，原則として添え字は左下，右上と決めておく．式 (9.7) を用いると，

$$(i_d \otimes \Delta) \circ \Delta f = (i_d \otimes \Delta)(f_i \otimes f^i) = f_i \otimes \Delta f^i$$

$$(\Delta \otimes i_d) \circ \Delta f = (\Delta \otimes i_d)(f_i \otimes f^i) = \Delta f_i \otimes f^i$$

となるから，式 (9.5) は

$$f_i \otimes \Delta f^i = \Delta f_i \otimes f^i \tag{9.8}$$

を意味する．同様にして，

$$(i_d \otimes \varepsilon) \circ \Delta f = f_i \varepsilon(f^i)$$

$$(\varepsilon \otimes i_d) \circ \Delta f = \varepsilon(f_i) f^i$$

$$i_d(f) = f$$

であるから，式 (9.6) は

$$f_i \varepsilon(f^i) = \varepsilon(f_i) f^i = f \tag{9.9}$$

を意味している．このとき，$\varepsilon(f^i), \varepsilon(f_i) \in \boldsymbol{C}$ であることを注意しておく．

ここで，もうひとつの写像 τ を定義しておく．これはフリップ σ に似た性質をもっており，

$$\tau : \mathfrak{A}_c \otimes \mathfrak{A}_c \otimes \mathfrak{A}_c \otimes \mathfrak{A}_c \to \mathfrak{A}_c \otimes \mathfrak{A}_c \otimes \mathfrak{A}_c \otimes \mathfrak{A}_c$$

$$f \otimes g \otimes h \otimes s \mapsto f \otimes h \otimes g \otimes s$$

として定義される．

以上の準備の下に，**双代数**を定義する．これが Hopf 代数の土台となる．

9.1.2　双代数

双代数とは，代数ならびに余代数の構造を有しており，両立条件

$$\Delta \circ m = (m \otimes m) \circ \tau \circ (\Delta \otimes \Delta) \tag{9.10}$$

$$\varepsilon \circ m = m \circ (\varepsilon \otimes \varepsilon) \tag{9.11}$$

$$\Delta \circ u = u \otimes u \tag{9.12}$$

$$\varepsilon \circ u = i_d^{\boldsymbol{C}} \tag{9.13}$$

を満たしているものである．ここで，$i_d^{\boldsymbol{C}}$ は $\boldsymbol{C}$ における恒等写像である．これらの式の妥当性をみるために，$\mathfrak{A}$ として Lie 群 G 上の連続関数代数を考えてみよう．それは，$\forall x \in G$ に対して $f(x), g(x) \in \boldsymbol{C}$ が定まり，

$$(f+g)(x) = f(x) + g(x)$$

$$(fg)(x) = f(x)g(x) = (gf)(x) \quad ; \text{ 可換}$$

を満たすような連続関数の集合のことである．これは可換な代数となっている．また，ここでいう Lie 群とは群の構造をもつ多様体のことと考えてよい．さて，まずはじめに $\forall x, \forall y \in G$ に対して，

$$(f_i \otimes f^i)(x, y) = f_i(x) f^i(y) = f(xy) \tag{9.14}$$

が成り立つとする．最後の等式は，添え字の順序が原則通り (左下，右上) のときにのみ成立すると約束する．Lie 群 G は一般に非可換であるので，この点に注意を要する．この式から，式 (9.7) を考慮すると

$$(\Delta f)(x, y) = (f_i \otimes f^i)(x, y) = f(xy) \tag{9.15}$$

がいえることになる．つまり，関数代数上で定義される余積写像は，1 変数関数から 2 変数関数を作り出すと考えられるのである．このとき，式 (9.10) の左辺は

$$\Delta \circ m(f \otimes g) = \Delta(fg) = (fg)_i \otimes (fg)^i$$

に注意して，

$$\begin{aligned} \Delta \circ m(f \otimes g)(x, y) &= ((fg)_i \otimes (fg)^i)(x, y) \\ &= (fg)(xy) = f(xy)g(xy) \end{aligned} \tag{9.16}$$

となることがわかる．途中の表記で，$\Delta(fg) = (fg)_i \otimes (fg)^i$ と記したところがあるが，これは $\exists h \in \mathfrak{A}(h = fg)$ を用いて，

$$\Delta(fg) = \Delta h = h_i \otimes h^i = (fg)_i \otimes (fg)^i$$

となっていると解釈すればよい．一方，

$$(\Delta \otimes \Delta)(f \otimes g) = \Delta f \otimes \Delta g = f_i \otimes f^i \otimes g_j \otimes g^j$$

であるから，

$$\begin{aligned} (m \otimes m) \circ \tau \circ (\Delta \otimes \Delta)(f \otimes g) &= (m \otimes m) \circ \tau(f_i \otimes f^i \otimes g_j \otimes g^j) \\ &= (m \otimes m)(f_i \otimes g_j \otimes f^i \otimes g^j) \\ &= (f_i g_j) \otimes (f^i g^j) \end{aligned}$$

がいえ，これより

$$\begin{aligned} &((m \otimes m) \circ \tau \circ (\Delta \otimes \Delta)(f \otimes g))(x, y) \\ &\quad = ((f_i g_j) \otimes (f^i g^j))(x, y) = (f_i g_j)(x)(f^i g^j)(y) \\ &\quad = f_i(x) g_j(x) f^i(y) g^j(y) = f_i(x) f^i(y) g_j(x) g^j(y) \\ &\quad = f(xy)g(xy) \end{aligned} \tag{9.17}$$

となるので，式 (9.16) と比較して，式 (9.10) の成立がいえることになる．つぎに，G の単位元を e とし，**余単位写像** ε を

$$\varepsilon(f) = f(e) \tag{9.18}$$

と定義すると，

$$\varepsilon \circ m(f \otimes g) = \varepsilon(fg) = (fg)(e) = f(e)g(e) \tag{9.19}$$

$$m \circ (\varepsilon \otimes \varepsilon)(f \otimes g) = m(\varepsilon(f) \otimes \varepsilon(g)) = m(f(e) \otimes g(e)) = f(e)g(e) \tag{9.20}$$

より，式 (9.11) の成立が示される．同様にして，$k \in \boldsymbol{C}$ として

$$\Delta \circ u(k) = \Delta(kI) = k\Delta I = kI_i \otimes I^i$$

がいえるので，$\forall x \in G$ に対して $I(x) = 1 \in \boldsymbol{C}$ が成り立つことに注意すると，

$$(\Delta \circ u(k))(x,y) = (kI_i \otimes I^i)(x,y) = kI(xy) = k \tag{9.21}$$

となることがわかる．一方，

$$(u \otimes u)(k) = (u \otimes u)(k \otimes 1) = u(k) \otimes I = kI \otimes I$$

であるから，

$$((u \otimes u)(k))(x,y) = (kI \otimes I)(x,y) = kI(x)I(y) = k \tag{9.22}$$

となり，結局式 (9.12) の成立が示される．最後に式 (9.13) であるが，

$$\varepsilon \circ u(k) = \varepsilon(kI) = k\varepsilon(I) = kI(e) = k \tag{9.23}$$

がいえ，また

$$i_d^{\boldsymbol{C}}(k) = k \tag{9.24}$$

であるから，その成立は明らかである．

これで，群 G 上の連続関数代数 $\mathfrak{A}$ は双代数となっていることが示された．参考までに，この $\mathfrak{A}$ が式 (9.5)，(9.6)(すなわち式 (9.8)，(9.9)) を満たしていることも示しておこう．まず，$x, y, z \in G$ として，

$$(f_i \otimes \Delta f^i)(x,y,z) = f_i(x) \cdot (\Delta f^i)(y,z) = f_i(x) f^i(yz) = f(x(yz))$$

であり，

$$(\Delta f_i \otimes f^i)(x,y,z) = (\Delta f_i)(x,y) \cdot f^i(z) = f_i(xy) f^i(z) = f((xy)z)$$

がいえるから，G の結合則から式 (9.8) が成立していることがわかる．また，

$$(f_i\, \varepsilon(f^i))(x) = f_i(x) f^i(e) = f(xe)$$

$$(\varepsilon(f_i) f^i)(x) = f_i(e) f^i(x) = f(ex)$$

であるから，式 (9.9) の成立も明らかである．

■ 9.1.3　Hopf 代数

Hopf 代数の定義のためには，もうひとつの重要な線形写像 S を定義しなければならない．それは**対蹠**(たいせき)とよばれるもので，

$$S : \mathfrak{A} \to \mathfrak{A}$$

であり，両立条件

$$m \circ (i_d \otimes S) \circ \Delta = m \circ (S \otimes i_d) \circ \Delta = u \circ \varepsilon \tag{9.25}$$

を満たすものである．これは一種の対合演算であることから，対合射などともよばれるが，より具体的な意味を強調するために "対蹠" という語を当てることにする．ここでもやはり，Lie 群 G 上の関数代数 $\mathfrak{A}$ を考えて式 (9.25) の妥当性をみてみることにしよう．対蹠 S を $\forall x \in G$ に対して，

$$(Sf)(x) = f(x^{-1}) \tag{9.26}$$

として定義する．こうすると

$$m \circ (i_d \otimes S) \circ \Delta f = m \circ (i_d \otimes S)(f_i \otimes f^i) = m(f_i \otimes Sf^i) = f_i(Sf^i)$$

$$m \circ (S \otimes i_d) \circ \Delta f = m(Sf_i \otimes f^i) = (Sf_i)f^i$$

に注意して，

$$\begin{aligned}(m \circ (i_d \otimes S) \circ \Delta f)(x) &= (f_i(Sf^i))(x) = f_i(x)(Sf^i)(x) \\ &= f_i(x)f^i(x^{-1}) = f(xx^{-1}) = f(e)\end{aligned} \tag{9.27}$$

$$\begin{aligned}(m \circ (S \otimes i_d) \circ \Delta f)(x) &= ((Sf_i)f^i)(x) = (Sf_i)(x)f^i(x) \\ &= f_i(x^{-1})f^i(x) = f(x^{-1}x) = f(e)\end{aligned} \tag{9.28}$$

を得る．さらに

$$u \circ \varepsilon(f) = u(f(e)) = f(e)I$$

であるから，

$$(u \circ \varepsilon(f))(x) = f(e)I(x) = f(e) \tag{9.29}$$

となる．したがって，式 (9.26) の定義を用いると，式 (9.25) の成り立つことが示せるのである．

さて，ようやく **Hopf 代数**を定義できる段取りとなった．Hopf 代数とは，今定義した対蹠を有する双代数のことである．つまり，通常の代数構造を有することはもちろん，加えて余代数の構造 (余積写像と余単位写像) を有し，さらに**対蹠写像**ももっているという，なんとも多くの演算が定義されたたいへん豊かな代数のことなのである．その代表例が，これまでにも述べた Lie 群 G 上の関数代数なのである．この関数代数は可換ではあるが，一般に余可換ではない．**余可換**であるとは，式 (9.7) に対して

$$\Delta' f = f^i \otimes f_i \tag{9.7$'$}$$

を定義した際に，

$$\Delta' = \Delta$$

が成立することである．式 (9.7)$'$ においては，添え字 i が左上，右下となっている点に注意を要する．$x, y \in G$ とすると，

$$\begin{aligned}(\Delta' f)(x, y) &= (f^i \otimes f_i)(x, y) = f^i(x)f_i(y) \\ &= f_i(y)f^i(x) = f(yx)\end{aligned}$$

となるから，一般には

$$(\Delta' f)(x, y) = f(yx) \neq f(xy) = (\Delta f)(x, y)$$

であり，

$$\Delta' f \fallingdotseq \Delta f \tag{9.30}$$

が結論付けられる．ただし，G が可換群のときには，$xy = yx$ が成立しているので，$\Delta' f = \Delta f$ が成り立つ (つまり余可換である)．

9.2　量子包絡代数 $U_q(\mathfrak{sl}(2, C))$ と量子変形群 $SL_q(2, C)$

まずは**量子群**の定義を述べよう．量子群とは，可換でもなく余可換でもない Hopf 代数のことである．したがってその本質は，群ではなくて対蹠を有する双代数なのである．"群" という名称はふさわしくないが，しかし量子空間に作用 (余作用) する双代数を考えるときには，あたかも群の q 変形や h 変形のようにみることもできるので，そこではこのような名が付与されていても違和感を覚えることはないであろう．

9.2.1　$U_q(\mathfrak{sl}(2, C))$

一般に，Lie 代数 $\mathfrak{g}$ の**包絡代数** $U(\mathfrak{g})$ とは，$\mathfrak{g}$ 上のテンソル代数 $\mathfrak{T}(\mathfrak{g})$ に対して括弧積が定義されたものである．具体的には，

$$\mathfrak{T}(\mathfrak{g}) = \bigoplus_{l=0}^{\infty} \mathfrak{g}^{\otimes l} \tag{9.31}$$

$$\mathfrak{g}^{\otimes 0} = C, \quad \mathfrak{g}^{\otimes l} = \mathfrak{g} \otimes \mathfrak{g} \otimes \cdots \otimes \mathfrak{g} \quad ; \ l \text{ 個のテンソル積}$$

であり，括弧積は，$X, Y \in \mathfrak{g}$ に対して

$$X \otimes Y - Y \otimes X = [X, Y]$$

と定義される．たとえば，Lie 代数 $\mathfrak{sl}(n, C)$ には，

$$[X, Y] = XY - YX$$

が定義されていたのであるが，ここではそれを Lie 代数間のテンソル積の関係式にまで拡張したと考えてよい．また上の構成のしかたから考えて，$\mathfrak{g}$ の基底は $U(\mathfrak{g})$ の生成子となっていることもわかる．この包絡代数に余代数の構造ならびに対蹠を定義して，Hopf 代数とすることができる．余積 Δ を，$\mathfrak{g}$ の基底 X に対して

$$\Delta X = X_i \otimes X^i = X \otimes I + I \otimes X \tag{9.32}$$

と定義する．これは，$X_1 = X^2 = X$, $X^1 = X_2 = I$ としたことに相当する．このとき，明らかに

$$\Delta' X = X^i \otimes X_i = I \otimes X + X \otimes I = \Delta X$$

であるから，余可換となっている．そして，余単位 ε は

$$\varepsilon(X) = 0 \tag{9.33}$$

とし，対蹠 S は

$$S(X) = -X \tag{9.34}$$

と定義する．いずれも $\mathfrak{g}$ の上での定義であるが，$U(\mathfrak{g})$ への自然な拡張も可能である．それには，$\varDelta$ と ε については準同型写像とし，S については被作用素を入れ換えた上での準同型写像として拡張すればよい．

さて，**量子包絡代数**はこれのさらなる拡張であり，いわゆる q 変形である．その一般論をここで論じるには紙数が許さないので，具体例のひとつである $U_q(\mathfrak{sl}(2,\boldsymbol{C}))$ についてのみ述べることにする．まず，$\mathfrak{sl}(2,\boldsymbol{C})$ は

$$\mathfrak{sl}(2,\boldsymbol{C}) = \{X \in M(2,\boldsymbol{C}) \,|\, TrX = 0\}$$

であり，これは $2(2^2-1)$ 次元，すなわち (実次元として) 6 次元であるから，複素 Lie 代数でもあり，複素次元は 3 となる．よって，その基底を通常通り

$$E = \begin{pmatrix} 0 & 1 \\ 0 & 0 \end{pmatrix}, \quad F = \begin{pmatrix} 0 & 0 \\ 1 & 0 \end{pmatrix}, \quad H = \begin{pmatrix} 1 & 0 \\ 0 & -1 \end{pmatrix} \tag{9.35}$$

ととることにしよう．このとき，交換関係

$$[E,F] = H, \quad [H,E] = 2E, \quad [H,F] = -2F \tag{9.36}$$

が成立している．これを書き換えるのであるが，そのために $q \in \boldsymbol{C}$，ただし，$q \fallingdotseq \pm 1, 0$ として，

$$L = q^H \tag{9.37}$$

と置き，さらに $q = e^t (t \in \boldsymbol{C})$ としてみる．こうすると，相似変換の公式 (式 (6.24)) を用いて，

$$\begin{aligned} LEL^{-1} &= q^H E q^{-H} = e^{tH} E e^{-tH} \\ &= E + [H,E]t + \frac{1}{2!}[H,[H,E]]t^2 + \cdots \end{aligned}$$

とできるので，式 (9.36) の第二式を代入すると

$$\begin{aligned} LEL^{-1} &= E + 2Et + \frac{1}{2!}2^2Et^2 + \cdots = \left\{1 + 2t + \frac{1}{2!}(2t)^2 + \cdots\right\} E \\ &= e^{2t}E = q^2E \end{aligned}$$

が得られる．また同様にして，式 (9.36) の第三式から

$$\begin{aligned} LFL^{-1} &= e^{tH}Fe^{-tH} = F - 2Ft + \frac{1}{2!}(-2)^2Ft^2 + \cdots \\ &= \left\{1 + (-2t) + \frac{1}{2!}(-2t)^2 + \cdots\right\} F = q^{-2}F \end{aligned}$$

となる．残りの式 (9.36) の第一式であるが，これは

$$[E, F] = H_q \tag{9.38}$$

と書き換える (変形する) ことにする．ここで，H_q は

$$H_q = \frac{q^H - q^{-H}}{q - q^{-1}} = \frac{L - L^{-1}}{q - q^{-1}} \tag{9.39}$$

と定義されるものであり，明らかに

$$\lim_{q \to 1} H_q = H$$

が成立している．また，ここまでの式中に L の逆元 L^{-1} が現れているが，これは当然

$$LL^{-1} = L^{-1}L = I$$

を満たしている．

以上をまとめると，量子包絡代数 $U_q(\mathfrak{sl}(2, \boldsymbol{C}))$ とは，E，F，$L(L^{-1})$ によって生成され，それらは関係式

$$LEL^{-1} = q^2 E \tag{9.40}$$

$$LFL^{-1} = q^{-2} F \tag{9.41}$$

$$[E, F] = \frac{L - L^{-1}}{q - q^{-1}} \tag{9.42}$$

を満たす代数ということになる．つまり，これら生成子は可換ではない．

つぎに，この代数に余積 Δ，余単位 ε，対蹠 S を定義して Hopf 代数を構築しよう．上と同様，生成子間の関係式を列記することにする．それは

$$\Delta L = L \otimes L \quad (\Delta L^{-1} = L^{-1} \otimes L^{-1}) \tag{9.43}$$

$$\Delta E = E \otimes I + L \otimes E, \quad \Delta F = F \otimes L^{-1} + I \otimes F \tag{9.44}$$

$$\varepsilon(L) = 1 \quad (\varepsilon(L^{-1}) = 1) \tag{9.45}$$

$$\varepsilon(E) = 0, \quad \varepsilon(F) = 0 \tag{9.46}$$

$$S(L) = L^{-1} \quad (S(L^{-1}) = L) \tag{9.47}$$

$$S(E) = -L^{-1}E, \quad S(F) = -FL \tag{9.48}$$

である．式 (9.44) は明らかに余可換ではない．しかし，もし $q \to 1$ の極限をとってみると ($L \to I$ となるので)，それは式 (9.32) と同じ形になり余可換性が復活し，また同時に式 (9.48) も式 (9.34) を再現することになる．つまり，量子包絡代数 $U_q(\mathfrak{sl}(2, \boldsymbol{C}))$ は包絡代数 $U(\mathfrak{sl}(2, \boldsymbol{C}))$ のまさに q 変形となっていることがわかるのである．もちろん，ここでは生成子間の関係式しか与えていないが，これらを $U_q(\mathfrak{sl}(2, \boldsymbol{C}))$ 全体へ拡張するには，式 (9.34) の下で述べたようにすればよい．

後は，前節で述べた各種結合則，両立条件式の確認を行えばよい．ここでは例として，式 (9.5)，(9.10)，(9.25) が成立しているかどうかをみてみることにする．まず，Δ は準同型写像であったことを思い起こして，式 (9.43) から

$$\begin{aligned} \Delta I &= \Delta(LL^{-1}) = (\Delta L)(\Delta L^{-1}) \\ &= (L \otimes L)(L^{-1} \otimes L^{-1}) = LL^{-1} \otimes LL^{-1} = I \otimes I \end{aligned} \tag{9.49}$$

がいえることに注意する．これを用いると，式 (9.44) から

$$\begin{aligned} (i_d \otimes \Delta) \circ \Delta E &= (i_d \otimes \Delta)(E \otimes I + L \otimes E) \\ &= E \otimes \Delta I + L \otimes \Delta E \\ &= E \otimes I \otimes I + L \otimes E \otimes I + L \otimes L \otimes E \end{aligned} \tag{9.50}$$

となり，一方

$$\begin{aligned} (\Delta \otimes i_d) \circ \Delta E &= (\Delta \otimes i_d)(E \otimes I + L \otimes E) \\ &= \Delta E \otimes I + \Delta L \otimes E \\ &= E \otimes I \otimes I + L \otimes E \otimes I + L \otimes L \otimes E \end{aligned} \tag{9.51}$$

が得られるので，E に対しては式 (9.5) の成立が示せた．他の生成子に対しても同様にして示すことができる．つぎに，やはり Δ の準同型性に着目して，

$$\begin{aligned} (\Delta \circ m)(E \otimes F) &= \Delta(EF) = (\Delta E)(\Delta F) \\ &= (E \otimes I + L \otimes E)(F \otimes L^{-1} + I \otimes F) \\ &= EF \otimes L^{-1} + E \otimes F + LF \otimes EL^{-1} + L \otimes EF \end{aligned} \tag{9.52}$$

がいえる．ここで，もし式 (9.7) の記法を用いたならば，今の場合

$$\Delta(EF) = (EF)_i \otimes (EF)^i$$

の右辺が

$$\begin{aligned} E_iF_j \otimes E^iF^j &= E_1F_j \otimes E^1F^j + E_2F_j \otimes E^2F^j \\ &= E_1F_1 \otimes E^1F^1 + E_1F_2 \otimes E^1F^2 + E_2F_1 \otimes E^2F^1 \\ &\quad + E_2F_2 \otimes E^2F^2 \end{aligned}$$

となっていると解釈すればよい．一方

$$\begin{aligned} (\Delta \otimes \Delta)(E \otimes F) &= \Delta E \otimes \Delta F \\ &= E \otimes I \otimes F \otimes L^{-1} + E \otimes I \otimes I \otimes F + L \otimes E \otimes F \otimes L^{-1} \\ &\quad + L \otimes E \otimes I \otimes F \end{aligned}$$

$$
\begin{aligned}
&\tau \circ (\Delta \otimes \Delta)(E \otimes F) \\
&\qquad = E \otimes F \otimes I \otimes L^{-1} + E \otimes I \otimes I \otimes F + L \otimes F \otimes E \otimes L^{-1} \\
&\qquad\quad + L \otimes I \otimes E \otimes F \\
&(m \otimes m) \circ \tau \circ (\Delta \otimes \Delta)(E \otimes F) \\
&\qquad = EF \otimes L^{-1} + E \otimes F + LF \otimes EL^{-1} + L \otimes EF
\end{aligned} \tag{9.53}
$$

となるから，式 (9.52) と比較して，被作用素 $E \otimes F$ に対しては式 (9.10) が成立していることがわかる．他の生成子に対しても同様である．最後に式 (9.25) を示す．S は，被作用素を入れ換えた後での準同型写像であったから，

$$
S(I) = S(LL^{-1}) = S(L^{-1})S(L) = LL^{-1} = I \tag{9.54}
$$

である．これより，

$$
\begin{aligned}
m \circ (i_d \otimes S) \circ \Delta E &= m \circ (i_d \otimes S)(E \otimes I + L \otimes E) \\
&= m(E \otimes S(I) + L \otimes S(E)) \\
&= m(E \otimes I - L \otimes L^{-1}E) \\
&= E - LL^{-1}E = 0
\end{aligned} \tag{9.55}
$$

$$
\begin{aligned}
m \circ (S \otimes i_d) \circ \Delta E &= m \circ (S \otimes i_d)(E \otimes I + L \otimes E) \\
&= m(-L^{-1}E \otimes I + L^{-1} \otimes E) \\
&= -L^{-1}E + L^{-1}E = 0
\end{aligned} \tag{9.56}
$$

$$
u \circ \varepsilon(E) = u \circ 0 = 0 \tag{9.57}
$$

が得られるので，E に対しては式 (9.25) が成立していることがわかる．他の生成子についても同様である．

以上で，生成子 $\{E, F, L(L^{-1})\}$ により生成された代数 $U_q(\mathfrak{sl}(2, \boldsymbol{C}))$ は Hopf 代数となることがわかった．これはまた，可換でもなければ余可換でもないので，まさに**量子群**の一例となっている．

■ 9.2.2　$\boldsymbol{SL_q(2, C)}$

ここでは，前節 (9.1 節) で例としてとり上げた Lie 群 G 上の連続関数を再度考察する．そして，G としては $SL(2, \boldsymbol{C})$ を採用することにしよう．それは

$$
SL(2, \boldsymbol{C}) = \{x \in M(2, \boldsymbol{C}) \mid \det x = 1\}
$$

として定義されるものである．たとえば，$x^i{}_j \in \boldsymbol{C}$ により

$$x = \begin{pmatrix} x^1{}_1 & x^1{}_2 \\ x^2{}_1 & x^2{}_2 \end{pmatrix}, \quad x^1{}_1 x^2{}_2 - x^1{}_2 x^2{}_1 = 1$$

と表すことができたとき，もちろん $x \in SL(2,\boldsymbol{C})$ であるが，ここで x の各成分を $f^i{}_j(x)$ と記すことにする．これは，群の元そのものを群上の関数から作られた行列と解釈することに等しい．この各成分の写像

$$f^i{}_j : G \to \boldsymbol{C}$$

は群 G 上の連続関数となり，これにより生成された代数は当然可換代数となる．この代数に余積 Δ，余単位 ε，対蹠 S を定義して Hopf 代数を構築しよう．まず余積写像であるが，それは式 (9.7) と同様にして，

$$\Delta f^i{}_j = f^i{}_k \otimes f^k{}_j \tag{9.58}$$

と定義する．このとき，式 (9.14) から

$$(\Delta f^i{}_j)(x,y) = (f^i{}_k \otimes f^k{}_j)(x,y) = f^i{}_k(x) f^k{}_j(y) = f^i{}_j(xy) \tag{9.59}$$

が成立している．また，余単位写像は

$$\varepsilon(f^i{}_j) = \delta^i_j \tag{9.60}$$

と定義する．一方，G の単位元 e は 2 次の単位行列なので，明らかに $f^i{}_j(e) = \delta^i_j$ が成り立っている．つまり，式 (9.60) は式 (9.18) と同様であって，

$$\varepsilon(f^i{}_j) = f^i{}_j(e) \tag{9.61}$$

を意味しているのである．そして対蹠であるが，行列 $(f^i{}_j(x))$ の逆行列を $((f^{-1})^i{}_j(x))$ として，

$$S(f^i{}_j) = (f^{-1})^i{}_j \tag{9.62}$$

と定義する．このとき，式 (9.26) と同様に

$$(Sf^i{}_j)(x) = (f^{-1})^i{}_j(x) = f^i{}_j(x^{-1}) \tag{9.63}$$

が成立している．

こうして定義した関数代数は，前節 (9.1 節) のものと同じ関係式を満たしていることから，各種結合則，両立条件式が成立していることは明らかであるが，念のため式 (9.10) と式 (9.25) を確認しておく．まず，

$$\begin{aligned} \Delta \circ m(f^i{}_j \otimes f^k{}_l) &= \Delta(f^i{}_j f^k{}_l) = (\Delta f^i{}_j)(\Delta f^k{}_l) \\ &= (f^i{}_s \otimes f^s{}_j)(f^k{}_t \otimes f^t{}_l) = f^i{}_s f^k{}_t \otimes f^s{}_j f^t{}_l \end{aligned} \tag{9.64}$$

であり，一方

$$(\Delta \otimes \Delta)(f^i{}_j \otimes f^k{}_l) = \Delta f^i{}_j \otimes \Delta f^k{}_l = f^i{}_s \otimes f^s{}_j \otimes f^k{}_t \otimes f^t{}_l$$

$$\tau \circ (\Delta \otimes \Delta)(f^i{}_j \otimes f^k{}_l) = f^i{}_s \otimes f^k{}_t \otimes f^s{}_j \otimes f^t{}_l$$

$$(m \otimes m) \circ \tau \circ (\Delta \otimes \Delta)(f^i{}_j \otimes f^k{}_l) = f^i{}_s f^k{}_t \otimes f^s{}_j f^t{}_l \tag{9.65}$$

が得られるから，式 (9.10) は成立している．つぎに，

$$\begin{aligned} m \circ (i_d \otimes S) \circ \Delta f^i{}_j &= m \circ (i_d \otimes S)(f^i{}_k \otimes f^k{}_j) \\ &= m(f^i{}_k \otimes S(f^k{}_j)) = m(f^i{}_k \otimes (f^{-1})^k{}_j) = f^i{}_k (f^{-1})^k{}_j \end{aligned}$$

より

$$(m \circ (i_d \otimes S) \circ \Delta f^i{}_j)(x) = (f^i{}_k (f^{-1})^k{}_j)(x) = f^i{}_k(x)(f^{-1})^k{}_j(x) = \delta^i_j \tag{9.66}$$

であり，同様にして

$$(m \circ (S \otimes i_d) \circ \Delta f^i{}_j)(x) = (f^{-1})^i{}_k(x) f^k{}_j(x) = \delta^i_j \tag{9.67}$$

が得られる．さらに

$$(u \circ \varepsilon(f^i{}_j))(x) = (u(\delta^i_j))(x) = (\delta^i_j I)(x) = \delta^i_j \tag{9.68}$$

もいえるので，結局式 (9.25) の成立も示すことができる．他の条件式も同じようにして示せるので，この関数代数は Hopf 代数となっていることがわかる．基になっている Lie 群は $SL(2, \boldsymbol{C})$ であるから，当然 $\det(f^i{}_j(x)) = 1$ でなければならない．また，余可換でないことは，$SL(2, \boldsymbol{C})$ が非可換群であることから明らかである．つまり，この Hopf 代数は可換ではあるが，余可換ではない代数なのである．

さて，これを量子群にするためには非可換とする必要がある．それには，R–**行列**というものを導入しなければならないが，その前に $\{f^i{}_j\}$ により構成される 4 次の行列 F_1，F_2 を定義しておこう．あからさまに書くと，

$$F_1 = \begin{pmatrix} f^1{}_1 & 0 & f^1{}_2 & 0 \\ 0 & f^1{}_1 & 0 & f^1{}_2 \\ f^2{}_1 & 0 & f^2{}_2 & 0 \\ 0 & f^2{}_1 & 0 & f^2{}_2 \end{pmatrix}, \quad F_2 = \begin{pmatrix} f^1{}_1 & f^1{}_2 & 0 & 0 \\ f^2{}_1 & f^2{}_2 & 0 & 0 \\ 0 & 0 & f^1{}_1 & f^1{}_2 \\ 0 & 0 & f^2{}_1 & f^2{}_2 \end{pmatrix} \tag{9.69}$$

である．4 次の行列の行と列の順序付けを

$$(11 \quad 12 \quad 21 \quad 22) \to (1 \quad 2 \quad 3 \quad 4)$$

と定めると，たとえば

$$(F_1)^{11}{}_{21} = f^1{}_2, \quad (F_2)^{21}{}_{21} = f^1{}_1$$

などとなっている．そして R–行列は，$q \in \boldsymbol{C}$，ただし $q \neq 0$ として，

$$R_q = \begin{pmatrix} q & 0 & 0 & 0 \\ 0 & 1 & 0 & 0 \\ 0 & q - q^{-1} & 1 & 0 \\ 0 & 0 & 0 & q \end{pmatrix} \tag{9.70}$$

と定義される．これらを用いて $\{f^i{}_j\}$ を非可換とするための条件式

$$R_q F_1 F_2 = F_2 F_1 R_q \tag{9.71}$$

が導入される．式 (9.70) から明らかなように

$$\lim_{q\to 1} R_q = I_4 \quad ; \text{ 4 次の単位行列}$$

であるから，$q \to 1$ の極限においては F_1 と F_2 は可換となり，すべての成分 $\{f^i{}_j\}$ が可換となる．それはつぎのようにして示される．F_1 と F_2 の各成分は

$$(F_1)^{ij}{}_{kl} = f^i{}_k \delta^j_l, \quad (F_2)^{ij}{}_{kl} = \delta^i_k f^j{}_l \tag{9.72}$$

と書けるので，これから

$$(F_1F_2)^{ij}{}_{kl} = (F_1)^{ij}{}_{st}(F_2)^{st}{}_{kl} = f^i{}_s \delta^j_t \delta^s_k f^t{}_l = f^i{}_k f^j{}_l$$

$$(F_2F_1)^{ij}{}_{kl} = (F_2)^{ij}{}_{st}(F_1)^{st}{}_{kl} = \delta^i_s f^j{}_t f^s{}_k \delta^t_l = f^j{}_l f^i{}_k$$

がいえる．よって，$F_1F_2 = F_2F_1$ は各成分 $f^i{}_j$ が可換であるということに等しい．R–行列により，$q \neq 1$ ならば Hopf 代数が非可換となり，$SL(2, \boldsymbol{C})$ を基礎として構築された代数は，まさに**量子群**となる．さらにもうひとつ，行列 $(f^i{}_j(x))$ の行列式が 1 に等しいという関係式をつぎのように q 変形する．そのために，行列式の定義に用いられる置換 σ に関する符号 $\mathrm{sgn}\,(\sigma)$ (σ に対応する順列の符号) を q 変形し，

$$\mathrm{sgn}_q(\sigma) = \begin{cases} 1 & (\sigma \text{ による順列が偶順列}) \\ -q & (\sigma \text{ による順列が奇順列}) \end{cases}$$

と定義する．これを用いて，**q 変形行列式** $\det_q$ を

$$\det_q(f^i{}_j) = \sum_\sigma \mathrm{sgn}_q(\sigma) f^1{}_{\sigma(1)} f^2{}_{\sigma(2)} \cdots f^n{}_{\sigma(n)} \tag{9.73}$$

と定義する．たとえば，$n = 2$ のときには

$$\det_q(f^i{}_j) = f^1{}_1 f^2{}_2 - q\, f^1{}_2 f^2{}_1$$

となっている．そして，これまで考えてきた代数に条件式として

$$\det_q(f^i{}_j) = I \tag{9.74}$$

を課すことにする．右辺は関数代数としての単位元である．以上のようにして構築された Hopf 代数を，$SL_q(2, \boldsymbol{C})$ として表すことにする．これは可換でもなく (式 (9.71) により)，余可換でもないので，確かに量子群の一例となっている．

つぎに，非可換の条件式 (9.71) を具体的に書き下して，各成分間の交換関係を求めてみよう．そのために以下のような書き換えを行う．まず，行列 $(f^i{}_j)$ を

$$f = (f^i{}_j) = \begin{pmatrix} f^1{}_1 & f^1{}_2 \\ f^2{}_1 & f^2{}_2 \end{pmatrix} = \begin{pmatrix} a & b \\ c & d \end{pmatrix} \tag{9.75}$$

と記すことにする．a，b，c，d はすべてが関数であることに注意．このとき，

$$F_1 = \begin{pmatrix} a & 0 & b & 0 \\ 0 & a & 0 & b \\ c & 0 & d & 0 \\ 0 & c & 0 & d \end{pmatrix} = \begin{pmatrix} aI_2 & bI_2 \\ cI_2 & dI_2 \end{pmatrix}$$

$$F_2 = \begin{pmatrix} a & b & 0 & 0 \\ c & d & 0 & 0 \\ 0 & 0 & a & b \\ 0 & 0 & c & d \end{pmatrix} = \begin{pmatrix} f & 0 \\ 0 & f \end{pmatrix}$$

である．同様にして，R–行列を

$$R_q = \begin{pmatrix} \alpha & 0 \\ \beta & \gamma \end{pmatrix}$$

ただし，

$$\alpha = \begin{pmatrix} q & 0 \\ 0 & 1 \end{pmatrix}, \quad \beta = \begin{pmatrix} 0 & q - q^{-1} \\ 0 & 0 \end{pmatrix}, \quad \gamma = \begin{pmatrix} 1 & 0 \\ 0 & q \end{pmatrix}$$

と書くことにする．これらを式 (9.71) に代入してみると，

$$\begin{pmatrix} \alpha & 0 \\ \beta & \gamma \end{pmatrix}\begin{pmatrix} aI_2 & bI_2 \\ cI_2 & dI_2 \end{pmatrix}\begin{pmatrix} f & 0 \\ 0 & f \end{pmatrix} = \begin{pmatrix} f & 0 \\ 0 & f \end{pmatrix}\begin{pmatrix} aI_2 & bI_2 \\ cI_2 & dI_2 \end{pmatrix}\begin{pmatrix} \alpha & 0 \\ \beta & \gamma \end{pmatrix}$$

より，

$$\begin{pmatrix} \alpha af & \alpha bf \\ \beta af + \gamma cf & \beta bf + \gamma d f \end{pmatrix} = \begin{pmatrix} fa\alpha + fb\beta & fb\gamma \\ fc\alpha + fd\beta & fd\gamma \end{pmatrix} \tag{9.76}$$

が得られる．まずはこの式の $(1,1)$ 成分を書き下してみると，

$$\alpha af = fa\alpha + fb\beta$$

すなわち

$$\begin{pmatrix} q & 0 \\ 0 & 1 \end{pmatrix}\begin{pmatrix} a^2 & ab \\ ac & ad \end{pmatrix} = \begin{pmatrix} a & b \\ c & d \end{pmatrix}\begin{pmatrix} aq & 0 \\ 0 & a \end{pmatrix} + \begin{pmatrix} a & b \\ c & d \end{pmatrix}\begin{pmatrix} 0 & b(q - q^{-1}) \\ 0 & 0 \end{pmatrix}$$

より，

$$\begin{pmatrix} qa^2 & qab \\ ac & ad \end{pmatrix} = \begin{pmatrix} a^2q & ba + ab(q - q^{-1}) \\ caq & da + cb(q - q^{-1}) \end{pmatrix}$$

となるから，よって

$$ab = qba, \quad ac = qca, \quad ad - da = (q - q^{-1})cb$$

が導かれる．$(1,2)$ 成分からは

$$\begin{pmatrix} q & 0 \\ 0 & 1 \end{pmatrix}\begin{pmatrix} ba & b^2 \\ bc & bd \end{pmatrix} = \begin{pmatrix} a & b \\ c & d \end{pmatrix}\begin{pmatrix} b & 0 \\ 0 & bq \end{pmatrix}$$

より，

$$\begin{pmatrix} qba & qb^2 \\ bc & bd \end{pmatrix} = \begin{pmatrix} ab & b^2q \\ cb & dbq \end{pmatrix}$$

となるので，

$$bc = cb, \quad bd = qdb$$

が得られる．同様にして，$(2,1)$ 成分からは

$$cd = qdc$$

が得られ，$(2,2)$ 成分からは新しい関係式は生み出されない．以上をまとめると，

$$\begin{aligned} &ab = qba, \quad ac = qca, \quad bc = cb \ ; \text{可換} \\ &bd = qdb, \quad cd = qdc, \quad ad = da + (q - q^{-1})cb \end{aligned} \tag{9.77}$$

となる．これが，式 (9.71) から導出された Hopf 代数 $SL_q(2,\boldsymbol{C})$ の交換関係である．明らかに，$q \to 1$ の極限ではすべての元が交換していることがわかる．

また，式 (9.73) で定義された q 変形行列式であるが，これは式 (9.75) の記法で書くと，

$$\det{}_q(f^i{}_j) = ad - qbc \tag{9.78}$$

である．今の場合，

$$\det{}_q(f^i{}_j) \in Z(SL_q(2,\boldsymbol{C})) \tag{9.79}$$

がいえる．これを具体的に示そう．まず，式 (9.77) から，

$$\begin{aligned} (\det{}_q(f^i{}_j))a &= (ad - qbc)a = a(da) - b(qca) \\ &= a\{ad - (q - q^{-1})bc\} - bac \\ &= a(ad - qbc) = a(\det{}_q(f^i{}_j)) \end{aligned}$$

を得る．同様にして

$$(\det{}_q(f^i{}_j))b = a(db) - qb(cb) = b(ad - qbc) = b(\det{}_q(f^i{}_j))$$

$$(\det{}_q(f^i{}_j))c = a(dc) - qbcc = c(ad - qbc) = c(\det{}_q(f^i{}_j))$$

$$\begin{aligned} (\det{}_q(f^i{}_j))d &= add - qb(cd) = \{da + (q - q^{-1})bc\}d - qbcd \\ &= dad - bdc = d(ad - qbc) = d(\det{}_q(f^i{}_j)) \end{aligned}$$

も導かれるので，これで式 (9.79) が示されたことになる．したがって，$SL_q(2,\boldsymbol{C})$ の単位元 I を用いて

$$\det{}_q(f^i{}_j) = I$$

とおくことが許される．

さらに，対蹠 S についてはつぎのようになる．写像 S により，行列の各成分 ${f^i}_j$ は逆行列の各成分 ${(f^{-1})^i}_j$ に移されるのであるから，今の場合

$$\begin{aligned} S(a) &= d, & S(b) &= -q^{-1}b \\ S(c) &= -qc, & S(d) &= a \end{aligned} \tag{9.80}$$

が成立している．

以上，量子群 $SL_q(2,\boldsymbol{C})$ の具体的な構築を行ってきたが，式 (9.71) における R–行列の導入については，天下り的印象が強かったことと思う．R–行列は実は **Yang-Baxter 方程式**の解でもあり，組み紐群とも深い関係にあって，そちらからの考察を行えばもう少しは納得性が深まると思われるのであるが，ここでは割愛することにする．

9.2.3　$SL_q(2,\boldsymbol{C})$ の量子空間への余作用

最後に，$SL_q(2,\boldsymbol{C})$ の量子空間 (q 変形曲面) への作用 (余作用) について触れておこう．量子空間への量子群のいわゆる "作用" のことを**余作用**といい，それはつぎのようにして表現される．量子空間 $\mathfrak{A}$ には微分が定義できて，$\mathfrak{A}$ 上の微分形式が構築できたが，その際 1 形式の作るベクトル空間のことを $\Omega^1(\mathfrak{A})$ と表し，2 形式については $\Omega^2(\mathfrak{A})$ と表現した．また，$\Omega^0(\mathfrak{A}) = \mathfrak{A}$ であるとする．そこで，これらを総称して $\Omega^*(\mathfrak{A})$ と表記することにし，量子群 $SL_q(2,\boldsymbol{C})$ による余作用は

$$\Omega^*(\mathfrak{A}) \to SL_q(2,\boldsymbol{C}) \otimes \Omega^*(\mathfrak{A})$$

と表現する．この右辺が $\Omega^*(\mathfrak{A})$ に等しければこれは単なる作用となるのであるが，そうはならないので余作用とよばれるのである．q 変形曲面への具体的な余作用を次式で定義する．変形曲面の二つの生成子 (座標) x，y を x^1，x^2 と表すことにし，$SL_q(2,\boldsymbol{C})$ の余作用を

$$x'^i = {f^i}_j \otimes x^j \tag{9.81}$$

と定義する．つまり，

$$\begin{aligned} x' &= x'^1 = {f^1}_1 \otimes x^1 + {f^1}_2 \otimes x^2 = a \otimes x + b \otimes y \\ y' &= x'^2 = {f^2}_1 \otimes x^1 + {f^2}_2 \otimes x^2 = c \otimes x + d \otimes y \end{aligned} \tag{9.82}$$

とするのである．これは 2 次元平面上のベクトルを行列で回転する写像 (変換) に類似しており，たいへん自然な "作用" になっている．ここでの x，y は群 $SL(2,\boldsymbol{C})$ の元ではなく，代数 $\mathfrak{A}$ の元であり，また x'，y' は $SL_q(2,\boldsymbol{C}) \otimes \Omega^*(\mathfrak{A})$ の元となっていることを注意しておく．

さて，q 変形曲面を規定する最も基本的な関係式は

$$xy = qyx$$

であったが，実は余作用を施してもこの関係は保持されているのである．それを示そう．以後，量子空間の q と量子群の q は同一のものと考える．すなわち，$q \in \boldsymbol{C}$，ただし，$q^2 \fallingdotseq 1, 0$ とする．式 (9.82) から，式 (9.77) を考慮すると

$$
\begin{aligned}
x'y' &= (a \otimes x + b \otimes y)(c \otimes x + d \otimes y) \\
&= ac \otimes x^2 + ad \otimes xy + bc \otimes yx + bd \otimes y^2 \\
&= qca \otimes x^2 + da \otimes xy + (q - q^{-1})cb \otimes xy + q^{-1}bc \otimes xy + qdb \otimes y^2 \\
&= q(ca \otimes x^2 + da \otimes yx + cb \otimes xy + db \otimes y^2)
\end{aligned}
$$

を得る．一方，

$$
\begin{aligned}
y'x' &= (c \otimes x + d \otimes y)(a \otimes x + b \otimes y) \\
&= ca \otimes x^2 + cb \otimes xy + da \otimes yx + db \otimes y^2
\end{aligned}
$$

となるから，結局

$$
x'y' = qy'x' \tag{9.83}
$$

が成立している．さらに，式 (9.81) 同様，$\mathfrak{A}$ 上の微分 ξ，η を ξ^1，ξ^2 と表して，これらに対する余作用を

$$
\xi'^i = f^i{}_j \otimes \xi^j \tag{9.84}
$$

として定義すると，式 (8.15)，(8.16)，(8.17)，(8.18) の不変性も示すことができる．たとえば，式 (8.15) については，第 8 章の各式を考慮して

$$
\begin{aligned}
x'\xi' &= (a \otimes x + b \otimes y)(a \otimes \xi + b \otimes \eta) \\
&= a^2 \otimes x\xi + ab \otimes x\eta + ba \otimes y\xi + b^2 \otimes y\eta \\
&= q^2a^2 \otimes \xi x + qba \otimes \{(q^2 - 1)\xi y + q\eta x\} + qba \otimes \xi y + q^2b^2 \otimes \eta y \\
&= q^2(a^2 \otimes \xi x + ab \otimes \xi y + ba \otimes \eta x + b^2 \otimes \eta y)
\end{aligned}
$$

および，

$$
\begin{aligned}
\xi'x' &= (a \otimes \xi + b \otimes \eta)(a \otimes x + b \otimes y) \\
&= a^2 \otimes \xi x + ab \otimes \xi y + ba \otimes \eta x + b^2 \otimes \eta y
\end{aligned}
$$

より

$$
x'\xi' = q^2\xi'x' \tag{9.85}
$$

がいえるので，その成立は明らかである．そして，

$$
\begin{aligned}
x'\eta' &= (a \otimes x + b \otimes y)(c \otimes \xi + d \otimes \eta) \\
&= ac \otimes x\xi + ad \otimes x\eta + bc \otimes y\xi + bd \otimes y\eta
\end{aligned}
$$

$$= q^3 ca \otimes \xi x + \{da + (q - q^{-1})cb\} \otimes \{(q^2 - 1)\xi y + q\eta x\}$$
$$+ qcb \otimes \xi y + q^3 db \otimes \eta y$$
$$= q^3 ca \otimes \xi x + (q^2 - 1)da \otimes \xi y + (q^2 - 1)(q - q^{-1})cb \otimes \xi y$$
$$+ (q^2 - 1)cb \otimes \eta x + qda \otimes \eta x + qcb \otimes \xi y + q^3 db \otimes \eta y$$

および

$$(q^2 - 1)\xi' y' + q\eta' x' = (q^2 - 1)(a \otimes \xi + b \otimes \eta)(c \otimes x + d \otimes y)$$
$$+ q(c \otimes \xi + d \otimes \eta)(a \otimes x + b \otimes y)$$
$$= (q^2 - 1)(ac \otimes \xi x + ad \otimes \xi y + bc \otimes \eta x + bd \otimes \eta y)$$
$$+ q(ca \otimes \xi x + cb \otimes \xi y + da \otimes \eta x + db \otimes \eta y)$$
$$= q^3 ca \otimes \xi x + (q^2 - 1)da \otimes \xi y + (q^2 - 1)(q - q^{-1})cb \otimes \xi y$$
$$+ (q^2 - 1)bc \otimes \eta x + q^3 db \otimes \eta y$$
$$+ qcb \otimes \xi y + qda \otimes \eta x$$

より，

$$x'\eta' = (q^2 - 1)\xi' y' + q\eta' x' \tag{9.86}$$

がいえ，式 (8.16) についても不変性が成立していることがわかる．同様にして，式 (8.17)，(8.18) についても不変性を示すことができる．

また，$\xi^2 = \eta^2 = 0$ から

$$\xi'^2 = \eta'^2 = 0 \tag{9.87}$$

も得られる．このとき，$a \otimes 0 = 0$ とする．残された式は式 (8.21) であるが，それに対してもつぎのようにして示すことができる．つまり，

$$\eta'\xi' + q\xi'\eta' = cb \otimes \xi\eta + da \otimes \eta\xi + qad \otimes \xi\eta + qbc \otimes \eta\xi$$
$$= -q^{-1} cb \otimes \eta\xi + da \otimes \eta\xi + qda \otimes \xi\eta$$
$$+ q(q - q^{-1})cb \otimes \xi\eta + qcb \otimes \eta\xi$$
$$= (q - q^{-1})cb \otimes \eta\xi + da \otimes (\eta\xi + q\xi\eta) - (q - q^{-1})cb \otimes \eta\xi$$
$$= 0$$

である．

こうして，q 変形曲面が満たすべき基本式は，量子群 $SL_q(2, \boldsymbol{C})$ の余作用の下で不変に保たれるということがわかった．量子空間の構造は，それに対応した量子群の余作用を施しても変わらないということが示されたのである．一見，独立に導入された

ように思われる量子空間と量子群とが，このような密接な結びつきを有しているということは驚くべきことである．この関係は，通常の Lie 群による多様体上のゲージ変換とたいへん類似している．このようなことから，Hopf 代数 $SL_q(2,\boldsymbol{C})$ を量子群とよぶことは許されてしかるべきであろう．

実は，h 変形曲面の構造を不変に保つような Hopf 代数 $SL_h(2,\boldsymbol{C})$ も同じようにして構築することが可能である．それには，R–行列として

$$R_h = \begin{pmatrix} 1 & -h & h & h^2 \\ 0 & 1 & 0 & -h \\ 0 & 0 & 1 & h \\ 0 & 0 & 0 & 1 \end{pmatrix} \tag{9.88}$$

を用いればよい．これは明らかに

$$\lim_{h\to 0} R_h = I_4$$

となっているから，$h \to 0$ の極限においては $SL_h(2,\boldsymbol{C})$ の生成子は交換することになる．

前章で議論した 2 種類の量子空間は，まさしく対応する量子群の余作用によって不変な構造をもつ空間であって，さらなる考察を深めることにより，量子空間上の "ゲージ理論" を構築することも不可能ではないのである．

付録 A　ベクトル空間

ベクトル空間の定義，基底や次元などの基本的な知識を前提として，本書で必要とする程度にベクトル空間の復習をしておく．有限次元の実ベクトル空間を中心に議論を進めるが，より一般的なベクトル空間へと議論を拡張するために何を変更すべきかは容易に推察できるだろう．

A.1　線形写像

実ベクトル空間 V から実ベクトル空間 W への写像 $\phi : V \to W$ が

$$\phi(x+y) = \phi(x) + \phi(y), \quad \phi(az) = a\phi(z) \qquad (x, y, z \in V,\ a \in \boldsymbol{R}) \tag{A.1}$$

を満足する場合，ϕ は V から W への線形写像とよばれる．$x+y$ と az は V における和と実数倍であり，$\phi(x) + \phi(y)$ と $a\phi(z)$ は W における和と実数倍だから，線形写像とは和と実数倍を保存する写像 (和と実数倍に関して準同型な写像) といってもよい．

V から W への線形写像の集合を $L(V, W)$ と記す．任意の $\phi, \phi_1, \phi_2 \in L(V, W)$ と $a \in \boldsymbol{R}$ に対して和 $\phi_1 + \phi_2$ と実数倍 $a\phi$ を

$$(\phi_1 + \phi_2)(x) \equiv \phi_1(x) + \phi_2(x), \quad (a\phi)(x) \equiv a\phi(x) \qquad (\forall x \in V) \tag{A.2}$$

として定義すれば，この和と実数倍はベクトル空間の公理を満足するから $L(V, W)$ は実ベクトル空間であり，このようにして構成された実ベクトル空間を改めて $L(V, W)$ と記す．つまり，とくに断りがないかぎり $L(V, W)$ は式 (A.2) によって和と実数倍が定義された実ベクトル空間を意味するものとする．

線形写像に関しては以下の定理が有用である．

> **定理 A–1**　V から W への線形写像は V の基底を構成するベクトルに対する作用によって完全に特定される．つまり，$\{v_n\}_{n=1\sim N}$ を V の基底とするとき，$\phi, \psi \in L(V, W)$ が $\phi(v_n) = \psi(v_n)\quad (n = 1 \sim N)$ を満足するならば，実は $\phi = \psi$ である．

【証明】　任意の $x \in V$ は $x = \sum_{n=1}^{N} \xi_n v_n$ と展開されるから，ϕ，ψ の線形性により

$$\phi(x) = \phi\left(\sum_{n=1}^{N} \xi_n v_n\right) = \sum_{n=1}^{N} \xi_n \phi(v_n)$$

$$= \sum_{n=1}^{N} \xi_n \psi(v_n) = \psi\left(\sum_{n=1}^{N} \xi_n v_n\right) = \psi(x)$$

であり，したがって $\phi = \psi$ が結論される． ∎

> **定理 A–2**　V を N 次元実ベクトル空間，W を実ベクトル空間とするとき，V の任意の基底 $\{v_n\}_{n=1\sim N}$ と任意の $b_1, b_2, \cdots, b_N \in W$ に対して $\phi(v_n) = b_n$ $(n = 1 \sim N)$ を満足する $\phi \in L(V, W)$ が一意に存在する．

【証明】 写像 $\phi : V \to W$ を

$$\phi : V \to W, \quad x = \sum_{n=1}^{N} \xi_n v_n \mapsto \sum_{n=1}^{N} \xi_n b_n$$

として定義すれば ϕ は線形だから $\phi \in L(V, W)$ であり，$\phi(v_n) = b_n$ $(n = 1 \sim N)$ を満足する．また，一意性は定理 A–1 によって保証される． ∎

> **定理 A–3**　V と W がともに有限次元ならば $L(V, W)$ の次元は次式で与えられる．
>
> $$\dim(L(V, W)) = \dim(V) \dim(W) \tag{A.3}$$

【証明】 $N \equiv \dim(V)$，$L \equiv \dim(W)$ とし，V と W の基底を 1 組ずつ選んで $\{v_n\}_{n=1\sim N}$，$\{w_l\}_{l=1\sim L}$ とする．定理 A–2 によれば，任意の n，l $(n = 1 \sim N,\ l = 1 \sim L)$ に対して

$$\phi_{nl}(v_m) = \delta_{nm} w_l \qquad (m = 1 \sim N) \tag{A.4}$$

を満足する $\phi_{nl} \in L(V, W)$ が存在して一意に決まるが，こうして定義される NL 個の線形写像 $\{\phi_{nl}\}_{n=1\sim N, l=1\sim L}$ が $L(V, W)$ の基底をなすことを示せば式 (A.3) が結論される．まず，$0_{L(V,W)}$ を $L(V, W)$ の零元，c_{nl} を実数として $\sum_{n=1}^{N} \sum_{l=1}^{L} c_{nl} \phi_{nl} = 0_{L(V,W)}$ ならば

$$\begin{aligned} 0_W = 0_{L(V,W)}(v_m) &= \sum_{n=1}^{N} \sum_{l=1}^{L} c_{nl} \phi_{nl}(v_m) \\ &= \sum_{n=1}^{N} \sum_{l=1}^{L} c_{nl} \delta_{nm} w_l = \sum_{l=1}^{L} c_{ml} w_l \qquad (m = 1 \sim N) \end{aligned}$$

が成立するが (0_W は W の零元)，$\{w_l\}_{l=1\sim L}$ は線形独立だから $c_{kl} = 0$ $(l = 1 \sim L)$ が $m = 1 \sim N$ に対して成立し，したがって $\{\phi_{nl}\}_{n=1\sim N, l=1\sim L}$ は線形独立である．あとは任意の $\phi \in L(V, W)$ が $\{\phi_{nl}\}_{n=1\sim N, l=1\sim L}$ で展開できることを示せばよい．実際，$\phi(v_n) \in W$ は基底 $\{w_l\}_{l=1\sim L}$ によって $\phi(v_n) = \sum_{l=1}^{L} f_{nl} w_l$ と一意的に展開できるから，$\overline{\phi} \equiv \sum_{n=1}^{N} \sum_{l=1}^{L} f_{nl} \phi_{nl}$ とすれば

$$\overline{\phi}(v_m) = \sum_{n=1}^{N}\sum_{l=1}^{L} f_{nl}\phi_{nl}(v_m) = \sum_{n=1}^{N}\sum_{l=1}^{L} f_{nl}\delta_{nm}w_l$$
$$= \sum_{l=1}^{L} f_{ml}w_l = \phi(v_m) \qquad (m = 1 \sim N)$$

だから，定理 A–1 によって $\phi = \overline{\phi} = \sum_{n=1}^{N}\sum_{l=1}^{L} f_{nl}\phi_{nl}$ が成立する． ∎

A.2 双対空間と双対基底

実数の集合 $\boldsymbol{R}$ は，通常の和と実数倍に関して 1 次元の実ベクトル空間である．それゆえ，実ベクトル空間 V から $\boldsymbol{R}$ への線形写像が定義されるが，この線形写像をとくに V 上の**線形形式** (linear form) とよぶ．また，V 上の線形形式の集合に式 (A.2) で定義される和と実数倍を導入して得られる実ベクトル空間 $L(V, \boldsymbol{R})$ をとくに V の**双対空間** (dual space) とよび，V^* と記す．すなわち

$$V^* \equiv L(V, \boldsymbol{R}) \tag{A.5}$$

である．

さて，定理 A–3 を証明する際に，式 (A.4) で定義される線形写像 $\{\phi_{nl}\}_{n=1\sim N, l=1\sim L}$ が $L(V, W)$ の基底をなすことを示した．$W = \boldsymbol{R}$ の場合を考え，$\boldsymbol{R}$ の基底を構成する唯一のベクトルとして $w_1 \equiv a \in \boldsymbol{R}$ ($a \neq 0$) を採用すれば，式 (A.4) は

$$\phi_{n1}(v_k) = \delta_{nk}w_1 = \delta_{nk}a \qquad (k = 1 \sim N)$$

と書けるが，とくに $a = 1$ とした場合の ϕ_{n1} を ψ_n と記せば，$\psi_1, \psi_2, \cdots, \psi_N \in L(V, \boldsymbol{R}) = V^*$ は

$$\psi_n(v_m) = \delta_{nm} \qquad (n, m = 1 \sim N) \tag{A.6}$$

を満足し，$\{\psi_n\}_{n=1\sim N}$ は V^* の基底をなす．それゆえ，定理 A–3 が主張するように

$$\dim(V^*) = \dim(L(V, \boldsymbol{R})) = \dim(V)\dim(\boldsymbol{R}) = \dim(V) \tag{A.7}$$

である．いずれにせよ，N 次元実ベクトル空間 V の基底を任意に 1 組選んで $\{v_n\}_{n=1\sim N}$ とすれば，V の双対空間 V^* に式 (A.6) を満足する基底 $\{\psi_n\}_{n=1\sim N}$ が一意的に定まるが，これを V の基底 $\{v_n\}_{n=1\sim N}$ の**双対基底** (dual basis) とよぶ．

さて，V^* は実ベクトル空間だから，その双対空間 $(V^*)^* = L(V^*, \boldsymbol{R})$ が定義される．任意の $\varPhi, \varPhi_1, \varPhi_2 \in (V^*)^*$ と $a \in \boldsymbol{R}$ に対して，和 $\varPhi_1 + \varPhi_2$ と実数倍 $a\varPhi$ が

$$(\varPhi_1 + \varPhi_2)(\phi) \equiv \varPhi_1(\phi) + \varPhi_2(\phi), \quad (a\varPhi)(\phi) \equiv a\varPhi(\phi) \qquad (\forall\phi \in V^*) \tag{A.8}$$

として定義されることはいうまでもない．実は，以下のようにして

$$(V^*)^* = V \tag{A.9}$$

が示されるから，V と V^* は対等な関係にある．つまり，両者はたがいに他の双対空間であり，$\{v_n\}_{n=1\sim N}$ と $\{\psi_n\}_{n=1\sim N}$ はたがいに他の双対基底である．

では，式 (A.9) を示そう．まず，ベクトル空間 V の元 v は任意の $\phi \in V^*$ を実数 $\phi(v) \in \boldsymbol{R}$ に対応させる働きをもつことに注意する．つまり，任意の $v \in V$ は

$$v : V^* \to \boldsymbol{R}, \quad \phi \mapsto v(\phi) \equiv \phi(v)$$

の意味で V^* から $\boldsymbol{R}$ への写像であり，式 (A.2) によれば写像 $v : V^* \to \boldsymbol{R}$ は線形だから $v \in (V^*)^* = L(V^*, \boldsymbol{R})$ である．一方，V の基底を 1 組選んで $\{v_n\}_{n=1\sim N}$ とし，その双対基底を $\{\psi_n\}_{n=1\sim N}$ とするとき，任意の $\Phi \in (V^*)^*$ に対して

$$\Phi(\psi_m) = \sum_{n=1}^{N} \Phi(\psi_n)\delta_{mn} = \sum_{n=1}^{N} \Phi(\psi_n)\psi_m(v_n) = \left(\sum_{n=1}^{N} \Phi(\psi_n) v_n\right)(\psi_m)$$

が成立するから，定理 A–1 によって $\Phi = \sum_{n=1}^{N} \Phi(\psi_n) v_n \in V$ が結論される．結局，任意の $\Phi \in (V^*)^*$ は V の元であり，前述のように任意の $v \in V$ は $(V^*)^*$ の元だから，V と $(V^*)^*$ は集合として一致する．また，$(V^*)^*$ における和と実数倍は式 (A.8) で定義されるが，これらの演算が V における和と実数倍に一致することは式 (A.2) によって保証されるから，V と $(V^*)^*$ は実ベクトル空間として一致し，式 (A.9) が結論される．

A.3　基底の変換

V の基底を $\{v_n\}_{n=1\sim N}$ から $\{\overline{v}_n\}_{n=1\sim N}$ に変更した場合に，双対基底 $\{\psi_n\}_{n=1\sim N}$ がどのように変更されるかを調べてみよう．$\{v_n\}$ と $\{\overline{v}_n\}$ はともに V の基底だから‡1，$v_n \in V$ は $\{\overline{v}_n\}$ で展開でき，$\overline{v}_n \in V$ は $\{v_n\}$ で展開できる．そこで

$$v_n = \sum_{m=1}^{N} \overline{v}_m \Lambda_{mn}, \quad \overline{v}_n = \sum_{m=1}^{N} v_m \overline{\Lambda}_{mn} \qquad (n = 1 \sim N) \tag{A.10}$$

と展開すれば，

$$\sum_{m=1}^{N} v_m \delta_{mn} = v_n = \sum_{k=1}^{N} \overline{v}_k \Lambda_{kn} = \sum_{k=1}^{N} \left(\sum_{m=1}^{N} v_m \overline{\Lambda}_{mk}\right) \Lambda_{kn} = \sum_{m=1}^{N} v_m \left(\sum_{k=1}^{N} \overline{\Lambda}_{mk} \Lambda_{kn}\right)$$

だから

$$\sum_{k=1}^{N} \overline{\Lambda}_{mk} \Lambda_{kn} = \delta_{mn} \qquad (m, n = 1 \sim N)$$

が成立する．ここで Λ_{mn} や $\overline{\Lambda}_{mn}$ を m 行 n 列要素とする N 次正方行列をそれぞれ Λ，$\overline{\Lambda}$ とすれば，上式は $\overline{\Lambda}\Lambda = I_N$，すなわち $\overline{\Lambda} = \Lambda^{-1}$ を意味する．そこで，式 (A.10) を改めて

---

‡1 以後，混乱の心配がない場合には添え字の範囲指定を省略し，$\{v_n\}_{n=1\sim N}$ や $\{\psi_n\}_{n=1\sim N}$ を単に $\{v_n\}$ や $\{\psi_n\}$ などと記す．

$$v_n = \sum_{m=1}^{N} \overline{v}_m \Lambda_{mn}, \quad \overline{v}_n = \sum_{m=1}^{N} v_m \Lambda^{-1}_{mn} \qquad (n = 1 \sim N) \tag{A.11}$$

と表現する．Λ^{-1}_{mn} が Λ^{-1} の m 行 n 列要素であることはいうまでもない．また

$$\overline{\psi}_n \equiv \sum_{m=1}^{N} \Lambda_{nm} \psi_m \qquad (n = 1 \sim N) \tag{A.12}$$

として定義される $\overline{\psi}_n \in V^*$ は

$$\overline{\psi}_n(\overline{v}_k) = \left(\sum_{m=1}^{N} \Lambda_{nm} \psi_m \right) \left(\sum_{l=1}^{N} v_l \Lambda^{-1}_{lk} \right) = \sum_{m,l=1}^{N} \Lambda_{nm} \psi_m(v_l) \Lambda^{-1}_{lk}$$

$$= \sum_{m,l=1}^{N} \Lambda_{nm} \delta_{ml} \Lambda^{-1}_{lk} = \sum_{m=1}^{N} \Lambda_{nm} \Lambda^{-1}_{mk} = \delta_{nk}$$

を満足する．これは式 (A.6) の条件に他ならず，したがって $\{\overline{\psi}_n\}_{n=1\sim N}$ は $\{\overline{v}_n\}_{n=1\sim N}$ の双対基底である．さらに，式 (A.12) から

$$\sum_{n=1}^{N} \Lambda^{-1}_{mn} \overline{\psi}_n = \sum_{n=1}^{N} \Lambda^{-1}_{mn} \sum_{k=1}^{N} \Lambda_{nk} \psi_k = \sum_{k=1}^{N} \delta_{mk} \psi_k = \psi_m \qquad (m = 1 \sim N)$$

を得るから，式 (A.10) の変換によって $\{\psi_n\}_{n=1\sim N}$ と $\{\overline{\psi}_n\}_{n=1\sim N}$ は

$$\psi_n = \sum_{m=1}^{N} \Lambda^{-1}_{nm} \overline{\psi}_m, \quad \overline{\psi}_n \equiv \sum_{m=1}^{N} \Lambda_{nm} \psi_m \qquad (n = 1 \sim N) \tag{A.13}$$

として変換することがわかる．

つぎに，ベクトル $x \in V$ を二つの基底 $\{v_n\}$，$\{\overline{v}_n\}$ で展開して得られる展開係数の間の関係，つまり $x = \sum_{n=1}^{N} \xi_n v_n = \sum_{n=1}^{N} \overline{\xi}_n \overline{v}_n$ と展開した場合の $\{\xi_n\}$ と $\{\overline{\xi}_n\}$ の関係を調べてみよう．式 (A.11) によれば

$$x = \sum_{n=1}^{N} \xi_n v_n = \sum_{n=1}^{N} \overline{\xi}_n \overline{v}_n = \sum_{n=1}^{N} \overline{\xi}_n \sum_{m=1}^{N} v_m \Lambda^{-1}_{mn} = \sum_{m=1}^{N} \left(\sum_{n=1}^{N} \overline{\xi}_n \Lambda^{-1}_{mn} \right) v_m$$

$$= \sum_{n=1}^{N} \left(\sum_{m=1}^{N} \Lambda^{-1}_{nm} \overline{\xi}_m \right) v_n = \sum_{n=1}^{N} \xi_n \sum_{m=1}^{N} \overline{v}_m \Lambda_{mn} = \sum_{m=1}^{N} \left(\sum_{n=1}^{N} \xi_n \Lambda_{mn} \right) \overline{v}_m$$

$$= \sum_{n=1}^{N} \left(\sum_{m=1}^{N} \Lambda_{nm} \xi_m \right) \overline{v}_n$$

であり，基底 $\{v_n\}_{n=1\sim N}$ と $\{\overline{v}_n\}_{n=1\sim N}$ はそれぞれ線形独立だから

$$\xi_n = \sum_{m=1}^{N} \Lambda^{-1}_{nm} \overline{\xi}_m, \quad \overline{\xi}_n = \sum_{l=1}^{N} \Lambda_{nm} \xi_m \qquad (n = 1 \sim N) \tag{A.14}$$

が結論される．双対空間のベクトル $\phi \in V^*$ を二つの基底 $\{\psi_n\}_{n=1\sim N}$，$\{\overline{\psi}_n\}_{n=1\sim N}$ で展開して得られる展開係数 $\{f_n\}_{n=1\sim N}$，$\{\overline{f}_n\}_{n=1\sim N}$ に関しては，$\phi = \sum_{n=1}^{N} f_n\psi_n = \sum_{n=1}^{N} \overline{f}_n\overline{\psi}_n$ と式 (A.13) から同様にして

$$f_n = \sum_{m=1}^{N} \overline{f}_m \Lambda_{mn}, \quad \overline{f}_n = \sum_{m=1}^{N} f_m \Lambda^{-1}_{mn} \qquad (n = 1 \sim N) \tag{A.15}$$

が結論される．

式 (A.11) と (A.15) からわかるように $\{f_n\}_{n=1\sim N}$ と $\{v_n\}_{n=1\sim N}$ とはまったく異なる対象であるにもかかわらず，基底の変換に際しては同じ変換を受けるが，この変換を**共変的変換** (covariant transformation) とよび，共変的変換を受ける対象を**共変量** (covariant quantity) という．一方，式 (A.13) と (A.14) に示されるように，$\{\psi_n\}_{n=1\sim N}$ と $\{\xi_n\}_{n=1\sim N}$ とは共変量ではないが，両者は同一の変換を受ける．この変換を**反変的変換** (contravariant transformation) とよび，反変的変換を受ける対象を**反変量** (contravariant quantity) という．そして，共変量と反変量を組み合わせることで**不変量** (invariant) が構成される．たとえば

$$\begin{aligned} &\phi(x) = x(\phi) = \sum_{n=1}^{N} \xi_n f_n \in \boldsymbol{R} \\ &x = \sum_{n=1}^{N} \xi_n v_n = \sum_{n=1}^{N} \overline{\xi}_n \overline{v}_n \in V, \quad \phi = \sum_{n=1}^{N} f_n\psi_n = \sum_{n=1}^{N} \overline{f}_n\overline{\psi}_n \in V^* \end{aligned} \tag{A.16}$$

などは不変量である．

A.4 直積空間

V と W を実ベクトル空間とするとき，V と W の直積集合

$$V \times W \equiv \{(x, y) | x \in V,\ y \in W\} \tag{A.17}$$

には自然な形で和と実数倍が定義される．つまり

$$\begin{aligned} &(x_1, y_1), (x_2, y_2) \in V \times W \quad \Rightarrow \quad (x_1, y_1) + (x_2, y_2) \equiv (x_1 + x_2,\ y_1 + y_2) \\ &(x, y) \in V \times W, \quad a \in \boldsymbol{R} \quad \Rightarrow \quad a(x, y) \equiv (ax, ay) \end{aligned} \tag{A.18}$$

であり，この和と実数倍に関して $V \times W$ は実ベクトル空間である．こうして構成される実ベクトル空間を V と W の直積空間とよび，$V \times W$ と記す (直積集合と同じ記号)．

V と W が有限次元の場合を考えよう．V と W の次元をそれぞれ N，L とし，両者の基底を 1 組ずつ選んで $\{v_n\}_{n=1\sim N}$，$\{w_l\}_{l=1\sim L}$ とする．任意の $x \in V$，$y \in W$ はそれぞれ

$$x=\sum_{n=1}^{N}\xi_n v_n, \quad y=\sum_{l=1}^{L}\eta_l w_l$$

と展開できるから，任意の $(x,y)\in V\times W$ は

$$(x,y)=(x,0_W)+(0_V,y)=\left(\sum_{n=1}^{N}\xi_n v_n, 0_W\right)+\left(0_V,\sum_{l=1}^{L}\eta_l w_l\right)$$

$$=\sum_{n=1}^{N}\xi_n(v_n,0_W)+\sum_{l=1}^{L}\eta_l(0_V,w_l)$$

と展開できる（0_V と 0_W はそれぞれ V，W の零ベクトル）．したがって $M+N$ 個のベクトル $\{(v_n,0_W)\}_{n=1\sim N}$，$\{(0_V,w_l)\}_{l=1\sim L}$ は $V\times W$ を張る．一方，それらの線形結合が零なら

$$(0_V,0_W)=\sum_{n=1}^{N}c_n(v_n,0_W)+\sum_{l=1}^{L}d_l(0_V,w_l)=\left(\sum_{n=1}^{N}c_n v_n, \quad \sum_{l=1}^{L}d_l w_l\right)$$

すなわち

$$0_V=\sum_{n=1}^{N}c_n v_n, \quad 0_W=\sum_{l=1}^{L}d_l w_l$$

であり，$\{v_n\}_{n=1\sim N}$，$\{w_l\}_{l=1\sim L}$ が基底であることから $\{c_n\}_{n=1\sim N}$ と $\{d_l\}_{l=1\sim L}$ はすべて零でなければならない．したがって $\{(v_n,0_W)\}_{n=1\sim N}$，$\{(0_V,w_l)\}_{l=1\sim L}$ は線形独立である．結局，これら $N+L$ 個のベクトルが $V\times W$ の基底をなすことから

$$\dim(V\times W)=\dim(V)+\dim(W) \tag{A.19}$$

が結論される．

2 個の実ベクトル空間に限らず，同様にして任意個数の実ベクトル空間 $V_1,V_2,\cdots,V_K$ の直積空間

$$V_1\times V_2\times\cdots\times V_K\equiv\{(v_1,v_2,\cdots,v_K)|v_k\in V_k \qquad (k=1\sim K)\} \tag{A.20}$$

が構成でき，$V_1,V_2,\cdots,V_K$ がすべて有限次元なら

$$\dim(V_1\times V_2\times\cdots\times V_K)=\sum_{k=1}^{K}\dim(V_k) \tag{A.21}$$

が成立することは容易に理解できるだろう．とくに，V_1，V_2，$\cdots$，V_K がすべて同一の実ベクトル空間 V である場合にはそれらの直積空間を

$$V^K\equiv\underbrace{V\times V\times\cdots\times V}_{K\text{ 個}}\equiv\{(v_1,v_2,\cdots,v_K)|v_k\in V\ (k=1\sim K)\} \tag{A.22}$$

と記すが，当然ながら

$$\dim(V^K)=K\dim(V) \tag{A.23}$$

である．たとえば実数の集合 $\boldsymbol{R}$ は通常の和と実数倍に関して 1 次元の実ベクトル空

間であり，K 個の $\boldsymbol{R}$ の直積空間として K 次元実ベクトル空間 $\boldsymbol{R}^K$ を定義したのであった．

A.5　多重線形写像と多重線形形式

V_1 と V_2，そして W を実ベクトル空間とする．$V_1 \times V_2$ から W への写像

$$\phi : V_1 \times V_2 \to W, \quad (x_1, x_2) \mapsto \phi(x_1, x_2) \tag{A.24}$$

が $x_1 \in V_1$ と $x_2 \in V_2$ のどちらに関しても線形である場合，つまり $x_2 \in V_2$ を固定すれば写像 $x_1 \mapsto \phi(x_1, x_2)$ が線形であり，$x_1 \in V_1$ を固定すれば写像 $x_2 \mapsto \phi(x_1, x_2)$ もまた線形である場合，ϕ を $V_1 \times V_2$ から W への**双線形写像** (bilinear mapping) とよび，そのような双線形写像の集合を $M(V_1 \times V_2, W)$ と記す．任意の $\phi, \phi_1, \phi_2 \in M(V_1 \times V_2, W)$ と $a \in \boldsymbol{R}$ に対して

$$(\phi_1 + \phi_2)(x, y) \equiv \phi_1(x, y) + \phi_2(x, y), \quad (a\phi)(x, y) \equiv a\phi(x, y) \qquad (\forall (x, y) \in V_1 \times V_2) \tag{A.25}$$

として定義される和と実数倍はベクトル空間の公理を満足するから $M(V_1 \times V_2, W)$ は実ベクトル空間であり，こうして構成された実ベクトル空間を改めて $M(V_1 \times V_2, W)$ と記す．つまり，とくに断りがないかぎり $M(V_1 \times V_2, W)$ は式 (A.25) によって和と実数倍が定義された実ベクトル空間を意味するものとする．

より一般的に，任意個数の実ベクトル空間 $V_1, V_2, \cdots, V_K$ の直積空間 $V_1 \times V_2 \times \cdots \times V_K$ から実ベクトル空間 W への写像

$$\phi : V_1 \times V_2 \times \cdots \times V_K \to W, \quad (x_1, x_2, \cdots, x_K) \mapsto \phi(x_1, x_2, \cdots, x_K) \tag{A.26}$$

が各 x_k $(k = 1 \sim K)$ に関して線形である場合，ϕ を $V_1 \times V_2 \times \cdots \times V_K$ から W への多重線形写像，正確には**次数 $\boldsymbol{K}$ の多重線形写像** (multi-linear mapping of order K) とよび，そのような多重線形写像の集合を $M(V_1 \times V_2 \times \cdots \times V_K, W)$ と記す．この集合が式 (A.25) と同様に定義される和と実数倍に関して実ベクトル空間であることはいうまでもない．また，次数 2 の多重線形写像とは双線形写像に他ならず，線形写像を次数 1 の多重線形写像と解釈してもよい．

線形写像に関する定理 A–1〜A–3 に対応して以下の定理を得る．

定理 A–4　$V_1 \times V_2 \times \cdots \times V_K$ から W への多重線形写像は $V_1, V_2, \cdots, V_K$ それぞれの基底を構成するベクトルの組に対する作用によって完全に特定される．つまり，$\{v_n^k\}_{n=1\sim N_k}$ を V_k の基底とするとき，$\phi, \psi \in M(V_1 \times V_2 \times \cdots \times V_K, W)$ が

$$\phi(v^1_{n_1}, v^2_{n_2}, \cdots, v^K_{n_K}) = \psi(v^1_{n_1}, v^2_{n_2}, \cdots, v^K_{n_K}) \qquad (n_k = 1 \sim N_k, k = 1 \sim K)$$

を満足するならば，実は $\phi = \psi$ である．

【証明】 任意の $x_k \in V_k$ は $x_k = \sum_{n=1}^{N_k} \xi^k_n v^k_n$ と展開されるから，ϕ，ψ の多重線形性により

$$\begin{aligned}\phi(x_1, x_2, \cdots, x_K) &= \sum_{n_1=1}^{N_1}\sum_{n_2=1}^{N_2}\cdots\sum_{n_K=1}^{N_K} \xi^1_{n_1}\xi^2_{n_2}\cdots\xi^K_{n_K}\phi(v^1_{n_1}, v^2_{n_2}, \cdots, v^K_{n_K}) \\ &= \sum_{n_1=1}^{N_1}\sum_{n_2=1}^{N_2}\cdots\sum_{n_K=1}^{N_K} \xi^1_{n_1}\xi^2_{n_2}\cdots\xi^K_{n_K}\psi(v^1_{n_1}, v^2_{n_2}, \cdots, v^K_{n_K}) \\ &= \psi(x_1, x_2, \cdots, x_K)\end{aligned}$$

であり，したがって $\phi = \psi$ が結論される． ∎

定理 A–5　$k = 1 \sim K$ に対して実ベクトル空間 V_k の任意の基底

$$\{v^k_n\}_{n=1\sim N_k}$$

と，実ベクトル空間 W に属する任意の $N_1 N_2 \cdots N_K$ 個の元

$$\{b_{n_1 n_2 \cdots n_K}\}_{n_1=1\sim N_k, k=1\sim K}$$

に対して

$$\phi(v^1_{n_1}, v^2_{n_2}, \cdots, v^K_{n_K}) = b_{n_1 n_2 \cdots n_K} \qquad (n_k = 1 \sim N_k, k = 1 \sim K)$$

を満足する $\phi \in M(V_1 \times V_2 \times \cdots \times V_K, W)$ が一意に存在する．

【証明】 $x_k \in V_k$ が $x_k = \sum_{n=1}^{N_k} \xi^k_n v^k_n$ と展開されるとき，写像 $\phi : V_1 \times V_2 \times \cdots \times V_K \to W$ を

$$\phi : (x_1, x_2, \cdots, x_K) \mapsto \sum_{n_1=1}^{N_1}\sum_{n_2=1}^{N_2}\cdots\sum_{n_K=1}^{N_K} \xi^1_{n_1}\xi^2_{n_2}\cdots\xi^K_{n_K} b_{n_1 n_2 \cdots n_K}$$

として定義すれば ϕ は所望の条件を満足する．また，一意性は定理 A–4 によって保証される． ∎

定理 A–6　$V_1, V_2, \cdots, V_K$ と W がすべて有限次元ならば次式が成立する[‡2]．

$$\dim(M(V_1 \times V_2 \times \cdots \times V_K, W)) = \dim(W) \prod_{k=1}^{K} \dim(V_k) \qquad \text{(A.27)}$$

‡2 たとえば双線形写像の集合 $M(V_1 \times V_2, W)$ と，直積空間 $V_1 \times V_2$ から W への線形写像の集合 $L(V_1 \times V_2, W)$ との違いに注意しよう．定理 A–6 によれば $\dim(M(V_1 \times V_2, W)) = \dim(V_1)\dim(V_2)\dim(W)$ だが，式 (A.19) と定理 A–3 によれば $\dim(L(V_1 \times V_2, W)) = \{\dim(V_1) + \dim(V_2)\}\dim(W)$ である．

【証明】 $N_k \equiv \dim(V_k)$ $(k=1\sim K)$，$L \equiv \dim(W)$ とし，$k=1\sim K$ のそれぞれに対して V_k の基底を 1 組選んで $\{v_n^k\}_{n=1\sim N_k}$ とし，W の基底を 1 組選んで $\{w_l\}_{l=1\sim L}$ とする．定理 A–5 によれば，任意の n_k $(n_k=1\sim N_k,\ k=1\sim K)$ および任意の l $(l=1\sim L)$ に対して

$$\phi_{n_1\cdots n_K l}(v_{m_1}^1,\cdots,v_{m_K}^K)=\delta_{n_1m_1}\cdots\delta_{n_Km_K}w_l \qquad (m_k=1\sim N_k, k=1\sim K) \tag{A.28}$$

を満足する $\phi_{n_1\cdots n_K l}\in M(V_1\times\cdots\times V_K,W)$ が存在して一意に決まるが，定理 A–3 の証明と同様にして，こうして定義される $L\prod_{k=1}^{K}N_k$ 個の多重線形写像 $\{\phi_{n_1\cdots n_K l}\}_{n_k=1\sim N_k,k=1\sim K,l=1\sim L}$ が $M(V_1\times\cdots\times V_K,W)$ の基底をなすことが証明され，したがって式 (A.27) が成立する． ∎

さて，$L(V,\boldsymbol{R})$ に属する線形写像が V 上の線形形式とよばれたように，$M(V_1\times V_2,\boldsymbol{R})$ に属する双線形写像はとくに $V_1\times V_2$ 上の双線形形式とよばれ，同様に $M(V_1\times V_2\times\cdots\times V_K,\boldsymbol{R})$ に属する多重線形写像はとくに $V_1\times V_2\times\cdots\times V_K$ 上の多重線形形式，正確には $V_1\times V_2\times\cdots\times V_K$ 上の K 次多重線形形式とよばれる．A.2 節と同様に，$\boldsymbol{R}$ の基底を構成する唯一のベクトルとして $w_1\equiv a\in\boldsymbol{R}$ $(a\neq 0)$ を採用すれば式 (A.28) は

$$\phi_{n_1n_2\cdots n_K1}(v_{m_1}^1,v_{m_2}^2,\cdots,v_{m_K}^K)=\delta_{n_1m_1}\delta_{n_2m_2}\cdots\delta_{n_Km_K}a$$
$$(m_k=1\sim N_k, k=1\sim K)$$

と書けるが，とくに $a=1$ とした場合の $\phi_{n_1n_2\cdots n_K1}$ を $\psi_{n_1n_2\cdots n_K}$ と記せば，この $\psi_{n_1n_2\cdots n_K}$ は

$$\psi_{n_1n_2\cdots n_K}(v_{m_1}^1,v_{m_2}^2,\cdots,v_{m_K}^K)=\delta_{n_1m_1}\delta_{n_2m_2}\cdots\delta_{n_Km_K}$$
$$(m_k=1\sim N_k, k=1\sim K) \tag{A.29}$$

を満足し，$\{\psi_{n_1n_2\cdots n_K}\}_{n_k=1\sim N_k,k=1\sim K}$ は $M(V_1\times V_2\times\cdots\times V_K,\boldsymbol{R})$ の基底をなす．それゆえ定理 A–6 が主張するように

$$\dim(M(V_1\times V_2\times\cdots\times V_K,\boldsymbol{R}))=\prod_{k=1}^{K}\dim(V_k) \tag{A.30}$$

である．

A.6 テンソル積

V_1 と V_2 を実ベクトル空間とするとき，$V_1\times V_2$ 上の双線形形式の集合 $M(V_1\times V_2,\boldsymbol{R})$ の双対空間を V_1 と V_2 の**テンソル積** (tensor product) とよび，$V_1\otimes V_2$ と記す．すなわち

$$V_1\otimes V_2\equiv(M(V_1\times V_2,\boldsymbol{R}))^* \tag{A.31}$$

である．式 (A.7) と (A.30) によれば

$$\dim(V_1\otimes V_2)=\dim(M(V_1\times V_2,\boldsymbol{R}))=\dim(V_1)\dim(V_2) \tag{A.32}$$

である[‡3]．また，式 (A.31) と (A.5)，(A.9) によって

$$(V_1 \otimes V_2)^* \equiv L(V_1 \otimes V_2, \boldsymbol{R}) = ((M(V_1 \times V_2, \boldsymbol{R}))^*)^* = M(V_1 \times V_2, \boldsymbol{R}) \tag{A.33}$$

だから，任意の $\phi \in (V_1 \otimes V_2)^*$ は $V_1 \times V_2$ 上の双線形形式 $\phi \in M(V_1 \times V_2, \boldsymbol{R})$ でもある．それゆえ，$(x_1, x_2) \in V_1 \times V_2$ は写像

$$(x_1, x_2) : (V_1 \otimes V_2)^* \to \boldsymbol{R}, \quad \phi \mapsto (x_1, x_2)(\phi) \equiv \phi(x_1, x_2) \tag{A.34}$$

として解釈でき，この写像は線形だから式 (A.5) と (A.9) によって

$$(x_1, x_2) \in L((V_1 \otimes V_2)^*, \boldsymbol{R}) = ((V_1 \otimes V_2)^*)^* = V_1 \otimes V_2 \tag{A.35}$$

が結論される．とはいえ，単に (x_1, x_2) と記しただけでは $V_1 \times V_2$ の元なのか $V_1 \otimes V_2$ の元なのか区別がつかないため，$V_1 \otimes V_2$ の元として解釈した場合の (x_1, x_2) を $x_1 \otimes x_2$ と記すことにしよう．したがって

$$(x_1 \otimes x_2)(\phi) = \phi(x_1 \otimes x_2) = \phi(x_1, x_2) \qquad (\forall \phi \in (V_1 \otimes V_2)^*,\ \forall (x_1, x_2) \in V_1 \times V_2) \tag{A.36}$$

が成立する．同じ ϕ であっても，$(x_1 \otimes x_2)(\phi)$ においては $\phi \in (V_1 \otimes V_2)^*$ と考え，$\phi(x_1 \otimes x_2)$ と記した場合には $\phi \in L(V_1 \otimes V_2, \boldsymbol{R})$，そして $\phi(x_1, x_2)$ と記した場合には $\phi \in M(V_1 \times V_2, \boldsymbol{R})$ と解釈する点に注意する必要がある．

式 (A.36) において $\phi(x_1, x_2)$ は x_1，x_2 に関して双線形であり，$\phi(x_1 \otimes x_2)$ は $x_1 \otimes x_2$ に関して線形だから，任意の $x_1, y_1 \in V_1$，$x_2, y_2 \in V_2$，$a, b \in \boldsymbol{R}$ に対して

$$\begin{aligned}\phi((ax_1 + by_1) \otimes x_2) &= \phi(ax_1 + by_1, x_2) = a\phi(x_1, x_2) + b\phi(y_1, x_2) \\ &= a\phi(x_1 \otimes x_2) + b\phi(y_1 \otimes x_2) = \phi(ax_1 \otimes x_2 + by_1 \otimes x_2) \\ \phi(x_1 \otimes (ax_2 + by_2)) &= \phi(ax_1 \otimes x_2 + bx_1 \otimes y_2)\end{aligned}$$

であり，これらが任意の $\phi \in (V_1 \otimes V_2)^*$ に対して成立することから

$$\begin{cases} (ax_1 + by_1) \otimes x_2 = ax_1 \otimes x_2 + by_1 \otimes x_2 \\ x_1 \otimes (ax_2 + by_2) = ax_1 \otimes x_2 + bx_1 \otimes y_2 \end{cases} \tag{A.37}$$

が結論される．つまり，$V_1 \times V_2$ から $V_1 \otimes V_2$ への写像 τ

$$\tau : V_1 \times V_2 \to V_1 \otimes V_2, \quad (x_1, x_2) \mapsto x_1 \otimes x_2 \tag{A.38}$$

は双線形写像 $\tau \in M(V_1 \times V_2, V_1 \otimes V_2)$ である．

さて，V_1 と V_2 の基底をそれぞれ 1 組選んで $\{v_n^1\}_{n=1 \sim N_1}$，$\{v_n^2\}_{n=1 \sim N_2}$ とすれば，式 (A.30) を導出する際に示したように，

$$\psi_{n_1 n_2}(v_{m_1}^1, v_{m_2}^2) = \delta_{n_1 m_1} \delta_{n_2 m_2} \qquad (n_k, m_k = 1 \sim N_k, k = 1 \sim 2) \tag{A.39}$$

[‡3] 一方，$\dim(V_1 \times V_2) = \dim(V_1) + \dim(V_2)$ となることからもわかるように，$V_1 \times V_2$ と $V_1 \otimes V_2$ とはまったく異なるベクトル空間である．

を満足する $\psi_{n_1n_2} \in M(V_1 \times V_2, \boldsymbol{R})$ が一意的に存在し，$\{\psi_{n_1n_2}\}_{n_1=1\sim N_1,\ n_2=1\sim N_2}$ は $M(V_1 \times V_2, \boldsymbol{R})$ の基底をなす．前述のように $\psi_{n_1n_2} \in M(V_1 \times V_2, \boldsymbol{R})$ は $\psi_{n_1n_2} \in L(V_1 \otimes V_2, \boldsymbol{R})$ でもあり，式 (A.36) によって式 (A.39) は

$$\psi_{n_1n_2}(v^1_{m_1} \otimes v^2_{m_2}) = \delta_{n_1m_1}\delta_{n_2m_2} \quad (n_k, m_k = 1 \sim N_k, k = 1 \sim 2) \tag{A.40}$$

と書ける．これは式 (A.6) に対応し，$\{v^1_{m_1} \otimes v^2_{m_2}\}_{m_1=1\sim N_1,\ m_2=1\sim N_2}$ が $\{\psi_{n_1n_2}\}_{n_1=1\sim N_1,\ n_2=1\sim N_2}$ の双対基底であって $V_1 \otimes V_2$ の基底をなすことを意味する．そして，式 (A.38) で定義される写像 τ が双線形であることから，$x_k \in V_k$ が基底 $\{v^k_n\}$ によって $x_k = \sum_{n=1}^{N_k} \xi^k_n v^k_n$ と展開されるとき，$x_1 \otimes x_2$ は基底 $\{v^1_{m_1} \otimes v^2_{m_2}\}$ によって[‡4]

$$x_1 \otimes x_2 = \left(\sum_{n_1=1}^{N_1} \xi^1_{n_1} v^1_{n_1}\right) \otimes \left(\sum_{n_2=1}^{N_2} \xi^2_{n_2} v^2_{n_2}\right) = \sum_{n_1=1}^{N_1}\sum_{n_2=1}^{N_2} \xi^1_{n_1}\xi^2_{n_2} v^1_{n_1} \otimes v^2_{n_2} \tag{A.41}$$

として展開されることになる．

今度は双対空間のテンソル積 $V_1^* \otimes V_2^*$ を考えよう．$\phi_1 \in V_1^*$ と $\phi_2 \in V_2^*$ のテンソル積 $\phi_1 \otimes \phi_2$ は $V_1^* \otimes V_2^*$ に属するが，これを $V_1 \times V_2$ から $\boldsymbol{R}$ への写像

$$\phi_1 \otimes \phi_2 : V_1 \times V_2 \to \boldsymbol{R}, \quad (x_1, x_2) \mapsto (\phi_1 \otimes \phi_2)(x_1, x_2) \equiv \phi_1(x_1)\phi_2(x_2) \tag{A.42}$$

として解釈すれば，$\phi_1 \otimes \phi_2$ は $V_1 \times V_2$ 上の双線形形式 $\phi_1 \otimes \phi_2 \in M(V_1 \times V_2, \boldsymbol{R})$ である．ここで $\{v^k_n\}_{n=1\sim N_k}$ の双対基底を $\{\psi^k_n\}_{n=1\sim N_k}$ とすれば，式 (A.42) と (A.6) によって

$$(\psi^1_{n_1} \otimes \psi^2_{n_2})(v^1_{m_1}, v^2_{m_2}) = \psi^1_{n_1}(v^1_{m_1})\psi^2_{n_2}(v^2_{m_2}) = \delta_{n_1m_1}\delta_{n_2m_2}$$
$$(n_k, m_k = 1 \sim N_k, k = 1 \sim 2)$$

であるが，これは $\{v^1_{m_1} \otimes v^2_{m_2}\}$ の双対基底 $\{\psi_{n_1n_2}\}$ を決める条件 (A.39) と同じだから

$$\psi_{n_1n_2} = \psi^1_{n_1} \otimes \psi^2_{n_2} \qquad (n_k = 1 \sim N_k, k = 1 \sim 2) \tag{A.43}$$

が成立し，$\{\psi^1_{n_1} \otimes \psi^2_{n_2}\}$ は $\{v^1_{m_1} \otimes v^2_{m_2}\}$ の双対基底である．それゆえ，$\psi^1_{n_1} \otimes \psi^2_{n_2}$ が属するベクトル空間 $V_1^* \otimes V_2^*$ は $\{v^1_{m_1} \otimes v^2_{m_2}\}$ が属するベクトル空間 $V_1 \otimes V_2$ の双対空間であり，

$$(V_1^* \otimes V_2^*)^* = V_1 \otimes V_2 \tag{A.44}$$

が結論される．これを式 (A.9) の一般化と解釈してもよい．また，$\{\psi^1_{n_1} \otimes \psi^2_{n_2}\}$ は $V_1^* \otimes V_2^*$ の基底をなすが，式 (A.9) と (A.44)，(A.33) によれば

$$V_1^* \otimes V_2^* = ((V_1^* \otimes V_2^*)^*)^* = (V_1 \otimes V_2)^* = M(V_1 \times V_2, \boldsymbol{R}) \tag{A.45}$$

‡4 添え字の範囲が明確な場合には $\{v^k_n\}_{n=1\sim N_k}$ や $\{v^1_{m_1} \otimes v^2_{m_2}\}_{m_1=1\sim N_1,\ m_2=1\sim N_2}$ を単に $\{v^k_n\}$ や $\{v^1_{m_1} \otimes v^2_{m_2}\}$ と記す．

だから，$\{\psi^1_{n_1} \otimes \psi^2_{n_2}\}$ は $M(V_1 \times V_2, \boldsymbol{R})$ の基底でもある．この場合，$\psi^1_{n_1} \otimes \psi^2_{n_2}$ が式 (A.42) の意味で $V_1 \times V_2$ 上の双線形形式と解釈されることはいうまでもない．一方，式 (A.9) と (A.45) によって

$$V_1 \otimes V_2 = (V_1^*)^* \otimes (V_2^*)^* = M(V_1^* \times V_2^*, \boldsymbol{R}) \tag{A.46}$$

が成立し，任意の $x_1 \in V_1$ と $x_2 \in V_2$ のテンソル積 $x_1 \otimes x_2$ を写像

$$x_1 \otimes x_2 : V_1^* \times V_2^* \to \boldsymbol{R}, \quad (\phi_1, \phi_2) \mapsto (x_1 \otimes x_2)(\phi_1, \phi_2) \equiv x_1(\phi_1)x_2(\phi_2) \tag{A.47}$$

と解釈すれば $x_1 \otimes x_2 \in M(V_1^* \times V_2^*, \boldsymbol{R})$ だから，$V_1 \otimes V_2$ の基底 $\{\boldsymbol{v}^1_{m_1} \otimes \boldsymbol{v}^2_{m_2}\}$ は式 (A.47) の意味で $M(V_1^* \times V_2^*, \boldsymbol{R})$ の基底でもある．以上の結果を定理としてまとめておこう．

定理 A–7 $\{v_m\}_{m=1\sim M}$，$\{w_n\}_{n=1\sim N}$ をそれぞれ実ベクトル空間 V，W の基底とし，対応する双対基底を $\{\psi_m\}_{m=1\sim M}$，$\{\zeta_n\}_{n=1\sim N}$ とすれば，$\{v_m \otimes w_n\}_{m=1\sim M, n=1\sim N}$ と $\{\psi_m \otimes \zeta_n\}_{m=1\sim M, n=1\sim N}$ はたがいに他の双対基底であり，それぞれ $V \otimes W = (V^* \otimes W^*)^* = M(V^* \times W^*, \boldsymbol{R})$ と $V^* \otimes W^* = (V \otimes W)^* = M(V \times W, \boldsymbol{R})$ の基底をなす．

2 個の実ベクトル空間のテンソル積と同様に，K 個の実ベクトル空間 V_1，V_2，$\cdots$，V_K のテンソル積は

$$V_1 \otimes V_2 \otimes \cdots \otimes V_K \equiv (M(V_1 \times V_2 \times \cdots \times V_K, \boldsymbol{R}))^* \tag{A.48}$$

として定義され，式 (A.32) に対応して

$$\dim(V_1 \otimes V_2 \otimes \cdots \otimes V_K) = \prod_{k=1}^{K} \dim(V_k) \tag{A.49}$$

が成立する．また，式 (A.33) に対応して

$$\begin{aligned}(V_1 \otimes V_2 \otimes \cdots \otimes V_K)^* &= L(V_1 \otimes V_2 \otimes \cdots \otimes V_K, \boldsymbol{R}) \\ &= M(V_1 \times V_2 \times \cdots \times V_K, \boldsymbol{R})\end{aligned} \tag{A.50}$$

だから，任意の $\phi \in (V_1 \otimes \cdots \otimes V_K)^*$ は $V_1 \times \cdots \times V_K$ 上の多重線形形式 $\phi \in M(V_1 \times \cdots \times V_K, \boldsymbol{R})$ でもある．それゆえ，$(x_1, \cdots, x_K) \in V_1 \times \cdots \times V_K$ は写像

$$\begin{aligned}&(x_1, x_2, \cdots, x_K) : (V_1 \otimes V_2 \otimes \cdots \otimes V_K)^* \to \boldsymbol{R}, \\ &\phi \mapsto (x_1, x_2, \cdots, x_K)(\phi) \equiv \phi(x_1, x_2, \cdots, x_K)\end{aligned} \tag{A.51}$$

として解釈でき，この写像は線形だから式 (A.5) と (A.9) によって

$$(x_1, x_2, \cdots, x_K) \in L((V_1 \otimes V_2 \otimes \cdots \otimes V_K)^*, \boldsymbol{R}) = V_1 \otimes V_2 \otimes \cdots \otimes V_K \tag{A.52}$$

が結論されるが，単に $(x_1, \cdots, x_K)$ と記しただけでは $V_1 \times \cdots \times V_K$ の元なのか $V_1 \otimes \cdots \otimes V_K$ の元なのか区別がつかないため，$V_1 \otimes \cdots \otimes V_K$ の元として解釈した場合の $(x_1, \cdots, x_K)$ を $x_1 \otimes \cdots \otimes x_K$ と記すことにする．したがって

$$(x_1 \otimes x_2 \otimes \cdots \otimes x_K)(\phi) = \phi(x_1 \otimes x_2 \otimes \cdots \otimes x_K) = \phi(x_1, x_2, \cdots, x_K)$$
$$(\forall \phi \in (V_1 \otimes V_2 \otimes \cdots \otimes V_K)^*, \quad \forall (x_1, x_2, \cdots, x_K) \in V_1 \times V_2 \times \cdots \times V_K) \tag{A.53}$$

が成立する．このとき ϕ は $(x_1, \cdots, x_K)$ に関して多重線形であり，$x_1 \otimes \cdots \otimes x_K$ に関しては線形であることから，$V_1 \times \cdots \times V_K$ から $V_1 \otimes \cdots \otimes V_K$ への写像 τ

$$\tau : V_1 \times V_2 \times \cdots \times V_K \to V_1 \otimes V_2 \otimes \cdots \otimes V_K,$$
$$(x_1, x_2, \cdots, x_K) \mapsto x_1 \otimes x_2 \otimes \cdots \otimes x_K \tag{A.54}$$

が多重線形写像 $\tau \in M(V_1 \times \cdots \times V_K, V_1 \otimes \cdots \otimes V_K)$ であることが示される．

V_k の基底を 1 組選んで $\{v_n^k\}_{n=1\sim N_k}$ とすれば

$$\psi_{n_1 n_2 \cdots n_K}(v_{m_1}^1, v_{m_2}^2, \cdots, v_{m_K}^K) = \delta_{n_1 m_1}\delta_{n_2 m_2}\cdots\delta_{n_K m_K}$$
$$(n_k, m_k = 1 \sim N_k,\ k = 1 \sim K) \tag{A.55}$$

を満足する $\{\psi_{n_1 n_2 \cdots n_K}\}_{n_k=1\sim N_k,\ k=1\sim K}$ が一意的に存在して $M(V_1 \times \cdots \times V_K, \boldsymbol{R})$ の基底をなす．前述のように $\psi_{n_1 n_2 \cdots n_K}$ は $L(V_1 \otimes \cdots \otimes V_K, \boldsymbol{R})$ の元でもあり，式 (A.53) によって式 (A.55) は

$$\psi_{n_1 n_2 \cdots n_K}(v_{m_1}^1 \otimes v_{m_2}^2 \otimes \cdots \otimes v_{m_K}^K) = \delta_{n_1 m_1}\delta_{n_2 m_2}\cdots\delta_{n_K m_K}$$
$$(n_k, m_k = 1 \sim N_k,\ k = 1 \sim K) \tag{A.56}$$

と書けるが，これは $\{v_{n_1}^1 \otimes \cdots \otimes v_{n_K}^K\}$ が $\{\psi_{n_1 n_2 \cdots n_K}\}$ の双対基底であって $V_1 \otimes \cdots \otimes V_K$ の基底をなすことを意味する．そして，式 (A.54) で定義される τ が多重線形写像であることから，$x_k \in V_k$ が基底 $\{v_n^k\}$ によって $x_k = \sum_{n=1}^{N_k} \xi_n^k v_n^k$ と展開されるならば，$x_1 \otimes \cdots \otimes x_K$ は基底 $\{v_{n_1}^1 \otimes \cdots \otimes v_{n_K}^K\}$ によって

$$x_1 \otimes x_2 \otimes \cdots \otimes x_K = \sum_{n_1=1}^{N_1} \sum_{n_2=1}^{N_2} \cdots \sum_{n_K=1}^{N_K} \xi_{n_1}^1 \xi_{n_2}^2 \cdots \xi_{n_K}^K v_{n_1}^1 \otimes v_{n_2}^2 \otimes \cdots \otimes v_{n_K}^K \tag{A.57}$$

として展開される．

今度は双対空間のテンソル積 $V_1^* \otimes \cdots \otimes V_K^*$ を考えよう．$\phi_k \in V_k^*\ (k = 1 \sim K)$ のテンソル積 $\phi_1 \otimes \cdots \otimes \phi_K$ は $V_1^* \otimes \cdots \otimes V_K^*$ に属するが，これを $V_1 \times \cdots \times V_K$ から $\boldsymbol{R}$ への写像

$$\phi_1 \otimes \phi_2 \otimes \cdots \otimes \phi_K : V_1 \times V_2 \times \cdots \times V_K \to \boldsymbol{R},$$
$$(x_1, x_2, \cdots, x_K) \mapsto (\phi_1 \otimes \phi_2 \otimes \cdots \otimes \phi_K)(x_1, x_2, \cdots, x_K) \tag{A.58}$$
$$\equiv \phi_1(x_1)\phi_2(x_2)\cdots\phi_K(x_K)$$

として解釈すれば，$\phi_1 \otimes \cdots \otimes \phi_K$ は $V_1 \times \cdots \times V_K$ 上の多重線形形式である．ここで，$\{v_n^k\}$ の双対基底を $\{\psi_n^k\}$ とすれば，式 (A.58) と (A.6) によって

$$\begin{aligned}
&(\psi_{n_1}^1 \otimes \psi_{n_2}^2 \otimes \cdots \otimes \psi_{n_K}^K)(v_{m_1}^1, v_{m_2}^2, \cdots, v_{m_K}^K) \\
&\quad = \psi_{n_1}^1(v_{m_1}^1)\psi_{n_2}^2(v_{m_2}^2)\cdots\psi_{n_K}^K(v_{m_K}^K) \\
&\quad = \delta_{n_1 m_1}\delta_{n_2 m_2}\cdots\delta_{n_K m_K} \qquad (n_k, m_k = 1 \sim N_k, k = 1 \sim 2)
\end{aligned}$$

であり，$\{v_{n_1}^1 \otimes \cdots \otimes v_{n_K}^K\}$ の双対基底 $\{\psi_{n_1 n_2 \cdots n_K}\}$ を決める条件 (A.56) と同じだから

$$\psi_{n_1 n_2 \cdots n_K} = \psi_{n_1}^1 \otimes \psi_{n_2}^2 \otimes \cdots \otimes \psi_{n_K}^K \qquad (n_k = 1 \sim N_k, k = 1 \sim K) \tag{A.59}$$

が成立する．それゆえ，$\{\psi_{n_1}^1 \otimes \cdots \otimes \psi_{n_K}^K\}$ は $\{v_{n_1}^1 \otimes \cdots \otimes v_{n_K}^K\}$ の双対基底であり

$$(V_1^* \otimes V_2^* \otimes \cdots \otimes V_K^*)^* = V_1 \otimes V_2 \otimes \cdots \otimes V_K \tag{A.60}$$

が結論される．また，式 (A.9) と (A.48) によれば

$$V_1^* \otimes V_2^* \otimes \cdots \otimes V_K^* = M(V_1 \times V_2 \times \cdots \times V_K, \boldsymbol{R}) \tag{A.61}$$

だから，$V_1^* \otimes V_2^* \otimes \cdots \otimes V_K^*$ の基底をなす $\{\psi_{n_1}^1 \otimes \cdots \otimes \psi_{n_K}^K\}$ は $M(V_1 \times \cdots \times V_K, \boldsymbol{R})$ の基底でもある．この場合，$\psi_{n_1}^1 \otimes \cdots \otimes \psi_{n_K}^K$ が式 (A.58) の意味で $V_1 \times \cdots \times V_K$ 上の多重線形形式と解釈されることはいうまでもない．一方，式 (A.9) と (A.60) によって

$$V_1 \otimes V_2 \otimes \cdots \otimes V_K = M(V_1^* \times V_2^* \times \cdots \times V_K^*, \boldsymbol{R}) \tag{A.62}$$

が成立し，任意の $x_k \in V_k$ $(k = 1 \sim K)$ のテンソル積 $x_1 \otimes \cdots \otimes x_K$ を写像

$$x_1 \otimes x_2 \otimes \cdots \otimes x_K : V_1^* \times V_2^* \times \cdots \times V_K^* \to \boldsymbol{R},$$

$$\begin{aligned}
(\phi_1, \phi_2, \cdots, \phi_K) \mapsto &(x_1 \otimes x_2 \otimes \cdots \otimes x_K)(\phi_1, \phi_2, \cdots, \phi_K) \\
&\equiv x_1(\phi_1)x_2(\phi_2)\cdots x_K(\phi_K)
\end{aligned} \tag{A.63}$$

と解釈すれば $x_1 \otimes \cdots \otimes x_K \in M(V_1^* \times \cdots \times V_K^*, \boldsymbol{R})$ であり，$V_1 \otimes \cdots \otimes V_K$ の基底 $\{v_{m_1}^1 \otimes \cdots \otimes v_{m_K}^K\}$ は式 (A.63) の意味で $M(V_1^* \times \cdots \times V_K^*, \boldsymbol{R})$ の基底でもある．以上をまとめてつぎの定理を得る．

定理 A–8　$\{v_n^k\}_{n=1\sim N_k}$ を実ベクトル空間 V_k の基底とし，その双対基底を $\{\psi_n^k\}_{n=1\sim N_k}$ とすれば，$\{v_{n_1}^1 \otimes v_{n_2}^1 \otimes \cdots \otimes v_{n_K}^K\}_{n_k=1\sim N_k,\, k=1\sim K}$ と $\{\psi_{n_1}^1 \otimes \psi_{n_2}^1 \otimes \cdots \otimes \psi_{n_K}^K\}_{n_k=1\sim N_k,\, k=1\sim K}$ はたがいに他の双対基底であり，それぞれ $V_1 \otimes \cdots \otimes V_K = (V_1^* \otimes \cdots \otimes V_K^*)^* = M(V_1^* \times \cdots \times V_K^*, \boldsymbol{R})$ と $V_1^* \otimes \cdots \otimes V_K^* = (V_1 \otimes \cdots \otimes V_K)^* = M(V_1 \times \cdots \times V_K, \boldsymbol{R})$ の基底をなす．

さて，3 個の実ベクトル空間 V_1，V_2，V_3 が与えられたとき，式 (A.48) を使ってテンソル積 $V_1 \otimes V_2 \otimes V_3$ を直接に構成する方法もあるが，まずは $V_1 \otimes V_2$ を作り，これと

V_3 とのテンソル積 $(V_1 \otimes V_2) \otimes V_3$ を構成してもよく，V_1 と $V_2 \otimes V_3$ とのテンソル積 $V_1 \otimes (V_2 \otimes V_3)$ を構成することも可能である[‡5]．これらの関係を調べるため，V_1，V_2，V_3 のそれぞれに基底を 1 組選んで $\{v^k_{n_k}\}_{n_k=1\sim N_k, k=1\sim 3}$ とし，対応する双対基底を $\{\psi^k_{n_k}\}_{n_k=1\sim N_k, k=1\sim 3}$ とする．このとき，定理 A–8 によって $\{v^1_{n_1} \otimes v^2_{n_2}\}_{n_k=1\sim N_k, k=1\sim 2}$ は $V_1 \otimes V_2$ の基底をなすから，定理 A–7 における V に $V_1 \otimes V_2$ を対応させ，W に V_3 を対応させれば，$\{(v^1_{n_1} \otimes v^2_{n_2}) \otimes v^3_{n_3}\}_{n_k=1\sim N_k, k=1\sim 3}$ は $(V_1 \otimes V_2) \otimes V_3$ の基底をなす．ここで，$(v^1_{n_1} \otimes v^2_{n_2}) \otimes v^3_{n_3}$ を写像

$$(v^1_{n_1} \otimes v^2_{n_2}) \otimes v^3_{n_3} : V_1^* \times V_2^* \times V_3^* \to \boldsymbol{R}, \quad (\phi_1, \phi_2, \phi_3) \mapsto \phi_1(v^1_{n_1})\phi_2(v^2_{n_2})\phi_3(v^3_{n_3})$$

と解釈すれば

$$((v^1_{n_1} \otimes v^2_{n_2}) \otimes v^3_{n_3})(\psi^1_{m_1}, \psi^2_{m_2}, \psi^3_{m_3}) = \psi^1_{m_1}(v^1_{n_1})\psi^2_{m_2}(v^2_{n_2})\psi^3_{m_3}(v^3_{n_3}) = \delta_{n_1 m_1}\delta_{n_2 m_2}\delta_{n_3 m_3}$$

だから

$$(v^1_{n_1} \otimes v^2_{n_2}) \otimes v^3_{n_3} = v^1_{n_1} \otimes v^2_{n_2} \otimes v^3_{n_3} \qquad (n_k = 1 \sim N_k, k = 1 \sim 3)$$

を得る．したがって $\{(v^1_{n_1} \otimes v^2_{n_2}) \otimes v^3_{n_3}\}_{n_k=1\sim N_k, k=1\sim 3}$ は $M(V_1^* \times V_2^* \times V_3^*, \boldsymbol{R})$ の基底をなし

$$(V_1 \otimes V_2) \otimes V_3 = M(V_1^* \times V_2^* \times V_3^*, \boldsymbol{R}) = V_1 \otimes V_2 \otimes V_3$$

がいえる．同様にしてつぎの定理が証明される．

定理 A–9 V_1，V_2，$\cdots$，V_K を実ベクトル空間 $(K \geq 2)$ とすれば，$1 \leq L \leq K-1$ の範囲にある任意の整数 L に対して次式が成立する．

$$(V_1 \otimes V_2 \otimes \cdots \otimes V_L) \otimes (V_{L+1} \otimes V_{L+2} \otimes \cdots \otimes V_K) = V_1 \otimes V_2 \otimes \cdots \otimes V_K \quad \text{(A.64)}$$

この定理を繰り返し適用すれば，たとえば

$$(V_1 \otimes (V_2 \otimes V_3) \otimes (V_4 \otimes V_5 \otimes V_6)) \otimes V_7 \otimes (V_8 \otimes V_9) = V_1 \otimes V_2 \otimes \cdots \otimes V_9$$

などが示される．結局，テンソル積は結合の順序に依存せず，並びの順序だけで決まるのである．

---

‡5 一般には $V_1 \otimes V_2 \neq V_2 \otimes V_1$ だから，たとえば $V_2 \otimes V_1 \otimes V_3$ や $(V_1 \otimes V_3) \otimes V_2$ など，並びの順序を変えた組み合わせは考慮外とする．

付録 B テンソル

実ベクトル空間 V が指定されると双対空間 V^* が定まり，任意個数の V と V^* のテンソル積が構成される．テンソル積とは，対応する直積空間上の多重線形形式のなすベクトル空間の双対空間であった．このようにひとつの実ベクトル空間から構成される多重線形形式の性質を議論することが，本付録の目的である．

B.1 テンソルの型と変換性

V を実ベクトル空間とするとき，L 個の V と K 個の V^* とのテンソル積を

$$T_K^L(V) \equiv \left(\bigotimes_{l=1}^{L} V\right) \otimes \left(\bigotimes_{k=1}^{K} V^*\right) = \underbrace{V \otimes V \otimes \cdots \otimes V}_{L\ 個} \otimes \underbrace{V^* \otimes V^* \otimes \cdots \otimes V^*}_{K\ 個} \tag{B.1}$$

と記し，$T_K^L(V)$ の元をベクトル空間 V に関する **(L,K) 型テンソル** (tensor of type (L,K))，あるいは単に (L,K) 型テンソルとよぶ．また，**L 階反変 K 階共変テンソル** (tensor contravariant of rank L and convariant of rank K) とよぶこともある．また，$L=0$ の場合は **K 階共変テンソル** (convariant tensor of rank K)，$K=0$ の場合には **L 階反変テンソル** (contravariant tensor of rank L) とよぶ．とくに $V=T_0^1(V)$ の元は 1 階反変テンソル，$V^*=T_1^0(V)$ の元は 1 階共変テンソルだが，1 階テンソルはベクトルとよぶのが普通である．つまり，V の元は**反変ベクトル** (contravariant vector)，V^* の元は**共変ベクトル** (convariant vector) とよばれる．また $T_0^0(V) \equiv \boldsymbol{R}$ と定義し，$T_0^0(V)$ の元である $(0,0)$ 型テンソル (単なる実数) はスカラーとよばれる．いずれにせよ，式 (B.1) と (A.62) によれば

$$T_K^L(V) = M((V^*)^L \times V^K, \boldsymbol{R}) = M(\underbrace{V^* \times V^* \times \cdots \times V^*}_{L\ 個} \times \underbrace{V \times V \times \cdots \times V}_{K\ 個}, \boldsymbol{R}) \tag{B.2}$$

だから，$T_K^L(V)$ の元，すなわち V に関する (L,K) 型テンソルは $(V^*)^L \times V^K$ 上の多重線形形式である．また，式 (A.30) によれば，$T_0^0(V)$ の場合も含めて次式が成立する．

$$\dim(T_K^L(V)) = (\dim(V))^{L+K} \tag{B.3}$$

さて，付録 A では複数のベクトル空間を対象としたことから，k 番目のベクトル空間 V_k の基底を $\{v_n^k\}_{n=1\sim N_k}$，その双対基底を $\{\psi_n^k\}_{n=1\sim N_k}$ などと記していたが，ここでは単一のベクトル空間 V だけを対象とするため $\{v_n\}_{n=1\sim N}$，$\{\psi_n\}_{n=1\sim N}$ と記せばよく，添え字の範囲は $N=\dim(V)$ に確定しているため単に $\{v_n\}$，$\{\psi_n\}$ と記すだけ

でも十分である．さらに，基底の変換に対する変換性に応じて添え字の位置を変え，標準的な記法に合わせて $\{v_n\}$ と $\{\psi_n\}$ をそれぞれ $\{e_n\}$，$\{\theta^n\}$ と表記することにする．したがって

$$e_n(\theta^m) = \theta^m(e_n) = \delta_n^m \tag{B.4}$$

である．同様の理由から A.3 節で定義した変換係数 Λ_{mn} や Λ_{mn}^{-1} をそれぞれ Λ_n^m，$(\Lambda^{-1})_n^m$ と記す．それゆえ，Einstein 規約にしたがって表現すれば，たとえば式 (A.11) と (A.13) は

$$\begin{cases} e_n = \overline{e}_m \Lambda_n^m \\ \theta^n = (\Lambda^{-1})_m^n \overline{\theta}^m \end{cases}, \quad \begin{cases} \overline{e}_n = e_m (\Lambda^{-1})_n^m \\ \overline{\theta}^n = \Lambda_m^n \theta^m \end{cases} \qquad (n = 1 \sim N) \tag{B.5}$$

と書ける．いずれにせよ，$\{e_n\}$ と $\{\theta^n\}$ はそれぞれ V と V^* の基底だから，

$$\beta_{n_1 n_2 \cdots n_L}^{m_1 m_2 \cdots m_K} = e_{n_1} \otimes e_{n_2} \otimes \cdots \otimes e_{n_L} \otimes \theta^{m_1} \otimes \theta^{m_2} \otimes \cdots \otimes \theta^{m_K} \tag{B.6}$$

とすれば，A.6 節の定理 A–8 によって $\{\beta_{n_1 n_2 \cdots n_L}^{m_1 m_2 \cdots m_K}\}$ は $T_K^L(V)$ の基底をなす．したがって任意のテンソル $\phi \in T_K^L(V)$ は

$$\phi = \phi_{m_1 m_2 \cdots m_K}^{n_1 n_2 \cdots n_L} \beta_{n_1 n_2 \cdots n_L}^{m_1 m_2 \cdots m_K} \tag{B.7}$$

と展開されるが，この展開係数 $\{\phi_{m_1 m_2 \cdots m_K}^{n_1 n_2 \cdots n_L}\}$ を基底 $\{\beta_{n_1 n_2 \cdots n_L}^{m_1 m_2 \cdots m_K}\}$ に関する $\phi \in T_K^L(V)$ の**成分** (component) とよぶ．前述のように ϕ は $(V^*)^L \times V^K$ 上の多重線形形式だが，とくに

$$(\theta^{q_1}, \theta^{q_2}, \cdots, \theta^{q_L}, e_{p_1}, e_{p_2}, \cdots, e_{p_K}) \in (V^*)^L \times V^K \tag{B.8}$$

における値は式 (B.6) と (B.4) により

$$\begin{aligned}
&\phi(\theta^{q_1}, \theta^{q_2}, \cdots, \theta^{q_L}, e_{p_1}, e_{p_2}, \cdots, e_{p_K}) \\
&\quad = \phi_{m_1 m_2 \cdots m_K}^{n_1 n_2 \cdots n_L} \beta_{n_1 n_2 \cdots n_L}^{m_1 m_2 \cdots m_K}(\theta^{q_1}, \theta^{q_2}, \cdots, \theta^{q_L}, e_{p_1}, e_{p_2}, \cdots, e_{p_K}) \\
&\quad = \phi_{m_1 m_2 \cdots m_K}^{n_1 n_2 \cdots n_L} e_{n_1}(\theta^{q_1}) e_{n_2}(\theta^{q_2}) \cdots e_{n_L}(\theta^{q_L}) \theta^{m_1}(e_{p_1}) \theta^{m_2}(e_{p_2}) \cdots \theta^{m_K}(e_{p_K}) \\
&\quad = \phi_{m_1 m_2 \cdots m_K}^{n_1 n_2 \cdots n_L} \delta_{n_1}^{q_1} \delta_{n_2}^{q_2} \cdots \delta_{n_L}^{q_L} \delta_{p_1}^{m_1} \delta_{p_2}^{m_2} \cdots \delta_{p_K}^{m_K} = \phi_{p_1 p_2 \cdots p_K}^{q_1 q_2 \cdots q_L}
\end{aligned}$$

だから，ϕ の成分は

$$\phi_{m_1 m_2 \cdots m_K}^{n_1 n_2 \cdots n_L} = \phi(\theta^{n_1}, \theta^{n_2}, \cdots, \theta^{n_L}, e_{m_1}, e_{m_2}, \cdots, e_{m_K}) \tag{B.9}$$

として与えられる．V の基底 $\{e_n\}$ を $\{\overline{e}_n\}$ に変更すれば，$\beta_{n_1 n_2 \cdots n_L}^{m_1 m_2 \cdots m_K}$ は

$$\overline{\beta}_{n_1 n_2 \cdots n_L}^{m_1 m_2 \cdots m_K} = \overline{e}_{n_1} \otimes \overline{e}_{n_2} \otimes \cdots \otimes \overline{e}_{n_L} \otimes \overline{\theta}^{m_1} \otimes \overline{\theta}^{m_2} \otimes \cdots \otimes \overline{\theta}^{m_K}$$

に変更され，この新しい基底 $\{\overline{\beta}_{n_1 n_2 \cdots n_L}^{m_1 m_2 \cdots m_K}\}$ に対する ϕ の成分は，ϕ の多重線形性から

$$\begin{aligned}
\overline{\phi}_{m_1 m_2 \cdots m_K}^{n_1 n_2 \cdots n_L} &= \phi(\overline{\theta}^{n_1}, \cdots, \overline{\theta}^{n_L}, \overline{e}_{m_1}, \cdots, \overline{e}_{m_K}) \\
&= \phi(\Lambda_{q_1}^{n_1} \theta^{q_1}, \cdots, \Lambda_{q_L}^{n_L} \theta^{q_L}, e_{p_1} (\Lambda^{-1})_{m_1}^{p_1}, \cdots, e_{p_K} (\Lambda^{-1})_{m_K}^{p_K})
\end{aligned}$$

$$= \Lambda^{n_1}_{q_1}\cdots\Lambda^{n_L}_{q_L}(\Lambda^{-1})^{p_1}_{m_1}\cdots(\Lambda^{-1})^{p_K}_{m_K}\phi(\theta^{q_1},\cdots,\theta^{q_L},e_{p_1},\cdots,e_{p_K})$$
$$= \left(\prod_{l=1}^{L}\Lambda^{n_l}_{q_l}\right)\left(\prod_{k=1}^{K}(\Lambda^{-1})^{p_k}_{m_k}\right)\phi^{q_1q_2\cdots q_L}_{p_1p_2\cdots p_K}$$

と表現できる．また，この結果から

$$\left(\prod_{l=1}^{L}(\Lambda^{-1})^{j_l}_{n_l}\right)\left(\prod_{k=1}^{K}\Lambda^{m_k}_{i_k}\right)\overline{\phi}^{n_1n_2\cdots n_L}_{m_1m_2\cdots m_K}$$
$$= \left(\prod_{l=1}^{L}(\Lambda^{-1})^{j_l}_{n_l}\Lambda^{n_l}_{q_l}\right)\left(\prod_{k=1}^{K}(\Lambda^{-1})^{p_k}_{m_k}\Lambda^{m_k}_{i_k}\right)\phi^{q_1q_2\cdots q_L}_{p_1p_2\cdots p_K}$$
$$= \left(\prod_{l=1}^{L}\delta^{j_l}_{q_l}\right)\left(\prod_{k=1}^{K}\delta^{p_k}_{i_k}\right)\phi^{q_1q_2\cdots q_L}_{p_1p_2\cdots p_K} = \phi^{j_1j_2\cdots j_L}_{i_1i_2\cdots i_K}$$

を得るから，$\{\phi^{n_1n_2\cdots n_L}_{m_1m_2\cdots m_K}\}$ は基底の変換に際して

$$\begin{aligned}\phi^{n_1n_2\cdots n_L}_{m_1m_2\cdots m_K} &= \left(\prod_{l=1}^{L}(\Lambda^{-1})^{n_l}_{q_l}\right)\left(\prod_{k=1}^{K}\Lambda^{p_k}_{m_k}\right)\overline{\phi}^{q_1q_2\cdots q_L}_{p_1p_2\cdots p_K}\\ \overline{\phi}^{n_1n_2\cdots n_L}_{m_1m_2\cdots m_K} &= \left(\prod_{l=1}^{L}\Lambda^{n_l}_{q_l}\right)\left(\prod_{k=1}^{K}(\Lambda^{-1})^{p_k}_{m_k}\right)\phi^{q_1q_2\cdots q_L}_{p_1p_2\cdots p_K}\end{aligned} \tag{B.10}$$

として変換することがわかる．つまり，$\{\beta^{m_1m_2\cdots m_K}_{n_1n_2\cdots n_L}\}$ に関する $\phi\in T^L_K(V)$ の成分 $\{\phi^{n_1n_2\cdots n_L}_{m_1m_2\cdots m_K}\}$ は上付きの L 個の添え字に関しては反変的に，下付きの K 個の添え字に関しては共変的に変換する．ϕ を L 階反変 K 階共変テンソルとよぶ理由はここにある．これに対して，基底 $\{\beta^{m_1m_2\cdots m_K}_{n_1n_2\cdots n_L}\}$ 自身は L 個の下付き添え字と K 個の上付き添え字をもつことからもわかるように，L 階共変 K 階反変の変換をする点に注意しておこう．実際，同様にして

$$\begin{aligned}\beta^{m_1m_2\cdots m_K}_{n_1n_2\cdots n_L} &= \left(\prod_{k=1}^{K}(\Lambda^{-1})^{m_k}_{p_k}\right)\left(\prod_{l=1}^{L}\Lambda^{q_l}_{n_l}\right)\overline{\beta}^{p_1p_2\cdots p_K}_{q_1q_2\cdots q_L}\\ \overline{\beta}^{m_1m_2\cdots m_K}_{n_1n_2\cdots n_L} &= \left(\prod_{k=1}^{K}\Lambda^{m_k}_{p_k}\right)\left(\prod_{l=1}^{L}(\Lambda^{-1})^{q_l}_{n_l}\right)\beta^{p_1p_2\cdots p_K}_{q_1q_2\cdots q_L}\end{aligned} \tag{B.11}$$

が導かれる．このように，本節で示した記法によれば，どのような量であれ上付きの添え字に関しては反変的な変換を，下付き添え字に関しては共変的な変換を受けることになる．こうした理由から，上付き添え字は**反変添え字** (contravariant index)，下付き添え字は**共変添え字** (covariant index) とよばれる．

B.2 縮　約

まず，V から V への線形写像 $A\in L(V,V)$ を考えよう．定理 A–1 により，線形写像 A は基底 $\{e_n\}$ に対する作用によって確定する．ところが $A(e_n)\in V$ だから，$A(e_n)$

は V の基底 $\{e_n\}$ で展開でき

$$A(e_n) = A_n^m e_m \qquad (n = 1 \sim N) \tag{B.12}$$

と表現できるから，N^2 個の実数 $\{A_n^m\}_{n,m=1\sim N}$ を指定すれば線形写像 A は確定する．このとき，線形写像 $A \in L(V,V)$ の**トレース** (trace) を

$$\mathrm{tr}\,(A) \equiv A_n^n = \sum_{n=1}^{N} A_n^n \in \boldsymbol{R} \tag{B.13}$$

として定義する．ところで，$\{e_n\}$ の双対基底 $\{\theta^n\}$ を使えば

$$\theta^m(A(e_n)) = \theta^m(A_n^k e_k) = A_n^k \theta^m(e_k) = A_n^k \delta_k^m = A_n^m$$

だから，式 (B.13) は

$$\mathrm{tr}\,(A) \equiv A_n^n = \theta^n(A(e_n)) \tag{B.14}$$

と書ける．この定義は特定の基底 $\{e_n\}$ にもとづいているが，$\mathrm{tr}\,(A)$ の値は基底の選び方によらない．実際，基底として $\{\overline{e}_n\}$ を使った場合には A の線形性と式 (B.5) によって

$$\begin{aligned}\theta^n(A(e_n)) &= (\Lambda^{-1})_p^n \overline{\theta}^p(A(\overline{e}_q \Lambda_n^q)) \\ &= \Lambda_n^q (\Lambda^{-1})_p^n \overline{\theta}^p(A(\overline{e}_q)) = \delta_p^q \overline{\theta}^p(A(\overline{e}_q)) = \overline{\theta}^q(A(\overline{e}_q))\end{aligned}$$

が成立する．それゆえ tr は $L(V,V)$ から $\boldsymbol{R}$ への写像 $\mathrm{tr} \ : \ L(V,V) \to \boldsymbol{R}$ である．しかも容易に示されるように tr は線形だから，$\mathrm{tr} \in L(L(V,V),\boldsymbol{R})$ が結論される．

さて，(1,1) 型テンソル $\phi \in T_1^1(V)$ は基底 $\{\beta_n^m\} = \{e_n \otimes \theta^m\}$ によって

$$\phi = \phi_m^n \beta_n^m = \phi_m^n e_n \otimes \theta^m \tag{B.15}$$

と展開できるから，ϕ は V から V への線形写像

$$\phi : V \to V, \quad x \mapsto \phi_m^n e_n \theta^m(x) \in V \tag{B.16}$$

として解釈できる．ただし，$\phi_m^n e_n \theta^m(x)$ とは $e_n \in V$ に $\phi_m^n \theta^m(x) \in \boldsymbol{R}$ を乗じて得られる V の元である．この線形写像は基底の選び方によらない．実際，基底として $\{\overline{e}_n\}$ を使った場合，式 (B.5) と (B.10) によれば，任意の $x \in V$ に対して，

$$\begin{aligned}\phi_m^n e_n \theta^m(x) &= (\Lambda^{-1})_q^n \Lambda_m^p \overline{\phi}_p^q \overline{e}_i \Lambda_n^i (\Lambda^{-1})_j^m \overline{\theta}^j(x) \\ &= \Lambda_n^i (\Lambda^{-1})_q^n \Lambda_m^p (\Lambda^{-1})_j^m \overline{\phi}_p^q \overline{e}_i \overline{\theta}^j(x) = \delta_q^i \delta_j^p \overline{\phi}_p^q \overline{e}_i \overline{\theta}^j(x) = \overline{\phi}_p^q \overline{e}_q \overline{\theta}^p(x)\end{aligned}$$

が成立する．このように $\phi \in L(V,V)$ だから $\mathrm{tr}(\phi)$ が定まり，式 (B.14) によって

$$\mathrm{tr}\,(\phi) = \theta^n(\phi(e_n)) = \theta^n(\phi_p^q e_q \theta^p(e_n)) = \phi_p^q \theta^n(e_q)\theta^p(e_n) = \phi_p^q \delta_q^n \delta_n^p = \phi_n^n$$

したがって，式 (B.9) を使えば

$$\mathrm{tr}\,(\phi) = \theta^n(\phi(e_n)) = \phi_n^n = \phi(\theta^n, e_n) \tag{B.17}$$

である．このようにして $(1,1)$ 型テンソル $\phi \in T_1^1(V)$ から $(0,0)$ 型テンソル $\phi_n^n \in T_0^0(V) = \boldsymbol{R}$ を得る演算を**縮約** (contraction) とよび，C_1^1 と記す．つまり

$$C_1^1 : T_1^1(V) \to T_0^0(V), \quad \phi \mapsto \phi(\theta^n, e_n) \tag{B.18}$$

である．

つぎに (L,K) 型テンソル $\phi \in T_K^L(V)$ を考えよう．ϕ は $(V^*)^L \times V^K$ 上の多重線形形式であり，L 個の V^* の元 $\{\psi^l\}_{l=1\sim L}$ と K 個の V の元 $\{x_k\}_{k=1\sim K}$ の組

$$\begin{gathered}(\psi^1, \psi^2, \cdots, \psi^L, x_1, x_2, \cdots, x_K) \in (V^*)^L \times V^K \\ (\psi^l \in V^*, \quad l = 1 \sim L; \quad x_k \in V,\ k = 1 \sim K)\end{gathered} \tag{B.19}$$

に作用するが，s 番目の V^* の元 ψ^s $(1 \leq s \leq L)$ と r 番目の V の元 x_r $(1 \leq r \leq K)$ に着目して他の要素を固定すれば，$\phi \in T_K^L(V)$ から $\phi_r^s \in T_1^1(V)$ がつぎのようにして構成できる．

$$\begin{aligned}&\phi_r^s : V^* \times V \to \boldsymbol{R}, \\ &\quad (\psi, x) \mapsto \phi(\psi^1, \cdots, \psi^{s-1}, \psi, \psi^{s+1}, \cdots, \psi^L, x_1, \cdots, x_{r-1}, x, x_{r+1}, \cdots, x_K)\end{aligned} \tag{B.20}$$

この $\phi_r^s \in T_1^1(V)$ に C_1^1 を作用させて得られる実数 $C_1^1\phi_r^s$ (つまり $(0,0)$ 型テンソル) を $C_r^s\phi$ と記せば，$C_r^s\phi$ は任意の $(V^*)^{L-1} \times V^{K-1}$ の元

$$(\psi^1, \cdots, \psi^{s-1}, \psi^{s+1}, \cdots, \psi^L, x_1, \cdots, x_{r-1}, x_{r+1}, \cdots, x_K) \in (V^*)^{L-1} \times V^{K-1} \tag{B.21}$$

に実数を対応させる写像 $C_r^s\phi : (V^*)^{L-1} \times V^{K-1} \to \boldsymbol{R}$ であり，しかも各成分に関して線形だから，$C_r^s\phi$ は $(V^*)^{L-1} \times V^{K-1}$ 上の多重線形写像，すなわち $(L-1, K-1)$ 型テンソルである．そして，(L,K) 型テンソル $\phi \in T_K^L(V)$ から $(L-1,K-1)$ 型テンソル $C_r^s\phi \in T_{K-1}^{L-1}(V)$ を得る演算もまた縮約とよばれ，C_r^s は**縮約作用素** (contraction operator) とよばれる．

さて，式 (B.6) に示す $T_K^L(V)$ の基底 $\{\beta_{n_1 n_2 \cdots n_L}^{m_1 m_2 \cdots m_K}\}$ に関する $\phi \in T_K^L(V)$ の成分 $\{\phi_{m_1 m_2 \cdots m_K}^{n_1 n_2 \cdots n_L}\}$ を使えば，ϕ は式 (B.7) のように表現される．同様に $\{\beta_{n_1 n_2 \cdots n_{L-1}}^{m_1 m_2 \cdots m_{K-1}}\}$ は $T_{K-1}^{L-1}(V)$ の基底をなし,この基底に関する $C_r^s\phi \in T_{K-1}^{L-1}(V)$ の成分を $\{(C_r^s\phi)_{m_1 m_2 \cdots m_{K-1}}^{n_1 n_2 \cdots n_{L-1}}\}$ と記せば，式 (B.9) と同様に

$$(C_r^s\phi)_{m_1 m_2 \cdots m_{K-1}}^{n_1 n_2 \cdots n_{L-1}} = (C_r^s\phi)(\theta^{n_1}, \theta^{n_2}, \cdots, \theta^{n_{L-1}}, e_{m_1}, e_{m_2}, \cdots, e_{m_{K-1}}) \tag{B.22}$$

であるが，式 (B.18) によって

$$C_r^s\phi \equiv C_1^1\phi_r^s = \mathrm{tr}\,(\phi_r^s) = \phi_r^s(\theta^k, e_k) \tag{B.23}$$

だから，

$$(C_r^s\phi)_{m_1 m_2 \cdots m_{K-1}}^{n_1 n_2 \cdots n_{L-1}} = (C_r^s\phi)(\theta^{n_1}, \theta^{n_2}, \cdots, \theta^{n_{L-1}}, e_{m_1}, e_{m_2}, \cdots, e_{m_{K-1}})$$

$$= (\phi^s_r(\theta^k, e_k))(\theta^{n_1}, \theta^{n_2}, \cdots, \theta^{n_{L-1}}, e_{m_1}, e_{m_2}, \cdots, e_{m_{K-1}})$$
$$= \phi(\theta^{n_1}, \cdots, \theta^{n_{s-1}}, \theta^k, \theta^{n_s} \cdots, \theta^{n_{L-1}}, e_{m_1}, \cdots, e_{m_{r-1}}, e_k, e_{m_r}, \cdots, e_{m_{K-1}})$$
$$= \phi^{n_1 \cdots n_{s-1}\, k\, n_s \cdots n_{L-1}}_{m_1 \cdots m_{r-1}\, k\, m_r \cdots m_{K-1}}$$

すなわち

$$(C^s_r \phi)^{n_1 n_2 \cdots n_{L-1}}_{m_1 m_2 \cdots m_{K-1}} = \phi^{n_1 \cdots n_{s-1}\, k\, n_s \cdots n_{L-1}}_{m_1 \cdots m_{r-1}\, k\, m_r \cdots m_{K-1}} \tag{B.24}$$

であり，式 (B.7) によって

$$C^s_r \phi = \phi^{n_1 \cdots n_{s-1}\, k\, n_s \cdots n_{L-1}}_{m_1 \cdots m_{r-1}\, k\, m_r \cdots m_{K-1}} \beta^{m_1 m_2 \cdots m_{K-1}}_{n_1 n_2 \cdots n_{L-1}} \tag{B.25}$$

が結論される．

B.3 ベクトル間の内積

$V \times V$ 上の双線形形式 $g \in M(V \times V, \boldsymbol{R})$ が対称ならば，つまり

$$g(x, y) = g(y, x) \qquad (\forall x, y \in V) \tag{B.26}$$

を満足するならば g は V 上の**内積** (inner product) とよばれる．また，V 上の内積 g が

$$0_V \fallingdotseq x \in V \quad \text{ならば} \quad \exists y \in V;\quad g(x, y) \fallingdotseq 0 \tag{B.27}$$

を満足するならば[‡1] g は**非退化** (nondegenerate) と形容され (0_V は V の零元)，

$$0_V \fallingdotseq x \in V \quad \text{ならば} \quad g(x, x) > 0 \tag{B.28}$$

を満足するならば g は**正値** (positive definite) と形容される．したがって，正値な内積は非退化である．

さて，内積 $g \in M(V \times V, \boldsymbol{R}) = T^0_2(V)$ は $(0, 2)$ 型のテンソルであり，

$$g = g_{mn} \theta^m \otimes \theta^n = g(e_m, e_n) \theta^m \otimes \theta^n \tag{B.29}$$

と展開できるが，式 (B.26) によれば

$$g(e_m, e_n) = g(e_n, e_m) \quad \text{すなわち} \quad g_{mn} = g_{nm} \tag{B.30}$$

が成立する．逆に，式 (B.30) が満足されれば式 (B.26) が成立する．実際，$x, y \in V$ は V の基底 $\{e_n\}$ を使って $x = x^m e_m$，$y = y^n e_n$ と展開できるから

$$g(x, y) = g(x^m e_m, y^n e_n) = x^m y^n g(e_m, e_n) = x^m y^n g(e_n, e_m)$$
$$= g(y^n e_n, x^m e_m) = g(y, x)$$

である．それゆえ，式 (B.30) は $g \in T^0_2(V)$ が内積であるための必要十分条件である．

g を V 上の内積とするとき，任意の $x \in V$ に対して

---

‡1 ここで "$\exists y \in V;\ g(x, y) \fallingdotseq 0$" は「$g(x, y) \fallingdotseq 0$ であるような $y \in V$ が存在する」という意味である．

$$g(x,\,.\,): V \to \boldsymbol{R}, \quad y \mapsto g(x, y) \tag{B.31}$$

として定義される写像 $g(x,\,.\,)$ は線形だから $g(x,\,.\,) \in L(V, \boldsymbol{R}) = V^*$ である．そこで，写像

$$\gamma: V \to V^*, \quad x \mapsto g(x,\,.\,) \in V^* \tag{B.32}$$

を定義すれば，γ もまた線形 $\gamma \in L(V, V^*)$ である．線形写像 γ の**核** (kernel) は

$$\mathrm{Ker}\,(\gamma) \equiv \{x \in V | \gamma(x) = 0_{V^*}\} \tag{B.33}$$

として定義され，V の部分空間をなすが，内積 g が非退化だとすると

$$\mathrm{Ker}\,(\gamma) = \{0_V\} \tag{B.34}$$

が成立する．つまり $\mathrm{Ker}\,(\gamma)$ は零元 0_V だけからなる．実際，$\mathrm{Ker}\,(\gamma)$ が 0_V 以外の要素 $x \neq 0_V$ を含んだとすると $\gamma(x) = 0_{V^*}$ だから $g(x, y) = (\gamma(x))(y) = 0_{V^*}(y) = 0$ が任意の $y \in V$ に対して成立し，式 (B.27) と矛盾する．逆に，式 (B.34) が成立すれば g は非退化である．実際，$0_V \neq x \in V$ に対して $\gamma(x) = g(x,\,.\,) \neq 0_{V^*}$ だから，$g(x,\,y\,) \neq 0$ を満足する $y \in V$ が存在する．それゆえ，式 (B.34) は内積 g が非退化であるための必要十分条件である．

ところで，式 (B.34) は γ が全単射 (可逆) であるための必要十分条件でもある．まず，$\mathrm{Ker}\,(\gamma) = \{0_V\}$ ならば γ は全単射であることを示そう．$x, y \in V$ に対して $\gamma(x) = \gamma(y)$ ならば $0_{V^*} = \gamma(x) - \gamma(y) = \gamma(x - y)$ だから $x - y \in \mathrm{Ker}\,(\gamma)$，したがって $x - y = 0_V$，すなわち $x = y$ だから γ は単射である．また，V の基底 $\{e_n\}$ に対して $\{\gamma(e_n)\}$ は V^* の基底をなす．実際，$0_{V^*} = c^n\gamma(e_n) = \gamma(c^n e_n)$ ならば $c^n e_n = 0_V$ であるが，$\{e_n\}$ の線形独立性から $c^n = 0\,(n = 1 \sim N)$ がいえることから $\{\gamma(e_n)\}$ は線形独立であり，N 次元ベクトル空間 V^* に属する N 個のベクトルが線形独立だから $\{\gamma(e_n)\}$ は V^* の基底をなす．それゆえ，任意の $\chi \in V^*$ は $\chi = \chi^n\gamma(e_n)$ と展開できるが，これは γ による $\chi^n e_n \in V$ の像であり，したがって γ は全射である．つぎに，γ が全単射ならば $\mathrm{Ker}(\gamma) = \{0_V\}$ であることを示そう．実際，$\mathrm{Ker}\,(\gamma)$ が 0_V 以外の要素 $x \neq 0_V$ を含んだとすると $\gamma(x) = \gamma(0_V) = 0_{V^*}$ となるため γ が単射であることに矛盾する．このように，式 (B.34) は g が非退化であるための必要十分条件でもあり，写像 γ が可逆であるための必要十分条件でもあるから，内積 g が非退化であることと写像 $\gamma: V \to V^*$ が可逆であることは同値である．

さて，内積 g は式 (B.29) のように表現されるから，式 (B.32) によって

$$\gamma(x) = g(x,\,.\,) = g_{mn}\theta^m(x)\theta^n \in V^* \tag{B.35}$$

を得る．ここで V から $\boldsymbol{R}^N$ への写像 ν，および V^* から $\boldsymbol{R}^N$ への写像 ν^* を

$$\begin{aligned} &\nu: V \to \boldsymbol{R}^N, && x = x^n e_n \mapsto \boldsymbol{x} \equiv (x^1\ \ x^2\ \ \cdots\ \ x^N)^t \in \boldsymbol{R}^N \\ &\nu^*: V^* \to \boldsymbol{R}^N, && \xi = \xi_n\theta^n \mapsto \boldsymbol{\xi} \equiv (\xi_1\ \ \xi_2\ \ \cdots\ \ \xi_N)^t \in \boldsymbol{R}^N \end{aligned} \tag{B.36}$$

として定義する．ν と ν^* がともに可逆な線形写像であることはいうまでもない．いずれにせよ，$x = x^n e_n$，$\gamma(x) = \xi_n \theta^n$ と展開すれば，式 (B.35) は

$$\xi_n = g_{mn}\theta^m(x) = g_{mn}\theta^m(x^k e_k) = g_{mn}x^k \delta_k^m = g_{mn}x^m \qquad (n = 1 \sim N) \tag{B.37}$$

と表現できる．あるいは g_{mn} を第 m 行第 n 要素とする N 次対称行列を G と記せば

$$\nu^*(\gamma(x)) = \boldsymbol{\xi} = G\boldsymbol{x} = G\nu(x) = (G \circ \nu)(x) \tag{B.38}$$

とも表現できる．ただし，最後の等式では行列 G を写像 $G : \boldsymbol{R}^N \to \boldsymbol{R}^N$ として解釈し，G と ν との合成写像 $G \circ \nu$ を $x \in V$ に作用させて $G\nu(x) \in \boldsymbol{R}^N$ を得ると考えている．ν^* は可逆だから，式 (B.38) の両辺に $(\nu^*)^{-1}$ を作用させれば

$$\gamma(x) = (\nu^*)^{-1}((G \circ \nu)(x)) = ((\nu^*)^{-1} \circ G \circ \nu)(x)$$

であり，これが任意の $x \in V$ に対して成立するから

$$\gamma = (\nu^*)^{-1} \circ G \circ \nu \tag{B.39}$$

を得る．したがって，行列 G が可逆である場合，その場合にかぎって写像 γ は可逆であり

$$\gamma^{-1} = \nu^{-1} \circ G^{-1} \circ \nu^* \tag{B.40}$$

が成立する．対称行列 G や写像 ν，ν^* は基底の選び方に依存するが，γ や γ^{-1} は基底の選び方によらず内積 g だけによって決まる点に注意しておこう．実際，基底を $\{e_n\}$ から $\{\overline{e}_n\}$ に変えた場合に G や ν，ν^* が $\overline{G}$，$\overline{\nu}$，$\overline{\nu}^*$ に変わったとすれば

$$\begin{aligned}
[\overline{G}]_{mn} &= g(\overline{e}_m, \overline{e}_n) = g(e_p(\Lambda^{-1})^p_m, e_q(\Lambda^{-1})^q_n) \\
&= (\Lambda^{-1})^p_m g(e_p, e_q)(\Lambda^{-1})^q_n = [(\Lambda^{-1})^t G \Lambda^{-1}]_{mn} \\
[\overline{\nu}(x)]_n &= \overline{x}^n = \Lambda^n_m x^m = [\Lambda\nu(x)]_n \qquad (\forall x \in V) \\
[\overline{\nu}^*(\xi)]_n &= \overline{\xi}_n = \xi_m(\Lambda^{-1})^m_n = [(\Lambda^{-1})^t \nu^*(\xi)]_n \qquad (\forall \xi \in V^*)
\end{aligned}$$

が成立するから[‡2]

$$\overline{G} = (\Lambda^{-1})^t G \Lambda^{-1}, \quad \overline{\nu} = \Lambda \circ \nu, \quad \overline{\nu}^* = (\Lambda^{-1})^t \circ \nu^* \tag{B.41}$$

であり，$(\Lambda^{-1})^t = (\Lambda^t)^{-1}$ を利用すれば

$$\begin{aligned}
(\overline{\nu}^*)^{-1} \circ \overline{G} \circ \overline{\nu} &= \{(\Lambda^{-1})^t \circ \nu^*\}^{-1} \circ \{(\Lambda^{-1})^t G \Lambda^{-1}\} \circ \{\Lambda \circ \nu\} \\
&= (\nu^*)^{-1} \circ \Lambda^t (\Lambda^t)^{-1} G \Lambda^{-1} \Lambda \circ \nu = (\nu^*)^{-1} \circ G \circ \nu = \gamma
\end{aligned}$$

が示される．γ^{-1} に関しても同様である．いずれにせよ，行列 G そのものは基底の選び方に依存するが，G が可逆か否かは基底の選び方とは無関係に内積 g だけによって決まる点が重要である．

‡2 行列 A の第 m 行第 n 列成分を $[A]_{mn}$，数ベクトル $\boldsymbol{x} \in \boldsymbol{R}^N$ の第 n 成分を $[\boldsymbol{x}]_n$ と記す．

最後に正値性の条件 (B.28) を考えよう．$x = x^n e_n$，$y = y^n e_n$ と展開して式 (B.29) に代入し，式 (B.36) で定義される $\nu : V \to \boldsymbol{R}^N$ や上述の対称行列 G を使えば

$$\begin{aligned} g(x,y) &= g_{mn}\theta^m(x)\theta^n(y) = g_{mn}\theta^m(x^p e_p)\theta^n(y^q e_q) = g_{mn}x^p y^q \delta^m_p \delta^n_q \\ &= g_{mn}x^m y^n = \boldsymbol{x}^t G\boldsymbol{y}, \quad \boldsymbol{x} \equiv \nu(x), \quad \boldsymbol{y} \equiv \nu(y) \end{aligned} \tag{B.42}$$

を得る．とくに $x = y$ の場合には

$$g(x,x) = \boldsymbol{x}^t G\boldsymbol{x}, \quad \boldsymbol{x} \equiv \nu(x) \tag{B.43}$$

と表現できるから，内積の正値性条件 (B.28) は行列 G の行列としての正値性条件に他ならない[‡3]．式 (B.41) に示すように基底の変換によって G は $\overline{G} = (\Lambda^{-1})^t G\Lambda^{-1}$ に変化するが，容易に示されるように，G が正値な場合，その場合にかぎって $\overline{G}$ は正値である．つまり，行列 G そのものは基底の選び方に依存するが，当然のことながら G が正値か否かは基底の選び方とは無関係に内積 g だけによって決まるのである．

B.4　テンソル間の内積

V 上の非退化な内積を g とすると，式 (B.32) によって可逆な線形写像 $\gamma : V \to V^*$ が定まる．その逆写像 $\gamma^{-1} : V^* \to V$ を使えば，$V^* \times V^*$ 上の双線形形式 $g^* \in M(V^* \times V^*, \boldsymbol{R})$ が

$$g^* : V^* \times V^* \to \boldsymbol{R}, \quad (\xi, \eta) \mapsto g(\gamma^{-1}(\xi), \gamma^{-1}(\eta)) \in \boldsymbol{R} \tag{B.44}$$

として定義され，g^* は V^* 上の非退化な内積である．$g^* \in M(V^* \times V^*, \boldsymbol{R}) = T^2_0(V)$ は $(2,0)$ 型のテンソルであり，$T^2_0(V)$ の基底 $\{e_m \otimes e_n\}$ を使って

$$g^* = g^{mn} e_m \otimes e_n = g^*(\theta^m, \theta^n) e_m \otimes e_n \tag{B.45}$$

と展開できるが，式 (B.42) と (B.44) により

$$g^{mn} = g^*(\theta^m, \theta^n) = g(\gamma^{-1}(\theta^m), \gamma^{-1}(\theta^m)) = (\nu(\gamma^{-1}(\theta^m)))^t G\nu(\gamma^{-1}(\theta^n)) \tag{B.46}$$

であり，式 (B.40) によれば

$$\nu(\gamma^{-1}(\theta^m)) = (\nu \circ \nu^{-1} \circ G^{-1} \circ \nu^*)(\theta^m) = (G^{-1} \circ \nu^*)(\theta^m) = G^{-1}\nu^*(\theta^m) = G^{-1}\boldsymbol{e}^m \tag{B.47}$$

である．ここで $\boldsymbol{e}^m$ は第 m 番目の要素のみが 1 であり，他の要素がすべて 0 であるような N 次元数ベクトルである．式 (B.47) の結果を式 (B.46) に代入すれば

$$g^{mn} = (G^{-1}\boldsymbol{e}^m)^t GG^{-1}\boldsymbol{e}^n = (\boldsymbol{e}^m)^t (G^{-1})^t \boldsymbol{e}^n = (\boldsymbol{e}^m)^t G^{-1}\boldsymbol{e}^n = [G^{-1}]^{mn} \tag{B.48}$$

を得る．ただし，$[G^{-1}]^{mn}$ は G^{-1} の第 m 行第 n 列要素を意味し，対称行列 G の逆行列 G^{-1} は対称行列であることを利用した．G の第 m 行第 n 列要素 $[G]_{mn}$ は定義によって g_{mn} だから，式 (B.48) からは

‡3 任意の $0_{\boldsymbol{R}^N} \neq \boldsymbol{x} \in \boldsymbol{R}^N$ に対して $\boldsymbol{x}^t G\boldsymbol{x} > 0$ を満足する N 次対称行列 G は正値と形容される．

$$g^{mk}g_{kn} = g_{nk}g^{km} = \delta^m_n \tag{B.49}$$

が結論される．

このように，V 上の非退化な内積 g を指定すれば V^* 上の非退化な内積 g^* が自然に決まるが，この $g \in T^0_2(V)$ と $g^* \in T^2_0(V)$ を使って (L, K) 型テンソルの間の内積 g^L_K を以下のように定義する．つまり，V の任意の基底を 1 組選んで $\{e_n\}$ とし，その双対基底を $\{\theta^n\}$ とするとき，式 (B.6) で定義される $\{\beta^{m_1 m_2 \cdots m_K}_{n_1 n_2 \cdots n_L}\}$ は $T^L_K(V)$ の基底をなし，任意の $\phi, \psi \in T^L_K(V)$ は

$$\phi = \phi^{n_1 n_2 \cdots n_L}_{m_1 m_2 \cdots m_K}\beta^{m_1 m_2 \cdots m_K}_{n_1 n_2 \cdots n_L}, \quad \psi^{q_1 q_2 \cdots q_L}_{p_1 p_2 \cdots p_K}\beta^{p_1 p_2 \cdots p_K}_{q_1 q_2 \cdots q_L}$$

として展開されることから，g^L_K を

$$\begin{aligned} &g^L_K : T^L_K(V) \times T^L_K(V) \to \boldsymbol{R}, \\ &(\phi, \psi) \mapsto g^L_K(\phi, \psi) \equiv \phi^{n_1 \cdots n_L}_{m_1 \cdots m_K}\psi^{q_1 \cdots q_L}_{p_1 \cdots p_K} g_{n_1 q_1} \cdots g_{n_L q_L} g^{m_1 p_1} \cdots g^{m_K p_K} \end{aligned} \tag{B.50}$$

として定義する．容易に示されるように，この定義は V の基底 $\{e_n\}$ の選び方に依存しない．また，上の定義から明らかなように，g^L_K は $T^L_K(V) \times T^L_K(V)$ 上の双線形形式であって対称 $g^L_K(\phi, \psi) = g^L_K(\psi, \phi)$ だから g^L_K は $T^L_K(V)$ 上の内積である．

g^L_K が非退化であることを示すため，いくつかの準備をしておく．まず，

$$x_l, y_l \in V \quad (l = 1 \sim L), \qquad \xi^k, \eta^k \in V^* \quad (k = 1 \sim K)$$

に対して

$$\begin{aligned} &g^L_K(x_1 \otimes \cdots \otimes x_L \otimes \xi^1 \otimes \cdots \otimes \xi^K,\, y_1 \otimes \cdots \otimes y_L \otimes \eta^1 \otimes \cdots \otimes \eta^K) \\ &\quad = \left\{\prod_{l=1}^{L} g(x_1, y_1)\right\}\left\{\prod_{k=1}^{K} g^*(\xi^k, \eta^k)\right\} \end{aligned} \tag{B.51}$$

が成立することを示そう．実際，

$$x_l = x^n_l e_n, \quad y_l = y^n_l e_n, \quad \xi^k = \xi^k_n \theta_n, \quad \eta^k = \eta^k_n \theta^n \quad (l = 1 \sim L,\ k = 1 \sim K)$$

と展開すれば

$$\begin{aligned} x_1 \otimes \cdots \otimes x_L \otimes \xi^1 \otimes \cdots \otimes \xi^K &= x^{n_1}_1 x^{n_2}_2 \cdots x^{n_L}_L \xi^1_{m_1}\xi^2_{m_2} \cdots \xi^K_{m_K}\beta^{m_1 m_2 \cdots m_K}_{n_1 n_2 \cdots n_L} \\ y_1 \otimes \cdots \otimes y_L \otimes \eta^1 \otimes \cdots \otimes \eta^K &= y^{q_1}_1 y^{q_2}_2 \cdots y^{q_L}_L \eta^1_{p_1}\eta^2_{p_2} \cdots \eta^K_{p_K}\beta^{p_1 p_2 \cdots p_K}_{q_1 q_2 \cdots q_L} \end{aligned}$$

だから

$$\begin{aligned} &g^L_K(x_1 \otimes \cdots \otimes x_L \otimes \xi^1 \otimes \cdots \otimes \xi^K,\, y_1 \otimes \cdots \otimes y_L \otimes \eta^1 \otimes \cdots \otimes \eta^K) \\ &= x^{n_1}_1 \cdots x^{n_L}_L \xi^1_{m_1} \cdots \xi^1_{m_K} \cdots \xi^K_{m_K} y^{q_1}_1 \cdots y^{q_L}_L \eta^1_{p_1} \cdots \eta^K_{p_K} g_{n_1 q_1} \cdots g_{n_L q_L} g^{m_1 p_1} \cdots g^{m_K p_K} \\ &= \left\{\prod_{l=1}^{L} x^{n_l}_l y^{q_l}_l g_{n_l q_l}\right\}\left\{\prod_{k=1}^{K} \xi^k_{m_k}\eta^k_{p_k} g^{m_k p_k}\right\} \end{aligned}$$

$$= \left\{ \prod_{l=1}^{L} g(x_1, y_1) \right\} \left\{ \prod_{k=1}^{K} g^*(\xi^k, \eta^k) \right\}$$

を得る．また，g と g^* の対称性，および式 (B.49) から

$$\begin{aligned} g(e_p, g^{si} e_i) &= g^{si} g(e_p, e_i) = g^{si} g_{pi} = g^{si} g_{ip} = \delta_p^s \\ g^*(\theta^q, g_{rj} \theta^j) &= g_{rj} g^*(\theta^q, \theta^j) = g_{rj} g^{qj} = g_{rj} g^{jq} = \delta_r^q \end{aligned} \tag{B.52}$$

が成立する点に留意しておく．

では，g_k^L が非退化であることを示そう．$T_K^L(V)$ の零元を $0_{T_K^L(V)}$ と記すとき，$\phi \neq 0_{T_K^L(V)}$ ならば $g_K^L(\phi, \psi) \neq 0$ を満足する $\psi \in T_K^L(V)$ が存在することを示せばよい．$T_K^L(V)$ の基底 $\{\beta^{m_1 m_2 \cdots m_K}_{n_1 n_2 \cdots n_L}\}$ を使って $\phi = \phi^{n_1 n_2 \cdots n_L}_{m_1 m_2 \cdots m_K} \beta^{m_1 m_2 \cdots m_K}_{n_1 n_2 \cdots n_L}$ と展開した場合，$\phi \neq 0_{T_K^L(V)}$ ならば展開係数のうち少なくともひとつは非零である．そこで，非零の展開係数をひとつ選んで $\phi^{s_1 s_2 \cdots s_L}_{r_1 r_2 \cdots r_K} \neq 0$ とする．ここで

$$\psi = g^{s_1 q_1} e_{q_1} \otimes g^{s_2 q_2} e_{q_2} \otimes \cdots \otimes g^{s_L q_L} e_{q_L} \otimes g_{r_1 p_1} \theta^{p_1} \otimes g_{r_2 p_2} \theta^{p_2} \otimes \cdots \otimes g_{r_K p_K} \theta^{p_K}$$

とすれば，g_K^L の双線形性と，式 (B.51)，(B.52) によって

$$\begin{aligned} g_K^L(\phi, \psi) &= \phi^{n_1 n_2 \cdots n_L}_{m_1 m_2 \cdots m_K} g_K^L(e_{n_1} \otimes \cdots \otimes e_{n_L} \otimes \theta^{m_1} \otimes \cdots \otimes \theta^{m_K}, \psi) \\ &= \phi^{n_1 n_2 \cdots n_L}_{m_1 m_2 \cdots m_K} \left\{ \prod_{l=1}^{L} g(e_{n_l}, g^{s_l q_l} e_{q_l}) \right\} \left\{ \prod_{k=1}^{K} g^*(\theta^{m_k}, g_{r_k p_k} \theta^{p_k}) \right\} \\ &= \phi^{n_1 n_2 \cdots n_L}_{m_1 m_2 \cdots m_K} \left\{ \prod_{l=1}^{L} \delta^{s_l}_{n_l} \right\} \left\{ \prod_{k=1}^{K} \delta^{m_k}_{r_k} \right\} = \phi^{s_1 s_2 \cdots s_L}_{r_1 r_2 \cdots r_K} \neq 0 \end{aligned}$$

が成立する．したがって，確かに $g_K^L(\phi, \eta) \neq 0$ である．

B.5　直交基底

g を V 上の内積とし，$\{e_n\}$ を V の基底としよう．B.3 節と同様に $g_{mn} \equiv g(e_m, e_n)$ を第 m 行第 n 要素とする N 次対称行列を G と記す．G は実対称行列だから，G の固有値はすべて実数であり，G の固有ベクトルからなる $\boldsymbol{R}^N$ の正規直交基底 $\{\boldsymbol{u}_n\}$ が存在する[‡4]．すなわち，$\boldsymbol{u}_n$ が属する G の固有値を λ_n とすれば，λ_n は実数であり

$$\boldsymbol{u}_m^t \boldsymbol{u}_n = \delta_{mn}, \quad G\boldsymbol{u}_n = \lambda_n \boldsymbol{u}_n \tag{B.53}$$

が成立する．$\{\boldsymbol{u}_n\}$ を横に並べて N 次正方行列

$$U \equiv (\boldsymbol{u}_1 \quad \boldsymbol{u}_2 \quad \cdots \quad \boldsymbol{u}_N) \tag{B.54}$$

を構成すれば，式 (B.53) によって

$$U^t U = I_N, \quad U^t G U = \mathit{\Lambda} \equiv \mathrm{diag}\,(\lambda_1, \lambda_2, \cdots, \lambda_N) \tag{B.55}$$

‡4 たとえば，岡本良夫：逆問題とその解きかた (第 3 章)，オーム社

が成立する．ただし，I_N は N 次単位行列，Λ は $\{\lambda_n\}$ を対角要素とする N 次対角行列である．したがって，$\{\lambda_n\}$ がすべて非零であれば G は可逆であり，G^{-1} は

$$G^{-1} = U\Lambda^{-1}U^t = U\,\mathrm{diag}\,(\lambda_1^{-1}, \lambda_2^{-1}, \cdots, \lambda_N^{-1})U^t \tag{B.56}$$

として与えられる．また，U の (m, n) 要素 (第 m 行第 n 要素) を $[U]^m_n$ と記し，

$$u_n \equiv e_m[U]^m_n \in V \quad (n = 1 \sim N) \tag{B.57}$$

を定義すれば

$$\begin{aligned} g(u_m, u_n) &= g(e_p[U]^p_m, e_q[U]^q_n) = [U]^p_m[U]^q_n g(e_p, e_q) \\ &= [U^t]^m_p g_{pq}[U]^q_n = [U^t]^m_p[G]_{pq}[U]^q_n = [U^tGU]_{mn} = [\Lambda]_{mn} = \lambda_n\delta_{mn} \end{aligned} \tag{B.58}$$

が成立する．ここで $[U^t]^m_p$ が U^t の (m, p) 要素を表し，$[G]_{pq}$ や $[\Lambda]_{mn}$ がそれぞれ G の (p, q) 要素，Λ の (m, n) 要素を表すことはいうまでもない．U は直交行列だから可逆であり，式 (B.57) から

$$u_n[U^{-1}]^n_m = e_p[U]^p_n[U^{-1}]^n_m = e_p[UU^{-1}]^p_m = e_p[I_N]^p_m = e_m \quad (m = 1 \sim N) \tag{B.59}$$

を得るから $\{u_n\}$ は V の基底をなすが，式 (B.58) は $\{u_n\}$ が内積 g に関して直交基底であることを意味する．

さて，V の基底 $\{e_n\}$ を変えれば行列 G は変化し，その固有値も変化するが，**Sylvester の慣性法則** (Sylvester's law of inertia) によれば[‡5]，正の固有値の個数 g_P，零固有値の個数 g_Z，および負固有値の個数 $g_N = N - g_P - g_Z$ は内積 g だけで決まり，基底の選び方によらない．$g_Z = 0$ は内積 g が非退化であるための必要十分条件であり，$g_Z = g_N = 0$ は内積 g が正値であるための必要十分条件であることは容易に理解できるだろう．以後，とくに断らない場合，内積といえば非退化なものを仮定する．そして，g_P 個の正固有値と $g_N = N - g_P$ 個の負固有値をもつ非退化な内積は (g_P, g_N) 型の内積とよばれ，正負両固有値の個数の差 $g_S \equiv g_P - g_N$ は内積 g の**符号定数** (signature) とよばれる．

必要に応じて固有値 $\{\lambda_n\}$ の番号を付け替えれば，(g_P, g_N) 型の内積では

$$\lambda_1, \lambda_2, \cdots, \lambda_{g_P} > 0, \quad \lambda_{g_P+1}, \lambda_{g_P+2}, \cdots, \lambda_N < 0 \tag{B.60}$$

とできる．そこで，式 (B.57) で定義される $\{u_n\}$ を使って $\{v_n\}$ を

$$v_n \equiv \frac{u_n}{\sqrt{\mathrm{sgn}\,(\lambda_n)\lambda_n}} \qquad (n = 1 \sim N) \tag{B.61}$$

として定義しよう[‡6]．すると，式 (B.58) によって

[‡5] たとえば，Serge Lang 著，芹沢正三訳：ラング線形代数学 (第 8 章)，ダイヤモンド社

[‡6] ここで sgn は符号関数であり，$x > 0$ なら $\mathrm{sgn}\,(x) = 1$，$\mathrm{sgn}\,(0) = 0$，$x < 0$ なら $\mathrm{sgn}\,(x) = -1$ である．

$$g(v_m, v_n) = \frac{g(u_m, u_n)}{\sqrt{\mathrm{sgn}\,(\lambda_m)\lambda_m}\sqrt{\mathrm{sgn}\,(\lambda_n)\lambda_n}} = \frac{\lambda_n \delta_{mn}}{\mathrm{sgn}\,(\lambda_n)\lambda_n} = \mathrm{sgn}\,(\lambda_n)\delta_{mn} \tag{B.62}$$

が成立するから，$\{v_n\}$ は内積 g に関する広義の正規直交基底である．つまり，$m \neq n$ ならば $g(v_m, v_n) = 0$ だから v_m と v_n は g に関して直交し，$g(v_n, v_n) = \mathrm{sgn}\,(\lambda_n)$ だから g に関する v_n の大きさは λ_n の符号に応じて ± 1 である．

このように，V 上の内積 g が非退化ならば g に関する広義の正規直交基底がつねに構成できる．そこで，V の基底 $\{e_n\}$ としては始めから g に関する広義の正規直交基底を選んでおくことにしよう．このとき，内積 g が (g_P, g_N) 型ならば式 (B.62) に対応して

$$g_{mn} = g(e_m, e_n) = s_{g:n}\delta_{mn}, \quad s_{g:n} \equiv \begin{cases} 1 & (1 \leq n \leq g_P) \\ -1 & (g_P + 1 \leq n \leq N) \end{cases} \tag{B.63}$$

が成立する．それゆえ，g_{mn} を (m, n) 要素とする N 次正方行列 G は $\{s_{g:n}\}$ を対角要素とする N 次の対角行列

$$G = \mathrm{diag}\,(s_{g:1}, s_{g:2}, \cdots, s_{g:N}) = \mathrm{diag}\,(\underbrace{1, 1, \cdots, 1}_{g_P\text{個}}, \underbrace{-1, -1, \cdots, -1}_{g_N\text{個}}) \tag{B.64}$$

であり，その逆行列は G に一致するから，$\{e_n\}$ の双対基底 $\{\theta^n\}$ は

$$g^{mn} = g^*(\theta^m, \theta^n) = [G^{-1}]^{mn} = s_{g:n}\delta^{mn} \tag{B.65}$$

を満足する．つまり，$\{\theta^n\}$ は V^* の g^* に関する広義正規直交基底である．そして，広義の正規直交基底を採用することにより，テンソル間の内積を表す式 (B.50) も簡単化され

$$g_K^L(\phi, \psi) = \phi^{n_1 n_2 \cdots n_L}_{m_1 m_2 \cdots m_K} \psi^{m_1 m_2 \cdots m_K}_{n_1 n_2 \cdots n_L} \tag{B.66}$$

となる．ただし，添え字の上下を入れ替えた $\psi^{m_1 m_2 \cdots m_K}_{n_1 n_2 \cdots n_L}$ は

$$\psi^{m_1 m_2 \cdots m_K}_{n_1 n_2 \cdots n_L} \equiv \psi^{q_1 q_2 \cdots q_L}_{p_1 p_2 \cdots p_K} s_{g:n_1} \cdots s_{g:n_L} s_{g:m_1} \cdots s_{g:m_K} \delta_{n_1 q_1} \cdots \delta_{n_L q_L} \delta^{m_1 p_1} \ldots \delta^{m_K p_K} \tag{B.67}$$

として定義され，$\{m_1, \cdots, m_K, n_1, \cdots n_L\}$ のなかの g_P より大きいものの個数が偶数か奇数かに応じて $\psi^{m_1 m_2 \cdots m_K}_{n_1 n_2 \cdots n_L} \equiv \pm \psi^{n_1 n_2 \cdots n_L}_{m_1 m_2 \cdots m_K}$ である．

B.6　テンソルの型の変換

前節で示したように，V 上の非退化な内積 g を指定すれば V^* 上の非退化な内積 g^* が自然に決まる．ところで，g は (0, 2) 型テンソル $g \in T_2^0(V)$ だから，(L, K) 型テンソル $\phi \in T_K^L(V)$ とのテンソル積 $\phi \otimes g$ は $(L, K+2)$ 型であり，$L > 0$ の場合には $\phi \otimes g$ に縮約作用素 C_{K+1}^s $(1 \leq s \leq L)$ を作用させることで $(L-1, K+1)$ 型のテンソル $C_{K+1}^s \phi \otimes g$ が構成できる．同様に，g^* は (2, 0) 型テンソル $g^* \in T_0^2(V)$ だか

ら，$\phi \in T_K^L(V)$ とのテンソル積 $g^* \otimes \phi$ は $(L+2, K)$ 型であり，$K > 0$ の場合には $g \otimes \phi$ に縮約作用素 C_r^2 $(1 \leq r \leq K)$ を作用させることで $(L+1, K-1)$ 型のテンソル $C_r^2 g^* \otimes \phi$ が構成できる．

式 (B.6) で定義される $T_K^L(V)$ の基底 $\{\beta_{n_1 n_2 \cdots n_L}^{m_1 m_2 \cdots m_K}\}$ を使えば $\phi \in T_K^L(V)$ は式 (B.7) のように展開され，$T_2^0(V)$ の基底 $\{\theta^m \otimes \theta^n\}$ を使えば $g \in T_2^0(V)$ は式 (B.29) のように展開されるから，$\phi \otimes g \in T_{K+2}^L(V)$ は $T_{K+2}^L(V)$ の基底 $\{\beta_{n_1 n_2 \cdots n_L}^{m_1 m_2 \cdots m_K} \otimes \theta^p \otimes \theta^q\}$ を使って

$$\begin{aligned} g \otimes \phi &= (\phi_{m_1 m_2 \cdots m_K}^{n_1 n_2 \cdots n_L} \beta_{n_1 n_2 \cdots n_L}^{m_1 m_2 \cdots m_K}) \otimes (g_{pq} \theta^p \otimes \theta^q) \\ &= \phi_{m_1 m_2 \cdots m_K}^{n_1 n_2 \cdots n_L} g_{pq} \beta_{n_1 n_2 \cdots n_L}^{m_1 m_2 \cdots m_K} \otimes \theta^p \otimes \theta^q \end{aligned} \tag{B.68}$$

と展開される．それゆえ，式 (B.25) によれば

$$C_{K+1}^s g \otimes \phi = \phi_{m_1 m_2 \cdots m_K}^{n_1 \cdots n_{s-1}\, k\, n_s \cdots n_{L-1}} g_{kq} \beta_{n_1 n_2 \cdots n_{L-1}}^{m_1 m_2 \cdots m_K q} \tag{B.69}$$

が成立する．ここで $\{\beta_{n_1 n_2 \cdots n_{L-1}}^{m_1 m_2 \cdots m_K q}\}$ は

$$\beta_{n_1 n_2 \cdots n_{L-1}}^{m_1 m_2 \cdots m_K q} \equiv e_{n_1} \otimes e_{n_2} \otimes \cdots \otimes e_{n_{L-1}} \otimes \theta^{m_1} \otimes \theta^{m_2} \cdots \otimes \theta^{m_K} \otimes \theta^q \tag{B.70}$$

として定義され，$T_{K+1}^{L-1}(V)$ の基底をなす．

同様に，$T_0^2(V)$ の基底 $\{e_m \otimes e_n\}$ を使えば $g^* \in T_0^2(V)$ は式 (B.45) のように展開できるから，$g^* \otimes \phi \in T_K^{L+2}(V)$ は $T_K^{L+2}(V)$ の基底 $\{e_p \otimes e_q \otimes \beta_{n_1 n_2 \cdots n_L}^{m_1 m_2 \cdots m_K}\}$ を使って

$$\begin{aligned} g^* \otimes \phi &= (g^{pq} e_p \otimes e_q) \otimes (\phi_{m_1 m_2 \cdots m_K}^{n_1 n_2 \cdots n_L} \beta_{n_1 n_2 \cdots n_L}^{m_1 m_2 \cdots m_K}) \\ &= g^{pq} \phi_{m_1 m_2 \cdots m_K}^{n_1 n_2 \cdots n_L} e_p \otimes e_q \otimes \beta_{n_1 n_2 \cdots n_L}^{m_1 m_2 \cdots m_K} \end{aligned} \tag{B.71}$$

と展開される．それゆえ，式 (B.25) によれば

$$C_r^2 g^* \otimes \phi = g^{pk} \phi_{m_1 \cdots m_{r-1}\, k\, m_r \cdots m_{K-1}}^{n_1 n_2 \cdots n_L} \beta_{p n_1 n_2 \cdots n_L}^{m_1 m_2 \cdots m_{K-1}} \tag{B.72}$$

が成立する．ここで $\{\beta_{p n_1 n_2 \cdots n_L}^{m_1 m_2 \cdots m_{K-1}}\}$ は

$$\beta_{p n_1 n_2 \cdots n_L}^{m_1 m_2 \cdots m_{K-1}} \equiv e_p \otimes e_{n_1} \otimes e_{n_2} \cdots \otimes e_{n_L} \otimes \theta^{m_1} \otimes \theta^{m_2} \otimes \cdots \otimes \theta^{m_{K-1}} \tag{B.73}$$

として定義され，$T_{K-1}^{L+1}(V)$ の基底をなす．

B.7 多重線形写像としてのテンソル

V に関する (L, K) 型テンソル $\phi \in T_K^L(V)$ は，$(V^*)^L \times V^K$ から $\boldsymbol{R}$ への多重線形写像

$$\begin{aligned} &\phi : (V^*)^L \times V^K \to \boldsymbol{R}, \\ &(\xi_1, \cdots, \xi_L, x_1, \cdots, x_K) \mapsto \phi(\xi_1, \cdots, \xi_L, x_1, \cdots, x_K) \end{aligned} \tag{B.74}$$

であった．ここで $0 \leq J \leq L$，$0 \leq I \leq K$ の範囲で整数 J，I を選び，

$$\phi_{\xi_1, \cdots, \xi_J, x_1, \cdots, x_I}(\xi_{J+1}, \cdots, \xi_L, x_{I+1}, \cdots, x_K) \equiv \phi(\xi_1, \cdots, \xi_L, x_1, \cdots, x_K)$$

と記せば，任意の $\xi_1,\cdots,\xi_J \in V^*$，$x_1,\cdots,x_I \in V$ に対して $\phi_{\xi_1,\cdots,\xi_J,x_1,\cdots,x_I}$ は $(V^*)^{L-J} \times V^{K-I}$ から $\boldsymbol{R}$ への多重線形写像，すなわち $(L-J,K-I)$ 型のテンソルであり，したがって $\phi \in T^L_K(V)$ は $(V^*)^J \times V^I$ から $T^{L-J}_{K-I}(V)$ への写像

$$\begin{aligned} &\phi : (V^*)^J \times V^I \to T^{L-J}_{K-I}(V), \\ &(\xi_1,\cdots,\xi_J,x_1,\cdots,x_I) \mapsto \phi_{\xi_1,\cdots,\xi_J,x_1,\cdots,x_I} \end{aligned} \tag{B.75}$$

として解釈できる．この写像が多重線形であることは $\phi : (V^*)^L \times V^K \to \boldsymbol{R}$ が多重線形であることから容易に証明できる．

上述の方法では L 個の並び $(\xi_1,\cdots,\xi_L)$ から最初の J 個 $(\xi_1,\cdots,\xi_J)$ を選び，K 個の並び $(x_1\cdots,x_K)$ からも最初の I 個 $(x_1,\cdots,x_I)$ を選んで $\phi_{\xi_1,\cdots,\xi_J,x_1,\cdots,x_I}$ を構成したが，より一般的にはつぎのようにする．まず，L 個の整数の並び $(1,\cdots,L)$ から任意に J 個を選んで大きさの順に並べたものを $(l_1,\cdots,l_J)$ とし，選ばれなかった $L-J$ 個の整数を大きさの順に並べたものを $(\bar{l}_1,\cdots,\bar{l}_{L-J})$ と記す．同様に K 個の整数の並び $(1,\cdots,K)$ から任意に選んだ I 個を大きさの順に並べたものを $(k_1,\cdots,k_I)$，選ばれなかった $K-I$ 個を大きさの順に並べたものを $(\bar{k}_1,\cdots,\bar{k}_{K-I})$ として

$$\phi_{\xi_{l_1},\cdots,\xi_{l_J},x_{k_1},\cdots,x_{k_I}}(\xi_{\bar{l}_1},\cdots,\xi_{\bar{l}_{L-J}},x_{\bar{k}_1},\cdots,x_{\bar{k}_{K-I}}) \equiv \phi(\xi_1,\cdots,\xi_L,x_1,\cdots,x_K)$$

と記すのである．こうして，$\phi \in T^L_K(V)$ は $(V^*)^J \times V^I$ から $T^{L-J}_{K-I}(V)$ への多重線形写像

$$\begin{aligned} &\phi : (V^*)^J \times V^I \to T^{L-J}_{K-I}(V), \\ &(\xi_{l_1},\cdots,\xi_{l_J},x_{k_1},\cdots,x_{k_I}) \mapsto \phi_{\xi_{l_1},\cdots,\xi_{l_J},x_{k_1},\cdots,x_{k_I}} \end{aligned} \tag{B.76}$$

として解釈されることになる．J，I が同じであっても $(l_1,\cdots,l_J)$ や $(k_1,\cdots,k_I)$ の選び方が異なれば一般には写像 $\phi : (V^*)^J \times V^I \to T^{L-J}_{K-I}(V)$ もまた異なる点に注意しておこう．

このように (L,K) 型テンソルは $(V^*)^J \times V^I$ から $T^{L-J}_{K-I}(V)$ への多重線形写像であるが，逆に ϕ が $(V^*)^J \times V^I$ から $T^{L-J}_{K-I}(V)$ への多重線形写像ならば ϕ は (L,K) 型テンソルである．これを示すため，ϕ による $(\xi_1,\cdots,\xi_J,x_1,\cdots,x_I) \in (V^*)^J \times V^I$ の像を $\phi_{\xi_1,\cdots,\xi_J,x_1,\cdots,x_I}$ と記そう．$(L-J,K-I)$ 型テンソル $\phi_{\xi_1,\cdots,\xi_J,x_1,\cdots,x_I} \in T^{L-J}_{K-I}(V)$ は $(\xi_{J+1},\cdots,\xi_L,x_{I+1},\cdots,x_K) \in (V^*)^{L-J} \times V^{K-I}$ に作用して実数 $\phi_{\xi_1,\cdots,\xi_J,x_1,\cdots,x_I}(\xi_{J+1},\cdots,\xi_L,x_{I+1},\cdots,x_K) \in \boldsymbol{R}$ を与えるから，ϕ は写像

$$\begin{aligned} &\phi : (V^*)^L \times V^K \to \boldsymbol{R}, \\ &(\xi_1,\cdots,\xi_L,x_1,\cdots,x_K) \mapsto \phi_{\xi_1,\cdots,\xi_J,x_1,\cdots,x_I}(\xi_{J+1},\cdots,\xi_L,x_{I+1},\cdots,x_K) \end{aligned} \tag{B.77}$$

として解釈できる．そして，$\phi : (V^*)^J \times V^I \to T^{L-J}_{K-I}(V)$ と $\phi_{\xi_1,\cdots,\xi_J,x_1,\cdots,x_I} : (V^*)^{L-J} \times V^{K-I} \to \boldsymbol{R}$ がともに多重線形だから，式 (B.77) で定義される写像

$\phi : (V^*)^L \times V^K \to \boldsymbol{R}$ もまた多重線形であり，したがって ϕ は (L, K) 型テンソルである．

付録 C　対称形式と交代形式

ここでは V 上の $(0,K)$ 型テンソル，つまり V^K 上の多重線形形式を対象とする．たとえば $V^2 \equiv V \times V$ 上の双線形形式 $\phi \in M(V^2, \boldsymbol{R})$ を考えると，任意の $(x,y) \in V^2$ に対して $(y,x) \in V^2$ だから $\phi(x,y)$ と $\phi(y,x)$ がともに定義され，対称性 $\phi(x,y) = \phi(y,x)$ や交代対称性 $\phi(x,y) = -\phi(y,x)$ が議論できる．こうした対称性や交代対称性をもつ多重線形形式の基本的性質を解説する．

C.1　置換群

多重線形形式の対称性や交代対称性を議論する際に必要となるため，ここで置換群に関する簡単な解説を与えておく．

K 個の数字 $C_K \equiv \{1, 2, \cdots, K\}$ に関する**置換** (permutation) の集合を S_K と記す．任意の $\sigma \in S_K$ は C_K 上の一対一写像であり，

$$\sigma = (\sigma(1), \sigma(2), \cdots, \sigma(K))$$

などと表現するのが便利である．たとえば，$\sigma = (2,4,3,1)$ は S_4 の元であり，1，2，3，4 をそれぞれ 2，4，3，1 に置き換える置換である．S_K は C_K 上の一対一写像の集合だから，写像の合成を積とする群であり ***K* 次の置換群** (permutation group of order K) とよばれる．S_K が $K!$ 個の元からなることはいうまでもない．また，二つの写像 $\sigma_1, \sigma_2 \in S_K$ の合成写像 $\sigma_2 \circ \sigma_1$ は置換群における積演算として単に $\sigma_2\sigma_1$ と記すことにする．

たとえば，$\gamma = (4,1,3,2) \in S_4$ は 3 を不変に保ち，その他の要素を巡回的に $1 \to 4 \to 2 \to 1$ と置換する．つまり

$$\gamma(1) = 4, \quad \gamma(4) = 2, \quad \gamma(2) = 1$$

である．一般に，集合 C_K がたがいに交わらない二つの部分集合の合併として

$$\begin{gathered} C_K \equiv \{1, 2, \cdots, K\} = A_M \cup B_{K-M}, \quad A_M \cap B_{K-M} = \emptyset \\ A_M = \{a_1, a_2, \cdots, a_M\}, \quad B_{K-M} = \{b_1, b_2, \cdots, b_{K-M}\} \qquad (2 \leq M \leq K) \end{gathered} \tag{C.1}$$

と表現され，$\gamma \in S_K$ が

$$\begin{gathered} \gamma(a_m) = a_{m+1} \quad (m = 1 \sim M-1), \quad \gamma(a_M) = a_1 \\ \gamma(b_m) = b_m \quad (m = 1 \sim K-M) \end{gathered} \tag{C.2}$$

を満足するならば γ を周期 M の**巡回置換** (cyclic permutation) とよび，$(a_1, a_2, \cdots, a_M)_K$ と記す．たとえば前述の $\gamma = (4,1,3,2) \in S_4$ は

$$\gamma = (4,1,3,2) = (1,4,2)_4 = (4,2,1)_4 = (2,1,4)_4$$

などと表現できる.

さて, 一例として $\sigma = (5,6,7,4,1,3,2,8) \in S_8$ を考えよう. $C_8 = \{1,2,3,4,5,6,7,8\}$ の要素のひとつである 1 に σ を作用させれば $\sigma(1) = 5$ であり, これに再度 σ を作用させれば $\sigma(5) = 1$ だから, σ は $\gamma_1 \equiv (1,5)_8$ という巡回置換を含み, C_8 の部分集合 $\{1,5\}$ の上では σ は γ_1 と同じ写像である. つぎに C_8–$\{1,5\}$ の要素のひとつである 2 から出発して順次 σ を作用させると

$$\sigma(2) = 6, \quad \sigma(6) = 3, \quad \sigma(3) = 7, \quad \sigma(7) = 2$$

だから σ は $\gamma_2 \equiv (2,6,3,7)_8$ という巡回置換を含み, $\{2,6,3,7\}$ の上では σ は γ_2 と同じ写像である. さらに, C_8–$\{1,5\} \cup \{2,6,3,7\}$ の要素のひとつである 4 に σ を作用させれば $\sigma(4) = 4$ であり, 残りの要素 8 に対しても $\sigma(8) = 8$ だから, $\{4,8\}$ 上では σ は恒等写像として振る舞う. また, $\gamma_1 \equiv (1,5)_8$ は C_8–$\{1,5\}$ 上では恒等写像であり, $\gamma_2 \equiv (2,6,3,7)_8$ は C_8–$\{2,6,3,7\}$ 上では恒等写像だから, $\gamma_2\gamma_1 = \gamma_1\gamma_2$ は C_8 全体で σ に一致する. したがって

$$\sigma = \gamma_2\gamma_1 = \gamma_1\gamma_2$$

$$(5,6,7,4,1,3,2,8) = (2,6,3,7)_8(1,5)_8 = (1,5)_8(2,6,3,7)_8$$

が結論される. この議論を一般化すれば, 任意の置換 $\sigma \in S_K$ が巡回置換の合成として表現されることが示される.

C_K の二つの要素を入れ替え, 他の要素を不変に保つ置換はとくに**互換** (transposition) とよばれる. 互換とは周期 2 の巡回置換に他ならない. それゆえ, C_K の要素 m と n を交換する置換を $(m,n)_K$ と記す. もちろん $(m,n)_K = (n,m)_K \in S_K$ であり, C_K の部分集合 C_K–$\{m,n\}$ の上では $(m,n)_K$ は恒等写像である. そして, 任意の巡回置換は互換の合成として表現できる. 実際, 式 (C.1) と (C.2) に示される巡回置換 $\gamma \equiv (a_1, a_2, \cdots, a_M)_K$ に対して, 互換の合成 τ を

$$\tau \equiv \bigcirc_{m=2}^{M} (a_{m-1}, a_m)_K = (a_1,a_2)_K(a_2,a_3)_K \cdots (a_{M-1},a_M)_K$$

とすれば $\gamma = \tau$ である. これを示そう. まず, τ は γ と同様に B_{K-M} 上では恒等写像である. また, $n \neq m-1$ かつ $n \neq m$ ならば $(a_{m-1},a_m)_K(a_n) = a_n$ だから, $1 \leq n < M$ ならば

$$\tau(a_n) = (\bigcirc_{m=2}^{M}(a_{m-1},a_m)_K)(a_n) = \left(\bigcirc_{m=2}^{n+1}(a_{m-1},a_m)_K\right)(a_n)$$

$$= \left(\bigcirc_{m=2}^{n}(a_{m-1},a_m)_K\right)(a_n,a_{n+1})_K(a_n) = \left(\bigcirc_{m=2}^{n}(a_{m-1},a_m)_K\right)(a_{n+1}) = a_{n+1}$$

であり, a_M に対しては

$$(a_{M-1},a_M)_K(a_M) = a_{M-1}, \quad (a_{M-2},a_{M-1})_K(a_{M-1}) = a_{M-2}, \quad \cdots,$$

$$(a_1, a_2)_K(a_2) = a_1$$

だから

$$\tau(a_M) = \left(\bigcirc_{m=2}^{M}(a_{m-1}, a_m)_K\right)(a_M) = \left(\bigcirc_{m=2}^{M-1}(a_{m-1}, a_m)_K\right)(a_{M-1})$$
$$= \left(\bigcirc_{m=2}^{M-2}(a_{m-1}, a_m)_K\right)(a_{M-2}) = \quad \cdots \quad = (a_1, a_2)_K(a_2) = a_1$$

が成立し，したがって $\gamma = \tau$ が結論される．

このように任意の巡回置換は互換の合成として表現でき，前述のように任意の置換は巡回置換の合成として表現できるから，結局，任意の置換は互換の合成として表現できることが結論される．ただし，表現のしかたは一意的ではない．実際，たとえば

$$(2, 3, 1)_3 = (1, 2)_3(1, 3)_3 = (2, 3)_3(1, 2)_3$$

である．しかし，特定の置換を表現するのに必要な互換の数は偶数か奇数かに確定する．つまり，$\sigma \in S_K$ がある偶数個 (奇数個) の互換の合成として表現されたとすれば，他の表現も必ず偶数個 (奇数個) の互換の合成である．これを証明するために

$$g(x_1, x_2, \cdots x_K) \equiv \det \begin{pmatrix} x_1^{K-1} & x_1^{K-2} & \cdots & x_1^0 \\ x_2^{K-1} & x_2^{K-2} & \cdots & x_2^0 \\ \vdots & \vdots & \ddots & \vdots \\ x_K^{K-1} & x_K^{K-2} & \cdots & x_K^0 \end{pmatrix}$$

として定義される K 変数の多項式 g を考え，g に対する $\sigma \in S_K$ の作用を

$$\sigma g(x_1, x_2, \cdots x_K) \equiv g(x_{\sigma(1)}, x_{\sigma(2)}, \cdots x_{\sigma(K)})$$

によって定義する．行列式に関しては σ の作用は行の入れ替えに他ならず，σ が L 個の互換の合成として表現されたとすれば L 回の行の入れ替えが行われたことになり，g は符号を L 回変えるから $\sigma g = (-1)^L g$ が結論される．σg の符号は σ のみによって定まり，σ が互換の積としてどのように表現されるのかには無関係だから，σ を表現するのに必要な互換の数の偶奇性は確定する．これが証明すべきことであった．この事実から，偶奇性に応じて $\sigma \in S_K$ の符号 $\varepsilon(\sigma)$ を定義することが可能である．つまり

$$\varepsilon(\sigma) \equiv \begin{cases} +1 & \sigma \text{ は偶数個の互換の合成として表現できる} \\ -1 & \sigma \text{ は奇数個の互換の合成として表現できる} \end{cases} \tag{C.3}$$

である．この定義から明らかなように

$$\varepsilon(\sigma_1\sigma_2) = \varepsilon(\sigma_1)\varepsilon(\sigma_2) \qquad (\forall \sigma_1, \sigma_2 \in S_K) \tag{C.4}$$

が成立する．また，$\sigma \in S_K$ の逆元 (逆写像) を $\sigma^{-1} \in S_K$ とするとき，$\sigma\sigma^{-1}$ は S_K の単位元 (C_K 上の恒等写像) であって偶数個 (0 個) の互換の合成として表現できるから

$$1 = \varepsilon(\sigma\sigma^{-1}) = \varepsilon(\sigma)\varepsilon(\sigma^{-1})$$

が成立し，これから

$$\varepsilon(\sigma^{-1}) = \varepsilon(\sigma) \qquad (\forall\sigma \in S_K) \tag{C.5}$$

が結論される．

C.2 多重線形形式の対称性

V^K 上の多重線形形式の集合 $M(V^K, \boldsymbol{R})$，すなわち V 上の $(0, K)$ 型テンソルの集合 $T_K^0(V)$ を考えよう[‡1]．$\phi \in M(V^K, \boldsymbol{R})$ は $(x_1, \cdots, x_K) \in V^K$ を実数 $\phi(x_1, \cdots, x_K) \in \boldsymbol{R}$ に対応させるが，任意の置換 $\sigma \in S_K$ に対して $(x_{\sigma(1)}, \cdots, x_{\sigma(K)}) \in V^K$ だから $\phi(x_{\sigma(1)}, \cdots, x_{\sigma(K)})$ が定義される．そこで，多重線形形式 ϕ が

$$\phi(x_{\sigma(1)}, x_{\sigma(2)}, \cdots, x_{\sigma(K)}) = \phi(x_1, x_2, \cdots, x_K) \qquad (\forall\sigma \in S_K) \tag{C.6}$$

を満足する場合には ϕ を V 上の**対称 $\boldsymbol{K}$ 次形式** (symmetric K-form) とよび，

$$\phi(x_{\sigma(1)}, x_{\sigma(2)}, \cdots, x_{\sigma(K)}) = \varepsilon(\sigma)\phi(x_1, x_2, \cdots, x_K) \qquad (\forall\sigma \in S_K) \tag{C.7}$$

を満足する場合には ϕ を V 上の**交代 $\boldsymbol{K}$ 次形式** (alternating K-form) とよぶ．V 上の対称 K 次形式の集合を $\varSigma^K(V^*)$，交代 K 次形式の集合を $\varLambda^K(V^*)$ と記す．$\varSigma^K(V^*)$ と $\varLambda^K(V^*)$ はともに $M(V^K, \boldsymbol{R})$ の部分集合であり，$M(V^K, \boldsymbol{R})$ に定義された和と実数倍に関して閉じているから，$\varSigma^K(V^*)$ と $\varLambda^K(V^*)$ はともに $M(V^K, \boldsymbol{R})$ 部分空間である．とくに $K = 1$ の場合は

$$\varSigma^1(V^*) = \varLambda^1(V^*) = M(V, \boldsymbol{R}) = T_1^0(V) = V^* \tag{C.8}$$

である．

さて，任意の $\phi \in M(V^K, \boldsymbol{R})$ に対して $\phi_S, \phi_A \in M(V^K, \boldsymbol{R})$ を

$$\begin{aligned} \phi_S(x_1, x_2, \cdots, x_K) &\equiv \frac{1}{K!} \sum_{\rho \in S_K} \phi(x_{\rho(1)}, x_{\rho(2)}, \cdots, x_{\rho(K)}) \\ \phi_A(x_1, x_2, \cdots, x_K) &\equiv \frac{1}{K!} \sum_{\rho \in S_K} \varepsilon(\rho)\phi(x_{\rho(1)}, x_{\rho(2)}, \cdots, x_{\rho(K)}) \end{aligned} \tag{C.9}$$

として定義しよう．右辺の和記号は K 次置換群 S_K に属する $K!$ 個の置換のすべてに関する和を意味する．ところで，ρ が S_K 全体を動くとき，任意に固定した置換 $\sigma \in S_K$ と ρ との合成 $\nu = \sigma\rho$ もまた S_K 全体を動くから，

$$\sum_{\rho \in S_K} \phi(x_{\sigma\rho(1)}, \cdots, x_{\sigma\rho(K)}) = \sum_{\nu \in S_K} \phi(x_{\nu(1)}, \cdots, x_{\nu(K)}) = \sum_{\rho \in S_K} \phi(x_{\rho(1)}, \cdots, x_{\rho(K)})$$

が成立し，式 (C.4) と (C.5) を利用し，$\rho = \sigma^{-1}\nu$ を使えば

---

‡1 V^K 上の多重線形形式の集合 $M(V^K, \boldsymbol{R})$ と V 上の $(0, K)$ 型テンソルの集合 $T_K^0(V)$ は数学的に同一だから，同じ $\phi \in M(V^K, \boldsymbol{R}) = T_K^0(V)$ を場合に応じて多重線形形式と呼ぶこともあり，テンソルと呼ぶこともある．本書では主として「多重線形形式」と呼ぶ．

$$\sum_{\rho\in S_K}\varepsilon(\rho)\phi(x_{\sigma\rho(1)},\cdots,x_{\sigma\rho(K)})=\sum_{\nu\in S_K}\varepsilon(\sigma^{-1}\nu)\phi(x_{\nu(1)},\cdots,x_{\nu(K)})$$
$$=\sum_{\nu\in S_K}\varepsilon(\sigma^{-1})\varepsilon(\nu)\phi(x_{\nu(1)},\cdots,x_{\nu(K)})=\varepsilon(\sigma)\sum_{\nu\in S_K}\varepsilon(\nu)\phi(x_{\nu(1)},\cdots,x_{\nu(K)})$$

を得る．また $y_k\equiv x_{\sigma(k)}$ とすれば $y_{\rho(l)}=x_{\sigma(\rho(l))}=x_{\sigma\rho(l)}$ だから，式 (C.9) で定義される ϕ_S は

$$K!\phi_S(x_{\sigma(1)},\cdots,x_{\sigma(K)})=K!\phi_S(y_1,\cdots,y_K)=\sum_{\rho\in S_K}\phi(y_{\rho(1)},\cdots,y_{\rho(K)})$$
$$=\sum_{\rho\in S_K}\phi(x_{\sigma\rho(1)},\cdots,x_{\sigma\rho(K)})=\sum_{\rho\in S_K}\phi(x_{\rho(1)},\cdots,x_{\rho(K)})=K!\phi_S(x_1,\cdots,x_K)$$

を満足する．同様に ϕ_A は

$$K!\phi_A(x_{\sigma(1)},\cdots,x_{\sigma(K)})=\sum_{\rho\in S_K}\varepsilon(\rho)\phi(x_{\sigma\rho(1)},\cdots,x_{\sigma\rho(K)})$$
$$=\varepsilon(\sigma)\sum_{\rho\in S_K}\varepsilon(\rho)\phi(x_{\rho(1)},\cdots,x_{\rho(K)})=K!\varepsilon(\sigma)\phi_A(x_1,\cdots,x_K)$$

を満足するから，ϕ_S は対称 K 次形式 $\phi_S\in\Sigma^K(V^*)$，ϕ_A は交代 K 次形式 $\phi_A\in\Lambda^K(V^*)$ である．そこで，$M(V^K,\boldsymbol{R})$ から $\Sigma^K(V^*)$，$\Lambda^K(V^*)$ への写像

$$\begin{aligned}\mathcal{S}:M(V^K,\boldsymbol{R})\to\Sigma^K(V^*),\quad \phi\mapsto\mathcal{S}\phi\equiv\phi_S\\ \mathcal{A}:M(V^K,\boldsymbol{R})\to\Lambda^K(V^*),\quad \phi\mapsto\mathcal{A}\phi\equiv\phi_A\end{aligned}\tag{C.10}$$

を定義し，$\mathcal{S}$ を**対称化作用素** (symmetrizer)，$\mathcal{A}$ を**交代化作用素** (alternizer) とよぶ．$\mathcal{S}$ と $\mathcal{A}$ はともに線形写像であり，容易に示されるように $\mathcal{S}\phi=\phi$ は $\phi\in\Sigma^K(V^*)$ であるための必要十分条件，$\mathcal{A}\phi=\phi$ は $\phi\in\Lambda^K(V^*)$ であるための必要十分条件である．

C.3　対称形式・交代形式の表現

まずは，交代形式を考えよう．任意の $\eta_1,\cdots,\eta_K\in V^*$ に対し，$\eta_1\wedge\cdots\wedge\eta_K$ という記号で表現される V 上の交代 K 次形式を

$$\eta_1\wedge\eta_2\wedge\cdots\wedge\eta_K\equiv K!\mathcal{A}(\eta_1\otimes\eta_2\otimes\cdots\otimes\eta_K)\in\Lambda^K(V^*)\tag{C.11}$$

として定義する．任意の $(x_1,\cdots,x_K)\in V^K$ における $\eta_1\wedge\cdots\wedge\eta_K$ の値は，式 (C.9) によって

$$\begin{aligned}&(\eta_1\wedge\eta_2\wedge\cdots\wedge\eta_K)(x_1,x_2,\cdots,x_K)\\ &=K!\mathcal{A}(\eta_1\otimes\eta_2\otimes\cdots\otimes\eta_K)(x_1,x_2,\cdots,x_K)\\ &=\sum_{\rho\in S_K}\varepsilon(\rho)(\eta_1\otimes\eta_2\otimes\cdots\otimes\eta_K)(x_{\rho(1)},x_{\rho(2)},\cdots,x_{\rho(K)})\end{aligned}\tag{C.12}$$

$$= \sum_{\rho \in S_K} \varepsilon(\rho)\eta_1(x_{\rho(1)})\eta_2(x_{\rho(2)})\cdots\eta_K(x_{\rho(K)})$$

であるが，最右辺は $\eta_m(x_n)$ を第 m 行第 n 列要素とする K 次正方行列 $[\eta_m(x_n)]$ の行列式に他ならず，したがって

$$(\eta_1 \wedge \eta_2 \wedge \cdots \wedge \eta_K)(x_1, x_2, \cdots, x_K) = \det[\eta_m(x_n)] \tag{C.13}$$

が成立する．また，式 (C.12) の最右辺に登場する積 $\eta_1(x_{\rho(1)})\eta_2(x_{\rho(2)})\cdots\eta_K(x_{\rho(K)})$ の順序を x の下付き添え字が昇順となるように並び替え，ρ が S_K 全体を動くに連れて ρ^{-1} もまた S_K 全体を動くこと，そして $\varepsilon(\rho^{-1}) = \varepsilon(\rho)$ を利用すれば

$$\begin{aligned}
&(\eta_1 \wedge \eta_2 \wedge \cdots \wedge \eta_K)(x_1, x_2, \cdots, x_K) \\
&= \sum_{\rho \in S_K} \varepsilon(\rho)\eta_{\rho^{-1}(1)}(x_1)\eta_{\rho^{-1}(2)}(x_2)\cdots\eta_{\rho^{-1}(K)}(x_K) \\
&= \sum_{\rho \in S_K} \varepsilon(\rho^{-1})\eta_{\rho(1)}(x_1)\eta_{\rho(2)}(x_2)\cdots\eta_{\rho(K)}(x_K) \\
&= \left\{ \sum_{\rho \in S_K} \varepsilon(\rho)(\eta_{\rho(1)} \otimes \eta_{\rho(2)} \otimes \cdots \otimes \eta_{\rho(K)}) \right\} (x_1, x_2, \cdots, x_K)
\end{aligned}$$

を得るが，これが任意の $(x_1, \cdots, x_K) \in V^K$ に対して成立するから

$$\eta_1 \wedge \eta_2 \wedge \cdots \wedge \eta_K = \sum_{\rho \in S_K} \varepsilon(\rho)\eta_{\rho(1)} \otimes \eta_{\rho(2)} \otimes \cdots \otimes \eta_{\rho(K)} \tag{C.14}$$

が結論される．また，式 (C.9) で定義される ϕ_A が式 (C.7) を満足することを証明したのと同様に，式 (C.14) からは

$$\eta_{\sigma(1)} \wedge \eta_{\sigma(2)} \wedge \cdots \wedge \eta_{\sigma(K)} = \varepsilon(\sigma)\eta_1 \wedge \eta_2 \cdots \wedge \eta_K \qquad (\forall \sigma \in S_K) \tag{C.15}$$

が示される．それゆえ，$m \neq n$ に対して $\eta_m = \eta_n$ ならば $\eta_1 \wedge \cdots \wedge \eta_K = 0$ である．

交代 K 次形式に関しては以下の定理が有用である．

定理 C–1 N 次元実ベクトル空間 V の基底を 1 組選んで $\{e_n\}_{n=1\sim N}$ とするとき，V 上の交代 K 次形式 $\phi, \psi \in \Lambda^K(V^*)$ が

$$\phi(e_{m_1}, e_{m_2}, \cdots, e_{m_K}) = \psi(e_{m_1}, e_{m_2}, \cdots, e_{m_K}) \qquad (1 \leq m_1 < \cdots < m_K \leq N)$$

を満足するならば，実は $\phi = \psi$ である．

【証明】 $\Lambda^K(V^*)$ は $M(V^K, \boldsymbol{R})$ の部分空間だから，ϕ と ψ が $M(V^K, \boldsymbol{R})$ の元として一致すれば $\phi = \psi$ である．そして，定理 A–4 によれば

$$\phi(e_{n_1}, e_{n_2}, \cdots, e_{n_K}) = \psi(e_{n_1}, e_{n_2}, \cdots, e_{n_K}) \qquad (n_1, n_2, \cdots, n_K = 1 \sim N) \tag{C.16}$$

ならば $M(V^K, \boldsymbol{R})$ の元として $\phi = \psi$ である．ところで，ϕ と ψ はともに交代形式だから，$\{e_{n_k}\}_{k=1\sim K}$ が同じものを 2 個以上含んでいれば $\phi(e_{n_1}, \cdots, e_{n_K}) = \psi(e_{n_1}, \cdots, e_{n_K}) = 0$ である．一方，$\{e_{n_k}\}_{k=1\sim K}$ がすべて異なる場合には，ある $\sigma \in S_K$ が存在して

$$1 \leq \sigma(n_1) < \sigma(n_2) < \cdots < \sigma(n_K) \leq N$$

である．したがって，定理の前提によって

$$\phi(e_{\sigma(n_1)}, e_{\sigma(n_2)}, \cdots, e_{\sigma(n_K)}) = \psi(e_{\sigma(n_1)}, e_{\sigma(n_2)}, \cdots, e_{\sigma(n_K)})$$

が成立し，式 (C.7) によって $\phi(e_{n_1}, \cdots, e_{n_K}) = \psi(e_{n_1}, \cdots, e_{n_K})$ がいえる．結局，式 (C.16) の条件が満足されるから $\phi = \psi$ である．■

定理 C–2　N 次元実ベクトル空間 V の基底を 1 組選んで $\{e_n\}_{n=1\sim N}$ とし，その双対基底を $\{\theta^n\}$ とするとき，$1 \leq m_1 < \cdots < m_K \leq N$，$1 \leq n_1 < \cdots < n_K \leq N$ ならば

$$(\theta^{n_1} \wedge \theta^{n_2} \wedge \cdots \wedge \theta^{n_K})(e_{m_1}, e_{m_2}, \cdots, e_{m_K}) = \delta^{n_1}_{m_1} \delta^{n_2}_{m_2} \cdots \delta^{n_K}_{m_K} \qquad \text{(C.17)}$$

が成立する．

【証明】　式 (C.12) と $\theta^n(e_m) = \delta^n_m$ によって

$$(\theta^{n_1} \wedge \theta^{n_2} \wedge \cdots \wedge \theta^{n_K})(e_{m_1}, e_{m_2}, \cdots, e_{m_K}) = \sum_{\rho \in S_K} \varepsilon(\rho) \delta^{n_1}_{m_{\rho(1)}} \delta^{n_2}_{m_{\rho(2)}} \cdots \delta^{n_K}_{m_{\rho(K)}} \qquad \text{(C.18)}$$

だから，$1 \leq m_1 < \cdots < m_K \leq N$，$1 \leq n_1 < \cdots < n_K \leq N$ ならば

$$\sum_{\rho \in S_K} \varepsilon(\rho) \delta^{n_1}_{m_{\rho(1)}} \delta^{n_2}_{m_{\rho(2)}} \cdots \delta^{n_K}_{m_{\rho(K)}} = \delta^{n_1}_{m_1} \delta^{n_2}_{m_2} \cdots \delta^{n_K}_{m_K} \qquad \text{(C.19)}$$

が成立することを示せばよい．すべての $k = 1 \sim K$ に対して $n_k = m_k$ が成立するか，$n_k \neq m_k$ を満足する k が少なくともひとつ存在するか，のいずれかである．前者の場合，ρ が恒等置換ならば $\delta^{n_1}_{m_{\rho(1)}} \cdots \delta^{n_K}_{m_{\rho(K)}} = 1$ であり，それ以外の置換に対しては $\delta^{n_1}_{m_{\rho(1)}} \cdots \delta^{n_K}_{m_{\rho(K)}} = 0$ だから式 (C.19) の両辺はともに 1 となる．後者の場合，すぐ後で示すように K 個の整数からなる集合 $S_A \equiv \{m_1, \cdots, m_K\}$ と $S_B \equiv \{n_1, \cdots, n_K\}$ は集合として異なる (異なる数字を含む) から，どのような置換 $\rho \in S_K$ を選んでも $\delta^{n_1}_{m_{\rho(1)}} \cdots \delta^{n_K}_{m_{\rho(K)}} = 0$ であり，したがって式 (C.19) の両辺はともに 0 である．つまり，いずれの場合でも式 (C.19) が成立する．

では「$n_k \neq m_k$ を満足する k が存在すれば $S_A \neq S_B$」を示そう．そのためには，$n_k \neq m_k$ を満足する k の最小値を k_0 とするとき，$n_{k_0} \notin S_A$ あるいは $m_{k_0} \notin S_B$ が成立することを示せば十分である．さて，仮定によって $n_{k_0} \neq m_{k_0}$ だから，$n_{k_0} < m_{k_0}$ あるいは $n_{k_0} > m_{k_0}$ のいずれかである．そして，$n_{k_0} < m_{k_0}$ ならば $n_{k_0} \notin S_A$ である．実際，仮に $n_{k_0} \in S_A$ だとして $n_{k_0} = m_k$ を満足する k を k_1 と記せば $n_{k_0} = m_{k_1} < m_{k_0}$ であるが，m_k は k に関して強増加だから $k_1 < k_0$ が結論される．しかし，k_0 は $n_k \neq m_k$ を満足する k の最小値だから，$k_1 < k_0$ ならば $n_{k_1} = m_{k_1}$ であり，k_1 の定義によって $n_{k_0} = m_{k_1}$ だから $n_{k_0} = n_{k_1}$ である．ところが n_k は k に関して強増加だから $k_1 < k_0$ なら $n_{k_1} < n_{k_0}$ でなければならず，これは矛盾である．

したがって，$n_{k_0} < m_{k_0}$ ならば $n_{k_0} \notin S_A$ である．同様にして $n_{k_0} > m_{k_0}$ ならば $m_{k_0} \notin S_B$ が示される． ∎

定理 C–3 N 次元実ベクトル空間 V の基底を 1 組選んで $\{e_n\}_{n=1\sim N}$ とし，その双対基底を $\{\theta^n\}$ とすれば，$\{\theta^{n_1} \wedge \theta^{n_2} \wedge \cdots \wedge \theta^{n_K}\}_{1 \le n_1 < n_2 < \cdots < n_K \le N}$ は $\Lambda^K(V^*)$ の基底をなし，したがって $\Lambda^K(V^*)$ の次元は

$$\dim(\Lambda^K(V^*)) = {}_NC_K = \frac{N!}{(N-K)!K!} \tag{C.20}$$

として与えられ，任意の交代 K 次形式 $\phi \in \Lambda^K(V^*)$ は

$$\begin{aligned}\phi &= \sum_{1 \le n_1 < n_2 < \cdots < n_K \le N} \phi(e_{n_1}, e_{n_2}, \cdots, e_{n_K})\theta^{n_1} \wedge \theta^{n_2} \wedge \cdots \wedge \theta^{n_K} \\ &= \frac{1}{K!}\phi(e_{n_1}, e_{n_2}, \cdots, e_{n_K})\theta^{n_1} \wedge \theta^{n_2} \wedge \cdots \wedge \theta^{n_K}\end{aligned} \tag{C.21}$$

と展開できる[‡2]．

【証明】 $c_{n_1,n_2,\cdots,n_K} \in \boldsymbol{R}$ を係数とする $\{\theta^{n_1} \wedge \cdots \wedge \theta^{n_K}\}_{1 \le n_1 < \cdots < n_K \le N}$ の線形結合が $\Lambda^K(V^*)$ の零元 0_Λ に等しいとすると，定理 C–2 によれば任意の $1 \le m_1 < \cdots < m_K \le N$ に対して

$$\begin{aligned}0 &= 0_\Lambda(e_{m_1}, e_{m_2}, \cdots, e_{m_K}) \\ &= \sum_{1 \le n_1 < n_2 < \cdots < n_K \le N} c_{n_1,n_2,\cdots,n_K}(\theta^{n_1} \wedge \theta^{n_2} \wedge \cdots \wedge \theta^{n_K})(e_{m_1}, e_{m_2}, \cdots, e_{m_K}) \\ &= \sum_{1 \le n_1 < n_2 < \cdots < n_K \le N} c_{n_1,n_2,\cdots,n_K}\delta^{n_1}_{m_1}\delta^{n_2}_{m_2}\cdots\delta^{n_K}_{m_K} = c_{m_1,m_2,\cdots,m_K}\end{aligned}$$

だから $\{\theta^{n_1} \wedge \cdots \wedge \theta^{n_K}\}_{1 \le n_1 < \cdots < n_K \le N}$ は線形独立である．また，任意の元 $\phi \in \Lambda^K(V^*)$ に対して

$$\omega \equiv \sum_{1 \le n_1 < n_2 < \cdots < n_K \le N} \phi(e_{n_1}, e_{n_2}, \cdots, e_{n_K})\theta^{n_1} \wedge \theta^{n_2} \wedge \cdots \wedge \theta^{n_K}$$

とすれば，$1 \le m_1 < \cdots < m_K \le N$ に対して

$$\omega(e_{m_1}, \cdots, e_{m_K}) = \sum_{1 \le n_1 < \cdots < n_K \le N} \phi(e_{n_1}, \cdots, e_{n_K})\delta^{n_1}_{m_1}\cdots\delta^{n_K}_{m_K} = \phi(e_{m_1}, \cdots, e_{m_K})$$

が成立するから，定理 C–1 によって $\omega = \phi$ である．こうして式 (C.21) の最初の等式が示され，任意の元 $\phi \in \Lambda^K(V^*)$ がたがいに線形独立な ${}_NC_K$ 個の元 $\{\theta^{n_1} \wedge \cdots \wedge \theta^{n_K}\}_{1 \le n_1 < \cdots < n_K \le N}$ の線形結合で表現されることから，式 (C.20) が成立する．つぎに，式 (C.21) の 2 番目の等式を示そう．そのために，1 から N までの範囲にある K 個の整数の順序付きの組の集合を $A_{N,K}$ と記し，$A_{N,K}$ の元の中で，その構成要素がたがいに異なるものの集合を $D_{N,K}$ と記す．つまり，

‡2 式 (C.21) の第 1 式右辺では和記号に $\{n_k\}_{k=1\sim K}$ の変動範囲が指定されているため，上下の添え字に同じ記号があっても Einstein 規約に従わない点に注意しよう．一方，同第 2 式では $\{n_k\}_{k=1\sim K}$ の変動範囲は指定されていないため，当然ながら Einstein 規約に従う．

$$A_{N,K} \equiv \{(m_1, \cdots, m_K) | m_1, \cdots, m_K \in \{1, 2, \cdots, N\}\}$$

$$D_{N,K} \equiv \{(m_1, \cdots, m_K) | (m_1, \cdots, m_K) \in A_{N,K}, m_i \neq m_j \ (i \neq j)\}$$

である．ここで，$D_{N,K}$ の二つの元 $(m_1, \cdots, m_K), (m'_1, \cdots, m'_K) \in D_{N,K}$ が同一の整数の組で構成される場合，つまり $(m_1, \cdots, m_K)$ を構成する整数のならび順を変更することで $(m'_1, \cdots, m'_K)$ が得られる場合，$(m_1, \cdots, m_K) \sim (m'_1, \cdots, m'_K)$ と記すことにする．$D_{N,K}$ 上で定義された関係 "$\sim$" は同値関係であり，この同値関係によって $D_{N,K}$ は同値類に分類される．そして，$1 \leq n_1 < \cdots < n_K \leq N$ を満足する整数の組 $(n_1, \cdots, n_K)$ が属する同値類を $[(n_1, \cdots, n_K)]$ と記せば，$[(n_1, \cdots, n_K)]$ は $K!$ 個の要素からなり，$D_{N,K}$ はこれらの同値類に合併であって

$$D_{N,K} = \bigcup_{1 \leq n_1 < \cdots < n_K \leq N} [(n_1, \cdots, n_K)]$$

と表現できる．ところで，$\phi(e_{m_1}, \cdots, e_{m_K})$ は $m_1, \cdots, m_K$ の入れ替えに関して反対称だから，$(m_1, \cdots, m_K) \in A_{N,K} - D_{N,K}$ ならば $\phi(e_{m_1}, \cdots, e_{m_K}) = 0$ である．また，$\phi(e_{m_1}, \cdots, e_{m_K}) \theta^{m_1} \wedge \cdots \wedge \theta^{m_K}$ は $m_1, \cdots, m_K$ の入れ替えに関して対称だから，$(m_1, \cdots, m_K) \in [(n_1, \cdots, n_K)]$ ならば

$$[\phi(e_{m_1}, \cdots, e_{m_K}) \theta^{m_1} \wedge \cdots \wedge \theta^{m_K}]_E = [\phi(e_{n_1}, \cdots, e_{n_K}) \theta^{n_1} \wedge \cdots \wedge \theta^{n_K}]_E$$

である．ただし $[\,.\,]_E$ は「上下の添え字に同じ記号があり，添え字の変動範囲が明示されていなくとも Einstein 規約を使わない」ことを意味する．それゆえ

$$\begin{aligned}
\phi(e_{n_1}, \cdots, e_{n_K}) \theta^{n_1} \wedge \cdots \wedge \theta^{n_K} &= \sum_{(m_1, \cdots, m_K) \in A_{N,K}} \phi(e_{m_1}, \cdots, e_{m_K}) \theta^{m_1} \wedge \cdots \wedge \theta^{m_K} \\
&= \sum_{(m_1, \cdots, m_K) \in D_{N,K}} \phi(e_{m_1}, \cdots, e_{m_K}) \theta^{m_1} \wedge \cdots \wedge \theta^{m_K} \\
&= \sum_{1 \leq n_1 < \cdots < n_K \leq N} \ \sum_{(m_1, \cdots, m_K) \in [(n_1, \cdots, n_K)]} \phi(e_{m_1}, \cdots, e_{m_K}) \theta^{m_1} \wedge \cdots \wedge \theta^{m_K} \\
&= K! \sum_{1 \leq n_1 < \cdots < n_K \leq N} \phi(e_{n_1}, \cdots, e_{n_K}) \theta^{n_1} \wedge \cdots \wedge \theta^{n_K}
\end{aligned}$$

を得るが，これは式 (C.21) の 2 番目の等式に他ならない． ∎

今度は対称形式を考えよう．任意の $\eta_1, \cdots, \eta_K \in V^*$ に対し，$\eta_1 \vee \cdots \vee \eta_K$ という記号で表現される V 上の対称 K 次形式を

$$\eta_1 \vee \eta_2 \vee \cdots \vee \eta_K \equiv K! \mathcal{S}(\eta_1 \otimes \eta_2 \otimes \cdots \otimes \eta_K) \in \Sigma^K(V^*) \tag{C.22}$$

として定義する．任意の $(x_1, \cdots, x_K) \in V^K$ における $\eta_1 \vee \cdots \vee \eta_K$ の値は，式 (C.9) によって

$$\begin{aligned}
&(\eta_1 \vee \eta_2 \vee \cdots \vee \eta_K)(x_1, x_2, \cdots, x_K) \\
&\qquad = K! \mathcal{S}(\eta_1 \otimes \eta_2 \otimes \cdots \otimes \eta_K)(x_1, x_2, \cdots, x_K)
\end{aligned}$$

$$= \sum_{\rho\in S_K} (\eta_1 \otimes \eta_2 \otimes \cdots \otimes \eta_K)(x_{\rho(1)}, x_{\rho(2)}, \cdots, x_{\rho(K)}) \tag{C.23}$$

$$= \sum_{\rho\in S_K} \eta_1(x_{\rho(1)})\eta_2(x_{\rho(2)})\cdots\eta_K(x_{\rho(K)})$$

である．一般に，A_{mn} を第 m 行第 n 列要素とする K 次正方行列 $[A_{mn}]$ の行列式は

$$\det[A_{mn}] = \sum_{\rho\in S_K} \varepsilon(\rho) A_{1\rho(1)} A_{2\rho(2)} \cdots A_{K\rho(K)} \tag{C.24}$$

として与えられるが，ここで

$$\det{}_+[A_{mn}] \equiv \sum_{\rho\in S_K} A_{1\rho(1)} A_{2\rho(2)} \cdots A_{K\rho(K)} \tag{C.25}$$

と定義すれば，式 (C.23) は (C.13) と類似の形式で

$$(\eta_1 \vee \eta_2 \vee \cdots \vee \eta_K)(x_1, x_2, \cdots, x_K) = \det{}_+[\eta_m(x_n)] \tag{C.26}$$

と書ける．また，式 (C.12) から式 (C.14) を導出したのと同様に，式 (C.23) からは

$$\eta_1 \vee \eta_2 \vee \cdots \vee \eta_K = \sum_{\rho\in S_K} \eta_{\rho(1)} \otimes \eta_{\rho(2)} \otimes \cdots \otimes \eta_{\rho(K)} \tag{C.27}$$

が導かれ，式 (C.15) に対応して

$$\eta_{\sigma(1)} \vee \eta_{\sigma(2)} \vee \cdots \vee \eta_{\sigma(K)} = \eta_1 \vee \eta_2 \cdots \vee \eta_K \qquad (\forall\sigma \in S_K) \tag{C.28}$$

が結論される．

対称 K 次形式に関しては以下の定理が有用である．証明は省略するが，交代 K 次形式に関する定理 C–1〜C–3 の証明と同様である．

定理 C–4　N 次元実ベクトル空間 V の基底を 1 組選んで $\{e_n\}_{n=1\sim N}$ とするとき，V 上の対称 K 次形式 $\phi, \psi \in \Sigma^K(V^*)$ が

$$\phi(e_{m_1}, e_{m_2}, \cdots, e_{m_K}) = \psi(e_{m_1}, e_{m_2}, \cdots, e_{m_K}) \qquad (1 \le m_1 \le \cdots \le m_K \le N)$$

を満足するならば，実は $\phi = \psi$ である．

定理 C–5　N 次元実ベクトル空間 V の基底を 1 組選んで $\{e_n\}_{n=1\sim N}$ とし，その双対基底を $\{\theta^n\}$ とする．$1 \le m_1 \le m_2 \le \cdots \le m_K \le N$，$1 \le n_1 \le n_2 \le \cdots \le n_K \le N$ であって，K 個の整数の並び $\{n_1, n_2, \cdots, n_K\}$ の中に整数 p が N_p 回含まれているならば，

$$\begin{aligned}&(\theta^{n_1} \vee \theta^{n_2} \vee \cdots \vee \theta^{n_K})(e_{m_1}, e_{m_2}, \cdots, e_{m_K}) \\ &= \sum_{\rho\in S_K} \delta^{n_1}_{m_{\rho(1)}} \delta^{n_2}_{m_{\rho(2)}} \cdots \delta^{n_K}_{m_{\rho(K)}} = \left(\prod_{p=1}^{N} N_p!\right) \delta^{n_1}_{m_1} \delta^{n_2}_{m_2} \cdots \delta^{n_K}_{m_K}\end{aligned} \tag{C.29}$$

が成立する．

定理 C–6　N 次元実ベクトル空間 V の基底を1組選んで $\{e_n\}_{n=1\sim N}$ とし，その双対基底を $\{\theta^n\}$ とすれば，$\{\theta^{n_1}\vee\theta^{n_2}\vee\cdots\vee\theta^{n_K}\}_{1\leq n_1\leq n_2\leq\cdots\leq n_K\leq N}$ は $\Sigma^K(V^*)$ の基底をなし，したがって

$$\dim(\Sigma^K(V^*))=\frac{(N+K-1)!}{(N-1)!K!} \tag{C.30}$$

が成立する．また，任意の $\phi\in\Sigma^K(V^*)$ は

$$\phi=\sum_{1\leq n_1\leq\cdots\leq n_K\leq N}\frac{1}{\prod_{p=1}^{N}N_p(n_1,\cdots,n_K)!}\phi(e_{n_1},\cdots,e_{n_K})\theta^{n_1}\vee\cdots\vee\theta^{n_K} \tag{C.31}$$

と展開できる．ただし，$N_p(n_1,\cdots,n_K)$ は K 個の整数の並び $\{n_1,\cdots,n_K\}$ の中に整数 p が含まれる回数である．

C.4　外　積

C.2 節で議論したように $\Lambda^K(V^*)$ は $M(V^K,\boldsymbol{R})=T^0_K(V)$ の部分空間だから，V 上の交代 K 次形式 $\xi\in\Lambda^K(V^*)$ は V 上の $(0,K)$ 型テンソル $\xi\in T^0_K(V)$ でもある．したがって，$\xi\in\Lambda^K(V^*)$ と $\eta\in\Lambda^L(V^*)$ とのテンソル積は $(0,K+L)$ 型のテンソル $\xi\otimes\eta\in T^0_{K+L}(V)$ であり，これを交代化すれば交代 $K+L$ 次形式 $\mathcal{A}(\xi\otimes\eta)\in\Lambda^{K+L}(V^*)$ を得るが，これに実数 $(K+L)!/K!L!$ を乗じたものを ξ と η の**外積** (exterior product) とよび，$\xi\wedge\eta$ と記す．すなわち

$$\xi\wedge\eta\equiv\frac{(K+L)!}{K!L!}\mathcal{A}(\xi\otimes\eta)\in\Lambda^{K+L}(V^*) \tag{C.32}$$

である．とくに $K=0$ の場合，つまり ξ が交代0次形式の場合 $\xi\in\Lambda^0(V^*)=\boldsymbol{R}$，$\xi$ は単なる実数に過ぎず，$\xi\otimes\eta=\xi\eta$ だから式 (C.32) は

$$\xi\wedge\eta=\frac{(0+L)!}{0!L!}\mathcal{A}(\xi\otimes\eta)=\mathcal{A}(\xi\eta)=\xi\mathcal{A}(\eta)=\xi\eta\in\Lambda^L(V^*)$$

を意味する．ここで，$\xi\eta$ が交代 L 次形式 $\eta\in\Lambda^L(V^*)$ の実数倍を意味することはいうまでもない．$L=0$ の場合も同様であり，結局

$$\xi\wedge\eta=\xi\eta\qquad(\xi\in\Lambda^0(V^*)\ \text{ or }\ \eta\in\Lambda^0(V^*)) \tag{C.33}$$

がいえる．また，交代化作用素 $\mathcal{A}$ の線形性と，式 (A.37) に示されるテンソル積の線形性から容易に示されるように，任意の $\xi,\xi'\in\Lambda^K(V^*)$，$\eta,\eta'\in\Lambda^L(V^*)$，$a\in\boldsymbol{R}$ に対して

$$\begin{aligned}&(a\xi)\wedge\eta=\xi\wedge(a\eta)=a(\xi\wedge\eta)\\&(\xi+\xi')\wedge\eta=\xi\wedge\eta+\xi'\wedge\eta,\quad\xi\wedge(\eta+\eta')=\xi\wedge\eta+\xi\wedge\eta'\end{aligned} \tag{C.34}$$

が成立する．この意味で外積演算は線形である．

ところで，任意の $(x_1, x_2, \cdots, x_{K+L}) \in V^{K+L}$ に対して

$$(\xi \otimes \eta)(x_1, x_2, \cdots, x_{K+L}) = \xi(x_1, x_2, \cdots, x_K)\eta(x_{K+1}, x_2, \cdots, x_{K+L})$$

だから，交代化作用素 $\mathcal{A}$ の定義式 (C.9)，(C.10) から

$$\begin{aligned}(\xi \wedge \eta)(x_1, \cdots, x_{K+L}) &= \frac{(K+L)!}{K!L!}\mathcal{A}(\xi \otimes \eta)(x_1, \cdots, x_{K+L}) \\ &= \frac{1}{K!L!}\sum_{\rho \in S_{K+L}} \varepsilon(\rho)\xi(x_{\rho(1)}, \cdots, x_{\rho(K)})\eta(x_{\rho(K+1)}, \cdots, x_{\rho(K+L)})\end{aligned} \tag{C.35}$$

を得る．スペースの節約のため，本節では $\xi(x_p, \cdots, x_q)$ などを $\xi(x_p^q)$ などと略記しよう．この記法によれば，式 (C.35) は

$$(\xi \wedge \eta)(x_1^{K+L}) = \frac{1}{K!L!}\sum_{\rho \in S_{K+L}} \varepsilon(\rho)\xi(x_{\rho(1)}^{\rho(K)})\eta(x_{\rho(K+1)}^{\rho(K+L)})$$

と略記される．この $\xi \wedge \eta$ と $\zeta \in \Lambda^M(V^*)$ との外積を考えると，

$$\begin{aligned}&(K+L)!M!\,((\xi \wedge \eta) \wedge \zeta)(x_1^{K+L+M}) \\ &= \sum_{\rho \in S_{K+L+M}} \varepsilon(\rho)(\xi \wedge \eta)(x_{\rho(1)}^{\rho(K+L)})\zeta(x_{\rho(K+L+1)}^{\rho(K+L+M)}) \\ &= \sum_{\rho \in S_{K+L+M}} \varepsilon(\rho)\Big\{\frac{1}{K!L!}\sum_{\sigma \in S_{K+L}} \varepsilon(\sigma)\xi(x_{\rho\sigma(1)}^{\rho\sigma(K)})\eta(x_{\rho\sigma(K+1)}^{\rho\sigma(K+L)})\Big\}\zeta(x_{\rho(K+L+1)}^{\rho(K+L+M)}) \\ &= \frac{1}{K!L!}\sum_{\sigma \in S_{K+L}} \varepsilon(\sigma) \sum_{\rho \in S_{K+L+M}} \varepsilon(\rho)\xi(x_{\rho\sigma(1)}^{\rho\sigma(K)})\eta(x_{\rho\sigma(K+1)}^{\rho\sigma(K+L)})\zeta(x_{\rho(K+L+1)}^{\rho(K+L+M)})\end{aligned} \tag{C.36}$$

であるが，$\sigma \in S_{K+L}$ は $K+L+1 \sim K+L+M$ を不変に保つ S_{K+L+M} の元だと解釈すれば，$\zeta(x_{\rho(K+L+1)}^{\rho(K+L+M)}) = \zeta(x_{\rho\sigma(K+L+1)}^{\rho\sigma(K+L+M)})$ であり，ρ が S_{K+L+M} 上の全体を動くとき $\rho\sigma$ もまた S_{K+L+M} 上の全体を動くから

$$\begin{aligned}&\sum_{\rho \in S_{K+L+M}} \varepsilon(\rho)\xi(x_{\rho\sigma(1)}^{\rho\sigma(K)})\eta(x_{\rho\sigma(K+1)}^{\rho\sigma(K+L)})\zeta(x_{\rho(K+L+1)}^{\rho(K+L+M)}) \\ &\quad= \sum_{\rho \in S_{K+L+M}} \varepsilon(\rho\sigma\sigma^{-1})\xi(x_{\rho\sigma(1)}^{\rho\sigma(K)})\eta(x_{\rho\sigma(K+1)}^{\rho\sigma(K+L)})\zeta(x_{\rho\sigma(K+L+1)}^{\rho\sigma(K+L+M)}) \\ &\quad= \varepsilon(\sigma^{-1})\sum_{\rho \in S_{K+L+M}} \varepsilon(\rho)\xi(x_{\rho(1)}^{\rho(K)})\eta(x_{\rho(K+1)}^{\rho(K+L)})\zeta(x_{\rho(K+L+1)}^{\rho(K+L+M)})\end{aligned}$$

と変形できる．上式右辺の和が σ に依存しない点に注意しよう．それゆえ，この結果を式 (C.36) に代入すれば，S_{K+L} が $(K+L)!$ 個の元をもつことから

$$(K+L)!M!\,((\xi \wedge \eta) \wedge \zeta)(x_1^{K+L+M})$$

$$= \frac{1}{K!L!} \sum_{\sigma \in S_{K+L}} \sum_{\rho \in S_{K+L+M}} \varepsilon(\rho)\xi(x_{\rho(1)}^{\rho(K)})\eta(x_{\rho(K+1)}^{\rho(K+L)})\zeta(x_{\rho(K+L+1)}^{\rho(K+L+M)})$$

$$= \frac{(K+L)!}{K!L!} \sum_{\rho \in S_{K+L+M}} \varepsilon(\rho)\xi(x_{\rho(1)}^{\rho(K)})\eta(x_{\rho(K+1)}^{\rho(K+L)})\zeta(x_{\rho(K+L+1)}^{\rho(K+L+M)})$$

すなわち

$$((\xi \wedge \eta) \wedge \zeta)(x_1^{K+L+M}) = \frac{1}{K!L!M!} \sum_{\rho \in S_{K+L+M}} \varepsilon(\rho)\xi(x_{\rho(1)}^{\rho(K)})\eta(x_{\rho(K+1)}^{\rho(K+L)})\zeta(x_{\rho(K+L+1)}^{\rho(K+L+M)}) \tag{C.37}$$

を得る．一方，$(\xi \wedge (\eta \wedge \zeta))(x_1^{K+L+M})$ もまた上式右辺に一致することが同様にして示されるから，任意の $(x_1, x_2, \cdots, x_{K+L+M}) \in V^{K+L+M}$ に対して

$$((\xi \wedge \eta) \wedge \zeta)(x_1, x_2, \cdots, x_{K+L+M}) = (\xi \wedge (\eta \wedge \zeta))(x_1, x_2, \cdots, x_{K+L+M})$$

が成立し，したがって

$$(\xi \wedge \eta) \wedge \zeta = \xi \wedge (\eta \wedge \zeta) \tag{C.38}$$

が結論される．このように $(\xi \wedge \eta) \wedge \zeta$ と $\xi \wedge (\eta \wedge \zeta)$ を区別する必要がないので，これらを単に $\xi \wedge \eta \wedge \zeta$ と記すことにする．それゆえ，式 (C.37) は

$$(\xi \wedge \eta \wedge \zeta)(x_1^{K+L+M}) = \frac{1}{K!L!M!} \sum_{\rho \in S_{K+L+M}} \varepsilon(\rho)\xi(x_{\rho(1)}^{\rho(K)})\eta(x_{\rho(K+1)}^{\rho(K+L)})\zeta(x_{\rho(K+L+1)}^{\rho(K+L+M)})$$

と書けるが，これを繰り返し適用すれば，$\xi_k \in \Lambda^{N_k}(V^*)$ $(k = 1 \sim K)$ の外積が

$$\begin{aligned}&(\xi_1 \wedge \cdots \wedge \xi_K)(x_1^{N_1+\cdots+N_K}) \\ &\quad = \frac{1}{N_1! \cdots N_K!} \sum_{\rho \in S_{N_1+\cdots+N_K}} \varepsilon(\rho)\xi_1(x_{\rho(1)}^{\rho(N_1)}) \cdots \xi_K(x_{\rho(N_1+\cdots+N_{K-1}+1)}^{\rho(N_1+\cdots+N_K)})\end{aligned} \tag{C.39}$$

として与えられる．とくに $\xi_k \in \Lambda^1(V^*) = V^*$ $(k = 1 \sim K)$ の場合には，式 (C.39) は

$$(\xi_1 \wedge \xi_2 \wedge \cdots \wedge \xi_K)(x_1, x_2, \cdots, x_K) = \sum_{\rho \in S_K} \varepsilon(\rho)\xi_1(x_{\rho(1)})\xi_2(x_{\rho(2)}) \cdots \xi_K(x_{\rho(K)})$$

を意味するが，これは式 (C.12) に他ならない．つまり，式 (C.11) では $\eta_1 \wedge \cdots \wedge \eta_K$ は $K!\mathcal{A}(\eta_1 \otimes \cdots \otimes \eta_K)$ を表す単なる記号に過ぎなかったが，実は K 個の 1 次形式の外積としての意味が付加されたことになる．

つぎに，$\xi \in \Lambda^K(V^*)$ と $\eta \in \Lambda^L(V^*)$ の外積 $\xi \wedge \eta$ に関して

$$\xi \wedge \eta = (-1)^{KL} \eta \wedge \xi \qquad (\xi \in \Lambda^K(V^*),\ \ \eta \in \Lambda^L(V^*)) \tag{C.40}$$

が成立することを示すそう．そのために，置換

$$\sigma \equiv (L+1, L+2, \cdots, L+K, 1, 2, \cdots, L) \in S_{K+L}$$

を考える．σ は KL 個の互換の合成として

$$\sigma = \tau^K, \quad \tau \equiv (1,2)_{K+L}(2,3)_{K+L} \cdots (L-1, L)_{K+L}(L, L+1)_{K+L}$$

と表現できるから $\varepsilon(\sigma)=(-1)^{KL}$ であり，ρ が S_{K+L} 上の全体を動くとき $\rho\sigma$ もまた S_{K+L} 上の全体を動くから，任意の $(x_1,x_2,\cdots,x_{K+L})\in V^{K+L}$ に対して

$$
\begin{aligned}
&K!L!(\xi\wedge\eta)(x_1,\cdots,x_{K+L})\\
&=\sum_{\rho\in S_{K+L}}\varepsilon(\rho)\xi(x_{\rho(1)},\cdots,x_{\rho(K)})\eta(x_{\rho(K+1)},\cdots,x_{\rho(K+L)})\\
&=\sum_{\rho\in S_{K+L}}\varepsilon(\rho\sigma)\xi(x_{\rho\sigma(1)},\cdots,x_{\rho\sigma(K)})\eta(x_{\rho\sigma(K+1)},\cdots,x_{\rho\sigma(K+L)})\\
&=\varepsilon(\sigma)\sum_{\rho\in S_{K+L}}\varepsilon(\rho)\xi(x_{\rho(L+1)},\cdots,x_{\rho(L+K)})\eta(x_{\rho(1)},\cdots,x_{\rho(L)})\\
&=\varepsilon(\sigma)\sum_{\rho\in S_{K+L}}\varepsilon(\rho)\eta(x_{\rho(1)},\cdots,x_{\rho(L)})\xi(x_{\rho(L+1)},\cdots,x_{\rho(L+K)})\\
&=(-1)^{KL}K!L!(\eta\wedge\xi)(x_1,\cdots,x_{K+L})
\end{aligned}
$$

が成立し，したがって式 (C.40) が結論される．

C.5 交代形式間の内積

B.4 節で議論したように，V 上の非退化な内積 g を指定すれば V^* 上の非退化な内積 g^* が自然に決まり，さらには (L,K) 型テンソルの間の内積 g^L_K が定義される．交代 K 次形式は $(0,K)$ 型テンソルだから，二つの交代 K 次形式 $\xi,\eta\in\Lambda^K(V^*)$ 間には内積 g^0_K が定義される．V の基底を 1 組選んで $\{e_n\}$ とし，その双対基底 $\{\theta^n\}$ を使って $T^0_K(V)$ の基底

$$\beta^{m_1m_2\cdots m_K}\equiv\theta^{m_1}\otimes\theta^{m_2}\otimes\cdots\otimes\theta^{m_K} \tag{C.41}$$

を構成し，$\xi,\eta\in\Lambda^K(V^*)\subset T^0_K(V)$ を

$$\xi=\xi_{m_1m_2\cdots m_K}\beta^{m_1m_2\cdots m_K},\quad \eta=\eta_{m_1m_2\cdots m_K}\beta^{m_1m_2\cdots m_K} \tag{C.42}$$

と展開すれば，両者の内積は式 (B.50) によって

$$g^0_K(\xi,\eta)=\xi_{m_1m_2\cdots m_K}\eta_{p_1p_2\cdots p_K}g^{m_1p_1}g^{m_2p_2}\cdots g^{m_Kp_K} \tag{C.43}$$

として与えられる．とくに，$\{e_n\}$ が B.5 節で議論した広義正規直交基底ならば

$$g^0_K(\xi,\eta)=\xi_{m_1\cdots m_K}\eta^{m_1\cdots m_K},\quad \eta^{m_1\cdots m_K}=s_{g:m_1}\cdots s_{g:m_K}\eta_{m_1\cdots m_K} \tag{C.44}$$

が成立する．以下，$\{e_n\}$ は広義正規直交基底だとしよう．

さて，$\xi,\eta\in\Lambda^K(V^*)$ の交代性によって展開係数 $\xi_{m_1\cdots m_K}$，$\eta^{m_1\cdots m_K}$ もまた添え字の入れ替えに関して交代であり

$$\xi_{m_{\sigma(1)}\cdots m_{\sigma(K)}}=\varepsilon(\sigma)\xi_{m_1\cdots m_K},\quad \eta^{m_{\sigma(1)}\cdots m_{\sigma(K)}}=\varepsilon(\sigma)\eta^{m_1\cdots m_K}\quad(\forall\sigma\in S_K) \tag{C.45}$$

が成立する．実際，

$$\xi_{m_{\sigma(1)}\cdots m_{\sigma(K)}} = \xi(e_{m_{\sigma(1)}},\cdots,e_{m_{\sigma(K)}}) = \varepsilon(\sigma)\xi(e_{m_1},\cdots,e_{m_K}) = \varepsilon(\sigma)\xi_{m_1\cdots m_K}$$
$$\eta^{m_{\sigma(1)}\cdots m_{\sigma(K)}} = s_{g:m_{\sigma(1)}}\cdots s_{g:m_{\sigma(K)}}\eta_{m_{\sigma(1)}\cdots m_{\sigma(K)}} = s_{g:m_1}\cdots s_{g:m_K}\varepsilon(\sigma)\eta_{m_1\cdots m_K}$$
$$= \varepsilon(\sigma)\eta^{m_1\cdots m_K}$$

である．それゆえ，それぞれ N^K 個の展開係数 $\xi_{m_1m_2\cdots m_K}$，$\eta^{m_1m_2\cdots m_K}$ のうち ${}_NC_K$ 個だけが独立であるに過ぎず，この意味で式 (C.44) の表現は冗長である．独立な ${}_NC_K$ 個の展開係数だけによる表現が望まれる．ところで，式 (C.45) によれば

$$[\xi_{m_{\sigma(1)}\cdots m_{\sigma(K)}}\eta^{m_{\sigma(1)}\cdots m_{\sigma(K)}}]_E = [\xi_{m_1\cdots m_K}\eta^{m_1\cdots m_K}]_E \qquad (\forall\sigma\in S_K) \tag{C.46}$$

であり[‡3]，$\{m_1,\cdots,m_K\}$ が同じ数字を含むなら $[\xi_{m_1\cdots m_K}\eta^{m_1\cdots m_K}]_E = 0$ だから，式 (C.44) から

$$g_K^0(\xi,\eta) = \xi_{m_1\cdots m_K}\eta^{m_1\cdots m_K}$$
$$= \sum_{m_1,\cdots,m_K}\xi_{m_1\cdots m_K}\eta^{m_1\cdots m_K} = \sum_{m_1,\cdots,m_K\text{はすべて異なる}}\xi_{m_1\cdots m_K}\eta^{m_1\cdots m_K}$$
$$= \sum_{1\le m_1<\cdots<m_K\le N}\sum_{\sigma\in S_K}\xi_{m_{\sigma(1)}\cdots m_{\sigma(K)}}\eta^{m_{\sigma(1)}\cdots m_{\sigma(K)}}$$
$$= \sum_{1\le m_1<\cdots<m_K\le N}\sum_{\sigma\in S_K}\xi_{m_1\cdots m_K}\eta^{m_1\cdots m_K}$$
$$= K!\sum_{1\le m_1<\cdots<m_K\le N}\xi_{m_1\cdots m_K}\eta^{m_1\cdots m_K}$$

あるいは，$\eta^{m_1\cdots m_K}$ を $\eta_{m_1\cdots m_K}$ に戻せば

$$g_K^0(\xi,\eta) = K!\sum_{1\le m_1<\cdots<m_K\le N} s_{g:m_1}\cdots s_{g:m_K}\xi_{m_1\cdots m_K}\eta_{m_1\cdots m_K} \tag{C.47}$$

を得る．内積を議論するのに正の定数 $K!$ 倍だけの違いは本質的な意味をもたないため，交代形式間の内積を

$$\hat{g}_K^0(\xi,\eta) \equiv (K!)^{-1}g_K^0(\xi,\eta) \tag{C.48}$$

として定義するのが普通である．つまり，

$$\hat{g}_K^0(\xi,\eta) = \sum_{1\le m_1<\cdots<m_K\le N} s_{g:m_1}\cdots s_{g:m_K}\xi_{m_1\cdots m_K}\eta_{m_1\cdots m_K} \tag{C.49}$$

である．

つぎに，$\lambda,\mu\in\Lambda^K(V^*)$ が K 個の 1 次形式の外積として

$$\lambda = \lambda_1\wedge\lambda_2\wedge\cdots\wedge\lambda_K, \quad \mu = \mu_1\wedge\mu_2\wedge\cdots\wedge\mu_K \tag{C.50}$$

[‡3] 記号 $[\,.\,]_E$ に関しては定理 C–3 の「証明」を参照のこと．

と表現されている場合を考えよう[‡4].

$$\lambda_k = (\lambda_k)_n \theta^n, \quad \mu_k = (\mu_k)_n \theta^n \quad (k = 1 \sim K)$$

と展開すれば，式 (C.12) により

$$\begin{aligned}
\lambda_{m_1 m_2 \cdots m_K} &= \lambda(e_{m_1}, e_{m_2}, \cdots, e_{m_K}) = (\lambda_1 \wedge \lambda_2 \wedge \cdots \wedge \lambda_K)(e_{m_1}, e_{m_2}, \cdots, e_{m_K}) \\
&= \sum_{\rho \in S_K} \varepsilon(\rho) \lambda_1(e_{m_{\rho(1)}}) \lambda_2(e_{m_{\rho(2)}}) \cdots \lambda_K(e_{m_{\rho(K)}}) \\
&= \sum_{\rho \in S_K} \varepsilon(\rho) (\lambda_1)_{m_{\rho(1)}} (\lambda_2)_{m_{\rho(2)}} \cdots (\lambda_K)_{m_{\rho(K)}} \\
\mu_{m_1 m_2 \cdots m_K} &= \sum_{\sigma \in S_K} \varepsilon(\sigma) (\mu_1)_{m_{\sigma(1)}} (\mu_2)_{m_{\sigma(2)}} \cdots (\mu_K)_{m_{\sigma(K)}}
\end{aligned}$$

を得るが，これを式 (C.44) に代入すれば

$$\begin{aligned}
g_K^0(\lambda, \mu) &= \lambda_{m_1 \cdots m_K} \mu^{m_1 \cdots m_K} = \sum_{m_1, \cdots, m_K} s_{g:m_1} \cdots s_{g:m_K} \lambda_{m_1 \cdots m_K} \mu_{m_1 \cdots m_K} \\
&= \sum_{m_1, \cdots, m_K} s_{g:m_1} \cdots s_{g:m_K} \sum_{\rho \in S_K} \varepsilon(\rho) (\lambda_1)_{m_{\rho(1)}} \cdots (\lambda_K)_{m_{\rho(K)}} \\
&\qquad \cdot \sum_{\sigma \in S_K} \varepsilon(\sigma) (\mu_1)_{m_{\sigma(1)}} \cdots (\mu_K)_{m_{\sigma(K)}} \\
&= \sum_{\rho, \sigma \in S_K} \varepsilon(\rho) \varepsilon(\sigma) \sum_{m_1, \cdots, m_K} s_{g:m_1} \cdots s_{g:m_K} \\
&\qquad \cdot (\lambda_1)_{m_{\rho(1)}} \cdots (\lambda_K)_{m_{\rho(K)}} (\mu_1)_{m_{\sigma(1)}} \cdots (\mu_K)_{m_{\sigma(K)}}
\end{aligned}$$

すなわち

$$\begin{aligned}
g_K^0(\lambda, \mu) &= \sum_{\rho, \sigma \in S_K} \varepsilon(\rho) \varepsilon(\sigma) P \\
P &\equiv \sum_{m_1, \cdots, m_K} s_{g:m_1} \cdots s_{g:m_K} (\lambda_1)_{m_{\rho(1)}} \cdots (\lambda_K)_{m_{\rho(K)}} (\mu_1)_{m_{\sigma(1)}} \cdots (\mu_K)_{m_{\sigma(K)}}
\end{aligned} \tag{C.51}$$

を得る．

ところで，$s_{g:m_1} \cdots s_{g:m_K}$ は単なる実数の積だから，積の順序を $s_{g:m_{\rho(1)}} \cdots s_{g:m_{\rho(K)}}$ に変えても値は変化しない．$(\mu_1)_{m_{\sigma(1)}} \cdots (\mu_K)_{m_{\sigma(K)}}$ も同様であり，任意の $\tau \in S_K$ に対して

$$(\mu_1)_{m_{\sigma(1)}} (\mu_2)_{m_{\sigma(2)}} \cdots (\mu_K)_{m_{\sigma(K)}} = (\mu_{\tau(1)})_{m_{\sigma\tau(1)}} (\mu_{\tau(2)})_{m_{\sigma\tau(2)}} \cdots (\mu_{\tau(K)})_{m_{\sigma\tau(K)}}$$

---

‡4 任意の交代 K 形式は式 (C.50) の形をもつ交代 K 形式の和として表現できるから，内積の双線形性によって，任意の交代 K 形式の間の内積は式 (C.50) の形をもつ交代 K 形式の間の内積の和として表現できる点に注意しよう．

であるが，とくに $\tau \equiv \sigma^{-1}\rho$ とすれば $\sigma\tau = \rho$ だから，式 (C.51) の P は

$$
\begin{aligned}
P &= \sum_{m_1,\cdots,m_K} s_{g:m_{\rho(1)}} \cdots s_{g:m_{\rho(K)}} (\lambda_1)_{m_{\rho(1)}} \cdots (\lambda_K)_{m_{\rho(K)}} \\
&\qquad\qquad \cdot (\mu_{\tau(1)})_{m_{\rho(1)}} \cdots (\mu_{\tau(K)})_{m_{\rho(K)}} \\
&= \sum_{m_1,\cdots,m_K} s_{g:m_{\rho(1)}} (\lambda_1)_{m_{\rho(1)}} (\mu_{\tau(1)})_{m_{\rho(1)}} \cdots s_{g:m_{\rho(K)}} (\lambda_K)_{m_{\rho(K)}} (\mu_{\tau(K)})_{m_{\rho(K)}} \\
&= \sum_{m_{\rho(1)}} s_{g:m_{\rho(1)}} (\lambda_1)_{m_{\rho(1)}} (\mu_{\tau(1)})_{m_{\rho(1)}} \cdots \sum_{m_{\rho(K)}} s_{g:m_{\rho(K)}} (\lambda_K)_{m_{\rho(K)}} (\mu_{\tau(K)})_{m_{\rho(K)}} \\
&= g^*(\lambda_1, \mu_{\tau(1)}) \cdots g^*(\lambda_K, \mu_{\tau(K)})
\end{aligned}
$$

と変形でき，これを式 (C.51) に代入すれば

$$
g_K^0(\lambda, \mu) = \sum_{\sigma \in S_K} \varepsilon(\sigma) \sum_{\rho \in S_K} \varepsilon(\rho) g^*(\lambda_1, \mu_{\tau(1)}) \cdots g^*(\lambda_K, \mu_{\tau(K)}) \tag{C.52}
$$

を得るが，$\sigma \in S_K$ を任意に固定して ρ が S_K 上の全体を動くとき，$\tau = \sigma^{-1}\rho$ もまた S_K 上の全体を動くから

$$
\begin{aligned}
&\sum_{\rho \in S_K} \varepsilon(\rho) g^*(\lambda_1, \mu_{\tau(1)}) \cdots g^*(\lambda_K, \mu_{\tau(K)}) \\
&\quad = \varepsilon(\sigma) \sum_{\rho \in S_K} \varepsilon(\sigma^{-1}\rho) g^*(\lambda_1, \mu_{\tau(1)}) \cdots g^*(\lambda_K, \mu_{\tau(K)}) \\
&\quad = \varepsilon(\sigma) \sum_{\tau \in S_K} \varepsilon(\tau) g^*(\lambda_1, \mu_{\tau(1)}) \cdots g^*(\lambda_K, \mu_{\tau(K)}) \\
&\quad = \varepsilon(\sigma) \det[g^*(\lambda_m, \mu_n)]
\end{aligned} \tag{C.53}
$$

となる．ここで，$\det[g^*(\lambda_m, \mu_n)]$ とは，$g^*(\lambda_m, \mu_n)$ を (m, n) 要素とする K 次対称行列の行列式である．式 (C.53) を式 (C.52) に代入すれば

$$
\begin{aligned}
g_K^0(\lambda, \mu) = K! \hat{g}_K^0(\lambda, \mu) &= \sum_{\sigma \in S_K} \varepsilon(\sigma)\varepsilon(\sigma) \det[g^*(\lambda_m, \mu_n)] \\
&= \sum_{\sigma \in S_K} \det[g^*(\lambda_m, \mu_n)] = K! \det[g^*(\lambda_m, \mu_n)]
\end{aligned}
$$

すなわち

$$
\hat{g}_K^0(\lambda, \mu) = \det[g^*(\lambda_m, \mu_n)] \tag{C.54}
$$

が結論される．このように，交代形式の内積としては g_K^0 よりも $\hat{g}_K^0$ のほうが便利である．

さて，ふたたび $\{e_n\}_{n=1\sim N}$ を V の広義正規直交基底としよう．その双対基底を $\{\theta^n\}_{n=1\sim N}$ とすれば，任意の交代 K 次形式 $\xi, \eta \in \Lambda^K(M)$ は

$$\xi = \sum_{1\leq p_1<\cdots<p_K\leq N} \xi_{p_1\cdots p_K}\theta^{p_1}\wedge\cdots\wedge\theta^{p_K}, \quad \eta = \sum_{1\leq q_1<\cdots<q_K\leq N} \eta_{q_1\cdots q_K}\theta^{q_1}\wedge\cdots\wedge\theta^{q_K}$$

と展開できるから，内積の双線形性によって

$$\begin{aligned}\hat{g}^0_K(\xi,\eta) &= \sum_{\substack{1\leq p_1<\cdots<p_K\leq N\\ 1\leq q_1<\cdots<q_K\leq N}} \xi_{p_1\cdots p_K}\eta_{q_1\cdots q_K}(\theta^{p_1}\wedge\cdots\wedge\theta^{p_K}, \theta^{q_1}\wedge\cdots\wedge\theta^{q_K})\\ &= \sum_{\substack{1\leq p_1<\cdots<p_K\leq N\\ 1\leq q_1<\cdots<q_K\leq N}} \xi_{p_1\cdots p_K}\eta_{q_1\cdots q_K}\det[g^*(\theta^{p_m},\theta^{q_n})]\end{aligned} \tag{C.55}$$

が結論される．いうまでもなく $\det[g^*(\theta^{p_m},\theta^{q_n})]$ は $g^*(\theta^{p_m},\theta^{q_n})$ を (m,n) 要素とする K 次対称行列の行列式であり，$\{e_n\}$ が広義正規直交であることから

$$\det[g^*(\theta^{p_m},\theta^{q_n})] = \det[s_{g:q_n}\delta^{p_m,q_n}] = s_{g:q_1}\cdots s_{g:q_K}\delta^{p_1,q_1}\cdots\delta^{p_K,q_K} \tag{C.56}$$

が成立し，これを式 (C.55) に代入すれば当然ながら式 (C.49) を得る．

C.6 外積代数

V を N 次元の実ベクトル空間とすれば，V 上の交代 K 次形式からなるベクトル空間 $\Lambda^K(V^*)$ が定義される．ここでは $N+1$ 個のベクトル空間 $\{\Lambda^K(V^*)\}_{K=0\sim N}$ の直積空間を考え，これを $\Lambda^*(V^*)$ と記す．すなわち

$$\Lambda^*(V^*) \equiv \Lambda^0(V^*)\times\Lambda^1(V^*)\times\cdots\times\Lambda^N(V^*) \tag{C.57}$$

である‡5．式 (C.20) に示すように $\dim(\Lambda^K(V^*)) = {}_NC_K$ だから，式 (A.19) によって

$$\dim(\Lambda^*(V^*)) = \sum_{K=0}^{N}\dim(\Lambda^K(V^*)) = \sum_{K=0}^{N}{}_NC_K = 2^N \tag{C.58}$$

である．直積空間の定義により，任意の $\Phi\in\Lambda^*(V^*)$ は

$$\Phi = (\phi_0,\phi_1,\cdots,\phi_N) \qquad (\phi_K\in\Lambda^K(V^*),\ k=0\sim N) \tag{C.59}$$

と一意的に表現できるが，ここで K 番目の要素以外がすべて零元であるような $\Lambda^*(V^*)$ の元の集合を V_K と記そう．つまり，$\{0_K\}_{K=0\sim N}$ をそれぞれ $\{\Lambda^K(V^*)\}_{K=0\sim N}$ の零元として

$$V_K \equiv \{(0_0,\cdots,0_{K-1},\phi_K,0_{K+1},\cdots,0_N)|\phi_K\in\Lambda^K(V^*)\} \qquad (K=0\sim N) \tag{C.60}$$

である．V_K は $\Lambda^*(V^*)$ の部分空間であり，任意の $\Phi\in\Lambda^*(V^*)$ は

$$\Phi = \Phi_0+\Phi_1+\cdots+\Phi_N \qquad (\Phi_K\in V_K,\ K=1\sim N)$$

と一意的に表現できるから，$\Lambda^*(V^*)$ は $\{V_K\}_{K=0\sim N}$ の直和であり

$$\Lambda^*(V^*) = \bigoplus_{K=0}^{N} V_K \equiv V_0\oplus V_1\oplus\cdots\oplus V_N \tag{C.61}$$

‡5 $K>N$ に対しては $\Lambda^K(V^*)$ は零元だけからなる 0 次元のベクトル空間だから，$\Lambda^*(V^*)$ を $N+L$ 個 $(L>1)$ のベクトル空間 $\{\Lambda^K(V^*)\}_{K=0\sim N+L}$ の直積として定義しても実質的には何も変わらない．

と表現できる．ここで $(0_0, \cdots, 0_{K-1}, \phi_K, 0_{K+1}, \cdots, 0_N) \in V_K$ と $\phi_K \in \Lambda^K(V^*)$ とを同一視すれば V_K と $\Lambda^K(V^*)$ とは同一のベクトル空間となり，式 (C.61) は

$$\Lambda^*(V^*) = \bigoplus_{K=0}^{N} \Lambda^K(V^*) \equiv \Lambda^0(V^*) \oplus \Lambda^1(V^*) \oplus \cdots \oplus \Lambda^N(V^*) \tag{C.62}$$

と表現できる．また，任意の $\Phi \in \Lambda^*(V^*)$ は

$$\Phi = \sum_{K=0}^{N} \Phi_K \qquad (\Phi_K \in \Lambda^K(V^*),\ k = 0 \sim N) \tag{C.63}$$

として一意的に表現できる．このように，$\Lambda^*(V^*)$ の元 Φ はさまざまな次数の交代形式 $\{\Phi_K\}$ の直和として表現できることから，本書では $\Lambda^*(V^*)$ の元を V 上の広義交代形式とよぶことにする．これに対応して，次数が定まった本来の交代形式を狭義の交代形式とよぶこともある．ところで，定理 C–3 が主張するように，V の基底を 1 組選んで $\{e_n\}_{n=1\sim N}$ とし，その双対基底を $\{\theta^n\}$ とすれば，$\{\theta^{n_1} \wedge \cdots \wedge \theta^{n_K}\}_{1 \leq n_1 < \cdots < n_K \leq N}$ は $\Lambda^K(V^*)$ の基底をなすから，式 (C.63) における $\Phi_K \in \Lambda^K(V^*)$ は $\{\theta^{n_1} \wedge \cdots \wedge \theta^{n_K}\}_{1 \leq n_1 < \cdots < n_K \leq N}$ の線形結合として一意的に表現され，任意の $\Phi \in \Lambda^*(V^*)$ は

$$\Phi = \sum_{K=0}^{N} \sum_{1 \leq n_1 < \cdots < n_K \leq N} \Phi_{n_1, \cdots, n_K} \theta^{n_1} \wedge \cdots \wedge \theta^{n_K} \qquad (\Phi_{n_1, \cdots, n_K} \in \boldsymbol{R}) \tag{C.64}$$

として一意的に表現される．結局，V^* の基底 $\{\theta^n\}$ が与えられれば，$\Lambda^1(V^*) = V^*$ の N 個の元 $\{\theta^n\}$ と $\Lambda^0(V^*) = \boldsymbol{R}$ の元である 1 とから $\Lambda^*(V^*)$ の基底

$$\{1\} \cup \{\theta^{n_1}\}_{1 \leq n_1 \leq N} \cup \{\theta^{n_1} \wedge \theta^{n_2}\}_{1 \leq n_1 < n_2 \leq N} \cup \cdots \cup \{\theta^1 \wedge \theta^2 \wedge \cdots \wedge \theta^N\} \tag{C.65}$$

が構築されるが，この事実を「$\{\theta^n\}$ は $\Lambda^*(V^*)$ を生成する」と表現する．

さて，ベクトル空間である $\Lambda^*(V^*)$ には和と実数倍が定義され，それらの演算に関して $\Lambda^*(V^*)$ が閉じているのはいうまでもないが，実は $\Lambda^*(V^*)$ には外積という演算も自然に定義される．実際，C.4 節で述べたように狭義の交代形式の間には外積が定義され，式 (C.34) の意味で外積演算は線形であるが，この線形性が広義の交代形式に対しても成立すること，つまり任意の $\xi, \xi', \eta, \eta' \in \Lambda^*(V^*)$ と $a \in \boldsymbol{R}$ に対して

$$\begin{gathered} (a\xi) \wedge \eta = \xi \wedge (a\eta) = a(\xi \wedge \eta) \\ (\xi + \xi') \wedge \eta = \xi \wedge \eta + \xi' \wedge \eta, \quad \xi \wedge (\eta + \eta') = \xi \wedge \eta + \xi \wedge \eta' \end{gathered} \tag{C.66}$$

が成立することを要求すれば，$\Lambda^*(V^*)$ に外積演算が定義されることになる．そして，この拡張された外積演算に関して $\Lambda^*(V^*)$ は閉じている．実際，式 (C.64) の $\Phi \in \Lambda^*(V^*)$ と

$$\Psi = \sum_{J=0}^{N} \sum_{1 \leq m_1 < \cdots < m_K \leq N} \Psi_{m_1, \cdots, m_J} \theta^{m_1} \wedge \cdots \wedge \theta^{m_J} \in \Lambda^*(V^*)$$

との外積は式 (C.66) によって

$$\Psi \wedge \Phi = \sum_{J,K=0}^{N} \sum_{\substack{1 \le m_1 < \cdots < m_K \le N \\ 1 \le n_1 < \cdots < n_K \le N}} \Psi_{m_1,\cdots,m_J} \Phi_{n_1,\cdots,n_K} \theta^{m_1} \wedge \cdots \wedge \theta^{m_J} \wedge \theta^{n_1} \wedge \cdots \wedge \theta^{n_K} \tag{C.67}$$

と表現できるが，整数の集合 $\{m_1, \cdots, m_J\}$ と $\{n_1, \cdots, n_K\}$ が同じ要素をもつ場合，および $J+K>N$ の場合は

$$\theta^{m_1} \wedge \cdots \wedge \theta^{m_J} \wedge \theta^{n_1} \wedge \cdots \wedge \theta^{n_K} = 0_{J+K}$$

である．一方それ以外の場合，つまり $L \equiv J+K \le N$ であって $\{m_1, \cdots, m_J\}$ と $\{n_1, \cdots, n_K\}$ が共通要素をもたない場合には，両者の合併 $\{m_1, \cdots, m_J\} \cup \{n_1, \cdots, n_K\}$ はたがいに異なる N 以下の自然数 L 個から構成されるが，それらを大きさの順番に並べたものを $\{p_1, \cdots, p_L\}$ とすれば

$$\begin{aligned} &\theta^{m_1} \wedge \cdots \wedge \theta^{m_J} \wedge \theta^{n_1} \wedge \cdots \wedge \theta^{n_K} \\ &\qquad = s_{m_1,\cdots,m_J,n_1,\cdots,n_K} \theta^{p_1} \wedge \cdots \wedge \theta^{p_L} \qquad (1 \le p_1 < \cdots < p_L \le N) \end{aligned}$$

が成立する．ここで，$s_{m_1,\cdots,m_J,n_1,\cdots,n_K}$ は $(m_1, \cdots, m_J, n_1, \cdots, n_K)$ を大きさの順番に並び替える置換の符号を意味する．よって，式 (C.67) 右辺の和記号は

$$\sum_{J,K=0}^{N} \sum_{\substack{1 \le m_1 < \cdots < m_K \le N \\ 1 \le n_1 < \cdots < n_K \le N}} = \sum_{L=0}^{N} \sum_{1 \le p_1 < \cdots < p_L \le N} \sum_{\{m_1,\cdots,m_J\} \cup \{n_1,\cdots,n_K\} = \{p_1,\cdots,p_L\}}$$

と変形でき，

$$\begin{aligned} &\sum_{\{m_1,\cdots,m_J\} \cup \{n_1,\cdots,n_K\} = \{p_1,\cdots,p_L\}} \Psi_{m_1,\cdots,m_J} \Phi_{n_1,\cdots,n_K} \theta^{m_1} \wedge \cdots \wedge \theta^{m_J} \wedge \theta^{n_1} \wedge \cdots \wedge \theta^{n_K} \\ &= \sum_{\{m_1,\cdots,m_J\} \cup \{n_1,\cdots,n_K\} = \{p_1,\cdots,p_L\}} \Psi_{m_1,\cdots,m_J} \Phi_{n_1,\cdots,n_K} \theta^{m_1} s_{m_1,\cdots,m_J,n_1,\cdots,n_K} \theta^{p_1} \wedge \cdots \wedge \theta^{p_L} \end{aligned}$$

が成立するから，実数 $\Xi_{p_1,\cdots,p_L} \in \boldsymbol{R}$ を

$$\Xi_{p_1,\cdots,p_L} \equiv \sum_{\{m_1,\cdots,m_J\} \cup \{n_1,\cdots,n_K\} = \{p_1,\cdots,p_L\}} \Psi_{m_1,\cdots,m_J} \Phi_{n_1,\cdots,n_K} \theta^{m_1} s_{m_1,\cdots,m_J,n_1,\cdots,n_K}$$

として定義すれば，式 (C.67) は

$$\Psi \wedge \Phi = \sum_{L=0}^{N} \sum_{1 \le p_1 < \cdots < p_L \le N} \Xi_{p_1,\cdots,p_L} \theta^{p_1} \wedge \cdots \wedge \theta^{p_L}$$

と書け，したがって $\Psi \wedge \Phi \in \Lambda^*(V^*)$ である．このように，$\Lambda^*(V^*)$ には外積という積演算が定義され，和や実数倍を含めた演算が分配側や結合則を満足することから，$\Lambda^*(V^*)$ は**環** (ring) の構造をもつことになるが，このような代数的構造をもつ $\Lambda^*(V^*)$ を V^* 上の**外積代数** (exterior algebra)，あるいは **Grassmann 代数** (Grassmann algebra) とよぶ．

C.7　Hodge 作用素

V 上の非退化な内積 g を指定すれば V^* 上の非退化な内積 g^* が自然に決まり，さらには $T^L_K(V)$ 上の非退化な内積 g^L_K が決まることを B.4 節で示した．$T^0_K(V)$ の部分空間である交代 K 次形式の集合 $\Lambda^K(V^*)$ には，非退化な内積 g^0_K が定義されるが，C.5 節で述べたように g^0_K とは定数因子 $K!$ だけ異なる内積，すなわち式 (C.48) で定義される内積 $\hat{g}^0_K$ のほうが便利であった．以後，この内積 $\hat{g}^0_K$ を $(\,.\, , \,.\,)_K$ と記すことにしよう．つまり

$$(\xi, \eta)_K \equiv \hat{g}^0_K(\xi, \eta) \qquad (\forall \xi, \eta \in \Lambda^K(V^*)) \tag{C.68}$$

である．さらに，交代形式の次数 K を明示する必要がない場合には $(\,.\, , \,.\,)_K$ を単に $(\,.\, , \,.\,)$ と略記する．

さて，非退化な内積 g に関する V の広義正規直交基底を 1 組選んで $\{e_n\}_{n=1\sim N}$ とし[‡6]，その双対基底を $\{\theta^n\}_{n=1\sim N}$ とすれば，

$$\Omega \equiv \theta^1 \wedge \theta^2 \wedge \cdots \wedge \theta^N \in \Lambda^N(V^*) \tag{C.69}$$

は単独で 1 次元ベクトル空間 $\Lambda^N(V^*)$ の基底をなし，したがって任意の交代 N 次形式は Ω の実数倍である．ところが，任意の $\xi \in \Lambda^K(V^*)$ と $\lambda \in \Lambda^{N-K}(V^*)$ の外積 $\xi \wedge \lambda$ は交代 N 次形式だから，$f_\xi(\lambda)$ を ξ と λ に依存して決まる実数として

$$\xi \wedge \lambda = f_\xi(\lambda)\Omega \tag{C.70}$$

と書ける．このとき，f_ξ を $\Lambda^{N-K}(V^*)$ から $\boldsymbol{R}$ への写像

$$f_\xi : \Lambda^{N-K}(V^*) \mapsto \boldsymbol{R}, \quad \lambda \mapsto f_\xi(\lambda) \tag{C.71}$$

として解釈すれば，式 (C.34) に示す外積の線形性によって f_ξ は線形である．一方，内積 $(\,.\, , \,.\,)_{N-K}$ は非退化だから，$\Lambda^{N-K}(V^*)$ から $\boldsymbol{R}$ への線形写像 f_ξ に対して

$$(\tilde{\xi} \,,\ .\ )_{N-K} = f_\xi \tag{C.72}$$

を満足する $\tilde{\xi} \in \Lambda^{N-K}(V^*)$ が存在して一意に決まる[‡7]．つまり，任意の $\xi \in \Lambda^K(V^*)$ に対して $\tilde{\xi} \in \Lambda^{N-K}(V^*)$ が一意的に定まることから，写像

$$* : \Lambda^K(V^*) \to \Lambda^{N-K}(V^*), \quad \xi \mapsto *\xi \equiv \tilde{\xi} \tag{C.73}$$

が定義できるが，この写像を **Hodge 作用素** (Hodge operator) あるいは**星印作用素** (star operator) とよぶ．結局，$\xi \in \Lambda^K(V^*)$ に対する Hodge 作用素の作用は

$$\xi \wedge \lambda = (*\xi, \lambda)_{N-K}\Omega \qquad (\forall \lambda \in \Lambda^{N-K}(V^*)) \tag{C.74}$$

---

‡6 広義正規直交基底に関しては B.5 節参照のこと．

‡7 B.3 節の式 (B.31) から (B.34) に関する議論で V を $\Lambda^{N-K}(V^*)$ に，g を $\hat{g}^0_{N-K} = (\,.\, , \,.\,)_{N-K}$ に置き換えれば，式 (C.72) を満足する $\tilde{\xi}$ の存在と一意性は式 (B.34) によって保証される．

によって指定され，この関係式によって一意的に定まることになる[‡8]．

以後，Hodge 作用素 $*$ の基本的な性質について議論を進めるが，$\theta^{n_1} \wedge \cdots \wedge \theta^{n_K}$ のような外積表現が頻繁に登場することから，スペースの節約のため

$$\theta^{n_1,n_2,\cdots,n_K} \equiv \theta^{n_1} \wedge \theta^{n_2} \wedge \cdots \wedge \theta^{n_K} \tag{C.75}$$

という略記法を採用する[‡9]．

まずは $\Lambda^K(V^*)$ の基底 $\{\theta^{n_1,\cdots,n_K}\}_{1\le n_1<\cdots<n_K\le N}$ に対する Hodge 作用素 $*$ の作用を調べよう[‡10]．そのために，$1 \le n_1 < \cdots < n_K \le N$ を満足する整数の組 $(n_1,\cdots,n_K)$ を任意に固定し，N 個の整数 $(1,\cdots,N)$ の中で $(n_1,\cdots,n_K)$ に含まれない $N-K$ 個の整数を大きさの順番に並べたものを $(\overline{n}_1,\cdots,\overline{n}_{N-K})$ と記すことにしよう．当然ながら $1 \le \overline{n}_1 < \cdots < \overline{n}_{N-K} \le N$ である．ここで，$1 \le m_1 < \cdots < m_{N-K} \le N$ を満足する $N-K$ 個の整数の組 $(m_1,\cdots,m_{N-K})$ が $(n_1,\cdots,n_K)$ と共通の整数を含まないとすれば，$(m_1,\cdots,m_{N-K})$ は $(\overline{n}_1,\cdots,\overline{n}_{N-K})$ の並び替えに過ぎず，両者はともに大きさの順番に並んでいるから，実は $(m_1,\cdots,m_{N-K}) = (\overline{n}_1,\cdots,\overline{n}_{N-K})$ である．逆にいえば，$(m_1,\cdots,m_{N-K}) \fallingdotseq (\overline{n}_1,\cdots,\overline{n}_{N-K})$ ならば $(m_1,\cdots,m_{N-K})$ は必ず $(n_1,\cdots,n_K)$ と共通の整数を含み，したがって $\theta^{n_1,\cdots,n_K}$ と $\theta^{m_1,\cdots,m_{N-K}}$ の外積は 0_N である[‡11]．つまり

$$\begin{aligned}
&(m_1,\cdots,m_{N-K}) \fallingdotseq (\overline{n}_1,\cdots,\overline{n}_{N-K}) \\
&\quad\Rightarrow\quad \theta^{n_1,\cdots,n_K} \wedge \theta^{m_1,\cdots,m_{N-K}} = (*\theta^{n_1,\cdots,n_K}, \theta^{m_1,\cdots,m_{N-K}})_{N-K}\Omega = 0_N \\
&\quad\Rightarrow\quad (*\theta^{n_1,\cdots,n_K}, \theta^{m_1,\cdots,m_{N-K}})_{N-K} = 0
\end{aligned}$$

がいえる．一方，$(m_1,\cdots,m_{N-K}) = (\overline{n}_1,\cdots,\overline{n}_{N-K})$ の場合，$(n_1,\cdots,n_K,\overline{n}_1,\cdots,\overline{n}_{N-K})$ を $(1,\cdots,N)$ に並べ替える置換を σ と記せば，式 (C.15) によって

$$\begin{aligned}
\theta^{n_1,\cdots,n_K} \wedge \theta^{\overline{n}_1,\cdots,\overline{n}_{N-K}} &= \theta^{n_1,\cdots,n_K,\overline{n}_1,\cdots,\overline{n}_{N-K}} = \varepsilon(\sigma)\theta^{1,2,\cdots,N} = \varepsilon(\sigma)\,\Omega \\
&= (*\theta^{n_1,\cdots,n_K}, \theta^{m_1,\cdots,m_{N-K}})_{N-K}\Omega
\end{aligned}$$

だから，結局

$$(*\theta^{n_1,\cdots,n_K}, \theta^{m_1,\cdots,m_{N-K}})_{N-K} = \varepsilon(\sigma)\,\delta_{m_1,\overline{n}_1}\cdots\delta_{m_{N-K},\overline{n}_{N-K}} \tag{C.76}$$

が結論される．ところで，$*\theta^{n_1,\cdots,n_K} \in \Lambda^{N-K}(V^*)$ だから

$$*\theta^{n_1,\cdots,n_K} = \sum_{1\le p_1<\cdots<p_{N-K}\le N} \tau_{p_1,\cdots,p_{N-K}}\theta^{p_1,\cdots,p_{N-K}} \tag{C.77}$$

[‡8] Hodge 作用素 $*$ に対する上述の定義は広義正規直交基底の選び方に依存しているが，本節末に示すように，実は符号の違いを別にすれば一義的である．

[‡9] 5.1.3 項でも同様の記法を採用している．

[‡10] 定理 A–1 が主張するように，線形写像は基底に対する作用によって確定する点に注意．

[‡11] 0_N はベクトル空間 $\Lambda^N(V^*)$ の零元を意味する．

と展開できるが，C.5 節の式 (C.54)，(C.56) によれば

$$\begin{aligned}(\theta^{p_1,\cdots,p_{N-K}},\theta^{m_1,\cdots,m_{N-K}})_{N-K} &= \det[g^*(\theta^{p_k},\theta^{m_l})]\\ &= s_{g:m_1}\cdots s_{g:m_{N-K}}\delta^{p_1,m_1}\cdots\delta^{p_{N-K},m_{N-K}}\end{aligned} \tag{C.78}$$

だから，$*\theta^{n_1,\cdots,n_K}$ と $\theta^{m_1,\cdots,m_{N-K}}$ の内積は式 (C.77) を使って

$$\begin{aligned}&(*\theta^{n_1,\cdots,n_K},\theta^{m_1,\cdots,m_{N-K}})_{N-K}\\ &= \sum_{1\le p_1<\cdots<p_{N-K}\le N}\tau_{p_1,\cdots,p_{N-K}}(\theta^{p_1,\cdots,p_{N-K}},\theta^{m_1,\cdots,m_{N-K}})_{N-K}\\ &= s_{g:m_1}\cdots s_{g:m_{N-K}}\tau_{m_1,\cdots,m_{N-K}}\end{aligned}$$

と書ける．この結果と式 (C.76) によって

$$\tau_{m_1,\cdots,m_{N-K}} = \varepsilon(\sigma)s_{g:m_1}\cdots s_{g:m_K}\delta_{m_1,\overline{n}_1}\cdots\delta_{m_{N-K},\overline{n}_{N-K}}$$

だから，これを式 (C.77) に代入すれば

$$*\theta^{n_1,\cdots,n_K} = \varepsilon(\sigma)s_{g:\overline{n}_1}\cdots s_{g:\overline{n}_{N-K}}\theta^{\overline{n}_1,\cdots,\overline{n}_{N-K}} \tag{C.79}$$

が結論される．

上述の議論において，K は 0 から N までの整数であれば任意であった点に注意しよう．K の代わりに $J\equiv N-K$ を採用すればわかるように，Hodge 作用素 $*$ は $\Lambda^{N-K}(V^*)$ から $\Lambda^K(V^*)$ への線形写像でもある．$\xi\in\Lambda^K(V^*)$ とすれば $*\xi\in\Lambda^{N-K}(V^*)$ であるが，この $*\xi$ に再度 $*$ を作用させれば $*(*\xi)\in\Lambda^K(V^*)$ を得るのである．そこで，式 (C.79) で与えられる $*\theta^{n_1,\cdots,n_K}\in\Lambda^{N-K}(V^*)$ に再度 $*$ を作用させてみよう．$(1,\cdots,N)$ の中で $(\overline{n}_1,\cdots,\overline{n}_{N-K})$ に含まれない K 個の整数を大きさの順番に並べたものは $(n_1,\cdots,n_K)$ だから，

$$\begin{aligned}*(*\theta^{n_1,\cdots,n_K}) &= \varepsilon(\sigma)s_{g:\overline{n}_1}\cdots s_{g:\overline{n}_{N-K}} *\theta^{\overline{n}_1,\overline{n}_2,\cdots,\overline{n}_{N-K}}\\ &= \varepsilon(\sigma)s_{g:\overline{n}_1}\cdots s_{g:\overline{n}_{N-K}}\varepsilon(\overline{\sigma})s_{g:n_1}\cdots s_{g:n_K}\theta^{n_1,\cdots,n_K}\end{aligned} \tag{C.80}$$

を得る．ただし，$\overline{\sigma}$ は $(1,\cdots,N)$ を $(\overline{n}_1,\cdots,\overline{n}_{N-K},n_1,\cdots,n_K)$ に並べ替える置換である．ここで $(n_1,\cdots,n_K,\overline{n}_1,\cdots,\overline{n}_{N-K})$ を $(\overline{n}_1,\cdots,\overline{n}_{N-K},n_1,\cdots,n_K)$ に並べ替える置換を ρ と記せば，$\overline{\sigma}$ は σ と ρ の合成であり，$\overline{\sigma}=\rho\circ\sigma$ と書ける．そして，N 個の並びの先頭にあるものを末尾に移動させる置換は $N-1$ 個の互換の積として表現され，その置換を K 回繰り返せば ρ に一致するから，ρ の符号は $(-1)^{K(N-1)}=(-1)^{K(N-K)}$ であり

$$\varepsilon(\overline{\sigma}) = \varepsilon(\rho\circ\sigma) = \varepsilon(\rho)\varepsilon(\sigma) = (-1)^{K(N-K)}\varepsilon(\sigma) \tag{C.81}$$

が成立する．一方，V に定義された内積 g の符号定数が g_S ならば，N 個の符号 $\{s_{g:n}\}_{n=1\sim N}$ のなかの $g_N=(N-g_S)/2$ 個が -1 であり，残りはすべて $+1$ だから

$$s_{g:\overline{n}_1}\cdots s_{g:\overline{n}_{N-K}}s_{g:n_1}\cdots s_{g:n_K} = s_{g:1}s_{g:2}\cdots s_{g:N} = (-1)^{(N-g_S)/2} \tag{C.82}$$

が成立する．そして，式 (C.81) と (C.82) を式 (C.80) に代入すれば

$$*(*\theta^{n_1,\cdots,n_K}) = (-1)^{K(N-K)+(N-g_S)/2}\theta^{n_1,\cdots,n_K}$$

を得るが，$\{\theta^{n_1,\cdots,n_K}\}_{1\leq n_1<\cdots<n_K\leq N}$ は $\Lambda^K(V^*)$ の基底をなすから，結局

$$(*)^2\xi = *(*\xi) = (-1)^{K(N-K)+(N-g_S)/2}\xi \qquad (\forall\xi\in\Lambda^K(V^*)) \tag{C.83}$$

が結論される．

Hodge 作用素 $*$ は任意次数の交代形式に対して定義されているが，作用を交代 K 次形式に限定する場合には $*_K$ と記すことにしよう．この記法によれば式 (C.83) は

$$*_{(N-K)}*_K = (-1)^{K(N-K)+(N-g_S)/2}\iota_K \tag{C.84}$$

と書ける．ただし，ι_K は $\Lambda^K(V^*)$ 上の恒等写像である．$\Lambda^K(V^*)$ と $\Lambda^{N-K}(V^*)$ は同じ次元のベクトル空間だが，式 (C.84) は $*_K$ が $\Lambda^K(V^*)$ から $\Lambda^{N-K}(V^*)$ への同型写像であること，つまり可逆な線形写像であることを示している．その逆写像が

$$(*_K)^{-1} = (-1)^{K(N-K)+(N-g_S)/2}*_{(N-K)} \tag{C.85}$$

であることはいうまでもない．

つぎに，大きさの順に並べられた K 個の整数の組を 2 組選んで $(m_1,\cdots,m_K)$, $(n_1,\cdots,n_K)$ としよう ($1\leq m_1<\cdots<m_K\leq N$，$1\leq n_1<\cdots<n_K\leq N$)．式 (C.79) により，$\Lambda^K(V^*)$ の二つの元 $\theta^{m_1,\cdots,m_K}, \theta^{n_1,\cdots,n_K}\in\Lambda^K(V^*)$ に対して

$$\theta^{m_1,\cdots,m_K}\wedge*\theta^{n_1,\cdots,n_K} = \varepsilon(\sigma)s_{g:\overline{n}_1}\cdots s_{g:\overline{n}_{N-K}}\theta^{m_1,\cdots,m_K}\wedge\theta^{\overline{n}_1,\cdots,\overline{n}_{N-K}}$$

であるが，$(m_1,\cdots,m_K)\fallingdotseq(n_1,\cdots,n_K)$ ならば $(m_1,\cdots,m_K)$ と $(\overline{n}_1,\cdots,\overline{n}_{N-K})$ は同一の要素を共有するから上式の右辺は 0_N であり，$(m_1,\cdots,m_K)=(n_1,\cdots,n_K)$ ならば

$$\theta^{m_1,\cdots,m_K}\wedge\theta^{\overline{n}_1,\cdots,\overline{n}_{N-K}} = \theta^{n_1,\cdots,n_K}\wedge\theta^{\overline{n}_1,\cdots,\overline{n}_{N-K}} = \varepsilon(\sigma)\theta^{1,2,\cdots,N} = \varepsilon(\sigma)\Omega$$

だから

$$\theta^{m_1,\cdots,m_K}\wedge*\theta^{n_1,\cdots,n_K} = s_{g:\overline{n}_1}\cdots s_{g:\overline{n}_{N-K}}\delta^{m_1,n_1}\cdots\delta^{m_K,n_K}\Omega \tag{C.86}$$

を得る．一方，式 (C.82) によれば

$$(-1)^{(N-g_S)/2}s_{g:n_1}\cdots s_{g:n_K} = s_{g:\overline{n}_1}\cdots s_{g:\overline{n}_{N-K}}(s_{g:n_1})^2\cdots(s_{g:n_K})^2 = s_{g:\overline{n}_1}\cdots s_{g:\overline{n}_{N-K}}$$

だから，これを式 (C.86) に代入し，式 (C.78) と内積の対称性を使えば

$$\begin{aligned}\theta^{m_1,\cdots,m_K}\wedge*\theta^{n_1,\cdots,n_K} &= (-1)^{(N-g_S)/2}(\theta^{m_1,\cdots,m_K},\theta^{n_1,\cdots,n_K})_K\Omega \\ &= (-1)^{(N-g_S)/2}(\theta^{n_1,\cdots,n_K},\theta^{m_1,\cdots,m_K})_K\Omega \\ &= \theta^{n_1,\cdots,n_K}\wedge*\theta^{m_1,\cdots,m_K}\end{aligned} \tag{C.87}$$

が結論される．また，式 (C.40) と (C.87) から

$$\begin{aligned}*\theta^{n_1,\cdots,n_K}\wedge\theta^{m_1,\cdots,m_K}&=(-1)^{(N-K)K}\theta^{m_1,\cdots,m_K}\wedge *\theta^{n_1,\cdots,n_K}\\&=(-1)^{K(N-K)+(N-g_S)/2}(\theta^{n_1,\cdots,n_K},\theta^{m_1,\cdots,m_K})_K\Omega\\&=*\theta^{m_1,\cdots,m_K}\wedge\theta^{n_1,\cdots,n_K}\end{aligned}\tag{C.88}$$

が示される．

さて，Hodge 作用素 $*$ に対する上述の定義は広義正規直交基底の選び方に依存している．そこで，$\{e_n\}_{n=1\sim N}$ に関する Hodge 作用素 $*$ と，別の広義正規直交基底 $\{\overline{e}_n\}_{n=1\sim N}$ に関する Hodge 作用素 $\overline{*}$ との関係を調べてみよう．B.1 節で示したように，基底が

$$e_n=\overline{e}_m\Lambda^m_n,\quad \overline{e}_n=e_m(\Lambda^{-1})^m_n\tag{C.89}$$

のように変換すれば，双対基底はそれぞれ

$$\theta^n=(\Lambda^{-1})^n_m\overline{\theta}^m,\quad \overline{\theta}^n=\Lambda^n_m\theta^m\tag{C.90}$$

のように変換し，$\{e_n\}$ と $\{\overline{e}_n\}$ が広義正規直交基底だから

$$g(e_m,e_n)=s_{g:n}\delta_{mn},\quad g(\overline{e}_m,\overline{e}_n)=\overline{s}_{g:n}\delta_{mn}\qquad (s_{g:n},\overline{s}_{g:n}=+1\ \text{or}\ -1)\tag{C.91}$$

が成立する．ここで，$\{s_{g:n}\}_{n=1\sim N}$，$\{\overline{s}_{g:n}\}_{n=1\sim N}$ を対角成分とする N 次対角行列をそれぞれ S，$\overline{S}$ とし，Λ^m_n を m 行 n 列要素とする N 次正方行列を Λ と記せば，つまり

$$\begin{aligned}&S\equiv\mathrm{diag}\,(s_{g:1}\ \ s_{g:2}\ \ \cdots\ \ s_{g:N}),\quad \overline{S}\equiv\mathrm{diag}\,(\overline{s}_{g:1}\ \ \overline{s}_{g:2}\ \ \cdots\ \ \overline{s}_{g:N}),\\&[\Lambda]_{mn}\equiv\Lambda^m_n\end{aligned}\tag{C.92}$$

とすれば[‡12]

$$S=\Lambda^t\overline{S}\Lambda\tag{C.93}$$

が成立する．実際，式 (C.89) と (C.91) によれば，任意の $1\le m,n\le N$ に対して

$$\begin{aligned}[S]_{mn}&=s_{g:n}\delta_{mn}=g(e_m,e_n)=g(\overline{e}_p\Lambda^p_m,\overline{e}_q\Lambda^q_n)=\Lambda^p_m\Lambda^q_n g(\overline{e}_p,\overline{e}_q)\\&=\Lambda^p_m\Lambda^q_n\overline{s}_{g:q}\delta_{pq}=\sum_q\Lambda^q_m\Lambda^q_n\overline{s}_{g:q}=\sum_q[\Lambda]_{qm}\overline{s}_{g:q}[\Lambda]_{qn}\\&=\sum_{q,k}[\Lambda]_{qm}\overline{s}_{g:k}\delta_{qk}[\Lambda]_{kn}=\sum_{q,k}[\Lambda^t]_{mq}[\overline{S}]_{qk}[\Lambda]_{kn}=[\Lambda^t\overline{S}\Lambda]_{mn}\end{aligned}$$

が成立する．式 (C.93) 両辺の行列式を計算すれば

$$\det(S)=\det(\Lambda^t\overline{S}\Lambda)=\det(\Lambda^t)\det(\overline{S})\det(\Lambda)=\det(\overline{S})\det(\Lambda)^2\tag{C.94}$$

を得るが，Sylvester の慣性法則により

$$\det(S)=s_{g:1}s_{g:2}\cdots s_{g:N}=\overline{s}_{g:1}\overline{s}_{g:2}\cdots\overline{s}_{g:N}=\det(\overline{S})\tag{C.95}$$

---

‡12 この行列 Λ は B.5 節における Λ とは全く別物だが，混乱の心配はないだろう．

だから，式 (C.94) と (C.95) から

$$\det(\Lambda) = \pm 1 \tag{C.96}$$

が結論される．そこで，$\det(\Lambda) = +1$ の場合には二つの広義正規直交基底 $\{e_n\}$，$\{\overline{e}_n\}$ は同じ向きをもつといい，$\det(\Lambda) = -1$ の場合には両者は逆の向きをもつと表現する．

ところで，$\{\overline{e}_n\}_{n=1\sim N}$ に関する Hodge 作用素 $\overline{*}$ は $\overline{\Omega} = \overline{\theta}^1 \wedge \cdots \wedge \overline{\theta}^N$ を使って定義されるわけだが，式 (C.69) と (C.90) によって

$$\begin{aligned}\overline{\Omega} &= \overline{\theta}^1 \wedge \overline{\theta}^2 \wedge \cdots \wedge \overline{\theta}^N = \Lambda^1_{m_1}\theta^{m_1} \wedge \Lambda^2_{m_2}\theta^{m_2} \wedge \cdots \wedge \Lambda^N_{m_N}\theta^{m_N} \\ &= \Lambda^1_{m_1}\Lambda^2_{m_2}\cdots\Lambda^N_{m_N}\theta^{m_1} \wedge \theta^{m_2} \wedge \cdots \wedge \theta^{m_N}\end{aligned}$$

と書ける．右辺の和では $(m_1, \cdots, m_N)$ が同じ数値を含まない項だけを考えればよく，そのような整数の並びは，大きさ順の並び $(1, 2, \cdots, N)$ に置換 $\sigma \in S_N$ を作用させることによって一意的に生成されるから，式 (C.15) を利用して

$$\begin{aligned}\overline{\Omega} &= \sum_{\sigma\in S_N} \Lambda^1_{\sigma(1)}\Lambda^2_{\sigma(2)}\cdots\Lambda^N_{\sigma(N)}\theta^{\sigma(1)} \wedge \theta^{\sigma(2)} \wedge \cdots \wedge \theta^{\sigma(N)} \\ &= \left(\sum_{\sigma\in S_N} \varepsilon(\sigma)\Lambda^1_{\sigma(1)}\Lambda^2_{\sigma(2)}\cdots\Lambda^N_{\sigma(N)}\right)\theta^1 \wedge \theta^2 \wedge \cdots \wedge \theta^N = \det(\Lambda)\Omega\end{aligned} \tag{C.97}$$

を得る．したがって，式 (C.74) によれば

$$\begin{aligned}\xi \wedge \lambda &= (*\xi, \lambda)_{N-K}\Omega = (\overline{*}\xi, \lambda)_{N-K}\overline{\Omega} = (\overline{*}\xi, \lambda)_{N-K}\det(\Lambda)\Omega \\ &= (\det(\Lambda)\overline{*}\xi, \lambda)_{N-K}\Omega \qquad (\forall\xi \in \Lambda^K(V^*),\ \forall\lambda \in \Lambda^{N-K}(V^*))\end{aligned}$$

すなわち

$$* = \det(\Lambda)\overline{*} \tag{C.98}$$

が結論される．つまり，$\{e_n\}$ と $\{\overline{e}_n\}$ が同じ向きか逆向きかに応じて $*$ と $\overline{*}$ は一致するか符合を変えることになる．

参考文献

[1] 竹之内脩：トポロジー，廣川書店 (1962)

[2] 松本幸夫：多様体の基礎，東京大学出版会 (1988)

[3] John Willard Milnor 著，蟹江幸博 訳：微分トポロジー講義，シュプリンガー・フェアラーク東京 (1998)

[4] 和達三樹：微分・位相幾何 (理工系の基礎数学 10)，岩波書店 (1996)

[5] 志賀浩二：多様体論 I (岩波講座基礎数学 18)，岩波書店 (1982)

[6] 川崎徹郎：曲面と多様体，朝倉書店 (2001)

[7] R.W.R. Darling 著，時田節 訳：微分形式と接続，ピアソン・エデュケーション (2000)

[8] Harley Flanders 著，岩堀長慶 訳：微分形式の理論―およびその物理科学への応用―，岩波書店 (1967)

[9] 森田茂之：微分形式の幾何学，岩波書店 (2005)

[10] 栗田稔：微分形式とその応用―曲線・曲面から解析力学まで―，現代数学社 (2002)

[11] 二木昭人：微分幾何講義，サイエンス社 (2003)

[12] 大森英樹：力学的な微分幾何 (入門現代の数学 8)，日本評論社 (1980)

[13] 小林昭七：曲線と曲面の微分幾何，裳華房 (1977)

[14] 小林昭七：接続の微分幾何とゲージ理論，裳華房 (1989)

[15] 砂田利一：曲面の幾何 (岩波講座現代数学への入門)，岩波書店 (1996)

[16] 長野正：曲面の数学 (現代数学入門)，培風館 (1968)

[17] 野水克己：現代微分幾何入門 (基礎数学選書 25)，裳華房 (1981)

[18] 加須栄篤：リーマン幾何学 (数学レクチャーノート基礎編 2)，培風館 (2001)

[19] 岡本良夫：逆問題とその解き方，オーム社 (1992)

[20] Serge Lang 著，芹沢正三 訳：ラング線形代数学，ダイヤモンド社 (1971)

[21] 藤本坦孝：複素解析 (岩波講座現代数学の基礎)，岩波書店 (1996)

[22] 島和久：連続群とその表現 (応用数学叢書)，岩波書店 (1981)

[23] John Madore：An Introduction to Noncommutative Differential Geometry and its Physical Applications (Second Edition), Cambridge University Press (1999)

[24] Alain Connes 著，丸山文綱 訳：非可換幾何学入門，岩波書店 (1999)

[25] 内山龍雄：一般ゲージ場論序説，岩波書店 (1987)

[26] 神保道夫：量子群とヤン・バクスター方程式 (現代数学シリーズ)，シュプリンガー・フェアラーク東京 (1990)

[27] 河野俊丈：組みひもの数理 (アウト・オブ・コース 4)，遊星社 (1993)

索　引

◆ 数字・記号先頭

1 形式 (1-form)　61
1 形式 $\{\theta^i\}$ が張る空間 (space spanned by 1-forms $\{\theta^i\}$)　276
1 次微分形式 (first order differential form) 61
1 の分割 (partition of unity)　245
CPT 定理　323
CP 不変性の破れ (CP violation)　323
C^r 級 (class C^r)　88
C^r 級極大アトラス (maximal atlas of class C^r) 90
C^r 級多様体 (manifold of class C^r)　91
C^r 級微分構造 (differential structure of class C^r)　91
$D^{(2)}$　295
$\det_q$　339
g の対称条件 (symmetry condition on g) 286
h 変形曲面 (h-deformed curved surface) 314
K 階共変テンソル (convariant tensor of rank K)　362
K 次の置換群 (permutation group of order K) 378
K–代数 (K-algebra)　267
K–多元環 (K-algebra)　267
(L, K) 型テンソル (tensor of type (L, K)) 362
L 階反変 K 階共変テンソル (tensor contravariant of rank L and convariant of rank K) 362
L 階反変テンソル (contravariant tensor of rank L)　362
L 次元 C^r 級部分多様体 (L-dimensional C^r-submanifold)　234
q 変形行列式 (q-deformed determinant) 339
q 変形曲面 (q-deformed curved surface) 302
R　294
R_h　345
R_q　339
R–行列 (R-matrix)　338
S　330
$SL_h(2, \boldsymbol{C})$　345
$SL_q(2, \boldsymbol{C})$　336
T　291
$U(\mathfrak{g})$　332
$U_q(\mathfrak{sl}(2, C))$　332
$\mathfrak{A}$　267, 276
$\mathfrak{A}(n)$　268
$\mathfrak{A}$–左加群 ($\mathfrak{A}$–leftmodule) $\mathfrak{M}_L$　286
$\mathfrak{A}$–左線形 ($\mathfrak{A}$–left linear)　291, 297
$\mathfrak{A}$–右線形 ($\mathfrak{A}$–right linear)　291
$\mathfrak{D}$　284
$\mathfrak{D}^*(\mathfrak{A})$　276
$\mathfrak{D}^*(\mathfrak{A}(n))$　272
$\mathfrak{D}(\mathfrak{A})$　276
$\mathfrak{D}(\mathfrak{A}(n))$　271
$\mathfrak{su}(2)$　262
$\mathfrak{su}(2)$ の基本表現 (fundamental representation of $\mathfrak{su}(2)$)　262
$\mathfrak{su}(3)$　265
$\mathcal{E}$　276
ε　329
$\mathcal{E}_{12}$　295
Θ　293
Θ_1　296
Θ^i　293
κ　307, 318
σ_{12}　295
σ コンパクト (σ-compact)　241
τ　328
$\Omega^1(\mathfrak{A})$　276
$\Omega^2(\mathfrak{A})$　276

◆ あ 行

Einstein(アインシュタイン) 規約 54
アトラス (atlas) 87
アフィン接続 (affine connection) 294
位相多様体 (topological manifold) 87
埋め込み (embedding or imbedding) 236

◆ か 行

外積 (exterior product) 61, 388
外積代数 (exterior algebra) 397
開被覆 (open covering) 240
外微分作用素 (exterior differentiation operator) 63
外微分作用素の実制限 (reality condition on exterior differentiation operator) 280
開部分多様体 (open submanifold) 233
Gauss(ガウス) 曲率 (Gaussian curvature) 31
Gauss(ガウス) 写像 (Gauss map) 31
Gauss(ガウス) の式 20
核 (kernel) 235, 368
括弧積 (bracket) 118
可微分多様体 (differentiable manifold) 92
Cartan(カルタン) 計量 (Cartan metric) 263
Cartan(カルタン) 部分代数 (Cartan subalgebra) 265
環 (ring) 397
基底場 (basis field) 36, 132
擬 Euclid(ユークリッド) 空間 (quasi-Euclidian space) 195
境界 (boundary) 253
境界点 (boundary point) 253
共変添え字 (covariant index) 364
共変的変換 (covariant transformation) 351
共変微分 (covariant derivative) 37, 290, 292, 293, 308
共変微分 D の実制限 (reality condition on covariant derivative D) 290
共変ベクトル (convariant vector) 362
共変量 (covariant quantity) 351
局所座標系 (local coordinate system) 86
局所有限 (locally finite) 245
曲線の向きを入れ替える (orientation reversing) 5
曲線の向きを保存する (orientation preserving) 5
曲率 (curvature) 6, 294, 308, 319
曲率円 (osculating circle) 10
曲率形式 (curvature form) 170, 296, 298, 310, 321
曲率中心 (center of curvature) 10
曲率半径 (radius of curvature) 10
擬 Riemann(リーマン) 多様体 (quasi-Riemann manifold) 184
Killing(キリング) 形式 (Killing form) 264
Grassmann(グラスマン) 代数 (Grassmann algebra) 397
Christoffel(クリストッフェル) 記号 20
計量 (metric) 175, 284
計量テンソル成分 (component of metric tensor) 285
計量テンソル場 (metric tensor field) 175
ゲージ不変量 (gauge invariant) 287
ゲージ変換 (gauge transformation) 287
Gell–Mann(ゲルマン) 行列 266
交代 K 次形式 (alternating K-form) 381
交代化作用素 (alternizer) 382
互換 (transposition) 379
弧長 (arc length) 5
コンパクト (compact) 240

◆ さ 行

細分 (refinement) 245
座標曲線 (coordinate curve) 38
座標近傍 (coordinate neighborhood) 86
座標近傍系 (system of coordinate neighborhood) 87
座標パッチ (coordinate patch) 3
座標変換 (coordinate transformation) 25, 87
自己交叉点 (self intersection) 4
次数 K の多重線形写像 (multi-linear mapping of order K) 353
射影 (projection) 277
従法線 (binormal) 7

主曲率 (principal curvatures) 24
縮約 (contraction) 54, 366
縮約作用素 (contraction operator) 366
主方向 (principal directions) 24
主法線 (principal normal) 7
Schmidt(シュミット) の直交化法 (Gram-Schmidt orthogonalization) 218
Schur(シュール) の定理 191
巡回置換 (cyclic permutation) 378
巡回和 (cyclic sum) 171
Sylvester(シルベスター) の慣性法則 (Sylvester's law of inertia) 373
随伴表現 (adjoint representation) 263
スカラー場 (scalar field) 50
生成子 (generator) 262, 275
正則 (regular) 3
正則曲線 (regular curve) 3
正則曲面 (regular surface) 11
正値 (positive definite) 367
臍点 (umbilic point) 30
成分 (component) 363
積分曲線 (integral curve) 119
接空間 (tangent space) 14, 107
接線 (tangent line) 3
接続 (connection) 286, 290
接続形式 (connection form) 168, 287
接平面 (tangent plane) 11
接ベクトル (tangent vector) 107
接ベクトル空間 (tangent vector space) 107
接ベクトル場 (tangent vector field) 36, 112
線形形式 (linear form) 348
線形接続 (linear connection) 144, 294, 306, 316
像 (image) 235
双曲空間 (hyperbolic space) 195
双曲放物面 (hyperbolic paraboloid) 24
相似変換 (similar transformation) 265
双線形写像 (bilinear mapping) 353
双代数 (bialgebra) 328
双対基底 (dual basis) 271, 276, 348
双対基底場 (dual basis field) 132
双対空間 (dual space) 348
双対計量 (dual metric) 177
測地曲率 (geodesic curvature) 28
測地線 (geodesic) 28
速度ベクトル場 (velocity vector field) 119

◆ た 行

台 (support) 245
第一基本行列 (first fundamental matrix) 18
第一基本形式 (first fundamental form) 18
第一基本量 (coefficients of the first fundamental form) 18
第一構造式 (first structure equation) 76
第二基本行列 (second fundamental matrix) 20
第二基本形式 (second fundamental form) 20
第二基本量 (coefficients of the second fundamental form) 19
第二構造式 (second structure equation) 76
対合 (involution) 280
対合演算 (involution operation) 280
対称 K 次形式 (symmetric K-form) 381
対称化作用素 (symmetrizer) 382
代数 (algebra) 268
対蹠 (antipode) 330
対蹠写像 (antipodal mapping) 331
楕円放物面 (elliptic paraboloid) 24
単純曲線 (simple curve) 3
単純曲面 (simple surface) 12
断面曲率 (sectional curvature) 187
置換 (permutation) 378
中心 (centre) 276
中心要素 (centre element) 276
直截口 (normal section) 29
定曲率空間 (space of constant curvature) 192
テンソル積 (tensor product) 355
導分 (derivation) 263, 271
トレース (trace) 365

◆ な 行

内積 (inner product) 367
内点 (interior point) 253
内部 (interior) 253

内部積 (interior product) 215
内部微分 (inner derivation) 263
捩率 (torsion) 7, 291, 306, 316
捩率形式 (torsion form) 169
捩率テンソル場 (torsion tensor field) 159

◆ は 行

Heine-Borel(ハイネ-ボレル) の定理 241
Hausdorff(ハウスドルフ) 空間 87
Pauli(パウリ) 行列 262
はめ込み (immersion) 235
パラメータ差 (parameter difference) 121
反変添え字 (contravariant index) 364
反変的変換 (contravariant transformation) 351
反変ベクトル (contravariant vector) 362
反変量 (contravariant quantity) 351
Bianchi(ビアンキ) の第一恒等式 (Bianchi's first identity) 173
Bianchi(ビアンキ) の第二恒等式 (Bianchi's second identity) 173
非可換代数上の曲率 (curvature on noncommutative algebra) 296
引き戻し (pull-back) 66
非退化 (nondegenerate) 285, 367
左共変微分 (left covariant derivative) 286
左接続 (left connection) 286
Higgs(ヒッグス) 場 287
微分 (differential) 58, 224
微分形式 (differential form) 60
微分作用素 (differential operator) 271, 276
微分作用素の実制限 (reality condition on differential operator) 280
微分同相写像 (diffeomorphism) 4
標構 (frame) 137
標構場 (frame field) 138
標準 1 形式 (standard 1-form) 134
標準接ベクトル場 (standard tangent vector field) 36, 135
標準理論 (模型)(standard theory (model)) 323
符号定数 (signature) 373
部分多様体 (submanifold) 233
部分被覆 (sub-covering) 240
不変量 (invariant) 351
フリップ (flip) σ 285
Frenet(フレネ) 標構 (Frenet frame) 7
Frenet-Serret(フレネ・セレ) の公式 8
平均曲率 (mean curvature) 31
平行 (parallel) 39
平行移動 (parallel displacement) 39
閉包 (closure) 245
平面切口 (plane section) 187
Poincaré(ポアンカレ) 計量 (Poincaré metric) 195
Whitney(ホイットニー) の定理 240
包含写像 (inclusion mapping) 236
法曲率 (normal curvature) 28
方向微分 (directional derivative) 16
放物柱面 (parabolic cylinder) 24
包絡代数 (enveloping algebra) 332
星印作用素 (star operator) 220, 398
Hodge(ホッジ) 作用素 (Hodge operator) 220, 398
Hopf(ホップ) 代数 (Hopf algebra) 330, 331

◆ ま 行

Mainardi-Codazzi(マイナルディ・ゴダッチ) の式 77
右側 Leibniz(ライプニッツ) 則 (right Leibniz rule) 289
Minkowski(ミンコフスキー) 空間 (Minkowskian space) 195
向き (orientation) 137
向き付け可能 (orientable) 19, 139
向き付け不能 (unorientable) 19, 139
Maurer-Cartan(モーラ-カルタン) の微分形式 (Maurer-Cartan form) 274

◆ や 行

Jacobi(ヤコビ) 行列 (Jacobian matrix) 26, 223
Jacobi(ヤコビ) の恒等式 (Jacobi's identity) 118, 268
Yang-Baxter(ヤン・バクスター) 方程式 342
有限部分被覆 (finite sub-covering) 240

Euclid(ユークリッド) 空間 (Euclidian space) 192
Euclid(ユークリッド) 計量 (Euclidian metric) 192
余可換 (cocommutative) 331
余作用 (coaction) 342
余積 (coproduct) 327
余積写像 (coproduct mapping) 327
余接ベクトル空間 (cotangent vector space) 125
余代数 (coalgebra) 327
余単位 (counit) 327
余単位写像 (counit mapping) 327, 329

◆ ら　行

Leibniz(ライプニッツ) 則 (Leibniz rule) 56, 271
Lie 群 $SU(2)$ の構造定数 (structure constant of Lie group $SU(2)$) 262
Lie 群 $SU(2)$ の生成子 (generator in Lie group $SU(2)$) 262
Lie 代数 $\mathfrak{su}(2)$ の基底 (basis in Lie algebra $\mathfrak{su}(2)$) 262
Lie 代数の階数 (rank of Lie algebra) 265
Lie 代数の随伴表現 (adjoint representation of Lie algebra) 263
Riemann(リーマン) 曲率テンソル (Riemann curvature tensor) 184
Riemann(リーマン) 計量 (Riemannian metric) 175
Riemann(リーマン) 接続 (Riemann connection) 179
Riemann(リーマン) 多様体 (Riemann manifold) 184
Riemann(リーマン) の写像定理 (Riemann's mapping theorem) 71
両側加群 (bimodule)$\mathfrak{M}$ 289
両側共変微分 (bimodule covariant derivative) 290
両側接続 (bimodule connection) 289, 290
量子曲面 (quantum curved surface) 301
量子空間 (quantum space) 301
量子群 (quantum group) 332, 336, 339
量子包絡代数 (quantum enveloping algebra) 333
両立条件 (compatibility condition) 299
Levi-Civita(レビ・チビタ) 接続 (Levi-Civita connection) 179, 299
Levi-Civita(レビ・チビタ) テンソル (Levi-Civita tensor) 262
Lorentz(ローレンツ) 空間 (Lorenzian space) 195

◆ わ　行

Weingarten(ワインガルテン) の式 21

著 者 略 歴

杉田　勝実（すぎた・かつみ）
　1982 年　東京工業大学大学院修士課程修了
　現　在　サンテクノカレッジ学校長

岡本　良夫（おかもと・よしを）
　1982 年　東京工業大学大学院博士課程修了（工学博士）
　2015 年　逝去
　　　　　前 千葉工業大学教授・副学長

関根　松夫（せきね・まつお）
　1970 年　東京工業大学大学院博士課程修了（理学博士）
　現　在　前 防衛大学校教授・学群長

理論物理のための微分幾何学
―― 可換幾何学から非可換幾何学へ ――

2007 年 1 月 24 日　第 1 版第 1 刷発行
2021 年 3 月 10 日　第 1 版第 5 刷発行

著　　者　杉田勝実・岡本良夫・関根松夫
発 行 者　森北博巳
発 行 所　**森北出版株式会社**
　　　　　東京都千代田区富士見 1-4-11（〒102-0071）
　　　　　電話 03-3265-8341／FAX 03-3264-8709
　　　　　https://www.morikita.co.jp/
　　　　　日本書籍出版協会·自然科学書協会　会員
　　　　　JCOPY <(一社)出版者著作権管理機構 委託出版物>

落丁·乱丁本はお取替えいたします.　　印刷/エーヴィスシステムズ・製本/協栄製本

Printed in Japan／ISBN978-4-627-08151-2